Springer-Lehrbuch

Weitere Bände in dieser Reihe
http://www.springer.com/series/1183

Zur Person Brigitte Klose hat nach einem Praktikum am Aerologischen Observatorium Lindenberg an der Humboldt-Universität zu Berlin Meteorologie studiert und dort auch promoviert (1976). Nach dem Studium war sie mehr als ein Jahrzehnt an der Flugwetterwarte in Berlin-Schönefeld tätig, erarbeitete eigenverantwortlich Fernsehwetterberichte und präsentierte dieselben auch über viele Jahre.

Von 1978 an war sie an der Humboldt-Universität im Bereich Meteorologie und Geophysik als Assistentin und Dozentin wirksam, habilitierte 1988 und forschte zu Windphänomenen im Grenzschichtbereich sowie zur Synoptischen Meteorologie. Ihre umfangreichen Forschungsergebnisse legte sie in Tagungsberichten sowie in nationalen als auch in internationalen Fachzeitschriften nieder.

Nach Schließung des Meteorologischen Instituts der Humboldt-Universität 1996 wurde sie auf eine Professur für Meteorologie und Navigation an die Fachhochschule Oldenburg (Bereich Seefahrt in Elsfleth) berufen. Sie las bis zu ihrer Emeritierung die Meteorologie inklusive eines meteorologischen Praktikums, die klassische und astronomische Navigation und die Mathematik für Nautikstudenten. Im Rahmen ihrer Lehrtätigkeit betreute sie weit über Hundert Diplomarbeiten und Dissertationen.

Zur Meteorologie Die Meteorologie beschäftigt sich heute als stark theoretisch geprägte und stark spezialisierte Wissenschaft vorwiegend mit den physikalischen und chemischen Prozessen in der Erdatmosphäre, wobei insbesondere die Wetterprognose nicht mehr auf herkömmlichen Wetterregeln basiert, sondern weitgehend mathematisiert ist. Aus der langfristigen Wetterbeobachtung geht dann die heute besonders wichtige Klimaforschung und Klimaprognose hervor.

Um den Studierenden und allen am Wetter Interessierten einen Einblick in den täglich wechselnden augenblicklichen Zustand der Atmosphäre zu vermitteln, wird nach einführenden Betrachtungen zum Aufbau und zur Thermodynamik der Atmosphäre ausführlich auf die grundlegenden meteorologischen Elemente und deren Bestimmung eingegangen. Die erweiterten Übungen werden mit Lösungen angegeben, um die Einarbeitung in die Wissenschaft Meteorologie zu erleichtern.

Ein kurzes Kapitel befasst sich mit der Satellitenmeteorologie, die gegenwärtig mit die wichtigsten Daten für lokale und globale meteorologische Aussagen liefert. Neben der Behandlung der synoptischen Systeme der mittleren Breiten und Tropen ist das Augenmerk auf die allgemeine Zirkulation sowie spezielle regionale Zirkulationssysteme gerichtet. Darüber hinaus werden konvektive Prozesse und Systeme der Atmosphäre wie Gewitter, Tornados und tropische Wirbelstürme eingehend behandelt, da sie infolge des Klimawandels immer mehr prägende meteorologische Erscheinungen werden.

Dieses Buch beruht auf eine langjährige Lehrertätigkeit an der Humboldt-Universität zu Berlin und am Bereich Seefahrt der Fachhochschule Oldenburg, heute Jade-Hochschule. Es bietet einen breitgefächerten Einstieg in viele Teilbereiche der Meteorologie und ist deshalb für einen großen Leserkreis geeignet, insbesondere auch für Nautiker, da in praxisbezogener Weise auf die tropischen Wirbelstürme und die damit verbundenen Probleme der Sturmnavigation eingegangen wird.

Brigitte Klose • Heinz Klose

Meteorologie

Eine interdisziplinäre Einführung in die Physik der Atmosphäre

3. Auflage

Brigitte Klose
Jade Hochschule
Fachbereich Seefahrt
Elsfleth
Deutschland

Heinz Klose
Ingenieurbüro Optomet
Oldenburg
Niedersachsen
Deutschland

ISSN 0937-7433
Springer-Lehrbuch
ISBN 978-3-662-43621-9
ISBN 978-3-662-43622-6 (eBook)
DOI 10.1007/978-3-662-43622-6

Die Deutsche Nationalbibliothek verzeichnet diese Publikation in der Deutschen Nationalbibliografie; detaillierte bibliografische Daten sind im Internet über http://dnb.d-nb.de abrufbar.

Springer Spektrum

Planung: Dr. Vera Spillner

Gedruckt auf säurefreiem und chlorfrei gebleichtem Papier

Springer Berlin Heidelberg ist Teil der Fachverlagsgruppe Springer Science+Business Media (www.springer.com)

Vorwort

Das vorgelegte Buch beruht auf langjähriger Lehrtätigkeit, die mit den Vorlesungen für Meteorologie an Humboldt-Universität zu Berlin begann und mit denen für Navigation und Meteorologie am Fachbereich Seefahrt in Elsfleth ihre Fortsetzung fand. Es ist einerseits aus dem Mangel an aktuellen deutschen Lehrbüchern entstanden und beruht andererseits auf dem nicht ganz uneigennützigen Grund, während der Vorlesungen nicht fortwährend die Tafeln säubern zu müssen. Außerdem hat mir das Schreiben schon immer große Freude bereitet.

Ausgearbeitet wurde es in erster Linie für Studenten der Meteorologie, Geographie, Geophysik und Nautik sowie alle meteorologisch Interessierten, die sich im Studium oder im täglichen Leben mit der Meteorologie bzw. dem Wetter befassen müssen. Häufig wird dabei geglaubt, dass ein einziger Blick zum Himmel bereits eine Wetterprognose ermöglicht. In der Regel kann aber ein unvorbereiteter Meteorologe zum künftigen Wetterablauf seiner Komplexität wegen keine exakten Auskünfte geben. Deshalb verschweigt er entweder ganz gerne seinen Beruf oder bezeichnet sich als angewandter Physiker, was er natürlich auch ist.

Um den Lesern einen Zugang zur Physik der Atmosphäre zu ermöglichen, wurde auf Grund der großen Mannigfaltigkeit der meteorologischen Prozesse und Erscheinungen versucht, neben mathematischen und physikalischen Grundkenntnissen auch spezielle meteorologische Sichtweisen und Arbeitsmethoden zu vermitteln sowie eine breite Palette meteorologischer Phänomene in verständlicher Weise zu beschreiben, ihre Entstehungs- und Wirkungsmechanismen aufzuzeigen und ihre Auswirkungen zu beleuchten, denn letztendlich zeigt sich der Zustand der Atmosphäre am Wetter. Für den Fortgang der jeweiligen Ausführungen und zum besseren Verständnis der abgehandelten Problematik sind eine Reihe von Skizzen, Abbildungen und Illustrationen dem Text beigefügt. Am Ende des Buches befinden sich außerdem als Motivation zum Lernen bzw. zur Ermunterung der Sinne beim Lesen für die einzelnen Kapitel entsprechend ausgewählte Farbtafeln.

Neben dem Gebrauch des Buches als Lern- und Lehrmittel kann es ebenso von Hobbymeteorologen verwendet werden, die sehr fleißig und exakt beobachten aber sich einige Zusammenhänge meist nicht vollständig erklären können. Sie finden insbesondere aus der älteren Literatur mannigfaltige Hinweise, oft in Wettersprüchen oder Regeln zusammengefasst, die Einsichten in die ablaufenden meteorologischen Prozesse vermitteln und zur Klärung der beobachteten Erscheinungen beitragen.

Da man in der meteorologischen Literatur meist wenig über die Sichtweite und die Gewitterbildung findet, was ärgerlich ist, sind hierzu zwei umfangreiche Kapitel entstanden. Sie beinhalten vor allen Dingen auch den Blitzschutz, denn die wachsende Zahl der Stadtbewohner wird in der Regel mit diesem Phänomen nur im Urlaub konfrontiert und besitzt keinerlei Erfahrung im Umgang mit der Gewitterelektrizität. Damit ist das Buch auch von ganz allgemeinem Interesse, so für Ballonfahrer, Segelflieger und Drachengleiter, die ein sich entwickelndes Gewitter sehr sorgfältig beobachten sollten. Denn meist ist man in 10 bis 15 Minuten an der Obergrenze einer Gewitterwolke angekommen, während der Abstieg dagegen wesentlich schwieriger wird, weil man sich neben Hagel- und Blitzschlag, Donner und Turbulenzen großer Wassermassen erwehren muss. Man kann beispielsweise ganz leicht in einer Gewitterwolke ertrinken.

Besonderes Interesse an diesem Buch sollten ebenfalls Pädagogen haben, da sie Klassenfahrten oder Wanderungen in die freie Natur unternehmen, auf denen sich Wetter- und Wolkenbeobachtungen durchführen lassen. Auch Lehrende und Auszubildende, die Übungen zu Land, zur See und auf Schiffen absolvieren, können sich die notwendigen meteorologischen Kenntnisse anhand dieses Buches aneignen, weil sein letztes Kapitel speziell der Seefahrt gewidmet ist und praxisrelevante Konzepte zur Sturmnavigation enthält.

Geht man allerdings von den derzeitigen weltweiten Informations- und Wissensströmen in schriftlicher und mündlicher Form aus, dann ist das Buch nur als kleiner Baustein im Gebäude der Meteorologie zu sehen, was nicht betrüblich ist, denn überaus viele Bausteine pflastern den steinigen Weg zur Erkenntnis.

Oldenburg, Januar 2008 Brigitte Klose

Danksagung

Bei allen, die mich in entgegenkommender und fördernder Weise begleitet haben, möchte ich mich ganz herzlich bedanken. Mein besonderer Dank gilt jedoch meiner Familie und hier insbesondere meinem Mann, der mir immer emotionale und vor allem fachliche Unterstützung gab, viele Kapitel aus physikalischer Sicht kritisch gelesen und sich der mühsamen Prozedur einer Endkorrektur gestellt hat. Auch meiner Tochter Isabel, die für die digitale Satz- und Bildverarbeitung, den Gestaltungsentwurf sowie die Text- und Layoutkorrekturen viele Stunden ihrer Arbeitszeit opferte, möchte ich von ganzem Herzen danken. Bereichert wird das Buch auch durch Abbildungen aus den Diplomarbeiten meiner Studenten, die mir diese überlassen und mich damit sehr unterstützt haben.

Gedankt sei auch dem Deutschen Wetterdienst, der die Verwendung vieler Abbildungen gestattete, und der Firma Dehn & Söhne aus München für Ihre Blitzfotos sowie dem Verlag DiGraph aus Lahr und Editions Nathan Paris. Zu Dank verpflichtet bin ich auch allen Kollegen, Wissenschaftlern und an der Meteorologie Interessierten, die mir in uneigennütziger Weise sofort die Verwendung ihrer Abbildungen gestatteten, so Prof. Dr. D. Etling, Diplom-Meteorologe M. Kurz, Dr. D. Kasang. Prof. Dr. M. Latif, Prof. Dr. J. P. Moran, Prof. Dr. O.-W. Naatz, Dr. T. Draheim, Prof. Dr. W. Wehry, Dr. H. Hansson, Herrn K. G. Baldenhofer und Herrn N. Marschall sowie vielen anderen mehr.

Mein Dank gilt auch den Buchverlagen und Redaktionen sowie ihren Mitarbeitern, die mir einen Teil der ausgewählten Abbildungen von Prof. Dr. H. Fortak, Prof. Dr. H. Häckel, Prof. Dr. M. Hendl, Prof. Dr. P. Hupfer und Prof. Dr. H. Kraus zur Verfügung stellten und damit für ein freundliches Aussehen des Buches gesorgt haben.

Oldenburg, Januar 2008 Brigitte Klose

Vorwort zur 2. Auflage

Brigitte Klose hat ihr Buch überarbeitet, Fehler der ersten Auflage beseitigt, zahlreiche Kapitel infolge neuerer Entwicklungen vertieft und mit viel Mühe die Übungen erweitert sowie ihre Lösungen für ein leichteres Einarbeiten von Studierenden in meteorologische Fragestellungen hinzugefügt. Leider war es ihr nicht mehr vergönnt, die Drucklegung und das Erscheinen ihres Werkes zu erleben.

Ausgehend von der ersten Auflage wurden Kapitel mit grundlegenden meteorologischen Inhalten nahezu unverändert übernommen. Erweiterungen und Vertiefungen erfuhren neben den Übungen alle Kapitel, die mit neueren meteorologischen und klimatologischen Erkenntnissen verbunden sind. Die Autorin vervollständigte auch die Farbtafeln und fügte in den Text eindrucksvolle farbige Abbildungen ein, so dass viele meteorologische Phänomene anschaulicher und aussagekräftiger werden.

Besonderen Wert legte Brigitte Klose auf die Erläuterung der klimawirksamen Luftverunreinigungen, auf die Entwicklung von Klimamodellen und auf die Veränderung der Ozonkonzentration sowohl in der Troposphäre als auch in der Stratosphäre. Ausführlich geht sie auf das arktische und antarktische Ozonloch und den katalytischen Ozonabbau sowie auf die Wirkung polarer stratosphärischer Wolken ein. Auch der Anstieg des Meeresspiegels, die Änderung des Niederschlagsregimes, die Zunahme der CO_2- und Methankonzentration sowie der Anstieg des Wassergehaltes in der Atmosphäre infolge des Klimawandels werden ausführlicher als in der ersten Auflage behandelt. Die Auswirkungen des Klimawandels sind im IPCC-Bericht des Weltklimarats (April 2014) zusammenfassend dargestellt, und es wird darin insbesondere auch auf die gesellschaftlichen Probleme hingewiesen (Artensterben, Hungersnöte, Extremwetterlagen, Kriege ums Trinkwasser), sodass die ausführlichen Betrachtungen der Autorin zum Klimawandel ernst genommen werden sollten.

Im umfangreichsten Kap. 4 wird nachdrücklich auf die Entstehung und Wirkung der Aerosole hingewiesen, und es wurden neue Daten und farbige Abbildungen eingearbeitet. Insbesondere die Ausführungen zur Sichtweite enthalten Aspekte, die auch technisch genutzt werden können. Typische, mit Hilfe von Satelliten erfasste Fallbeispiele wurden ins Kap. 5 aufgenommen, während in den nachfolgenden drei Abschnitten nur geringfügige Änderungen eingingen. Erläuterungen von Phänomenen der Luftmassen gewinnen durch zusätzliche Wetterkarten, Satellitenaufnahmen und farbige Abbildungen an Aussagekraft.

Dies trifft auch auf Kap. 11 zu, wobei die großräumigen Oszillationen ausführlicher als früher beschrieben werden. Im Kapitel *Konvektive Ereignisse* fügte die Autorin aussagekräftige Fotos zu wolkenartigen Erscheinungen, zu Gewittern und zu Blitzen ein und behandelte dem Stand der Wissenschaft entsprechend die in Zusammenhang mit Gewittern auftretende Tornadobildung. Die *tropischen Wirbelstürme* wurden von ihr ebenfalls mit vielen interessanten farbigen Abbildungen verständlicher dargestellt, wobei auch auf die jüngsten Wirbelstürme ausführlich eingegangen wird.

Da die Autorin die 2. Auflage nicht mehr vollenden konnte, habe ich viele neue Daten sowie Erkenntnisse eingefügt und auch Textpassagen überarbeitet, was nur durch unsere langjährige frühere Zusammenarbeit möglich war.

Viele Meteorologen/innnen haben mich dabei unterstützt. Neben den schon in der 1. Auflage Genannten gilt mein besonderer Dank sowohl den Herren Prof. S. Borrmann, Dr. K. D. Beheng, B. Beyer und Dr. W. Birmili als auch den Frauen S. Fuchs, Dr. F. Goutail, Dr. S. Haeseler, Dr. C. Lefebvre und Prof. B. Naujokat sowie auch den Herren Dr. A. Keul, Dr. D. Konigorski, Dr. O. Möhler, Dr. B. Mühr, Prof. A. Richter, Prof. W. Roedel, Dr. T. Sävert, Dr. W. Steinbrecht und Dr. R. Tiesel. Gedankt sei auch zahlreichen Studenten, die meiner Frau freundlicherweise Korrekturhinweise übermittelten. Vielen nur im Text genannten Personen und Institutionen sei ebenfalls unser Dank ausgesprochen.

Für die gute Zusammenarbeit möchte ich mich beim Springer Spektrum Verlag und hier insbesondere bei Frau Stefanie Adam und auch bei Frau Vera Spillner, Frau Julia Goetzschel und Frau Christine Hoffmeister bedanken.

Oldenburg, den 03. 04. 2014 Heinz A. Klose

Inhaltsverzeichnis

Einführung 1

1.1 Begriffsbildung und Einteilungsprinzipien

Seit alters her versteht man unter der Meteorologie die Lehre von allen Naturphänomenen, welche sich „in der Schwebe" (μετεωρος), also zwischen dem Himmel und der Erde, abspielen (vgl. Aristoteles 1984). Gegenwärtig ist sie dagegen eine stark theoretisch geprägte hoch spezialisierte Wissenschaft, die sich vorwiegend mit den physikalischen und chemischen Zuständen sowie Prozessen in der Erdatmosphäre einschließlich ihrer Wechselwirkung mit der Erdoberfläche und dem interplanetaren Raum sowie der Einwirkung des Menschen auf den Ablauf wetter- und klimabildender Prozesse befasst.

Da sich die großräumigen atmosphärischen Prozesse nur im beschränkten Maße gezielt beeinflussen lassen, stehen in der Meteorologie die Beobachtung und das Messen sowie seit den 1950er-Jahren die numerische Modellierung, d. h. die Simulation von atmosphärischen Vorgängen mittels leistungsfähiger Computer, im Vordergrund, während Laborversuche keine große Rolle spielen (s. Klose 1996). Zur Interpretation, Verallgemeinerung und Anwendung ihrer Ergebnisse muss sie auf die Physik, Mathematik, Chemie, Statistik und Informatik zurückgreifen, und sie besitzt darüber hinaus in ihrer vielfältigen Ausprägung eine enge Verknüpfung zu anderen Wissenszweigen. Aufgrund dieser Gegebenheiten resultieren unterschiedliche Einteilungsprinzipien.

Geht man z. B. allein von den Arbeitsmethoden aus, so erhält man eine Unterteilung in **allgemeine Meteorologie, theoretische Meteorologie und experimentelle Meteorologie.**

Betrachtet man hingegen die Einbeziehung meteorologischer Sachverhalte **in andere Wissenszweige** und **in die Praxis**, lässt sich eine ganze Reihe von Nachbarwissenschaften finden, so die **Agrarmeteorologie, Biometeorologie, Flugmeteorologie, Hydrometeorologie, Radarmeteorologie, Satellitenmeteorologie, technische Meteorologie** und **maritime Meteorologie**.

B. Klose, *Meteorologie,* Springer-Lehrbuch, DOI 10.1007/978-3-662-43622-6_1

Eine Berücksichtigung der geografischen und topografischen Gegebenheiten unserer Erdkugel führt zu Arbeitsgebieten wie **Tropenmeteorologie**, **Polarmeteorologie** und **Gebirgsmeteorologie**.

1.1.1 Zeitlicher und räumlicher Maßstab

Bei der Beobachtung einzelner Wettersysteme und hier insbesondere der Wolken erkennt man sehr schnell, dass diese unterschiedliche horizontale und vertikale Größenordnungen bzw. Raumskalen (engl. scales) besitzen, also Lebensdauern bzw. Zeitskalen aufweisen, denn sie verändern ihr Aussehen ständig, bilden sich neu oder lösen sich auf.

Insgesamt umfasst das Spektrum der atmosphärischen Raum- und Zeitskalen viele Größenordnungen, nämlich von 10^{-3} bis über 10^{7} m und von 10^{-3} bis 10^{17} s (vgl. Kraus 2001). Das entspricht einer außerordentlichen Vielfalt von atmosphärischen Bewegungsformen, deren Komplexität aus den Wechselwirkungen miteinander resultiert. Bei einer Betrachtung des zeitlichen Maßstabs der einzelnen meteorologischen Erscheinungen ergibt sich eine Abgrenzung zwischen der synoptischen Meteorologie, die sich mit der Wetteranalyse und -prognose in einem Zeitbereich von zwei Stunden bis zu zehn Tagen befasst, und der Klimatologie, die die Wechselwirkungen im klimatischen System mit einer zeitlichen Andauer von größer zehn Tagen untersucht und beschreibt.

1.2 Synoptische Meteorologie

Die Synoptische Meteorologie beschäftigt sich mit dem täglich wechselnden augenblicklichen Zustand der Atmosphäre, dem Wetter, sowie der Vorhersagbarkeit desselben für Stunden, Tage und Wochen. Die einzelnen Prognosezeiträume betragen:

Nowcasting:	0–2 h
Kürzestfristprognose:	2–12 h
Kurzfristprognose:	12–72 h
Mittelfristprognose:	3–10 d

Weil bei einer jeden Wettervorhersage der zeitliche und räumliche Maßstab einander proportional sind, unterscheidet sich der Inhalt der einzelnen Prognosen daher wesentlich.

Nowcasting oder Istvorhersage bedeutet eine fortlaufende Analyse und Diagnose des Istzustandes der Atmosphäre, die ohne Modellbildung auskommen muss, und entspricht daher einer einfachen zeitlichen Extrapolation des aktuellen Wetterzustandes auf die folgenden beiden Stunden.

Eine Kürzestfristprognose beinhaltet eine fortlaufende Analyse und Diagnose des Wetterzustandes mit Erstellung lokaler Vorhersagen für klein- und mesoräumige Systeme (z. B. Gewitter, Tornados, Blizzards, tropische Zyklonen usw.) und die Er-

Tab. 1.1 Atmosphärische Prozesse und ihre Zuordnung zur Raumskala (Orlanski 1975)

t	Makro-Skala (km)		Meso-Skala (km)			Mikro-Skala (m)		
	α	β	α	β	γ	α	β	γ
Von	40.000	10.000	2000	200	20	2000	200	20
Bis	10.000	2000	200	20	2	200	20	2

arbeitung detaillierter Vorhersagen für den Wind, die Temperatur, den Niederschlag, die Bewölkung und Sichtweite für spezielle Bedürfnisse sowie die Ausgabe von Wetterwarnungen vor Starkniederschlag, Nachtfrost, Straßenglätte, Sturmböen und ähnlichen meteorologischen Erscheinungen.

Die Kurzfristprognose entspricht einer Gebietsvorhersage für den Wind, die Temperatur, die Bewölkung und den Niederschlag in detaillierter Form, wobei nur noch frontale Niederschlagsbänder erfasst und kleinräumige Ereignisse wie Gewitter, Böen und Tornados in Form einer Wahrscheinlichkeitsangabe vorhergesagt werden.

Eine Mittelfristprognose ist dagegen eine großräumige Trendangabe, die Aussagen über den allgemeinen Wettercharakter, so über die Entwicklung des Windes, der Niederschläge und der Temperatur enthält.

Der Begriff Wetter selbst leitet sich von dem indoeuropäischen Wort Vetor (gleich Wind) ab. Und in der Tat: ohne Wind kein Wetter, während das Wort Synoptik aus den Silben syn und opsis besteht, was im Griechischen soviel wie Zusammenschau heißt. Synoptik bedeutet damit das gleichzeitige Betrachten des Nebeneinanders von Wettererscheinungen in einem hinreichend großen Gebiet (100 bis 5000 km).

Eine Schematisierung der von der Zeit t abhängigen atmosphärischen Bewegungsvorgänge in Makro-, Meso- und Mikro-Skala (vgl. Tab. 1.1) mit einer Unterteilung in einen α-, β- und γ-Bereich geht auf Orlanski (1975) zurück.

Zum makroskaligen Bereich gehören die langen oder planetarischen Wellen der freien Atmosphäre, d. h. die Höhentröge und -keile sowie die großen dynamischen Tief- und Hochdruckgebiete der gemäßigten Breiten. Ihre Lebensdauer beträgt im Mittel wenige Tage bis mehrere Monate.

Die mesoskaligen Prozesse umfassen die Bildung von Leezyklonen, kleinräumigen Sturmtiefs der mittleren Breiten, tropischen Wirbelstürmen und Wolkenclustern sowie von Fronten, Böenlinien und Gewittern. Sie besitzen eine charakteristische Lebensdauer von mehreren Minuten bis zu wenigen Tagen.

Zu den kleinräumigen Bewegungsvorgängen der Mikro-Skala zählt man gemäß Fortak (1971) und Kraus (2001) die Dissipationswirbel, die Grenzschichtturbulenz und -konvektion in Form von Sand- und Staubteufeln sowie die Thermik, die hochreichende Konvektion mit Gewittern und Tornadobildung sowie die CAT (*clear airturbulence*). Ihre zeitliche Dauer beträgt Bruchteile von Sekunden bis wenige Minuten. Zwischen der horizontalen Erstreckung und zeitlichen Dauer einzelner atmosphärischer Bewegungssysteme bestehen folgende Zusammenhänge (Tab. 1.2).

Zur Beschreibung des atmosphärischen Zustands, also des Wetters, greift man auf geeignete Zustandsgrößen und Wetterelemente zurück, zu denen der Luftdruck, die Lufttemperatur, die Luftfeuchtigkeit, der Wind, die Sichtweite, der Niederschlag und die Bewölkung gehören.

Tab. 1.2 Proportionalität von Raum- und Zeitskala

Bewegungssystem	Horizontale Erstreckung	Zeitliche Dauer
Schwache Konvektion	50–500 m	10–30 min
Mäßige Konvektion	500–2000 m	20–60 min
Starke Konvektion	2–20 km	30–180 min
Wolkencluster	20–200 km	3–18 h
Zyklonen, Antizyklonen	500–3000 km	1–3 d
Lange Wellen	3000–10.000 km	2–8 d

1.3 Klimatologie

Die Klimatologie befasst sich mit der statistischen Gesamtheit der atmosphärischen Zustände und Prozesse in ihrer raumzeitlichen Verteilung, wobei neben dem mittleren Zustand der Atmosphäre die Variabilität und die Extremwerte sowie das Andauerverhalten (z. B. von Niederschlags- und Trockenperioden) der einzelnen Zustandsgrößen bzw. die Häufigkeit des Über- und Unterschreitens von meteorologischen Schwellenwerten eine entscheidende Rolle spielen (s. Bergman 1981, Schönwiese 1995, Majewski 2005, Kappas 2009, Weischet 2012).

Diese Definition verdeutlicht, dass der Begriff des Klimas sehr komplex ist, da zum einen ein großes Zeitintervall und zum anderen ein System von Klimakomponenten (s. Abb. 1.1) mit charakteristischen Zeit- und Längenskalen (vgl. Tab. 1.3) betrachtet wird: so die Atmosphäre als Gashülle unseres Planeten, die Hydrosphäre, zu der die Ozeane, Flüsse, Seen und der globale Wasserkreislauf gehören, die Kryosphäre mit ihrem Reservoir an Inlandeis, Meereis, Schelfeis, Gletschern, Schnee und Permafrost, die Biosphäre, zu der die Pflanzen- und Tierwelt der Landmassen und Meere sowie der Mensch zählen, die Litho- und Pedosphäre, d. h. die Gesteins-

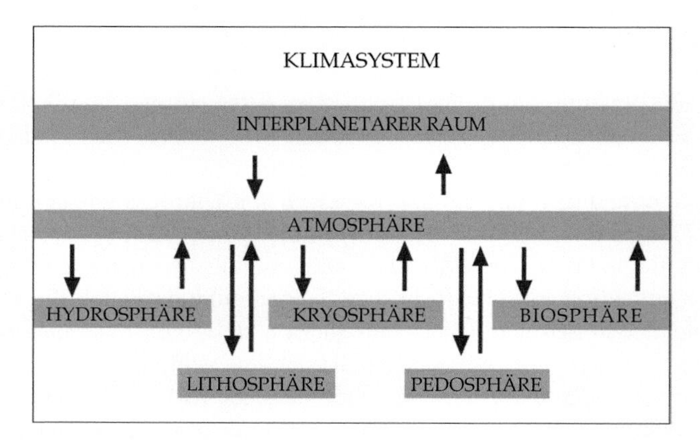

Abb. 1.1 Schematische Darstellung des Klimasystems und seiner Komponenten

Tab. 1.3 Klimabestimmende Prozesse und ihre Zeit- und Raumskalen (siehe auch Stocker 2008)

Komponenten des Klimasystems	Prozess	Charakteristische Zeitskalen (s)	Charakteristische Raumskalen
Atmosphäre	Kollision von Tröpfchen bei der Wolkenbildung	10^{-6}–10^{-3}	10^{-6} m
	Bildung von Konvektionszellen	10^{4}–10^{5}	10^{2}–10^{4} m
	Entwicklung von Wettersystemen	10^{4}–10^{5}	10^{6}–10^{7} m
	Andauer von Wetterlagen	10^{6}	10^{6}–10^{7} m
	Southern Oscillation	10^{7}–10^{8}	10^{7} m
	Austausch zwischen Tropo- und Stratosphäre	10^{7}–10^{8}	Global
Hydrosphäre	Gesamtaustausch Atmosphäre-Ozean	10^{-3}–10^{6}	10^{-6}–10^{3} m
	Tiefenwasserbildung	10^{4}–10^{7}	10^{4}–10^{5} m
	Mesoskalige Ozeanwirbel	10^{6}–10^{7}	10^{4}–10^{5} m
	Ausbreitung von Rossby-Wellen	10^{7}–10^{8}	10^{7} m
	El-Niño	10^{7}–10^{8}	10^{7} m
	Erneuerungsrate des Tiefenwassers	10^{9}–10^{10}	Global
Kryosphäre	Bildung von Permafrost	10^{7}–10^{10}	1–10^{6} m
	Entstehung von Meereis	10^{5}–10^{8}	1–10^{6} m
	Landeismassen	10^{8}–10^{11}	10^{2}–10^{7} m
Landoberfläche	Veränderung der Reflektivität	10^{7}–10^{8}	10^{2} m–global
	Isostatischer Ausgleich der Erdkruste nach Eisbedeckung	10^{8}–10^{11}	10^{6} m–global
Biosphäre	Kohlenstoffaustausch mit der Atmosphäre	10^{4}–10^{8}	10^{-3} m–global
	Aufbau und Abbau von Vegetationszonen	10^{9}–10^{10}	10^{2}–10^{7} m

kruste der Erde und die Böden, und letztlich der interplanetare Raum (s. Schönwiese 2000, Lemke 2003).

Klimaprognosen sind somit Langfristprognosen, die den Witterungscharakter von Monaten oder Jahreszeiten umfassen und anhand von Modellen der allgemeinen Zirkulation unter Einschluss der Landoberfläche und Ozeane (vgl. z. B. Henderson-Sellers 1987) den derzeitigen bzw. auch zukünftigen Klimazustand bei einer Verstärkung des Treibhauseffektes simulieren.

Darüber hinaus existieren statistisch-empirische Verfahren (Persistenzverhalten von Perioden, Extrapolation von Zeitreihen, Einfach- und Mehrfachregressionen, Methode der analogen Fälle) zur Projektion des Klimas und seiner Veränderungen.

Die charakteristischen Zeitskalen für die einzelnen Komponenten des Klimasystems variieren von Sub- zu Subsystem und auch innerhalb derselben. Das Klima ändert sich signifikant und kontinuierlich in Zeitskalen, die Jahre, glaziale Perioden und sogar erdgeschichtliche Epochen umfassen. So führen die tektonischen Prozesse der Lithosphäre wie z. B. die Kontinentaldrift, die Gebirgsbildung und das Heben und Senken des Meeresspiegels zu Klimaänderungen im Verlauf von 10^5 bis 10^8 Jahren. Variationen der astronomischen Parameter der Erde bewirken dagegen Perioden von etwa 400.000, 100.000, 41.000 und 23.000 Jahren, während ein Sonnenfleckenzyklus ca. 11 Jahre, ein ENSO-Phänomen wenige Monate bis mehrere Jahre und eine Jahreszeit nur drei Monate umfasst (vgl. Peixoto 1992, Cubasch 2000, Latif 2000, Rahmstorf 2006).

Da unser Klima im globalen Mittel das Ergebnis einer einfachen Energiebilanz ist, in deren Rahmen die von der Erde abgestrahlte Wärme durch die absorbierte Sonnenstrahlung (vermindert um den reflektierten Anteil) ausgeglichen werden muss, sind Klimaschwankungen aufs Engste mit Modifikationen in der Strahlungsbilanz verknüpft. Zu den **externen Faktoren**, die das Klima beeinflussen, zählen Änderungen

- der Strahlungsleistung der Sonne
- der Bahnelemente der Erde und
- der Rotationsdauer der Erde.

Als **interne Faktoren** gelten Änderungen

- der chemischen Zusammensetzung der Erdatmosphäre,
- der Albedo und
- der Geotektonik (z. B. Kontinentaldrift, Polwanderung, Vulkanismus).

1.3.1 Klimamodelle

Klimamodelle sind komplexe Computermodelle auf der Basis physikalischer Gesetze bzw. mathematischer Gleichungen und dienen der Simulation des Klimasystems der Erde und seiner Veränderungen unter Berücksichtigung der miteinander wechselwirkenden Subsysteme sowie von externen und internen Antrieben. Sie beruhen auf einem Satz von Differenzialgleichungen, mit deren Hilfe man mittels numerischer Methoden die dreidimensionale Zirkulation der Atmosphäre und des Ozeans mit den dazugehörigen Flüssen von Wärme und Impuls (Wind, Meeresströmungen), Feuchte sowie Salzgehalt und anderer Komponenten auf der rotierenden Erde berechnet. Hierzu müssen die in unterschiedlichen Zeitskalen schnell veränderlichen Größen des Klimasystems miteinander gekoppelt und die positiven und negativen Rückkopplungsprozesse realistisch dargestellt werden (vgl. Cubasch 2000, Uherek 2006, Cubasch 2011).

Globale Klimamodelle unterscheidet man nach dem Grad ihrer Auflösung und anhand der in die Modellbildung eingehenden Subsysteme. Man bezeichnet sie, obwohl sie definitiv das Klima der Atmosphäre beschreiben, als *General Circulation Models* (GCMs) bzw. derzeit als „*Global Climate Models*".

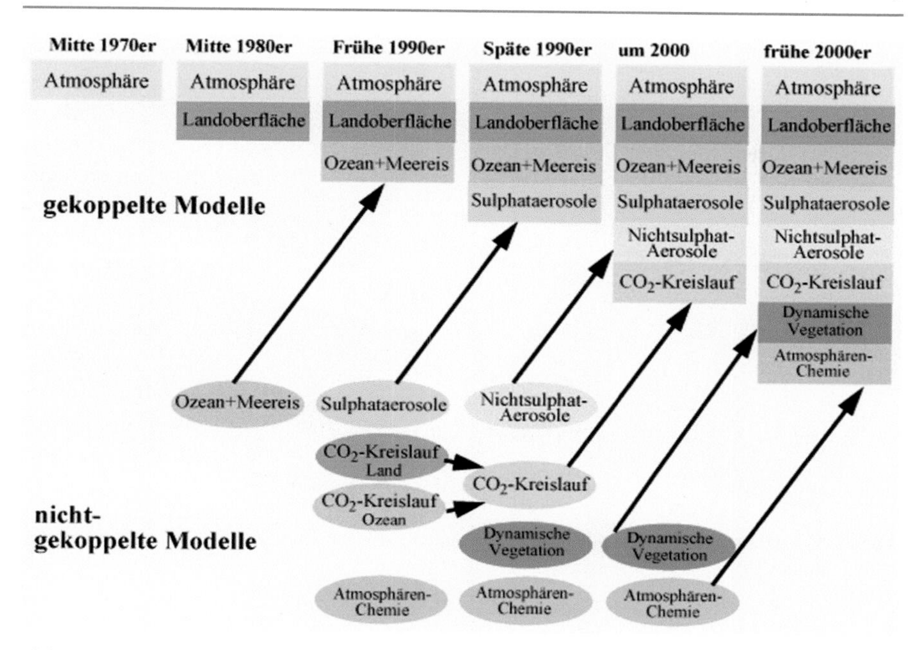

Abb. 1.2 Chronologie der Entwicklungsstufen von Klimamodellen. (© DWD/IPCC (Internet 1))

Mithilfe von GCMs studierte man in den 1960er- und 1970er-Jahren zunächst nur die Atmosphäre, betrieb aber sehr bald parallel dazu auch Ozeanmodelle (s. Abb. 1.2). Das erste gekoppelte Atmosphären-Ozean-Zirkulationsmodell überhaupt entwickelten Manabe 1969 unter Verwendung einer vereinfachten Geografie, während Manabe und Wetherald 1975 von der realen Erdoberfläche ausgingen. Sie boten mit ihren Simulationen eine breite Basis für die Entwicklung gekoppelter Atmosphären-Ozean-Modelle (AOGCMs), die man ab Mitte der 80er und zu Beginn der 90er-Jahre einsetzte. Diese Modellierungen führten zu bahnbrechenden Weiterentwicklungen, sodass man heute mit sehr komplexen Modellen beispielsweise über eine erfolgreiche Simulationen des ENSO-Phänomens verfügt und Aussagen zur Variation der Treibhausgaskonzentration sowie zur Bildung von Sulfataerosolen, Wolkenflüssigwasser, Wolkeneis und anderer Einflussgrößen treffen kann. Inzwischen ist es möglich, Bio- und Kryosphärenmodelle sowie Modelle der atmosphärischen Chemie anzukoppeln. Angestrebt wird ein „Erdsystemmodell", das auch das menschliche Handeln in Form mathematischer Gleichungen mit einbezieht (s. Gates 2003).

Viele Klimamodelle wurden aus Modellen für die numerische Wettervorhersage entwickelt, mit denen man auf der Grundlage der Erhaltungssätze für Masse, Impuls und Energie das Verhalten sowie die dreidimensionale Struktur der Atmosphäre studieren kann. Die Modellauflösung (räumliche und zeitliche Diskretisierung) beträgt für Klimamodelle ca. 500 bis 250 km, bei Wettervorhersagemodellen liegt sie zwischen 180 und 110 km (vgl. Abb. 1.3). Die hierin verwendeten Kürzel FAR,

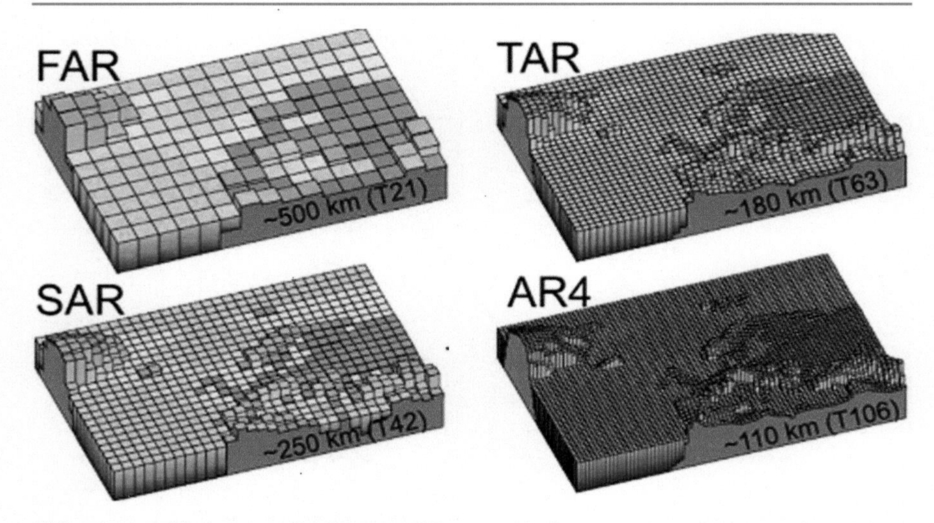

Abb. 1.3 Atlantischer Ozean und Europa bei unterschiedlicher Modellauflösung. (© DWD/IPCC 2007 (Internet 1))

SAR, TAR und AR4 sind das Pendant zu *First, Second, Third Assessment Report* und *IPCC Assessment Report 4* (s. IPCC 2007) in vier aufeinanderfolgenden IPCC-Berichten (der fünfte Report erscheint evtl. 2014).

Die räumliche und zeitliche Diskretisierung stehen bei Wetter- und Klimasimulationen in einem engen Zusammenhang, denn aus Gründen der numerischen Stabilität erfordert eine Verdopplung der räumlichen Auflösung eine Halbierung des Zeitschritts. So kann z. B. in einem T21-Modell mit einem Zeitschritt von 40 min, in einem T42-Modell jedoch nur noch von 20 min gearbeitet werden (s. von Storch 1999). Insgesamt gesehen nimmt bei einer Verdopplung der horizontalen Auflösung die Zahl der Gitterpunkte um das Vierfache zu, was auch für die Zahl der Rechenoperationen zutrifft.

Darüber hinaus muss man subskalige Prozesse, die von der Maschenweite des Gitternetzes nicht erfasst werden, so z. B. die Turbulenz und Konvektion, parametrisieren, d. h. aus zur Verfügung stehenden Größen an den Modellgitterpunkten ableiten (vgl. Latif 2009). Das gilt besonders für die Wolkenbildung in der Atmosphäre und die Strömungswirbel im Ozean.

Die derzeit betriebenen Gitterpunktmodelle bestehen in der Regel aus 19 bzw. 11 vertikal angeordneten Modellschichten, welche bis in eine Höhe von 10 hPa (30 km) in der Atmosphäre und 5 km Tiefe im Ozean reichen (s. Abb. 1.4). An allen Gitterpunkten müssen die Klimaelemente durch dafür relevante physikalische Gleichungen miteinander verknüpft werden, sodass für Zeitschritte von einigen Minuten bis maximal einer Stunde ein neues Modellklima simuliert werden kann.

Neben den globalen Klimamodellen existieren regionale Modelle, die lediglich einen Ausschnitt der Atmosphäre betrachten und damit Randbedingungen für den äußeren Bereich des Simulationsgebietes benötigen. Diese werden von den globa-

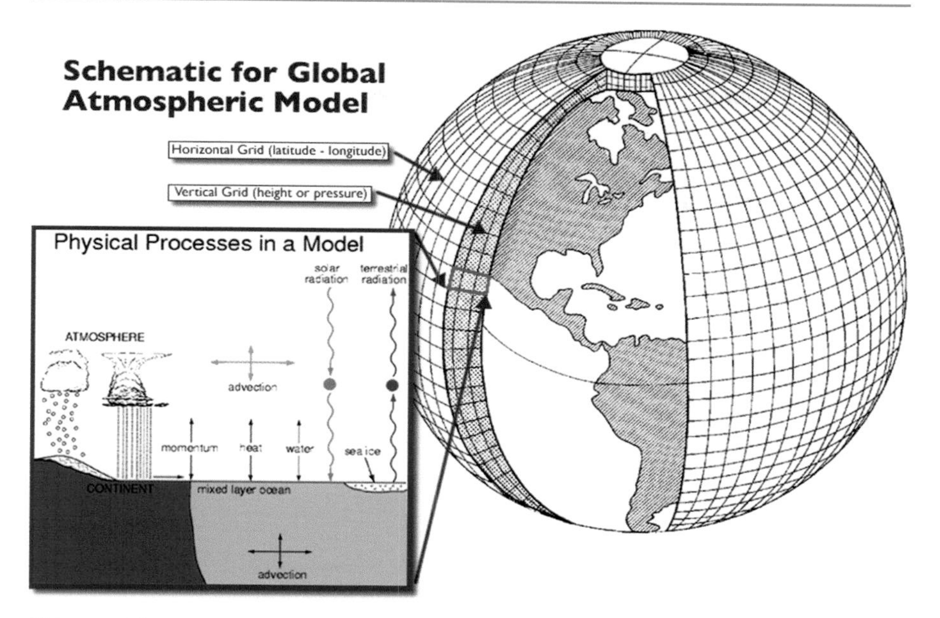

Abb. 1.4 Gitterzellen und Parameter in Atmosphärenmodellen. (© NOAA (Internet 2))

len Modellen zur Verfügung gestellt, was man als Nesting bezeichnet. Sie besitzen eine sehr gute räumliche Auflösung, die teilweise bis zu 1 km reicht.

Die Hauptschwächen von Klimamodellen liegen im hydrologischen Zyklus, d. h. bei der Simulation der Luftfeuchte und Niederschläge sowie bei der ozeanischen Tiefenzirkulation und den Meereisbewegungen. Aus diesem Grund betreibt man auch vereinfachte Modelle, so u. a. Energiebilanzmodelle (EBM). In einem nulldimensionalen EBM wird z. B. lediglich die Erdmitteltemperatur aus der Bilanz der solaren Einstrahlung unter Berücksichtigung der Erdalbedo und der terrestrischen Ausstrahlung berechnet (vgl. Schönwiese 1995).

Da unsere Erdatmosphäre ein chaotisches System darstellt, ist die Vorhersagbarkeit des Wetters begrenzt, und zwar auf etwa zwei Wochen. Daher lässt sich mithilfe einer Klimaprognose keine detaillierte Wetterentwicklung simulieren, sondern man berechnet eigentlich statistische Durchschnittswerte und deren Änderung bei sich wandelnden Randbedingungen.

1.3.2 Klimaszenarien

Klimamodelle liefern eine vereinfachte Beschreibung von Vorgängen und Prozessen im Klimasystem und werden vor allem zur Prüfung von Hypothesen zu Klimaänderungen, zur Interpretation von Paläoklimadaten und instrumentellen Messreihen sowie zur Vorhersage des ENSO-Phänomens eingesetzt. Ihre Hauptaufgabe besteht jedoch darin, auf der Basis von Klimaszenarien aktuelle und künftige Klimaände-

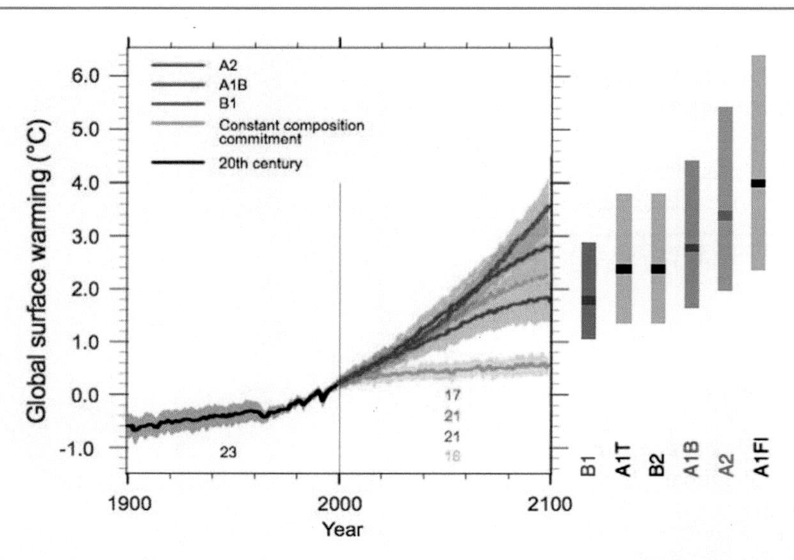

Abb. 1.5 Mittlere globale Erwärmung der Erdoberfläche (relativ zu 1980–1999) nach den SRES-Szenarios A2, A1B und B1 sowie deren alternativen Gruppen A1T, A1B und A1Fl. (© DWD/IPCC 2007 (Internet 1))

rungen abzuschätzen. Um dies zu erreichen, sind Kenntnisse zur inneren Dynamik des Klimasystems sowie zur Entwicklung natürlicher und anthropogener Antriebe erforderlich. Hierzu wurden vom IPCC Szenarien erstellt, die auf unterschiedlichen Annahmen zum Wachstum der Weltbevölkerung und ihres Lebensstandards beruhen, da sich hieraus die zu erwartenden Emissionen und die damit verknüpften Umweltveränderungen abschätzen lassen. Wichtig sind außerdem Aussagen zu den nutzbaren Energieträgern sowie zum Energieverbrauch und der Effizienz der Energienutzung (s. Stocker 2008).

Auf der Basis verschiedener SRES-Emissionsszenarien (*Special Report on Emission Scenarios*) ergibt sich beispielsweise gemäß Abb. 1.5 für die nächsten beiden Dekaden eine Erwärmung von 0,2 K je Jahrzehnt, und selbst wenn die Konzentration der Treibhausgase und Aerosole auf dem Level von 2000 eingefroren wird (rosa Kurve), tritt eine weitere Temperaturzunahme von 0,1 K je Dekade ein.

Die Balken auf der rechten Seite von Abb. 1.5 geben den besten Schätzwert (Striche in den Balken) für die zu erwartende Erwärmung und die Wahrscheinlichkeitsbereiche für die einzelnen Szenarien an.

Die einzelnen SRES-Szenarien beruhen auf folgenden Prämissen:

A1: Annahme eines rapiden ökonomischen Wachstums mit einem Maximum der Weltbevölkerung in der Mitte des 21. Jahrhunderts sowie einer schnellen Einführung neuer und effizienter Technologien (nicht in Abb. 1.5 eingezeichnet),

A1Fl: Technologische Änderungen erfolgen auf der Basis fossiler Energieressourcen,

A1T: Technologische Änderungen vollziehen sich auf der Basis nicht fossiler Energieressourcen,
A1B: Balance zwischen allen Energieressourcen,
A2: Heterogene Welt mit schnellem Bevölkerungswachstum, geringer ökonomischer und langsamer technologischer Entwicklung,
B1: Konvergente Welt mit einer Population wie in A1, aber einer schnelleren Änderung in den ökonomischen Strukturen,
B2: Welt mit einem mittleren Bevölkerungs- und Energiewachstum, wobei lokale Lösungen in ökonomischer, sozialer und umweltrelevanter Hinsicht bevorzugt werden.

In Abhängigkeit von den betrachteten Emissionsszenarien ergibt die Analyse der verschiedenen Modellsimulationen für 2100 eine unterschiedliche Zunahme der Oberflächentemperatur. Die beste Abschätzung erhält man für das Szenario B1, das eine globale Erwärmung von 1,8 K mit einem Wahrscheinlichkeitsbereich zwischen 1,1 bis 2,9 K aufweist, während für das Szenario A1FI (Energiebasis: fossile Brennstoffe) ein Anstieg der globalen Mitteltemperatur auf 4 K bei einem Schwankungsbereich zwischen 2,4 und 6,4 K simuliert wird. Im Falle einer gemischten Energiebasis (Szenario A2) steigt die Mitteltemperatur um 3,6 K an, wobei eine Schwankungsbreite zwischen 5,4 und 2 K auftritt.

1.4 Physikalische Größen und ihre Maßeinheiten

Sowohl in der Technik als auch in den Naturwissenschaften treten neben skalaren auch vektorielle Größen auf. Skalare Größen sind durch die Angabe eines Zahlenwertes (reelle Maßzahl) und der Maßeinheit vollständig bestimmt. Hierzu gehören: die Länge, die Zeit, die Temperatur, die Masse, der Druck, das Volumen, die Dichte, die Energie, das Potenzial und die Kapazität.

Neben Maßzahl und Maßeinheit, also der Angabe eines Betrages, benötigen andere Größen außerdem die Benennung einer Richtung, so z. B. die Kraft, die Beschleunigung, die Geschwindigkeit und die elektrische Feldstärke. Sie werden als Vektoren, d. h. gerichtete Größen (Strecken), bezeichnet und in der Regel durch einen Pfeil (im Buch als Fettdruck) markiert. Die Richtung des Pfeils entspricht hierbei der Richtung des Vektors, seine Länge der Maßzahl.

In der Meteorologie treten neben thermodynamischen Größen wie Lufttemperatur, Luftdruck, Dichte und Volumen, die allesamt Skalare sind, auch dynamische Größen auf, so z. B. der Wind. Er wird in der Praxis durch seine Richtung und seinen Betrag, die Geschwindigkeit, angegeben und ist folglich ein Vektor, sodass man zu seiner Darstellung ein Koordinatensystem benötigt. Man verwendet in der Regel ein rechtwinkliges kartesisches Koordinatensystem mit den horizontalen Koordinaten x und y, der Vertikalkoordinate z, den horizontalen Einheitsvektoren **i** und **j** sowie dem vertikalen Einheitsvektor **k** (s. Abb. 1.6).

Zur Festlegung der Maßeinheit gilt weltweit das internationale Einheitensystem (*Système International d'Unites*), das in allen Sprachen das gleiche Kurzzeichen SI besitzt, als gesetzliche Grundlage. Es unterscheidet zwei Klassen von Einheiten, die

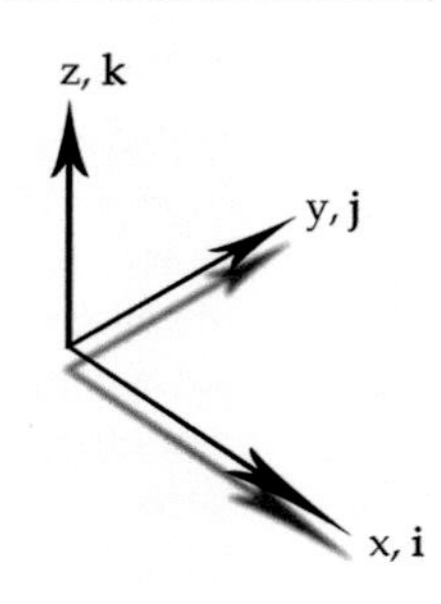

Abb. 1.6 Vektordarstellung in kartesischen Koordinaten

Tab. 1.4 SI-Einheiten gemäß Physikalisch- Technischer Bundesanstalt (PTB 1994)

Basisgröße	Basiseinheit	Symbol
Länge	Meter	m
Masse	Kilogramm	kg
Zeit	Sekunde	s
Elektrische Stromstärke	Ampere	A
Temperatur	Kelvin	K
Stoffmenge	Mol	mol
Lichtstärke	Candela	cd

Basiseinheiten und die daraus abgeleiteten Einheiten. Als Basiseinheiten wurden gemäß Tab. 1.4 die Länge, die Masse, die Zeit, die Temperatur und andere Größen definiert. Präfixe, die in Verbindung mit SI-Einheiten verwendet werden, sind in Tab. 1.5 aufgelistet.

Tab. 1.5 Präfixe für SI-Einheiten

Basisgröße	Präfix	Symbol
10^{-1}	Dezi	d
10^{-2}	Zenti	c
10^{-3}	Milli	m
10^{-6}	Mikro	μ
10^{-9}	Nano	n
10^{-12}	Pico	p
10^{-15}	Femto	f
10^{-18}	Atto	A
10^{1}	Deka	da
10^{2}	Hekto	h
10^{3}	Kilo	k
10^{6}	Mega	M
10^{9}	Giga	G
10^{12}	Tera	T
10^{15}	Peta	P
10^{18}	Exa	E

Tab. 1.6 Abgeleitete SI-Einheiten gemäß Cohen und Giacomo 1987

Abgeleitete Größe	Abgeleitete Einheit	Symbol	Basiseinheiten
Kraft	Newton	N	$kg\ m\ s^{-2}$
Druck	Pascal	Pa	$N\ m^{-2} = kg\ m^{-1}\ s^{-2}$
Energie	Joule	J	$N\ m = kg\ m^{2}\ s^{-2}$
Leistung	Watt	W	$J\ s^{-1} = kg\ m^{2}\ s^{-3}$
Elektrische Spannung	Volt	V	$W\ A^{-1} = kg\ m^{2}\ s^{-3}\ A^{-1}$
Kapazität	Farad	F	$kg^{-1}\ m^{-2}\ s^{4}\ A^{2}$
Elektrischer Widerstand	Ohm	Ω	$V\ A^{-1} = kg\ m^{2}\ s^{-3}\ A^{-2}$

Außerdem ist in der Meteorologie noch eine Reihe nicht gesetzlicher Einheiten in Gebrauch, so die Minute (min), die Stunde (h), der Tag (d), das Jahr (a), der Liter (l), die Tonne (t) und die Druckeinheit das Millibar (mbar) oder Hektopascal (hPa).

Aus den SI-Einheiten lassen sich wiederum durch Multiplikation und Division abgeleitete Größen bilden, die eigene Namen und Symbole besitzen (s. Tab. 1.6).

Für nautische Belange erfolgen Längenangaben oft in Seemeilen (sm) bzw. in nautischen Meilen (nm) und Geschwindigkeitsangaben häufig in Knoten (kn bzw. kt), wobei gilt:

$$1\ \text{kn} = \frac{1\,\text{sm}}{\text{h}} = \frac{1{,}852\,\text{km}}{\text{h}} = \frac{1852\,\text{m}}{3600\text{s}} = \frac{0{,}5\,\text{m}}{\text{s}}$$

$$1^{\circ}\ \text{Breite} = 111{,}137\ \text{km}$$

$$1'\ \text{Breite} = 1\ \text{nm}$$

Die Erdatmosphäre: Ihre chemische Zusammensetzung, vertikale Struktur und Physik

2

Um herauszufinden, was zwischen dem Himmel und der Erde schwebt, müssen wir uns zunächst mit der Erdatmosphäre, d. h. der Dampf- bzw. Gashülle (griech. ατμοζ = Dampf, σφειρα = Kugel) unseres Planeten, befassen und folgende Fragen beantworten:

- Warum besitzt unsere Erde eine Atmosphäre?
- Wieso verflüchtigt sich diese nicht merklich?

Die Erde verdankt ihre derzeitige vierte Atmosphäre dem Gleichgewicht zwischen der Gravitation (Schwerkraft) und den Eigenbewegungen der Moleküle und Atome, die in der Lufthülle enthalten sind. So hält die Gravitationskraft die Gase, die sich infolge ihrer thermisch bedingten Bewegung durch Diffusion rasch in den Weltraum verflüchtigen und dort gleichmäßig verteilen würden, nahe der Erdoberfläche fest.

Die exponentielle Abnahme der Luftdichte und damit des Luftdrucks mit der Höhe bewirkt aber andererseits, dass Gasmoleküle mit kleinen Massen (atomarer Wasserstoff, Helium) bei geringen Drücken eine höhere thermische Geschwindigkeit als Moleküle mit größeren Massen (Stickstoff, Sauerstoff, Kohlendioxid) besitzen und damit oberhalb 500 km Höhe in den materiearmen Weltraum, die Exosphäre, entweichen können. Diese Moleküle folgen ballistischen Trajektorien, wenn ihre Geschwindigkeit 11,2 km s^{-1} überschreitet (vgl. Karttunen 1994, Paus 1995). Damit kommt es zu einem rapiden Verlust von atomarem Wasserstoff in der oberen Atmosphäre, der in Bodennähe zunächst in molekularer Form durch die Verdunstung von Wasser über den subtropischen Ozeanen und durch Vulkanausbrüche nachgeliefert wird.

Betrachtet man die chemische Zusammensetzung der Erdatmosphäre, beginnt der Himmel oberhalb 500 km Höhe, wo unter normalen Bedingungen die Temperatur 1500 K, in Phasen erhöhter Sonnenaktivität 2000 K beträgt und nur noch wenige Wasserstoffatome vorhanden sind. Zu beachten ist hierbei, dass die Erdatmosphäre in Abhängigkeit von der Sonnenaktivität sowie Jahres- und Tageszeit pulsiert.

B. Klose, *Meteorologie,* Springer-Lehrbuch, DOI 10.1007/978-3-662-43622-6_2

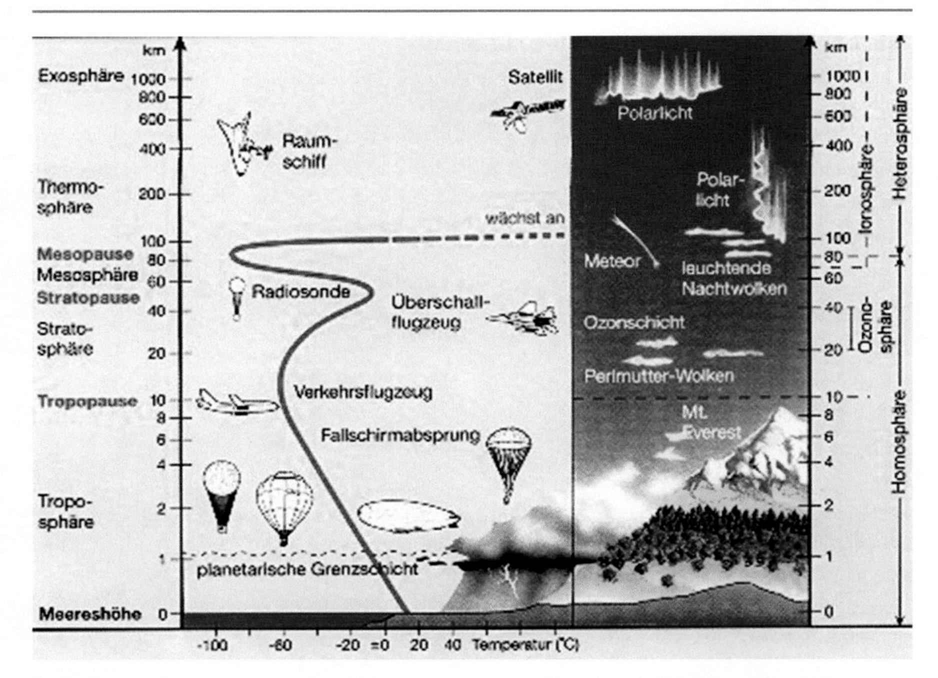

Abb. 2.1 Aufbau der Atmosphäre. (© Fontner-Forget, diGraph Lahr/FC I Frankfurt/M.)

Berücksichtigt man darüber hinaus, dass die im Bereich der Exosphäre auftretenden Teilchen im Mittel geladen sind und deshalb durch das Magnetfeld der Erde festgehalten werden, dann befindet sich der Himmel oberhalb der Magnetopause, die einige zehn Erdradien hoch liegt (s. auch Abb. 2.1; rote Kurve: Temperatur).

2.1 Zusammensetzung der Erdatmosphäre

Unsere Erdatmosphäre ist eine relativ dünne Hülle aus Gasen und suspendierten Partikeln, die bis ca. 100 km Höhe ihre stoffliche Zusammensetzung beibehält. Dabei sind 99 % ihrer Masse in einer Schicht konzentriert, die etwa 0,25 % des Erddurchmessers ausmacht. Bildlich gesprochen gleicht sie damit der Schale unseres „Erdapfels“.

Hinsichtlich ihrer Zusammensetzung unterscheidet man zwischen permanenten Hauptbestandteilen (N_2, O_2, CO_2, Ar) und permanenten Spurengasen (alle anderen Edelgase, H_2, N_2O) sowie sehr variablen, stark räumlich und zeitlich schwankenden Anteilen (besonders H_2O, CH_4, O_3, SO_2, CO und andere anthropogene Spurengase). Den größten Volumenanteil an der trockenen Luft besitzt gemäß Tab. 2.1 der molekulare Stickstoff (78 %), gefolgt vom molekularen Sauerstoff (21 %), dem Edelgas Argon (0,9 %) und dem Treibhausgas Kohlendioxid (0,04 %). Die in den Tab. 2.1 und 2.2 angegebenen Werte wurden gemäß Landoldt-Börnstein 1988, Guderian 2000a, Kraus 2001 und Möller 2003 ausgewählt.

Tab. 2.1 Zusammensetzung der Atmosphäre bis in ca. 100 km Höhe (Hauptbestandteile)

Hauptbestandteile Gas	Chemisches Symbol	Molmasse (10^{-3} kg · mol^{-1})	Volumenanteil	Parts per Million (ppm)
Stickstoff	N_2	28,013	0,7808	780 800,0
Sauerstoff	O_2	31,999	0,2095	209.500,0
Argon	Ar	39,948	0,0093	9300,0
Kohlendioxid	CO_2	44,010	0,0004	400,0
trockene Luft	ohne	28,965	1,0000	1000.000,0
Wasserdampf	H_2O	18,015	0,01–0,04	Im Mittel 20.000,0

Tab. 2.2 Zusammensetzung der Atmosphäre in ca. 100 km Höhe (konstante Spurengase)

Spurengase Gas	Chemisches Symbol	Molmasse (10^3 kg · mol^{-1})	Volumenanteil	Parts per Million (ppm)
Neon	Ne	20,183	$1{,}82 \cdot 10^{-5}$	18,200
Helium	He	4,003	$5{,}24 \cdot 10^{-6}$	5,240
Krypton	Kr	83,800	$1{,}14 \cdot 10^{-6}$	1,140
Wasserstoff	H_2	2,016	$5{,}00 \cdot 10^{-7}$	0,500
Distickstoffoxid	N_2O	44,013	$3{,}10 \cdot 10^{-7}$	0,310
Xenon	Xe	131,300	$8{,}70 \cdot 10^{-8}$	0,087

Die Menge der Edelgase Argon, Neon, Helium, Krypton und Xenon sowie der anderen variablen oder nicht variablen Spurengase ist insgesamt so gering, dass man sie nicht mehr in Prozent, sondern als Anteil der Gesamtanzahl der Moleküle in einer Luftprobe angibt. Allgemein verwendete Einheiten sind millionstel Anteile ppm (parts per million $=10^{-6}$), milliardstel Anteile ppb (parts per billion $=10^{-9}$) und trillionstel Anteile ppt (parts per trillion $=10^{-12}$). Neben einer Konzentrationsangabe in Volumenprozent (ppm(v)) werden auch Massenmischungsverhältnisse (ppm(m)) bzw. $m_{i,mass}$ verwendet. Die hierfür notwendigen Umrechnungen sind in Tafel 2.1 enthalten.

Tafel 2.1 Umrechnungsfaktoren für Konzentrationsangaben

$$m_{i,mass} = \rho \frac{M_i}{M_{Luft}} m_{i,vol}$$

mit

M_i: molare Masse der Substanz (g · mol^{-1})
M_{Luft}: mittlere molare Masse der Luft (g · mol^{-1})
STP: Standardatmosphäre (Standarddruck: 101,325 N · m^{-2} und -temperatur: 273,15 K)
ρ_{STP}: Luftdichte bei STP (1,293 kg · m^{-3})
$m_{i,vol}$ $10^{-6}=1$ ppm; $10^{-9}=1$ ppb; $10^{-12}=1$ ppt

Tab. 2.3 Zusammensetzung der Atmosphäre bis in etwa 100 km Höhe (variable Spurengase)

Spurengase Gas	Chemisches Symbol	Molmasse (10^{-3} kg · mol^{-1})	Volumenanteil	Parts per Billion (ppb)
Methan	CH_4	16,043	$1{,}72 \cdot 10^{-6}$	$1{,}72 \cdot 10^3$
Kohlenmonoxid	CO	28,011	$9{,}0 \cdot 10^{-4}$	$0{,}10 \cdot 10^3$
Ozon	O_3	47,995	$5{,}0 \cdot 10^{-8}$	15–50
Schwefelwasser-stoff	H_2S	34,076	Spuren	$5–90 \cdot 10^3$
Schwefeldioxid	SO_2	64.063	Spuren	2–0,05
Ammoniak	NH_3	17,031	Spuren	4–0,01
Stickstoffdioxid	NO_2	44,013	Spuren	2–0,03
Methanal	CH_2O	30,063	Spuren	2–0,20

Von den Spurengasen beeinflussen insbesondere der Wasserdampf, das Kohlendioxid, Methan und Ozon die Energiebilanz der Erde in bedeutendem Maße. Außerdem enthält unsere Lufthülle noch feste und flüssige Bestandteile unterschiedlicher Natur und Herkunft als Schwebeteilchen und Staubpartikel. In Tab. 2.3 sind die in der Erdatmosphäre enthaltenen variablen Spurengase bis in eine Höhe von etwa 100 km aufgeführt.

Die Zusammensetzung der Erdatmosphäre kann sich in Abhängigkeit von vorhandenen Senken und Quellen besonders hinsichtlich ihrer Spurengaskonzentration sowohl räumlich als auch zeitlich ändern, aber turbulente horizontale und vertikale Austauschprozesse bewirken eine gleichmäßige chemische Zusammensetzung bis in etwa 100 km Höhe. Man bezeichnet diese gut durchmischte Schicht deshalb auch als Homosphäre (griech. homos = gleich). In diesem Höhenbereich ist die mittlere freie Weglänge der Moleküle so klein, dass der turbulente Austausch durch molekulare Diffusion nur wenig gedämpft wird. Innerhalb der Homosphäre befinden sich 99,999 % der irdischen Luft. Sie wird durch die Turbo- bzw. Homopause begrenzt, an die sich die Heterosphäre (griech. hetero = anders, fremd) anschließt. Hier ist die mittlere freie Weglänge der Moleküle größer als die turbulente Verschiebungslänge, sodass der diffuse Transport dominiert. Folglich tritt eine Entmischung der Gase aufgrund ihrer unterschiedlichen molaren Massen ein. An der Atmosphärenobergrenze sind nur noch die leichten Gase wie Helium und Wasserstoff vorhanden. Beide machen zwar nur verschwindend geringe Bruchteile an der Gesamtzahl der atmosphärischen Gasmoleküle aus, nehmen aber wegen ihrer kleinen Molekülmasse (s. Atomgewichte) nur außerordentlich langsam mit der Höhe ab.

Atomgewichte:

H 1,008 gmol^{-1}
He 4,003 gmol^{-1}
N 14,007 gmol^{-1}
O 15,999 gmol^{-1}

Oberhalb 150 km Höhe dominiert bereits der atomare Sauerstoff, da hier die Fotodissoziation (Aufbrechen von Molekülen durch kurzwellige Strahlung) neben der molekularen Diffusion eine bedeutende Rolle spielt. In 400 km Höhe bildet er 94 % des gesamten Gasgemisches, wie man Abb. 2.2 entnehmen kann.

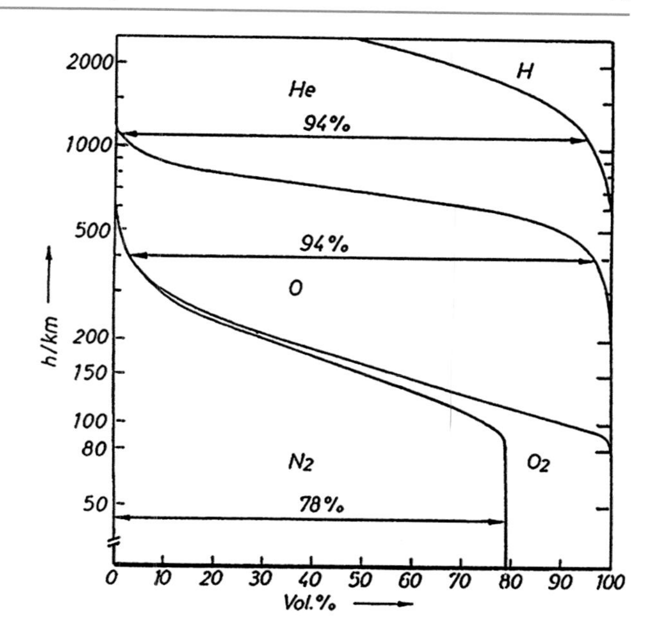

Abb. 2.2 Änderung der Zusammensetzung der Erdatmosphäre. (© Referenzatmosphäre Cospar 1972)

2.1.1 Atmosphärischer Wasserdampf

Die Atmosphäre enthält wechselnde Anteile von Wasser (1 bis 4 Volumenprozent) in allen Aggregatzuständen, so in der Form von Wasserdampf (unsichtbares Gas), Wassertröpfchen (sichtbar als Wolken) und winzigen Eiskristallen. Da der Wasserdampfgehalt der Luft temperaturabhängig ist, verringert sich seine Konzentration infolge der vertikalen Temperaturabnahme rasch mit der Höhe. So sind rund 50 % des Wasserdampfgehaltes in Bodennähe konzentriert, 90–95 % treten unterhalb 5 km Höhe auf, und 7–5 % werden zwischen 5–10 km Höhe beobachtet. In der unteren Stratosphäre ist ihrer tiefen Temperaturen wegen weniger als 1 % Wasserdampf enthalten.

Hauptquelle des atmosphärischen Wasserdampfs sind die tropischen Ozeane, aus denen er durch Verdunstung in die Atmosphäre gelangt, und durch Quellwolkenbildung bzw. advektive Prozesse auf- bzw. polwärts transportiert wird. Da die natürliche Verdunstung aber sehr viel größer als die anthropogene Emission durch Verbrennungsprozesse bzw. infolge des Flug- und Schiffsverkehrs ist, dominiert er den natürlichen Treibhauseffekt (s. Guderian 2000a, b), denn er stellt das wichtigste infrarotaktive Gas in der Erdatmosphäre dar.

Als Senken für den Wasserdampf wirken Kondensationsprozesse, während das Flüssigwasser durch Niederschlagsbildung aus der Atmosphäre entfernt wird. So verweilt ein Wassermolekül etwa vier bis zehn Tage in der Troposphäre, jedoch 100 bis 500 Tage in der Stratosphäre, da hier keine Niederschlagsprozesse auftreten.

Die bodennahe Wasserdampfkonzentration beträgt in den Polargebieten im Mittel $4\ g \cdot kg^{-1}$ Luft, in den gemäßigten Breiten $10\ g \cdot kg^{-1}$ und im äquatorialen Bereich $20\ g \cdot kg^{-1}$.

2.1.2 Atmosphärisches Ozon

Der dreiatomige Sauerstoff O_3 – das Ozon – gehört neben dem Wasserdampf, Kohlendioxid und Methan zu den wichtigsten Spurengasen in der Atmosphäre. Es wurde 1839 durch den deutschen Chemiker Schönbein (1799–1868) entdeckt, der zur Charakterisierung seines stechenden Geruchs das Wort „das Riechende" (griech. = ozono) einführte. Aufgrund seiner chemischen Struktur wirkt es stark oxidierend und zerstört nahezu alle organischen Verbindungen.

Ozon entsteht auf natürlichem Wege aus gewöhnlichem Sauerstoff unter der Einwirkung von ultravioletter Strahlung (s. Abb. 2.3). Sein Volumenmischungsverhältnis beträgt in der Stratosphäre bis zu 10 ppm, d. h., auf eine 1 Mio. Luftmoleküle entfallen maximal 10 Moleküle Ozon, in der Troposphäre erreicht die Ozonkonzentration nur 15 bis 50 ppb, in stark verschmutzter Luft auch bis zu 500 ppb. Für praktische Belange erfolgt die Angabe der Ozonkonzentration meist im Massenmischungsverhältnis ($\mu g \cdot m^{-3}$) (s. Tafel 2.2 in Anlehnung an Warneck 1988).

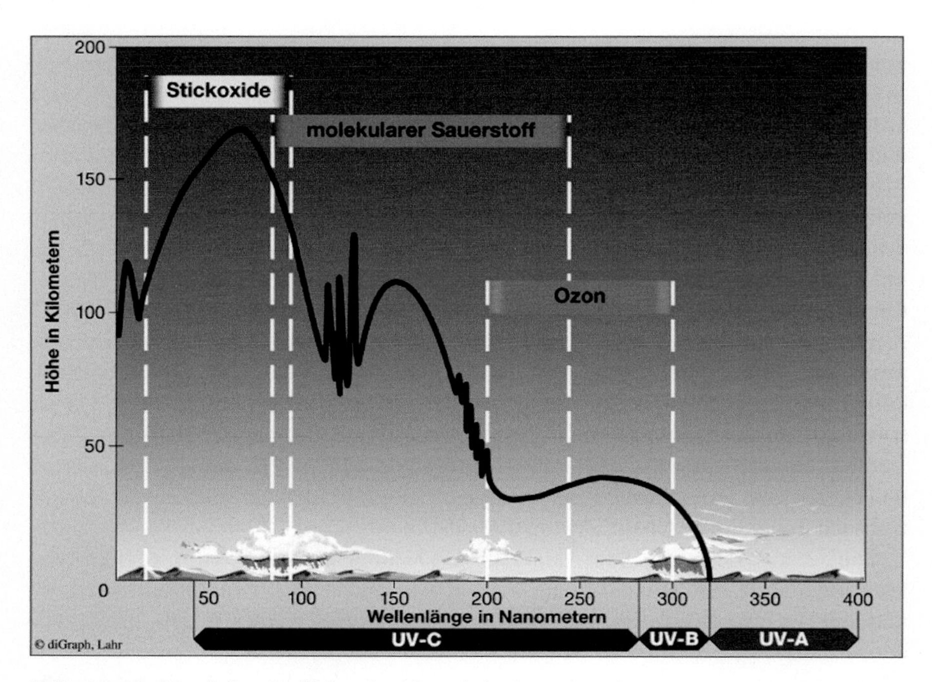

Abb. 2.3 Eindringtiefe schädlicher Strahlung bei Absorption durch Gase. (© Fontner-Forget, diGraph Lahr/FC I Frankfurt/M.)

Tafel 2.2 Konzentrationsangaben für das Ozon

$m_{i,mass} = 1,293\frac{47,997}{28,965} \cdot 10^{-9} = 2,14 \cdot 10^{-9} (kg \cdot m^{-3}) = 2,14 (\mu g \cdot m^{-3})$
$1\ ppb(v)\ (O_3) = 2,14 (\mu g \cdot m^{-3})(O_3)$
$1\ \mu g m^{-3} (O_3) = 0,467\ ppb(v)\ (O_3)$
10^3 DU = 1 cm O_3-Säule

Der Ozongesamtgehalt der Atmosphäre wird dagegen in Dobson-Einheiten (DU) bestimmt. Hierzu nimmt man an, dass alle in einer vertikalen Luftsäule von 1 cm^2 Grundfläche enthaltenen Ozonmoleküle auf Normaldruck (1013,25 hPa) und Normaltemperatur (273,15 K) gebracht würden und anschließend die Höhe der auf diese Weise gewonnenen Ozonschicht gemessen wird. Einer DU entsprechen $2,6868 \cdot 10^{16}$ Ozonmoleküle in dieser Luftsäule, was eine Schichtdicke von 0,01 mm Ozon ergibt. 1000 DU stellen folglich 1 cm O_3-Säule dar, und der in der Regel beobachtete Ozongesamtgehalt von 200 bis 600 DU entspricht damit einer Ozonschicht von 2 bis 6 mm Dicke.

Vergleicht man das strato- mit dem troposphärischen Mischungsverhältnis (10 ppm zu 10 ppb), dann resultiert, dass sich etwa 90 % des Ozongehaltes einer vertikalen Luftsäule in der Stratosphäre befinden. Bei 400 DU entfallen somit 3,6 mm Ozonsäule auf die Stratosphäre und 0,4 mm auf die Troposphäre.

Das troposphärische Ozon besitzt zwei unterschiedliche Quellen. Einerseits gelangt es durch Transportvorgänge aus der Stratosphäre in die darunter gelegenen Schichten, andererseits entsteht es durch fotochemische Oxidation von Kohlenmonoxid, Methan und anderen Kohlewasserstoffen unter Beteiligung von Stickoxiden und Wasserdampf (vgl. Graedel 1994).

Da Stickoxide als sogenannte Vorläufersubstanzen durch den motorisierten Verkehr und die Industrie freigesetzt werden, ergibt sich ein deutlicher Unterschied zwischen der Ozonkonzentration auf der Nord- und Südhalbkugel der Erde. Darüber hinaus besteht eine ungleiche Ozonverteilung zwischen dem Äquator und den Polen auf beiden Halbkugeln. Obwohl die Hauptmenge des Ozons beiderseits des Äquators aufgrund eines nahezu senkrechten Strahleneinfalls erzeugt wird, sorgen Transportvorgänge dafür, dass auf der Nordhalbkugel Höchstwerte von mehr als 440 DU im Frühjahr zwischen 60 und 90° Breite über Nordamerika und Kanada sowie 30 und 90° Breite über Asien auftreten (s. Abb. 2.4), während für den Südfrühling maximale Konzentrationen von mehr als 400 DU bei 60° südlicher Breite typisch sind. In Äquatornähe werden dann nur ca. 240 bis 280 DU beobachtet (s. Cubasch 2000, Sandermann 2001).

Die zeitlichen Trends des strato- und troposphärischen Ozons waren in den letzten Jahrzehnten gegenläufig. Während das stratosphärische Ozon zwischen 1980 und 1994/1995 um nahezu 3 % je Dekade abgenommen hat, erhöhte sich insbesondere auf der Nordhalbkugel der troposphärische Ozongehalt um etwa 1 % pro Jahr. Als Nettobilanz ergibt sich dennoch eine globale Ausdünnung der Ozonschicht, die z. B. gemäß Claude 2005 nach den Messungen des Observatoriums Hohenpeißenberg (976 m über NN) 2,1 % je Dekade ausmacht.

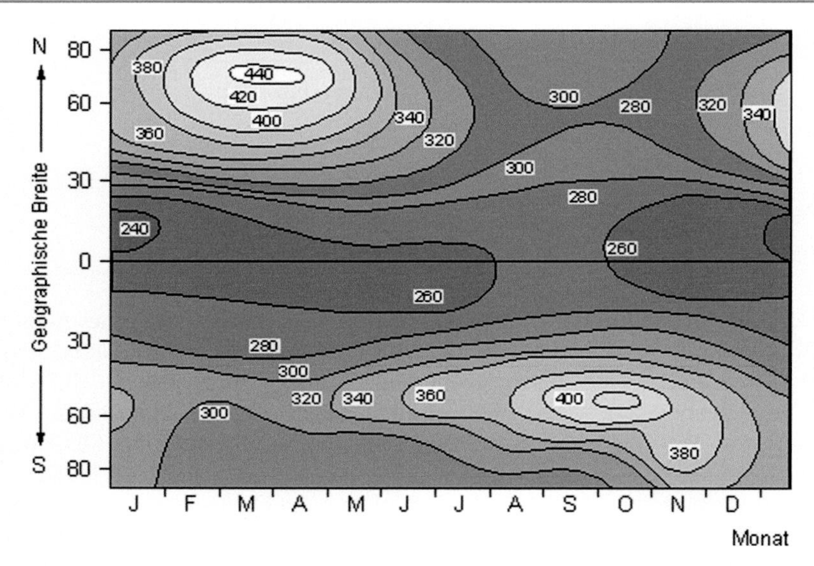

Abb. 2.4 Mittlere Gesamtozonmenge (in DU) als Funktion der Breite und der Jahreszeit (1957–1975). (© Bundestag, Senatsverwaltung für Stadtentwicklung und Umwelt Berlin (Internet 3))

Die Abnahme des stratosphärischen Ozons, das als vollständiger Absorber der UVC-Strahlung (200–290 nm) wirkt und UVB (290–320 nm) noch teilweise absorbiert (vgl. Abb. 2.3), führt zu einer Zunahme der UVC-Strahlung am Erdboden und damit zu erhöhtem Hautkrebsrisiko. Gleichzeitig erfolgt mit dem Ozonrückgang in der unteren Stratosphäre eine verringerte UV-Absorption und somit eine Abnahme der Temperatur von 0,35 K pro Jahrzehnt seit den 1970er-Jahren (s. Cubasch 2000). In der Troposphäre haben sich dagegen die Temperaturen um 0,4 K seit 1958 erhöht (vgl. hierzu Abb. 2.5).

Die Zunahme des Ozons in der Troposphäre ist mit einer Verstärkung des Treibhauseffektes verknüpft, da es infolge seiner Absorptionsbanden im nahen Infrarot bei Wellenlängen von $\lambda = 4{,}8$ sowie bei 5,8, bei 6,7 µm und auch bei $\lambda = 9{,}6$ µm im thermischen Infrarot insbesondere die von der Erdoberfläche ausgehende langwellige Strahlung zurückhält.

Die Ozonkonzentration als Funktion der Höhe wurde erstmals 1930 durch den britischen Wissenschaftler Chapman (1888–1970) beschrieben. Es ergab sich eine Ozonverteilung, die in ihrer Form der Realität sehr nahe kam, jedoch die Ozonmenge um den Faktor 2 überschätzte. Erst die Hinzunahme katalytischer Zerfallsreaktionen führte zu Modellergebnissen, die der beobachteten Ozonverteilung entsprechen (vgl. auch Abb. 2.8).

Ozon kommt in allen atmosphärischen Schichten vor, insbesondere aber zwischen dem Boden und mindestens 100 km Höhe. Etwa 90 % seiner Menge befinden sich jedoch in der Stratosphäre in einem Höhenbereich zwischen 15 bis 30 km, in der sogenannten Ozonschicht, wo es in situ auf natürlichem Wege durch die Fotolyse von Sauerstoffmolekülen entsteht. Seine maximale Konzentration beträgt in 25 km

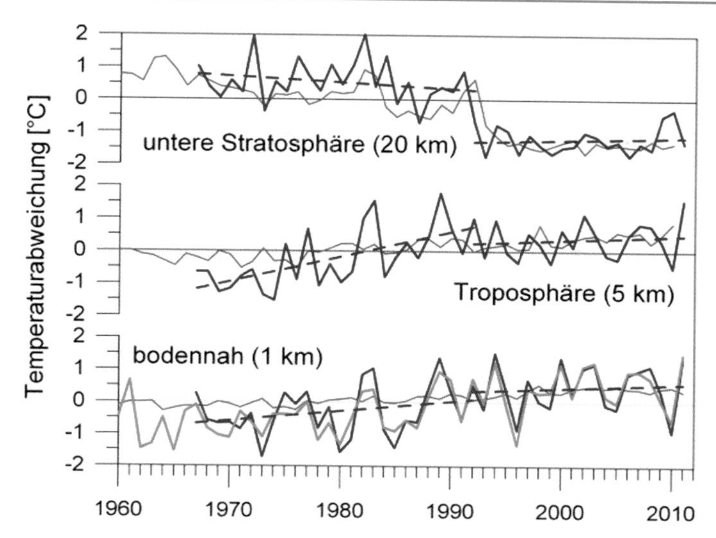

Abb. 2.5 Jahresmittel der Temperatur am Boden (*grüne Kurve*) sowie in 1, 5 und 20 km Höhe (*blaue Kurven*) nach Sondierungen der Station Hohenpeißenberg im Vergleich zur globalen Temperaturentwicklung (*rote Kurven*). (© W. Steinbrecht, DWD)

Höhe $5 \cdot 10^{12}$ Moleküle je cm^3, was einem Volumenmischungsverhältnis von rund 6 ppm entspricht. Insgesamt gesehen verhält sich die Ozonschicht sehr variabel, und ihre Höhenlage sowie Dicke ändern sich sowohl mit der geografischen Breite als auch der Jahreszeit und den meteorologischen Bedingungen (vgl. Abb. 2.6).

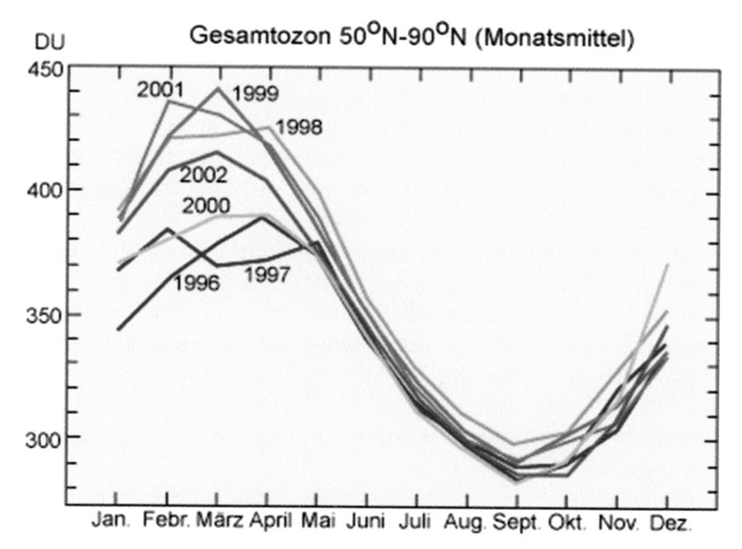

Abb. 2.6 Mittlere Verteilung des Ozongesamtgehaltes im Verlaufe verschiedener Jahre in verschiedenen Breiten. (© DWD/Wiki Bildungsserver (Internet 4))

Eine minimale Ozonschichtdicke existiert in den Tropen, obwohl hier das meiste Ozon produziert wird. Ursache sind die vorherrschenden stratosphärischen Winde, die das Spurengas in die mittleren und hohen Breiten transportieren, sodass im äquatorialen Bereich seine Schichtdicke nahezu über das gesamte Jahr konstant bleibt und gemäß Abb. 2.4 und 2.7 im Mittel nur 225 bis 250 DU beträgt. In den Subtropen bzw. in den mittleren Breiten der Nordhalbkugel werden hingegen 250 bis 275 DU bzw. 275 bis 375 DU gemessen.

Während auf der Nordhalbkugel infolge von dynamischen Prozessen die Dicke der Ozonschicht praktisch bis zum Pol hin ungehindert zunimmt, erreicht sie auf der Südhalbkugel ihren Maximalwert bereits bei 55° Süd und verringert sich bis zum Südpol wieder. Der höchste Ozongesamtgehalt wird im Verlaufe des Frühlings mit 460 DU auf der Nord- und mit 400 DU auf der Südhalbkugel beobachtet. Dieses Maximum in der Ozonverteilung beruht auf verschiedenen Ursachen. Zum einen hat sich in Polnähe das Ozon angesammelt, das in Verbindung mit der Brewer-Dobson-Zirkulation während des Winters im Polarwirbel absinkt, zum anderen fehlt während der Polarnacht das Sonnenlicht, um Ozon zu dissoziieren, sodass der natürliche Ozonabbau eingeschränkt ist (s. Brewer 1949). Darüber hinaus existiert im Polarbereich eine tief liegende Tropopause, was zu einer Zunahme der vertikalen Mächtigkeit der Stratosphäre mit ihrer hohen Ozonkonzentration und damit der Ozonschichtdicke führt.

Die Variabilität des Ozongesamtgehaltes mit der Jahreszeit kommt ebenfalls deutlich in Abb. 2.6 zum Ausdruck. So ist in allen Breiten mit Ausnahme der Tropen während des Frühjahrs die Ozonkonzentration am höchsten und nimmt im Verlauf des Jahres auf ein Herbstminimum ab, wobei im polaren Bereich eine größere Schwankungsbreite als in den Subtropen beobachtet wird. In der unteren Stratosphäre beträgt die sommerliche Ozonreduktion in den polaren Breiten rund 35 %, d. h., sie ist etwa genauso groß wie die Ozonzerstörung im winterlichen Polarwirbel. Einen Überblick über die globale Ozonverteilung während des späten Frühlings gibt Abb. 2.7.

Wie wir heute wissen, wird durch halogene Gase die Ozonschicht in der Antarktis und Arktis seit Beginn der 80er-Jahre ausgedünnt, sodass ihre Dicke zu Frühlingsbeginn bis zu 30 % reduziert ist und in der unteren Stratosphäre das Ozon teilweise komplett verloren geht. Den hierfür wirksamen Mechanismus diskutierten Crutzen 1986 sowie Molina 1987. Als Ursache gilt die Bildung polarer Wolken in der kalten winterlichen Stratosphäre, auf deren Oberfläche durch heterogene chemische Reaktionen Stickstoffverbindungen zeitweise in HNO_3 umgewandelt und durch Sedimentation von Wolkenpartikeln permanent entfernt werden. In der Antarktis, in der die Temperaturen immer genügend tief für heterogene chemische Reaktionen sind, spielt zur Erklärung des Ozonlochs die Denitrifikation dabei keine so große Rolle wie in der Arktis, wo z. B. im Verlaufe des Winters 1994/1995 bis zu 35 % der Gesamtozonverlustes im mittleren Bereich der Ozonschicht von der Partikelsedimentation herrührten (s. Waibel 1999).

Wolkentröpfchen, die Salpetersäure enthalten, haben einen typischen Partikelradius von 0,01 bis 0,4 µm, sodass sie eine Sinkgeschwindigkeit von wenigen Metern pro Tag aufweisen und die Denitrifikation nicht fördern. Feste Partikel können da-

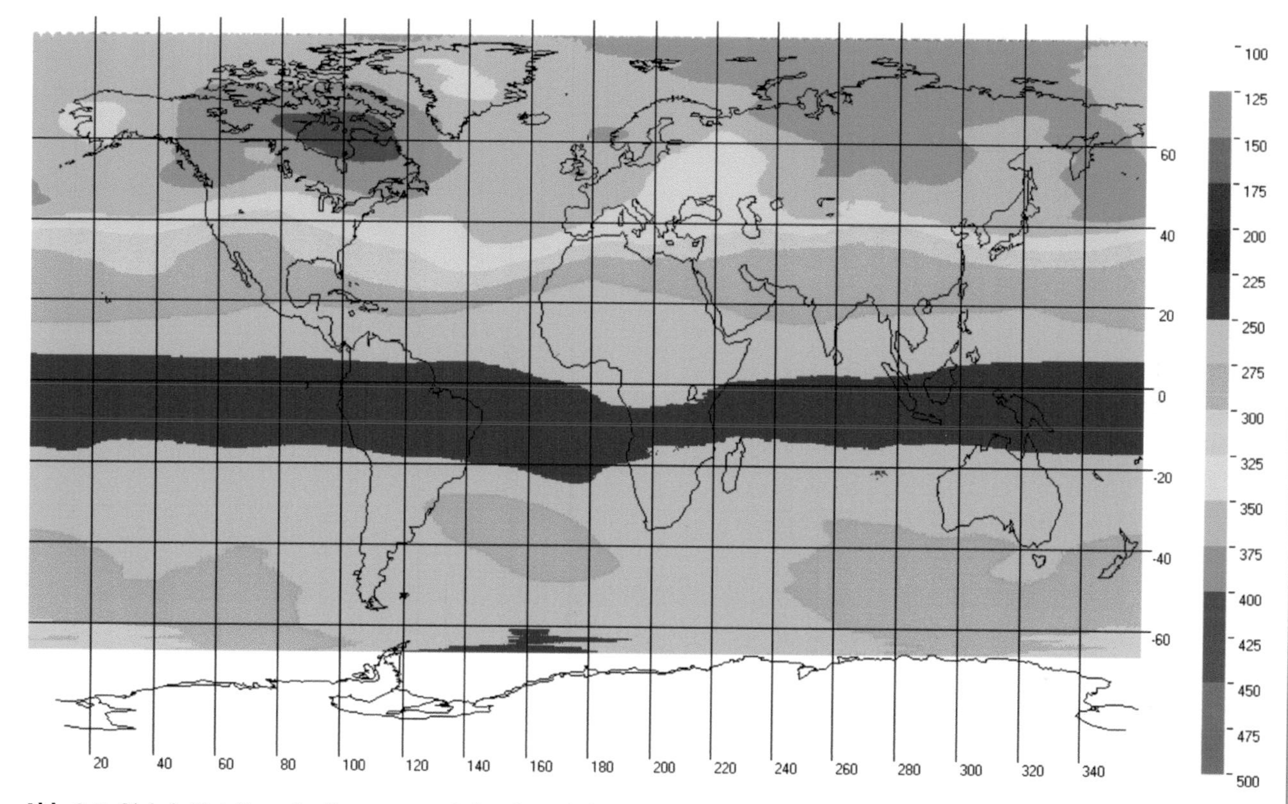

Abb. 2.7 Globale Verteilung des Ozongesamtgehaltes (in DU) für Mai 1996 nach Daten von NASA/GOME. (© DWD (Internet 5))

gegen zu größeren Dimensionen anwachsen und maßgeblich für die Reduzierung von Stickoxyden sein, weil sie während ihres Wachstums auf mehrere Mikrometer vollständig gasförmiges HNO_3 in Form von NAT (*Nitric Acid Trihydrate*) enthalten und etwa 1 km je Tag absinken. Mit der weiteren troposphärischen Erwärmung und stratosphärischen Abkühlung sollten sich die ozonzerstörenden Prozesse auf beiden Halbkugeln einander annähern. Der kalte nordhemisphärische Winter 2010/2011 mit seinem Rekordozonloch über dem Nordpol ist bereits das erste Beispiel für diese These.

Der Abbau der FCKW führt nach dem Durchlaufen weiterer Reaktionen auch zu Chlorradikalen, die mit Stickstoffdioxid NO_2 zu Chlornitrat $ClONO_2$ oder mit Stickstoffmonoxid NO und Methan CH_4 zu Salpetersäure HNO_3 reagieren. Beide sind relativ stabile Verbindungen und greifen das Ozon nicht an. Unter den Bedingungen der Polarnacht bilden sich bei Temperaturen von etwa −80° C jedoch aus Salpetersäure und Wasser stratosphärische Eiswolken, an deren Oberfläche sich HCl und $ClONO_2$ chemisch zu Salpetersäure HNO_3 und reinem Chlor Cl_2 umsetzen, wobei HNO_3 sofort in die Wolkenpartikel eingebaut und das entstandene molekulare Chlor rasch in Chloratome bzw. Chloroxide umgewandelt wird, die ozonzerstörend wirken. Nach Brasseur 1999 lassen sich diese Reaktionen wie folgt beschreiben:

$$\begin{aligned} ClONO_2 + HCl + \text{Partikel} &\Rightarrow Cl_2 + HNO_3 \\ HOCl + HCl + \text{Partikel} &\Rightarrow Cl_2 + H_2O \end{aligned} \tag{2.1}$$

2.1.2.1 Stratosphärisches Ozon

Ozon entsteht in der Stratosphäre oberhalb 20 km Höhe durch Fotodissoziation des molekularen Sauerstoffs O_2, ein Prozess, der auf der Absorption kurzwelliger UV-Strahlung beruht. Nach der Theorie von Chapman (vgl. Mégie 1989) erfolgt die Ozonbildung in zwei Stufen.

Zunächst wird ein Sauerstoffmolekül durch Absorption energiereicher Photonen in zwei Sauerstoffatome aufgespalten (Fotolyse des molekularen Sauerstoffs). Aufgrund der hohen Bindungsenergie des Moleküls ist kurzwellige UV-Strahlung $\lambda \leq 242$ nm (s. Abb. 2.3; Feister 1990, Schmidt 1992, Acevedo 1994, Graedel 1994) erforderlich:

$$O_2 + h\nu \Rightarrow O + O \tag{2.2}$$

Jedes der gebildeten Sauerstoffatome kann sich an ein zweiatomiges Sauerstoffmolekül anlagern. Für diese Reaktion wird jedoch ein Stoßpartner M (ein Stickstoff- oder Sauerstoffmolekül) benötigt, der die bei der Reaktion freigesetzte Energie (10^3 kJ) aufnimmt und zu einem Ausgleich der Impulsbilanz führt:

$$O + O_2 + M \Rightarrow O_3 + M \tag{2.3}$$

Da bei der Aufspaltung des molekularen Sauerstoffs zwei O-Atome entstehen, läuft die Stoßreaktion (2.2) zweifach ab, sodass als Nettobilanz $3O_2 + h\nu \Rightarrow 2O_3$ resultiert.

Die Dissoziation des Sauerstoffs erfolgt durch kurzwellige Sonnenstrahlung, die durch Extinktionsvorgänge in der Atmosphäre stark geschwächt wird, sodass nur

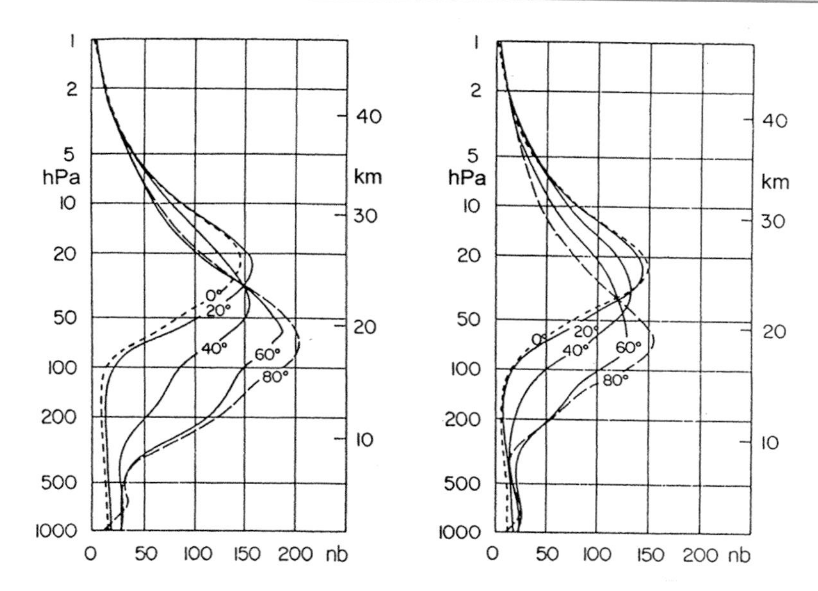

Abb. 2.8 Mittlere vertikale Ozonprofile in Nanobar für April (*links*) und Oktober (*rechts*) in Abhängigkeit von der Breite und Höhe (Ozondruck in Nanobar). (© Dütsch 1980)

oberhalb 20 km Höhe die Strahlungsflussdichte genügend groß ist, um eine Fotolyse des molekularen Sauerstoffs zu bewirken. Weil die Strahlungsflussdichte jedoch von der jeweils durchstrahlten Masse abhängt, findet der überwiegende Teil der Ozonbildung in der tropischen Stratosphäre statt. Darüber hinaus existiert in etwa 25 km Höhe ein optimales Verhältnis zwischen der Sauerstoffkonzentration und der Intensität der UV-Strahlung, sodass sich hier ein Maximum der Ozonproduktion einstellt. Im Normalfall herrscht oberhalb des Ozonmaximums fotochemisches Gleichgewicht zwischen Ozonbildung und -abbau, während unterhalb davon (etwa 10 bis 20 km Höhe) die Herstellung des Gleichgewichts 3 bis 4 Jahre erfordert. D. h., wenn Ozon durch dynamische Prozesse in diese Schichten gelangt, wird es zu einer konservativen Eigenschaft der Atmosphäre und kann verteilt werden. So beobachtet man beispielsweise die größte Dicke der Ozonschicht nicht über dem Äquator, wo die meiste Strahlungsenergie zur Verfügung steht, sondern in den hohen Breiten, wie Abb. 2.8 eindeutig demonstriert.

Die Profile in Abb. 2.8 entsprechen am Äquator einer Ozonverteilung, die sich ohne Transportprozesse ergibt. Man erkennt ebenso, dass oberhalb 25 km Höhe der Ozonpartialdruck von den niederen zu den hohen Breiten hin abnimmt, während er sich in der unteren Stratosphäre zu allen Jahreszeiten, aber insbesondere im Spätwinter, erhöht. Mit wachsender Breite sinkt das Konzentrationsmaximum ab, und die untere Stratosphäre füllt sich aufgrund der atmosphärischen Zirkulation mehr und mehr mit Ozon auf. Hierbei wird das Ozon aus seinem Quellgebiet, der oberen Stratosphäre der Tropen, polwärts und gleichzeitig auf niedrigere Niveaus verfrachtet.

Der Abbau des Ozons geht ebenfalls in zwei Stufen vor sich und wird als thermischer Zerfall infolge von Stoßprozessen bezeichnet. Durch Einwirkung von Strahlung mit Wellenlängen um 300 nm, die tiefer in die Atmosphäre eindringen kann, wird das Ozonmolekül in ein Sauerstoffatom und ein Sauerstoffmolekül gespalten. Die Fotolyse des Ozons kann auch bei größeren Wellenlängen erfolgen, weil die Bindungsenergie eines Ozonmoleküls etwa 5-mal geringer als die eines Sauerstoffmoleküls (~5 eV) ist:

$$O_3 + hv \Rightarrow O + O_2 \tag{2.4}$$

Die Fotolyse allein führt jedoch nicht zu einem Nettoverlust des Ozons, da sich die gebildeten Sauerstoffatome wieder an ein Sauerstoffmolekül anlagern und somit erneut Ozon bilden können. Ein effektiver Abbau erfolgt erst bei einer Stoßreaktion eines Ozonmoleküls mit einem Sauerstoffatom, nämlich durch

$$O_3 + O \Rightarrow O_2 + O_2. \tag{2.5}$$

Die Reaktion (2.5) verläuft bei den relativ niedrigen Temperaturen in der unteren Stratosphäre jedoch verlangsamt ab, sodass sie nicht allein für den Ozonabbau verantwortlich sein kann.

2.1.2.1.1 Katalytischer Ozonabbau

Anfang der 1960er-Jahre wurde klar, dass die mittels Chapman-Prozess berechnete und im Vergleich mit Messungen um 30 % zu hohe atmosphärische Ozonmenge auf die in der Bilanz fehlenden katalytischen Prozesse, die einen Ozonabbau bewirken, zurückzuführen ist. Bei diesen Reaktionen wird nämlich das Ozon reduziert, ohne die Konzentration des Katalysators X zu verändern. Als Katalysatoren kommen NO, H, OH, Cl oder Br infrage, wobei es üblich ist, für die reaktionsfreudigen Radikale Sammelbegriffe zu benutzen.

Diese Radikale werden durch fotochemische Reaktionen aus sogenannten Quellgasen (N_2O, H_2O, CH_4 und Chlorfluormethane) gebildet, die infolge natürlicher chemischer oder biologischer Prozesse an der Erdoberfläche oder in zunehmendem Maße durch die Tätigkeit des Menschen seit den 1950er-Jahren freigesetzt werden. Sie gelangen in Verbindung mit turbulenten Transportprozessen in die Stratosphäre und reagieren hier zunächst nicht mit dem Ozon. Durch Fotolyse und Reaktionen mit angeregten Sauerstoffatomen (Singulett-D oder $O(^1D)$) entstehen jedoch reaktive Spezies, die zum Ozonabbau beitragen. Diese Quellgase haben eine außerordentlich geringe Konzentration von 10^{-4} bis 10^{-12} Volumenanteilen, die sich häufig stark mit der Höhe ändert. In besonderem Maße wird die stratosphärische Ozonschicht durch den Gehalt an brom- und chlorhaltigen Verbindungen wie z. B. $CFCl_3$, $CFCl_2$, $CF_2ClCFCl_2$ und CH_3Br, für die es keine natürlichen Quellen gibt, gefährdet. Gegenwärtig beträgt die Chlorkonzentration ca. 4 ppb, wobei ein weiterer Anstieg erwartet wird. Dem natürlichen Chlorniveau würden nur 0,6 ppb entsprechen. Als einzige natürliche Quelle für Chlor kommt Methylchlorid (CH_3Cl) infrage, das im Ozean gebildet und in die Atmosphäre freigesetzt wird. Seine Lebensdauer beträgt etwa 1,3 Jahre.

Die Anwesenheit von Chlorradikalen muss jedoch nicht notwendigerweise zum Abbau des stratosphärischen Ozons führen, da z. B. die vorhandenen Stickoxide eine Senke für Chlorradikale darstellen. Bei diesen Reaktionen entstehen sogenannte Reservoirgase wie Chlornitrat ($ClONO_2$) und Salzsäure (HCl), in denen das Chlor zwischengelagert wird:

$$\begin{aligned} ClO + NO_2 + M &\Rightarrow ClONO_2 + M \\ ClO + NO &\Rightarrow Cl + NO_2 \\ Cl + CH_4 &\Rightarrow HCl + CH_3 \end{aligned} \tag{2.6}$$

$ClONO_2$ und HCl verbleiben normalerweise in der Gasphase und werden bei einer mittleren Lebensdauer von ein paar Wochen bzw. rund einem Tag durch die Reaktionen abgebaut, wodurch die Radikale Cl und NO_3 wieder freigesetzt werden.

$$\begin{aligned} HCl + OH &\Rightarrow Cl + H_2O \\ ClONO_2 + h\nu &\Rightarrow Cl + NO_3 \end{aligned} \tag{2.7}$$

Eine katalytische Ozonzerstörung ist nur deshalb möglich, weil die Ozonfotolyse zum größten Teil durch UV-Strahlung ($\lambda < 310$ nm) stimuliert wird, obwohl sie auch im Bereich des sichtbaren Lichtes bzw. durch Wellenlängen bis zu 1200 nm erfolgen kann, wodurch sich im ersteren Fall angeregte Sauerstoffatome $O(^1D)$ bilden:

$$O_3 + hv \Rightarrow O(^1D) + O_2 \tag{2.8}$$

Diese gehen mit den Quellgasen beispielsweise folgende chemische Verbindungen ein (vgl. Graedel 1994, Zellner 2000, Fabian 2002):

$$\begin{aligned} O(^1D) + H_2O &\Rightarrow OH + OH \\ O(^1D) + CH_4 &\Rightarrow OH + CH_3 \\ O(^1D) + N_2O &\Rightarrow N_2 + O_2 \end{aligned} \tag{2.9}$$

Dabei entsteht folgende Reaktionskette:

$$\begin{aligned} OH + O_3 &\Rightarrow HO_2 + O_2 \\ HO_2 + O_3 &\Rightarrow OH + 2O_2 \end{aligned} \tag{2.10}$$

Generell werden hierbei $2O_3$ in $3O_2$ übergeführt.

Der katalytische Abbau, der durch homogene chemische Reaktionen ein niedriges Gleichgewichtsniveau bewirkt, kann mit dem Radikal X (hier NO, H, OH und Cl) in allgemeiner Form wie folgt dargestellt werden:

$$\begin{aligned} X + O_3 &\Rightarrow XO + O_2 \\ XO + O &\Rightarrow X + O_2 \end{aligned} \tag{2.11}$$

Hierbei durchläuft der Katalysator X den chemischen Reaktionszyklus 10^2- bis 10^7-mal, sodass ein merklicher Abbau des Ozons eintritt, obgleich die Spurengase in der Atmosphäre nur sehr geringe Konzentrationen aufweisen. Die Wirksamkeit der Radikalkette und damit der Ozonabbau werden in der Regel durch eine Abbruchreaktion beschränkt, die für die obigen Hydroxil-Radikale OH und HO_2 lautet:

$$OH + HO_2 \Rightarrow H_2O + O_2 \tag{2.12}$$

2.1.2.1.2 Das Ozonloch

Als Ozonloch bezeichnet man ein Gebiet mit extrem hohen Ozonverlusten, sodass es im Verlauf weniger Wochen zu einer raschen Ausdünnung der Ozonschicht unter 220 DU kommt, was im Mittel eine Verringerung des atmosphärischen Gesamtozongehaltes von 300 DU auf 120 bis 150 DU bedeutet. In sehr kalten Jahren können die lokalen Verluste in Höhen zwischen 13 und 20 km sogar mehr als 90 % betragen, in Einzelfällen wird das Ozon kurzzeitig fast vollständig vernichtet.

Voraussetzungen für seine Entstehung sind eine sehr kalte und isolierte winterliche Stratosphäre im polaren Bereich bzw. polwärts von 60° Breite, das Vorhandensein halogener Gase, die Entwicklung polarer stratosphärischer Wolken (PSC), die Freisetzung von Chlor aus Reservoirgasen an der Oberfläche dieser Wolken, die Bildung von reaktivem Chlor und das wiederkehrende Sonnenlicht am Ende der Polarnacht, das zur katalytischen Ozonzerstörung führt.

Das Ozonloch wird seit 1979 beobachtet, wobei es zu Beginn der 1990er-Jahre bereits eine horizontale Ausdehnung von 25 Mio. km^2 und darüber aufwies, also mehr als 10 % der Gesamtfläche der Südhalbkugel einnahm (Guderian 2000a, Zellner 2000). Die Entdeckung des Ozonlochs war eine große Überraschung, obwohl es von Molina 1974 Hinweise gab, dass extreme industrielle Freisetzungen großer Konzentrationen von FCKW zu einer Minderung der Ozonschichten führen könnten (s. Fabian 2002). So zeigte der Japaner Cubachi 1985 erstmals auf einem Ozonsymposium ein Poster der Ozonschichtdicke an der Antarktisstation Syowa für September/Oktober 1982, wo diese von normalerweise 300 bis 330 DU auf unter 200 DU abgesunken war (Fabian 2002). Über eine dramatische Abnahme des stratosphärischen Ozons an der Station Halley Bay (76° Süd) berichteten 1985 Farman, Gardiner und Shanklin, die heute als Entdecker des Ozonlochs gelten, und es besteht seit Mitte der 1980er- bzw. 1990er-Jahre kein Zweifel mehr an einer jährlichen Abnahme des Ozongesamtgehaltes auf 220 DU und darunter in den hohen Breiten beider Hemisphären während des Winters und Frühjahrs. In der Regel tritt eine sich jährlich wiederholende rasche Ausdünnung der Ozonschicht im Verlauf weniger Wochen seit den 1980er-Jahren während des späten Winters und südhemisphärischen Frühlings (August und September) in der Antarktis auf und wird seit 1989/1990 auch in der Arktis (Februar und März) beobachtet. Dabei erfolgt, wie aus Abb. 2.9 zu ersehen ist, gegenwärtig im Zentrum des Ozonlochs eine Abnahme des Ozongesamtgehaltes auf 55 bis 44 % der Konzentration in den Jahren vor 1980, wobei kurzzeitig auch Verluste bis zu 70 % auftreten. Allein über der Antarktis beträgt der jährliche Ozonverlust etwa 40 Mio. t.

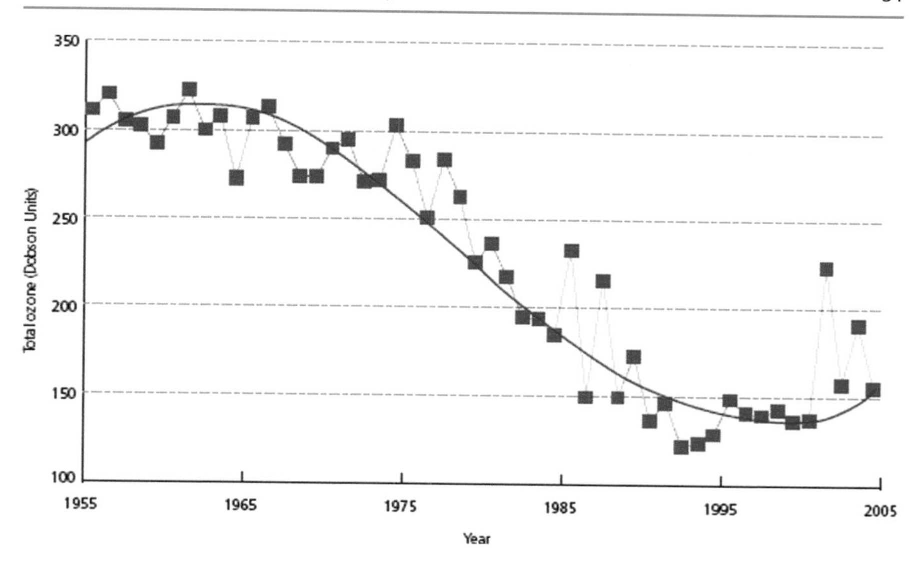

Abb. 2.9 Mittlere Ozonschichtdicke (in DU) im Monat Oktober über der Antarktis seit 1955. (© *State of New South Wales* through the *Office of Environment and Heritage, gov.au* (Internet 6))

Der Ballonaufstieg vom 02.10.2001 in der Antarktis (s. Abb. 2.10) dokumentiert z. B. einen totalen Verlust des Ozons (rote Kurve) zwischen 14 und 20 km Höhe, während die durchschnittlichen Oktoberwerte (grüne Kurve) um 90 % geringer als diejenigen der Jahre vor 1980 sind. In der Arktis ist zu diesem Zeitpunkt im Frühling die Ozonschicht noch präsent, unterschritt aber beispielsweise am 30. März 1996 (rote Kurve, rechts) ebenfalls weit ihre mittlere Schichtdicke.

Als Grenzwert zur flächenmäßigen Charakterisierung des Ozonlochs wurden 220 DU gewählt, da in den Ozonsondierungen vor seiner Entdeckung im Jahr 1984 bzw. 1985 noch niemals derartig geringe Konzentrationen aufgetreten waren. Der rapide Ozonverlust zu Frühlingsbeginn ist meist bis zum späten Frühjahr (also bis Dezember bzw. Mai) des betreffenden Jahres durch die Umstellung der hemisphärischen Zirkulation wieder ausgeglichen, obgleich man nicht vergessen darf, dass die stratosphärische Ozonkonzentration weltweit gesehen in den letzten 30 Jahren um 3 bis 4 % je Dekade abgenommen hat.

Die Größe des Ozonlochs wuchs in den 1980er-Jahren um ca. 2 Mio. km^2 jedes Jahr und während der 1990er-Jahre um ca. 0,5 Mio. km^2. Bereits 1985 war es mit 25 Mio. km^2 doppelt so groß wie der antarktische Kontinent, und 1992 erreichte es etwa die Größe der gesamten Südpolarzone. Seine größte Ausdehnung besaß es im Jahr 2006, seine zweitgrößte im Jahr 2000. So waren im antarktischen Winter 2000 lokal bis zu 70 % des Ozons zerstört, was zu einer Reduktion der Dicke der Ozonschicht in Bezug auf die gesamte Fläche um bis zu 30 % führte.

Rekordwerte traten auch während der Messungen zwischen dem 21. bis 30. September 2006 auf, bei denen das Ozonloch im Mittel 27,45 Mio. km^2 (s. Abb. 2.11) umfasste, am 24.09.2006 wurden sogar 29 Mio. km^2 erreicht. Das entspricht etwa der Fläche der USA und Russlands zusammengenommen. Die Ozon-

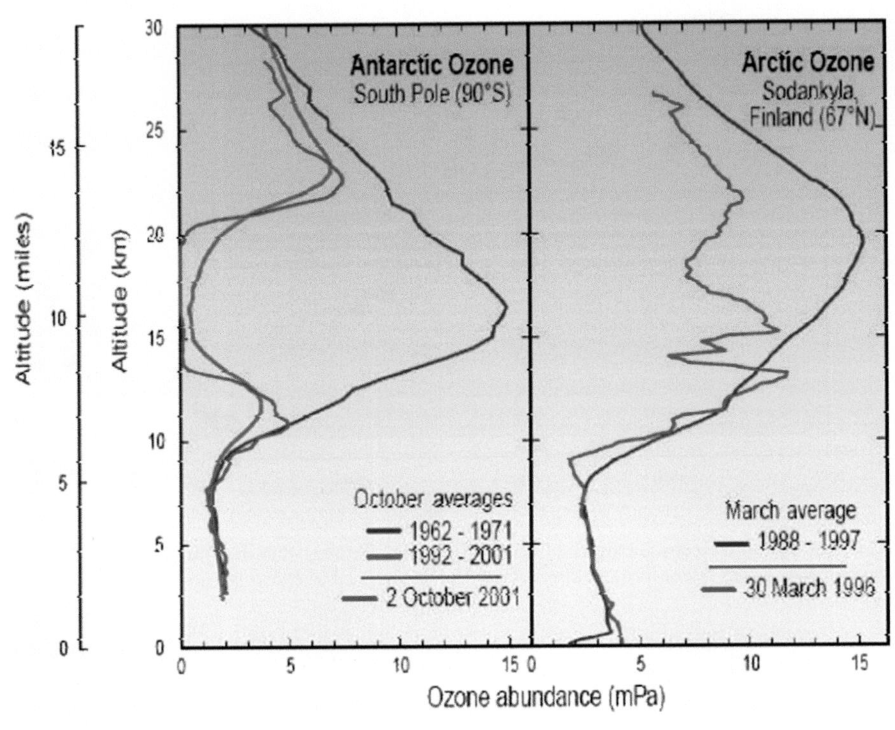

Abb. 2.10 Vergleich zwischen der antarktischen und arktischen Ozonverteilung (Angaben in milli-Pascal). (© gov. Washington.edu (Internet 7))

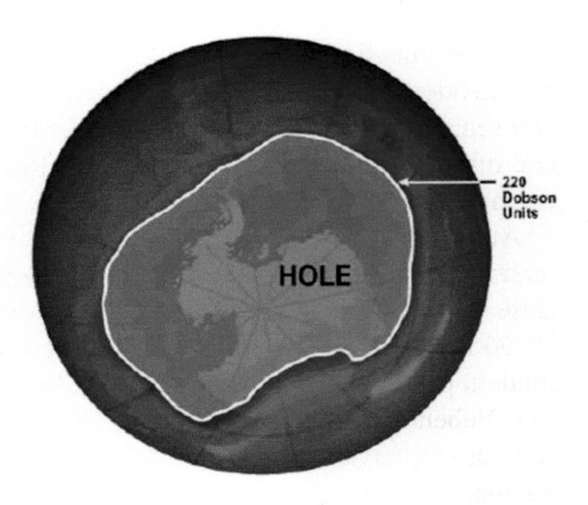

Abb. 2.11 Antarktisches Ozonloch im September 2006. (© www.theozonehole.com (Internet 8))

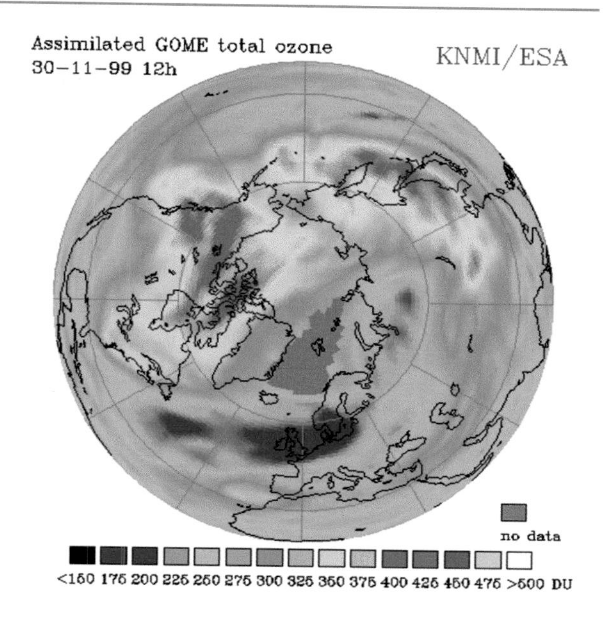

Abb. 2.12 Arktisches Ozonloch am 30.11.1999. (Quelle: © GOME Fast Delivery Service, KNMI/ ESA (Internet 9))

konzentration betrug am 8. Oktober über dem östlichen antarktischen Eisschild nur 85 DU, wobei in einer Schicht von 13 bis 21 km Höhe nahezu das gesamte Ozon zerstört war.

In einzelnen sehr kalten arktischen Wintern wie z. B. 1997, 1999, 2005 und auch 2011 (s Abb. 2.12) konnten ebenfalls massive Ozonverluste beobachtet werden, die fast an die antarktischen Werte heranreichten. So wuchs 2005 das Ozonloch auf eine Rekordgröße an, wobei in 18 km Höhe etwa 50 % der Ozonschicht zerstört wurden. 2011 war das Ozonloch mit einem ungewöhnlich stabilen und bis zum Frühjahr anhaltenden Luftwirbel über dem Nordpol verbunden, der für enorme Windstärken und sehr tiefe Temperaturen sorgte. Es erreichte eine noch nie beobachtete Größe und führte zu einem mit den antarktischen Werten vergleichbaren Rekordverlust an Ozon (s. Abb. 2.13).

Auslöser der Ozonzerstörung sind die anthropogen halogenierten Kohlenwasserstoffe und andere Spurengase, die durch konvektive Transportprozesse im Verlaufe von mehreren Jahren allmählich in die mittlere und obere Stratosphäre (15 bis 50 km Höhe) gelangen, wo sie durch Fotodissoziation zerlegt werden. Als besonders prädestiniert erweisen sich hierbei die Halogene Chlor, Fluor, Brom und Jod. Neben den Spurengasen gelten als weitere Ursache für seine Entstehung die außerordentlich niedrigen Temperaturen in der stabilen, sehr kalten winterlichen Stratosphäre mit Werten unter −80° C, die die Bildung von polaren stratosphärischen Wolken bewirken, und, wie schon früh erkannt, einen Hinweis auf besonders geringe Ozonwerte geben. So werden ca. 3–6 % des globalen Ozongesamtgehaltes, hervorgerufen durch katalytische Reaktionen an der Oberfläche dieser Wolken, in

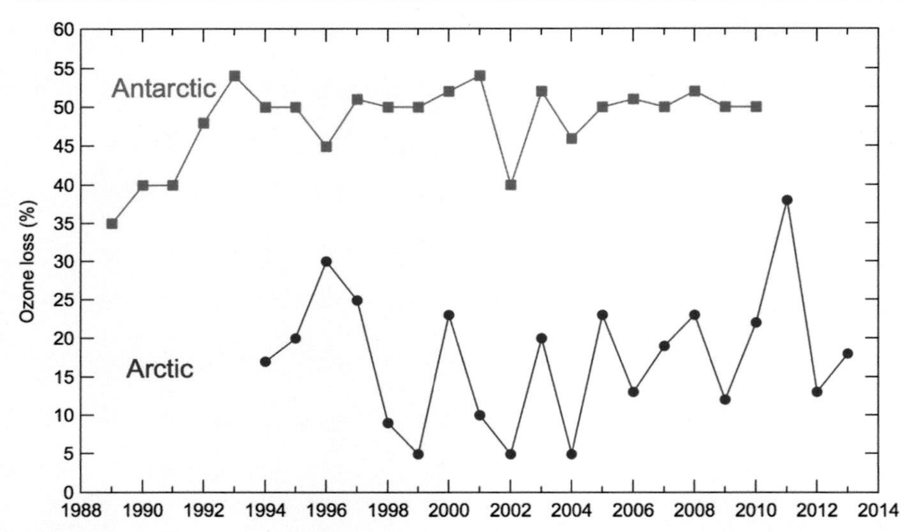

Abb. 2.13 Ozonverlust in der Stratosphäre seit 1989 in Prozent vom Jahresmittel. (© Goutail, Atmos. Chem. Phys. 13(2013), 5299)

jedem Winter zerstört, wobei die Ozonschicht der Arktis besonders empfindlich auf Klimaänderungen reagiert (vgl. AWI 2004, Eyring 1999).

2.1.2.1.3 Polare stratosphärische Wolken

Die Stratosphäre ist mit einem Wasserdampfgehalt von im Mittel 4 ppm(v) extrem trocken, sodass z. B. im 100-hPa-Niveau (16 km Höhe) ein Dampfdruck von (3–5) $\cdot 10^{-4}$ hPa herrscht, der einem Sättigungsdampfdruck über Eis von 185 bis 190 K entspricht. Damit liegt der Frostpunkt T_{Eis}, also die Temperatur, unterhalb der Eispartikel stabil existieren können, zeitweise unter 190 K (ca. −78 bis −83° C), d. h. bei so tiefen Werten wie sie nur im antarktischen und arktischen Winter beobachtet werden. Aber bereits beim Unterschreiten einer Temperatur, die etwa 5–8 K über dem Frostpunkt liegt, entstehen in natura aus den beiden in ausreichender Menge zur Verfügung stehenden kondensierbaren Gasen Salpetersäure und Wasserdampf an präexistierenden Oberflächen Salpetersäuredihydrat- und Salpetersäuretrihydratwolken. Sinken die Temperaturwerte weiter ab, dann gefrieren die Säuregase und das Wasser zu Eis, und es bilden sich verbreitet polare Stratosphärenwolken, die aus reinen Eiskristallen bestehen, aber Spuren von HNO_3 und HCl enthalten können. Bei Temperaturen über 200 K ist dagegen die Wahrscheinlichkeit für die Bildung von PSCs sehr gering.

2.1.2.1.3.1 Klassifizierung der PSCs

Im Allgemeinen unterteilt man die polaren stratosphärischen Wolken in zwei Typen, wobei Wolken vom Typ I grundsätzlich 5 bis 8 K oberhalb des Frostpunktes entstehen und verschiedene Untertypen aufweisen, während Wolken des Typs II nur unterhalb des Frostpunktes auftreten (s. Tab. 2.4).

Tab. 2.4 Mögliche Klassifizierung von polaren stratosphärischen Wolken

Klassifizierung	Zusammensetzung	Struktur	Notwendige Temperatur	Höhenbereich
Typ Ia NAT	HNO_3 $3H_2O$ bimolekulares Kondensat	Größere Partikel von geringer Konzentration, asphärisch, *kristallin*	>190–195 K (−83 bis −78°C)	10–24 km Absinkrate: 1 km je Monat
Typ Ib NAD	H_2SO_4 HNO_3 $2H_2O$ STS (super-cooled ternäry solution)	Kleinere Partikel von höherer Konzentration, sphärisch, *flüssig* 1 µm	>190–195 K (−83 bis −78° C)	10–24 km
Typ Ic (weitere PSC-Phase)	Wasserreiche metastabile HNO_3-Phase	Amorphe Teilchen, *flüssig bis zum Frostpunkt*	<190 K	10–24 km
Typ II Perlmutterwolken	Eisteilchen mit Spuren von HNO_3 und HCl	Sehr große Partikel, asphärisch, *kristallin* ≥10 µm	<190 K	10–25 km Absinkrate: >1,5 km je Tag

Zum Typ I zählt man die Nitric Acid Trihydrate-Wolken (NAT-Wolken) und die Nitric Acid Dihydrate-Wolken (NAD-Wolken) sowie weitere Sonderformen. Es sind Salpetersäurewolken, die variable Konzentrationen an HNO_3 enthalten und aufgrund der hohen HNO_3-Konzentration schon oberhalb des Frostpunktes feste HNO_3-H_2O-Phasen bilden können, die stabil sind (vgl. Crutzen 1986; Toon 1986), oder Wolken aus unterkühlten Tröpfchen. In beiden Fällen wird durch chemische Reaktionen HNO_3 aus der Gasphase entfernt und bleibt in der flüssigen oder festen Phase gelöst (Fabian 2002). Zum Typ II gehören dagegen die Perlmutterwolken (Steele 1983), die aus Eiskristallen bestehen.

NAT-Wolken bilden sich bei Temperaturen unter −78,15° C, da dann die in geringen Mengen in der Atmosphäre vorhandene Salpetersäure HNO_3 kondensieren und ebenso wie der Wasserdampf zu winzigen Tröpfchen und Eiskristallen (1/1000–1/100 µm Durchmesser) gefrieren kann. Es entstehen sehr dünne, feingliedrige, irisierende flächenhafte Wolkenfelder von manchmal mehreren 100 km (maximal 1000 km) horizontaler Ausdehnung, wie man Abb. 2.14 entnehmen kann. Ihre Schichtdicken betragen wenige Meter bis einige Kilometer. Die genaue Zusammensetzung eines solchen Wolkenpartikels ist eine Verbindung von je einem HNO_3-Molekül mit 3 Wassermolekülen, also ein Salpetersäuretrihydrat, das bei niedrigen Temperaturen an Schwefelsäureteilchen, die in der Stratosphäre z. B. durch Vulkanausbrüche immer vorhanden sind, kondensiert und gefriert.

Vom Typ Ia (feste NAT-Wolken) lassen sich die flüssigen Aerosole (Typ Ib) der **NAD-Wolken** eindeutig unterscheiden. Sie bestehen aus ternären Lösungen, die Wasser, Salpeter- und Schwefelsäure enthalten und auch als STS (*supercooled ternary solution*) bezeichnet werden. Man nimmt hierbei an, dass die STS-Tröpfchen direkt aus den Sulfataerosolen entstehen, denn bei sinkenden Temperaturen

Abb. 2.14 NAT-Wolken über Finnland. (© J. Pikki)

steigen die Löslichkeiten für HNO_3 und H_2O, sodass die Sulfataerosole kontinuierlich mehr HNO_3 und H_2O aus der Gasphase aufnehmen können und aus der binären H_2SO_4-Lösung eine ternäre $H_2SO_4/H_2O/HNO_3$-Lösung entsteht, d. h., ihre Zusammensetzung variiert stark mit abnehmenden Temperaturwerten (Stetzer 2006). Im Temperaturbereich von 3 bis 6 K unterhalb von T_{NAT} sinkt dabei der Massenanteil der Schwefelsäure von ca. 40 auf 3 %, während der Anteil von Salpetersäure auf ca. 40 % steigt und sich das Volumen der Aerosole verzehnfacht (Schulz 2001, Carslaw 1997). Das bei den chemischen Umsetzungen an der Wolkenoberfläche entstehende Salpetersäuredihydrat, also die Verbindung von je einem HNO_3-Molekül mit zwei Wassermolekülen, das unter stratosphärischen Bedingungen metastabil ist, hat zur Namensgebung der Wolken geführt.

Perlmutterwolken Perlmutterwolken (auch *mother pearl clouds* bzw. *nacreous clouds* genannt) sind den Einwohnern der nordischen Länder eine wohl vertraute Erscheinung und werden immer dann beobachtet, wenn sich die Sonne knapp unter dem Horizont befindet und die Temperaturen in der Stratosphäre zwischen 15 und 25 km Höhe auf −85 bis −90° C und darunter abgesunken sind. Sie bestehen aus gefrorenem reinem Wassereis, das auf Staubpartikeln sublimiert, sind meist linsenförmig und treten nur über eng begrenzten Gebieten auf. Da ihre Teilchen größer und schwerer als die der NATs sind (ungefähr 10 µm), können sie innerhalb weniger Tage um einige Kilometer sedimentieren und sinken teilweise bis in die Troposphäre ab, sodass die bereits wasserarme Stratosphäre über den Polen dehydriert wird. Eine weitere Folge ist eine dauerhafte Abnahme des Stickoxidmischungsverhältnisses im betrachteten Höhenintervall und des HNO_3-Mischungsverhältnisses um bis zu 80 % (1–2 ppb(v)).

Besonders häufig treten sie in Verbindung mit stehenden Wellen (Leewellen) an den isländischen und skandinavischen Küstengebirgen auf (s. Abb. 2.15), da beim

Abb. 2.15 Perlmutterwolken über Island. (© H. Hánsson)

Aufsteigen der Luft zum Wellenberg hin eine lokale Temperaturabnahme erfolgt. Dass Perlmutterwolken in wunderbaren Farben irisieren, liegt unter anderem daran, dass die Eiskristalle in den einzelnen Wolkenbereichen unterschiedliche Größen haben und deshalb das Sonnenlicht verschieden stark brechen.

2.1.2.1.3.2 Chlor-Zyklus

Obwohl Chlor (Cl) viele natürliche Quellen am Erdboden besitzt, stammt mehr als 80 % des stratosphärischen Chlors ausschließlich aus anthropogenen Quellen (WMO 1999/2003), wobei das vom Menschen durch Fluor-Chlor-Kohlenwasserstoffe in die Stratosphäre eingebrachte Chlor normalerweise in chemisch neutralen Reservoirgasen gebunden ist, also in Stoffen, die zwar Chlor enthalten, aber nicht zum Ozonabbau beitragen. Die wichtigsten Chlorreservoire sind Salzsäure (HCl), die aus Reaktionen von Chlor mit Methan entsteht, und Chlornitrat ($ClONO_2$), das sich aus Chlormonoxid (ClO) und Stickstoffdioxid (NO_2) bildet. Beide Substanzen binden fast das gesamte Chlor in der Atmosphäre. Das durch reine Gasphasenchemie entstehende Cl und ClO kommt nur in ganz geringen Konzentrationen vor und kann deswegen auch nur minimale Ozonmengen vernichten. In den Wintermonaten wird jedoch in der polaren Stratosphäre zwischen ca. 12 bis 25 km Höhe bei Temperaturen unter −78° C an der Oberfläche von polaren stratosphärischen Wolken aus den Reservoirgasen aktives Chlor und Salpetersäure freigesetzt, denn hier können die Reservoirstoffe Salzsäure und Chlornitrat miteinander reagieren (s. Gl. 2.13–2.17).

Die so gebildeten Chlormoleküle verbleiben während des Polarwinters als Gas zunächst unverändert in der Umgebungsluft, während die Salpetersäure sofort in die Eiskristalle oder Tröpfchen der PSCs eingebaut wird, die allmählich bis in die Troposphäre absinken können (ca. 1 km je Tag). Zu den wichtigsten heterogenen Reaktionen zählen nach Fabian (2002) folgende:

$$ClONO_2 + HCl \Rightarrow HNO_3 + Cl_2 \quad (2.13)$$

$$ClONO_2 + H_2O \Rightarrow HNO_3 + HOCl \quad (2.14)$$

$$HCl + HOCl \Rightarrow H_2O + Cl_2 \quad (2.15)$$

$$N_2O_5 + HCl \Rightarrow HNO_3 + ClONO \quad (2.16)$$

$$N_2O_5 + H_2O \Rightarrow 2HNO_3 \quad (2.17)$$

Die Reaktion (2.13) setzt voraus, dass sich HCl zuvor in den Wolkenpartikeln gelöst hat, während die Reaktion (2.14) direkt an den Wasser- oder Eispartikeln abläuft. In beiden Fällen entsteht HNO_3, welches in der flüssigen bzw. festen Phase gelöst und an die Wolkenpartikel gebunden bleibt. Hierdurch werden die NO_x-Komponenten aus der Gasphase entfernt. Die Komponenten $ClONO_2$, Cl_2 und HOCl (s. Gl. 2.13 bis 2.15) fotolysieren mit dem Beginn des Polartages und setzen Cl für den Ozonabbau frei. Stickoxide werden durch die Reaktionsketten

$$NO + O_3 \Rightarrow NO_2 + O_2 \quad (2.18)$$

$$NO_2 + O_3 \Rightarrow NO_3 + O_2 \quad (2.19)$$

$$NO_3 + NO_2 + M \Rightarrow N_2O_5 + M \quad (2.20)$$

vermittels des Stoßpartners M (Stickstoff- oder Sauerstoffmoleküle) in N_2O_5 übergeführt, und sie werden über die Reaktionen (2.16) und (2.17) als HNO_3 in den Wolkenpartikeln gebunden. Insgesamt gesehen werden durch die Reaktionen (2.13) und (2.14) Stickstoffkomponenten aus der Gasphase entfernt und bleiben solange gebunden, wie polare stratosphärische Wolken existieren. Die Spezies Cl_2, HOCl (Hyperchlorid) und ClONO fotolysieren und können damit am Ende der Polarnacht Chlor für den katalytischen Ozonabbau freisetzen, was zu einem temporären Schwund des Ozons und zur Bildung eines Ozonlochs führt (s. Abb. 2.16). Im Mittel kommt Ozon in einer Konzentration von etwa 310 DU in der Atmosphäre vor.

Erst wenn sich die polaren Wolken im Frühling durch das wachsende Strahlungsangebot auflösen, werden die als Salpetersäure in den PSCs gebundenen Stickoxide freigesetzt und können mit den Chloratomen reagieren, wodurch der Ozonabbau gebremst wird.

2.1.2.2 Troposphärisches Ozon

Beobachtungen zeigen, dass die bodennahe Ozonkonzentration bei Smogsituationen häufig 100 ppb(v) und mehr beträgt, d. h., neben der erwähnten natürlichen Quelle des troposphärischen Ozons muss ein weiterer Mechanismus zur Ozonproduktion existieren. Eine einfache Reaktionsfolge stellt die fotochemische Bildung von Ozon durch freie Sauerstoffradikale dar, die durch die Fotolyse von Stickstoffdioxid NO_2 als Vorläufersubstanz unter Einwirkung solarer Strahlung ($\lambda < 410$ nm) entstehen und sich mit Sauerstoffmolekülen zu O_3 verbinden:

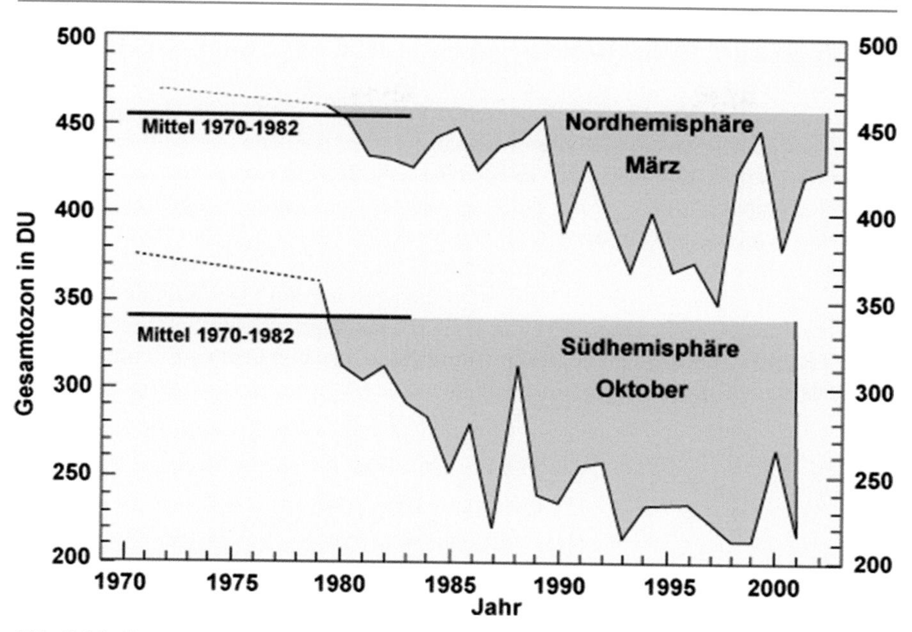

Abb. 2.16 Gesamtozongehalt der Atmosphäre (DU) für 63–90° Breite im März und Oktober (Es wurden verschiedene Satellitendaten herangezogen). (© DWD/WMO 2007 bzw. Scientific *Assesment of Ozone Depletion*: 2010 (Internet 10))

$$\begin{aligned} NO_2 + hv &\Rightarrow NO + O \\ O + O_2 + M &\Rightarrow O_3 + M \end{aligned} \qquad (2.21)$$

Häufig steht NO_2 in unbelasteter Luft jedoch nicht direkt zur Verfügung, sondern muss erst durch Oxidation von Stickstoffmonoxid NO gebildet werden. Dies geschieht teilweise durch eine Reaktion, bei der Ozon abgebaut wird, nämlich durch

$$NO + O_3 \Rightarrow NO_2 + O_2. \qquad (2.22)$$

Wichtig für die in den letzten 100 Jahren beobachtete Verdopplung der mittleren troposphärischen Ozonkonzentration in Europa sind deshalb Prozesse, bei denen eine Oxidation von NO ohne Verbrauch von O_3 erfolgt. Sie werden in der überwiegenden Zahl der Fälle aufgrund von Reaktionen natürlicher und anthropogener Spurengase mit dem in winzigen Konzentrationen vorhandenen Hydroxylradikal OH eingeleitet, das durch das Auftreffen von solarer UV-Strahlung ($\lambda < 310$ nm) auf Ozon beim Vorhandensein von Wasserdampf entsteht (Graedel 1994):

$$\begin{aligned} O_3 + hv &\Rightarrow O(^1D) + O_2 \\ O(^1D) + H_2O &\Rightarrow 2OH \end{aligned} \qquad (2.23)$$

Das so gebildete Hydroxylradikal reagiert nicht mit Sauerstoff, jedoch mit den meisten troposphärischen Spurengasen, so den Kohlenwasserstoffen, Aldehyden, Stickoxiden (NO, NO_2) und Kohlenmonoxid. Im Falle der Ozonbildung fungieren hauptsächlich Nichtmethankohlenwasserstoffe, Methan und Kohlenmonoxid als Reaktionspartner. Die Rolle der Kohlenwasserstoffe bei den ablaufenden chemischen Reaktionen besteht in der Bildung organischer Fragmente, die die benötigte Oxidation von Stickstoffmonoxid NO zu Stickstoffdioxid NO_2 bewirken. Kohlenmonoxid, das entweder durch die Methanreaktion entsteht oder durch die Verbrennung fossiler Stoffe abgegeben wird, trägt dagegen nur zur Ozonbildung bei, wenn das Verhältnis NO zu O_3 den Wert von 1:4000 übersteigt, was in der Nähe anthropogener Quellen stets der Fall ist. Beim Bildungsprozess von Ozon aus Kohlenmonoxid läuft dabei folgende Reaktionskette ab:

$$\begin{aligned}
&CO + OH \Rightarrow CO_2 + H \\
&H + O_2 + M \Rightarrow HO_2 + M \\
&HO_2 + NO \Rightarrow OH + NO_2 \\
&h\nu + NO_2 \Rightarrow NO + O \\
&O + O_2 + M \Rightarrow O_3 + M
\end{aligned} \tag{2.24}$$

Wesentlich für die Bildung troposphärischen Ozons ist damit die Verfügbarkeit von NO und NO_2 als Katalysatoren, von Hydroxylradikalen sowie von biogenen und anthropogenen Kohlenwasserstoffen. Der Zusammenhang zwischen Ozonproduktion und der Konzentration der genannten Vorläufersubstanzen ist jedoch hochgradig nichtlinear. Durch die rasche Konversion der Stickoxide zu Salpetersäure und deren Auswaschen mit dem Regen ist ihre atmosphärische Lebensdauer auf wenige Tage begrenzt. Damit weisen städtische Regionen als Emissionsgebiete hohe NO_x-Werte, ländliche dagegen meist nur geringe auf. Eine Folge hiervon ist, dass in den Nachtstunden im Zentrum von Ballungsgebieten niedrigere Ozonkonzentrationen als in der ländlichen Umgebung beobachtet werden und dass das absolute Maximum tagsüber in der Umgebung der Stadt höher als in ihrem Zentrum ist. Generell sind daher die Gebiete mit höchster Ozonkonzentration urbanen Ballungsräumen mit starken NO_x-Quellen benachbart. Auf dem Land ist außerdem der Tagesgang des Ozons wesentlich geringer ausgeprägt, da hier nachts allein die Deposition wirkt, während in städtischen Bereichen die Reaktionen zwischen NO_2 und O_3 gleichfalls erheblich zum Ozonabbau beitragen. Die Hauptquelle von Stickoxiden und Hydrokarbonaten bildet der Autoverkehr. Nach Warneck 1988 entspricht die Massenzusammensetzung von Abgasen aus benzinbetriebenen Kraftfahrzeugen ungefähr 78 % Stickstoff, 12 % Kohlendioxid, 5 % Wasserdampf, 1 % Sauerstoff, 2 % Kohlenmonoxid, 2 % Wasserstoff, 0,08 % Kohlenwasserstoffe, 0,06 % Stickstoffmonoxid und einige Hundert ppm (teilweise oxidierte) Kohlenwasserstoffe. Das Verunreinigungspotenzial der Luft wird in Europa durch die Grenzwerte der Europäischen Union klassifiziert, die durch die 22. Verordnung zum Bundesimmissionsschutzgesetz im Jahr 2002 in deutsches Recht umgesetzt wurden und ab 2005 bzw. 2010 eingehalten werden müssen (vgl. Tab. 2.5).

Tab. 2.5 Grenzwerte (GW) und Toleranzmargen (TM) für Luftverunreinigungen ((22. Verordnung zum Bundes-Immissionsschutzgesetz), Quelle: Institut für Hygiene und Umwelt, Hamburg 2004)

Schadstoff ($\mu g \cdot m^{-3}$)	GW+TM 2003 ($\mu g \cdot m^{-3}$)/($mg \cdot m^{-3}$)	Zeitbezug	Pro Kalenderjahr erlaubte Überschreitungen in Tagen	Gültig ab
SO_2	350+45	1 h	24	1.1.2005
	125+ keine	24 h	3	1.1.2005
	20+ keine	Jahr/Winter	–	19.7.2001
NO_2	200+70	1 h	18	1.1.2010
	40+14	Jahr	–	1.1.2010
NO_x	30+ keine	Jahr	–	19.7.2001
PM 10	50+10	24 h	35	1.1.2005
Benzol	5+5	Jahr	–	1.1.2010
CO (mgm^{-3})	10+4	8 h	–	1.1.2005
O_3	120+ keine	8 h	Keine	Zielwert 2010
	Zielwert		25	
	180+keine	1 h		Sofort

2.1.3 Stratosphärische Aerosolschicht

Zwischen der Tropopause und rund 30 km Höhe befindet sich weltweit eine Schicht von flüssigen Sulfataerosolen, die von Junge 1961 entdeckt und nach ihm benannt wurde (Junge 1963). Ihre Konzentration beträgt 1 bis 10 Partikel je Kubikzentimeter. Sie bestehen aus Schwefelsäure und Wasser und weisen einen typischen Radius von etwa 0,1 µm auf. Die Schwefelsäure wird durch Oxidation von schwefelhaltigen Verbindungen wie anthropogenem Carbonylsulfid (CCS) und von Schwefeldioxid (SO_2) gebildet, das überwiegend aus Vulkanausbrüchen und vulkanischen Exhalationen stammt, denn Vulkane emittieren insbesondere schwefelhaltige und feste Aerosole sowie CO_2. So haben Geologen in Palermo festgestellt, dass der Vesuv trotz seiner scheinbaren Ruhephase pro Tag etwa 300 t CO_2 emittiert, wovon man sich bei der Beobachtung des Kraters überzeugen kann. Als Ursache wird angenommen, dass das heiße Magma das karbonathaltige Gestein in einigen Kilometern Tiefe zersetzt, wobei der darin enthaltene Kohlenstoff entweicht. Dieser Prozess wurde bei den bisherigen Betrachtungen zur CO_2-Emission unterschätzt. Wenn man annimmt, dass von den etwa 500 aktiven Vulkanen auf der Erde jedes Jahr rund 3 % ausbrechen, 10 % vor dem Ausbruch stehen und etwa die Hälfte ebenfalls stark CO_2 emittiert (Brasseur 1999), dann würde sich von etwa 250 Vulkanen eine „stille CO_2-Emission" von 75.000 t täglich ergeben und zu einer Jahresemission von etwa 30 Mio. t bzw. von etwa $3 \cdot 10^{10}$ kg CO_2 führen. Aktive Vulkane emittieren pro Jahr etwa 150 Mio. t CO_2. Allein beim Ausbruch des El Chichón 1982 bzw. des Pinatubo 1991 wurden $2 \cdot 10^9$ kg bzw. $5 \cdot 10^9$ kg CO_2 ausgestoßen, die zum größten Teil bis in die Stratosphäre gelangten und die Erde mehrfach umrundeten (s. Krueger 1983, 1989 und 1991, Hoff 1992, Ackermann 1992). Die SO_2-Emissionen wiesen etwa den fünffachen Wert der CO_2-Emissionen auf.

2.1.4 Wechselwirkung Troposphäre-Stratosphäre

Die Stratosphäre ist dynamisch mit der Troposphäre gekoppelt, wobei einerseits eine Wirkung aus der Troposphäre heraus aufwärts in die Stratosphäre bzw. andererseits aus der Stratosphäre abwärts in die Troposphäre erfolgt. Ihre Temperatur- und Zirkulationsverhältnisse werden vornehmlich durch Strahlungsprozesse bestimmt.

Die vertikale Kopplung beider Schichten zeigt sich besonders deutlich am Ozon, das als strahlungsrelevantes Gas UV-Strahlung absorbiert und damit für eine Erwärmung der Stratosphäre sorgt. Ist weniger Ozon vorhanden (z. B. durch menschliche Aktivitäten), führt dies zu Änderungen der Temperatur und damit des meridionalen Temperaturgradienten, der die Stärke des stratosphärischen Polarwirbels und der Zirkulation in der Stratosphäre steuert. Seit Mitte der 1980er-Jahre wird ein Verlust des stratosphärischen Ozons in den hohen Breiten beider Hemisphären während des Winters und Frühjahrs beobachtet. Die Ursache hierfür liegt in der Bildung polarer stratosphärischer Wolken in der kalten winterlichen Stratosphäre, an deren Oberfläche aktives Chlor freigesetzt wird, das unter Einwirkung von Sonnenlicht das Ozon zerstört. Als Folge des Ozonmangels kühlt sich die Stratosphäre ab, wodurch sich der Polarwirbel verstärkt und länger bestehen bleibt. Gleichzeitig zeigt die polare Troposphäre eine Zunahme der zirkumpolaren Zirkulation.

In den Außertropen wird die Variabilität der Gesamtozonsäule wesentlich durch die stratosphärische Dynamik bestimmt. Der Grund liegt unter anderem in den sehr ausgeprägten vertikalen und horizontalen Gradienten im Ozonfeld. Damit führen kleine Veränderungen wie z. B. meridionale Verlagerungen oder horizontale Divergenzen zu einer Ozonumverteilung auf verschiedenen räumlichen und zeitlichen Skalen und folglich zu starken Schwankungen in der Ozonsäule. Etwa die Hälfte der Variabilität der Ozonsäule von Tag zu Tag lässt sich z. B. durch die Dynamik der Tropopausenregion erklären, in der in Verbindung mit Höhentrögen bzw. -keilen die Ozonsäule zu- bzw. abnimmt. Polwärts antizyklonal brechende Wellen können dagegen zu sogenannten Miniozonlöchern (*ozone miniholes*) führen, da hierbei ozonarme subtropische Luft in die mittleren Breiten strömt und von der Troposphäre in die untere Stratosphäre aufsteigt, sodass die Ozonschichtdicke kurzfristig unter 220 DU sinken kann, was besonders häufig über dem Nordatlantik bis hin zur Nordsee der Fall ist.

2.1.4.1 Mittlere Strömungs- und Austauschverhältnisse

Die Ursache für die beobachtete geografische Ozonverteilung liegt in der troposphärisch-stratosphärischen Zirkulation, die infolge des Temperaturgradienten zwischen den Tropen und dem Winterpol einen vorwiegend zonalen Charakter trägt. Durch Dissipation von Schwere- und Rossby-Wellen, die bis in die Stratosphäre vordringen, werden die vorherrschenden Westwinde abgebremst, wodurch insgesamt gesehen eine Westwärtsbewegung entsteht, sodass unter Einwirkung der Corioliskraft eine Meridionalkomponente in Richtung Pol resultiert, mit der die in den Tropen durch Cumuluskonvektion in die Stratosphäre aufsteigenden Luftmassen langsam polwärts geführt werden (vgl. Abb. 2.17).

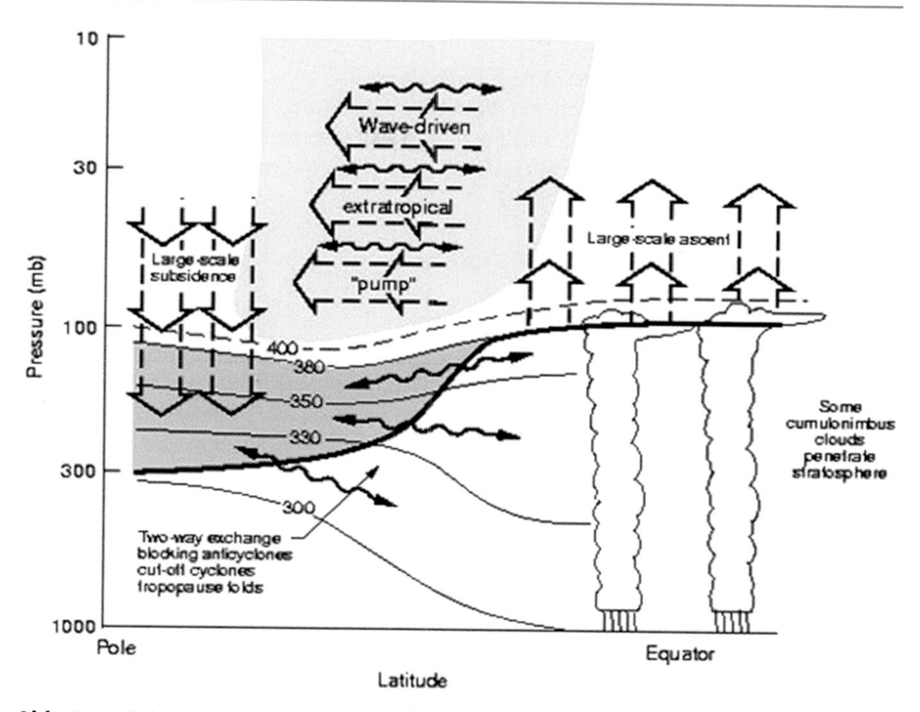

Abb. 2.17 Schema der Brewer-Dobson-Zirkulation nach Holton 1995 mit Tropopause (*dicke schwarze Linie*), Isentropen (*dünne Linien*) und Wellenbewegungen (*gewellte Linien*). (© Holton 1995)

Der Luftdruck in den darunterliegenden Schichten nimmt hierdurch allmählich zu, d. h., die Luft am Winterpol sinkt gegenüber den Druckkoordinaten langsam ab, sodass es durch adiabatische Kompression zu einer Temperaturerhöhung der Luftmassen kommt, wodurch sie Temperaturwerte besitzen, die über dem Strahlungsgleichgewicht liegen, was durch eine erhöhte infrarote Abstrahlung kompensiert wird. Da es sich bei Strahlungsprozessen aber um diabatische Prozesse handelt, sinken die Luftmassen im Polarwirbel nur relativ zu den Isentropen ab und fließen anschließend in die mittleren Breiten zurück, von wo sie über Tropopausenfaltungen bei ungefähr 30 bis 40° N bzw. S wieder in die Troposphäre eingemischt und dort ausgewaschen werden.

Diesen Kreislauf, der durch das Brechen von Rossby-Wellen in der Stratosphäre entsteht, bezeichnet man als Brewer-Dobson-Zirkulation. Sie führt zu einem Pumpeffekt (*wave-driven extratropical pump*), durch den die Luft am Äquator in die Höhe gesaugt und anschließend in hohe Breiten gelenkt wird, und existiert nur in der Winterhemisphäre, während in der Sommerhemisphäre im Mittel eine schwache Absinkbewegung dominiert. Außerdem ist sie auf der Nordhalbkugel infolge häufigerer Wellenaktivität stärker als auf der Südhalbkugel ausgeprägt. Ihre mittlere Umsatzdauer beträgt rund 5 Jahre. Insgesamt gesehen reguliert die Brewer-Dobson-Zirkulation die horizontale und vertikale Verteilung des stratosphärischen Ozongehaltes. Bezüglich seiner vertikalen Strukturierung lässt sich deutlich erkennen, dass das Ozonmaximum (rötlich gefärbte Bereiche in Abb. 2.18) in den Tropen wesentlich höher als in den polaren Breiten liegt, nämlich bei etwa 26 km am Äquator bzw. zwischen 15 und 20 km Höhe an den Polen. Diese Höhenangaben entsprechen aber nicht dem Niveau maximaler Ozonproduktion, die in den Tropen in etwa 40 km Höhe stattfindet.

2.1.5 Atmosphärisches Kohlendioxid

Mit derzeit knapp 0,040 Volumenprozent zählt das Kohlendioxid zu den Hauptbestandteilen der Erdatmosphäre und ist neben dem Wasserdampf das wichtigste Treibhausgas. Es ist im Wesentlichen durchlässig für das Sonnenlicht, absorbiert aber einen Teil der Strahlungsenergie, die von der Erde im IR-Bereich abgegeben wird, d. h., es hält die Wärme des Sonnenlichts nahe der Erdoberfläche in Form einer langwelligen Gegenstrahlung fest. Ohne Treibhauswirkung betrüge die mittlere Temperatur unserer Erde − 18° C; sie wäre damit im Vergleich zur heutigen Mitteltemperatur von + 15° C um 33 K kälter und folglich nicht bewohnbar.

Kohlendioxid gelangt infolge anthropogener Emissionen durch Verbrennung von Kohle, Erdgas und Erdöl (einschließlich des Verkehrs) einhergehend mit der Rodung des tropischen Regen- und borealen Nadelwaldes und der Zerstörung des Bodens in die Atmosphäre und reichert sich dort seit dem Beginn der Industrialisierung in zunehmendem Maße an, sodass sein Anteil von 280 ± 10 ppm um 1800 auf gegenwärtig knapp 400 ppm gestiegen ist, was einer Steigerung von etwa 43 %

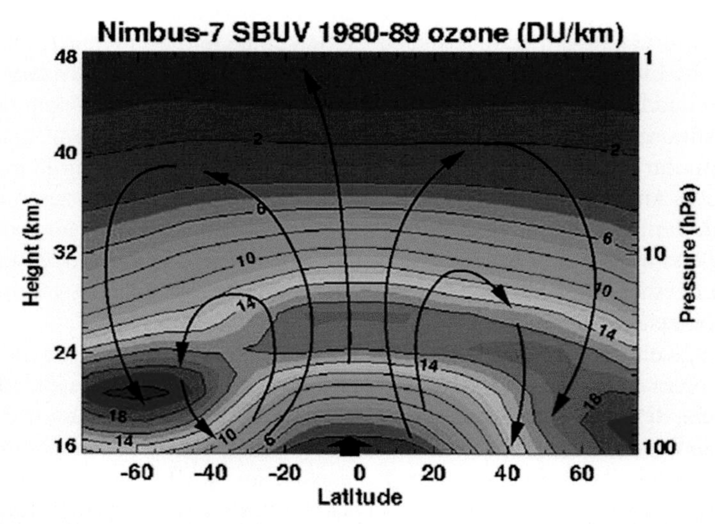

Abb. 2.18 Vertikale Verteilung des Gesamtozongehaltes (DU je km) im Mittel über die Jahre 1980–1989 mit schematisierter Brewer-Dobson-Zirkulation (*schwarze Pfeile*), aufgenommen von Nimbus 7. (© Nimbus 7 (Internet 11))

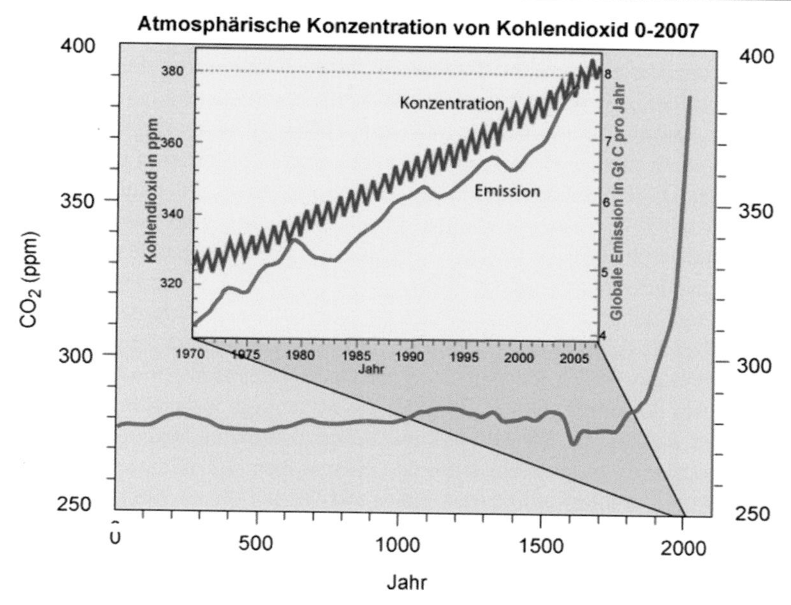

Abb. 2.19 Anstieg der CO_2-Konzentration vom Beginn der Zeitrechnung bis zum Jahr 2007 (*rote dicke Linie*); im gelben Feld: Konzentrations- und Emissionsentwicklung seit 1970 (*blaue und rote Linie*). (© Kasang (Internet 12))

in rund 200 Jahren entspricht (vgl. Abb. 2.19). Derartig hohe Konzentrationen entsprechen den CO_2-Werten vor rund 700.000 Jahren, also Zeiten eines wesentlich wärmeren und eisfreien Erdklimas.

Nach Häckel 1999a bewegte sich die Steigerungsrate gegenüber den Werten um 1800 anfangs um 0,2 ppm pro Jahr und ist gegenwärtig auf 1,6 ppm gewachsen. Hält dieser Trend an, wird sich das CO_2 etwa im Jahre 2020 verdoppelt haben. Der CO_2-Anstieg in der Atmosphäre stimmt jedoch nur in den letzten 30 Jahren mit der Temperaturkurve überein. So hat es bis 1940 zwar einen Temperaturanstieg, aber keinen CO_2-Anstieg gegeben, und Anfang der 1950er-Jahre ist die Temperatur gefallen, während die CO_2-Konzentration zunahm.

Derartige Änderungen der Kohlendioxidkonzentration gab es in der Vergangenheit nur in Zeiten extremer Klimaänderungen, so z. B. beim Übergang von der letzten Kaltzeit zur gegenwärtigen Warmzeit (vgl. Houghton 2004). Vom gesamten emittierten Kohlenstoff ist seit dem Beginn der industriellen Periode weniger als die Hälfte in der Atmosphäre verblieben, da die Land-Biosphäre und die Ozeane eine wesentliche Senke für das atmosphärische Kohlendioxid bilden. Zur Messung des CO_2-Gehaltes der Atmosphäre verwendet man heute Infrarotspektrometer. Das erste wurde von dem Geochemiker Keeling in den Jahren 1954 bis 1957 im Rahmen der Klimadebatte entwickelt, nachdem 1957 Revelle zusammen mit Suess einen grundlegenden Artikel über die Anreicherung der Atmosphäre mit CO_2 geschrieben hatte (s. Revelle 1957). Seit 1957 wird der CO_2-Gehalt in La Jolla (Kalifornien) sowie am Südpol und ab 1958 am Mauna Loa-Observatorium auf Hawaii registriert; gegenwärtig erfolgen Messungen an mehr als 100 Orten auf der Welt. Sie zeigen ab den 1950er-Jahren eine ausgeprägte Tages- und Jahresschwankung der Kohlendioxidkonzentration. So beobachtet man in ländlichen Gegenden eine maximale Konzentrationen nachts und eine minimale am Tage, da die Pflanzen durch Fotosyntheseprozesse tagsüber mehr CO_2 aufnehmen, als sie durch Respiration wieder abgeben. Nachts findet keine Fotosynthese statt, sodass die Luft wieder mit Kohlendioxid angereichert wird. Die Schwankungen des CO_2-Gehaltes sind damit während der Hauptvegetationsperiode am größten. Der Jahresgang erklärt sich aus dem jahreszeitlich wechselnden Wachstumsrhythmus in den außertropischen Breiten der jeweiligen Halbkugel der Erde. Ein Maximum der Kohlendioxidkonzentration tritt in den Monaten März bis April und ein Minimum am Ende der Vegetationsperiode im Oktober bis November auf. Außerdem wird mit Beginn der Heizperiode verstärkt CO_2 freigesetzt. Auf der nördlichen Halbkugel, die wesentlich mehr Landflächen als die Südhalbkugel besitzt, ist die Jahresschwankung deutlicher ausgeprägt. Maximale Konzentrationswerte treten während Smog-Situationen auf. Hierzu sei an den Londoner Nebel oder den Smog in Los Angeles mit Werten bis zu 3000 ppm erinnert.

2.1.6 Methan

Methan ist der einfachste Vertreter der Kohlenwasserstoffe und besitzt einen exakt tetraedrischen Aufbau mit vier gleichen C–H-Bindungen. Es ist ein farb- und geruchloses Gas, das sich im Mutterboden bildet bzw. häufig bei Vulkanausbrüchen freigesetzt wird. Darüber hinaus ist Methan auch in Permafrostböden enthalten.

Im Meer entsteht dagegen wegen der hohen Drücke und geringen Temperaturen ausschließlich Methanhydrat, auch brennendes Eis genannt, wobei die Wassermoleküle das Methan vollständig umschließen und eine feste Struktur aufweisen. Es bildet sich hauptsächlich in den küstennahen Schelfgebieten und an den Kontinentalhängen bei etwa 20 atm Druck sowie Temperaturen um den Gefrierpunkt, was schon ab ca. 200 m Wassertiefe der Fall ist.

Methan wird durch Mikroorganismen bei Fäulnisprozessen organischer Stoffe unter Luftabschluss in Feuchtgebieten wie Sümpfe und Moore freigesetzt und deshalb auch als Fäulnis- bzw. Sumpfgas bezeichnet, wobei eine Vergärung von Biomasse nicht nur in Sümpfen sowie Marschen bzw. Mülldeponien und beim Nassreisanbau stattfindet, sondern auch in den tropischen Regenwäldern und Tundrengebieten der Erde.

Nach dem Kohlendioxid ist das Methan das zweitwichtigste Treibhausgas und weist gegenwärtig eine Konzentration von ca. 1,8 ppm auf, es ist 20- bis 40-mal treibhauswirksamer als CO_2. Nach Warneck 1988 betrug seine vorindustrielle Konzentration 0,7 ppm. Sie ist laut IPCC 2001 seither um 145 % gestiegen. Seine Wachstumsrate schwankt stark und liegt zwischen 10 bis 17 ppb(v) für die einzelnen Jahre, hat aber seit den 1990er-Jahren etwa um den Faktor zwei abgenommen (vgl. Graedel 1994). Gegenwärtig erfolgt ein Zuwachs von 5 bis 8 ppb pro Jahr, und Modellrechnungen nach dem Szenario „weiter wie bisher" ergeben einen Gesamtwert von 3,6 ppm für das Jahr 2100.

Derzeit gelangt Methan im verstärkten Maße durch zunehmenden Reisanbau, intensivierte Großviehhaltung, das Wachstum der Weltbevölkerung, die Verbrennung von Biomasse, die wachsende Anzahl von Mülldeponien und das allmähliche Auftauen von Permafrostböden in die Atmosphäre, wo es ca. 12 Jahre verweilt. Sein chemischer Abbau erfolgt in der Troposphäre vor allem durch Reaktionen mit dem Hydroxyl-Radikal OH, das durch Wechselwirkung von UV-Strahlung mit dem troposphärischen Ozon entsteht, wobei folgende chemische Reaktionen ablaufen:

$$\begin{aligned} h\nu + O_3 &\Rightarrow O + O_2 \\ O + H_2O &\Rightarrow 2OH \\ CH_4 + OH &\Rightarrow CH_3 + H_2O \end{aligned} \tag{2.25}$$

Weitere Senken für das Methan bilden chemische Reaktionen in der Stratosphäre und sein Abbau durch Bodenbakterien. Ein Überblick über seine Quellen und Senken vermittelt die Abb. 2.20.

2.1.7 Distickstoffoxid

Distickstoffoxid N_2O, auch unter dem Namen Lachgas bekannt, ist ein farbloses Gas von süßlichem Geruch und ruft in geringen Mengen eingeatmet einen rauschartigen Zustand sowie krampfartige Lachanfälle hervor. Mit einer Verweildauer von ca. 120 Jahren zählt es zu den Treibhausgasen der Atmosphäre, wobei sein Beitrag zum anthropogenen Treibhauseffekt etwa 5 % ausmacht. Es wird ausschließlich durch Fotolyse bzw. durch die Reaktion mit atomarem Sauerstoff in der Stratosphäre reduziert und trägt zum Ozonabbau bei.

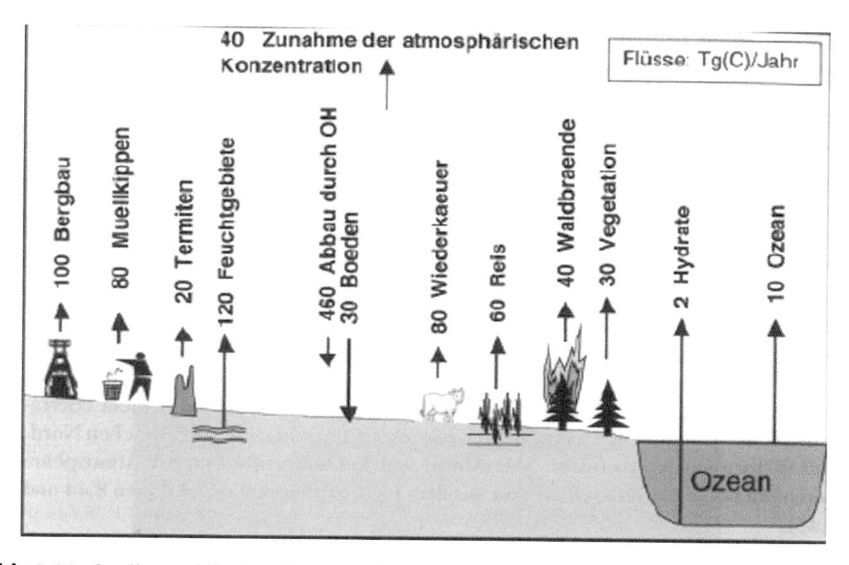

Abb. 2.20 Quellen und Senken des atmosphärischen Methans. (© Roedel 2011)

Seine vorindustrielle Konzentration lag bei 275 ppb(v) und ist bei einer Wachstumsrate von 0,8 ppb je Jahr auf gegenwärtig 320 ppb angewachsen. Der größte Teil des anthropogen freigesetzten Distickstoffoxids stammt aus dem bakteriellen Abbau von Düngemitteln in vernässten oder verdichteten Böden, dem modernen Verkehr, aus der Produktion von Biokraftstoffen sowie der chemischen Industrie.

2.2 Der Treibhauseffekt

Die Erdatmosphäre enthält eine Reihe von Spurengasen wie Wasserdampf, Kohlendioxid, Methan, Distickstoffoxid, Ozon und andere mehr, deren Anteil an der Gesamtmasse der Erdatmosphäre weniger als 1 % ausmacht (vgl. Tab. 2.2). Sie werden als Treibhausgase bezeichnet, da sie den kurzwelligen Anteil der Sonnenstrahlung nahezu ungehindert passieren lassen, während sie die von der Erde ausgehende langwellige Infrarotstrahlung in bestimmten Wellenlängenbereichen ab etwa 3 µm absorbieren und anschließend wieder emittieren. Dadurch wird die Erde zusätzlich erwärmt, sodass sie gegenwärtig eine Mitteltemperatur von 15° C (288 K) aufweist.

Der natürliche Treibhauseffekt der Erde lässt sich berechnen, indem man gemäß Lemke 2003 annimmt, dass die Erdatmosphäre vollkommen durchlässig für die kurzwellige Strahlung ist, während dagegen ein Teil der langwelligen Ausstrahlung der Erdoberfläche von der Atmosphäre zurückgehalten, also absorbiert wird, und der andere Teil (ΔS) in den Weltraum entweicht, sodass für die globale Energiebilanz (vgl. Kap. 4.6) mit der Temperatur der Erdoberfläche $T_0 = 288$ K, der Solarkonstanten $S = 1368\ W \cdot m^{-2}$, der Stefan-Boltzmann-Konstanten $\sigma = 5{,}67 \cdot 10^{-8}\ W \cdot m^{-2} \cdot K^{-4}$ und einer Albedo von 30 % = 0,3 gilt:

$$\pi r^2 (1 - \text{Albedo}) \cdot S = 4\,\pi\, r^2\ \Delta S\ \sigma\ T_0^{\,4} \tag{2.26}$$

Nach ΔS aufgelöst ergibt sich folgende Beziehung:

$$\Delta S = \frac{(1 - \text{Albedo})S}{4\sigma T_0^4} = \frac{0{,}7 \cdot 1368}{4 \cdot 5{,}67 \cdot 10^{-8} \cdot 288^4} = 0{,}61 \tag{2.27}$$

Damit erhält man für den Treibhauseffekt 0,61, d. h., 39 % der von der Erde ausgehenden Wärmestrahlung werden durch die Atmosphäre vereinnahmt.

Berechnet man die Temperatur der Erde nur für den natürlichen Treibhauseffekt, dann ergibt sich gemäß dem Stefan-Boltzmann'schen-Gesetz (s. Kap. 4.6):

$$\begin{aligned}
\sigma T^4 &= 0{,}7 \cdot S \cdot \frac{\pi r^2}{4 \cdot \pi r^2} = 0{,}7 \cdot S \cdot \frac{1}{4} \quad \text{folglich} \\
T^4 &= \frac{0{,}7 \cdot S}{\sigma} \cdot \frac{1}{4} = \frac{1}{5{,}67 \cdot 10^{-8}} \cdot 0{,}175 \cdot 1368 = 42{,}22 \cdot 10^8 \quad \text{bzw.} \\
T &= \sqrt[4]{42{,}253} \cdot 10^2 = 255\text{K} \quad \text{bzw.} \quad (255 - 273) = -18^\circ\text{C},
\end{aligned} \tag{2.28}$$

d. h. einen natürlichen Temperatureffekt von 33 K, nämlich (288−255=33 K), an dem gemäß Cubasch 2000 der Wasserdampf mit 20,6 K, das Kohlendioxid mit 7,2 K, das bodennahe Ozon mit 2,4 K, das Distickstoffoxid mit 1,4 K, das Methan mit 0,8 K und die FCKW mit 0,6 K beteiligt sind. Damit ist der Wasserdampf das wichtigste natürliche Treibhausgas, denn er bewirkt nahezu Zweidrittel der Treibhauswirkung.

Betrachtet man die unterschiedlichen Zeitskalen der Klimageschichte unserer Erde, dann ist das gegenwärtige Klima keineswegs repräsentativ. So leben wir heute in einem Eiszeitalter, das vor etwa 55 Mio. Jahren begann und sich langsam entwickelte. Die antarktische Eiskappe existiert seit 30 Mio. und die arktische Eisbedeckung seit 2,8 Mio. Jahren. Dies ist ein relativ einmaliger erdhistorischer Zustand, denn nach Negendank 2003 treten seit etwa 800.000 Jahren vergleichsweise schnelle Klimaschwankungen mit einem Rhythmus von 100.000 Jahren auf.

So kam es beispielsweise in den vergangenen 400.000 Jahren zu einem markanten viermaligen Wechsel zwischen Eiszeiten (Glazialen) mit einer Dauer von 80.000 bis 90.000 Jahren und Zwischeneiszeiten (Interglazialen) mit einer zeitlichen Spanne von 20.000 bis 10.000 Jahren, wobei wir uns heute in einem Interglazial, dem Holozän, befinden. Das Klima unserer Zwischeneiszeit ist relativ stabil, und die Klimaschwankungen in den ersten beiden Dritteln des Holozäns waren solar und vulkanisch geprägt, während in den letzten 150 Jahren dagegen in zunehmendem Maße anthropogene Einflüsse wirksam geworden sind, denn seit dem Beginn der industriellen Entwicklung um 1850 sorgt der Mensch für einen zusätzlichen Treibhauseffekt, da er den Anteil der natürlichen Treibhausgase erhöht und darüber hinaus neue Treibhausgase (FCKW) in die Atmosphäre immitiert hat.

Nach Hansen 2005 sammeln sich diese Gase in der Atmosphäre an und bewirken eine zusätzliche Triebkraft für das Klima, also eine Änderung des sogenannten „Climate Forcing". Das heißt, dass die Erde zum gegenwärtigen Zeitpunkt eine unausgeglichene Energiebilanz von 0,5 bis 1,0 W je Quadratmeter besitzt und vorübergehend weniger Energie ins All abgibt, als sie von der Sonne erhält, sich also erwärmt.

Diese Wärmemenge wird zu etwa 50% in den oberen Schichten (bis etwa 1000 m) der Meere gespeichert, was Messungen von Schiffen und Bojen bestätigen. Nachweisen lässt sich das Ungleichgewicht auch anhand der Daten des Schweizer Strahlungsmessnetzes, die eine Zunahme der auf der Erde ankommenden langwelligen Strahlung dokumentieren (vgl. Philipona 2004). Infolge der großen Wärmekapazität der Ozeane dauert es allerdings ca. 100 Jahre bis sich auf einem höheren Temperaturniveau ein neues Gleichgewicht einstellt.

Prinzipiell scheint es gemäß Rahmstorf 2006 möglich, dass bereits eine neue erdgeschichtliche Klimaepoche, verursacht durch den anthropogenen CO_2-Anstieg, begonnen hat, die die natürlichen Eiszeitzyklen um mehrere Hunderttausend Jahre verhindern könnte. Denn anhand der vorliegenden Eisbohrkerne lässt sich eine eindeutige Kopplung zwischen der Änderung der CO_2-Konzentration und dem Temperaturverlauf erkennen: So folgt einer Temperaturvariation (z. B. im Milankovich-Zyklus) nach einer charakteristischen Verzögerung eine CO_2-Änderung und umgekehrt einer CO_2-Änderung wenig später eine Temperaturänderung.

Beim anthropogenen Treibhauseffekt ist das Kohlendioxid das wichtigste Treibhausgas mit einem Anteil von 54%, es folgen das Methan, die FCKW, das Ozon

Tab. 2.6 Treibhauseffekt der Erde durch die wichtigsten Spurengase

	Konzentration	Temperaturerhöhung	Natürlicher Treibhauseffekt	Anthropogener Treibhauseffekt
		33 K	Prozentual (%)	Prozentual (%)
Wasserdampf (H_2O)	20.000 ppm	20,6	62,0	4
Kohlendioxid (CO_2)	400,00 ppm	7,2	22,0	54
Methan (CH_4)	1,72 ppm	0,8	2,5	17
FCKWs und andere	0,25 ppb	0,6	2,5	14
Ozon (O_3)	0,03 ppm	2,4	7,0	7
Distickstoffoxid (N_2O)	0,31 ppm	1,4	4,0	4

sowie das Distickstoffoxid (vgl. Tab. 2.6). Die Hauptquellen sind weltweit betrachtet der Energiesektor mit 50 %, der Chemiesektor mit 20 %, die Vernichtung der Wälder mit 15 % und die Landwirtschaft ebenfalls mit 15 % (Latif 2003a). Aerosole bilden den anderen vom Mensch verursachten wichtigen Einflussfaktor auf das Klima, wobei man allerdings wegen der Komplexität ihrer Wirkung und infolge ungenauer Informationen über ihre Menge das direkte Climate Forcing nur zu etwa 50 % abschätzen kann.

2.2.1 Auswirkungen des Treibhauseffektes

Nach statistischen Auswertungen instrumentell bestimmter Daten tritt der anthropogene Treibhauseffekt in den letzten 50 Jahren des 20. Jahrhunderts deutlich hervor. So haben die natürliche und anthropogene Treibhauswirkung zu einer raschen Zunahme der globalen Mitteltemperatur geführt, wobei der Trend für die Jahre 1901–2000 bei 0,6 K/100 Jahre und für den Zeitraum 1906–2005 bereits bei 0,74 K/100 Jahre lag, sodass die globale Mitteltemperatur in etwa wieder das Niveau besitzt, dass sie am Höhepunkt unseres gegenwärtigen Interglazials, dem Holozän, vor etwa 10.000 Jahren hatte, und nach Modellrechnungen ist ein weiterer Anstieg von 1,8 bis 4,0 K bis 2100 wahrscheinlich (vgl. Huch 2001). Damit wird dann das Temperaturniveau des vorangegangenen Eem-Interglazials erreicht, das sich durch einen fünf bis sechs Meter höheren Meeresspiegel als der gegenwärtige auszeichnete.

Der Anstieg der Temperatur und die Dauer der Erwärmung in den vergangenen 1000 bis 2000 Jahren sind nach Moberg 2005 niemals größer gewesen als jetzt, wobei das Jahr 1998 mit 1,7 K über dem globalen Mittelwert das wärmste Jahr des vergangenen Jahrtausends war. Schon heute gelten die Jahre 2005, 1998, 2002, 2003 und 2004 als wärmste seit Beginn der Aufzeichnungen ab 1861 (s. Rahmstorf 2006).

Eine erste Erwärmungsphase trat gemäß Abb. 2.21 zwischen 1910 und 1945 auf, danach stagnierten die Temperaturen bis in die 1970er-Jahre, während seit etwa 1976 ein ununterbrochener Erwärmungstrend besteht, der aber derzeit leicht rückläufig ist.

Diese erste Erwärmungsphase könnte durch eine Kombination von Treibhauseffekt, interner Variabilität und erhöhter Sonnenaktivität erklärt werden. Der zweite

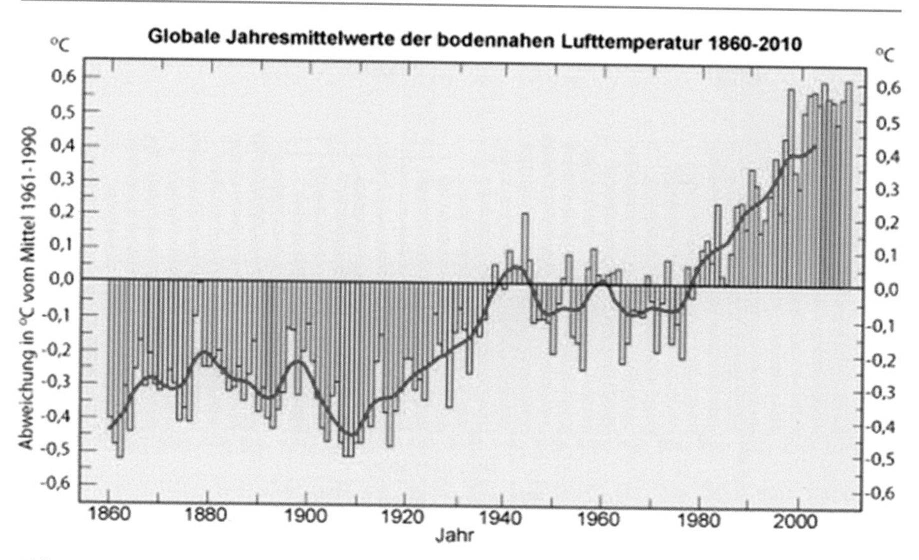

Abb. 2.21 Veränderung der globalen Mitteltemperatur 1860–2006 (Kasang). (© Bildungsserver (Internet 13))

Abschnitt des Temperaturverlaufs resultiert aus einer Überlagerung des abkühlenden Aerosol- und des erwärmenden Treibhauseffektes, während die letzte Phase eindeutig den menschlichen Einfluss auf die Klimaentwicklung belegt.

Bezüglich des Tagesganges der Temperatur lässt sich eine Erhöhung der nächtlichen Minima um 0,2 K und der Tagesmaxima um 0,1 K je Dekade feststellen (vgl. IPCC 2001 und 2007). Nachgewiesen werden kann dieser Trend auch für die Klimastation Bremen, an der die Tagesmaxima der Lufttemperatur bzw. die nächtlichen Minima in den vergangenen 40 Jahren um 1 K bzw. 0,5 K angestiegen sind (s. Abb. 2.22 und 2.23).

Speziell in Deutschland wird die Klimaentwicklung der letzten 100 Jahre durch einen Anstieg der Jahresmitteltemperatur um 0,8 bis 1 K (s. Trendlinie Abb. 2.24), eine deutliche Zunahme der Winterniederschläge in den letzten 30 Jahren, eine Veränderung der Andauer der Schneedecke um 10 bis 20 %, eine größere Anzahl von Hitzetagen in den Monaten Juli und August, eine Zunahme der Starkniederschläge an Häufigkeit und Intensität besonders in den letzten 40 Jahren sowie eine Änderung der Wetterlagen geprägt, wobei im Sommer über Mitteleuropa derzeit eine Hochdruckbrücke gegenüber zyklonalen Westlagen dominiert, während dagegen im Winter Letztere im Vergleich zu allen anderen Wetterlagen deutlich hervortreten.

Nach Modellrechnungen des MPI (vgl. UBA 2006) wird in Abhängigkeit von den Treibhausgasemissionen in Deutschland bis 2100 eine mittlere Erwärmung zwischen 2,5 und 3,5 K eintreten, die regional unterschiedlich stark ausgeprägt sein kann. Besonders intensiv erwärmt sich der Süden und Südosten Deutschlands im Winter, nämlich um mehr als 4 K im Vergleich zum Zeitraum 1961 bis 1990. Gleichzeitig gehen die Sommerniederschläge um etwa 30 % zurück, und zwar insbesondere im Südwesten und Nordosten des Landes. Andererseits nehmen die Win-

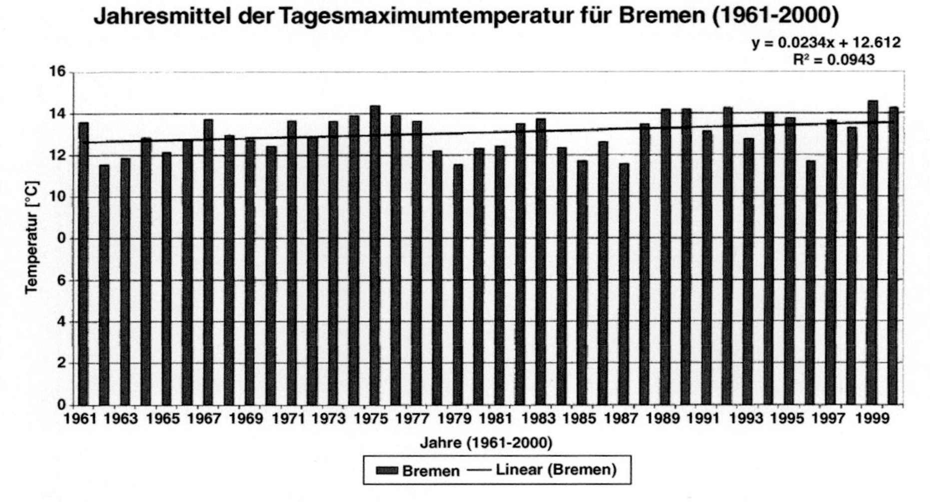

Abb. 2.22 Jahresmittel der Tagesmaximumtemperatur in Bremen (1961–2000) und Regressionsgerade.) (© Nußbaumer 2005)

terniederschläge zu, sodass die Winter in ganz Deutschland feuchter werden, wobei die Niederschläge besonders im Alpenbereich in zunehmendem Maße als Regen fallen werden.

Global gesehen ist der Bedeckungsgrad durch Wolken über den mittleren und nördlichen Breiten der Nordhalbkugel um 2 % gewachsen, was mit der dokumen-

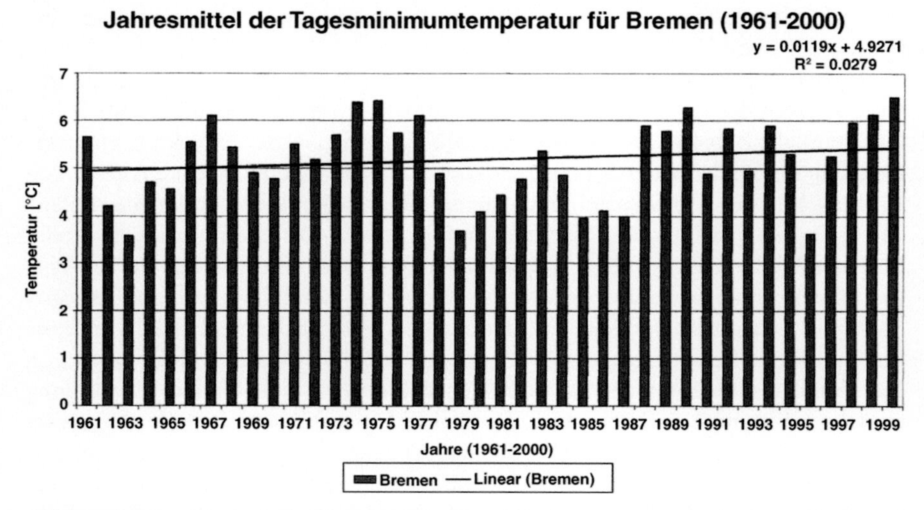

Abb. 2.23 Jahresmittel der Tagesminimumtemperatur in Bremen (1961–2000) und Regressionsgerade. (© Nußbaumer 2005)

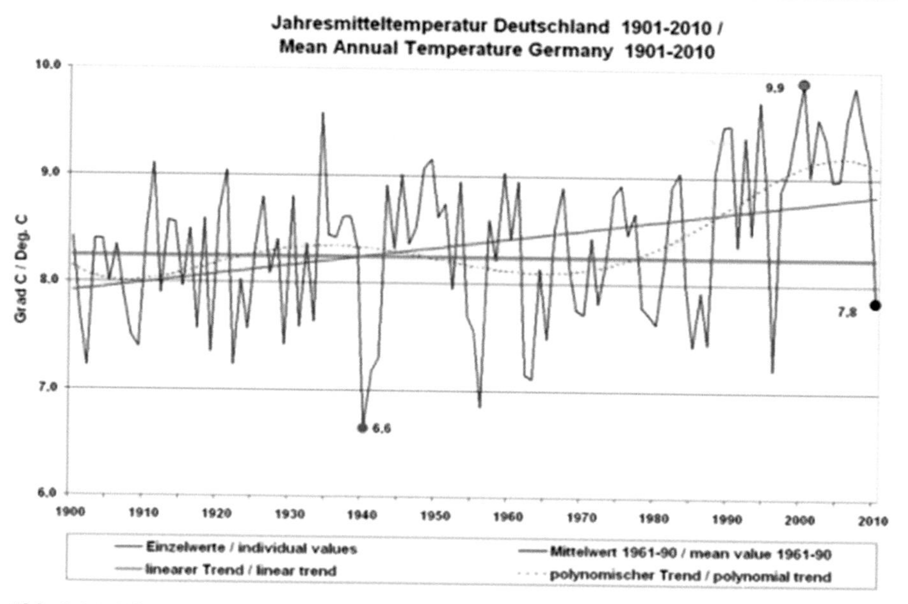

Abb. 2.24 Jahresmitteltemperaturen in Deutschland von 1901 bis 2010. (© Steinbrecht 2007)

tierten Abnahme der täglichen Temperaturvariation (z. B. für die Station Bremen) in gutem Einklang steht. Zudem hat sich auch die Dauer der frostfreien Periode in diesem Breitenbereich verlängert. Da ein Großteil der überschüssigen Sonnenenergie in den Ozeanen gespeichert wurde, stieg die Oberflächentemperatur der tropischen Ozeane von 1949 bis 1989 um 0,5 K an, wobei sich ihre Verdunstungsrate im selben Zeitraum um 16 % erhöhte.

2.2.1.1 Troposphärische Erwärmung

Ein weiterer Hinweis auf eine Erwärmung ist die Zunahme der Troposphärentemperatur um 0,1 K in den Tropen und Subtropen seit den 1950er-Jahren. Gleichzeitig kühlte sich aus Kompensationsgründen gemäß Labitzke 2005 die untere Stratosphäre (100 hPa- und 50 hPa-Niveau) um ca. 2 K ab (s. Abb. 2.25), ausgenommen davon ist die Arktis. Radiosondendaten für Zentraleuropa belegen eine troposphärische Erwärmung von 0,6 K und eine stratosphärische Abkühlung von 0,5 K je Dekade (s. Dameris 2005).

2.2.1.2 Veränderung der Eisbedeckung und Vergletscherung

Der beobachtete Temperaturanstieg geht mit einem Auftauen der Permafrostböden der Hochgebirge sowie der polaren und subpolaren Gebiete einher. Darüber hinaus hat sich die Schneebedeckung seit Ende der 1960er-Jahre um etwa 10 % verringert, sodass die Dauer einer Eisdecke auf Seen und Flüssen um zwei Wochen in den mittleren und hohen Breiten der Nordhalbkugel zurückgegangen ist. Außerdem wird mit wenigen Ausnahmen (maritime Gletscher Norwegens und an der Westküste der

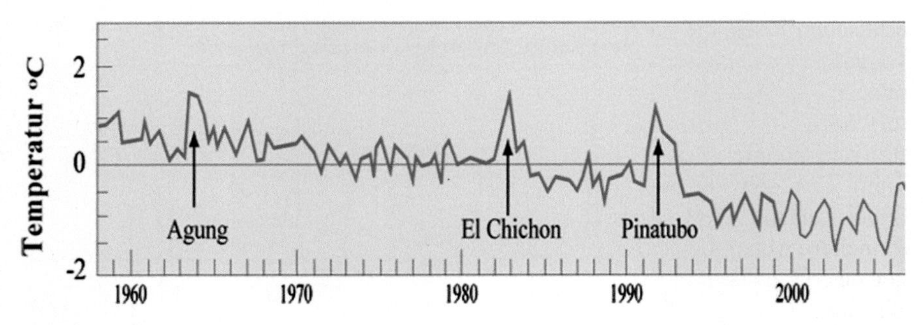

Abb. 2.25 Temperaturänderung in der unteren Stratosphäre von 1958–2007. (© DWD/IPCC, Kasang 2007 (Internet 14))

Südinsel Neuseelands) ein weltweiter Rückzug der Gletscher beobachtet. Gleiches gilt für die Gletscher an der Ost- und der Westküste Grönlands, deren Dicke seit 2003 um 25 bis 40 m je Jahr abgenommen hat. Einen deutlichen Schwund weist auch die Eiskappe des Kibo im Kilimandscharo-Massiv auf, über die Hemingway heute keine Novelle mehr schreiben würde, denn zwischen 1962 und 2000 verringerte sich ihre Dicke um 17 m, wobei sich das Abschmelzen in den vergangenen Jahren noch beschleunigte. Hält dieser Trend an, wird der höchste Berg Afrikas, der seine Eiskappe seit rund 12.000 Jahren trägt, etwa ab 2015 eisfrei sein (s. auch Kaser 2008).

Der Rückgang des arktischen Meereises (vgl. Abb. 2.26, Lemke 2003) ist eine weitere Folge des Temperaturanstiegs. Derzeit schrumpft im Sommer die Dicke des

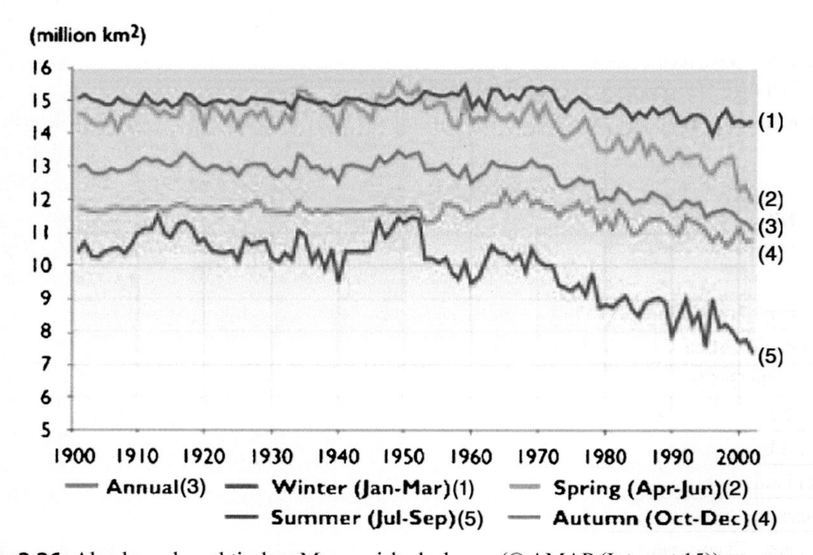

Abb. 2.26 Abnahme der arktischen Meereseisbedeckung. (© AMAP (Internet 15))

arktischen Eises, die im Mittel 2 m beträgt, um 40–60 %. Seine Fläche hat in den vergangenen 30 Jahren um ca. ein Fünftel abgenommen und ihre geringste Ausdehnung Ende September 2005 erfahren. Modellrechnungen legen nahe (vgl. Rahmstorf 2006), dass gegen Ende des Jahrhunderts der arktische Ozean im Sommer eisfrei sein könnte, sodass die Nordwest- und die Nordostpassage bzw. die direkte Fahrt über den Pol bevorzugte Schifffahrtsrouten werden dürften (s. Busemann 2008, Lamson 1988, Thomas 2004). Gegenwärtig stellt man sogar eine viermal schnellere Abnahme des arktischen Meereises im Vergleich zu den Modellrechnungen des IPCC fest (Rahmstorf 2011). Außerdem verliert seit 1998 die grönländische Eisdecke, die etwa 3 km dick ist, jährlich 65 km^3 Eis an ihren Rändern, während im zentralen Teil durch Niederschläge Nachschub erzeugt wird. Bei einer weiteren lokalen Erwärmung um 3 K könnte die gesamte Eisdecke abschmelzen, da sie dann dünner wird und damit die Oberfläche des Eispanzers in tiefere und wärmere Schichten abrutscht. In der letzten Zwischeneiszeit vor etwa 130.000 bis 116.000 Jahren haben das Abtauen des grönländischen Eisschildes und anderer zirkumpolarer Eisfelder einen Anstieg des Meeresspiegels von wahrscheinlich 2,2 bis 3,4 m bewirkt (vgl. Otto-Bliesner 2006).

Der antarktische Eisschild mit im Mittel 4 km Dicke befindet sich in einem Bereich negativer Temperaturen, sodass eine Temperaturerhöhung infolge des Klimawandels wenig Einfluss auf ihn haben dürfte. Erst wenn sich die Wasseroberflächentemperaturen erhöhen, wird das aufs Meer geschobene Schelfeis abgeschmolzen. Im Februar 2002 zerbrach jedoch der Jahrtausende alte Larsen-B-Eisschelf vor der antarktischen Halbinsel, sodass sich das Abfließen von kontinentalem Eis seither stark beschleunigt hat. Wesentlich stabiler scheinen hingegen die Eismassen im Bereich der Ostantarktis zu sein. Einen Überblick über die weltweite Vergletscherung und den theoretisch zu erwartenden Meeresspiegelanstieg beim Abschmelzen ist in Tab. 2.7 enthalten.

2.2.1.3 Anstieg des Meeresspiegels

Im Verlaufe der Erdgeschichte änderte sich der Meeresspiegel immer dann, wenn sich ein Klimawandel vollzog. Besonders niedrig war er in Eiszeiten, da in diesen

Tab. 2.7 Ausmaße der weltweiten Vergletscherung. (Quelle: Winkler (2009))

	Eisfläche (km^2)	Volumen (km^3)	Meeresspiegelanstieg (m)
Gletscher und Eiskappen			
Maximale Größe	546.000	133.000	0,37
Minimale Größe	510.000	51.000	0,15
Eisschelfe	1.500.000	700.000	0,0
Polare Eisschilde	14.000.000	27.600.000	63,9
Grönland	1.700.000	2.900.000	7,3
Antarktis	12.300.000	24.700.000	56,6
Globales Eisvolumen		28,4 Mio. km^3	65–70 m

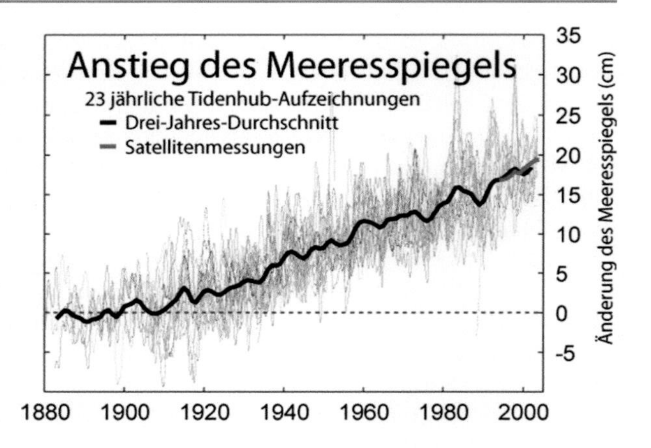

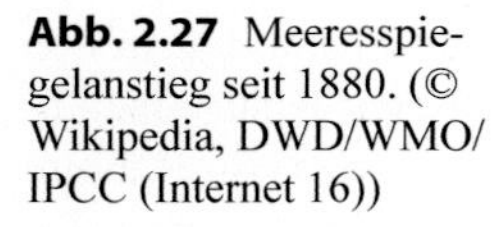
Abb. 2.27 Meeresspiegelanstieg seit 1880. (© Wikipedia, DWD/WMO/IPCC (Internet 16))

Zeiträumen das Wasser als Eis auf den Kontinenten abgelagert war. So lag der Meeresspiegel z. B. während der letzten Eiszeit vor 10.000 Jahren ca. 120 bis 140 m tiefer als heute. Mit der Erhöhung der globalen Mitteltemperatur um 5 K sind am Ende der Eiszeit bereits zwei Drittel der damaligen Eismasse abgeschmolzen. Seither ist er mit kurzzeitigen Unterbrechungen angestiegen, und zwar insbesondere in den letzten 3000 Jahren.

Pegelmessungen verdeutlichen einen Anstieg des Meeresspiegels um 0,1 bis 0,2 m im 20. Jahrhundert, wobei sich der Wasserstand seit 1990 um 3 mm pro Jahr erhöhte, und zwar um 1,6 mm infolge der thermischen Expansion, um 0,9 mm durch den Gletscherschwund und um 0,2 mm aufgrund des kontinentalen Eisabflusses. Die restlichen Millimeter sind ein Erholungseffekt nach dem Ausbruch des Pinatubo im Jahre 1991, der einen globalen Temperaturrückgang bewirkte (vgl. Rahmstorf in Fuchs 2010).

Im Prinzip zeigt der Meeresspiegel einen linearen Anstieg, der sich in den 1979er-Jahren nicht erhöht hat, wie man auch Abb. 2.27 entnehmen kann. Die Kurve weist zwischen 1910 und 2005 im Mittel aller Pegel ein Anstieg von 18 cm auf. Nach Modellrechnungen wird ein Anstieg von 0,5 bis 1,5 m bis zum Jahr 2100 und von 1,5 bis 3,5 m bis 2200 erwartet.

Für die nächsten 1000 Jahre wurden Anstiegsraten von 3,5 mm je Jahr laut IPCC 2001 und 2007 vorhergesagt. Diese sind wesentlich geringer als diejenigen in der Warmphase vor rund 130.000 bis 128.000 Jahren, für die ein Ansteigen des Meeresspiegels von 11 mm je Jahr abgeschätzt wurde. Größere Änderungen des Meeresspiegels sind erst durch das Abschmelzen der Eismassen der Erde zu erwarten, wie uns die Klimageschichte lehrt (s. Overpeck 2006). So ergeben sich Änderungen in der Höhe des Meeresspiegels von rd. 120 m bei Temperaturänderungen von 4 bis 7 K. Gemäß Rahmstorf 2006 sind im West-Antarktischen Eisschild 6 m, im Ost-Antarktischen-Eisschild sogar über 50 m und im Grönlandeis 7 m Meeresspiegelanstieg gespeichert. Nach Modellrechnungen (Gregory 2004) wird die Erde 2100 warm genug sein, um den grönländischen Eisschild zu schmelzen, sodass bis 2300 ein Anstieg von ca. 3 bis 5 m eintreten kann.

2.2.1.4 Änderung des Niederschlagregimes

Sehr wahrscheinlich ist auch, dass die Niederschlagssummen um 0,5 bis 1 % je Dekade in den vergangenen 100 Jahren über den mittleren und hohen Breiten der Nordhalbkugel zugenommen haben, während sie sich etwa um 0,3 % über den nordhemisphärischen subtropischen Landgebieten verringerten. Gleichfalls erhöht hat sich die Niederschlagsmenge um 0,1 bis 0,2 % je Dekade zwischen 10° Süd und Nord.

Darüber hinaus sind häufiger extreme Niederschlagsereignisse in den mittleren Breiten aufgetreten. Hierzu gehören u. a. die Oderflut 1997, die Elbeflut 2002 (s. Abb. 2.28 und Farbtafel 1), die Rekordniederschläge und Überschwemmungen im Alpenraum im Sommer 2005 und im Winter 2005/2006 sowie das Jahrhunderthochwasser in Mitteleuropa Ende Mai bzw. Anfang Juni 2013, verbunden mit Starkregen und einer Vb-Wetterlage. Auch in Deutschland ist der Erwärmungstrend seit drei Jahrzehnten gut ausgeprägt und liegt mit 0,7 bis 1,7 K zu allen Jahreszeiten über dem globalen Mittelwert (s. Schönwiese 2005). So war mit einer durchschnittlichen Lufttemperatur von 9,9° C das Jahr 2000 das wärmste des 20. Jahrhunderts. Die meisten Gebirgsgletscher der Alpen haben seit 1880 die Hälfte ihrer Masse verloren, und die Niederschläge fallen immer seltener als Schnee (s. Schönwiese 2003). Alarmierend sind hierbei die Geschwindigkeit des Temperaturanstiegs in den letzten zehn Jahren und die in zunehmendem Maße zu beobachtenden Wetterkapriolen. Beispielsweise betrug am 12. August 2002 in Zinnwald im Osterzgebirge die 24-stündige Regensumme 312 l pro Quadratmeter. Das ist die absolut höchste

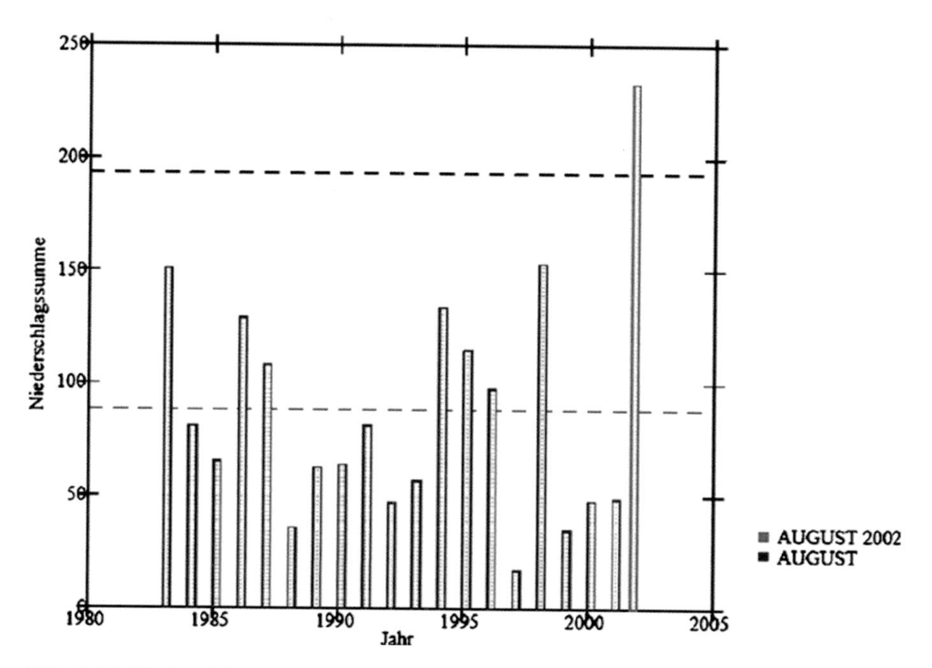

Abb. 2.28 Niederschlagssummen (mm) zwischen 1983 und 2002 für den Monat August in Dresden-Klotzsche. (© Schran (2003))

Summe, die jemals in Deutschland erreicht wurde und deutlich seltener als einmal in 100 Jahren auftritt (s. Farbtafel 1; Malitz 2002).

Insgesamt hat sich die Niederschlagsverteilung gemäß Farbtafel 2 global gesehen stark verändert. Ensemblesimulationen für den Zeitraum 2011–2040 ergaben für Mitteleuropa eine Zunahme der interannualen Variabilität des Niederschlags vor allem in den Sommer- und Herbstmonaten, was darauf hindeutet, dass die Wahrscheinlichkeit von Jahren mit extremen Trockenperioden bzw. Starkniederschlägen zunehmen kann (Reklim 2011).

2.2.1.5 Änderung des Windregimes

Bezüglich des Windregimes gilt, dass die Lufttemperaturen in 3 bis 6 km Höhe in den Tropen und Subtropen angestiegen sind, in der Arktis jedoch abgenommen haben, wodurch sich die zonalen Winde bzw. der polare Strahlstrom in den letzten 20 Jahren in allen Breiten verstärkten (vgl. Labitzke 2005), und zwar in den mittleren Breiten um 5 bis 10 %, in den Tropen sogar um 20 %.

Gemäß Berz 2003 (s. auch Abb. 4.25) erhöhte sich seit den 1960er-Jahren die Häufigkeit von großen Naturkatastrophen sowohl der Anzahl nach als auch im Hinblick auf die volkswirtschaftlichen und versicherten Schäden deutlich. Das wird ebenfalls durch die große Zahl der Winterstürme in den 1990er-Jahren veranschaulicht, die in der Tab. 11.2 aufgeführt sind und mit Milliardenschäden infolge extrem hoher Windgeschwindigkeiten (>200 km . h^{-1} in Böen) verknüpft waren (s. Kraus 2003).

Eine große Gefahr stellen dabei die mit den Stürmen bzw. Orkanen verbundenen Sturmfluten dar, die besonders 1962 und 1976 die Nordseeküste heimsuchten. Bei der „Hamburgflut" vom 16. bis 17. Februar 1962 traten erhebliche Deichschäden im gesamten Küstengebiet auf, während in Verbindung mit dem Capella-Orkan vom 2. bis 4. Januar 1976 an vielen Pegelorten die höchsten Scheitelhöhen gemessen wurden, insbesondere im gesamten Bereich der Elbe. Es brachen rund 20 Deiche, und mehr als 40 Mio. km^3 Wasser überfluteten das Hinterland. An der tiefsten deutschen Landstelle in Neuendorf (3,54 m unter NN) erreichte am 3. Januar 1976 der Wasserstand 9,89 m. Auf heftige Sturmfluten mit bisher ungeahnten Wasserständen müssen sich die Menschen an Elbe und Weser sowie an der Nordseeküste auch künftig einstellen, da der derzeitige und geplante Küstenschutz nur bis 2030 ausreicht. Bis Ende 2100 werden aber nach allgemeinen Abschätzungen z. B. die Wasserstände in Hamburg 70 cm höher als bisher auflaufen.

2.2.2 Thermohaline Zirkulation

Meeresströmungen entstehen entweder durch die Einwirkung des Windes auf die Wasseroberfläche und spiegeln somit als Oberflächenströmungen das Muster der allgemeinen Zirkulation wider, oder sie werden durch Dichte- und damit Druckunterschiede der Wassermassen, die im Wesentlichen von der Temperatur und dem Salzgehalt abhängen, angetrieben und verursachen die Tiefenzirkulation der Ozeane, die folglich auch als thermohaline Zirkulation bezeichnet wird. Temperaturdifferenzen resultieren aus einer Erwärmung oder Abkühlung der Wasseroberfläche, während eine Zunahme bzw. Abnahme des Salzgehaltes durch Verdunstungsprozesse und die Bildung von Meereis bzw. durch vermehrte Niederschläge und Zuflüsse in die Ozeane sowie das Schmelzen von Eis hervorgerufen wird (vgl. Alley 2005 und Rahmstorf 2002, 2003, 2006).

Beide Zirkulationsformen sind eng miteinander verzahnt und bilden zusammen die sogenannte globale „Conveyor-Belt-Zirkulation", die durch alle drei Ozeane verläuft und das Klima auf der gesamten Erde beeinflusst (vgl. Abb. 2.29).

Ihre Ursache beruht auf der Abkühlung des Wassers in hohen Breiten in Verbindung mit dem einsetzenden Gefrierprozess, bei dem durch die Eiskristallbildung Salz ausgeschieden wird (Segregation). Die thermohaline Zirkulation vereint in sich die Produktion von Tiefenwasser in der Norwegisch-Grönländischen See, der Labrador See sowie im Wedell-Meer und Rossmeer in der Antarktis, den Transport von Tiefenwasser als Tiefseeströmung in der Nähe der Ostküste des amerikanischen Kontinents und von antarktischem Bodenwasser, die dann beide durch den antarktischen Zirkumpolarstrom in den Indischen und Pazifischen Ozean verteilt werden, in denen sie schließlich auf ihrem Weg nach Norden wieder aufquellen, sowie den Transport von Oberflächenwasser zum Schließen der Zirkulationsringe, wozu im Nordatlantik der Benguelastrom, der Golfstrom und der Nordatlantikstrom gehören.

Der Antrieb des Golfstroms befindet sich seit gut 10.000 Jahren zwischen Grönland und Spitzbergen bei ca. 75° N. Hier sinken jede Sekunde 15 bis 20 Mio. m^3 Wasser in die Tiefe, was etwa der 15-fachen Wassermenge aller Flüsse der Erde entspricht. Ursache ist der beginnende Gefrierprozess, der zu einer Erhöhung der Salzkonzentration in den darunterliegenden Wasserschichten führt. Die Dichte des Wassers wird dabei schließlich so groß, dass es allein durch sein Gewicht in die Tiefe „stürzt". Das dichte und kalte Wasser strömt in 2 bis 3 km Tiefe in einem weit

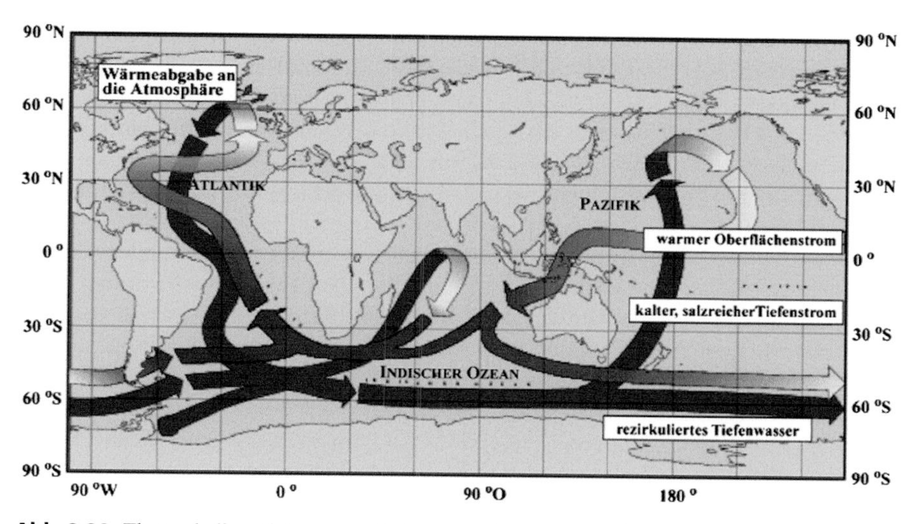

Abb. 2.29 Thermohaline Zirkulation. (© Kasang, Bildungsserver (Internet 17))

verzweigten Strömungssystem im Atlantik langsam südwärts (mit etwa 100 m je Tag) bis zum antarktischen Zirkumpolarstrom und steigt erst nach ca. 1000 Jahren im Indischen Ozean wieder an die Oberfläche. Das Absinken im Norden wird durch den Zufluss von warmem Oberflächenwasser aus dem Süden kompensiert, sodass im Atlantik eine gewaltige Umwälzbewegung entsteht, die etwa 10^{15} Watt in der Sekunde an Wärme in den nördlichen Atlantikraum bringt. Infolge der globalen Erwärmung kann diese Zirkulation durch die thermische Ausdehnung des Meerwassers und der damit verbundenen Dichteabnahme oder auch durch zunehmende Niederschläge bzw. Schmelzwasserflüsse vom grönländischen Eis und dem damit gekoppelten Verdünnungseffekt abgeschwächt und folglich die Tiefenwasserbildung erschwert oder gänzlich unterbunden werden. Damit käme der Nordatlantikstrom zum Erliegen, was eine drastische Abkühlung (um mehrere Grad) des nordatlantischen Raumes zur Folge hätte. Durch die veränderte Strömungssituation würde hier der Meeresspiegel zunächst bis zu einem Meter und nachfolgend um ein weiteres halbes Meter infolge der thermischen Expansion des Tiefenwassers ansteigen.

2.2.2.1 Golfstromverlauf und Klimawandel

Der Golfstrom, den Benjamin Franklin 1769 erstmals kartografieren ließ (vgl. Trujillo 2005), gehört zum globalen Strömungssystem der Ozeane und stellt gemäß Bearman 2001 eine windgetriebene an die thermohaline Zirkulation gekoppelte Strömung dar. Seinen Ursprung hat er im Südatlantik, wo ein großer Teil der Wassermenge des Südäquatorialstromes an der Küste Brasiliens nordwärts geführt wird und als Guyanastrom den Äquator kreuzt sowie sich hier mit dem Wasser des Nordäquatorialstromes vermischt. Ein Teil des Wassers wird mit dem Karibikstrom durch die Yucatanstraße in den Golf von Mexiko geführt, ein anderer Teil fließt mit dem Antillenstrom an der Ostseite der Kleinen Antillen vorbei. Das im Golf von Mexiko aufgestaute Wasser entweicht durch die Floridastraße in den Atlantik und vereinigt sich dort wieder mit dem Antillenstrom zum Floridastrom. Dieser transportiert mit Geschwindigkeiten bis zu 2,5 $m \cdot s^{-1}$ etwa 30 Mio. m^3 rd. 30° C warmen Wassers durch die Floridastraße zunächst an der amerikanischen Ostküste nordwärts und löst sich bei Cape Hatteras (rund 35° N) von der Küste, indem er sich ostwärts wendet. Ab hier wird die Strömung als Golfstrom bezeichnet, da sie zum einen das warme Wasser aus dem Golf von Mexiko abtransportiert und zum anderen zunächst genau wie ein Fluss gut abgegrenzt ist (vgl. Abb. 2.30 und Farbtafel 3).

Bei der Überquerung des tieferen Nordatlantik beginnt er dann zu mäandrieren, wobei es zur Bildung von Wirbeln mit kaltem bzw. warmem Wasser beiderseitig der Strömung kommt (s. auch Sverdrup 2005 und Wells 1998), verbreitert sich und wird diffus. Im östlichen Atlantik spaltet sich der Golfstrom in mehrere Arme auf. Einige davon kühlen sich stark ab, sodass sie unter die Oberfläche sinken. Der Hauptarm setzt jedoch als Nordatlantikstrom bis vor die Küste Norwegens und umrundet das Nordkap. Ein anderer Hauptast biegt südwärts ab und trifft als Azoren- bzw. Kanarenstrom letztendlich wieder auf den Nordäquatorialstrom, womit sich die Zirkulation schließt (vgl. hierzu Abb. 2.30 und Thurman 2001).

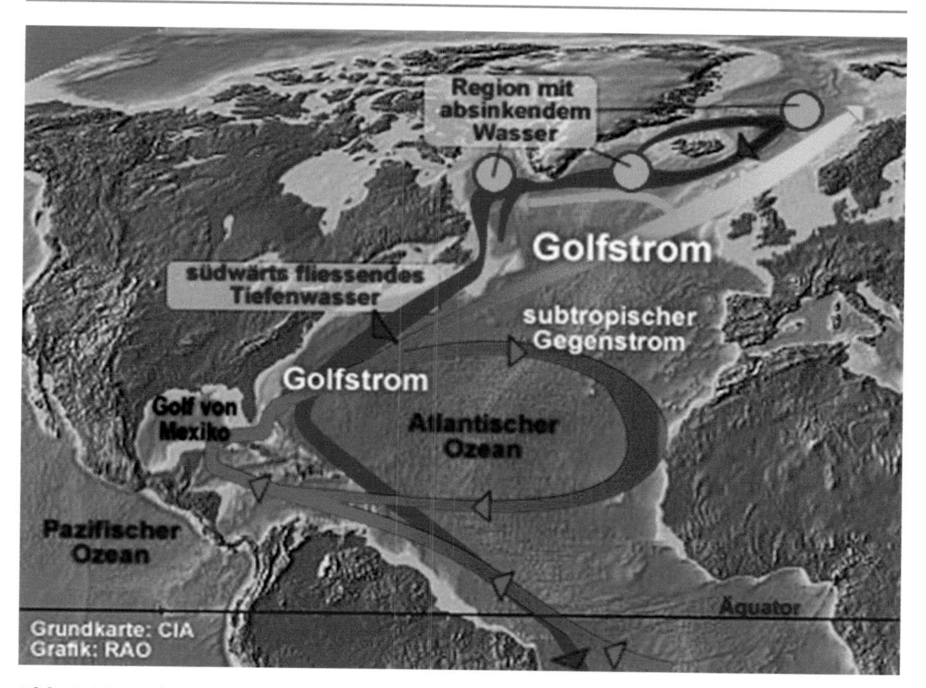

Abb. 2.30 Verlauf des Golfstromes. (© RAO (Internet 18))

Nach Bearmann 2001 beträgt die durchschnittliche Transportrate des Golfstromes in der Floridastraße etwa $30 \cdot 10^6\ m^3 \cdot s^{-1}$ und bei Cape Hatteras etwa $(70–100) \cdot 0^6\ m^3 \cdot s^{-1}$ Wasser. Seine maximale Rate erreicht er etwa bei 065° W mit etwa $150 \cdot 10^6\ m^3 \cdot s^{-1}$. Insgesamt gesehen ist der Golfstrom eine intensive Westrandströmung mit 50 bis 75 km Breite, 1,5 km Tiefe und Stromgeschwindigkeiten von 1 bis $3\ m \cdot s^{-1}$, sodass er die schnellste Ozeanströmung überhaupt darstellt. Seine mittlere Volumentransportrate beträgt $55 \cdot 10^6 \cdot m^3 \cdot s^{-1}$, was 55 Sverdrup entspricht, womit er 500-mal mehr Wasser als der Amazonas transportiert.

Der Klimaeffekt der thermohalinen Zirkulation beruht gemäß Rahmstorf 2006 auf ihrem Wärmetransport von rund 1 PW in der Sekunde, sodass nördlich von 24° Breite auf der Nordhalbkugel der Temperatureffekt 5 K ausmacht. Das entspricht ziemlich genau der Differenz zwischen den Oberflächentemperaturen des Atlantik und Pazifiks, wobei im Atlantik die Seeeisgrenze wesentlich weiter nördlicher als im Pazifik verläuft. Außerdem ist die globale Bodenmitteltemperatur über den drei Hauptproduktionsgebieten von Tiefenwasser bis zu 10 K höher als das Breitenmittel. Ein Aussetzen des Golfstromes würde Modellsimulationen zufolge eine Abkühlung bewirken, die mit rund 10 K an der Seeeisgrenze über dem Nordmeer ihren höchsten Betrag erreicht. In der erdgeschichtlichen Entwicklung hat die thermohaline Zirkulation merkliche Änderungen erfahren. Es existieren insgesamt drei Zirkulationstypen, und zwar

- ein Warmmodus (*interstadiale mode*), der in etwa der heutigen Zirkulation im Nordatlantik entspricht,
- ein Kaltmodus (*stadiale mode*), bei dem die Produktion von nordatlantischem Tiefenwasser südlich von Island in der Irminger See erfolgt, und
- ein Ausmodus (*Heinrich mode*), der bei starkem Frischwassereintrag (z. B. in Verbindung mit dem Abschmelzen der glazialen Eisschilde) eintritt oder wenn sich Schmelzwasserfluten in den Nordatlantik ergießen.

Nach Rahmstorf 2006 sind der erste und dritte Typ sehr stabil innerhalb einer Warmzeit und instabil unter Eiszeitbedingungen, während der Typ zwei sich invers dazu verhält, also sehr stabil unter Eiszeitbedingungen ist, während er innerhalb einer Warmzeit bisher nicht beobachtet wurde.

Ein Aussetzen des derzeitigen Zirkulationstyps ist nach Modellrechnungen erst für eine globale Erwärmung von 4–5 K zu erwarten (vgl. Schiermeier 2006). Da aber die globale Temperaturerhöhung bis jetzt nur 0,74 K/100 Jahre erreicht hat, rechnet man gemäß IPCC 2001 mit einer Abschwächung von 25 % erst bis zum Ende des 21. Jahrhunderts. Allerdings wurden Hinweise auf eine Abschwächung der Atlantikzirkulation bei 25° N um 30 % in den vergangenen 50 Jahren bereits von britischen Ozeanografen (vgl. Bryden 2005) diskutiert, sind jedoch durch weitere Messungen nicht bestätigt worden. Seit 1998 strömt mehr warmes Wasser nach Süden zurück als nach Großbritannien, Norwegen und Grönland. Grund könnte der abnehmende Salzgehalt des Nordmeeres infolge verstärkter Niederschläge und zunehmenden Schmelzwassers von Grönland sein, sodass immer weniger kaltes Tiefenwasser entsteht.

2.2.2.2 Dansgaard-Oeschger-Zyklen

Die Auswertung der grönländischen Eisbohrkerne ergab, dass sehr dramatische Klimaereignisse in Grönland mit den sogenannten Dansgaard-Oeschger-Zyklen (Perioden schneller Erwärmung gefolgt von einer langsamen Abkühlung) einhergehen, die in Abb. 2.31 durch die Tiefen- und damit Zeitabhängigkeit der Änderung der Isotopenkonzentration von ^{18}O dargestellt sind (s. dazu Tafel 2.3). Die Bohrkerne der Expeditionen *Greenland Ice Core Project* (GRIP) und *Greenland Ice Sheet Projec* (GRISP 2) sind fast drei Kilometer lang und dokumentieren das Klima der letzten 110.000 Jahre (vgl. Alley 2005 und Houghton 1979). Die „eingefrorenen" Klimaschwankungen besitzen eine Periode von 1500 bis 3000 Jahren und traten immer dann auf, wenn die thermohaline Zirkulation im Nordatlantik ihren Modus änderte.

In Verbindung mit den Dansgaard-Oeschger-Zyklen erhöhte sich in Grönland die Temperatur innerhalb von ein bis zwei Jahrzehnten um 8 bis 10, maximal 12 K, um nach wenigen Jahrhunderten wieder auf das Eiszeitniveau abzusinken. Mehr als 20 derartige Ereignisse wurden während der letzten Eiszeit, die 100.000 Jahre anhielt, beobachtet (vgl. Rahmstorf 2006). In der Regel endeten die Zyklen mit einem Heinrich-Ereignis (Abb. 2.31, linke Kurve), das im Abstand von mehreren Tausend Jahren auftrat, was sich anhand der Tiefseesedimente des Nordatlantik nachweisen lässt. Jedes dieser Ereignisse hinterließ eine bis zu einigen Metern dicke Schicht von

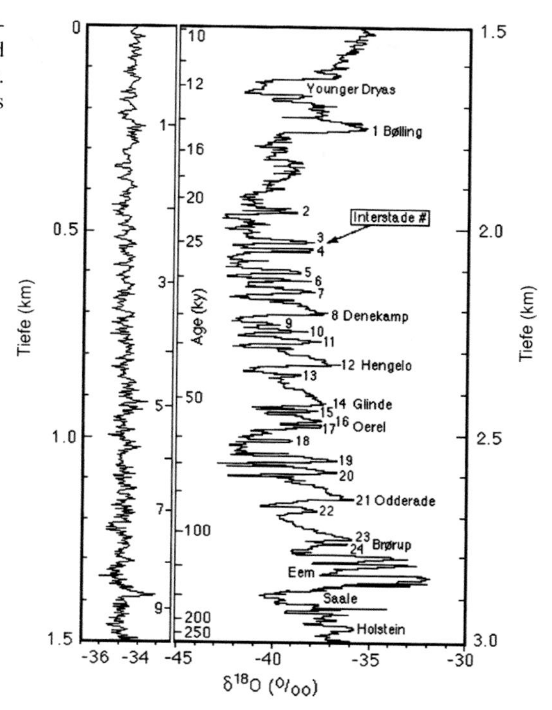

Abb. 2.31 Dansgaard-Oeschger-Zyklen (nummeriert, *rechte Kurve*) und Heinrich-Ereignisse (*linke Kurve*). (© Russell E. McDuff and G. Ross Heath (1994–2001) (Internet 19))

Kieselsteinen. Diese Steine sind aber zu schwer, um vom Wind oder der Strömung mitgeführt zu werden. Deshalb müssen sie durch das Schmelzen von Eisbergen in den Atlantik gelangt sein (vgl. Bischof 2000). Sie stammen vom nordamerikanischen kontinentalen Eisschild und drifteten über die Hudson Bay in den Atlantik. Die Abbrüche wurden wahrscheinlich durch Instabilitäten im Eisschild verursacht, der durch Schneefälle mehrere Tausend Meter dick geworden war. Während der Heinrich-Ereignisse, bei denen die Produktion von nordatlantischem Tiefenwasser aussetzt, erfolgte ein abrupter Temperaturrückgang in den mittleren Breiten, etwa im Mittelmeergebiet. Grönland war weniger davon betroffen. In der gegenwärtigen Zwischeneiszeit, dem Holozän, treten weder Dansgaard-Oeschger- noch Heinrich-Ereignisse auf. Das Klimasystem ist sehr stabil.

Sedimentdaten belegen, dass der Golfstrom bereits einmal versiegt war, und zwar infolge erhöhter Schmelzwasserzufuhr, die vor gut 11.000 Jahren in einer warmen Periode der letzten Eiszeit stattfand. Es strömten gewaltige Mengen Süßwasser mit dem Sankt-Lorenz-Strom in den Nordatlantik, sodass hier die Salzkonzentration des Meerwassers abnahm, und es trotz kräftiger Abkühlung nicht mehr absinken konnte. Der Golfstrom setzte aus, wodurch in der Folge weite Bereiche Nordeuropas und Kanadas mit Eis bedeckt waren. Dadurch floss aber weniger Schmelzwasser in den Atlantik, sodass die Salzkonzentration durch ständige Verdunstung im Atlantik wieder zunahm und sich das Golfstromsystem regenerierte.

Neben dem Verhältnis der Sauerstoffisotope im Gletschereis lassen sich aus den kleinen isolierten Lufteinschlüssen im Bohrkern auch Aussagen über die chemische Zusammensetzung der Atmosphäre und deren Änderungen (z. B. über die CO_2- und Methankonzentration) der letzten Jahrtausende bis Jahrhunderttausende gewinnen, wobei gilt: Je geringer der Methangehalt, desto niedriger waren die Lufttemperaturen bei der Ablagerung des Schnees.

Tafel 2.3 Verhältnis der Sauerstoffisotope $^{18}O/^{16}O$ im Eis (nach Winkler 2009)
Sauerstoff tritt in der Umgebungsluft in drei Isotopen auf, die alle 8 Protonen und eine variable Anzahl von Neutronen besitzen, nämlich ^{16}O mit 8 Neutronen, ^{17}O mit 9 Neutronen sowie ^{18}O mit 10 Neutronen. Auch Wasserstoff bildet zwei Isotope, so ^{1}H und ^{2}H (= Deuterium (D)), wobei das letztere Isotop 1 Proton und 1 Neutron enthält.

Wassermoleküle können in allen drei Kombinationen der unterschiedlichen Wasserstoff- und Sauerstoffisotope, am häufigsten sind jedoch Wassermoleküle der Kombination $^{1}H_2{}^{16}O$, $^{1}HD^{16}O$ und $^{1}HD^{18}O$, existieren.

Durch die Verdunstung von Wasser über den Ozeanoberflächen kommt es zu einer Fraktionierung der Moleküle, wobei aufgrund des höheren Energieaufwandes die schwereren Isotope etwas langsamer als die leichteren verdunsten. Der entstehende Wasserdampf ist folglich mit schweren Isotopen relativ abgereichert, und auch im Ozean steigt ihre Konzentration parallel dazu an, wobei der Anteil von ^{18}O im Wasserdampf um 1 % niedriger als im Wasser ist.

Der Anteil schwerer Isotope variiert somit in Abhängigkeit von der Lufttemperatur, da sie bei höheren Temperaturen leichter verdunsten können. Wenn die Isotope durch Niederschlag zum Boden gelangen und später zu Eis umgeformt werden, bleibt das Verhältnis der Sauerstoffisotope $^{18}O/^{16}O$ erhalten, sodass man mittels Eisbohrkernen von der ^{18}O-Konzentration auf die Temperatur schließen kann, bei der der Schnee gefallen ist, denn tiefe Temperaturen bedeuten einen geringen ^{18}O-Anteil bzw. Gehalt von Deuterium.

Bei Auswertungen wird das Verhältnis $^{18}O/^{16}O$ als $\delta^{18}O$ in % im Vergleich zu Meerwasser angegeben. Es ist stets negativ, da die schweren Isotope im Eis immer relativ abgereichert sind. Im Durchschnitt liegt die Konzentration von $\delta^{18}O$ zwischen −30 und −40 ‰, minimal bei −60 ‰.

2.3 Vertikale Struktur der Erdatmosphäre

Aus den geometrischen Abmessungen der Erde mit einem Äquatorumfang von 40076,6 km resultiert, dass die Erdatmosphäre horizontal groß- und vertikal kleinräumig ist, was im Mittel geringe horizontale, aber sehr große vertikale Gradienten der meteorologischen Größen bedingt. So ändert sich beispielsweise die Lufttemperatur um 6,5 K auf einer horizontalen Distanz von 1000 km, aber auf einer vertikalen Distanz von nur einem Kilometer.

Da sich infolge der Wirkung der irdischen Schwerkraft (vgl. Fortak 1971) alle kleinräumigen horizontalen Unterschiede mit zunehmender Höhe ausgleichen, besitzt die Erdatmosphäre einen quasihorizontalen Schichtenaufbau, der sich besonders gut anhand von vertikalen Temperaturprofilen oder auch aus der Änderung ihrer chemischen Zusammensetzung oberhalb 100 km Höhe erkennen lässt. Die an den jeweiligen Schichtgrenzen auftretenden Inhomogenitäten werden zu ihrer Unterteilung in Stockwerke herangezogen (s. Abb. 2.1).

2.3.1 Einteilungsprinzip: Vertikaler Temperaturverlauf

Anhand des mittleren vertikalen Temperaturverlaufs lässt sich eine Unterteilung der Atmosphäre in Troposphäre, Stratosphäre, Mesosphäre, Thermosphäre und Exosphäre vornehmen. Diese Einteilung ist mit den drei Heizflächen der Atmosphäre, d. h. der Erdoberfläche, dem Ozonmaximum und der Ionosphäre, auf Engste verknüpft. Ausgehend vom ersten Heizniveau, der Erdoberfläche, wird in der Troposphäre in der Regel eine Temperaturabnahme von 0,65 K je 100 m Höhendifferenz beobachtet, die in den Tropen bis in ca. 18 km, in den mittleren Breiten bis in 12 km und am Pol bis in 8 km Höhe reicht. Die Temperaturen betragen an der tropischen Tropopause −70 bis −80° C, in den mittleren Breiten −56,5° C und am Pol −50,0° C.

Die Wendepunkte im vertikalen Temperaturverlauf werden als „Pause“, also als Tropopause, Stratopause und Mesopause bezeichnet, wobei der Begriff „Pause“ so viel wie ablassen oder aufhören bedeutet. Damit hört beispielsweise an der Tropopause die vertikale Abnahme der Temperatur von 6,5 K je Kilometer auf.

2.3.1.1 Charakteristika der Troposphäre

An der Obergrenze der Troposphäre beträgt der Luftdruck in Polnähe etwa 300 hPa, in den gemäßigten Breiten im Mittel 200 hPa und in den Tropen rund 100 hPa, sodass sie 70, 80 bzw. 90 % der Masse der gesamten Atmosphäre enthält. Sie ist damit die Schicht, in der sich das Wetter mit Wolken- und Niederschlagsbildung abspielt.

In Kontakt mit der Erdoberfläche befindet sich die atmosphärische Grenzschicht mit einer vertikalen Erstreckung von 1 bis maximal 2 km über Land und 0,5 km über den Ozeanen (Foken 2003). Ihr thermisches und dynamisches Verhalten wird durch den Umsatz von Strahlungsenergie und durch die Rauigkeit der Unterlage geprägt. Als Heizfläche gibt sie die vereinnahmte Sonnenstrahlung, die zur Erwärmung des Erdbodens oder der Wasserflächen führt, in Form von Strahlung sowie turbulenten fühlbaren und latenten Wärmeflüssen wieder ab, sodass die meteorologischen Elemente innerhalb der planetarischen Grenzschicht einen Tagesgang aufweisen, dessen Amplitude mit der Höhe geringer wird.

Den unteren Teil der planetarischen Grenzschicht bildet die Boden- oder Prandl-Schicht, die im Mittel 20 bis 50 m, maximal 100 m hoch reicht (s. auch Tab. 2.8). Sie weist große vertikale Gradienten der Temperatur, Feuchte und Windgeschwindigkeit auf. Infolge der Höhenkonstanz der turbulenten Flüsse lassen sich jedoch für diesen Höhenbereich die Profile des Windes, der Temperatur und der Feuchte in vereinfachter Form berechnen, wobei man z. B. für den Wind ein logarithmisches Profil erhält.

Tab. 2.8 Aufbau der atmosphärischen Grenzschicht

Freie Atmosphäre			Mächtigkeit (m)
Atmosphärische Grenzschicht über Land am Tage	Turbulente Grenzschicht (turbulente Flüsse von Impuls, fühlbarer und latenter Wärme)	Ekman-Schicht (Oberschicht)	50–2000
		Prandtl-Schicht (Bodenschicht)	20–50
		Dynamische Unterschicht	1,0
	Zähe Zwischenschicht		0,01
	Laminare oder molekulare Grenzschicht		0,001

In der unmittelbar über der Erdoberfläche befindlichen sehr dünnen laminaren oder molekularen Grenzschicht (0,001 m dick) geht die Energieübertragung von der Erdoberfläche zur Atmosphäre durch Wärmeleitungsprozesse vonstatten. Da die Luft aber ein guter Isolator ist, erfordern diese Prozesse sehr große Temperaturgradienten (z. B. 20 K innerhalb einer 2,5 mm dicken Schicht gemäß Warneck 1988).

Oberhalb der laminaren Grenzschicht existiert eine zähe Zwischenschicht (0,01 m) mit gemischten Austauschprozessen und darüber eine dynamische Unterschicht (cm-Bereich), in der die atmosphärische Stabilität keinen Einfluss auf die Transportprozesse besitzt. In der Ober- oder Ekman-Schicht (50 bis 2000 m Höhe) spielen turbulente Flüsse eine außerordentlich große Rolle, wobei deren Intensität jedoch mit der Höhe abnimmt. Das hat einerseits zur Folge, dass z. B. die Tagesmaxima der Lufttemperatur im Vergleich zum Erdboden zeitlich verzögert, also nicht zum Zeitpunkt des lokalen Sonnenhöchststandes eintreten. Sie werden in der Wetterhütte (2 m über Grund) in Abhängigkeit von der Jahreszeit erst zwischen 14 und 15 Uhr Ortszeit registriert. Andererseits nimmt der Windvektor bei annähernder Richtungskonstanz in der Bodenschicht zunächst betragsmäßig sehr rasch zu, um dann im oberen Teil der atmosphärischen Grenzschicht unter dem Einfluss der Corioliskraft allmählich nach rechts zu drehen und sich oberhalb 1000 m Höhe den Windverhältnissen der freien Atmosphäre anzupassen.

Die Tropopause am Oberrand der Troposphäre ist eine Übergangsschicht (*transition layer*), deren Temperatur sich im Jahresverlauf um etwa 10 K ändert. Sie wird in den Radiosondenaufstiegen dort markiert, wo die Temperatur mit der Höhe konstant bleibt oder nur noch geringfügig abnimmt (3 K je 1000 m) bzw. sogar wieder leicht ansteigt. Ihre Höhenlage variiert stark mit der Jahreszeit und der geografischen Breite.

2.3.1.2 Charakteristika der Stratosphäre

Oberhalb der Tropopause beginnt die sehr trockene Stratosphäre, in deren mittleren und oberen Teil durch das Ozon ultraviolette Strahlung absorbiert und dabei Wärme freigesetzt wird. Die höchsten Temperaturen treten an der Stratopause in knapp 50 km Höhe auf, wo der Luftdruck etwa 1 hPa beträgt. Gemäß Labitzke 1999 schwankt die Temperatur im Stratopausenbereich zwischen −18° C am Winterpol und +12° C am Sommerpol. Außerdem sind im antarktischen Winter die Temperaturen wesentlich niedriger als im arktischen Winter. Darüber hinaus nehmen über dem Winterpol die Temperaturen oberhalb der Tropopause bis in etwa 25 km Höhe weiter ab, sodass sich in Verbindung mit einer hochreichenden Zyklone in Europa ein Westwindregime einstellen kann. Im Sommer herrschen dagegen unter Hochdruckeinfluss stratosphärische Ostwinde vor.

Während in der unteren Stratosphäre (bis ca. 16 km Höhe) die jahreszeitlichen Variationen des Wind- und Temperaturregimes noch von der Troposphäre und der Land-Meer-Verteilung der Erdoberfläche beeinflusst werden, sind sie in der mittleren und oberen Stratosphäre allein von den Einstrahlungsverhältnissen geprägt. Als besonders wirksam erweisen sich insbesondere die extremen jahreszeitlichen Schwankungen der Einstrahlung über den Polargebieten mit den entsprechenden Auswirkungen auf die UV-Absorption des stratosphärischen Ozons. Hohen Sommertemperaturen stehen um ca. 50 K niedrigere Wintertemperaturen gegenüber (s. Abb. 2.32).

Es bildet sich ein polarer Wirbel, der bis in die Stratosphäre wächst und eine asymmetrische Lage zum Pol auf der Nordhalbkugel aufweist (bei den Aleuten liegt meist ein stratosphärisches Hoch). Seine Ausprägung unterscheidet sich auf beiden Hemisphären hinsichtlich der Temperatur und Lage zum Pol sowie seiner Beständigkeit und Variation von Jahr zu Jahr bzw. innerhalb eines Jahres deutlich. Dabei werden infolge der starken Rotation der polaren Zyklone die darin eingeschlossenen Luftmassen über mehrere Monate von den außerhalb befindlichen isoliert. Mit beginnender Einstrahlung im Frühling und nachfolgender Erwärmung löst sich der polare Wirbel allmählich auf. Er wird durch ein hemisphärisches am Nordpol zentriertes Hoch abgelöst, sodass im Sommer schwache stratosphärische Ostwinde dominieren.

In der unteren Stratosphäre bleibt die Temperatur zunächst bis in ca. 20 km Höhe konstant, d. h., sie ist isotherm geschichtet und besitzt das Temperaturniveau der Tropopause von im Mittel −56° C. In der oberen Stratosphäre steigt sie infolge UV-

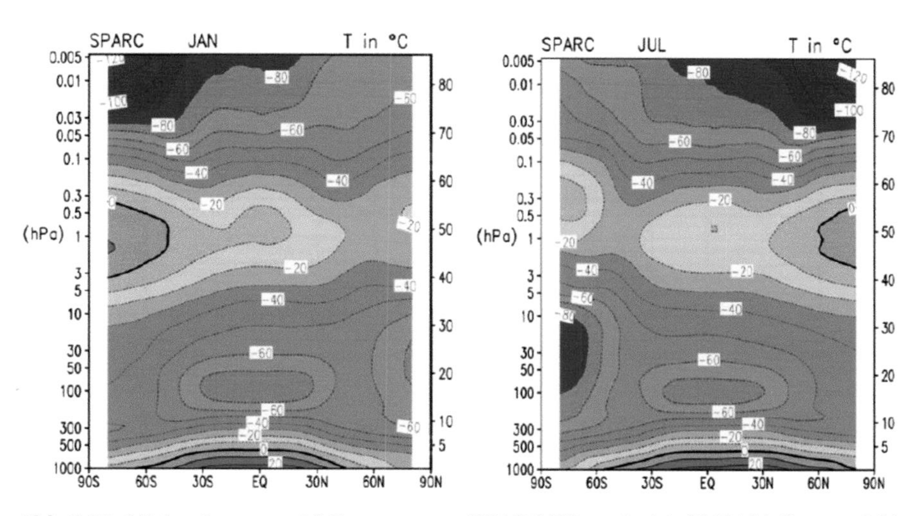

Abb. 2.32 Mittlere Januar- und Julitemperaturen (SPARC Klimatologie). (© NASA (Internet 20))

Absorption durch das Ozon wieder an, und zwar auf rund −3° C im globalen Mittel in 50 km Höhe (−24° C am Winter- und + 12° C am Sommerpol).

Die Stratosphäre ist praktisch wolkenfrei, da infolge der tiefen Temperaturen im Tropopausenniveau nur ein verschwindend geringer Wasserdampftransport aus der Tropo- in die Stratosphäre erfolgt. Die Luft besitzt hier eine relative Feuchte von im Mittel 1 %, das Mischungsverhältnis liegt bei 2 bis 6 ppm. Trotzdem können sich bei stehenden Wellen hinter Gebirgen (Leewellen) bevorzugt in hohen Breiten und bei sehr niedrigen Temperaturen über Skandinavien (unter −80° C) Perlmutterwolken zwischen 22 und 27 km Höhe bilden. Dass Perlmutterwolken in wunderbaren Farben irisieren, liegt u. a. daran, dass die Eiskristalle in den einzelnen Bereichen unterschiedliche Größe haben und deshalb das Sonnenlicht verschieden stark brechen. In Verbindung mit der Ozonproblematik werden diese Wolken neuerdings als *Polar Stratospheric Clouds* (PSCs) bezeichnet. Sie geben, wie schon früh erkannt, einen Hinweis auf besonders geringe Ozonwerte (s. oben).

Da die Stratosphäre sehr stabil geschichtet ist, gehen Vertikaltransporte nur sehr langsam vonstatten, wie man Abb. 2.33 entnehmen kann. Während der vertikale Gastransport in der Troposphäre infolge turbulenter Durchmischung der Luftschichten etwa 8 bis 10 Tagen erfordert, benötigt die Diffusion von Gasen durch die Tropopause immerhin ca. 30 Tage. Ihr weiteres Aufsteigen bis in größere Höhen von etwa 25 km dauert dann mehrere Monate. Da die Atmosphärendynamik zwischen der Nord- und der Südhalbkugel weitgehend entkoppelt ist, beanspruchen Transporte von nordhemisphärischen Schadstoffen auf die Südhalbkugel mehrere Jahre.

Insgesamt gesehen weisen vor allem die arktischen stratosphärischen Winter eine große Variabilität auf, was durch die starke Streuung der Monatsmittelwerte der Temperatur (berechnet ab 1942) am Nordpol mit rund 8 K für die 30-hPa-Fläche bestätigt wird (s. Labitzke 2009), denn neben sehr warmen Wintern wie 1970, 2004 und 2006 traten auch extrem kalte auf, so 1976 und 2000. Außerdem ist durch den anthropogenen Treibhauseffekt die arktische Stratosphäre in den letzten 40 Jahren erheblich kälter geworden. Ihr Temperaturregime wird dabei vor allem von der Dynamik der Troposphäre, der *Quasi Biennal Oscillation* (QBO), der *Southern Oscillation* (SO) und der Sonnenaktivität (11-jähriger Sonnenfleckenzyklus) bestimmt, wobei in der Regel die Westwindphase der QBO und die Phase des Sonnenfleckenminimums mit kalten Wintern verknüpft sind.

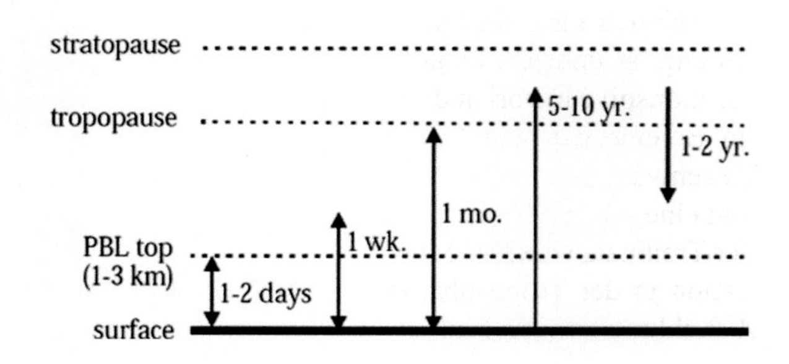

Abb. 2.33 Zeitskalen des vertikalen Transports innerhalb der Erdatmosphäre

QBO Die QBO entspricht einer quasi zweijährigen Schwingung der Ost-West-Komponente des Windfeldes zwischen 20 und 35 km Höhe in den Tropen, die von oben nach unten fortschreitet, sodass sich die Windrichtung in der mittleren und oberen Stratosphäre etwa jedes Jahr ändert. Ihre Periode beträgt 24 bis 36 Monate. Sie wird durch zwei quasipermanente übereinanderliegende globale Windsysteme (Abb. 2.34), bestehend aus den Krakatau-Ostwinden und den Berson-Westwinden in 20 km Höhe (Naujokat 2005), verursacht, wobei die Übergangszone zwischen beiden Windregimen zeitlich und mit der Höhe variiert. Insgesamt sind die zu beobachtenden Ostwinde (im Mittel 30–35 $m \cdot s^{-1}$) stärker als die Westwinde (15–20 $m \cdot s^{-1}$) ausgeprägt, verbleiben länger auf höheren Niveaus und erreichen ihr Geschwindigkeitsmaximum in etwa 26 km Höhe über dem Äquator. Die Westwinde sinken dagegen schneller ab und manifestieren sich länger auf tiefer liegenden Niveaus.

Stratosphärenerwärmung Eine weitere Besonderheit der oberen arktischen Stratosphäre sind die im Winter auftretenden plötzlichen starken Erwärmungen, bei denen beispielsweise die Temperaturzunahme über Island zwischen dem 8. Januar und 24. Januar im Winter 2009 im 10-hPa-Niveau (30 km Höhe) über 70 K betrug (vgl. Labitzke 2009), was zu einem Auseinanderbrechen des Polarwirbels führte. Die anfangs vorhandenen Westwinde gingen bedingt durch den Temperaturanstieg, der eine Umkehrung des meridionalen Temperaturgradienten in hohen Breiten bewirkte, in Verbindung mit der Bildung eines kräftigen Hochs über dem Polargebiet in Ostwinde über. Am Ende der Erwärmungsphase betrugen die Temperaturen im polaren Bereich im Mittel −40° C, was nahezu sommerliche Werte bedeutet. Im Gegensatz zur Südhalbkugel können derartige Erwärmungen bereits im frühen Winter beobachtet werden.

Die endgültige Erwärmung (*final warming*) der polaren Stratosphäre stellt dagegen den Übergang von der Winter- zur Sommerzirkulation der entsprechenden Halbkugel dar und findet in der Regel zwischen März und Mai statt (s. Naujokat 1992).

Strahlungsprozesse Der Temperaturverlauf in der Stratosphäre resultiert aus dem Gleichgewicht zwischen strahlungsbedingten und dynamisch bewirkten Erwärmungs- und Abkühlungseffekten, wobei das Strahlungsgleichgewicht auf der Absorption von ultravioletter Strahlung durch das Ozon und der Emission von infraroter Strahlung durch Ozon, Kohlendioxid und Wasserdampf beruht, während die dynamisch bedingten Erwärmungs- und Abkühlungsraten infolge von diabatischen Absink- und Aufstiegsbewegungen in Verbindung mit der allgemeinen Zirkulation entstehen.

Treibhausgase sind beim Strahlungsumsatz umso effektiver, je kälter die Umgebung ist und je weniger andere Absorber für Infrarotstrahlung über ihrem Absorptionsniveau vorhanden sind. Aus diesem Grund stellen Ozon und Wasserdampf im Bereich der sehr kalten Tropopause besonders wirksame Treibhausgase dar. Gegenwärtig zeigen alle Beobachtungen eine Temperaturzunahme in der Tropo- und eine -abnahme in der Stratosphäre. Als Ursache hierfür gilt in Verknüpfung mit der Treibhauswirkung gemäß Steinbrecht 2007 die zunehmende Spurengaskonzentration in der Troposphäre, während mehr CO_2 in der Stratosphäre dagegen eine Abkühlung bewirkt (vgl. durchgezogene graue Linie in Abb. 2.35).

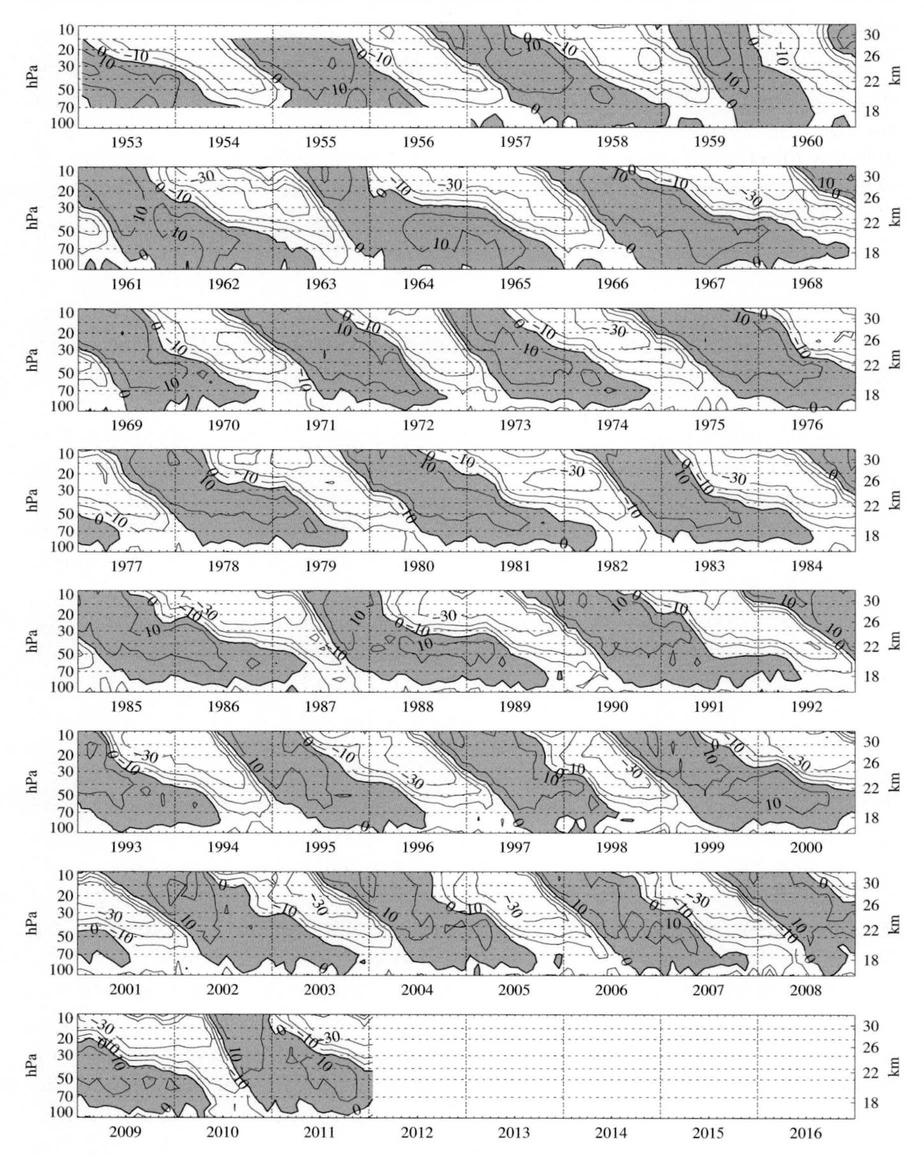

Abb. 2.34 Schematische Darstellung der tropischen QBO (Isolinienintervall: 10 $m \cdot s^{-1}$, Westwinde: schattiert). (© Naujokat, FU Berlin (Internet 21))

2.3.1.3 Charakteristika der Mesosphäre

Für die Mesosphäre ist eine Temperaturabnahme von etwa 3 K je Kilometer typisch, sodass in ca. 85 km Höhe an der Mesopause im Sommer mit −95° C (maximal −130° C) die tiefsten Temperaturen in der Erdatmosphäre gemessen werden. Im Winter liegt die Mesopause in den mittleren und polaren Breiten etwa 95 km

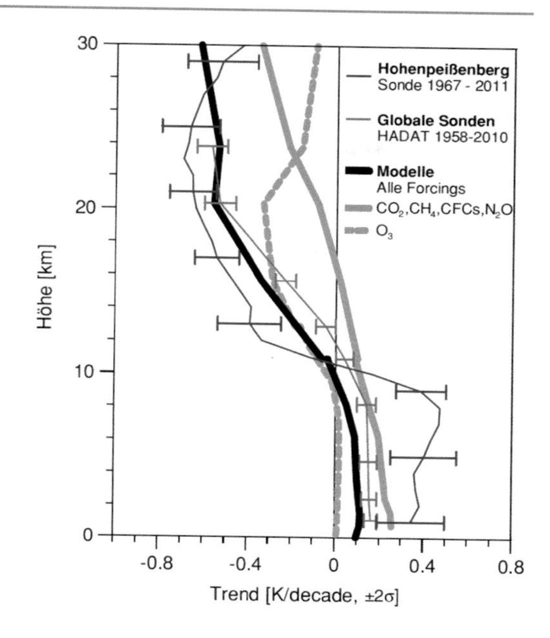

Abb. 2.35 Höhenprofile des linearen Temperaturtrends (im Jahresmittel) nach Beobachtungen (*rote und blaue Kurve mit Fehlerbalken* (2σ)) sowie Modellrechnungen für alle (*schwarze Kurve*) sowie ausgewählte Spurengase (*graue Linien*). (© Steinbrecht 2007)

hoch und ist deutlich wärmer (vgl. Lübken 2005). Oberhalb der Mesopause, d. h. im kältesten Bereich der Thermosphäre, treten vor allem im Polarsommer polwärts von 50° Breite bei einem Sonnenstand von 5 bis 13° unter dem wahren Horizont leuchtende Nachtwolken auf, ein Phänomen, das seit mehr als 100 Jahren bekannt ist (s. Gadsden 1989). Es handelt sich hierbei um Eiskristalle, die sich an Meteoritenstaub (Sublimationskerne) bilden. Auch nach starken Vulkanausbrüchen sind leuchtende Nachtwolken relativ häufig zu beobachten. In der Mesosphäre existieren außerdem infolge der geringen Dichte und der damit verbundenen geringfügigen Strahlungsabsorption ausgeprägte Tages- und Jahresgänge der Temperatur.

2.3.1.4 Charakteristika der Thermosphäre und Exosphäre

Im Anschluss an die Mesopause beginnt die Thermosphäre, in der die Temperatur zunächst isotherm verläuft und dann sehr rasch bis in 400 km Höhe auf 1000 K ansteigt, während sie darüber nahezu konstant bleibt. Der geringen Teilchendichte und der großen mittleren freien Weglänge wegen werden allerdings keine Temperaturen im gaskinetischen Sinne, sondern Strahlungsenergien bestimmt. Die Gase sind hier dissoziiert bzw. teilweise ionisiert, beides durch Absorption von kurzwelliger UV-, Röntgen- und Korpuskularstrahlung aus dem Weltraum. Das Gas ist also ein Plasma, das aus Ionen, Elektronen und neutralen Teilchen besteht. Infolge der Strahlungsabsorption und geringen Teilchendichte treten Tagesschwankungen der Temperatur von mehreren 100 K auf.

Oberhalb 1000 km Höhe schließt sich als Übergangsschicht zum Weltraum die Exosphäre an, die eine Heliumionen-Schicht und in ihrem obersten Bereich eine Schicht von Wasserstoffatomen enthält (s. auch Abb. 2.1). Aus ihr entweichen schnelle und ungeladene, dissozierte Atome in den Weltraum, während geladene Teilchen dem Einfluss des Erdmagnetfeldes, der bis zur Magnetopause reicht, unterliegen. Darüber folgt das Gebiet des solaren Windes, der sich aus schnell bewegenden Sonnenteilchen (Protonen, Neutronen und Elektronen) zusammengesetzt, die aus der Sonnenkorona stammen. In der Exosphäre sind die geostationären und polumlaufenden Satelliten sowie die Raumschiffe positioniert, die infolge geringer Reibungsverluste auf ihren Umlaufbahnen langzeitig verbleiben können.

2.3.2 Einteilungsprinzip: Solarer Strahlungsumsatz

Geht man vom solaren Strahlungsumsatz aus, dann stellt die Erdoberfläche das erste Heizniveau der Atmosphäre dar, da an ihr durch Absorption (47 % der einfallenden Sonnenstrahlung) ein primärer Umsatz infraroter und sichtbarer Sonnenstrahlung sowie von UV-Strahlung in Wärme erfolgt, die dann mittels Wärmeleitung sowie durch Strahlungs- und thermodynamische Prozesse weitertransportiert wird.

Oberhalb des Ozonmaximums (25 km Höhe) absorbiert das atmosphärische Gas einen großen Teil der UVC-Strahlung (200–290 nm), die unmittelbar an Ort und Stelle in Wärme umgesetzt wird, und zwar durch Dissoziation. Die Trennlinie zwischen diesen energetisch unterschiedlich ablaufenden Zyklen bildet die Strato-Nullschicht (25 km Höhe), die somit die Obergrenze der unteren Atmosphäre bzw. Untergrenze der Hochatmosphäre bildet. In letzter Zeit hat sich für die Stratosphäre und Mesosphäre auch der Begriff mittlere Atmosphäre eingebürgert (s. Bergmann-Schaefer 2001).

2.3.3 Einteilungsprinzip: Ionisierungsgrad

Durch die starke Abnahme der Luftdichte mit der Höhe wird etwa oberhalb 70 km die mittlere freie Weglänge der Moleküle und Atome so groß, dass die infolge Ionisation entstandenen Elektronen eine längere Zeitspanne erhalten bleiben, bevor sie wieder von den positiv ionisierten Atomen und Molekülen eingefangen werden (rekombinieren).

Es bilden sich Schichten maximaler Elektronendichte (vgl. Abb. 2.36), also elektrisch leitende Schichten, so die D-Schicht zwischen 50–90 km, in der die am tiefsten eindringende Strahlung (gewöhnlich kosmische Strahlung) durch Stoßprozesse noch eine genügend große Menge von Elektronen-Ionen-Paaren erzeugen kann (10^9–10^{10} e^- m^{-3}). Zwischen 90 und 130 km Höhe befindet sich die E-Schicht mit 10^{11} e^- m^{-3}. Die D-Schicht wird durch Rekombinationsprozesse nachts abgebaut und die E-Schicht stark abgeschwächt. Tagsüber treten zwei weitere Maxima der Ionenkonzentration auf, die F_1- und F_2-Schicht (10^{12} e^- m^{-3}) zwischen 170 und 300 km Höhe, die nachts miteinander verschmelzen (vgl. Liljeqist 1984, Warnecke 1997, Poole 1997 und Barter 2002). Im Zusammenhang mit der Wirkung des Treibhauseffektes auf die Thermosphäre wurde gemäß Bremer 2005 ein Absinken der Höhe der E- und F-Schichten sowie eine Zunahme der maximalen Elektronendichte sowohl theoretisch vorhergesagt als auch experimentell nachgewiesen.

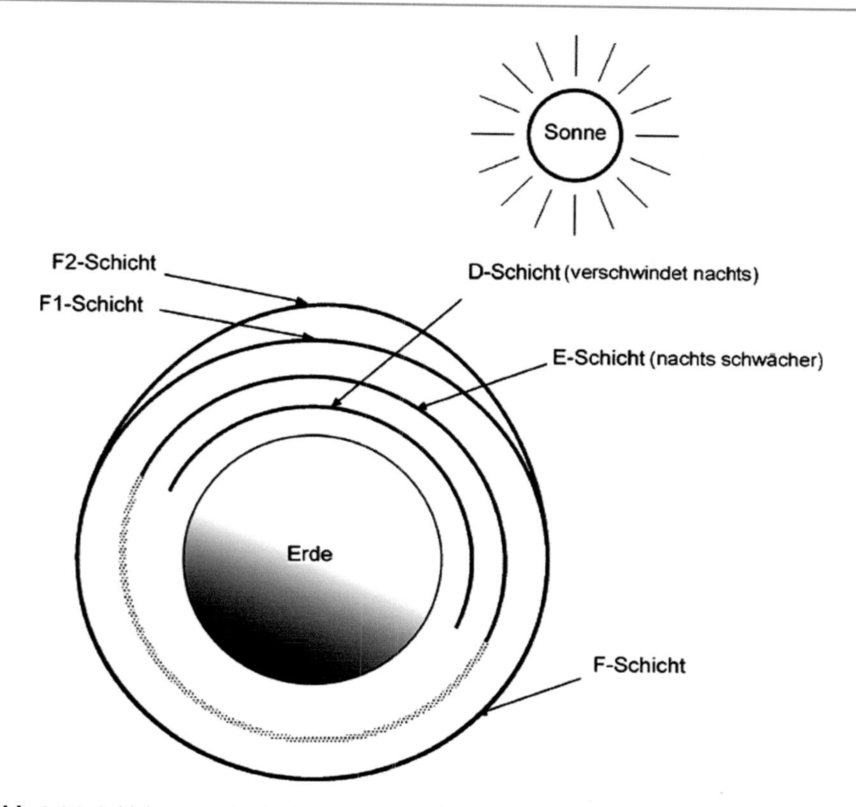

Abb. 2.36 Schichten maximaler Ionenkonzentration

Die Ausprägung der einzelnen Schichten hängt von der einfallenden Sonnenstrahlung und damit von der Tages- und Jahreszeit ab (vgl. Abb. 2.36). Weiteren Einfluss haben die Sonnenflecken, da durch sie die Strahlungsemission der Sonne und damit der Ionisierungsgrad zunimmt. In den genannten Höhenbereichen wird die UV-Strahlung durch einzelne Moleküle, die Röntgenstrahlung durch Atome und die γ-Strahlung durch Atomkerne absorbiert, sodass nur ein winziger Bruchteil der harten Strahlung die Erdoberfläche erreicht. An die F-Schicht schließt sich ab etwa 600 km Höhe eine Heliumionen-Schicht an (bis ca. 1000 km), der eine Schicht von Wasserstoffkernen (Protonen) folgt. Ausgehend von der getroffenen Einteilung kann man somit zwischen einer Neutro-, Iono- und Protosphäre (etwa ab 2500 km Höhe) unterscheiden.

2.3.3.1 Polarlichter

Die Ionosphäre ist der Sitz der spektakulären Polarlichter, die man als Nordlichter (aurora borealis) bzw. Südlichter (aurora australis) bezeichnet, da sie vorwiegend zwischen 20 und 30° Breitenentfernung um den magnetischen Nord- und Südpol der Erde erscheinen. Polarlichter werden durch den Sonnenwind (dünnes Plasma geladener Teilchen) in Wechselwirkung mit dem Erdmagnetfeld getriggert (vgl. Abb. 2.37).

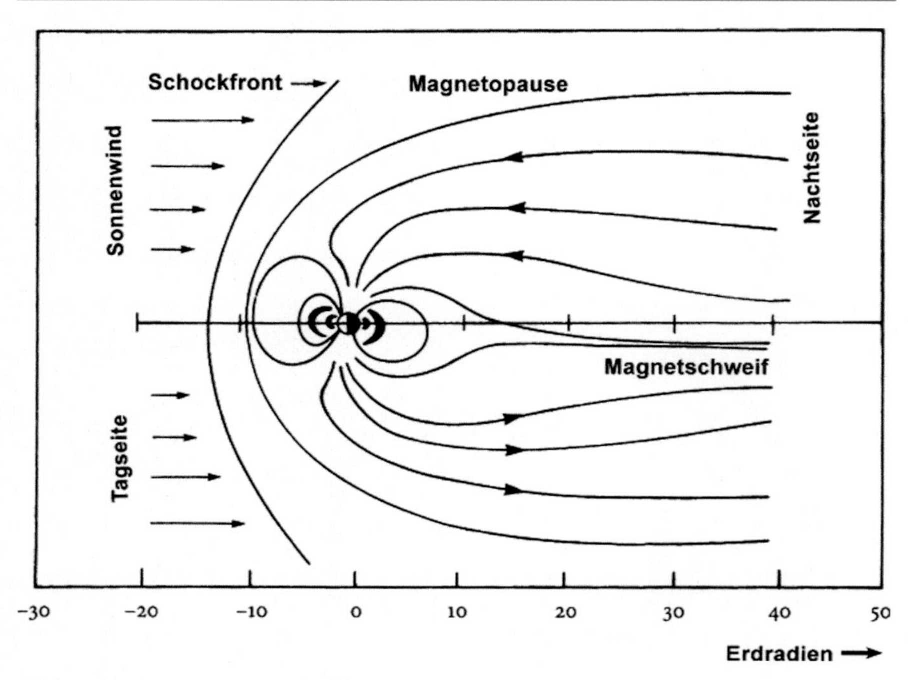

Abb. 2.37 Magnetfeld der Erde. (© Brekke (1983))

Die der Sonne zugewandte Seite der Magnetosphäre ist für die Sonnenwindpartikel undurchdringlich, sie sickern vielmehr beim Vorbeistreifen des Sonnenwindes am Magnetosphärenschweif in die Magnetosphäre ein und sammeln sich in der sogenannten Plasmaschicht, die über Magnetfeldlinien mit der Erde verbunden ist. Entlang dieser Feldlinien werden Elektronen infolge der Lorentz-Kraft spiralförmig zur Erde hin beschleunigt und gelangen in ihre Atmosphäre.

Die Kollision von Partikeln des Sonnenwindes mit Atomen und Molekülen der Luft führt sowohl zu energetisch angeregten Zuständen als auch zu einer Zunahme der Ionen- und Elektronendichte. Bei Rekombination der Ionen mit den freien Elektronen und beim Abbau des Anregungszustandes wird Strahlung emittiert. Ein Teil davon ist sichtbares Licht. So besitzt ionisierter Sauerstoff eine Emissionslinie bei $\lambda = 557{,}7$ nm (blasses, fahles gelbgrünes Polarlicht in etwa 100 km Höhe), bei $\lambda = 630$ und 636,4 sowie 639,1 nm (rotes Polarlicht in etwa 300 km Höhe) und ionisierter Stickstoff bei $\lambda = 470{,}9$ nm (blaues Polarlicht). Da Polarlichter zwischen 100 bis maximal 400 km Höhe entstehen, sind sie über Hunderte von Kilometern zu sehen (siehe Farbtafel 4). Durch das Wegdrehen der Erde unter der Eindringzone der Feldlinien an den magnetischen Polen ergibt sich ein Auroraoval. Die verschiedenen Formen und Farben des Polarlichts entstehen durch die zeitlichen und räumlichen Schwankungen des einfallenden Partikelstroms in Abhängigkeit von der in der jeweiligen Höhe auftretenden Gasart sowie von der Energie des Partikelstromes (vgl. Kilian 2002).

Abb. 2.38 Polarlicht über der Gülper Havel etwa 80 km westlich von Berlin am 23.02.2014. (© dpa)

Dass Polarlichter auch in mittleren Breiten und weiter südlich beobachtet werden, ist eine Folge des 11-jährigen Sonnenfleckenzyklus. In der Abb. 2.38 ist ein wunderschönes Polarlicht zu sehen, das am 23.02.2014 über der Gülper Havel (Havelländer Sternenpark) auftrat. Schon Aristoteles beobachtete im klassischen Griechenland (also noch südlicher) seltene Polarlichter und beschrieb sie.

In der Phase maximaler Fleckenaktivität erhöht sich die Dichte und Geschwindigkeit des Sonnenwindes durch heftige Sonneneruptionen derart, dass es zu einer Einschnürung des Magnetosphärenschweifs und damit der Plasmaschicht kommen kann und starke Schwankungen des Erdmagnetfeldes auftreten.

2.3.3.2 Ausbreitung von Funkwellen

An den Schichten maximaler Elektronendichte erfolgt eine Dämpfung, Refraktion und Reflexion von Funkwellen (vgl. Poole 1997). So kann das Radiosignal bei sich mehrfach wiederholender Reflexion (sowohl an der Erdoberfläche als auch an der Ionosphäre) komplett um die Erde wandern. In der Nähe des Senders (Einfallswinkel nahezu null) durchdringen die Radiowellen aber die Ionosphäre, sodass eine „stille Zone" bis zu 160 km Entfernung um den Sender existiert, da die Bodenwellen sehr rasch absorbiert werden und auch der Erdkrümmung nicht folgen können.

Die D-Schicht baut sich nach Sonnenaufgang auf, erreicht ihre größte Ionisation mit dem Sonnenhöchststand und löst sich nach Sonnenuntergang relativ rasch wieder auf. Sie reflektiert die sehr langen Radiowellen, dämpft aber die Mittel- und Kurzwellen. Bezüglich der Ausbreitung von Kurzwellen ist sie eher hinderlich.

Auch die Intensität der E-Schicht folgt dem Sonnenstand. Ihre Ionisation reicht zur Reflexion und Refraktion von Wellen mit niedrigen Frequenzen aus. An ihrer Untergrenze tritt außerdem eine Dämpfung auf, wobei Signale mit hohen Frequenzen weit weniger modifiziert werden, sodass sie fast verlustfrei geradlinig passieren können.

Die F1- und F2-Schicht oberhalb der E-Schicht sind die für die Kurzwellenausbreitung wichtigsten Schichten, da sie nämlich nachts infolge der geringen Rekombination in 250–400 km Höhe erhalten bleiben. Da hier die Elektronendichte hoch ist, sorgen Brechungs- und Reflexionseffekte für eine Überbrückung sehr großer Distanzen.

Im Allgemeinen erfolgt die Ausbreitung von Kurzwellen über große Entfernungen im „Zickzack"-Kurs auf dem Großkreis, d. h., die Wellen machen Sprünge von maximal 3000 bis 4000 km Länge, wobei sie abwechselnd an der Ionosphäre und der Erdoberfläche reflektiert werden. Ihre Reflexionseigenschaften verringern sich dabei mit abnehmender Ionisation und zunehmender Frequenz.

Die Ionosphäre reagiert auf Störungen des Strahlungsflusses der Sonne (z. B. UV-bursts) sehr empfindlich mit Schwankungen der Elektronendichte, was zu einer Störung des Funkverkehrs führt. *Sudden ionospheric bursts* (SIDs) dauern etwa 15 bis 30 min. Meist bewirken sie eine Verstärkung der D-Schicht und damit eine Zunahme der Absorption von Radiowellen, sodass häufig Funkausfall (*black out*) oder eine Störung des Funkverkehrs eintritt.

2.4 Die Lufthülle der Erde als thermodynamisches System

Die Lufthülle der Erde ist ein Gemisch von idealen Gasen, was einschließt, dass das Eigenvolumen der Luftmoleküle sowie die Kraftwirkung zwischen ihnen vernachlässigbar sind. Sie bildet ein thermodynamisches System, dessen Zustand Z sich durch Zustandsvariable definieren lässt. Zu diesen gehören das Volumen V, der Druck p, die Temperatur T und die Masse m, womit Z = f (p, T, V, m) wird. Massenabhängige Zustandsgrößen nennt man extensiv, -unabhängige dagegen intensiv. Der Druck p und die Temperatur T stellen intensive, die Teilchenzahl N und das Volumen V dagegen extensive Größen dar. Alle auf eine Masseneinheit m bezogene Größen heißen spezifisch, sodass man z. B. ein spezifisches Volumen $V/m = 1/\rho = \alpha$ und eine spezifische Wärme $c = \delta q / dT$ definieren und damit die Zustandsgleichung auch in der Form Z = f (p, T, α) schreiben kann (vgl. Pichler 1986).

Ändert sich der Zustand eines durch die Variablen Volumen, Druck und Temperatur beschriebenen Systems nicht mit der Zeit, dann befindet es sich im Gleichgewicht, und man formuliert: dZ/dt = 0. Im thermodynamischen Gleichgewicht besitzt somit die Zustandsgleichung die allgemeine Form f (p, T, V) = 0, d. h., jeweils zwei Zustandsvariable legen die dritte Variable eindeutig fest. So bestimmt sich z. B. der Druck p alleinig aus dem Volumen und der Temperatur (Etling 1996).

2.4.1 Gesetze für ideale Gase

Das Verhalten einer Gasmasse m mit N Gasmolekülen, welche unter dem Druck p und der Temperatur T das Volumen V einnimmt, lässt sich durch die nachfolgenden Gasgesetze beschreiben, die aus experimentellen Untersuchungen abgeleitet wurden.

Betrachten wir als Erstes die beiden Gesetze von Gay-Lussac (französischer Chemiker, 1778–1850), die die Form

$$\frac{V}{T} = \text{const.} \quad \text{für} \quad p = \text{const.}$$
$$\frac{p}{T} = \text{const.} \quad \text{für} \quad V = \text{const.} \tag{2.29}$$

besitzen. Die Interpretation dieser Beziehungen macht deutlich, dass sich im ersten Fall mit zunehmender Temperatur das Volumen eines Gases ausdehnt, vorausgesetzt der Druck und die Menge des Gases bleiben konstant, und dass im zweiten Fall bei konstantem Volumen der Druck direkt proportional zur absoluten Temperatur ist, d. h., bei einer Erwärmung des Gases erhöht sich der Druck, und bei einer Abkühlung wird er geringer. Für den gegebenen Sachverhalt lässt sich im ersteren Fall für zwei Zustände eines Gases bei konstantem Druck damit auch formulieren:

$$\frac{V_1}{T_1} = \frac{V_2}{T_2} \quad \text{bzw.} \quad \frac{V_2}{V_1} = \frac{T_2}{T_1} \tag{2.30}$$

Als Gesetz von Boyle-Mariotte (Boyle: englischer Physiker; 1627–1691, Mariotte: französischer Mönch, 1620–1684) wird die folgende Beziehung bezeichnet, die einen einfachen Zusammenhang zwischen dem Druck und dem Volumen eines Gases herstellt:

$$p \cdot V = \text{const.} \quad \text{bei} \quad T = \text{const.} \tag{2.31}$$

Sie drückt aus, dass mit wachsendem Volumen der Gasdruck abnimmt, vorausgesetzt die Temperatur und die Menge des Gases bleiben konstant. Betrachtet man nun dieselbe Gasmenge unter zwei verschiedenen Bedingungen, bei denen die Temperaturen gleich sind, dann kann man schreiben

$$p_1 \cdot V_1 = \text{const.} = p_2 \cdot V_2 \quad \text{bzw.} \quad \frac{p_2}{p_1} = \frac{V_1}{V_2}. \tag{2.32}$$

Durch die Zusammenfassung des Gesetzes von Gay-Lussac $V/T = \text{const.}$ und des Boyle'schen Gesetzes $p \cdot V = \text{const.}$ lässt sich die Zustandsgleichung für ideale Gase herleiten, nämlich

$$p \cdot V = m \cdot R \cdot T, \tag{2.33}$$

worin R die spezielle Gaskonstante (bezogen auf die Einheitsmaße 1 kg) darstellt, die für jedes Gas verschieden ist. Dividiert man (2.33) durch die Masse m, so erhält man das spezifische Volumen α bzw. v, das der reziproken Dichte $1/\rho$ entspricht, und gelangt letztendlich zu der in der Meteorologie am häufigsten verwendeten modifizierten Form der Zustandsgleichung (s. Pichler 1986), die für alle Gase gilt:

$$p \cdot \alpha = R \cdot T \quad \text{bzw.} \quad p \cdot v = R \cdot T \quad \text{bzw.} \quad p = \rho \cdot R \cdot T \tag{2.34}$$

Da sich verschiedene Gase im Idealzustand lediglich durch die Masse ihrer Moleküle unterscheiden, eliminiert man die Molekülmasse aus der speziellen Gaskonstanten R und gelangt zu einer universellen Konstanten R*, die von der Gasart unabhängig ist (s. Paus 1995). Man betrachtet hierzu statt des spezifischen Volumens v das Molvolumen v_{mol} eines Gases und berücksichtigt, dass $v_{mol} = v \cdot M$ mit M als Molmasse in Kilogramm gilt, sodass man damit eine thermische Zustandsgleichung in der Form

$$p \cdot v_{mol} = M \cdot R \cdot T = R^* \cdot T \tag{2.35}$$

gewinnt. Hierin entsprechen T der Temperatur und R* der universellen Gaskonstanten, die für alle Gase denselben Wert von 8,31 J K^{-1} mol^{-1} hat, weil nach Avogadro (italienischer Chemiker und Physiker, 1776–1856) bei gleicher Temperatur und gleichem Druck alle Gase das gleiche Molvolumen besitzen, das proportional der Teilchenzahl N_0 mit einer für alle Gase gleichen Proportionalitätskonstanten k ist. Die in einem Molvolumen enthaltene Anzahl von Teilchen N_0 wird als Avogadro-Zahl bezeichnet und beträgt $N_0 = 6{,}022 \cdot 10^{23}$ Moleküle. Für ein einzelnes Molekül wird die Gaskonstante durch die Boltzmann-Konstante k, die 1905 von Einstein (1879–1955) in seiner Dissertation zur Brown'schen Molekularbewegung bestimmt wurde, angegeben:

$$R^* = k \cdot N_0 \tag{2.36}$$

Damit erhalten wir als Alternativform zur thermischen Zustandsgleichung der idealen Gase eine Gleichung der Form

$$p \cdot v_{mol} = k \cdot N_0 \cdot T. \tag{2.37}$$

2.5 Übungen

Aufgabe 1 Berechnen Sie das Molvolumen v_{mol} der Luft für atmosphärische Standardbedingungen ($p_0 = 1013{,}25$ hPa und $T_0 = 273{,}15$ K)!

Aufgabe 2 Wie viel Moleküle/Teilchen n enthält 1 cm^3 Luft bei 0° C und Standarddruck?

Aufgabe 3 Bis zu einer Höhe von 1 km sei die Atmosphäre isotherm. Ein Luftteilchen steigt vom Boden mit $p_0 = 1025$ hPa und einer Temperatur $T_0 = 15$° C auf eine Höhe von 900 hPa. Um wie viel Prozent vergrößert sich sein Volumen?

Aufgabe 4 (nach Orear 1971) Während eine Luftblase mit konstanter Temperatur vom Boden eines Sees an die Oberfläche steigt, verdreifacht sich ihr Volumen. Wie tief ist der See?

Aufgabe 5 Wie groß ist die Dichte trockener Luft bei Standardatmosphärendruck und bei 0° C?

Aufgabe 6 Um wie viel unterscheiden sich die Energieausbeuten von einem Kubikmeter Luft, der durch eine Windkraftanlage strömt, unter Hochdruckeinfluss (1020 hPa, 20° C) und unter Tiefdruckeinfluss (980 hPa, − 10° C), wenn gilt:

$$E = \frac{m \cdot v^2}{2} \; (N \cdot m)$$

Aufgabe 7 (Daten: Scherhag 1948) Charakterisieren Sie anhand der vertikalen Temperaturprofile (Juli) dreier Stationen den Schichtenbau der unteren Atmosphäre.

Höhe (km)	Temperatur (° C)		
Boden	18	31	5
1	11	25	1
2	6	20	−2
3	1	15	−6
4	−5	10	−12
5	−11	5	−18
6	−17	0	−25
7	−24	−5	−33
8	−31	−11	−41
9	−38	−17	−48
10	−45	−24	−49
11	−50	−32	−46
12	−50	−41	−45
13	−50	−49	−44
14	−49	−58	−44
15	−49	−67	−43
16	−49	−74	−43
17	−49	−77	−42
18	−49	−72	−40
19	−49	−66	−40
20	−49	−62	−40

2.6 Lösungen

Aufgabe 1

$$p \cdot v_{mol} = R^* \cdot T, \quad R^* = 8{,}314 \; J \cdot K^{-1}, \quad 1J = 1 \; kg \cdot m^2 \cdot s^{-2} = 1 \; N \cdot m$$

$$v_{mol} = \frac{R^*T}{p} \quad (\text{N entspricht hier der Maßeinheit Newton})$$

$$v_{mol} = \frac{8{,}314 \cdot 273{,}15}{101325}\left(\frac{N \cdot m \cdot K \cdot m^2}{K \cdot N}\right) = 0{,}02244\ m^3 = 22{,}4 \cdot 10^3 cm^3 = 22{,}4\,l$$

Ein Mol eines idealen Gases nimmt bei 1013,25 hPa und 0° C ein Volumen von $v_{mol} = 22{,}4$ l ein.

Aufgabe 2

$$p \cdot V = k \cdot n \cdot T, \quad n = \frac{p \cdot V}{k \cdot T} \quad k = 1{,}38 \cdot 10^{-23} J \cdot K^{-1} (N \cdot m \cdot K^{-1})$$

$$n = \frac{101325 \cdot 10^{-6} \cdot 1}{1{,}38 \cdot 10^{-23} \cdot 273{,}15}\left(\frac{N \cdot m^3 \cdot K}{m^2 \cdot N \cdot m \cdot K}\right) = 2{,}69 \cdot 10^{19}\,(\text{Teilchen})$$

1 cm^3 Luft enthält bei 0° C und Standarddruck $2{,}69 \cdot 10^{19}$ Teilchen.

Aufgabe 3

$$V_1 \cdot p_1 = V_2 \cdot p_2, \quad V_2 / V_1 = p_1 / p_2$$

$$\frac{V_2}{V_1} = \frac{102500}{900\,00}\left(\frac{N \cdot m^2}{N \cdot m^2}\right) = 1{,}139$$, d. h., das Volumen vergrößert sich um 13,9 %.

Aufgabe 4

$$p_1 \cdot V_1 = p_2 \cdot V_2, \quad p_1 = 3\,p_0 \quad \text{bzw.} \quad p_1 = p_0 + p_h \quad \text{bzw.} \quad p_h = p_1 - p_0$$

hydrostatischer Druck: $p_h = 3\,p_0 - p_0 = 2\,p_0$
(d. h., der See ist rund 20 m tief, da eine Atmosphäre 10 m Wassertiefe entspricht).
Mit

$p_h = \rho_w \cdot g \cdot h$ folgt:

$\rho_w \cdot g \cdot h = 2\,p_0$ und damit $h = 2\,p_0 / \rho_w \cdot g$ sowie

$$h = \frac{2 \cdot 1{,}01325 \cdot 10^5}{1000 \cdot 9{,}81}\left(\frac{kg \cdot m \cdot s^2 \cdot m^3}{s^2 \cdot m^2 \cdot kg \cdot m}\right) = 20{,}6\ m$$ (Der See ist bei exakter Rechnung 20,6 m tief).

Aufgabe 5

$$p = \rho \cdot R \cdot T, \quad \text{also} \quad \rho = \frac{p}{R \cdot T}$$

$$\rho = \frac{101325}{287 \cdot 273{,}15} \left(\frac{N \cdot kg \cdot K}{m^2 \cdot N \cdot m \cdot K} \right) = 1{,}29\ kg \cdot m^{-3}.$$

Die Dichte der Luft beträgt unter Normalbedingungen 1,29 kg m^{-3}.

Aufgabe 6

$$E = \frac{m \cdot v^2}{2} (N \cdot m), \quad m = \rho \cdot V \quad \text{also} \quad E = \frac{\rho \cdot V \cdot v^2}{2}, \quad \rho = \frac{p}{R \cdot T} \tag{2.34}$$

$$\rho_{20} = \frac{102000}{287 \cdot 293{,}15} \left(\frac{N \cdot kg \cdot K}{m^2 \cdot N \cdot m \cdot K} \right) = 1{,}2124\ kg \cdot m^{-3}.$$

$$\rho_{-10} = \frac{98000}{287 \cdot 263{,}15} \left(\frac{N \cdot kg \cdot K}{m^2 \cdot N \cdot m \cdot K} \right) = 1{,}2976\ kg \cdot m^{-3}.$$

Die Energieausbeuten unterscheiden sich also um etwa 7 %.

Aufgabe 7 Das erste Temperaturprofil ist aus den gemäßigten Breiten (z. B. **Berlin: 52 ° N 13 ° E**), da

- die Bodentemperatur 18° C im Juli beträgt,
- die Tropopause in 11 km Höhe liegt und eine Temperatur von −50° C erreicht,
- gleich bleibende Temperaturen in der unteren Stratosphäre zu beobachten sind.

Das zweite Temperaturprofil stammt aus den subtropischen Breiten (z. B. **Agra : 27 ° N 78 ° E**), da

- die Bodentemperatur 31° C im Juli aufweist,
- die Tropopause in 17 km Höhe liegt und ihre Temperatur − 17° C erreicht,
- oberhalb der Tropopause wieder ansteigende Temperaturen auftreten.

Das dritte Temperaturprofil gehört zu den polaren Breiten (z. B. **Spitzbergen: 79° N, 12° E**), da

- die Bodentemperatur nur 5° C im Juli erreicht,
- die Tropopause in 10 km Höhe liegt und −49° C aufweist,
- oberhalb der Tropopause die Temperaturen wieder ansteigen.

Thermodynamische Betrachtungen 3

Geht man von der mikroskopischen Struktur eines Gasvolumens aus, so weisen die im Volumen eingeschlossenen Atome und Moleküle eine Eigenbewegung auf; sie besitzen Bewegungsenergie, die man als kinetische oder innere Energie bezeichnet. Diese innere Energie E lässt sich als Wärme definieren, sodass die Temperatur ein Maß für die mittlere kinetische Energie der Atome und Moleküle eines ruhenden idealen Gases ist (s. Etling 1996, Kraus 2001, Müller 1999). Als Zustandsgröße hängt sie nur von den Zustandsvariablen p, T, V, m, N des Gases ab, womit gilt:

$$E = f(p, T, V, m, N) \tag{3.1}$$

Eine Änderung des Zustandes eines Gasvolumens der Masse m erreicht man nach Gl. (3.1) somit entweder durch eine Variation der Temperatur und/oder des Volumens. Da die innere Energie eines Gases seiner Temperatur proportional ist, kann man folglich einem wohl definierten Gasvolumen von außen Wärme zuführen, um seine innere Energie zu erhöhen. Dadurch nimmt seine Temperatur zu, und es dehnt sich aus, was einer Verrichtung von mechanischer Arbeit durch das System entspricht. Andererseits lässt sich durch Kompressionsarbeit das Volumen des Gases verringern, sodass am System mechanische Arbeit geleistet wird, wobei mit steigendem Druck ebenfalls eine Temperaturerhöhung eintritt. Bezeichnet man die Änderung der inneren Energie mit dE, die zugeführte Wärmemenge mit δQ und die vom System verrichtete Arbeit mit δA, dann hat der 1. Hauptsatz der Thermodynamik nach Mayer (deutscher Arzt, 1814–1878) die folgende Form:

$$\delta Q = dE + \delta A. \tag{3.2}$$

Da sich neben Mayer auch andere Forscher mit der Definition des Energiesatzes befassten, werden in Verbindung mit diesem in der Regel noch die Namen Joule (englischer Physiker, 1818–1889), von Helmholtz (deutscher Arzt und Physiker,

B. Klose, *Meteorologie,* Springer-Lehrbuch, DOI 10.1007/978-3-662-43622-6_3

1821–1894) sowie Clausius (deutscher Physiker, 1822–1888) genannt, die ihm die nachstehende Schreibweise gaben:

$$dE = \delta Q - \delta A \tag{3.3}$$

Die Gl. (3.3) drückt aus, dass die Änderung der inneren Energie eines Gasvolumens gleich der Differenz zwischen der dem System zugeführten Wärme und der vom System geleisteten Arbeit ist. Da die vom System geleistete Arbeit per Definition dem Produkt von Kraft mal Weg entspricht, lässt sie sich für unsere Zwecke auch als Produkt aus Druck (Kraft je Flächeneinheit) und Volumenvergrößerung darstellen, nämlich durch:

$$\delta A = p \cdot dV \tag{3.4}$$

Der konkretisierte 1. Hauptsatz lautet somit:

$$dE = \delta Q - p \cdot dV \tag{3.5}$$

Bezogen auf die Einheitsmasse 1 kg gilt dementsprechend:

$$de = \delta q - p \cdot dv \tag{3.6}$$

Hierin stellt e die innere Energie pro Einheitsmasse dar. Da nach dem Joule'schen Gesetz eine Änderung von Druck und Volumen keine Änderung der Temperatur zur Folge haben kann, ist, wie oben behauptet, die innere Energie E allein eine Funktion der Temperatur:

$$dE = f(dT) \quad \text{bzw.} \quad E = f(T) \tag{3.7}$$

Möchte man den 1. Hauptsatz ausschließlich mit vollständigen Differenzialen schreiben, muss man eine neue Zustandsgröße, die massenspezifische Entropie s, einführen (s. Etling 1996, Müller 1999), für die

$$ds = \delta q / T \tag{3.8}$$

gilt, sodass jetzt der 1. Hauptsatz die nachstehende Form erhält:

$$de = T \cdot ds - p \cdot dv \tag{3.9}$$

3.1 Wärmekapazität

Führt man einem Gas Wärme zu, dann steigt seine Temperatur. Dabei stellt sich die Frage nach der Wärmemenge, die notwendig ist, um die Temperatur der Einheitsmasse 1 kg eines bestimmten Gases um 1 K zu erhöhen. Im Allgemeinen wird dieses Verhältnis als spezifische Wärme c bezeichnet, sodass man schreiben kann

$$c = \delta q / dT. \tag{3.10}$$

Ist das Volumen konstant (dv = 0, isochorer Zustand), dient die zugeführte Wärmemenge aufgrund der geltenden Beziehung $\delta q = de + p \cdot dv$ allein zur Temperaturerhöhung, während sie bei konstantem Druck (dp = 0, isobarer Zustand) zur Temperaturerhöhung und zur Verrichtung von Arbeit verbraucht wird. Will man also bei konstantem Druck den gleichen Temperaturanstieg wie bei konstantem Volumen erhalten, muss letztlich eine größere Wärmemenge zugeführt werden. Daher ist die spezifische Wärmekapazität bei konstantem Druck c_p größer als bei konstantem Volumen c_v, sodass gilt: $c_p > c_v$. Für ein Volumen trockener Luft besitzen beide Größen folgende Zahlenwerte

$$c_v = 717 \text{ J} \cdot \text{kg}^{-1} \cdot \text{K}^{-1}, \tag{3.11}$$

$$c_p = 1005 \text{ J} \cdot \text{kg}^{-1} \cdot \text{K}^{-1}, \tag{3.12}$$

wobei außerdem die Differenz $c_p - c_v = R$ (Gaskonstante der Luft) entspricht.

Bringt man die Definition der spezifischen Wärmen mit dem 1. Hauptsatz der Thermodynamik in Verbindung, dann resultiert für v = const. (und damit dv = 0)

$$de = \delta q. \tag{3.13}$$

Mit $c_v = (de/dT)_{v = \text{const.}}$ erhält man $de = c_v dT$, sodass der 1. Hauptsatz letztendlich die nachstehende Form besitzt (vgl. Kraus 2001):

$$\delta q = c_v \cdot dT + p \cdot dv \tag{3.14}$$

$$\delta q = c_p \cdot dT - v \cdot dp \tag{3.15}$$

3.2 Zustandsänderungen

Wie wir bereits wissen, kann ein Gasvolumen seinen Zustand ändern, indem ihm Energie in Form von Wärme (von außen) zugeführt oder in Form von Arbeit entzogen wird. Eine Zustandsänderung, bei der das System weder Wärme vereinnahmt noch an die Umgebung abgibt, nennt man adiabatisch (griech. a = ohne). Gemäß dem 1. Hauptsatz bedeutet dies $\delta q = 0$, sodass aus (3.14) bzw. (3.15) resultiert:

$$c_v \cdot dT = -p \cdot dv \quad \text{bzw.} \tag{3.16}$$

$$c_p \cdot dT = v \cdot dp \tag{3.17}$$

Unter Verwendung der Zustandsgleichung für ideale Gase lässt sich (3.17) auch in der Form

$$c_p \cdot dT = \frac{R \cdot T}{p} dp \quad \text{oder} \quad \frac{dT}{T} = \frac{R}{c_p} \cdot \frac{dp}{p} \tag{3.18}$$

schreiben. Integriert man anschließend diese Differenzialgleichung von T_0 bis T bzw. von p_0 bis p, so erhält man:

$$c_p \int_{T_0}^{T} \frac{dT}{T} = R \int_{p_0}^{p} \frac{dp}{p} \quad \text{bzw.} \quad c_p(\ln T - \ln T_0) = R(\ln p - \ln p_0)$$

Weitere Umformungen mit Vertauschen des Vorzeichens ergeben:

$$\ln\left(\frac{T_0}{T}\right) = \ln\left(\frac{p_0}{p}\right)^{R/c_p}$$

Nach dem Entlogarithmieren resultiert schließlich

$$T_0 = T\left(\frac{p_0}{p}\right)^{R/c_p} \quad \text{bzw.} \quad T_0 = T\left(\frac{p_0}{p}\right)^{0,286}. \tag{3.19}$$

Die Relationen (3.19) entsprechen einer Zustandsgleichung für adiabatische Prozesse, in der Druck und Temperatur eindeutig miteinander verknüpft sind, wobei der Ausdruck R/c_p bzw. $\kappa = 0{,}286$ als Poisson-Konstante bezeichnet wird.

Adiabatisch bedeutet, dass die spezifische Wärmezufuhr an das betrachtete System gleich null ist und Mischungsprozesse mit der Umgebungsluft ausgeschlossen sind. Beim Aufsteigen gerät das System von Luftteilchen unter abnehmendem Druck und dehnt sich deshalb aus, wodurch seine innere Energie, die der Temperatur proportional ist, verringert wird. Sinkt das System wieder ab, gelangt es unter steigenden Luftdruck, es wird komprimiert und gewinnt damit innere Energie, sodass sich seine Temperatur erhöht (vgl. Abb. 3.1).

3.2.1 Potenzielle Temperatur

Die potenzielle Temperatur θ lässt sich aus dem 1. Hauptsatz der Thermodynamik bei Annahme adiabatischer Bewegungsvorgänge ($\delta q = 0$) ableiten, indem man in (3.19) $T_0 \equiv \Theta$ setzt und für $p_0 = 1000$ hPa wählt, sodass folgt:

$$\Theta(z) \equiv T(z) \cdot \left(\frac{p_0}{p(z)}\right)^{\kappa} = T(z) \cdot \left(\frac{1000}{p(z)}\right)^{\kappa} \tag{3.20}$$

Hierin entsprechen $k = R/c_p = 0{,}286 \approx 2/7$ und T der Temperatur bzw. p dem Druck im Ausgangsniveau. Diese Relation wird Adiabatengleichung genannt und beschreibt die Temperaturänderung eines trockenen Luftteilchens beim Absinken in

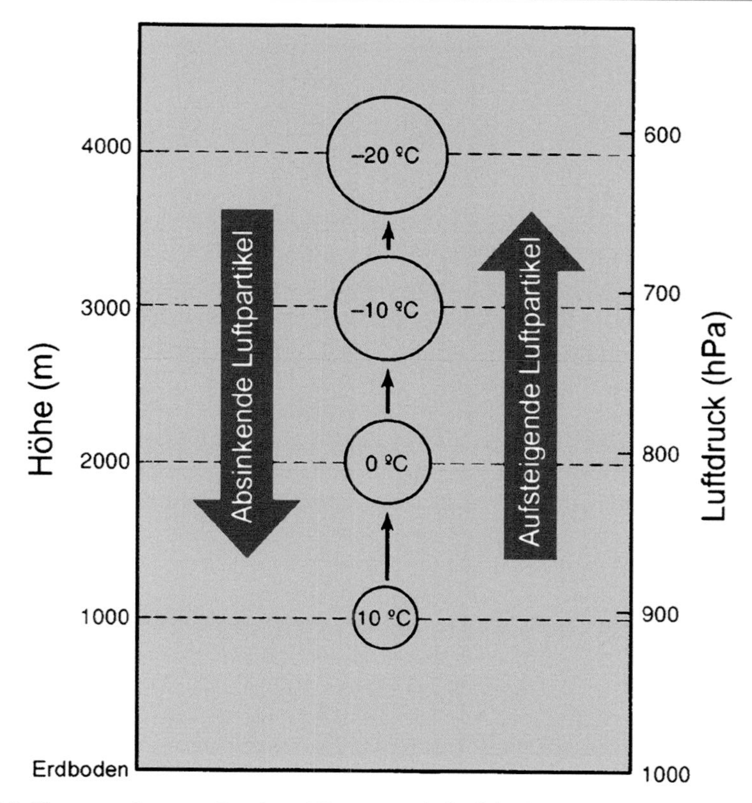

Abb. 3.1 Korrespondenz von Druck und Temperatur bei adiabatischen Prozessen. (© modifiziert nach Moran 1997)

Abhängigkeit vom Luftdruck. Sie ist eine Beziehung für T(p) und spielt eine große Rolle in der Meteorologie, da ihre Änderung mit der Höhe ein Maß für die thermische Schichtung der Atmosphäre ist. „Trocken" bedeutet hierbei, dass das Teilchen keinerlei Wasserdampf und/oder Wasser enthält.

Definition Die potenzielle Temperatur ist die Temperatur, die ein Teilchen annimmt, wenn es aus einem Niveau mit dem Druck p und der Temperatur T trockenadiabatisch auf 1000 hPa absinkt.

Sie stellt damit ein Maß für die Summe von potenzieller und kinetischer Energie eines Luftpaketes dar. Ihre Berechnung ist sehr vorteilhaft, da z. B. adiabatische Transportprozesse auf Flächen konstanter potenzieller Temperatur, die man als **Isentropen** bezeichnet, ablaufen. Darüber hinaus spielt sie eine wichtige Rolle zur Bestimmung der thermischen Stabilität der Atmosphäre, die die Wolken- und Niederschlagsbildung dominiert.

Schreibt man die Gl. (3.20) dagegen in einer nach T aufgelösten Form, also

$$T(z) = \Theta(z) \cdot \left(\frac{p(z)}{p_0} \right)^{\kappa}, \qquad (3.21)$$

dann erhält man die Temperaturabnahme eines Teilchens bei vertikalem Aufsteigen. Startet z. B. ein Luftpaket in p_0 = 1000 hPa mit T_0 = 283 K und bewegt sich zum Niveau von 500 hPa, dann besitzt es im 750 hPa eine Temperatur von 260,65 K und in 500 hPa von 232,11 K. Es kühlt sich also um rund 10 K je 100 hPa ab, wobei die Temperaturabnahme nicht linear mit p verläuft, wie man der Gl. (3.21) entnehmen kann.

Eine anschaulichere Darstellung der potenziellen Temperatur ergibt sich in Anlehnung an Kraus (2001), wenn man von der Beschreibung adiabatischer Zustandsänderungen in der Form $c_p \cdot dT = v \cdot dp$ ausgeht und hier gemäß der hydrostatischen Grundgleichung für $dp = -\rho \cdot g \cdot dz$ wählt sowie berücksichtigt, dass $v = 1/\rho$ gilt:

$$c_p \cdot dT + g \cdot dz = 0 \qquad (3.22)$$

Nach der Integration von T_0 bis T und z_0 bis z ergibt sich zunächst

$$c_p \cdot (T - T_0) + g \cdot (z - z_0) = 0.$$

Setzt man $T_0 = \Theta$, vereinfacht sich die obige Beziehung zu:

$$\Theta(z) = T(z) + \frac{g}{c_p} \cdot (z - z_0) \qquad (3.23)$$

Hierin entsprechen g/c_p dem trockenadiabatischen Temperaturgradienten von rund 1 K/100 m Höhendifferenz. Man erhält also die potenzielle Temperatur, indem man für ein Teilchen der Temperatur T, das sich in der Höhe z befindet, je 100 m Höhendifferenz 1 K hinzu addiert (vgl. auch Abb. 3.2).

Generell nimmt bei labiler Schichtung die potenzielle Temperatur mit der Höhe ab, wodurch ein nach oben ausgelenktes Teilchen immer wärmer als die Umgebungsluft ist und damit weiter aufsteigen kann, während sie bei stabiler Schichtung (z. B. in der Stratosphäre, s. Abb. 3.1) zunimmt, weshalb das Teilchen immer kälter als die umgebende Luft ist und folglich ins Ausgangsniveau zurückkehrt.

Da die Atmosphäre in der Regel stabil geschichtet ist, also neben der Höhe auch die potenzielle Temperatur ansteigt, eignet sich Letztere sehr gut als Höhenkoordinate. Man spricht dann von einem isentropen Koordinatensystem. In einem solchen System besitzt die Geschwindigkeit keine Vertikalkomponente, sodass alle Luftbewegungen auf Flächen gleicher potenzieller Temperatur (Isentropen) ablaufen.

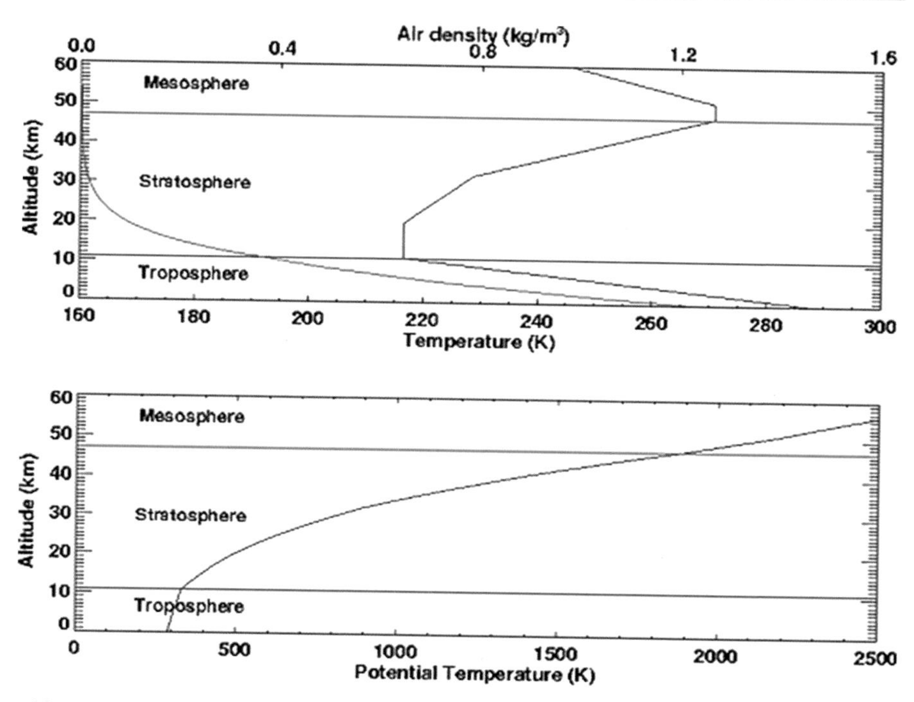

Abb. 3.2 Vertikale Profile der Temperatur und der Dichte (*oben*) sowie der potentiellen Temperatur (*unten*). (© NASA (Internet 22))

3.3 Vertikaler Temperaturgradient

Obwohl sich in der Atmosphäre die Temperatur auf unterschiedliche Weise mit der Höhe ändern kann (s. Abb. 3.3), ist für nicht allzu große Höhenintervalle eine lineare Temperaturabnahme typisch. Den vertikalen Temperaturverlauf, also die Beziehung für T(z), charakterisiert man durch den Temperaturgradienten γ (*lapse rate*), der wie folgt definiert ist:

$$\gamma \equiv -\frac{\partial T}{\partial z} \tag{3.24}$$

Das negative Vorzeichen beruht auf der in der Troposphäre im Mittel beobachteten Temperaturabnahme mit der Höhe. Da der mittlere Gradient für die freie Atmosphäre 0,65 K/100 m ausmacht, wird γ meist in diesen Einheiten angegeben.

Der vertikale Temperaturgradient ist nicht konstant, sondern er verändert sich im Laufe eines Jahres und in Abhängigkeit von der geografischen Breite. Nach Hastenrath 1968 resultiert für die gemäßigten Breiten ein Jahresgang mit einem Gradienten von 0,6 K/100 m im Sommer und 0,5 K/100 m im Winter. Wir stellen uns aber zunächst die Frage:

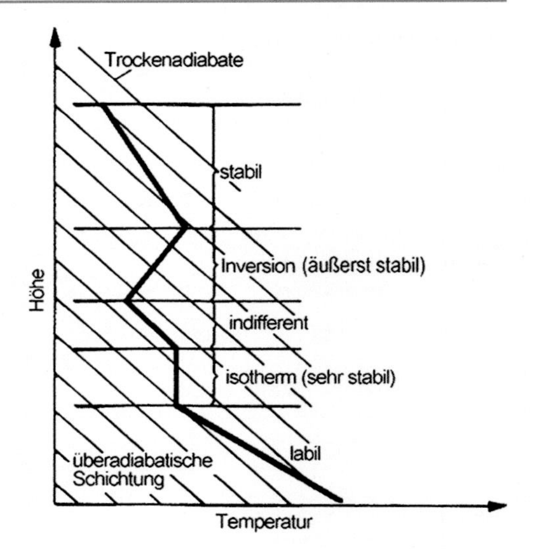

Abb. 3.3 Geometrische Zustandskurve (TEMP) im (T, z)-Diagramm. (© Warnecke 1997)

Um sie zu beantworten, greifen wir auf die potenzielle Temperatur zurück, die adiabatische Zustandsänderungen einzelner Luftvolumina beschreibt. Verwendet man

> Wie groß ist der trockenadiabatische Temperaturgradient in der Atmosphäre überhaupt?

in Abweichung von den obigen Ausführungen den Begriff der potenziellen Temperatur θ auch für die vertikale Struktur einer Luftsäule, dann lässt sich diese in einer beliebigen Höhe z aus dem jeweiligen Druck und der Temperatur bestimmen, denn nach (3.20) gilt:

$$\Theta(z) = T(z) \cdot \left(\frac{p_0}{p(z)}\right)^{\kappa} \quad \text{mit} \quad p_0 = 1000\,\text{hPa}, \quad k = R/c_p$$

Wir logarithmieren zunächst die Adiabatengleichung (3.20) und differenzieren sie anschließend nach der Vertikalkoordinate z, wobei die statische Grundgleichung $\partial p/\partial z = -\rho \cdot g$ zum Zwecke der Vereinfachung genutzt wird, und erhalten:

$$\ln \Theta(z) = \ln T(z) + R/c_p \cdot (\ln p_0 - \ln p(z))$$

$$\frac{1}{\Theta}\frac{\partial \Theta}{\partial z} = \frac{1}{T}\frac{\partial T}{\partial z} - \frac{R}{c_p}\frac{1}{p}\frac{\partial p}{\partial z}$$

$$\frac{1}{\Theta}\frac{\partial \Theta}{\partial z} = \frac{1}{T}\frac{\partial T}{\partial z} + \frac{g}{c_p}\frac{\rho \cdot R}{p}$$

Berücksichtigt man, dass für $(\rho \cdot R)/p = 1/T$ gewählt werden kann, dann folgt:

$$\frac{1}{\Theta}\frac{\partial \Theta}{\partial z} = \frac{1}{T}\left(\frac{\partial T}{\partial z} + \frac{g}{c_p}\right) \quad \text{bzw.} \quad \frac{\partial \Theta}{\partial z} = \frac{\Theta}{T}\left(\frac{\partial T}{\partial z} + \frac{g}{c_p}\right) \tag{3.25}$$

Aus der obigen Beziehung lässt sich ein Maß für die thermische Stabilität der Atmosphäre ableiten, denn mit der Temperaturabnahme des Teilchens

$$g/c_p = \gamma_t = 9{,}81\,(m \cdot s^{-2})/1005\,(J \cdot kg^{-1} \cdot K^{-1}) = 0{,}976\ K/100\ m \tag{3.26}$$

und der Temperaturabnahme der Umgebungsluft

$$\partial T/\partial z = -\gamma_{akt},$$

die infolge von Strahlung und Advektion im Mittel bei − 0,65 K je 100 m Höhendifferenz in der unteren Troposphäre liegt, resultiert

$$\frac{\partial \Theta}{\partial z} = \frac{\Theta}{T}(\gamma_t - \gamma_{akt}) \quad \text{mit} \quad \frac{\Theta}{T} \sim 1 \quad \text{(nach der Erdoberfläche).} \tag{3.27}$$

Die Differenz zwischen dem trockenadiabatischen Temperaturgradienten $g/c_p = \gamma_t$ und dem aktuellen oder lokalen Temperaturgradienten $\partial T/\partial z = -\gamma_{akt}$ ist ein Maß für die thermische Stabilität der Schichtung gegenüber Vertikalbewegungen.

Dabei gilt:

- $\partial\theta/\partial z < 0$ bzw. $\gamma_{akt} > \gamma_t$: trockenlabile Schichtung
- $\partial\theta/\partial z = 0$ bzw. $\gamma_{akt} = \gamma_t$: indifferente Schichtung
- $\partial\theta/\partial z > 0$ bzw. $\gamma_{akt} < \gamma_t$: trockenstabile Schichtung

Nimmt also die aktuelle Temperatur bei überadiabatischer Schichtung um mehr als 0,98 K je 100 m Höhendifferenz ab, so verringert sich die potenzielle Temperatur mit der Höhe. Das statische Gleichgewicht ist labil, da sich ein trockenadiabatisch aufwärts bewegtes Teilchen langsamer abkühlt als dem Temperaturgefälle der Umgebung entspricht. Es ist folglich wärmer als die Umgebung und erfährt einen zusätzlichen Auftrieb (vgl. Abb. 3.3). Ist die aktuelle Temperaturabnahme dagegen kleiner als 0,98 K/100 m, dann erfolgt eine Zunahme der potenziellen Temperatur mit der Höhe, es existiert ein statisch stabiles Gleichgewicht.

Tritt bei der Hebung eines Luftvolumens Kondensation des Wasserdampfes ein, wird latente Wärme (Verdampfungswärme) freigesetzt, sodass sich die adiabatische Abkühlung verringert. Die Verdampfungswärme ist eine wichtige Energiequelle der unteren Atmosphäre, wobei ihr Betrag von der Temperatur abhängt. Der feuchtadiabatische Temperaturgradient γ_f ist demzufolge stets kleiner als der trockenadiabatische Gradient γ_t, wie man auch den Abb. 3.4 und 3.5 entnehmen kann. Er ist keine Konstante, sondern eine Funktion des Luftdrucks und der Temperatur, wie die Tab. 3.1 zeigt. Bei tiefen Temperaturen und damit geringem Wasserdampfgehalt der

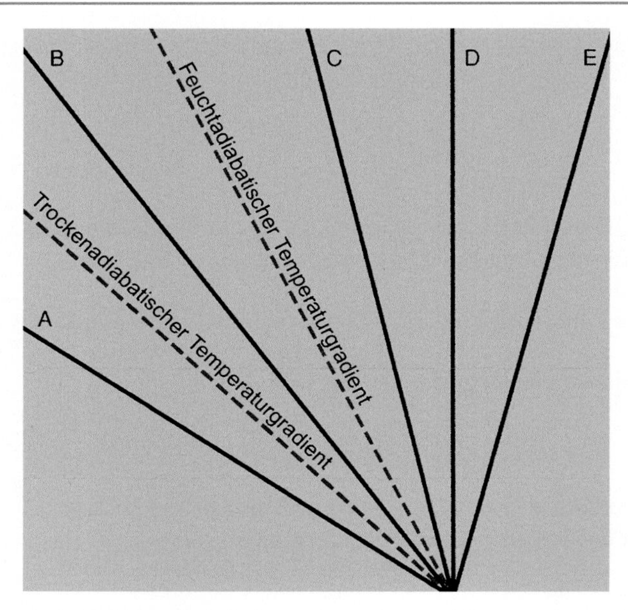

Abb. 3.4 Thermische Stabilität der Schichtung (A, B, C, D und E entsprechen Aufstiegskurven). (© nach Moran 1997)

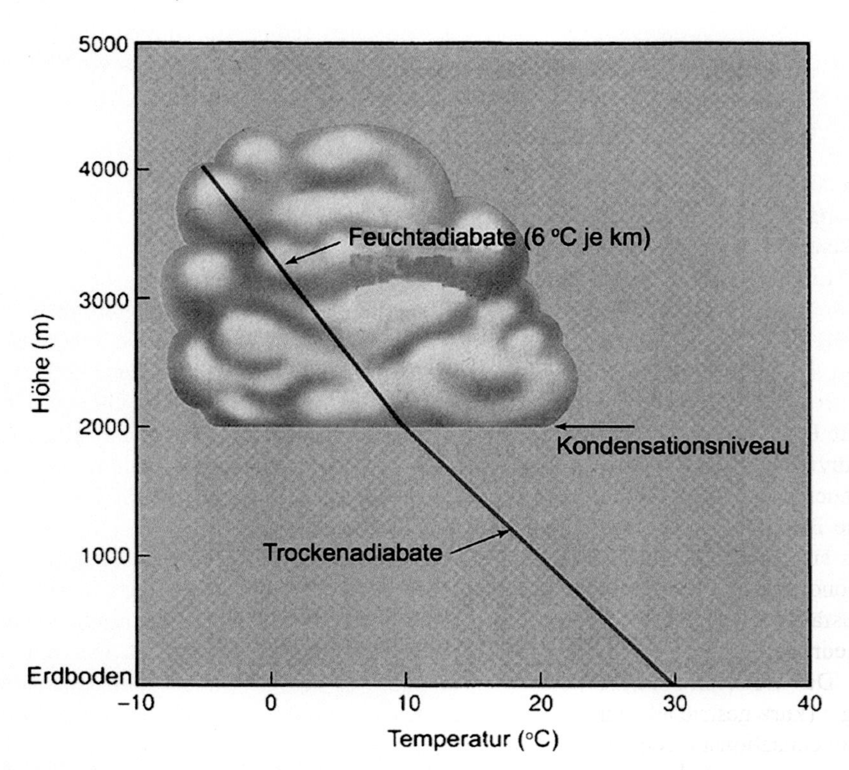

Abb. 3.5 Trocken- und feuchtadiabatischer Temperaturgradient, Wolkenbasis sowie -bildung. (© nach Moran 1997)

Tab. 3.1 Feuchtadiabatischer Temperaturgradient γ_f (K/100 m), (T in °C, p in hPa). (vgl. auch Berry 1973)

T/p	1000	900	800	700	600	500	400	300	200	100
40	0,301	0,291	0,280	0,268	–	–	–	–	–	–
35	0,324	0,312	0,299	0,285	–	–	–	–	–	–
30	0,352	0,338	0,323	0,308	0,291	–	–	–	–	–
25	0,386	0,370	0,353	0,335	0,316	–	–	–	–	–
20	0,426	0,408	0,388	0,367	0,346	0,322	–	–	–	–
15	0,474	0,454	0,433	0,409	0,384	0,357	–	–	–	–
10	0,527	0,506	0,483	0,457	0,429	0,398	0,362	–	–	–
5	0,585	0,564	0,540	0,513	0,483	0,448	0,408	0,362	–	–
0	0,646	0,625	0,601	0,574	0,542	0,506	0,462	0,410	–	–
− 5	0,705	0,686	0,663	0,637	0,606	0,569	0,524	0,466	–	–
− 10	0,763	0,746	0,726	0,702	0,673	0,637	0,591	0,533	0,453	–
− 15	0,812	0,798	0,781	0,761	0,735	0,703	0,661	0,603	0,519	–
− 20	0,855	0,844	0,831	0,814	0,793	0,765	0,729	0,676	0,595	–
− 25	0,889	0,881	0,871	0,858	0,841	0,820	0,789	0,744	0,671	–
− 30	0,916	0,910	0,903	0,894	0,881	0,865	0,842	0,806	0,745	0,614
− 35	0,936	0,932	0,926	0,920	0,911	0,900	0,881	0,856	0,809	0,697
− 40	0,950	0,947	0,944	0,939	0,934	0,926	0,914	0,896	0,862	0,775
− 45	0,959	0,958	0,955	0,953	0,949	0,943	0,937	0,924	0,901	0,839
− 50	0,965	0,964	0,963	0,961	0,959	0,955	0,951	0,943	0,928	0,885

Luft nähert er sich dem trockenadiabatischen Gradienten an, während er bei hohen Temperaturen (z. B. 30 °C und 1000 hPa) nur 0,352 K/100 m ausmacht. In mittleren Breiten rechnet man mit einem Wert von 0,5 bis 0,6 K/100 m Höhendifferenz.

Eine brauchbare Näherung für den feuchtadiabatischen Gradienten lautet

$$\gamma_f = \gamma_t - \frac{L}{c_p} \cdot \frac{dw}{dz} \tag{3.28}$$

mit L als Verdampfungswärme und dw als freigesetzte Wasserdampfmenge. Im Stüve-Diagramm, das die meteorologischen Parameter Druck, Temperatur sowie Feuchte und insbesondere die Trocken- und Feuchtadiabaten enthält, entsprechen die Feuchtadiabaten leicht gekrümmtem Kurven (s. Abb. 3.6, lang gestrichelt). Es sind spezielle Pseudoadiabaten, für die angenommen wird, dass alles bei der Kondensation entstehende Flüssigwasser sofort nach dem Kondensationsprozess ausfällt. Sie tragen die Bezeichnung der Trockenadiabaten, denen sie sich bei sehr niedrigen Temperaturen bzw. bei sehr geringer Sättigungsfeuchte annähern.

Des Weiteren sind Linien konstanten Sättigungs-Mischungsverhältnisses in $g \cdot kg^{-1}$ (kurz gestrichelt) eingezeichnet, die zur Bestimmung des Taupunktes und des Kondensationsniveaus verwendet werden.

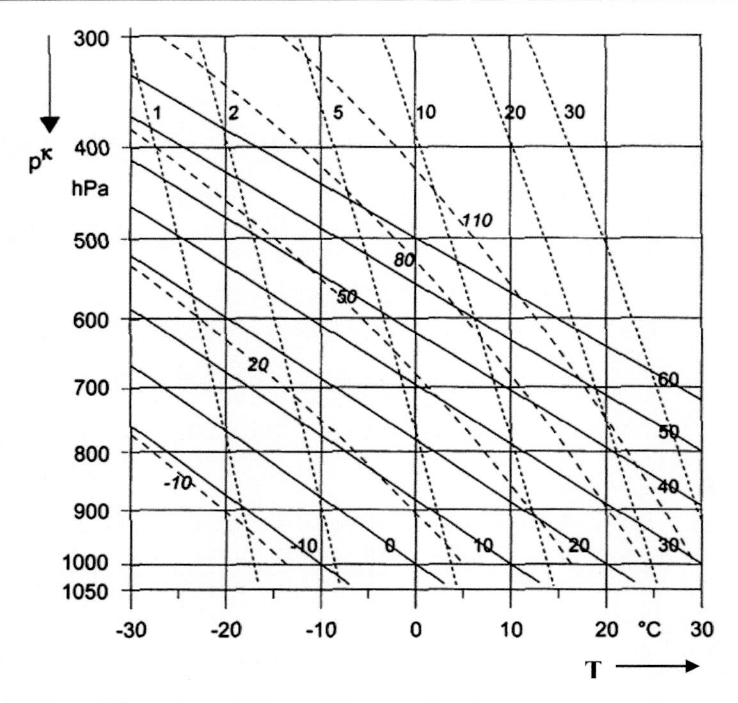

Abb. 3.6 Schematisiertes Stüve-Diagramm. (© Kraus 2001)

In Anlehnung an die vorhergehende Einteilung spricht man von feuchtlabiler Schichtung, wenn der aktuelle Temperaturgradient γ_{akt} größer als der berechnete feuchtadiabatische vertikale Temperaturgradient γ_f ist, sodass gilt:

- $\gamma_{akt} > \gamma_f$ feuchtlabile Schichtung
- $\gamma_{akt} = \gamma_f$ indifferente Schichtung
- $\gamma_{akt} < \gamma_f$ feuchtstabile Schichtung

Aerologische Aufstiege zeigen, dass feuchtlabile Schichtungen wesentlich häufiger als trockenlabile auftreten. Das rührt daher, dass ein feuchtlabiler Zustand, solange die Luft ungesättigt ist und damit die Vertikalbewegungen noch trockenadiabatisch verlaufen, beliebig lange bestehen kann. Da Wolkenbildung erst mit dem Erreichen des Kondensationsniveaus eintritt, spricht man deshalb von bedingter Instabilität. Zusammenfassend ergibt sich für die Schichtungsverhältnisse:

- $\gamma_{akt} < \gamma_f$ absolut stabil
- $\gamma_t > \gamma_{akt} > \gamma_f$ bedingt labil
- $\gamma_{akt} > \gamma_t$ absolut labil

3.3.1 Stüve-Diagramm

Meteorologische Daten aus der freien Atmosphäre stammen überwiegend von Radiosondenaufstiegen, d. h. von Messgeräten, die von einem Ballon getragen werden und Höhen zwischen 30 und 35 km erreichen. Sie durchfliegen die gesamte Troposphäre sowie Teile der unteren und mittleren Stratosphäre und registrieren mithilfe von Sensoren die Lufttemperatur, die Luftfeuchte und den Luftdruck. Die Erfassung des Windfeldes erfolgt durch eine Radarvermessung der Radiosondenbahn. Neuere Verfahren nutzen das in der Navigation bekannte GPS-System. Eine Zuordnung der Höhe zu den Druckflächen geschieht mittels der barometrischen Höhenformel.

Weltweit ermitteln etwa 500 Radiosondenstationen um 00 und 12 UT1 (*universal time one*) Daten aus der freien Atmosphäre, die durch Satellitenbeobachtungen und Flugzeugmessungen ergänzt werden. Der auf diese Weise erzeugte Datenfluss wird einerseits für die numerische Wettervorhersage und hier insbesondere zur Konstruktion von Höhenwetterkarten benötigt und dient andererseits im operationellen Dienst zur Prognose der Wolkenbasis (Hebungs- und Kumuluskondensationsniveau) und damit der Tageshöchsttemperatur in den Sommermonaten. Darüber hinaus lassen sich auf der Basis eines aerologischen Aufstiegs Gewitterindizes berechnen sowie die Nullgradgrenze, die Tropopausenhöhe, das Vereisungsniveau der Wolken und die Taupunkttemperatur bestimmen.

Zur Festlegung des Kumuluskondensationsniveaus, das dem Schnittpunkt der Linie maximaler spezifischer Feuchte (Taupunkttemperatur) mit der Zustandskurve entspricht, benötigt man den Sättigungsdampfdruck der zu ermittelnden Taupunkttemperatur τ. Hierzu wird zunächst für die aktuelle Lufttemperatur T_L (in °C) der Sättigungsdampfdruck $e_w(t)$ nach der Magnus-Formel (gemäß Gl. 4.37) berechnet und der erhaltene Wert mit der beobachteten relativen Feuchte RH (relativ humidity) multipliziert, also $e = e_w(t) \cdot RH$ gebildet. Danach ersetzt man in der Gl. (3.29) die aktuelle Lufttemperatur T_L durch den Taupunkt τ (vgl. Koschmieder 1941, Landoldt-Börnstein 1988, Kraus 2001), sodass zunächst geschrieben werden kann:

$$e_w(t) = 6{,}1078 \exp\left(\frac{17{,}1 \cdot T_L}{235 + T_L}\right) \quad \text{bzw.} \tag{3.29}$$

$$e_w(t) \cdot RH = 6{,}1078 \exp\left(\frac{17{,}1 \cdot \tau}{235 + \tau}\right) \tag{3.30}$$

Nach dem Logarithmieren von (3.30) ergibt sich

$$\ln(e_w(t) \cdot RH) = \ln 6{,}1078 + \left(\frac{17{,}1 \cdot \tau}{235 + \tau}\right).$$

Durch weiteres Umformen erhält man

$$235 \cdot \ln\left(\frac{e_w(t) \cdot RH}{6{,}1078}\right) + \tau \cdot \ln\left(\frac{e_w(t) \cdot RH}{6{,}1078}\right) = 17{,}1 \cdot \tau. \tag{3.31}$$

Die Auflösung der Gl. (3.31) nach t führt schließlich zu folgendem Ergebnis:

$$\tau = \frac{235 \cdot \ln\left(\frac{e_w(t) \cdot RH}{6{,}1078}\right)}{17{,}1 - \ln(e_w(t) \cdot RH) + \ln 6{,}1078} \tag{3.32}$$

Durch Vertauschen des Vorzeichens ergibt sich letztendlich für den Taupunkt die Beziehung:

$$\tau = \frac{235 - [\ln 6{,}1078 - \ln(e_w(t) \cdot RH)]}{\ln(e_w(t) \cdot RH) - \ln 6{,}1078 - 17{,}1} = \frac{235 - [\ln 6{,}1078 - \ln(e_w(t) \cdot RH)]}{\ln(e_w(t) \cdot RH) - 18{,}91} \tag{3.33}$$

Für die Sommermonate lässt sich das Tagesmaximum der Temperatur aus dem Schnittpunkt der vom Kumuluskondensationsniveau ausgehenden Trockenadiabate mit dem Ausgangsniveau ableiten. Das ist möglich, da im Sommer die Wärme der bodennahen Schichten durch die Temperaturverhältnisse der freien Atmosphäre bestimmt wird und sich tagsüber ein trockenadiabatischer Temperaturgradient einstellt. Aus diesem Grund kann das Tagesmaximum bereits aus dem 00- bzw. 06-UTC-Aufstieg ermittelt werden.

Das Hebungskondensationsniveau entspricht gemäß Scherhag 1948 der Höhe, in der bei erzwungener Hebung Schichtwolkenbildung einsetzt. Im Stüve-Diagramm erhält man dieses aus dem Schnittpunkt der zur Aufstiegskurve gehörenden Trockenadiabate mit der Kurve der Taupunkttemperatur (bzw. maximalen spezifischen Feuchte).

3.4 Änderungen der Schichtungsstabilität

Auswertungen von Radiosondenaufstiegen belegen, dass der aktuelle Temperaturgradient nicht konstant, sondern zeitlich und räumlich variabel ist, was sich theoretisch einfach beweisen lässt. So resultiert aus dem 1. Hauptsatz der Thermodynamik, der gemäß (3.14) die Form $\delta q = c_p \cdot dT - v \cdot dp$ besitzt, bei Differenziation nach der Zeit t

$$\frac{\delta q}{dt} = c_p \frac{dT}{dt} - v \frac{dp}{dt}. \tag{3.34}$$

In (3.34) entsprechen dT und dp einem vollständigen Differenzial, das nach den Regeln der Vektoranalysis als Skalarprodukt (Budo 1963, Holton 1992) in der nachstehenden Form geschrieben werden kann:

$$dT = \text{grad}T \cdot ds \quad \text{mit} \quad \text{grad}T = \mathbf{i}\frac{\partial T}{\partial x} + \mathbf{j}\frac{\partial T}{\partial y} + \mathbf{k}\frac{\partial T}{\partial z} = \nabla T \tag{3.35}$$

$$dp = \text{grad}p \cdot ds \quad \text{mit} \quad \text{grad}p = \mathbf{i}\frac{\partial p}{\partial x} + \mathbf{j}\frac{\partial p}{\partial y} + \mathbf{k}\frac{\partial p}{\partial z} = \nabla p \tag{3.36}$$

Hierbei ist der erste Vektor gradT bzw. gradp der Gradient der betrachteten Größe und der zweite Vektor ds die gerichtete Strecke PP′ = ds (dx, dy, dz). Für dT/dt und dp/dt ergibt sich nach einigen Umformungen

$$\frac{dT}{dt} = \frac{\partial T}{\partial t} + V_h \cdot \nabla T + w\frac{\partial T}{\partial z} \tag{3.37}$$

mit w als Vertikalgeschwindigkeit und $\partial T/\partial z = -\gamma_{akt}$ (per Definition). Das Skalarpodukt $\mathbf{V_h} \cdot \mathbf{T}$ wird als Advektion, in unserem Fall als Temperaturadvektion (A_T) bezeichnet. Entsprechend gilt für den Druck p:

$$\frac{dp}{dt} = \frac{\partial p}{\partial t} + V_h \cdot \nabla p + w\frac{\partial p}{\partial z} \tag{3.38}$$

Berücksichtigt man die hydrostatische Grundgleichung mit $\partial p/\partial z = -\rho \cdot g$ und außerdem, dass $v = 1/\rho$ gilt, dann vereinfacht sich der letzte Term der rechten Seite zu – gw. Verwendet man (3.34) zunächst in der Form

$$\frac{dT}{dt} = \frac{1}{c_p}\frac{\partial q}{\partial t} - \frac{v}{c_p} \cdot \frac{dp}{dt}$$

und setzt die Zwischenergebnisse (3.37) und (3.38) in diese Beziehung ein, dann resultiert

$$\frac{\partial T}{\partial t} = \frac{1}{c_p}\frac{\partial q}{dt} - V_h \cdot \nabla T + w\gamma_{akt_t} + \frac{v}{c_p}\left(\frac{\partial p}{\partial t} - V_h \cdot \nabla p + w\frac{\partial p}{\partial z}\right). \tag{3.39}$$

Da der Einfluss der Advektion des Luftdrucks $V_h \cdot \nabla p$ und der lokalen zeitlichen Druckänderung $\partial p/\partial t$ auf die lokale zeitliche Temperaturänderung gering sind, kann man diese Terme vernachlässigen und nach einigen Umformungen in guter Näherung schreiben

$$\frac{\partial T}{\partial t} = -V_h \cdot \nabla T - (\gamma_t - \gamma_{akt})w + \frac{1}{c_p}\frac{\partial q}{\partial t}. \tag{3.40}$$

Gleichung (3.40) verdeutlicht, dass die lokale zeitliche Temperaturänderung $\partial T/\partial t$ mit der Temperaturadvektion $-V_h \cdot \nabla T$, Vertikalbewegungsprozessen bei stabiler Schichtung und diabatischen Wärmeänderungen verknüpft ist (Kurz 1990). Bei partieller Differenziation von (3.40) nach z lässt sich eine Beziehung ableiten, die

Auskunft über mögliche Temperaturänderungen und die damit verbundenen Änderungen der Schichtungsstabilität erlaubt (A_T – horizontale Temperaturadvektion):

$$\frac{\partial \gamma}{\partial t} = -\frac{\partial A_T}{\partial z} + (\gamma_f - \gamma_{akt})\frac{\partial w}{\partial z} - w\frac{\partial \gamma_t}{\partial z} - \frac{1}{c_p}\frac{\partial}{\partial z}\left(\frac{\delta q}{\delta t}\right) \quad (3.41)$$

Damit erfolgt eine Stabilisierung der Atmosphäre bei

- Warmluftadvektion mit der Höhe zunehmend
- Kaltluftadvektion mit der Höhe abnehmend
- Warmluftadvektion über Kaltluftadvektion
- Abkühlung der bodennahen und/oder
- Erwärmung der oberen Schichten.

Labilisierung tritt ein bei

- Warmluftadvektion mit der Höhe abnehmend
- Kaltluftadvektion mit der Höhe zunehmend
- Kaltluftadvektion über Warmluftadvektion
- Erwärmung der bodennahen Schichten
- Abkühlung der oberen Schichten.

Änderungen werden auch durch vertikale Gradienten der Vertikalbewegung und des Temperaturgradienten γ_t hervorgerufen.

3.5 Übungen

Aufgabe 1 Zeichnen Sie eine Trockenadiabate, eine Feuchtadiabate ($\gamma_f = 4$ K/km) sowie die aktuelle Zustandskurve für eine Bodentemperatur von 10 °C und tragen Sie in die Zeichnung die entsprechenden Stabilitäts- und Labilitätsbereiche ein!

Aufgabe 2 Ein Teilchen erreicht in 850 hPa (1500 m) das Kondensationsniveau. Welche Temperatur besitzt es in 500 hPa, wenn an der Erdoberfläche 20 °C gemessen wurden?

Aufgabe 3 An einem Sommertag wird um 06 UTC folgende vertikale Temperaturverteilung bei einem Radiosondenaufstieg gemessen:

Luftdruck hPa	Temperatur °C	Luftdruck hPa	Temperatur °C
1000	15,3	920	19,0
900	18,0	800	12,0
700	7,0	650	4,0
600	1,0	500	– 2,0
400	– 5,0		

1. Wie hoch kann ein Luftvolumen aufsteigen, wenn an einem Sommertag frühmorgens die Lufttemperatur 15,3 °C beträgt, und der feuchtadiabatische Temperaturgradient $\gamma_f = 0,4$ K/100 m ausmacht? Das Kondensationsniveau wird bei einem Druck von 750 hPa erreicht.
2. Welche Tageshöchsttemperatur wird erreicht?

3.6 Lösungen

Aufgabe 1

Trockenadiabate
Feuchtadiabate
A, B, C, D, E: aktuelle Zustandskurven

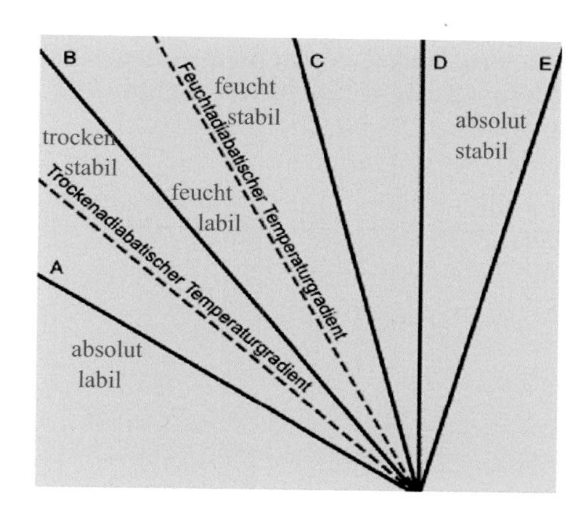

Aufgabe 2

Mit $t_{Boden} = 20\,°C$, 850 hPa ≈ 1500 m, 500 hPa ≈ 5500 m folgt:

$t_{Boden} = 20$ °C

$t_{850\,hPa} = 5$ °C, da $\gamma_t = 10$ K/1000 m

$t_{500\,hPa} = -11$ °C, da $\gamma_f = 4$K/1000 m

Aufgabe 3

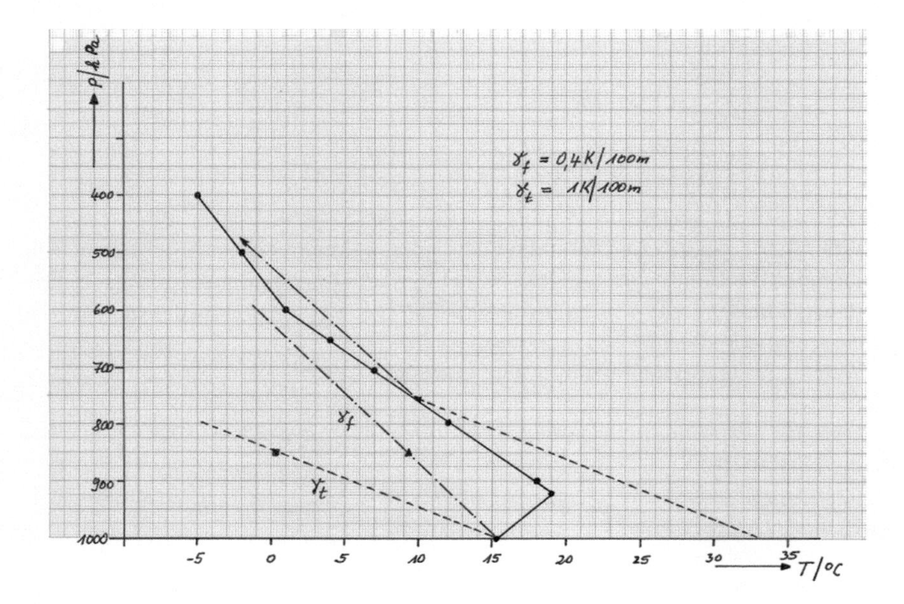

1. Wolkenbildung ist zwischen 750 und 430 hPa möglich (Bereich zwischen KK und Schnittpunkt der Feuchtadiabate mit der Aufstiegskurve).
2. Die Tagehöchsttemperaturen betragen 33 °C (Schnittpunkt der Trockenadiabate mit p = 1000 hPa).

4 Meteorologische Größen: Ihre Messung sowie räumliche und zeitliche Variabilität

4.1 Der Luftdruck

Der von der Gashülle unserer Erde an einem bestimmten Ort ausgeübte Druck p entspricht dem Gewicht der über einer Basisfläche A (z. B. 1 m^2 Erdoberfläche) befindlichen vertikalen Luftsäule. Das Gewicht der Luftsäule ist hierbei die Kraft **F**, die durch die Wirkung der Gravitation auf eine Masse von 1 kg Luft entsteht ($\mathbf{F} = m \cdot \mathbf{g}$), sodass man schreiben kann

$$p = \frac{F}{A} = \frac{m \cdot g}{A}. \tag{4.1}$$

Drückt man die Masse m in kg und die Schwerebeschleunigung g in 9,8066 $m \cdot s^{-2}$ (Standardwert für 45° geografische Breite) aus, dann erhält man die Kraft in Newton und den Druck folglich in $N \cdot m^{-2}$, wobei gilt:

$$\begin{aligned} 1\,N \cdot m^{-2} &= 1\,Pa \\ 100\,N \cdot m^{-2} &= 1\,hPa = 10^2\,Pa = 1\,mbar \end{aligned} \tag{4.2}$$

Dem Luftdruck von 1 Pa entspricht somit ein Gewicht von 1 kg auf 1 m^2 Erdoberfläche. Da unsere Atmosphäre eine Masse von $5{,}1 \cdot 10^{18}$ kg besitzt und die Erde eine Oberfläche von $5{,}101 \cdot 10^8\,km^2$ hat, ergibt sich ein Luftdruck von

$$p = \frac{5{,}1 \cdot 10^{18}}{5{,}101 \cdot 10^{14}} \cdot 9{,}8066 \left(\frac{kg}{m^2} \cdot \frac{m}{s^2} \right) \approx 0{,}981 \cdot 10^5\,N \cdot m^{-2} = 1\ at.$$

B. Klose, *Meteorologie*, Springer-Lehrbuch, DOI 10.1007/978-3-662-43622-6_4

Unter Wirkung der Schwerkraft lastet somit im Meeresniveau auf jedem Quadratmeter der Erdoberfläche eine Kraft von rund 10^5 N. Dieselbe Kraft wird beispielsweise auch durch eine Wassersäule von 10 m Höhe erzeugt. Wohl zu unterscheiden davon ist der für die Standardatmosphäre festgelegte Luftdruck von 1013,25 hPa für T_0=288,15 K (15 °C) und ρ_0=1,225 kg·m^{-3} (vgl. Pichler 1986, Gerthsen 1997), sodass die Einheit für die physikalische Atmosphäre $p_0 = 1{,}013 \cdot 10^5\,\mathrm{N \cdot m^{-2}} = 1013{,}25$ hPa beträgt. Die Einheit Pascal (Pa) wird seit 1984 verwendet und ist nach dem französischen Philosophen Blaise Pascal (1623–1662) benannt.

Tafel 4.1 Druckeinheiten. (nach Demtröder 1994, Gerthsen 1997 und Kraus 2001)

$1\,\mathrm{bar} = 10^5\,\mathrm{N \cdot m^{-2}} = 10^5\,\mathrm{Pa}$
$1\,\mathrm{mbar} = 10^3\,\mathrm{dyn \cdot cm^{-2}} = 10^3\,\mathrm{g \cdot cm^{-1} \cdot s^{-2}} = 10^2\,\mathrm{Pa} = 1\,\mathrm{hPa}$
physikalische Atmosphäre
$1\ \mathrm{atm} = 1013{,}25\ \mathrm{hPa} = 1{,}01325 \cdot 10^5\,\mathrm{N \cdot m^{-2}} = 760\ \mathrm{Torr} = 1{,}0332\ \mathrm{at}$
technische Atmosphäre
$1\ \mathrm{at} = 1\ \mathrm{kp \cdot cm^{-2}} = 1\ \mathrm{kg} \cdot 9{,}80665\ \mathrm{m \cdot s^{-2}} = 980{,}665\ \mathrm{hPa} = 0{,}980665 \cdot 10^5\,\mathrm{N \cdot m^{-2}}$
$1\ \mathrm{Torr}\ (= 1\ \mathrm{mm\ Hg-Säule}) = 10^{-3}\mathrm{m} \cdot 13{,}595\ \mathrm{kg \cdot m^{-3}} \cdot 9{,}80665\ \mathrm{m \cdot s^{-2}} = 1{,}3332\ \mathrm{N \cdot m^{-2}} = 1{,}3332\ \mathrm{Pa}$
$1\ \mathrm{m\ Wassersäule\ (4°C)} = 10^3\mathrm{kg \cdot m^{-3}} \cdot 9{,}80665\ \mathrm{m \cdot s^{-2}} = 0{,}1\ \mathrm{at}$

Da der Druck in alle Richtungen gleich ist, so z. B. innerhalb eines Hauses und außerhalb davon, bricht ein Hausdach nicht unter der Last der einwirkenden Masse von rund 2 Mio. kg zusammen, während es jedoch durch eine schlagartige Abnahme des Außenluftdrucks bei Passage eines Tornados explodieren kann.

Im Gegensatz zur allgemeinen Definition des Luftdruckes als Quotient aus Kraft pro Fläche resultiert dieser im Sinne der Gaskinetik aus der ungeordneten Eigenbewegung der Luftmoleküle und -atome, die dazu führt, dass sie mit der Erdoberfläche kollidieren. Der hierbei erzeugte kinetische Druck p_{kin} ist somit eine Funktion der kinetischen Energie und folglich der Temperatur eines Gases. Geht man gemäß Gerthsen 1997 davon aus, dass nur der dritte Teil aller Moleküle N eine Flugrichtung senkrecht zur Wand hat, und sich die Hälfte davon, also 1/6, wirklich auf die Fläche von 1 m^2 zu bewegt, dann ergibt sich nach einigen Umformungen ein Druck von

$$p_{kin} = N \cdot k \cdot T/V. \tag{4.3}$$

4.1.1 Hydrostatische Grundgleichung

Da Gase durch die Wirkung der Erdanziehungskraft komprimiert werden, nimmt die Dichte der Luft mit zunehmender Höhe ab, d. h., in einer vertikalen Luftsäule resultieren Dichteunterschiede zwischen den bodennahen Luftschichten und denen der freien Atmosphäre. Aus diesem Grund muss man differenziell kleine Druck- und Höhenänderungen betrachten. Im Ausdruck (4.1) lässt sich die Masse m anhand der bekannten Beziehung $m = \rho \cdot V$ eliminieren, sodass zunächst

$$p = \frac{\rho \cdot g \cdot V}{A} \tag{4.4}$$

geschrieben werden kann. Für differenziell kleine Änderungen der Höhe dz resultiert damit

$$dp = \frac{dF}{A} = \frac{dm \cdot g}{A} = \frac{\rho \cdot g \cdot dV}{A} = \rho \cdot g \cdot dz. \tag{4.5}$$

Weil aber bei einer Zunahme der Höhe dz über dem Meeresniveau die vertikale Erstreckung der darüberliegenden Luftsäule abnimmt, verringert sich der hydrostatische Druck um

$$dp = -\rho \cdot g \cdot dz. \tag{4.6}$$

Diese Beziehung wird hydrostatische Grundgleichung genannt und beinhaltet das Gleichgewicht der vertikalen Komponenten der Druckgradient- und der Schwerkraft

$$\frac{1}{\rho} \cdot \frac{dp}{dz} + g = 0. \tag{4.7}$$

Da sich diese beiden Kräfte auf die Masseneinheit beziehen, stellen die Terme in (4.7) Beschleunigungen (in $m \cdot s^{-2}$) dar. Mit Hilfe der hydrostatischen Grundgleichung lässt sich das Druckintervall dp, d. h. die barometrische Höhenstufe, bestimmen, dem eine Druckänderung von 1 hPa auf Meeresniveau entspricht. Für $dp = 1\ hPa = 100\ N \cdot m^{-2}$, $\rho_0 = 1{,}293$ bzw. $1{,}225\ kg \cdot m^{-3}$ (Meeresniveau, 0 bzw. 15 °C) und $g = 9{,}80665\ m \cdot s^{-2}$ folgt:

$$\begin{aligned} dz &= 100/(1{,}293 \cdot 9{,}81) = 7{,}88\ m \quad \text{bzw.} \\ dz &= 100/(1{,}225 \cdot 9{,}81) = 8{,}32\ m \end{aligned} \tag{4.8}$$

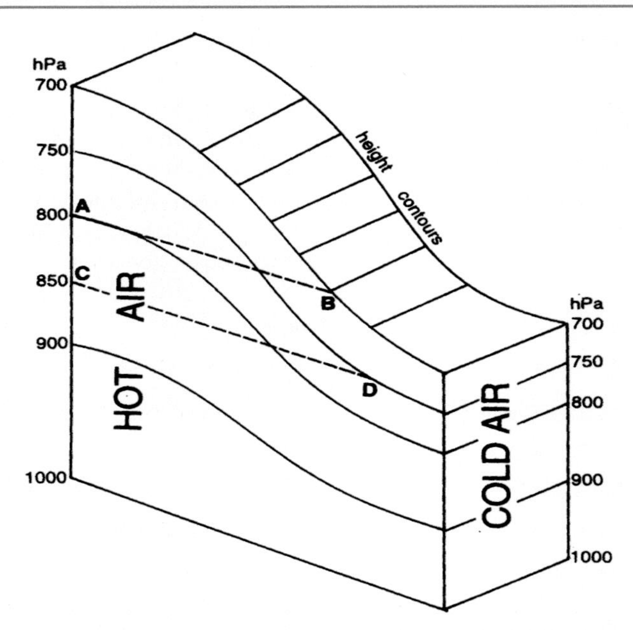

Abb. 4.1 Thermische Verknüpfung zwischen Boden- und Höhendruckfeld. (© modifiziert nach GCNS 2005)

Damit nimmt der Luftdruck je 8 m Höhengewinn um rund 1 hPa ab. Des Weiteren verdeutlichen bereits diese beiden kurzen Rechnungen, dass bei gleichen Luftdruckwerten am Boden sich in der Kaltluft, also bei tiefen Temperaturen und damit hoher Luftdichte, der Luftdruck schneller mit der Höhe verringert als bei hohen Temperaturen und folglich kleineren Dichtewerten (vgl. Abb. 4.1). Da außerdem die Temperatur und damit die Dichte mit zunehmender Höhe kleiner werden und sich außerdem die Schwerebeschleunigung ebenfalls geringfügig reduziert, ist eine Druckänderung von 1 hPa in Bodennähe mit kleineren Höhendifferenzen als in den darüberliegenden Schichten verknüpft. So ändert sich z. B. in 5500 m Höhe bei Temperaturen von − 20 °C und einer Dichte von 0,7 $kg \cdot m^{-3}$ der Luftdruck um 1 hPa auf einer Höhendifferenz von rd. 15 m.

Da die Druckabnahme mit der Höhe umso größer ausfällt, je kälter die Luft ist, besteht eine enge Verknüpfung zwischen dem Boden- und Höhendruckfeld. So existiert bei höheren Druckwerten am Boden in der Warmluft (z. B. Azorenhoch) ein warmes und hochreichendes Höhenhoch, während vertikal mächtige Tiefdruckgebiete (z. B. Islandtief) kalt sein müssen.

Anhand der Beziehung (4.7) kann man darüber hinaus demonstrieren, dass für einen Standarddruck von 1013,25 hPa und einer mit der Höhe konstanten Luftdichte die Erdatmosphäre nur rund 8 km hoch wäre, d. h., alle Achttausender auf unserer Erde würden schon in den Himmel ragen.

4.1.2 Barometrische Höhenformel

Mithilfe der barometrischen Höhenformel lässt sich die Abnahme des Luftdrucks mit der Höhe beschreiben. Zu ihrer Ableitung verwenden wir die hydrostatische Grundgleichung (4.7), die man sofort integrieren könnte, wenn die Höhenabhängigkeit der Gasdichte bekannt wäre. Das ist aber nicht der Fall. Man hilft sich deshalb in der Physik damit weiter, dass Druck und Dichte bei konstanter Temperatur einander proportional sind, sodass eine der beiden unbekannten Größen p bzw. ρ eliminiert werden kann, wenn man sich auf ihre Werte in Bodennähe bezieht, wobei gilt:

$$\frac{p(z)}{\rho(z)} = \frac{p_0}{\rho_0} \qquad \text{bzw.} \qquad p(z) = \rho(z) \cdot \frac{p_0}{\rho_0} \tag{4.9}$$

Unter Verwendung von Gleichung (4.7) folgt somit

$$dp = -\frac{\rho_0}{p_0} \cdot p(z) \cdot g \cdot dz, \tag{4.10}$$

sodass man jetzt nach Trennung der Variablen integrieren kann:

$$\int_{p_0}^{p} \frac{dp}{p} = -\frac{\rho_0 \cdot g}{p_0} \int_0^z dz \qquad \text{bzw.} \qquad \ln\left(\frac{p(z)}{p_0}\right) = -\frac{\rho_0 \cdot g}{p_0} \cdot z$$

Nach einigen Umstellungen ergibt sich die barometrische Höhenformel, die ausdrückt, dass der Luftdruck bei konstanter Temperatur exponentiell mit der Höhe abnimmt:

$$p(z) = p_0 \cdot \exp\left(-\frac{\rho_0 \cdot g \cdot z}{p_0}\right) \tag{4.11}$$

Gemäß Normatmosphäre (DIN 5450) beträgt für eine Lufttemperatur von 0 °C und einen Luftdruck von 1013,25 hPa die Standarddichte der Luft 1,293 $kg \cdot m^{-3}$. Damit gilt für den Exponenten in der barometrischen Höhenformel $(\rho_0/\rho_0) \cdot g = 1{,}252 \cdot 10^{-4}\,m^{-1}$.

Die Höhe, bei der der Ausgangsdruck nur noch halb so groß, also $p=p_0/2$ ist, entspricht der Halbwertshöhe der Atmosphäre und liegt bei 5,54 km.

In der Meteorologie spielt die obige Vorgehensweise keine Rolle, sondern man eliminiert stattdessen die Dichte ρ mittels der Zustandsgleichung für ideale Gase und integriert bei festgehaltener Temperatur die nachstehende Differenzialgleichung mittels Trennung der Variablen. Aus

$$dp = -\frac{p \cdot g}{R \cdot T} \cdot dz \quad \text{bzw.} \quad \frac{dp}{p} = -\frac{g}{R \cdot T} \cdot dz \quad \text{resultiert}$$

$$\ln\left(\frac{p}{p_0}\right) = -\frac{g \cdot z}{R \cdot T} \quad \text{bzw.} \quad p(z) = p_0 \cdot e^{-\frac{g \cdot z}{R \cdot T}}. \tag{4.12}$$

Im Exponenten der barometrischen Höhenformel stehen die potenzielle Energie $g \cdot z$ sowie eine thermische Energie $R \cdot T$. Die Annahme einer mit der Höhe konstanten Temperatur ermöglicht zwar die Integration, wird aber den wirklichen Verhältnissen nicht gerecht, denn im Mittel ändert sich diese um 0,65 K je 100 m Höhendifferenz. Wenn man aber dennoch mit der barometrischen Höhenformel rechnen möchte, verwendet man zur Integration vereinfachend eine arithmetische Schichtmitteltemperatur $\overline{T}$, die man aus den aktuellen in K umgewandelten Temperaturen (T_1, T_2) eines Radiosondenaufstiegs erhält, nämlich

$$\overline{T} = \frac{T_1 + T_2}{2}.$$

Nach z aufgelöst ergibt sich aus (4.12) für die Höhenlage z einer ausgewählten Druckfläche

$$z = \frac{R \cdot \overline{T}}{g} \cdot \ln\left(\frac{p_0}{p}\right). \tag{4.13}$$

Mit der Beziehung (4.13) kann man beispielsweise aus zwei Druckmessungen in unterschiedlichen Niveaus die Höhe eines Gebäudes oder Berges ermitteln.

4.1.3 Geopotenzial und Höhenwetterkarte

Die Schwerebeschleunigung g variiert geringfügig mit der Höhe und der Breite, was nach Kraus 2001, Pichler 1985 und Holmboe 1945 durch die Relation

$$\begin{aligned} g(\varphi; z) = 9{,}80665(1 - 0{,}0026373\ \cos 2\varphi \\ + 0{,}0000059\ \cos^2 2\varphi) \cdot (1 - 3{,}14 \cdot 10^{-7}\ z/\text{m}) \end{aligned} \tag{4.14}$$

ausgedrückt werden kann. Für das Meeresniveau $z = 0$ errechnet sich damit:

$$\begin{aligned} \text{Pole:}\quad & g_{90} = 9{,}80665(1 + 0{,}0026373 + 0{,}0000059) = 9{,}83257\ \text{m} \cdot \text{s}^{-2} \\ \text{Äquator:}\quad & g_{ä} = 9{,}80665(1 - 0{,}0026373 + 0{,}0000059) = 9{,}78084\ \text{m} \cdot \text{s}^{-2} \\ 45°\ \text{Breite:}\quad & g_{45} = 9{,}80665\ \text{m} \cdot \text{s}^{-2} \end{aligned} \tag{4.15}$$

Um der für praktische Belange sehr lästigen Änderung der Schwerebeschleunigung g mit der Höhe und Breite zu entgehen, hat man das Geopotenzial Φ der Erdbeschleunigung eingeführt. Es ist definiert durch

$$\Phi \equiv g(\varphi, z) \cdot z \tag{4.16}$$

und entspricht der Arbeit, die gegen die Schwerkraft geleistet werden muss, um eine Masse von 1 kg um dz Meter anzuheben. Zum Zweck einer anschaulichen Maßeinheit wird das Geopotenzial auf Normalschwere $g_n = 9,80665 \text{ m} \cdot \text{s}^{-2}$ bezogen. Damit gilt:

$$z = \Phi / 9,80665 \tag{4.17}$$

Durch diese Vorgehensweise erhält man eine Größe mit der Dimension einer Länge. Sie wird als geopotenzielle Höhe z bezeichnet, und ihre Maßeinheit ist das geopotenzielle Meter (gpm). Die zahlenmäßige Übereinstimmung zwischen dem geometrischen und geopotenziellen Meter ist nahezu exakt. Es wird in der Praxis zum Zeichnen von Höhenwetterkarten (vgl. Abb. 4.2) verwendet, denn in einer Höhenwetterkarte wird nicht der Druck in einer bestimmten Höhe, sondern die Höhenlage einer bestimmten Druckfläche mittels Höhenschichtlinien (Isohypsen) dargestellt. Da gemäß barometrischer Höhenstufe 8 gpm einem Luftdruckunterschied von rund 1 hPa bei 0 °C entsprechen, zeichnet man in Anlehnung an die Bodenwetterkarte (Isobaren von 5 zu 5 hPa) die Isohypsen in einem Abstand von 40 gpm.

Die ausgezogenen Linien gleichen Geopotenzials in Abb. 4.2 sind in gpdam (geopotenzielle Dekameter) beschriftet, und geopotenzielle Minima und Maxima tragen die Bezeichnung T (Tief) und H (Hoch). Als Stationsmeldungen werden von oben nach unten gelesen und eingetragen die Lufttemperatur (°C), die geopotenzielle Höhe (gpdam) unter Fortlassung der ersten Ziffer 5 sowie der Taupunkt (°C). Des Weiteren enthält die Karte Windpfeile, die die Richtung und den Betrag der Windgeschwindigkeit in $\text{m} \cdot \text{s}^{-1}$ angeben.

4.1.4 Standardatmosphäre

Um die Einflüsse meteorologischer Parameter auf technische Prozesse, so den Flugverkehr, die Raketen- und Satellitentechnik oder auch die Ausbreitung von elektromagnetischen Wellen, abschätzen zu können, ist es hilfreich, die im Mittel auftretenden meteorologischen Strukturen und Elemente bis in große Höhen zu kennen. Deshalb werden Norm-, Standard- oder Referenzatmosphären benötigt (s. Tab. 4.1) und von verschiedenen Organisationen zur Verfügung gestellt. Als Vertikalkoordinate dient sowohl die geometrische Höhe z (m) als auch die geopotenzielle Höhe z (gpdam). Die wichtigsten Standardatmosphären sind die

- ICAO (*International Civil Aviation Organization*) Standardatmosphäre,
- US Standard Atmosphere und die
- CIRA bzw. COSPAR (*Committee on Space Research*) *International Reference Atmosphere*.

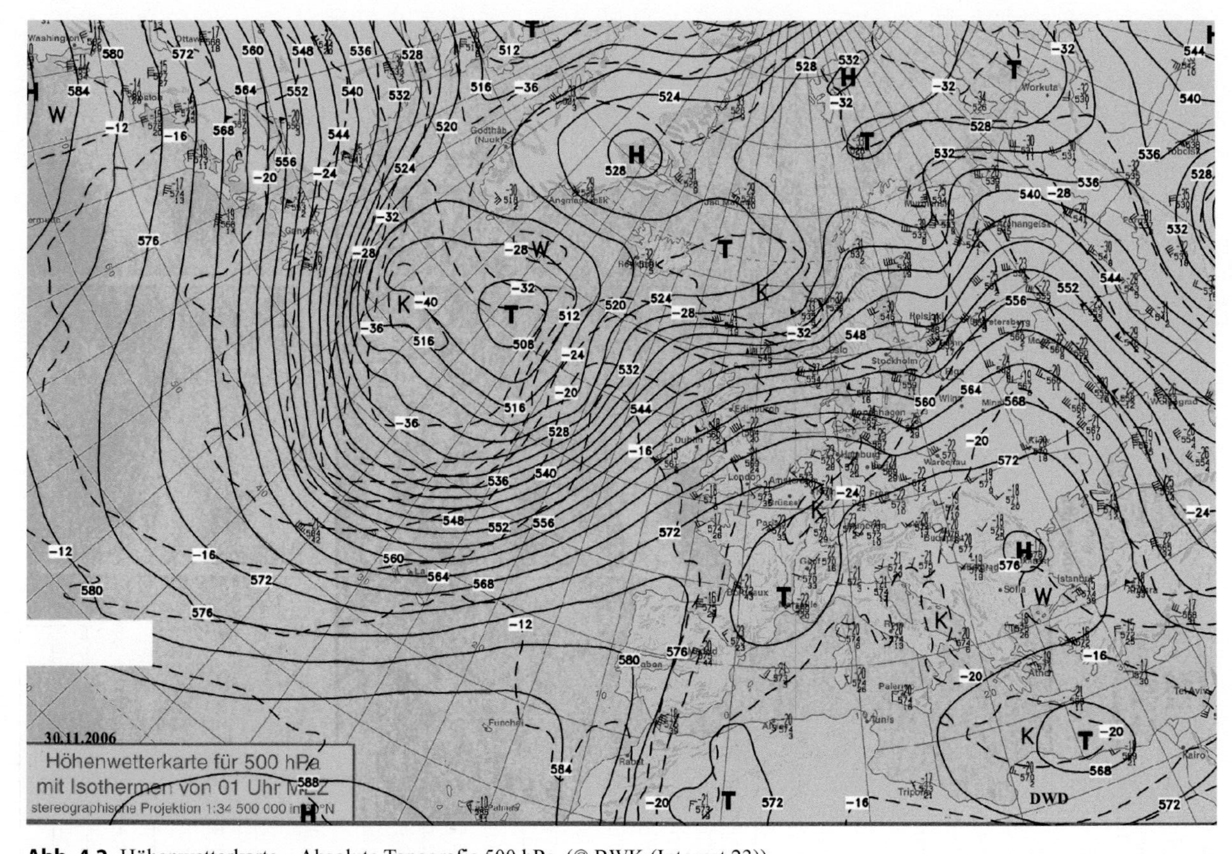

Abb. 4.2 Höhenwetterkarte – Absolute Topografie 500 hPa. (© BWK (Internet 23))

Tab. 4.1 Normatmosphäre für ausgewählte Höhenstufen. (Landolt-Börnstein 1988, Kraus 2001, Bergmann-Schaefer 2001 und Internet 24, ICAO Standard Atmosphäre bis 32 gpkm, U.S. Standard Atmosphäre bis 90 km), (siehe auch Internet 24)

Höhe (km)	Temperatur (°C)	Luftdruck (hPa)	Luftdichte ($kg \cdot m^{-3}$)	Teilchen-zahl (m^{-3})	Mittlere freie Weg-länge (m)	Stoßzahl (s^{-1})
90	– 88,64	$1{,}299 \cdot 10^{-3}$	$2{,}543 \cdot 10^{-9}$	$5{,}10 \cdot 10^{19}$	$3{,}31 \cdot 10^{-2}$	$1{,}11 \cdot 10^{4}$
85	– 92,50	$3{,}336 \cdot 10^{-3}$	$6{,}434 \cdot 10^{-9}$	$1{,}34 \cdot 10^{20}$	$1{,}26 \cdot 10^{-2}$	$2{,}88 \cdot 10^{4}$
80	– 74,51	$8{,}589 \cdot 10^{-3}$	$1{,}656 \cdot 10^{-8}$	$3{,}26 \cdot 10^{20}$	$5{,}18 \cdot 10^{-3}$	$7{,}41 \cdot 10^{4}$
75	– 76,50	$2{,}142 \cdot 10^{-2}$	$3{,}795 \cdot 10^{-8}$	$7{,}25 \cdot 10^{20}$	$2{,}33 \cdot 10^{-3}$	$1{,}77 \cdot 10^{5}$
70	– 56,50	$4{,}899 \cdot 10^{-2}$	$7{,}878 \cdot 10^{-8}$	$1{,}54 \cdot 10^{21}$	$1{,}09 \cdot 10^{-3}$	$3{,}86 \cdot 10^{5}$
65	– 36,50	$1{,}041 \cdot 10^{-1}$	$1{,}533 \cdot 10^{-7}$	$3{,}11 \cdot 10^{21}$	$5{,}44 \cdot 10^{-4}$	$7{,}56 \cdot 10^{5}$
60	– 18,50	$2{,}084 \cdot 10^{-1}$	$2{,}850 \cdot 10^{-7}$	$5{,}99 \cdot 10^{21}$	$2{,}82 \cdot 10^{-4}$	$1{,}50 \cdot 10^{6}$
55	– 8,50	$4{,}023 \cdot 10^{-1}$	$5{,}296 \cdot 10^{-7}$	$1{,}12 \cdot 10^{22}$	$1{,}51 \cdot 10^{-4}$	$2{,}87 \cdot 10^{6}$
50	– 2,50	0,8	0,001	$2{,}03 \cdot 10^{22}$	$8{,}31 \cdot 10^{-5}$	$5{,}35 \cdot 10^{6}$
45	– 8,10	1,431	0,002	$3{,}91 \cdot 10^{22}$	$4{,}32 \cdot 10^{-5}$	$1{,}02 \cdot 10^{7}$
40	– 22,10	2,775	0,004	$8{,}01 \cdot 10^{22}$	$2{,}11 \cdot 10^{-5}$	$2{,}03 \cdot 10^{7}$
35	– 36,10	5,589	0,008	$1{,}71 \cdot 10^{23}$	$9{,}89 \cdot 10^{-6}$	*$4{,}21 \cdot 10^{7}$*
32	– 44,50	8,680	0,013	$2{,}75 \cdot 10^{23}$	$6{,}14 \cdot 10^{-6}$	$6{,}65 \cdot 10^{7}$
30	– 46,50	11,72	0,018	$3{,}75 \cdot 10^{23}$	$4{,}51 \cdot 10^{-6}$	$9{,}02 \cdot 10^{7}$
25	– 51,50	25,11	0,039	$8{,}21 \cdot 10^{23}$	$2.06 \cdot 10^{-6}$	$1{,}96 \cdot 10^{8}$
20	– 56,50	54,75	0,088	$1{,}83 \cdot 10^{24}$	$9{,}23 \cdot 10^{-7}$	$4{,}31 \cdot 10^{8}$
19	– 56,50	64,10	0,103	$2{,}14 \cdot 10^{24}$	$7{,}88 \cdot 10^{-7}$	$5{,}05 \cdot 10^{8}$
18	– 56,50	75,05	0,121	$2{,}51 \cdot 10^{24}$	$6{,}73 \cdot 10^{-7}$	$5{,}91 \cdot 10^{8}$
17	– 56,50	87,87	0,141	$2{,}94 \cdot 10^{24}$	$5{,}75 \cdot 10^{-7}$	$6{,}92 \cdot 10^{8}$
16	– 56,50	102,87	0,165	$3{,}44 \cdot 10^{24}$	$4{,}91 \cdot 10^{-7}$	$8{,}10 \cdot 10^{8}$
15	– 56,50	120,45	0,194	$4{,}03 \cdot 10^{24}$	$4{,}20 \cdot 10^{-7}$	$9{,}49 \cdot 10^{8}$
14	– 56,50	141,02	0,227	$4{,}71 \cdot 10^{24}$	$3{,}58 \cdot 10^{-7}$	$1{,}11 \cdot 10^{9}$
13	– 56,50	165,10	0,266	$5{,}52 \cdot 10^{24}$	$3{,}06 \cdot 10^{-7}$	$1{,}30 \cdot 10^{9}$
12	– 56,50	193,30	0,311	$6{,}46 \cdot 10^{24}$	$2{,}61 \cdot 10^{-7}$	$1{,}52 \cdot 10^{9}$
11	– 56,50	226,32	0,369	$7{,}57 \cdot 10^{24}$	$2{,}23 \cdot 10^{-7}$	$1{,}78 \cdot 10^{9}$
10	– 50,00	264,36	0,413	$8{,}58 \cdot 10^{24}$	$1{,}97 \cdot 10^{-7}$	$2{,}05 \cdot 10^{9}$
9	– 43,50	307,42	0,466	$9{,}70 \cdot 10^{24}$	$1{,}74 \cdot 10^{-7}$	$2{,}35 \cdot 10^{9}$
8	– 37,00	356,00	0,525	$1{,}09 \cdot 10^{25}$	$1{,}55 \cdot 10^{-7}$	$2{,}69 \cdot 10^{9}$
7	– 30,50	410,61	0,590	$1{,}23 \cdot 10^{25}$	$1{,}38 \cdot 10^{-7}$	$3{,}06 \cdot 10^{9}$
6	– 24,00	471,81	0,660	$1{,}37 \cdot 10^{25}$	$1{,}23 \cdot 10^{-7}$	$3{,}46 \cdot 10^{9}$
5	– 17,50	540,20	0,736	$1{,}53 \cdot 10^{25}$	$1{,}10 \cdot 10^{-7}$	$3{,}92 \cdot 10^{9}$
4	– 11,00	616,40	0,819	$1{,}70 \cdot 10^{25}$	$9{,}92 \cdot 10^{-8}$	$4{,}41 \cdot 10^{9}$
3	– 4,50	701,09	0,909	$1{,}89 \cdot 10^{25}$	$8{,}94 \cdot 10^{-8}$	$4{,}96 \cdot 10^{9}$
2,5	– 1,25	746,82	0,957	$1{,}99 \cdot 10^{25}$	$8{,}49 \cdot 10^{-8}$	$5{,}25 \cdot 10^{9}$
2	2,00	794,95	1,007	$2{,}09 \cdot 10^{25}$	$8{,}07 \cdot 10^{-8}$	$5{,}56 \cdot 10^{9}$
1,5	5,25	845,56	1,058	$2{,}20 \cdot 10^{25}$	$7{,}68 \cdot 10^{-8}$	$5{,}87 \cdot 10^{9}$
1	8,50	898,74	1,112	$2{,}31 \cdot 10^{25}$	$7{,}31 \cdot 10^{-8}$	$6{,}21 \cdot 10^{9}$
0,5	11,75	954,61	1,168	$2{,}43 \cdot 10^{25}$	$6{,}96 \cdot 10^{-8}$	$6{,}56 \cdot 10^{9}$

Tab. 4.1 (Fortsetzung)

Höhe (km)	Temperatur (°C)	Luftdruck (hPa)	Luftdichte ($kg \cdot m^{-3}$)	Teilchenzahl (m^{-3})	Mittlere freie Weglänge (m)	Stoßzahl (s^{-1})
0	15,00	1013,25	1,225	$2,55 \cdot 10^{25}$	$6,63 \cdot 10^{-8}$	$6,92 \cdot 10^{9}$
– 0,1	15,65	1025,32	1,237	$2,57 \cdot 10^{25}$	$6,57 \cdot 10^{-8}$	$6,99 \cdot 10^{9}$
– 0,2	16,30	1037,51	1,249	$2,60 \cdot 10^{25}$	$6,51 \cdot 10^{-8}$	$7,07 \cdot 10^{9}$
– 0,3	16,95	1049,81	*1,261*	$2,62 \cdot 10^{25}$	$6,45 \cdot 10^{8}$	$7,14 \cdot 10^{9}$

Die ICAO *Standard Atmosphäre* repräsentiert die mittleren jährlichen Bedingungen der gemäßigten Breiten und wurde zwischen 1964 und 1966 eingeführt. Sie ist für eine Höhe bis 32 gpkm definiert und bezüglich des vertikalen Temperaturverlaufs in eine Troposphäre und Stratosphäre unterteilt, wobei Letztere aus einer isothermen Schicht sowie einer Inversionsschicht besteht. Für sie gelten folgende geometrische und thermodynamische Daten:

Troposphäre:

$$0 = z = 11 \text{ gpkm}, \ \gamma = -6,5 \text{ K} \cdot \text{gpkm}^{-1}$$

$$T_0 = 288,15 \text{ K}, \ p_0 = 1013,25 \text{ hPa}, \ \rho_0 = 1,225 \text{ kg} \cdot \text{m}^{-3}$$

Stratosphäre: isotherme Schicht

$$11 = z = 20 \text{ gpkm}, \ \gamma = 0 \text{ K} \cdot \text{gpkm}^{-1}$$

$$T_{11} = 216,65 \text{ K}, \ p_{11} = 226,32 \text{ hPa}, \ \rho_{11} = 0,364 \text{ kg} \cdot \text{m}^{-3}$$

Inversionsschicht

$$20 = z = 32 \text{ gpkm}, \ g = 1 \text{ K} \cdot \text{gpkm}^{-1}$$

$$T_{20} = 216,65 \text{ K}, \ p_{20} = 54,75 \text{ hPa}, \ \rho_{20} = 0,088 \text{ kg} \cdot \text{m}^{-3}$$

$$T_{32} = 228,65 \text{ K}, \ p_{32} = 8,68 \text{ hPa}, \ \rho_{32} = 0,013 \text{ kg} \cdot \text{m}^{-3}$$

Durch die COESA (*Committee on Extension to Standard Atmosphere*) wurde die US Standard Atmosphäre 1976 in einer neuen Version bereitgestellt und bis 1000 geometrische Kilometer erweitert. Unterhalb 32 km ist sie mit der ICAO Standardatmosphäre nahezu identisch, da der relative Fehler zwischen der geometrischen und geopotenziellen Höhe weniger als 1 Promille beträgt. Sie gilt für eine idealisierte und absolut trockene Atmosphäre mit moderater Sonnenaktivität.

Die internationale Referenzatmosphäre CIRA bzw. COSPAR beschreibt die Struktur der Atmosphäre zwischen 25 und 2000 km Höhe. Neben Angaben zum Wind enthält sie auch verschiedene meteorologische Parameter in Abhängigkeit von der Jahreszeit, der geografischen Breite und der Sonnenaktivität (s. Internet 24).

Aus Tab. 4.2 lassen sich die in der Meteorologie gebräuchlichen Standardisobarflächen ableiten, die für die Wetterprognose und den Luftverkehr genutzt und täglich berechnet werden.

Tab. 4.2 Standardisobarflächen in der Meteorologie

Isobarfläche (hPa)	Mittlere Höhenlage (km)	Funktion
1000	0,0	
850	1,5	Temperaturprognose
700	3,0	Feuchteverteilung
500	5,5	Steuerungsniveau
300	9,0	Maximalwindniveau
200	12,0	Subtropenjet
100	16,0	Überschallverkehr
50	20,0	Stratosphärischer Ostwind
25	25,0	
10	30,0	
1	50,0	

Tab. 4.3 Druck-Masse-Verhältnis in der Erdatmosphäre

Höhe (km)	Luftdruck (hPa)	Atmosphärenmasse (%)
5,5	500	50,0
10,0	250	75,0
16,0	100	90,0
20,0	50	95,0
30,0	10	99,0
50,0	1	99,9

Tab. 4.4 Druckabhängigkeit der mittleren freien Weglänge

	Grobvakuum	Vorvakuum	Hochvakuum	UHV
Druck (Pa)	$10^5 - 10^2$	$10^2 - 10^{-1}$	$10^{-1} - 10^{-5}$	$< 10^{-5}$
Teilchen (cm^{-3})	$10^{19} - 10^{16}$	$10^{16} - 10^{13}$	$10^{13} - 10^9$	$< 10^9$
mittlere freie Weglänge (cm)	$10^{-5} - 10^{-2}$	$10^{-2} - 10^1$	$10^1 - 10^5$	$> 10^5$
Höhe (gpkm)	0,5 – 45	45 – 85	85 – 100	> 200

Nach Tab. 4.3 konzentriert sich rund 99,9 % der gesamten Atmosphärenmasse in einem Höhenintervall bis 50 km, sodass sich die größte Anzahl der Luftmoleküle nahe der Erdoberfläche befindet, weshalb die Atmosphärenmasse und damit der Luftdruck sehr rasch mit der Höhe abnehmen. Damit gleicht sie oberhalb 45 km Höhe einem Vorvakuum und zwischen 85 und 150 km einem Hochvakuum (s. Tab. 4.4). Ab 200 km ist unsere Atmosphäre ein Ultrahochvakuum (UHV).

4.1.5 Luftdruckverteilung auf Meeresniveau

Um die an verschiedenen Orten gemessenen Luftdruckwerte vergleichen zu können, reduziert man sie auf Meeresniveau, wobei eine Temperatur-, Schwere- und Höhenkorrektur erfolgt, und trägt sie in eine Bodenwetterkarte (vgl. Abb. 4.3) ein, die damit die Druckverteilung auf einer Niveaufläche mit dem Geopotenzial $\Phi = 0$ repräsentiert.

Abb. 4.3 Bodenwetterkarte. (© BWK (Internet 23))

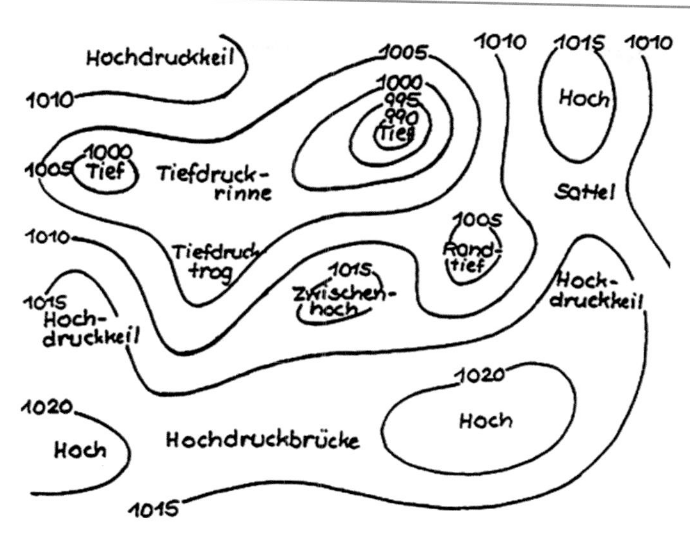

Abb. 4.4 Isobarenkonfigurationen in einer Bodenwetterkarte

Eine Bodenwetterkarte enthält ausgezogene Linien gleichen Luftdrucks (Isobaren), die in hPa beschriftet sind, sowie die barometrischen Minima und Maxima mit der Bezeichnung T (Tief) und H (Hoch). Die Stationsmeldungen entsprechen dem Eintragungsschema nach dem Schlüssel FM12 SYNOP (s. Anhang 1). Kalt und Warmfronten sowie Okklusionen haben die übliche Symbolik, die im Anhang erläutert wird.

4.1.5.1 Isobarenformen

Um ein Bild der Luftdruckverteilung im Meeresniveau zu erhalten, zeichnet man Linien gleichen Luftdrucks (p = const.), d. h. Isobaren (griech. isos = gleich; barys = schwer). Ihr Abstand wird von 5 zu 5 hPa gewählt, in England, den USA und Kanada beträgt er 4 hPa. Durch die räumliche und zeitliche Schwankung des Luftdruckfeldes ergeben sich charakteristische Isobarenformen, so Tief- und Hochdruckgebiete, Tiefdrucktröge und Hochdruckkeile sowie Tiefdruckrinnen und Hochdruckbrücken, die in schematisierter Form in Abb. 4.4 dargestellt sind:

Tiefdruckgebiete Tiefdruckgebiete oder Depressionen sind zyklonal (Nordhalbkugel) oder antizyklonal (Südhalbkugel) rotierende Wirbel mit einem abgeschlossenen Zentrum tiefsten Luftdrucks, dem barometrischen Minimum. Wegen ihrer Rotationsrichtung werden sie auch als Zyklonen bezeichnet.

Oft repräsentiert eine Zyklone ein großräumiges System zahlreicher konzentrischer Isobaren, in dessen Innern der Luftdruck bis auf 950 hPa, vereinzelt auf 920 hPa absinkt; manchmal besteht sie nur aus einer einzigen geschlossenen Isobare. Gelegentlich verrät sie sich allein durch eine Ausbuchtung einer oder mehrerer

Isobaren am Rande einer tieferen und umfangreicheren Zyklone. Solche Randzyklonen nennt man auch „sekundäre Zyklonen".

Aufgrund ihrer Entstehung unterscheidet man zwischen thermischen Tiefs (Hitzetiefs) und dynamischen Tiefs. Im ersteren Fall treten in der oberen Troposphäre relativ hohe Druckwerte auf, im Letzteren ist ein kalter Wirbel sowohl am Boden als auch in der Höhe vorhanden.

Hyperzyklone Tiefdruckgebiet mit einem Kerndruck kleiner als 950 hPa.

Randtief Tief, bei dem sich im Gebiet zwischen der innersten und der nächsthöheren Isobare mindestens ein weiteres Tiefdruckzentrum mit niedrigerem Kerndruck befindet.

Tiefdruckrinne Sie repräsentiert eine schmale Zone tiefen Druckes, die zwei Tiefdruckgebiete mit einander verbindet.

Tiefausläufer Ein Tiefausläufer stellt eine Ausbuchtung tiefen Luftdrucks dar, so z. B. im Bereich des Isobarenknicks an den Fronten.

Tiefdrucktrog Ein Trog entspricht dem Gebiet der stärksten zyklonalen Isobarenkrümmung auf der West- bis Südseite eines Tiefs. Dort herrscht bei Konvergenz meist instabile Schichtung und starke Schauertätigkeit, eine Konvergenzlinie bildet sich jedoch erst im abgeschwächten Spätstadium aus.

Hochdruckgebiete Hochdruckgebiete werden auch als Antizyklonen bezeichnet und sind Gebilde mit einem deutlich ausgeprägten Kern hohen Luftdrucks, auch Maximum genannt. Sie rotieren auf der Nordhalbkugel rechts-, auf der Südhalbkugel linksherum. Man unterscheidet zwischen thermischen Hochs, die kalten und meist nur am Boden ausgeprägten Druckzentren entsprechen und sehr langsam ziehen, und dynamischen Hochs, die bis in die obere Troposphäre reichen und sich rasch verlagern.

Hochdruckkeil Ein Hochdruckkeil entspricht einer Ausbuchtung hohen Druckes, d. h. dem Ausläufer eines Hochs. Oftmals wird er durch eine Front von der Antizyklone getrennt, so dass er meist einer anderen Luftmasse als diese angehört.

Hochdruckbrücke oder Hochdruckrücken Eine Hochdruckbrücke stellt eine schmale Zone hohen Druckes dar, die zwei Hochdruckgebiete miteinander verbindet.

Sattelpunkt Als Sattelpunkt bezeichnet man einen hyperbolischen Punkt, d. h. ein Ort tiefsten bzw. höchsten Luftdrucks zwischen vier schachbrettförmig angeordneten Hoch- und Tiefdruckgebieten. Eine solche Duckkonfiguration wird auch Vierdruckfeld genannt.

In einer Bodenwetterkarte werden in der Regel nur meso- und makroskalige Druckgebilde dargestellt (vgl. Tafel 4.2), kleinskalige Phänomene wie Tromben oder auch Gewitter müssen den aktuellen Wettermeldungen entnommen werden.

Tafel 4.2 Größenordnung barischer Systeme

Antizyklone	500–5000 km
Antizyklone, Wellenstöung	500 km
Frontalzyklone, okkludiert	1500–3000 km
tropischer Orkan	200–500 km
Trombe	0,01–1 km

4.1.6 Barische Systeme der freien Atmosphäre

Die Hoch- und Tiefdruckgebiete der gemäßigten Breiten, die in der Bodenwetterkarte meist geschlossene Isobarenformen aufweisen, gehen mit zunehmender Höhe in die so genannten planetarischen Wellen der freien Atmosphäre über, die eine charakteristische Wellenlänge von ≥ 5000 km besitzen. Zu ihrer Benennung wird stets das Wort „Höhe" vorangesetzt. Man unterscheidet folgende Konfigurationen:

Höhenhoch, Höhentief Beide Gebilde entsprechen nur in der freien Atmosphäre vorhandenen Hoch- bzw. Tiefdruckgebieten.

Höhenhochkeil Ein Höhenhochkeil ist ein nur in höheren Luftschichten vorhandener Keil, der in der oberen Troposphäre durch Warmluft gebildet wird, in der unteren Stratosphäre jedoch relativ niedrige Temperaturen aufweist.

Höhentrog Unter einem Höhentrog versteht man einen in höheren Luftschichten durch troposphärische Kaltluft erzeugten Tiefausläufer.

Kaltlufttropfen Ein Kaltlufttropfen ist ein kaltes Höhentief, das sich am Boden höchstens durch eine geringe zyklonale Ausbuchtung der Bodenisobaren bemerkbar macht.

Kältepol Der Kältepol stellt ein kaltes zyklonales Zirkulationssystem mit Temperaturen unter − 30 °C im 500 hPaNiveau im Sommer und unter − 40 °C im Winter dar.

4.1.7 Globale Druckverteilung auf Meeresniveau

Um den Luftdruck auf Meeresniveau zu erhalten, muss er mithilfe der barometrischen Höhenformel auf NN (Normalnull) reduziert werden, ansonsten würde eine Reliefkarte mit Höhenschichtlinien entstehen. Man konstruiert in der Regel keine aktuellen, sondern Karten der mittleren Druckverteilung (vgl. Abb. 4.5 und 4.6).

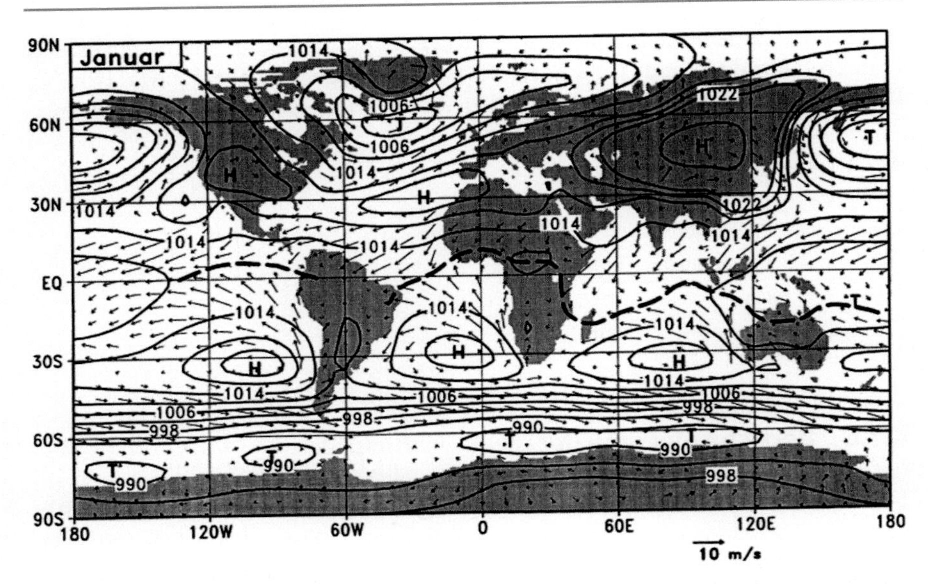

Abb. 4.5 Mittlere globale Luftdruckverteilung im Meeresniveau im Januar. (© Kraus (2001))

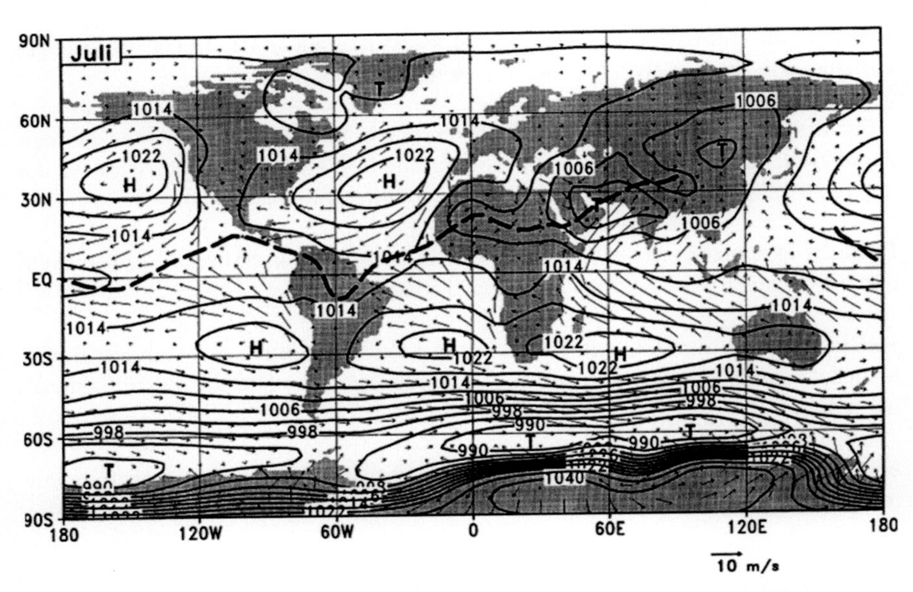

Abb. 4.6 Mittlere globale Luftdruckverteilung im Meeresniveau im Juli. (© Kraus (2001))

Wenn wir die beiden Abbildungen betrachten, dann zeigt sich deutlich eine Abhängigkeit der mittleren Druckverteilung von der geografischen Breite, die besonders gut auf der Südhalbkugel zu erkennen ist, wo es relativ wenig Störungen durch die Anordnung von Land- und Wasseroberflächen gibt. Auf der Nordhalbkugel bedingen die geografischen Gegebenheiten dagegen deutliche Effekte mit hohen (tiefen) Druckwerten im Winter (Sommer) über den Kontinenten. Die dick gestrichelte Linie entspricht der mittleren Lage des thermischen Äquators.

4.1.8 Zeitliche Variation des Luftdrucks

Neben unregelmäßigen Schwankungen des Druckfeldes bei veränderlichem Wetter tritt eine tägliche Doppelwelle des Luftdrucks bei einer ungestörten Wetterlage auf, die auf dem Tagesgang der Temperatur in Verknüpfung mit einer Resonanzschwingung der Atmosphäre beruht. Die lokalen barometrischen Maxima werden um 10 und 22 LT (*Local Time*), die Minima um 04 und 16 LT beobachtet. Am besten ist die tägliche Druckvariation in den Tropen ausgeprägt, wo die Amplitude der Tagesschwankung 3–4 hPa beträgt, während in den mittleren Breiten die Schwankung weniger als 1 hPa ausmacht und nur bei störungsfreien Wetterlagen beobachtet werden kann.

Besonders starke Druckänderungen treten in Verbindung mit tropischen Wirbelstürmen auf. Der tiefste jemals beobachtete Druckwert betrug 856 hPa in einem Taifun bei Okinawa und genauer dokumentiert 870 hPa im Auge des Taifuns Tip am 12.10.1979 über dem Pazifik. Der höchste Luftdruckwert wurde dagegen mit 1083,8 hPa über der Agathasee (Sibirien) am 31.12.1968 registriert. In den mittleren Breiten sind die Druckschwankungen geringer und besitzen eine Schwankungsbreite zwischen 930 und 1060 hPa im Winter sowie 970 und 1040 hPa im Sommer. Als extreme Luftdruckwerte gelten gemäß Hupfer 2006 für Deutschland 1057,8 hPa (gemessen am 23.01.1907 in Berlin) und 949,5 hPa (registriert am 26.02.1989 in Osnabrück).

Die Druckschwankungen werden mittels Barogramm aufgezeichnet und betragen von Tag zu Tag im Mittel ca. 10 hPa im Winter und 5 hPa im Sommer, können jedoch maximal 50 hPa erreichen, während die 3stündigen Drucktendenzen eher klein sind (1 bis 3 hPa), sodass Tendenzen > 10 hPa auf die Entwicklung eines schweren Sturmes hindeuten. Die bisher beobachtete stärkste Falltendenz betrug 27,7 hPa in Verbindung mit dem Sturmtief Lothar, das am 26.12.1999 von Frankreich kommend über Süddeutschland ostwärts zog (s. Abb. 4.7).

Ein Barogramm anderer Art zeigt Abb. 4.8, nämlich die Luftdruckänderung auf einer Seereise von Auckland (Neuseeland) über Tahiti nach Oakland (USA) in der Zeit vom 13. bis 27.09.2004. Zu Fahrtbeginn herrschte tiefer Druck (um 1006 hPa) in Verbindung mit einer Zyklone südlich von Neuseeland vor. Danach begann der Luftdruck kontinuierlich zu steigen, da sich zwei schwach ausgeprägte Hochdruckgebiete nördlich Neuseelands manifestiert hatten, während auf der Weiterreise nach Tahiti infolge der größer werdenden Entfernung zu den Hochs der Luftdruck wieder sank. Bei 8° südlicher Breite befand sich die südliche und bei 8° nördlicher Breite

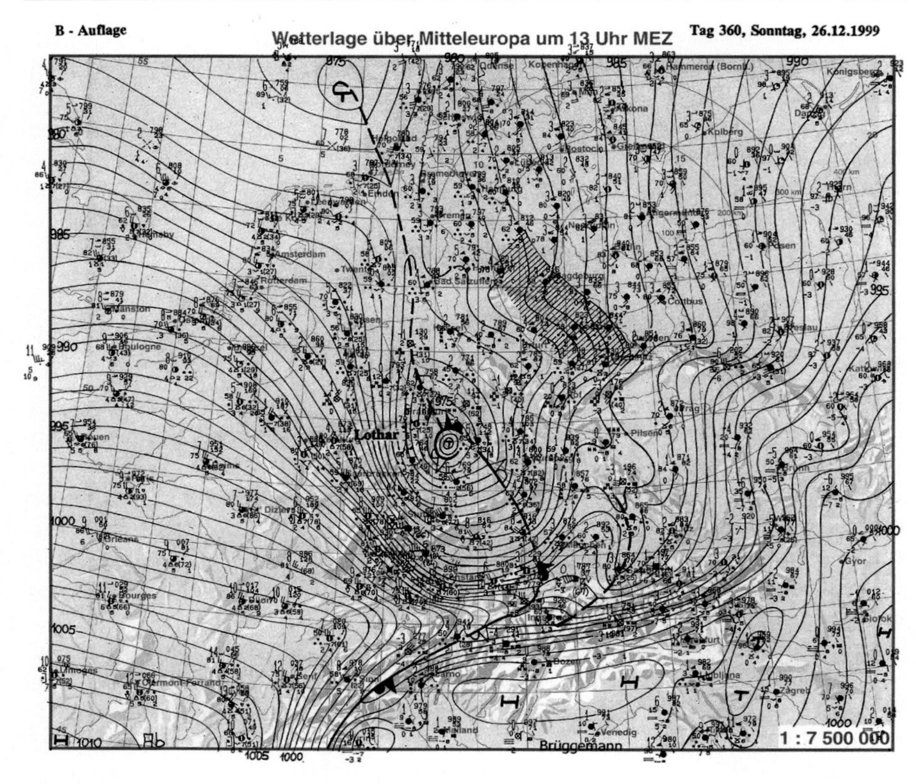

Abb. 4.7 Sturmtief Lothar am 26.12.1999. (© BWK (Internet 23))

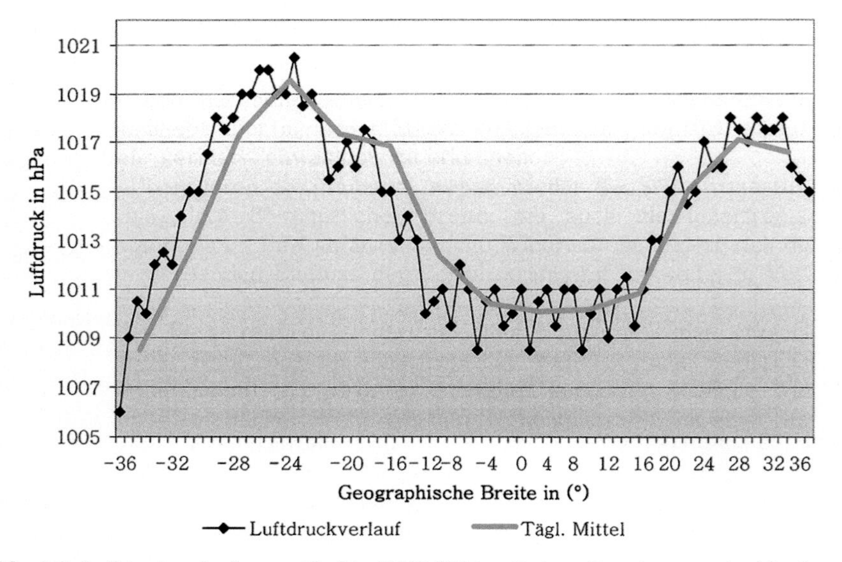

Abb. 4.8 Luftdruckverlauf vom 13. bis 27.09.2004 auf einer Seereise von Auckland nach Oakland. (© Werner 2005)

die nördliche ITCZ, sodass etwa bis 15° N die ausgeprägten täglichen Schwankungen des Luftdrucks anhielten. Bedingt durch Hochdruckeinfluss begann mit Annäherung an die kalifornische Küste der Luftdruck wieder zu steigen.

4.1.8.1 Die Luftdruckmessung

Der Luftdruck wird mit einem Barometer gemessen, wobei sich in der Meteorologie Gefäß- und Aneroidbarometer durchgesetzt haben. Zu Vergleichszwecken werden auch Siedepunktbarometer benutzt.

Das Gefäßbarometer Das Gefäßbarometer ist ein Flüssigkeitsbarometer, wobei als Flüssigkeit seiner hohen Dichte und seines geringen Dampfdruckes wegen seit Torricelli Quecksilber (Hg) verwendet wird, da eine Quecksilbersäule von 760 mm Länge dem Luftdruck das Gleichgewicht halten kann.

Bei einem Gefäßbarometer, dem das Stationsbarometer (s. Abb. 4.9) zuzuordnen ist, befindet sich das untere Quecksilberniveau in einem Eisengefäß, während das obere Niveau einem zugeschmolzenen Glasrohr von etwa 1 m Länge entspricht, dessen oberer Abschluss evakuiert ist. Die Niveaudifferenz der beiden Quecksilbersäulen wird als Barometerstand b abgelesen und repräsentiert den Luftdruck p, der durch eine Öffnung im Gefäßdeckel auf das untere Quecksilberniveau wirkt und damit die Höhe im Glasrohr reguliert.

Beim Stationsbarometer ist der Ablesemaßstab fest angebracht und kann nur im oberen Quecksilberniveau abgelesen werden. Das Heben und Senken des unteren Niveaus beim Fallen oder Steigen des Luftdrucks ist in der Skaleneinteilung rechnerisch eingearbeitet. Die Skaleneinteilung erfolgt nicht in geometrischen Millimetern und heißt reduzierte Barometerskala.

Ein Barometer sollte senkrecht hängen, um Parallaxefehler zu vermeiden. Man liest nach der Einstellung des Nonius die Höhe der Quecksilbersäule im Barometerrohr am höchsten Punkt des konvexen Meniskus ab. Die Messgenauigkeit beträgt etwa ± 0,2 hPa.

Quecksilberbarometer haben noch ein Beithermometer, dessen Temperatur mit der Temperatur des Quecksilbers übereinstimmen muss. Es dient zur Korrektur der Länge der Quecksilbersäule. Da Quecksilber einen relativ hohen Ausdehnungskoeffizienten besitzt, liest man zuerst die Temperatur und anschließend den Barometerstand ab.

Der Zusammenhang zwischen dem Druck p und der Länge b der Quecksilbersäule bei einer bestimmten Temperatur t kann aus der hydrostatischen Grundgleichung abgeleitet werden, wenn man hierin anstelle der Dichte der Luft diejenige des Quecksilbers ρ_{Hg} einsetzt, sodass

$$p = \rho_{Hg} \cdot g \cdot b \quad \text{bzw.} \quad b = p/(\rho_{Hg} \cdot g) = \frac{101325}{13\,595{,}1 \cdot 9{,}81} = 0{,}760 \text{ mHg} \qquad (4.18)$$

gilt ($\rho_{Hg} = 13\,594 \text{ kg} \cdot \text{m}^{-3}$, $g_n = 9{,}81 \text{ m} \cdot \text{s}^{-2}$, $p_0 = 101325$ Pa). Das negative Vorzeichen verschwindet hier, da mit steigendem Luftdruck die Quecksilbersäule länger

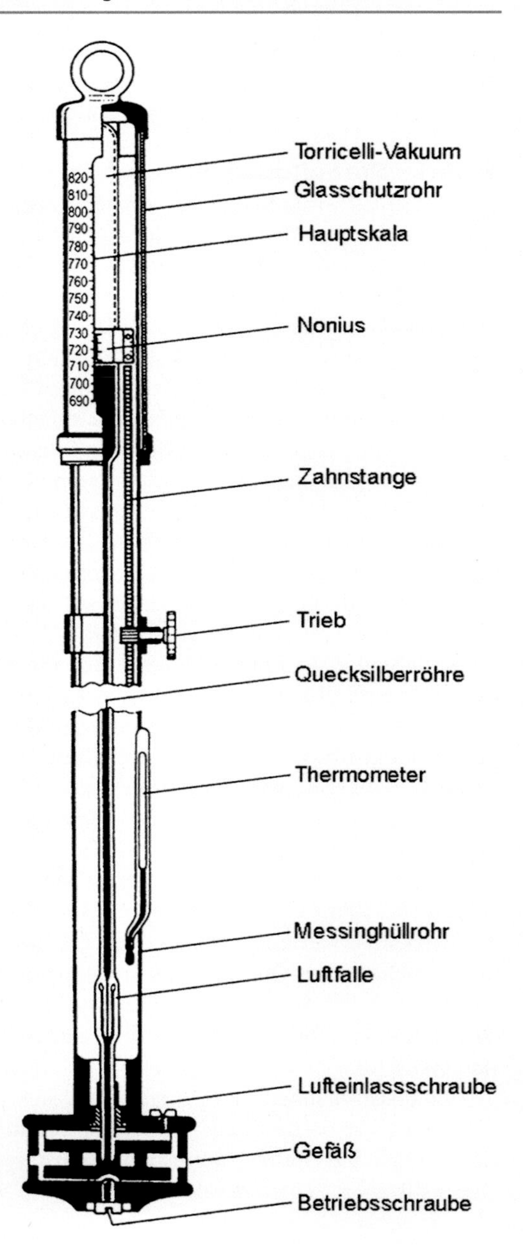

Abb. 4.9 Stationsbarometer. (© DWD)

wird und 0,760 mHg bzw. 760 mmHg gleich 760 hPa (früher 760 Torr) entsprechen. Durch weitere Umrechnungen erhält man für 1 Torr = 101325/760 hPa = 4/3 h Pa. Erforderliche Korrekturen nach der Ablesung sind eine

- Temperaturkorrektur
- Schwerekorrektur
- Instrumentenkorrektur.

Die Länge der Quecksilbersäule wird ebenso wie die Länge des Maßstabes der Messskala außer vom Luftdruck noch von der Temperatur des Messgerätes beeinflusst, sodass eine Temperaturkorrektur erforderlich ist. Von der WMO wurde 1955 als Bezugstemperatur t = 0 °C festgelegt. Der Korrekturfaktor $C_{t0} = (-\alpha \cdot t + \beta \cdot t)b$ hängt von folgenden Größen ab

α: kubischer Ausdehnungskoeffizient des Quecksilbers: $1{,}82 \cdot 10^{-4}\ K^{-1}$,
ß: linearer Ausdehnungskoeffizient der Messingskala: $1{,}88 \cdot 10^{-5}\ K^{-1}$,
t: abgelesene Temperatur am Beithermometer (°C),
b: abgelesener Barometerstand (mmHg oder hPa),

sodass gilt:

$$C_{t0} = -(0{,}000182 - 0{,}000019)t \cdot b = -0{,}000163\ t \cdot b\ (\text{hPa}).$$

Schwerekorrektur Da die Schwerkraft eine Funktion der geografischen Breite sowie der Höhe ist, muss eine Korrektur auf Normalschwere g_{45} sowie auf Meeresniveau NN erfolgen. Der Korrekturfaktor $C_{g45,NN}$ kann für jeden Ort der Erde gemäß der nachstehenden Beziehung bestimmt werden:

$$C_{g45,NN} = (-0{,}0026\ \cos 2\varphi - 0{,}0000002\ H) \cdot b^*\ (\text{hPa})$$

Die verwendeten Symbole sind:

φ: geografische Breite des Beobachtungsortes
H: Seehöhe NN am Barometergefäß
b*: Barometerstand bei 0 °C

Zur Berechnung des Luftdruckes an einer entsprechenden Station gilt damit

$$p = b + C_i + C_{t0} + C_{g45,\,NN}\ (\text{hPa}),$$

wobei C_i eine in der Regel erforderliche Instrumentenkorrektur ist.

Tab. 4.5 Temperatur des Wasserdampfes über siedendem Wasser

Luftdruck (hPa)	Temperatur des Wasserdampfes (°C)
960	98,49
980	99,07
1000	99,63
1020	100,18
1040	100,73
1060	101,27

Aneroidbarometer Ein elastisches, gut evakuiertes System (Metalldose) wird durch den äußeren Luftdruck so lange deformiert, bis seine elastischen Widerstände ihm das Gleichgewicht halten. Bei jeder Luftdruckänderung tritt eine neue Gleichgewichtslage ein, wobei eine elastische Metallfeder verhindert, dass die Dose durch den Luftdruck gänzlich zusammengedrückt wird. Bereits 1702 erwähnte Leibnitz ein solches System, das erst etwa 150 Jahre später durch Vidie seine technische Verwirklichung fand.

Ein Aneroid besteht aus einem teil- oder ganzevakuierten Zylinder (Legierung aus Kupfer und Beryllium) von etwa 10 mm Höhe. Die beiden Kreisflächen sind die elastischen voll ausgebildeten Funktionsteile, während das Verbindungsteil steif ist. Es haben sich Aneroide von 52 bis 62 mm Durchmesser eingebürgert. Die zu erreichende Deformation beträgt etwa $3 \cdot 10^{-3}$ mm pro hPa je Dose. Zur Erhöhung des Betrages setzt man bis zu 10 Dosen zusammen, wenn die zu messende Druckänderung über einen Messbereich bis 100 mbar vorgesehen ist. Die bei einer Luftdruckänderung eintretende Deformation wird über mechanische Einrichtungen (Zeiger oder Registriereinrichtungen) vergrößert sichtbar gemacht. Da die Längenänderung eines Aneroiden infolge Temperaturschwankungen bereits vom Hersteller mit geeigneten Methoden (Bimetall) unterdrückt wird, ist keine Temperaturkorrektur erforderlich. Auch eine Schwerekorrektur entfällt. Ein Aneroidbarometer muss stets mittels eines Quecksilberbarometers geeicht werden.

Siedebarometer oder Hypsometer Wasser siedet, wenn der Sättigungsdampfdruck des Wasserdampfes, der allein von der Temperatur abhängt, gleich dem herrschenden Luftdruck ist. Misst man deshalb die Temperatur des Dampfes über siedendem Wasser, lässt sich folglich der Luftdruck bestimmen. Allerdings ist eine Temperaturablesung auf 0,003 K erforderlich, um den Luftdruck auf 0,1 hPa genau zu erhalten. In Tab. 4.5 sind einige Temperaturen von siedendem Wasser in Abhängigkeit vom Luftdruck angegeben.

4.1.9 Übungen

Aufgabe 1

(i) Der Mount Everest ist gegenwärtig 8848 m hoch. Welchen Luftdruck messen wir auf seinem Gipfel, wenn eine Schichtmitteltemperatur von − 11 °C angenommen wird?
(ii) Wie viel Meter müssen wir vom Gipfel absteigen, um uns bei einem Luftdruck von 500 hPa wieder ohne Sauerstoffmaske bewegen zu können?
(iii) Skizzieren Sie die Höhenlage der 870 hPa-Fläche für die Standardatmosphäre sowie für eine Atmosphäre, die 15 °C wärmer bzw. kälter als diese ist.
(iv) Worin besteht der Unterschied zwischen einer Boden- und Höhenwetterkarte?

Aufgabe 2 Der tiefste Punkt des Toten Meeres liegt 748 m unter NN. Gegenwärtig ist der Wasserspiegel auf etwa 400 m unter NN abgesunken, und in 30 Jahren wird das Meer ausgetrocknet sein.

(i) Wie groß ist der Luftdruck in der Höhe des heutigen Wasserspiegels und am tiefsten Punkt nach der Austrocknung, wenn $p_o = 1043$ hPa und $t = 35$ °C betragen?
(ii) Wie hoch ist der Gesamtdruck gegenwärtig am tiefsten Punkt des Toten Meeres?
(iii) Wie tief müsste eine ausgetrocknete Meeresstelle liegen, wenn der Druck $2p_o$ betragen soll?

Aufgabe 3

(i) Welcher Luftdruck herrscht auf der Bahn eines polumlaufenden Wettersatelliten in 850 km Höhe, wenn man vom Standardwert des Luftdrucks am Boden ausgeht? Wie groß sind die Luftdruckwerte in der Höhe eines geostationären Satelliten?
(ii) Eine Wassersäule von 10 m Höhe übt einen Druck von 1 atm aus. Die größte Meerestiefe im Indischen Ozean tritt im Bereich des Sundagrabens mit $z = 7450$ m auf. Berechnen Sie den hier herrschenden Druck.
(iii) Während des Sumatra-Andaman-Bebens entwickelte sich in diesem Tiefenbereich ein Tsunami, der große Verwüstungen am 2. Weihnachtsfeiertag 2004 anrichtete. Berechnen Sie seine Geschwindigkeit, wenn gilt: $v = \sqrt{g \cdot z}$.
(iv) Ein Wetterballon wird am Boden bei 1015 hPa und $t = 20$ °C mit 2 m^3 Ballongas gefüllt. Der Ballon steigt bis in eine Höhe von 35 km, wo er in der Regel platzt. Berechnen Sie das Ballonvolumen in dieser Höhe und darüber hinaus für eine Ozonsondierung (bis 50 km Höhe) der Atmosphäre (nutzen Sie die Normalatmosphäre nach Tab. 4.1).

Aufgabe 4 Interpretieren Sie in verbaler Form eine aktuelle Boden- und Höhenwetterkarte!

Aufgabe 5 Lesen Sie das Stationsbarometer ab, und führen Sie eine Reduktion des Luftdrucks auf Meeresniveau durch. Vergleichen Sie den berechneten Druckwert mit dem elektronisch gemessenen Wert.

Stationsbarometer:	FUESS Nr.?
Instrumentenkorrektur:	C_i = ?
Breite	Φ = 53° 14,6’
	N =
	H =
Abgelesene Größen:	t =
	b =
Berechnete Größen:	C_{t0} =
	$C_{g45,NN}$ =
	Korr.
	p = (hPa)

4.1.10 Lösungen

Aufgabe 1

(i) $\overline{T} = -11°C = 262{,}15\,K, \quad R = 287\,m^2 \cdot s^{-2} \cdot K^{-1}, \quad p_0 = 1013{,}25\ hPa$

$$p = p_0 \exp(-gz/RT) = 1013{,}25 \exp((-9{,}81 \cdot 8848)/(287 \cdot 262{,}15))$$
$$= 1013{,}25 \exp(-1{,}153672) = 319{,}7\ hPa$$

(ii) $$z = (RT/g)\ln(p_0/p) = \frac{287.262{,}15}{9{,}81} \cdot \ln\left(\frac{319{,}7}{500}\right)\left(\frac{m^2 \cdot s^2 \cdot K^{-1} \cdot K}{m \cdot s^2}\right) = 3430\ m$$

(iii) $$z = (RT/g)\ln(p_0/p) = \frac{287 \cdot 273{,}15}{9{,}81} \cdot 0{,}152425\left(\frac{m^2 \cdot s^2 \cdot K^{-1} \cdot K}{m \cdot s^2}\right)$$
$$= 1218\ m \quad \text{(normal)}$$

$$z = (RT/g)\ln(p_0/p) = \frac{287 \cdot 258{,}15}{9{,}81} \cdot 0{,}152425\left(\frac{m^2 \cdot s^2 \cdot K^{-1} \cdot K}{m \cdot s^2}\right)$$
$$= 1151\ m \quad \text{(kälter)}$$

$$z = (RT/g)\ln(p_0/p) = \frac{287 \cdot 288{,}15}{9{,}81} \cdot 0{,}152425\left(\frac{m^2 \cdot s^2 \cdot K^{-1} \cdot K}{m \cdot s^2}\right)$$
$$= 1285\ m \quad \text{(wärmer)}$$

(iv) Eine Bodenwetterkarte zeigt die Luftdruckverteilung auf Meeresniveau, während eine Höhenwetterkarte die Höhenlage einer ausgewählten Druckfläche demonstriert.

Aufgabe 2

(i) $p(-400\ \text{m}) = 1043 \exp\left(\frac{9{,}81 \cdot 400}{287 \cdot 308{,}15}\right) = 1043 \cdot 1{,}0454 = 1090{,}32\ \text{hPa}$

$p(-742\ \text{m}) = 1043 \cdot e^{0{,}082} = 1043 \cdot 1{,}0855 = 1132{,}13\ \text{hPa}$

(ii) $748\ \text{m} - 400\ \text{m} = 348\ \text{m}$, da $10\ \text{m} = 1\ \text{atm} \rightarrow 348 : 10 = 34{,}8$,
also $34{,}8 \cdot 1013{,}25\ \text{hPa} + 1090{,}32\ \text{hPa} = 36351{,}4\ \text{hPa}$

(iii) $p = 2 \cdot p_0 \rightarrow p/p_o = 2$, $\ln 2 = (g \cdot z)/(R \cdot T)$, $0{,}693 = (9{,}81 \cdot z)/(287 \cdot 308{,}15)$

$z = \frac{0{,}693 \cdot 287 \cdot 308{,}15}{9{,}81}$, $z = 6247{,}5\ \text{m}$

Aufgabe 3

(i) a) Wettersatellit: $p(z) = p_0 \cdot \exp\left(-\left(\frac{\rho_0}{p_0}\right) g z\right)$, $\rho = 1{,}225\ \text{kg} \cdot \text{m}^{-3}$ (Standarddichte)

$p(z) = 1013{,}25 \cdot e^{-\frac{1{,}225}{101325} \cdot 9{,}81 \cdot 850000}$ $\quad p(z) = 1{,}68 \cdot 10^{-39}\ \text{hPa}$

b) geostationärer Satellit:

$p(z) = 1013{,}25 \cdot e^{-\frac{1{,}225}{101325} \cdot 9{,}81 \cdot 35786000}$, $p(z) \sim 0\ \text{hPa}$ (besser als jedes UHV)

(ii) Mit 4 °C Wassertemperatur am Meeresboden und $\rho_{H2O} = 1.000\ \text{kgm}^{-3}$

$p_h = g \cdot \rho \cdot z = 9{,}81 \cdot 1000 \cdot 7450 = 73084500\ \text{Pa} = 730845\ \text{hPa}$

$p = p_h + p = 730845 + 1013{,}25 = 731858{,}25\ \text{hPa} \sim 73{,}2 \cdot 10^6\ \text{Pa}$

(iii) $v = \sqrt{9{,}81 \cdot 7450} = 270{,}3\ \text{m} \cdot \text{s}^{-1} = 973{,}2\ \text{km} \cdot \text{h}^{-1}$

(iv) $V_2 = \frac{p_1 \cdot V_1 \cdot T_2}{T_1 \cdot p_2} = \frac{101500 \cdot 2 \cdot 237{,}05}{293{,}15 \cdot 560} = 293\ \text{m}^3$

$V_2 = \frac{p_1 \cdot V_1 \cdot T_2}{T_1 \cdot p_2} = \frac{101500 \cdot 2 \cdot 270{,}65}{293{,}15 \cdot 80} = 2343\ \text{m}^3$

4.2 Die Lufttemperatur

Die Temperatur ist die in der Meteorologie am häufigsten verwendete Größe zur Beschreibung des Zustandes der Atmosphäre. Sie hilft uns, die unspezifischen Begriffe „warm" und „kalt" quantitativ zu erfassen, denn Wärme selbst ist „keine

Energie", sondern nur eine Form ihrer Übertragung durch ungeordnete Molekülbewegungen.

Sie tritt immer dann in Erscheinung, wenn zwei Körper unterschiedliche Temperaturen besitzen, d. h., wenn ein Temperaturgradient existiert. Dabei erfolgt die Übertragung der Energie stets vom Ort mit den höheren zu dem tieferer Temperaturen, sodass die Temperaturunterschiede ausgeglichen werden. In der Erdatmosphäre wird Wärme durch Wärmeleitung, Konvektion und Strahlung übertragen.

Die physikalische Ursache von „warm" und „kalt" beruht auf der Bewegungsenergie der kleinsten Teilchen eines Körpers, der Atome und Moleküle. Diese Bewegungsenergie bzw. kinetische Energie (W_{kin}) der Moleküle bildet ein Maß, um die Temperatur in einem Gasvolumen zu definieren. Für ein ideales Gas gilt

$$W_{kin} = 3/2k \cdot T \qquad \text{bzw.} \qquad \frac{m}{2} \cdot v^2 = \frac{3}{2} k \cdot T, \qquad (4.19)$$

wobei $k = 1{,}38 \cdot 10^{-23}\,J \cdot K^{-1}$ der Boltzmann-Konstanten entspricht. Der absolute Nullpunkt ist dann durch $v = 0$ definiert.

4.2.1 Der „Wärmezustand" eines Körpers

Der „Wärmezustand" eines festen Körpers wird durch die Schwingungen der Atome und Moleküle um ihre Nullpunktlagen, der von Flüssigkeiten und Gasen durch die mittlere kinetische Energie ihrer Atome und Moleküle bestimmt und durch die Temperatur als Maßzahl hierfür angegeben. Die Anzahl der Moleküle in 1 cm^3 Luft beträgt unter normalen Bedingungen $2{,}687 \cdot 10^{19}$ (vgl. Avogadro'sche Zahl), die mittlere Geschwindigkeit von Wasserstoffmolekülen 1694 $m \cdot s^{-1}$, die von Stickstoffmolekülen 453 $m \cdot s^{-1}$. Am absoluten Nullpunkt der Kelvinskala ist keine Schwingungs-, Rotations- und Translationsenergie mehr vorhanden. Man kann sich der Temperatur von 0 K allerdings nur asymptotisch annähern, was heute experimentell bis auf etwa 0,00001 K gelungen ist.

4.2.2 Temperaturskalen

Schon in der Anfangszeit der Thermometrie, deren Spuren sich bis in die Antike zurückverfolgen lassen, entstanden unterschiedliche Thermometerskalen und -typen. Zu nennen sind hier vor allem die Thermoskope bzw. Luftthermometer, die später auch von Galileo Galilei und Otto von Guericke verwendet wurden, während in der zweiten Hälfte des 17. Jahrhunderts zunehmend Wasser (Weingeist) und Quecksilber als Thermometerflüssigkeit dienten und sich nach Experimenten von Newton allmählich auch Metall- sowie Bimetallthermometer durchsetzten. Basierend auf dem Florentiner Thermometer, für das man als Fixpunkte die größte Sommerhitze und Winterkälte in Florenz gewählt hatte, waren Thermometer in der zweiten Hälfte des 17. Jahrhunderts im alltäglichen Leben und in der Wissenschaft bereits sehr beliebt und wurden vielseitig verwendet (vgl. auch Körber 1987).

4.2.2.1 Empirische Skalen

Um solche Empfindungen wie „kalt", „warm" und „heiß" besser beschreiben zu können, bemühte man sich in der ersten Hälfte des 18. Jahrhunderts verstärkt, neue Messgeräte und Skalierungen zu finden und begann mit der Entwicklung von Messmethoden und Fixpunkten. Zu nennen sind insbesondere der deutsche Physiker Gabriel Fahrenheit (1686–1736) und der schwedische Astronom Anders Celsius (1701–1744). Fahrenheit legte 1714 als Nullpunkt seiner Skala die niedrigste Temperatur fest, die er mit einer Mischung aus Eis und Salz (− 17,78 °C) herstellen konnte, für die „Bluttemperatur" (Körpertemperatur) wählte er 100 °F. Celsius bestimmte 1742 als Nullpunkt den Schmelzpunkt von Eis und setzte die Siedetemperatur des Wassers im Meeresniveau mit 100 °C an. Zu nennen ist an dieser Stelle auch die heute kaum mehr gebräuchliche Skala nach Réaumur (französischer Physiker und Zoologe, 1683–1757), der als Fixpunkte 0 und 80 °C für den Schmelz- und Siedepunkt des Wassers definierte.

4.2.2.2 Thermodynamische Temperaturskala

Als absoluter Nullpunkt gilt die Temperatur T, bei der die kinetische Energie aller Moleküle und Atome null geworden ist. Folglich stimmt die Temperatur null nicht mit dem Nullpunkt der Celsiusskala überein. Als thermodynamische Temperaturskala verwendet man daher die nach Lord Kelvin (1824–1907) benannte Kelvinskala, nach der sich z. B. der Gefrierpunkt des reinen Wassers (0 °C) zu $T(K) = t(°C) + 273{,}15$ ergibt. Zur Umwandlung einer Temperaturskala in eine andere gelten folgende Umrechnungen:

- °C = 5/9 (°F − 32)
- °F = 9/5 °C + 32
- K = °C + 273,15

Einer Temperatur von 20 °C entsprechen somit 68 °F oder 293,15 K, während der absolute Nullpunkt mit − 273,15 bzw. − 459,67 °F identisch wird. Das Kelvin (K) wird auch zur Kennzeichnung von Temperaturdifferenzen verwendet, da sich °C und K nur um ein Additionsglied unterscheiden.

4.2.3 Temperaturmessung

Temperaturmessungen erfolgen in der Meteorologie hauptsächlich in der Wetterhütte (2 m über Grund), in Erdbodennähe, in verschiedenen Erdbodentiefen (2, 5, 10, 20, 50, 100 cm), in der freien Atmosphäre sowie an See- und Meeresoberflächen. Da bei einer exakten Messung das Thermometer mit der Luft im thermischen

Gleichgewicht stehen muss, besitzen alle Thermometer einen Strahlungsschutz und sollten gut ventiliert sein.

4.2.3.1 Messprinzipien

Als Messprinzip zur Temperaturbestimmung dienen alle Eigenschaften fester, flüssiger und gasförmiger Stoffe, die temperaturabhängig sind (s. Reiner 1949; Henning 1951; und Neumann 1983). Man beschränkt sich jedoch auf solche Stoffe, deren Eigenschaften sehr stark mit der Temperatur variieren, die über einen größeren Temperaturbereich in einem Aggregatzustand vorliegen und die leicht zu handhaben sind. Für praktische Anwendungen trifft dies insbesondere auf einen Temperaturbereich zwischen etwa − 40 und + 100 °C zu.

Als wichtigste gut messbare temperaturabhängige Eigenschaften von Körpern gelten:

- der Ausdehnungskoeffizient von Körpern (Ausdehnungsthermometer)
- der temperaturabhängige Widerstand von Leitern (Widerstandsthermometer)
- Thermospannungen inhomogener Materialien (Seebeck- und Peltier-Effekt)
- Farbänderungen bei mittleren und hohen Temperaturen (Flüssigkristalle, Pyrometer)
- Volumenänderungen von Gasen (Gasthermometer)
- Dampfdruckänderungen (Dampfdruckthermometer)
- Bandlückenänderungen von Halbleitern (Halbleiterthermometer)
- Phasenübergänge (Eichpunkte für Thermometer)
- thermisch bedingtes Rauschen von elektrischen Widerständen
- Umkristallisierungen amorpher Körper (z. B. Titan-Nickel-Legierungen)
  (Eine Übersicht über Sensoren zur Temperaturbestimmung findet man im T-Handbook 2000).

4.2.3.2 Lineare und kubische Ausdehnungskoeffizienten

Ein typisches Beispiel temperaturabhängiger physikalischer Stoffeigenschaften ist die lineare Ausdehnung fester Körper, für die gilt

$$l = l_0(1 + \alpha \cdot t), \tag{4.20}$$

wobei l_0 die Länge des Körpers bei 0 °C und α der lineare Ausdehnungskoeffizient sind. Da sich ein fester Körper in alle drei Dimensionen ausdehnt, kann seine Volumenvergrößerung wie folgt beschrieben werden:

$$V = V_0(1 + \alpha \cdot t)^3 \approx V_0(1 + \gamma \cdot t) \tag{4.21}$$

Metalle weisen einen positiven Temperaturkoeffizienten auf, d. h., ihre Länge nimmt mit steigender Temperatur zu. Der lineare Temperaturkoeffizient beträgt z. B. für Eisen $1{,}2 \cdot 10^{-5}\,K^{-1}$. Das bedeutet, dass eine Eisenbahnschiene mit einer Länge von 1 m im Sommer bei + 35 °C etwa 0,84 mm länger als im Winter (− 35 °C) ist. Auf 1 km Länge ergäbe das 84 cm, auf 100 km bereits 84 m.

Tab. 4.6 Volumenausdehnungskoeffizienten verschiedener Stoffe

	Material	γ ($10^{-6} \cdot K^{-1}$)
Feste Körper	Quarzglas	1,5
	Invar	2,7
	Eisen	36
	Aluminium	71,4
	Kochsalz (NaCl)	120
Flüssigkeiten	Wasser	207,0
	Quecksilber	181,9
	Äthanol	1100
	Toluol	1100
Gase	Luft	3665
	Wasserstoff	3660
	Stickstoff	3672
	Helium	3659
	Kohlenmonoxid	3667
	Kohlendioxid	3726

Die Volumenausdehnungskoeffizienten fester Stoffe liegen zwischen 10^{-6} und 10^{-4} K^{-1}, wobei einige Stoffe nahezu keine Ausdehnung bei einer Temperaturänderung aufweisen (z. B. Quarzglas und die Legierung Invar: 64 % Eisen und 36 % Nickel). Flüssigkeiten haben rund 10-mal größere Ausdehnungskoeffizienten, für Gase liegen diese nahezu alle bei rund $3660 \cdot 10^{-6}$ K^{-1} (vgl. Tab. 4.6).

4.2.3.3 Temperaturkoeffizient des elektrischen Widerstandes

Neben der Ausdehnung kann die Veränderung des elektrischen Widerstandes R von Körpern zur Temperaturbestimmung herangezogen werden. Analog zu den obigen Ausführungen gilt für den temperaturabhängigen Widerstand eines Leiters

$$R = R_0(1 + \beta \cdot t). \tag{4.22}$$

Während sich gemäß Tab. 4.7 der Ohm'sche Widerstand mit steigender Temperatur vergrößert (positiver Temperaturkoeffizient), nimmt derjenige von Halbleitern ab (negativer Temperaturkoeffizient), was durch unterschiedliche Leitungsmechanismen bedingt ist.

4.2.3.4 Temperaturkoeffizient von Halbleiterbauelementen

Bauelemente aus anorganischen kristallinen Halbleitern und auch aus organischen Halbleitern zeigen infolge der Temperaturabhängigkeit ihrer Bandlücken, die durch temperaturinduzierte Änderungen der Kristallgitter bedingt sind, eine stark temperaturgeprägte Variabilität ihrer Strom-Spannungs-Kennlinien. Als Halbleiterbauelemente seien hier diskrete Dioden mit pn- bzw. Schottky-Übergang und Transistoren mit pnp- bzw. npn-Struktur genannt. Die größten Temperaturkoeffizienten treten

Tab. 4.7 Temperaturkoeffizienten von Leitern und Halbleitern

	Material	Temperaturkoeffizient ß · (K^{-1})
Leiter	Aluminium	+ 0,0036
	Eisen	+ 0,005
	Platin	+ 0,0039
	Quecksilber	+ 0,00092
	Neusilber	+ 0,0005
	(60 % Cu; 21 % Ni; 19 % Zn)	
Halbleiter	Kohle	− 0,0005
	Kupferoxid	− 0,025

auf, wenn man bei konstanter Flussstromdichte j_f für eine vorgegebene Temperaturveränderung dT die Flussspannungsänderung dU_f registriert. Bezeichnet man den Temperaturkoeffizient der Flussspannung mit γ_T (in $mV \cdot K^{-1}$), dann folgt:

$$\gamma_T = \frac{dU}{dT}\Big|_{j=const} \tag{4.23}$$

Bedingung beim Messeinsatz ist allerdings, dass man die Flussstromdichte so klein wählt, dass die Eigenerwärmung des Sensors vernachlässigbar ist. Selbstverständlich kann man bei solchen Bauelementen auch den Temperaturkoeffizienten des Flussstromes bei konstant gehaltener Flussspannung nutzen, der durch

$$\alpha_T = \frac{dj_f}{dT}\Big|_{U=const} \tag{4.24}$$

definiert ist. Normalerweise lässt sich aber ein Flussstrom besser konstant halten als eine Flussspannung. Deshalb greift man auf den Koeffizienten nach Gl. (4.23) für Temperaturmessungen und -stabilisierungen zurück, da er über einen relativ großen Temperaturbereich eine nahezu lineare Kennlinie aufweist. In Abb. 4.10 sind die Strom-Spannungs-Kennlinien einer polymeren Leuchtdiode für Temperaturen von − 30, − 10, 0 und 30 °C aufgetragen, aus denen für einen konstanten Flussstrom der Temperaturkoeffizient ermittelt werden kann. Als überaus vorteilhaft erweist sich die Verwendung eines temperaturabhängigen pn-Übergangs in einer integrierten Schaltung, da dann die Signale auch in digitalisierter Form zur Verfügung stehen.

Die Temperaturkoeffizienten von pn-Dioden (vgl. Tab. 4.8) erreichen bei Stromdichten von $j_f \approx 1$ bis 10 mA cm^{-2} im Falle von Si-Bauelementen etwa 2 mV K^{-1} und bei GaN-Bauelementen etwa 3 mV K^{-1}. Sehr große Temperaturkoeffizienten treten dagegen in polymeren Lichtemitterdioden auf (Werte bis zu 100 mV K^{-1}), wobei der Temperaturkoeffizient mit zunehmender Dicke der aktiven Polymerschicht wächst. In der Tab. 4.8 sind die Temperaturkoeffizienten von Thermoelementen, von PtWiderstandsthermometern und von Halbleiterdioden aufgeführt, wobei deut-

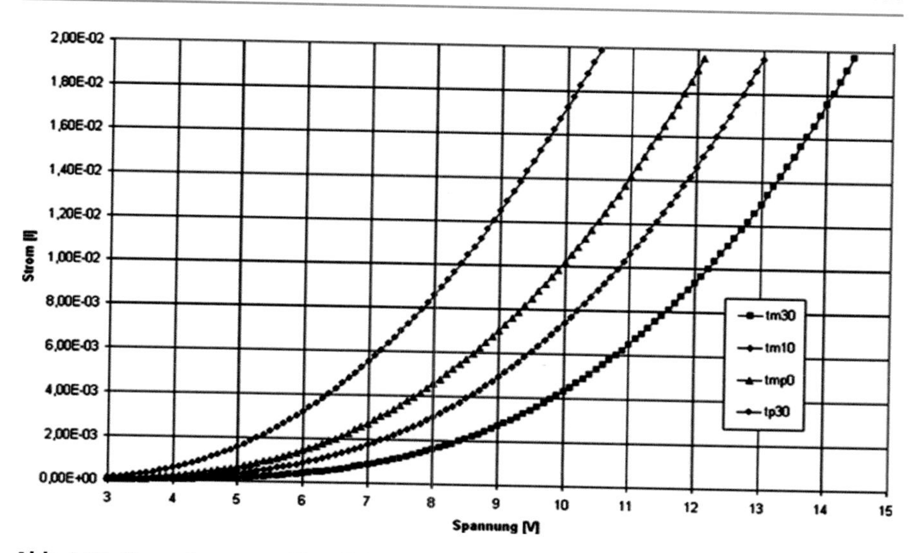

Abb. 4.10 Strom-Spannungs-Kennlinie einer polymeren Leuchtdiode

Tab. 4.8 Temperaturkoeffizienten unterschiedlicher Sensoren

Sensor	Temperaturbereich	Temperaturkoeffizient
Thermoelemente		
Pt-Pt/Rh	5–1750 °C	10,5 μV K^{-1}
Cu-Co	0–600 °C	57 μV K^{-1}
Fe-Co	0–1000 °C	58 μV K^{-1}
Widerstandsthermometer		
RTD: Pt	0–1000 °C	0,4 mV K^{-1} (bei 1 mA)
Halbleiterbauelemente		
Si-pn	1,5–400 K	2,0 mV K^{-1}
GaAs-pn	0,3–400 K	2,3 mV K^{-1}
GaInN-pn	Bis 400 K	3,5 mV K^{-1}
polymere Dioden	200–350 K	100 mV K^{-1} (maximal)

lich wird, dass Halbleiterbauelemente die weitaus größten Temperaturkoeffizienten aufweisen.

Folglich sind Auflösungen bis auf Millikelvin möglich. Als nachteilig erweist sich allerdings die notwendige Eichung, die aber auch auf andere Temperaturmessfühler zutrifft. Vorteilhaft ist dagegen der Einsatz von Transistoren, bei denen durch eine entsprechende Verstärkung die Temperaturkoeffizienten noch um eine Größenordnung verbessert werden können, was eine sehr hohe Empfindlichkeit bewirkt und für meteorologische Sonden nutzbar ist, da die großen Spannungsänderungen ohne weitere Verstärkung zur Bodenstation gesendet werden können.

4.2.3.5 Kontaktlose Temperaturmessungen

Zu den kontaktlosen Messmethoden gehören alle Verfahren, die Licht oder infrarote Strahlung für einen Temperaturnachweis nutzen. Nach den Gesetzen von Boltzmann und Planck emittiert jeder Körper eine Strahlung, deren Energie mit seiner Temperatur zunimmt, wobei man nach dem Emissionsgrad ε schwarze ($\varepsilon = 1$), graue ($\varepsilon < 1$) und selektive Strahler unterscheidet. Liegen die nachzuweisenden Temperaturen im Bereich der Raumtemperatur, wie es für meteorologische Objekte der Fall ist, dann befindet sich das Maximum der emittierten Strahlung im infraroten Spektralbereich um etwa 10 µm.

Die von Herschel 1800 entdeckte infrarote Strahlung kann mittels Strahlungsdetektoren bestimmt werden, wobei man sie in thermische Detektoren und Quantendetektoren unterteilt (s. Stahl 1986, Walther 1983, Vollmer 2010). Bei den Quantendetektoren wird die infrarote Strahlung durch den äußeren oder inneren Fotoeffekt nachgewiesen, während thermische Detektoren die Erwärmung durch absorbierte infrarote Photonen nutzen.

Tabelle 4.9 enthält ausgewählte Infrarotdetektoren, die auch zur Temperaturbestimmung in der Meteorologie eingesetzt werden. Beide Sensorarten eignen sich gleichfalls zur Herstellung von Infrarotkameras für die Thermografie, die eine flächenartige Temperaturverteilung mittels Satellit aus großer Entfernung aufzunehmen gestatten.

Für die Temperaturmessungen in der Meteorologie sind insbesondere die atmosphärischen Fenster von 3 bis 5 µm und von 8 bis 12 µm bedeutsam, da für diese Bereiche die Erdatmosphäre weitgehend transparent ist. Zur Auswahl des zu messenden Objektes wird ein paralleler, gut sichtbarer und im Gerät integrierter Laserstrahl zur Peilung und somit zur Sichtbarmachung der Messfläche herangezogen. Insbesondere im langwelligen Fenster sind damit Messungen aus großer Entfernung möglich, was z. B. die Bestimmung von Wolkentemperaturen mit hoher Auflösung ohne Schwierigkeiten erlaubt.

Tab. 4.9 Ausgewählte Infrarotdetektoren

Detektorart	Effekt	Nachweisgröße	Ansprechzeit	Nachweisbereich (µm)
Thermischedetektoren				
Thermoelemente	Seebeckeffekt	Thermospannung	10–100 ms	0,6–20
Bolometer	Temperatureffekt	Widerstandsänderung	0,01–10 ms	0,6–20
Pyroelektrische Detektoren	Polarisation	Oberflächenladung	1–100 ms	0,6–35
Quantendetektoren Fotoleiter				
Si:Mg	Fotoleitung	Fotostrom	< 5 ns	8–12
Sperrschichtdetektoren				
PtSi	dto	dto	10–50 ns	0,8–6
InGaAs	dto	dto	Einige ns	2–3

Für eine flächenartige Auflösung verwendet man sogenannte Wärmebildkameras, die aus hochintegrierbaren Einzelelementen der in der Tab. 4.9 aufgeführten Sensoren bestehen. Dazu muss bemerkt werden, dass die Quantendetektoren für Messungen im Raumtemperaturbereich gekühlt werden müssen, was ihre Handhabung sehr erschwert (s. Kruse 1997). Neuere Entwicklungen nutzen Mikrobolometer aus amorphem Silizium bzw. Vanadiumoxid unter Verwendung infrarottransparenter Linsen (z. B. aus Germanium oder Silizium). Sie erlauben sehr gute Auflösungen schon bei Raumtemperatur, wobei bereits Integrationsgrade von über 320 × 240 Pixeln realisiert wurden. Auch pyroelektrische Detektoren, die nicht unbedingt gekühlt werden müssen, sind in Wärmebildkameras einsetzbar. In gekühlten Wärmebildkameras erreicht man noch höhere Integrationsgrade, wie das beispielsweise für Pt-Silizid-Schottkyübergänge zutrifft. Solche hochauflösenden Infrarotkameras werden satellitengestützt für flächenartige Temperaturaufnahmen eingesetzt, so für die Temperaturverteilungen in Wolken, in Meeren und auf dem Festland. Bei Verwendung von Objektiven mit unterschiedlicher Brennweite aus infrarottransparentem Material lassen sich auch weit entfernte Objekte nicht nur von Satelliten, sondern auch vom Boden aus detektieren.

4.2.4 Basismessverfahren

4.2.4.1 Flüssigkeitsthermometer

Beim Erwärmen dehnt sich die in der Thermometerkugel enthaltene Flüssigkeit (Quecksilber, Alkohol) aus und wird in eine Kapillare gepresst, an der eine geeichte Skala angebracht ist. Die Schmelz- und Siedepunkte dieser Flüssigkeiten (Hg: − 38,8 °C/+ 356,7 °C, Alkohol: − 117 °C/+ 78 °C) bestimmen den Verwendungsbereich der Sensoren. So stehen Flüssigkeitsthermometer als Hütten-, Minimum-, Maximum- oder Kontakt-Thermometer zur Verfügung (s. Abb. 4.13).

4.2.4.2 Bimetalle

Zwei miteinander fest verbundene Metalle mit unterschiedlichen Ausdehnungskoeffizienten verbiegen sich bei Erwärmung in eine durch die Art des mechanischen Aufbaus vorgegebene, bei Abkühlung in die dazu entgegengesetzte Richtung. Bimetalle werden vor allem bei mechanisch arbeitenden Thermografen eingesetzt.

4.2.4.3 Thermoelemente

Das Messverfahren beruht auf der Kontaktspannung, die zwischen zwei unterschiedlichen Metallen (z. B. Kupfer und Konstantan) auftritt und temperaturabhängig ist. Verlötet man z. B. zwei Drähte so, dass zwei Lötstellen entstehen, dann lässt sich die Temperaturdifferenz zwischen den beiden Lötstellen über die Differenz der Kontaktspannungen (Thermospannungen) messen. Da Thermospannungen in der Regel klein sind, müssen für Messzwecke viele Thermoelemente hintereinander geschaltet werden. Außerdem muss die Temperatur der zu vergleichenden Lötstelle bekannt sein bzw. auf konstantem Niveau gehalten werden.

4.2.4.4 Widerstandsthermometer

Bei diesem Messprinzip wird die Temperaturabhängigkeit des elektrischen Widerstandes von Leitern und Halbleitern ausgenutzt. Beim Metall-Draht-Thermometer (verwendet wird vor allem Platin) ist der elektrische Widerstand in guter Näherung eine lineare Funktion der Celsius-Temperatur, beim Halbleiter-Thermometer (Thermistor) dagegen eine Exponentialfunktion von b/T, nämlich $R = A \exp(b/T)$ mit $A = \text{const.}$, $b = \text{const.}$ Damit besitzt der Thermistor den Nachteil einer nichtlinearen Charakteristik, dafür ist aber der Temperaturkoeffizient eine Ordnung größer als beim Platin-Thermometer.

Im DWD wird zur Temperaturmessung nur noch das Pt-100-Widerstandsthermometer, das eine Messgenauigkeit von ± 0,1 °C besitzt, verwendet, wobei Pt-100 ein Platin-Widerstandselement mit einem Nennwiderstand von 100 Ω bei 0 °C bedeutet.

Die bei der Temperaturmessung auftretenden Probleme lassen sich aus der Wärmehaushaltsgleichung einer Thermometerkugel abschätzen (s. Kraus 2001). Erforderliche Maßnahmen für eine korrekte Temperaturmessung sind:

- **Strahlungsschutz**
  Abschirmung des Messfühlers vor kurz- und langwelligem Strahlungsaustausch durch zwei außen und innen verchromte Strahlungsschutzrohre um den Sensor.
- **Schutz vor der Wärmeleitung aus dem Schaft oder dem Kabel**
  Man verlängert das Strahlungsschutzrohr bis zum Schaft oder führt das Kabel ganz eng am Sensor entlang.
- **Ventilation zur Vermeidung des Trägheitsfehlers**
  Um die Wärmeübergangszahl groß zu halten, wird ventiliert, da man für die Messung nicht abwarten kann, bis sich das Thermometer und die Umgebungsluft im thermischen Gleichgewicht befinden. Dabei erhöht sich die Wärmeübergangszahl mit zunehmender Anströmgeschwindigkeit.

4.2.5 Zeitliche und räumliche Variation der Lufttemperatur

In Abhängigkeit von der täglichen und jahreszeitlichen Variation des Sonnenstandes weist die Lufttemperatur einen Tages- und Jahresgang auf, die beide breitenabhängig sind. Für den Tagesgang ist charakteristisch, dass das nächtliche Minimum im Winter etwa zwei Stunden, im Sommer etwa eine Stunde nach Sonnenaufgang eintritt, während das Tagesmaximum cirka zwei Stunden nach dem Sonnenhöchststand beobachtet wird (vgl. Abb. 4.11). In dieser Abbildung sehen wir deutlich den nächtlichen Temperaturrückgang, dem ein rascher Anstieg nach Sonnenaufgang folgt sowie die höchsten Temperaturwerte in den Mittags- und Nachmittagsstunden.

Die höchsten Sommertemperaturen treten in Deutschland in den Monaten Juli oder August auf, wobei Rekordwerte 1983, 1998 bzw. 2003 gemessen wurden. An erster Stelle steht (nach Hupfer 2006) Braumedorf-Juffer im Moseltal mit 41,2 °C am 11.08.1998. Eine um ein Grad geringere Temperatur, also 40,2 °C, trat am

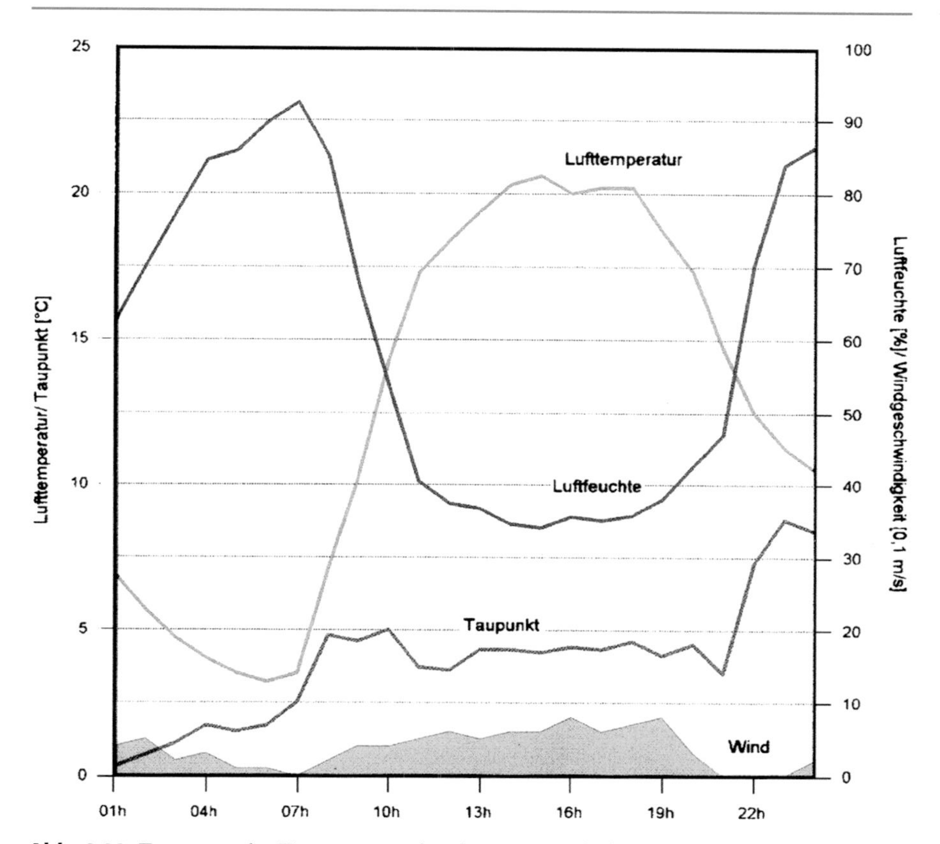

Abb. 4.11 Tagesgang der Temperatur und anderer meteorologischer Elemente in Berlin-Friedrichshagen am 03. 05.1995

27.07.1983 in Gärmsdorf (Bayern) sowie am 09.08. und 13.08.2003 in Karlsruhe auf, ein Wert, der am 13.8.2003 ebenfalls in Freiburg erreicht wurde. Im Rekordjahr 2003 gab es 83 Sommertage (Temperaturen > 25 °C) von 92 möglichen, und die Mitteltemperatur für den Sommer betrug 19,7 °C im Vergleich zu den Normalwerten von 16,0 bis 18,0 °C. Die tiefsten Wintertemperaturen sinken bis knapp − 40 °C ab. So wurde ein Rekordwert von − 37,8 °C in Hüll (Bayern) im extrem kalten Februar 1929 (12.2.) registriert und in Funtensee (Berchtesgaden, 1600 m hoch) gemäß Vogt 2005 sogar − 45,8 °C am 25.01.2000 gemessen.

Darüber hinaus kontrollieren weitere Einflussgrößen die zeitliche und räumliche Variabilität der Lufttemperatur. Zu ihnen gehören die/der

- Oberflächenbeschaffenheit der Erde (Land, See, Eis, Bewuchs)
- Meeresströmungen
- Höhenlage eines Ortes
- orografische Einfluss
- Bedeckungsgrad und die Albedo.

Betrachten wir zunächst die Oberflächenbeschaffenheit. Da die Erwärmung der Luft von der Erdoberfläche aus erfolgt, spielen das Absorptions- und Reflexionsvermögen des Untergrundes, seine Wärmeleitfähigkeit sowie Verdunstungsprozesse eine maßgebliche Rolle. So erwärmt sich eine Landoberfläche infolge ihrer geringen Wärmekapazität und ihres geringen Wärmeleitvermögens (Jahresgang bis ca. 1 m Tiefe) viel rascher und intensiver als eine Wasseroberfläche (Jahresgang bis etwa 200 m Tiefe). Folglich ist der Tages- und Jahresgang der Temperatur an einer Landstation stärker ausgeprägt als über einer Ozeanoberfläche oder im Küstenbereich.

Hinsichtlich der Meeresströmungen gilt, dass polwärts gerichtete Strömungen, die warm sind (z. B. der Golfstrom), den Jahresgang der Temperatur im Küstenbereich und landeinwärts glätten. So hat Berlin eine Januarmitteltemperatur wie New York, obwohl es 12 Breitengrade nördlicher liegt. Kalte Meeresströmungen reduzieren vor allem die Temperaturen im tropischen Bereich. Der kalte Benguelastrom an der Westküste von Südafrika bewirkt beispielsweise, dass Walvis Bay im Sommer 5 K kälter als Durban an der Ostküste ist.

Der Einfluss der Höhenlage besteht in der Temperaturreduktion mit zunehmendem Aufstiegsniveau. Durch die vertikale Temperaturabnahme von maximal 6,5 K km^{-1} besitzt Quito (2800 m ü. NN) eine Mitteltemperatur von 13,3 °C und Guayaquill (12 m ü. NN) von 25,5 °C. Auf hochgelegenen Flächen, wie z. B. dem Hochland von Tibet, nimmt jedoch die Amplitude des Tagesganges sehr stark zu, da die darüber befindliche Atmosphäre wegen der Abnahme der Luftdichte mit der Höhe weniger Strahlung absorbiert und reflektiert.

Orografische Einflüsse führen zu lokalen Windzirkulationen und damit zu einer Änderung der Ventilation sowie zu Luv- und Leeeffekten. So sind Küstenorte durch Land-Seewind-Zirkulationen (besonders im subtropischen Bereich) temperaturmäßig begünstigt, während die Lage einer Station im Luv oder Lee einer Gebirgskette maßgeblich durch modifizierte Bewölkungsverhältnisse und damit lokal verschiedene Sonnenscheindauern sowie unterschiedliche Niederschläge geprägt wird.

Der Einfluss der Bewölkung und somit des Reflexionsvermögens (Albedo) führt dazu, dass mit zunehmender Bewölkung eine Glättung des Tagesganges der Temperatur (reduzierte Maxima, abgeflachte Minima) durch Strahlungsmodifikation (zunehmende Albedo bzw. Treibhauswirkung des Wasserdampfes) erfolgt.

4.2.6 Wärmetransport durch Wärmeleitung, Konvektion und Strahlung

Transportprozesse durch Wärmeleitung und Konvektion beruhen auf lokalen Temperatur- und damit Dichteunterschieden, wobei Wärmeleitungsprozesse an ein Temperaturgefälle gebunden sind, während Konvektion eine makroskopische Bewegung in Gasen und Flüssigkeiten darstellt, bei der die auftretenden Strömungen durch den Auftrieb der wärmeren Bereiche ausgelöst werden. Die Wärmeübertragung durch Strahlung erfordert dagegen keinen materiellen Träger, sondern sie erfolgt mittels elektromagnetischer Wellen und hängt allein von der Temperatur und der Oberfläche des Strahlers ab.

4.2.6.1 Wärmeleitung

In allen festen und ruhenden flüssigen Körpern findet eine molekulare Wärmeübertragung durch Leitung statt, sofern ein Temperaturgradient vorhanden ist. Der entstehende Wärmestrom oder Wärmefluss Q ist der Temperaturdifferenz (dT) proportional. Als Proportionalitätskonstante, die ein Maß für die Wärmeleitfähigkeit eines Stoffes darstellt, dient der Wärmeleitfähigkeitskoeffizient bzw. die Wärmeleitzahl λ ($J \cdot m^{-1} \cdot s^{-1} \cdot K^{-1}$), eine Materialkonstante. Betrachtet man den Wärmetransport senkrecht zur Oberfläche A innerhalb eines festen Körpers (hier in vertikaler Richtung), so gilt das Fourier'sche Gesetz, und man erhält eine Flussdichte mit der Einheit $J \cdot m^{-2} \cdot s^{-1}$ oder $W \cdot m^{-2}$

$$Q = -\lambda \cdot dT/dz \tag{4.25}$$

bzw. speziell für den Bodenwärmestrom

$$Q_B = -\lambda \cdot A \cdot (dT/dz). \tag{4.26}$$

Das negative Vorzeichen besagt, dass der Wärmetransport in Richtung abnehmender Temperatur erfolgt. Beträgt z. B. gemäß Zmarsly 1999 für eine $A = 20\ m^2$ große Hauswand abends die Temperatur $t = -4\ °C$ und die Zimmertemperatur 21 °C, so erreicht der nach außen geleitete Wärmestrom für die 0,12 m dicke Außenwand mit einem Wärmleitfähigkeitskoeffizienten von $\lambda = 2{,}6\ W\ m^{-1} \cdot K^{-1}$ innerhalb von 4 h

$$Q_B t = \lambda \cdot A \frac{dT}{dz} = 2{,}6\ W\ m^{-1}\ K^{-1} \cdot 20 m^2 \cdot \frac{25K}{0{,}12m} \cdot 14400 s = 1{,}56 \cdot 10^8 J \approx 0{,}16 GJ, \tag{4.27}$$

was sich mit einer Wärmebildkamera sofort nachweisen lässt (s. Vollmer 2010).

Die Temperaturänderung, die als Folge des Wärmetransportes eintritt, erhält man aus der Energiebilanz einer ruhenden Flüssigkeit mit konstanter Dichte ρ (vgl. Müller 1999), für die in eindimensionaler Form gilt

$$\rho \frac{\partial u}{\partial t} + \frac{\partial q}{\partial z} = 0. \tag{4.28}$$

Hierin entspricht u der spezifischen inneren Energie, die sich aus der potenziellen und kinetischen Energie sowie der chemischen Bindungsenergie der Moleküle zusammensetzt. Sie ist in diesem Fall nur eine Funktion der Temperatur, sodass gilt: $u = c \cdot T$. Der spezifische Wärmefluss $q = -\lambda \cdot \partial T/\partial z$ ist durch das Fourier'sche Gesetz gegeben. Damit folgt

$$\frac{\partial T}{\partial t} = a \frac{\partial^2 T}{\partial z^2}, \tag{4.29}$$

worin $a = \lambda/(\rho \cdot c)$ dem Temperaturleitfähigkeitskoeffizienten, den man auch als thermischen Diffusionskoeffizienten bezeichnen kann, mit der Einheit $m^2 \cdot s^{-1}$ ent-

Tab. 4.10 Thermische Koeffizienten für ausgewählte Materialien. (nach Zmarsly 1999 und Häckel 1999a)

Material	Dichte	Spezifische Wärmekapazität	Wärmeleitfähigkeit	Temperaturleitfähigkeit
	$kg \cdot m^{-3}$	$J \cdot kg^{-1} \cdot K^{-1}$	$W \cdot m^{-1} \cdot K^{-1}$	$m^2 \cdot s^{-1}$
Luft (unbewegt)	1,29	1010	0,025	$0{,}192 \cdot 10^{-5}$
Neuschnee	100	2090	0,08	$0{,}38 \cdot 10^{-6}$
Altschnee	480	2090	0,42	$0{,}42 \cdot 10^{-6}$
Eis	920	2100	2,24	$1{,}16 \cdot 10^{-6}$
Wasser (unbewegt)	1000	4180	0,57	$0{,}14 \cdot 10^{-6}$
Beton	2500	880	4,60	$2{,}10 \cdot 10^{-6}$
Felsgestein	2800	710	4,20	$2{,}11 \cdot 10^{-6}$
Moor, nass	1100	3650	0,50	$0{,}12 \cdot 10^{-6}$
Moor, trocken	300	1920	0,06	$0{,}10 \cdot 10^{-6}$
Lehm, nass	2000	1550	1,589	$0{,}50 \cdot 10^{-6}$
Lehm, trocken	1600	890	0,25	$0{,}18 \cdot 10^{-6}$
Sand, nass	2000	1480	2,20	$0{,}74 \cdot 10^{-6}$
Sand, trocken	1600	800	0,30	$0{,}23 \cdot 10^{-6}$

spricht (s. Tab. 4.10). Er ist positiv und für unbewegte Luft relativ klein, nämlich $0{,}2 \cdot 10^{-5} \cdot m^2 \cdot s^{-1}$ bei 20 °C, d. h., Luft ist ein sehr guter thermischer Isolator.

4.2.6.2 Konvektion

Unter Konvektion versteht man den vertikalen turbulenten Transport von Eigenschaften, d. h. in unserem speziellen Fall den Transport fühlbarer und latenter Wärme. So führt der fühlbare Wärmestrom Q_H zur Erwärmung der Atmosphäre infolge turbulenter Wärmeleitung, die von der Erdoberfläche ausgeht und nach oben hin fortschreitet. Der Index H steht hier für *heat flux*. In Analogie zu den molekularen Wärmeleitungsprozessen erfolgt nach einer Parametrisierung, bei der man die schwierig zu handhabenden turbulenten Zusatzterme durch leicht zugängliche mittlere Größen ersetzt, die Beschreibung des fühlbaren Wärmestroms mithilfe des vertikalen Gradienten der potenziellen und vereinfachend der aktuellen Temperatur. Die entsprechende Gleichung lautet dann

$$Q_H = -\rho \cdot c_p \cdot K_H \frac{\partial T}{\partial z} \tag{4.30}$$

mit der Luftdichte ρ, der spezifischen Wärme bei konstantem Druck c_p und dem turbulenten Diffusionskoeffizienten K_H, der selbst in Nähe der Erdoberfläche 2 bis 6 Ordnungen größer als der molekulare Wärmeleitfähigkeitskoeffizient der Luft ist.

Eine ähnlich strukturierte Gleichung erhält man für den turbulenten Strom latenter Wärme Q_E, den Wasserdampftransport. Hier wird die durch die Verdunstung am

Boden verbrauchte und bei der Kondensation in den Wolken wieder an die Atmosphäre abgegebene Wärme betrachtet. Analog zu oben gilt

$$Q_E = -\rho \cdot L \cdot K_E \frac{\partial q}{\partial z}, \tag{4.31}$$

worin q der spezifischen Feuchte, L der Verdampfungswärme, K_E dem turbulenten Diffusionskoeffizienten und der Index E dem Wort *evaporation* entspricht.

4.2.6.3 Strahlung

Wärmeübertragung durch langwellige elektromagnetische Strahlung ist ein Vorgang, der ohne Transport von Materie auskommt und durch das Stefan-Boltzmann'sche und das Planck'sche Gesetz beschrieben wird. Als Hauptenergieumsatzfläche und damit als erstes Heizniveau der Atmosphäre vereinnahmt die Erdoberfläche kurzwellige Sonnenstrahlung und erwärmt sich hierdurch. Des Weiteren erhält sie langwellige Gegenstrahlung durch Strahlungsemission von Wolken, Partikeln und Gasen. Diese insgesamt vereinnahmte Energie wird aber nur teilweise durch eine langwellige Wärmestrahlung wieder in die Atmosphäre zurückgeführt, sodass die Gesamtstrahlungsbilanz positiv wäre, wenn nicht die turbulenten Wärmetransporte (Strom fühlbarer und latenter Wärme) und der Bodenwärmestrom zu einem Ausgleich führen würden.

4.2.7 Temperaturbestimmung in der meteorologischen Praxis

Die zur Temperaturmessung genutzten physikalischen Effekte sind: die Ausdehnung von Flüssigkeiten und festen Körpern, die Änderung des elektrischen Widerstandes, der thermoelektrische Effekt und die Strahlungsemission nach dem Planck'schen Gesetz. In der Praxis verwendet man häufig Quecksilberthermometer (Messbereich: − 39 °C bis + 75 °C), die eine abgeschlossene, druckfeste Einkapselung besitzen, und Toluolthermometer (Messbereich: −90 °C bis + 110 °C). Mit Widerstandsthermometern kann man zwischen 20 und 1300 K, mit Thermoelementen (z. B. aus Platin-Platin/Rhodium) zwischen 2 und 3000 K messen. Von etwa 500 bis über 4000 °C ab verwendet man Pyrometer, bei denen die Farbe eines Glühdrahtes im Fernrohr mit der eines weit entfernten sehr heißen Körpers verglichen wird.

4.2.7.1 Aßmann'sches Aspirationspsychrometer (Standardgerät)

Bei Temperaturmessungen außerhalb der Wetterhütte hat sich das Aspirationspsypsychrometer nach Aßmann (1845–1918), der heute „als Vater der Physik der Atmosphäre" gilt (vgl. Steinhagen 2005), bewährt. Es besteht aus zwei Einschlussthermetern mit Quecksilberfüllung. Diese sind 27,5 cm lang, haben einen Gefäßdurchmesser von etwa 4 mm und eine Gefäßlänge von 12 mm (vgl. Abb. 4.12).

Der Messbereich liegt zwischen − 30 und + 45 °C. Die Thermometer besitzen eine 0,2-Gradteilung, sodass auf Zehntelgrad genau abgelesen werden kann. Außerdem sind die beiden Thermometergefäße durch doppelwandige blanke Hülsen geschützt.

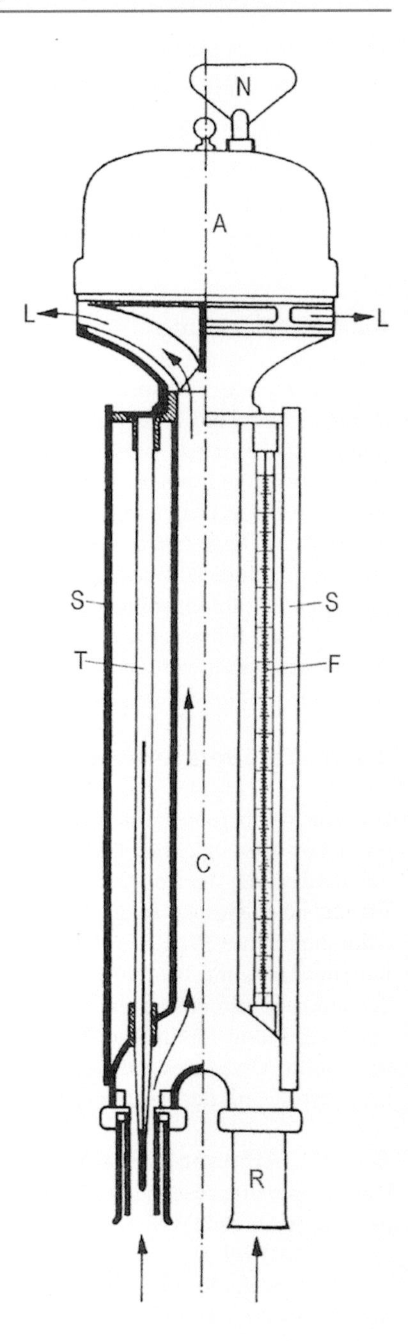

Abb. 4.12 Aßmann'sches Aspirationspsychrometer. (© nach DWD-Unterlagen)

Es wird ein Ventilationsstrom von ca. 2,5 $m \cdot s^{-1}$ vorbeigesaugt (etwa 30 s lang), um vorhandene Strahlungseinflüsse zu eliminieren. Dabei soll das Gerät mit der unteren Öffnung geneigt gegen den Wind gehalten werden, damit bei starkem Wind keine Verlangsamung des Aspirationsstromes erfolgt. Das Thermometer ist sehr empfindlich gegen Mikroschwankungen der Lufttemperatur, sodass mehrere Ablesungen notwendig sind und anschließend die Messwerte gemittelt werden sollten.

Mit den paarweise angeordneten Thermometern misst man die Lufttemperatur t (trockenes Thermometer) sowie die Feuchttemperatur t_w (feuchtes Thermometer). Dazu ist das zweite Thermometer mit einem Textilstrumpf überzogen, der ständig feucht gehalten werden muss. Man kann damit die sogenannte psychrometrische Differenz $(t - t_w)$ bestimmen, die durch den Verdunstungsvorgang am feuchten Thermometer und den damit verbundenen Wärmeentzug entsteht. Die psychrometrische Differenz wird zur Berechnung des Dampfdruckes e verwendet. Eine geringe psychrometrische Differenz deutet auf einen hohen, eine große auf einen geringen Wasserdampfgehalt der Luft hin.

Der aktuelle Dampfdruck e (hPa) wird nach der Psychrometerformel bzw. Sprung'schen Formel ermittelt, wobei

$$e = 1,0047 e_w(t_w) - 0,662(1 + 0,000944 \cdot t_w) \cdot (t - t_w) \quad (4.32)$$

gilt, und hierbei e dem aktuellen Dampfdruck bzw. e_w dem Sättigungsdampfdruck des Wasserdampfs über Wasser bei der Temperatur t_w entsprechen. Der Sättigungsdampfdruck e_w, der allein eine Funktion der Temperatur t ist, lässt sich nach der Magnus-Formel mit t in °C und $e_w(t)$ in hPa berechnen:

$$e_w(t) = 6,1 \cdot \exp\left(\frac{17,08085 \cdot t}{234,175 + t}\right) \quad (4.33)$$

Da feuchte Luft ein Gemisch aus Gasen und Wasserdampf ist, erhält man in guter Näherung mit einem Luftdruck von 1013,25 hPa für den Sättigungsdampfdruck feuchter Luft über Wasser

$$e_w(t) \approx 1,0047 e_w(t_w). \quad (4.34)$$

Bei Abweichungen des aktuellen Luftdrucks p vom Standardluftdruck p_n erfolgt eine Korrektur des aktuellen Dampfdruckes e. Hierzu multipliziert man in der Beziehung (4.32) den zweiten Term der rechten Seite mit $(p_n - p)/p_n$ und schreibt

$$\Delta e = 0,662(1 + 0,000944 \cdot t_w) \cdot (t - t_w) \cdot \frac{p_n - p}{p_n}. \quad (4.35)$$

So beträgt beispielsweise für $t_w = 10$ °C, p = 910 hPa, und $(t - t_w) = 5$ K die Dampfdruckkorrektur $\Delta e = 0,34$ hPa. Darüber hinaus kann diese Korrektur auch der Psychrometertafel entnommen werden, wobei für t_w stets 10 °C einzusetzen ist. Anhand des folgenden Beispiels lässt sich die Korrektur nachvollziehen.

Messwerte:

$t = 22,2\ °C,\ t_w = 15,5\ °C$

$t - t_w = 6,7\ °C$

$e_w(t_w) = 17,6143\ hPa, \quad e_w(t) = 26,7773\ hPa$

$1,0047 e_w(t_w) = 17,7\ hPa,\ e = 17,7\ hPa - 4,5\,hPa = 13,2\,hPa$

relative Feuchte: $(e/e_w(t)) \cdot 100\% = (13,\ 19/26,78) \cdot 100\% \sim 49\%$.

4.2.7.2 Schleuderpsychrometer

Verzichtet man auf einen wohldefinierten Ventilationsstrom, dann kann dieser durch einfaches Schleudern von ca. 2 min Dauer erzeugt werden. Die Ablesung der beiden Thermometer muss sehr rasch erfolgen, da eine zweite Ablesung einen erneuten Schleudervorgang erforderlich macht.

4.2.7.3 Maximumthermometer

Zur Bestimmung der Tageshöchsttemperatur werden Quecksilberthermometer verwendet, die eine 0,5-Gradteilung besitzen. Es sind Einschlussthermometer, etwa 29 cm lang, mit einem Messbereich wie beim Aßmann'schen Thermometer. Wenn die höchste Temperatur erreicht ist, reißt der Quecksilberfaden ab und bleibt in der Kapillare liegen, sobald sich das Quecksilber wieder in das Gefäß zurückziehen will (s. Abb. 4.13). Dies wird durch einen eingeschmolzenen Glasstift erreicht. Den getrennten Faden presst man durch kräftiges Schwingen von oben nach unten (wie bei einem alten Fieberthermometer) ins Gefäß zurück. Da man erst zum Abendtermin abliest, hat sich durch den Temperaturrückgang der Quecksilberfaden bereits wieder verkürzt, sodass eigentlich nach dem Ablesen eine Fehlerkorrektur notwendig ist (0,1 bis 0,2 K).

4.2.7.4 Minimumthermometer

Das Minimumthermometer ist ein Einschlussthermometer mit einer organischen Flüssigkeit (z. B. Äthylalkohol, Weingeist, Toluol) und hat eine ziemlich weite Kapillare.

Im Alkoholfaden befindet sich ein beweglicher Glasstift, der von der Oberflächenspannung der Flüssigkeit daran gehindert wird, in den von der Flüssigkeit freien Teil der Kapillare zu gelangen. Zum Einstellen wird es geneigt, damit sich der Glasstift bis ans Ende der Alkoholkuppe (zum Meniskus) bewegt. Bei sinkender Temperatur wird der Glasstift durch die Alkoholkuppe mitgenommen (Adhäsion) und bleibt liegen, wenn die Temperatur wieder steigt, da die Flüssigkeit nun am Glasstift vorbeifließt. Abgelesen wird immer am rechten Ende des Glasstabes.

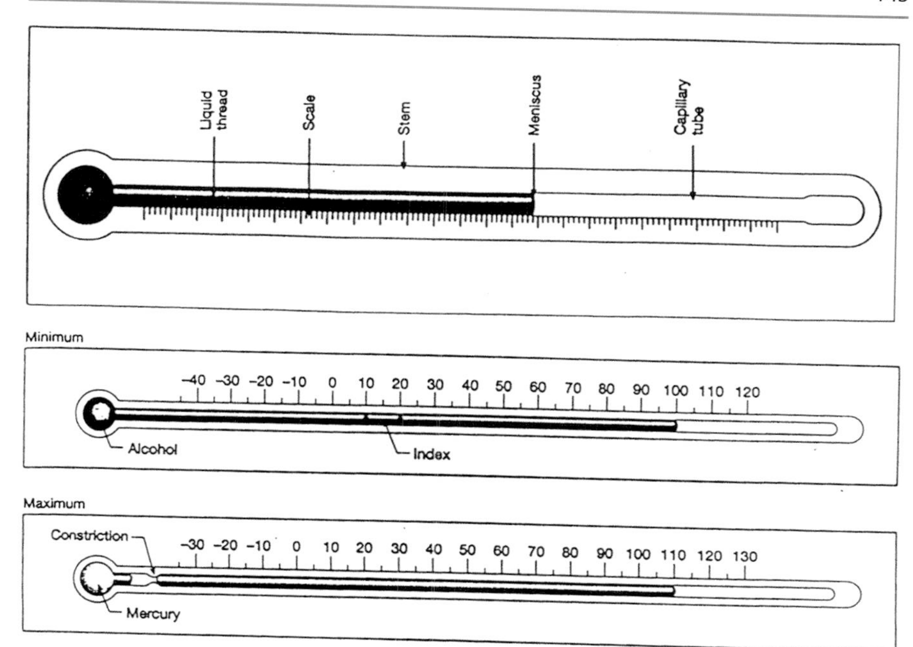

Abb. 4.13 Hüttenthermometer sowie Maximum- und Minimumthermometer

4.2.8 Übungen

Aufgabe 1 Wandeln Sie die nachstehenden Monatsmittelwerte der Temperatur von °F in °C um, und zeichnen Sie die mittleren Jahresgänge für die unten angeführten Stationen!

Monat	J	F	M	A	M	J	J	A	S	O	N	D
Honolulu, Hawai	71	71	71	73	75	77	78	78	78	77	74	72
(21°18'N)												
Hanoi, Vietnam	62	63	68	75	82	85	84	84	82	78	71	65
(21°04'N)												
Wadi Halfa, Sudan	61	63	71	80	87	90	90	90	87	83	73	63
(21°58'N)												
Hebron, Labrador	0	– 3	10	23	32	40	50	50	41	34	26	14
(58°11'N)												
Churchill, Manitoba	– 16	– 15	– 4	– 12	30	42	55	53	43	29	7	– 9
(58°45'N)												

Aufgabe 2 Luft besitzt einen kubischen Ausdehnungskoeffizienten von $\gamma = 0{,}003665\ K^{-1}$. An einem heißen Sommertag (36 °C) kontrolliert ein Autofahrer seinen Reifendruck und pumpt seine Reifen auf 2 atm gleich 2000 hPa auf.

(i) Wie groß ist der Reifendruck bei − 20 °C, wenn das Volumen konstant bleibt?
(ii) Um wie viel Prozent hat der Reifendruck abgenommen? (Verwenden Sie das kubische Ausdehnungsgesetz für die Temperaturabhängigkeit des Volumens, wobei V und V_0 durch p und p_0 zu ersetzen sind. Wählen Sie mit Sorgfalt das Vorzeichen in der Klammer.)
(iii) Warum misst ein Ballonfahrer in 5000 m Höhe tagsüber bei strahlendem Sonnenschein die gleiche Lufttemperatur wie in der dunklen Nacht?
(iv) Nennen Sie Gründe für die Pulsation der Erdatmosphäre oberhalb 100 km Höhe!

Aufgabe 3 In einem Hochdruckgebiet sinkt die Luft trockenadiabatisch von 5500 auf 1500 m ab. Welche Lufttemperatur wird im 850 hPa-Niveau gemessen, wenn die Ausgangstemperatur − 18 °C beträgt?

Aufgabe 4 Bei einer Messkampagne wird ein Tracergas (Schwefelhexaflourid SF_6) zur Untersuchung von Kaltluftabflüssen verwendet. Drei Stunden lang wird bei einer Temperatur von 4 °C und einem Luftdruck von 1030 hPa ein Massenfluss von $m = 1\ gs^{-1}$ freigesetzt.

(i) Welches Volumen nimmt das Gas unter diesen Bedingungen ein?
(ii) Wie groß ist sein spezifisches Volumen?
(Hinweis: Verwenden Sie zum Rechnen die Gaskonstante der Luft!)

Aufgabe 5 Infolge der Klimaänderung taut immer mehr Festlandeis auf bzw. gelangt schneller ins offene Meer.

(i) Wie groß ist die Wasseroberfläche der Erde, wenn eine Eismasse von 1000 km^3 vom Land ins Meer weg bricht und der Meeresspiegel sich dadurch um 2,5 mm erhöht? (Dichte des Eises: $\rho_{Eis} = 916\ kg \cdot m^{-3}$; Dichte des Wassers: $\rho_{Wasser} = 1000\ kg \cdot m^{-3}$).
(ii) Wodurch wird der Fehler verursacht, der zwischen Ihrer berechneten Wasseroberfläche und der wahren von $361 \cdot 10^6\ km^2$ auftritt.
(iii) Die Temperatur des Meereswassers ändere sich infolge des Klimawandels bis in eine Tiefe von 500 m. Um wie viel Kelvin nimmt die mittlere Wassertemperatur in dieser Schicht zu, wenn sich dadurch der Meeresspiegel um 2 cm erhöht? Verwenden Sie den linearen Ausdehnungskoeffizienten von Wasser $\alpha = 1{,}9 \cdot 10^{-4}\ K^{-1}$.
(iv) Wie viel Kubikkilometer Eis enthält die Eisdecke der Westantarktis, der Ostantarktis bzw. Grönlands, wenn bei ihrem Abschmelzen der Meeresspiegel weltweit um 5,80 um 50 bzw. um 7,30 m ansteigen würde?
(v) Warum können Sie in den obigen Rechnungen den linearen Ausdehnungskoeffizienten verwenden?

4.2.9 Lösungen

Aufgabe 1

Monat	J	F	M	A	M	J	J	A	S	O	N	D
Honolulu, Hawai (21°18'N)	21,7	21,7	21,7	22,8	23,9	25,0	25,6	25,6	25,6	25,0	23,3	22,2
Hanoi, Vietnam (21°04'N)	16,7	17,2	20,0	23,9	27,8	29,4	28,9	28,9	27,8	25,6	21,7	18,3
Wadi Halfa, Sudan (21°58'N)	16,1	17,2	21,7	26,7	30,6	32,2	32,2	32,2	30,6	28,3	22,8	17,2
Hebron, Labrador (58°11'N)	− 17,8	− 19,4	− 12,2	− 5,0	0	4,4	10,0	10,0	5,0	1,1	− 3,3	− 10,0
Churchill, Manitoba (58°45'N)	− 26,7	− 26,1	− 20,0	− 11,1	− 1,1	5,6	12,8	11,7	6,1	− 1,7	− 13,9	− 22,8

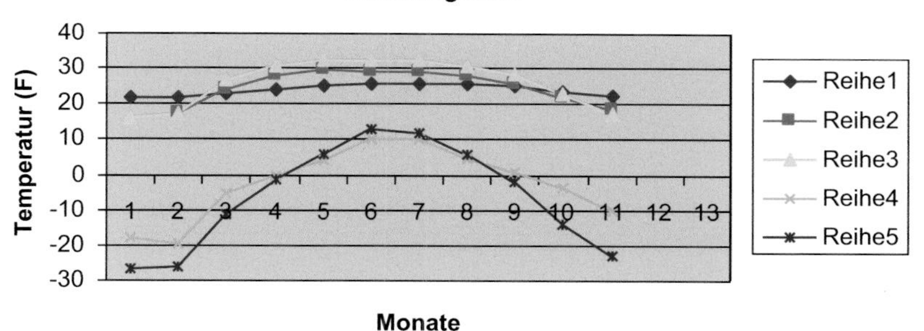

Es besteht ein deutlicher Unterschied in den Amplituden zwischen den maritim geprägten Jahresgängen von Honululu (dunkelblaue Kurve), Hanoi (pinkfarben) und Wadi Halfa (gelb) im Vergleich zu den kontinental geprägten von Churchill (hellblau) und Manitoba (lila).

Aufgabe 2

(i) $p = p_0(1-\gamma \cdot \Delta t) = 2000 \cdot (1-0{,}003665 \cdot 56) = 2000\left(1-0{,}20524\right)$

$p = 2000 \cdot 0{,}79476 = 1589{,}5\,\text{hPa};$

(ii) Der Druck hat sich um 20,5 % verringert.

(iii) Die Umwandlung der Sonnenstrahlung in Wärme erfolgt fast ausschließlich an der Erdoberfläche, sodass der Tagesgang der Temperatur in etwa 1500 m Höhe abgeklungen ist.
(iv) In der Hochatmosphäre wird ein Teil der UV-Strahlung absorbiert und in Wärme umgewandelt, so dass sich bei Strahlungsangebot tagsüber die Erdatmosphäre ausdehnt. Pulsationen in der Strahlungsflussdichte der Sonne führen zum Strecken und Schrumpfen der Hochatmosphäre.

Aufgabe 3

$$\Theta = 255{,}15 \cdot (500/850)^{0{,}268} = 221{,}3\ \text{K}, \quad 255{,}15\ \text{K} - 221{,}3\ \text{K} = 33{,}9\ \text{K},$$

$$-18\,°\text{C} + 33{,}9 = 15{,}9\,°\text{C oder: } 10\ \text{K} : 100\ \text{hPa} = x : 350\ \text{hPa}, \Delta t = 35\ \text{K}$$

Aufgabe 4
(i) $V = (m \cdot R \cdot T)/p = (10{,}8 \cdot 287 \cdot 277{,}15)/103000 = 8{,}34\ \text{m}^3$
(ii) $V_{spez} = 8{,}34/10{,}8 = 0{,}77\ \text{m}^3 \cdot \text{kg}^{-1}$

Aufgabe 5

(i) 1000 km^3 Eis $\rightarrow$ 2,5 mm Meeresspiegelanstieg
1000 km^3 entspricht $10^{12}\ \text{m}^3$. Da Schwimmgleichgewicht herrscht, verdrängt die Eismasse nur $9{,}16 \cdot 10^{14}$ kg Wasser, was einem Wasservolumen von $0{,}916 \cdot 10^{12}\ \text{m}^3$ entspricht. Damit beträgt die Oberfläche des Wassers:

$$O_{wasser} = 0{,}916 \cdot 10^{12}\,\text{m}^3/0{,}0025\ \text{m} = 3{,}664 \cdot 10^{14}\,\text{m}^2 = 366{,}4 \cdot 10^6\,\text{km}^2.$$

(ii) Folge der ungenauen Angaben zum Meeresspiegelanstieg. Bei $362 \cdot 10^6\ \text{km}^2$ ergibt sich ein Anstieg von 2,5293 mm.
(iii) $l = l_0(1 + \alpha t) \rightarrow 500\ \text{m} + 0{,}02\ \text{m} = 500\ \text{m}(1 + \alpha t)$

$$(500{,}02 - 500)/(\alpha \cdot 500) = \Delta t,\ 0{,}02/(500 \cdot 1{,}9 \cdot 10^{-4}) = 0{,}21\ \text{K}$$

Da sich Wasser in alle drei Richtungen ausdehnt, aber nur die Möglichkeit der Zunahme in vertikaler Richtung existiert, könnte man auch den dreifachen linearen Ausdehnungskoeffizienten verwenden, was zu einer notwendigen Temperatur von 0,07 K führen würde.
(iv) (a) $O(5{,}80\ \text{m}) = 366{,}4 \cdot 10^6\,\text{km}^2 \cdot 5{,}8 \cdot 10^{-3}\,\text{km} = 2.125{,}12 \cdot 10^3\,\text{km}^3 = 2{,}1 \cdot 10^6\,\text{km}^3$;
(b) $O(7{,}30\ \text{m}) = 2{,}6 \cdot 10^6\,\text{km}^3$; (c) $O(50\ \text{m}) = 18 \cdot 10^6\,\text{km}^3$.
In (a) bis (c) ist zu berücksichtigen, dass die Dichte des Eises nur $0{,}916\ \text{kg} \cdot 10^3\,\text{m}^{-3}$ beträgt, deshalb ergibt sich:
(a) = $2{,}29 \cdot 10^6\,\text{km}^3$; (b) = $2{,}84 \cdot 10^6\,\text{km}^3$; (c) = $19{,}65 \cdot 10^6\,\text{km}^3$
v) Das Eis dehnt sich nur in vertikaler Richtung aus (s. Kommentar zu 5(iii)).

4.3 Die Luftfeuchtigkeit

Als Luftfeuchtigkeit bezeichnet man den Gehalt der Luft an Wasserdampf, der überwiegend durch die Verdunstung von Wasser über den Weltmeeren in die Atmosphäre gelangt. Er übt als ideales Gas einen Partialdruck e (bzw. Dampfdruck) aus, sodass für den Gesamtluftdruck p_0 das Dalton'sche Gesetz

$$p_0 = \Sigma p_i \tag{4.36}$$

gilt, was bedeutet, dass sich der Gesamtdruck eines Gasgemisches aus den Partialdrücken p_i der Einzelgase zusammensetzt. Der Dampfdruck lässt sich anhand der einfachen Beziehung $e \sim 0{,}02 \cdot p$ abschätzen. Hierbei entspricht p dem Luftdruck von 1013,25 hPa, sodass e = 20,26 hPa folgt, wenn der Wasserdampfgehalt 2 Volumenprozent (möglich bei t ~ 20 °C) ausmacht. Er schwankt in der Regel zwischen 0 (vollkommen trockene Luft) und etwa 4 Volumenprozent (warme subtropische Luftmassen). Die derzeitig zu beobachtende Klimaänderung schließt auch eine Erwärmung der Troposphäre ein, sodass der Wasserdampfgehalt der Atmosphäre steigen muss, was einerseits zu einer Änderung des Bedeckungsgrades und damit des Niederschlagregimes sowie andererseits auch zu einer Zunahme des Bodenluftdrucks führt. Nach Satellitendaten (Mikrowellenmessungen) ist der Wassergehalt über den Ozeanen seit 1988 pro Jahrzehnt und Kubikmeter um 0,41 kg gestiegen, was sich auf den anthropogenen Treibhauseffekt zurückführen lässt, denn es gilt: Je wärmer die Atmosphäre wird, desto mehr Wasser verdampft und erhöht damit in den oberen Atmosphärenschichten (5 bis 12 km Höhe) den Treibhauseffekt, sodass eine so genannte positive Rückkopplung eintritt.

4.3.1 Gleichgewichtsformen zwischen Wasser und Wasserdampf

Wasserdampf tritt in gesättigter, unter- und übersättigter Form auf. Zur Klärung dieses Sachverhaltes betrachten wir ein Gefäß, das Wasser und Luft (Gemisch idealer Gase) enthält. Gemäß der Molekularphysik wird von jedem Gasbestandteil der Luft, das sich in Berührung mit der Wasseroberfläche befindet, ein Teil in der Flüssigkeit gelöst. Die jeweilig gelöste Menge hängt von der Natur des Gases und der Flüssigkeit, von der Temperatur sowie vom jeweiligen Partialdruck der im Gemisch enthaltenen Gase ab. Nimmt z. B. der Partialdruck eines Gases ab, dann entweicht so lange Gas aus der Flüssigkeit, bis das Gleichgewicht wiederhergestellt ist. So führt z. B. das Öffnen einer Mineralwasserflasche, in der unter Druck Kohlensäure im Wasser gelöst ist, zu einem stürmischen Entweichen derselben unter dem nach der Öffnung nun einwirkenden geringeren Atmosphärendruck. Darüber hinaus nimmt die Löslichkeit der Gase mit steigender Temperatur der Flüssigkeit ab.

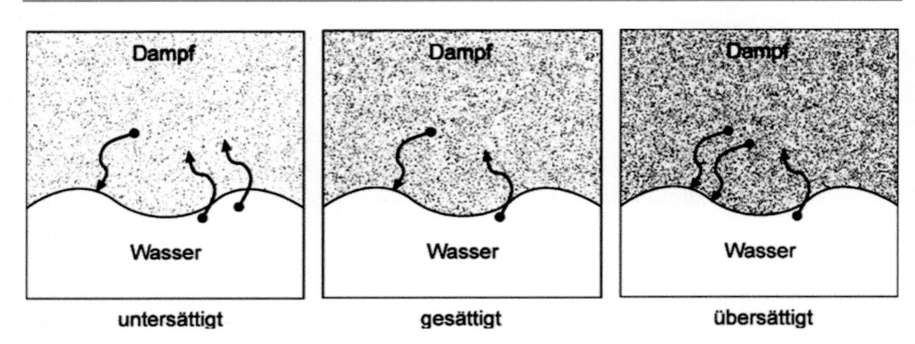

Abb. 4.14 Formen der Wasserdampfsättigung

Tab. 4.11 Sättigungsdampfdruck des Wasserdampfes in hPa über Wasser eW(t) bzw. Eis $e_E(t)$. (Nach Kraus 2001)

T (°C)	100	90	80	70	60	50	40	30	20	10	0
$e_w(t)$	1013,2	701,1	473,7	311,7	199,3	123,4	73,78	42,43	23,37	12,17	6,11
T (°C)	0	−5	−10	−15	−20	−25	−30	−35	−40	−45	−50
$e_w(t)$	6,108	4,215	2,863	1,912	1,254	0,807	0,509	0,314	0,189	0,111	0,064
$e_E(t)$	6,107	4,015	2,597	1,652	1,032	0,632	0,380	0,223	0,128	0,072	0,039

In unserem Gefäß (s. Abb. 4.14) erfolgt ein ständiger Strom von Wassermolekülen: und zwar einerseits von der Wasseroberfläche in Richtung Luft und andererseits aus dem Wasserdampf in Richtung Wasser. Sind beide Ströme gleich groß, dann ist der Wasserdampf gesättigt, d. h., er besitzt den Sättigungsdampfdruck $e_w(t)$. Bewegen sich mehr Wassermoleküle von der Wasseroberfläche in Richtung Luft (d. h. Wasser verdunstet) als umgekehrt, dann sprechen wir von untersättigtem Dampf, während im entgegengesetzten Fall (d. h. Wasser kondensiert) der Dampf übersättigt ist.

Wir erkennen aus diesen Überlegungen, dass der Gleichgewichtszustand von den Bindungen der Wassermoleküle im Molekülverband abhängt. Da die Bindungsenergie im Eis, über konkaven Oberflächen und im reinen Wasser größer als in Lösungen ist, gibt es unterschiedliche Abhängigkeiten für den Sättigungsdampfdruck $e_w(t)$, wie aus Tab. 4.11 zu ersehen ist. Außerdem bewirken die Unterschiede im Sättigungsdampfdruck spezielle Effekte in der Wolkenphysik. So wachsen die Eiskristalle in Mischwolken auf Kosten der unterkühlten Wassertröpfchen und in Wasserwolken die großen Tropfen mit stark konvexer Krümmung auf Kosten der kleinen mit schwach konvexer Krümmung. Die bei der Wolkenbildung zunächst entstehenden sehr kleinen Tröpfchen verdunsten trotz ihrer stark konvexen Krümmung nicht, da über der Lösung (Kondensationskerne im Tröpfchenwasser) eine Dampfdruckerniedrigung eintritt.

Eine genaue Betrachtung von Tab. 4.11 ermöglicht den Schluss, dass im Temperaturbereich von − 20 bis + 30 °C eine Erhöhung der Temperatur um 10 K in etwa einer Verdopplung des Wertes für den Sättigungsdampfdruck entspricht.

4.3.2 Wasserdampfdruck bei Sättigung

Bei einer vorgegebenen Temperatur kann der Wasserdampfdruck e eines Luftvolumens nicht über einen Höchstwert, den Sättigungsdampfdruck $e_w(t)$ steigen. Experimentell ergab sich, dass die maximal enthaltene Wasserdampfmenge allein von der Lufttemperatur und damit auch der Temperatur des Dampfes abhängt. Nach der Clausius-Clapeyron-Gleichung $de_w(t)/dT = L/(T \cdot \Delta v)$ bewirkt in Wasserwolken, in denen L die spezifische Verdampfungswärme von Wasser ($2{,}5 \cdot 10^6\ J \cdot kg^{-1}$) und Δv die Differenz der spezifischen Volumina im gasförmigen und flüssigem Zustand bedeuten, eine Temperaturerhöhung von 1 K etwa 8 % mehr Luftfeuchte.

Da sich diese Gleichung analytisch nur unter vereinfachenden Annahmen lösen lässt, wurde die Abhängigkeit des Sättigungsdampfdruckes $e_w(t)$ von der Temperatur auf experimentellem Wege bestimmt und eine Reihe empirischer Formeln abgeleitet (vgl. u. a. Linke 1970 und Sonntag 1990).

Eine dieser Beziehungen wird zu Ehren des deutschen Physikers und Chemikers Magnus (1802–1870) als Magnus-Formel bezeichnet und lautet:

$$e_w(t) = 6{,}10708 \exp\left(\frac{17{,}08085 \cdot t}{234{,}17 + t}\right) \tag{4.37}$$

Für t=0 °C folgt $e_w(t)$=6,1 hPa, für t=35 °C berechnet man $e_w(t)$=56,4 hPa. Da die Lufttemperatur über den Ozeanen, über denen Wasserdampfsättigung möglich ist, kaum 35 °C überschreitet, dürften 56,4 hPa den maximalen Dampfdruckwert darstellen. Damit macht der Wasserdampfdruck höchstens 5 % des Luftdruckes am Boden aus. Zahlenwerte für den Sättigungsdampfdruck in Abhängigkeit von der Temperatur sind in der Tab. 4.12 enthalten.

Tab. 4.12 Sättigungsdampfdruck $e_w(t)$ des Wasserdampfes (hPa), abhängig von der Temperatur t (°C)

t (°C)	0	1	2	3	4	5	6	7	8	9
30	42,47	44,97	47,60	50,36	53,25	56,29	59,48	62,82	66,33	70,00
20	23,37	24,86	26,43	28,08	29,83	31,67	33,61	33,65	37,80	40,05
10	12,27	13,12	14,02	14,97	15,98	17,04	18,17	19,37	20,63	21,96
+ 0	6,11	6,57	7,06	7,58	8,13	8,72	9,35	10,01	10,72	11,47
− 0	6,11	5,68	5,28	4,90	4,54	4,22	3,91	3,62	3,35	3,10
− 10	2,86	2,64	2,44	2,25	2,08	1,91	1,76	1,62	1,49	1,37
− 20	1,26	1,15	1,06	0,97	0,88	0,81	0,74	0,67	0,61	0,56
− 30	0,51	0,46	0,42	0,38	0,35	0,31	0,28	0,26	0,23	0,21

Die Daten gelten für eine ebene Wasseroberfläche (nach Häckel 1993, Kraus 2001, ASP 1998)

4.3.2.1 Relative Feuchte und Taupunkt

Das Verhältnis zwischen dem aktuellen und dem maximal möglichen Dampfdruck wird relative Feuchte RH genannt, für die gilt:

$$RH = 100 \cdot \frac{e}{e_w(t)} = 100 \frac{e_w(\tau)}{e_w(t)} (\%) \tag{4.38}$$

Sie ist ein Maß für den Sättigungsgrad der Luft, aber nicht für ihren Feuchtegehalt. Sättigt man Luft durch Temperaturerniedrigung mit dem in ihr enthaltenen Wasserdampf, dann bilden sich auf dem abgekühlten Körper kleine Wassertröpfchen, er beschlägt oder betaut, d. h., man hat den Taupunkt τ erreicht. In diesem Fall ist der herrschende Dampfdruck e gleich dem Sättigungsdampfdruck $e_w(\tau)$.

4.3.2.2 Taupunktsdifferenz, Kumuluskondensationsniveau

Die Differenz zwischen der aktuellen Temperatur t und dem Taupunkt τ wird als Taupunktsdifferenzz $(t - \tau)$ bzw. im Englischen als *spread* bezeichnet. Man verwendet sie, um anhand eines aerologischen Aufstiegs, wenn bereits Quellbewölkung vorhanden ist, das Kumuluskondensationsniveau H_k gemäß der Hennig'schen Formel zu bestimmen:

$$H_k = 125(t - \tau) \tag{4.39}$$

4.3.3 Wasserdampf als ideales Gas

Nimmt eine Wasserdampfmenge m_w unter dem Druck p_w bei der Temperatur T das Volumen V ein, so gilt die Zustandsgleichung für ideale Gase

$$p_w . V = m_w \cdot R_w \cdot T \quad \text{bzw.} \quad e = \rho_w \cdot R_w \cdot T \tag{4.40}$$

mit der Gaskonstanten für Wasserdampf $R_w = 461{,}6\ J \cdot kg^{-1} \cdot K^{-1}$. Für das Verhältnis $R_l/R_w = 287/461{,}6$ ergibt sich die dimensionslose Zahl 0,622, die man zur Berechnung der spezifischen Feuchte und des Mischungsverhältnisses benötigt.

4.3.4 Feuchtigkeitsmaße

Das Gemisch feuchte Luft = trockene Luft + Wasserdampf unterliegt in Abhängigkeit von der Temperatur größeren Schwankungen. Dabei erfolgt die Angabe des Wasserdampfgehaltes, also der Luftfeuchtigkeit, prinzipiell auf zweierlei Weise: entweder durch den Wasserdampfpartialdruck in hPa (wie bereits beschrieben) oder durch die Menge des Wasserdampfs (in Gramm), die in einem bestimmten Volumen (z. B. 1 m^3) enthalten ist. Die letztere Angabe entspricht physikalisch der Dichte des Wasserdampfs ρ_w.

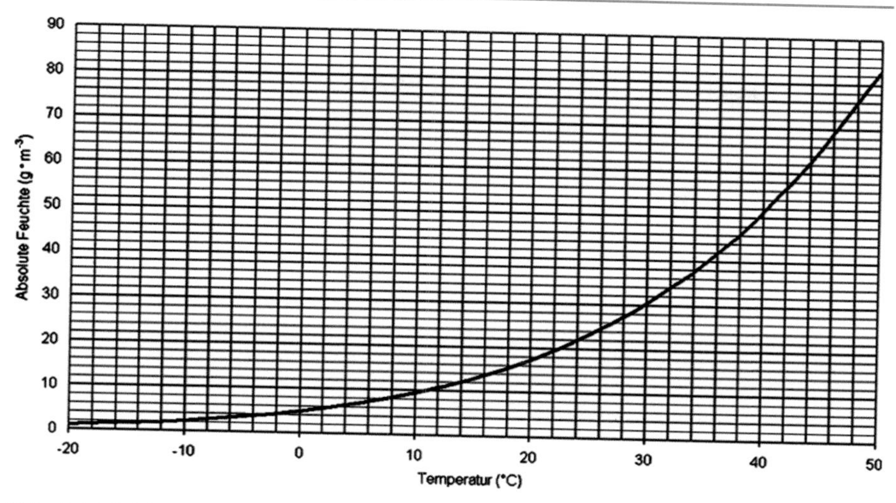

Abb. 4.15 Dichte des gesättigten Wasserdampfes (absolute Feuchte) in Abhängigkeit von der Temperatur

4.3.4.1 Absolute Feuchte a

Sie ist eine andere Bezeichnung für die Dichte ρ_w des Wasserdampfes und stellt ein direktes Maß für den Wasserdampfgehalt der Atmosphäre dar. Wenn man als Maßeinheit für die Dichte $g \cdot m^{-3}$ und nicht die SI-Einheit $kg \cdot m^{-3}$ wählt, folgt

$$a = 10^3 \cdot \rho_w \quad \text{mit} \quad \rho_w = e/R_w \cdot T. \tag{4.41}$$

Ein einfaches Beispiel soll die Vorgehensweise demonstrieren. Für einen Dampfdruck e = 20 hPa, eine Temperatur von 20 °C ≈ 293,15 K und mit $R_w = 461{,}6$ J/kg · K ergibt sich:

$$\rho_w = \frac{e}{R_w \cdot T} = \frac{20\,hPa \cdot kg \cdot K}{293{,}15\,K \cdot 461{,}6\,J} = \frac{2000\,N \cdot kg}{293{,}15 \cdot 461{,}6\,N \cdot m \cdot m^2} = 0{,}01485\,kg \cdot m^{-3} \tag{4.42}$$

Mit $a = 10^3 \cdot \rho_w$ resultiert $a = 14{,}85\ g \cdot m^{-3}$, während bei Sättigung des Wasserdampfes $a = 17{,}3\ g \cdot m^{-3}$ beträgt, was sich auch mittels Abb. 4.15 und Tab. 4.13 erkennen lässt.

4.3.4.2 Spezifische Feuchte s

Um den Feuchtigkeitsgehalt der Luft in verschiedenen Höhenniveaus, die eine unterschiedliche Temperatur und einen unterschiedlichen Luftdruck besitzen, vergleichen zu können, hat man zwei weitere Feuchtigkeitsmaße eingeführt, die spezifische Feuchte s und das Mischungsverhältnis m.

Tab. 4.13 Absolute Feuchte a bei Sättigung in Abhängigkeit von der Temperatur t (nach Paul 1996)

t	a	t	a	t	a
(°C)	($g \cdot m^{-3}$)	(°C)	($g \cdot m^{-3}$)	(°C)	($g \cdot m^{-3}$)
− 20	1,1	5	6,8	30	30,5
− 15	1,6	10	9,4	35	39,7
− 10	2,3	15	12,9	40	51,2
− 5	3,4	20	17,3	45	65,6
0	4,8	25	23,2	50	83,0

Betrachtet man ein Luftvolumen, so lässt sich die spezifische Feuchte s als das Verhältnis der Dichte des Wasserdampfes zur Dichte der feuchten Luft im Volumen V, also als

$$s = \frac{\rho_w}{\rho_l} \tag{4.43}$$

definieren oder als Verhältnis der im Volumen befindlichen Wasserdampfmasse m_w zur Gesamtmasse der feuchten Luft mit $m = m_l + m_w$, sodass man

$$s = \frac{m_w}{m} = \frac{m_w}{m_w + m_l} = 0{,}622 \frac{e}{p - (1 - m_w/m_l) \cdot e} \tag{4.44}$$

schreiben kann, wobei $(1 - m_w/m_l)$ dem Zahlenwert 0,378 entspricht. Da $0{,}378 \cdot e$ viel kleiner als p ist, gilt als gute Näherung

$$s \approx 0{,}622 \frac{e}{p}. \tag{4.45}$$

4.3.4.3 Mischungsverhältnis m

Das Mischungsverhältnis m ist das Verhältnis der Dichte des Wasserdampfes zur Dichte des trockenen Anteils der Luft, also

$$m = \frac{\rho_w}{\rho_l} \tag{4.46}$$

oder das Verhältnis der Masse des Wasserdampfes m_w zu der Masse trockener Luft m_l:

$$m = \frac{m_w}{m_l} = 0{,}622 \frac{e}{p - e} \tag{4.47}$$

Tab. 4.14 Mischungsverhältnis m in g/kg bei Sättigung in Abhängigkeit vom Luftdruck. (ASP 1998, Berry 1973)

p (hPa)	1040	1030	1020	1010	1000	990	980	970	960
t (°C)									
0	3,69	3,73	3,77	3,80	3,84	3,88	3,92	3,96	4,00
5	5,29	5,34	5,39	5,45	5,50	5,56	5,61	5,67	5,73
10	7,47	7,54	7,62	7,69	7,77	7,85	7,93	8,01	8,10
15	10,42	10,52	10,63	10,74	10,84	10,96	11,07	11,19	11,30
20	14,38	14,52	14,67	14,82	14,97	15,12	15,28	15,44	15,61
25	19,65	19,85	20,05	20,25	20,46	20,57	20,89	21,11	21,34

Da praktische Messungen der Masse schwierig sind, erfolgt die Bestimmung der Feuchtemaße meist indirekt über Druckmessungen. Verwendet man die Zustandsgleichungen für trockene und feuchte Luft, so erhält man:

$$(p_l - e)V = m_l RT \qquad \text{und} \qquad eV = m_w R_w T \tag{4.48}$$

Daraus ergibt sich, wenn man die beiden Gleichungen nach V auflöst und berücksichtigt, dass $R_l/R_w = 0{,}622$ ist, der bereits bekannte Ausdruck für das Mischungsverhältnis:

$$m = 0{,}622 \frac{e}{p - e} \sim e/p \tag{4.49}$$

Die spezifische Feuchte s und das Mischungsverhältnis m sind dimensionslose Zahlen (stets kleiner als 0,04). Daher verwendet man in der Praxis gewöhnlich das Tausendfache dieser Zahlenwerte.

Die spezifische Feuchte wird als das Gewicht des Wasserdampfes in g pro kg feuchter Luft ausgedrückt, das Mischungsverhältnis als Masse des Wasserdampfes in g pro kg trockener Luft. In einem Kilogramm Luft sind gewöhnlich nur einige Gramm Wasserdampf enthalten (im Falle der Sättigung vgl. Tab. 4.14).

4.3.4.4 Virtuelle (scheinbare) Temperatur T_v

Da die Dichte das Verhältnis von Masse zum Volumen darstellt, und das Molekulargewicht des Wasserdampfes $m_w = 18{,}016\ \text{kg} \cdot \text{kmol}^{-1}$ ist, während das der Luft $m_l = 28{,}96\ \text{kg} \cdot \text{kmol}^{-1}$ beträgt, resultiert, dass feuchte Luft eine geringere Dichte als trockene Luft besitzt. In der Meteorologie hat sich deshalb eingebürgert, die verringerte Dichte feuchter gegenüber trockener Luft nicht durch ein Feuchte-, sondern durch ein Temperaturmaß zu beschreiben. Man geht dabei davon aus, dass sich mit zunehmender Temperatur die Dichte eines Gases verringert. Damit besteht die Möglichkeit, die geringere Dichte feuchter Luft durch einen Temperaturzuschlag zur aktuellen Temperatur zu berücksichtigen, d. h. eine virtuelle Temperatur T_v zu definieren:

Tab. 4.15 Virtueller Temperaturzuschlag ΔT_s für gesättigte Luft

t(°C)	−40	−20	0	10	20	30
ΔT_s (°C)	0,016	0,12	0,63	1,3	2,6	4,8

$$T_v \equiv (1 + 0{,}608 \cdot s)T \quad \text{mit} \quad s = \frac{\rho_w}{\rho_w + \rho_l} \tag{4.50}$$

Der Ausdruck 0,608 s · T wird als virtueller Temperaturzuschlag ΔT bezeichnet.

Bei dieser Vorgehensweise entsteht die Frage, um wie viel sich unter normalen atmosphärischen Bedingungen der Wert der virtuellen Temperatur T_v von dem der aktuellen Temperatur T unterscheidet? Die Antwort dazu ergibt sich aus einem Beispiel und anhand von Tab. 4.15. Nehmen wir als typisches Maß für die spezifische Feuchte s ungesättigter Luft s = 10 g/kg = 0,01 an, so erhalten wir

$$\Delta T = 0{,}608 \cdot 0{,}01 \cdot T.$$

Mit T = 290 K ergibt sich letztlich

$$T_v = T + \Delta T = 290{,}0 + 1{,}76\ \text{K} = 291{,}7\ \text{K}$$

für die virtuelle Temperatur, also ein Temperaturzuschlag von etwa 1,7 K. Für gesättigte Luft erhöht sich der Temperaturzuschlag auf 2,6 K, wie man Tab. 4.15 entnehmen kann.

Die vorstehenden Daten zeigen, dass der virtuelle Temperaturzuschlag bei Lufttemperaturen größer 0 °C nicht vernachlässigbar ist, sodass zur Bestimmung der Dichte subtropischer und tropischer Luftmassen stets die virtuelle Temperatur zu verwenden ist.

Für eine relative Feuchte < 100 % reduziert sich der Zuschlag ΔT gemäß Tab. 4.15 um

$$\Delta T = \frac{RH}{100} \Delta T_s. \tag{4.51}$$

Mit der Einführung der virtuellen Temperatur besitzt die Zustandsgleichung für ideale Gase die nachstehende Form

$$p = \rho \cdot R_d \cdot T_v \cdot V, \tag{4.52}$$

wobei R_d mit 287 $J \cdot kg^{-1} \cdot K^{-1}$ der Gaskonstanten der trockenen Luft entspricht.

4.3.5 Feuchtemessung

Auf der Basis des hydrologischen Zyklus zirkuliert Wasser zwischen den ozeanischen, terrestrischen und atmosphärischen Reservoirs und verbleibt etwa 10 Tage in der Atmosphäre, wo es in allen drei Aggregatzuständen auftritt. Als Feuchte wird dabei der gasförmige Anteil des Wassers in der Atmosphäre bezeichnet und mittels Hygro- oder Psychrometern gemessen. Gemäß Moran 1997 war wahrscheinlich Leonardo da Vinci der Erste, der im 15. Jahrhundert die Hygroskopizität von Baumwolle zur Feststellung der Luftfeuchte nutzte, später wurden dazu rote Frauenhaare verwendet.

Feuchtemessungen mittels Radiosonden basieren dagegen auf der Änderung des elektrischen Widerstandes bestimmter chemischer Substanzen bei der Adsorption von Wasser, was man messtechnisch ausnutzt.

4.3.5.1 Taupunktsspiegel

Der Taupunkt ist diejenige Temperatur, bei der Wasserdampfsättigung der Umgebungsluft eintritt. Kühlt man folglich ein nicht hygroskopisches Material ab, so kann das Erreichen des Taupunktes durch Kondensation von Wasserdampf auf diesem Material (meist in spiegelnder Form) sichtbar gemacht werden. Um eine höchstmögliche Messgenauigkeit zu erreichen, setzt man den Mittelwert der Spiegeltemperatur der Taupunktstemperatur gleich.

Mit der Entwicklung von Peltier-Kühlelementen (Peltier entdeckte 1834, dass die Lötstellen zweier verschiedener Metalle bei Stromdurchfluss eine unterschiedliche Temperatur aufweisen) wurde erstmals eine geeignete Kältequelle geschaffen, um leistungsfähige Taupunktsmesser konstruieren zu können. Durch Kühlung des Spiegels (Goldoberfläche) mittels eines Peltierelements kann eine Temperaturdifferenz zwischen dem Spiegel und der Umgebungsluft von maximal 50 K realisiert werden. Beleuchtet man die Spiegelfläche, dann tritt bei Kondensation eine diffuse Reflexion des Lichtstrahls auf. Das Streulicht wird entweder direkt beobachtet oder zu einem Fotoempfänger geleitet, der das empfangene Signal weitergibt, sodass es besser verarbeitet werden kann.

4.3.5.2 Haarhygrometer

Das Messprinzip basiert auf der Tatsache, dass entfettetes Haar von Menschen (aber auch Schafen und Pferden) in Abhängigkeit von der relativen Feuchte der Luft eine Längenänderung erfährt. So entspricht eine Erhöhung der relativen Feuchte von 0 auf 100 % einer Verlängerung des Haares um 2,5 %. Dabei erfolgt die Längenänderung nicht linear. So dehnt sich das Haar bei einer Zunahme der Feuchte von 0 auf 10 % um etwa 20 %, bei Erreichen von 50 bis 90 % Feuchte aber jeweils nur noch um 5 % je Zehnerstufe aus.

Die Längenänderung des Haares kann auf einen Zeiger oder einen Schreibarm übertragen und hierbei vergrößert werden. Auf einer geeichten Skala liest man die relative Feuchte direkt ab, wobei die Messgenauigkeit bei 2 bis 5 Feuchteprozenten liegt.

4.3.5.3 Psychrometer

Ein Psychrometer besteht aus zwei Thermometern, wovon bei einem die Thermometerkugel mit einem Musselinstrumpf überzogen ist, der vor dem Messvorgang mit destilliertem Wasser befeuchtet werden muss. Es existiert also ein feuchtes und ein trockenes Thermometer. Mithilfe des trockenen Thermometers misst man die aktuelle Lufttemperatur, während das feuchte Thermometer beim Schleudervorgang Wasserdampf an die Luft abgibt und deshalb durch den Verdunstungsstrom eine niedrigere Temperatur aufweist. Generell gilt: Je trockener die Umgebungsluft, desto größer ist die psychrometrische Differenz. Mittels psychrometrischer Tafeln lässt sich anschließend aus dieser Differenz und der Temperatur des trockenen Thermometers die relative Feuchte bzw. der Taupunkt bestimmen.

4.3.6 Übungen

Aufgabe 1 Bestimmen Sie die virtuelle Temperatur für eine Luftfeuchte von 100 % bzw. 50 %, wenn die Lufttemperatur 0,5 °C bzw. 32 °C beträgt. Verwenden Sie die folgenden Werte: $\rho_{ws;0,5} = 5{,}014\ \mathrm{g \cdot m^{-3}}$, $\rho_{ws;32} = 33{,}76\ \mathrm{g \cdot m^{-3}}$,

$$\rho_{l;0,5} = 1{,}292\ \mathrm{kg \cdot m^{-3}}, \quad \rho_{l;32} = 1{,}167\ \mathrm{kg \cdot m^{-3}}$$

Aufgabe 2 Der Sättigungsdampfdruck der Atmosphäre ist eine Funktion der Temperatur. Zeichnen Sie zum vorliegenden Temperaturprofil ein Wasserdampfsättigungsprofil!

Boden	18 °C	4 km	− 5 °C	8 km	− 31 °C
1 km	11 °C	5 km	− 11 °C	9 km	− 39 °C
2 km	6 °C	6 km	− 17 °C	10 km	− 46 °C
3 km	1 °C	7 km	− 24 °C	11 km	− 50 °C

Aufgabe 3

(i) Benennen Sie die am häufigsten verwendeten Größen und Maßeinheiten für den atmosphärischen Wasserdampf!

(ii) Ermitteln Sie anhand der vorliegenden Kurve (s. Abb. 4.15) den Taupunkt für Luft mit einer absoluten Feuchte von 10 g · m^{-3}, 20 g · m^{-3} und 40 g · m^{-3}!

(iii) Die Dichte des Wasserdampfes, auch absolute Feuchte genannt, ist temperaturabhängig. Bestimmen Sie anhand des vorliegenden Diagramms für − 12 , + 14 und + 38 °C die maximale Wasserdampfdichte!

(iv) Ein aufsteigendes Luftpaket enthält 15 g · m^{-3} Wasserdampf. Wie hoch ist sein Taupunkt bei 20, 30 und 40 °C?

(v) Ein Luftvolumen von 4 m^3 enthält bei 20 °C eine Wasserdampfmenge von 32 g. Bestimmen Sie seine absolute Feuchte und relative Feuchte sowie seinen Taupunkt.
(vi) 1 m^3 gesättigte Luft kühlt sich von 38 auf 30 °C ab. Bestimmen Sie die freiwerdende latente Wärme $Q = m \cdot L$ gemäß der obigen Tabelle!

Aufgabe 4 Bestimmen Sie für einen aktuellen Dampfdruck von 10,04 hPa, einen Luftdruck von 1010 hPa sowie einer Lufttemperatur von 20,5 °C das Mischungsverhältnis m, die spezifische Feuchte s, die absolute Feuchte a, den Taupunkt τ, die relative Feuchte RH, das Hebungskondensationsniveau H_k und die virtuelle Temperatur T_v. (Hinweis: Phasenumwandlungswärmen von Wasser in 10^3 kJ/kg).

4.3.7 Lösungen

Aufgabe 1

$$s_{0,5} = \frac{5{,}014}{1292 + 5{,}014} = 0{,}00387, \quad s_{32} = \frac{33{,}76}{1167 + 33{,}76} = 0{,}02812$$

100 % Feuchte

$$T_v = 273{,}65(1 + 0{,}608 \cdot 0{,}00387) = 274{,}29 \text{ K} = 1{,}14\,°\text{C}, \quad \Delta T = 0{,}64 \text{ K}$$
$$T_v = 305{,}15(1 + 0{,}608 \cdot 0{,}02812) = 310{,}37 \text{ K} = 37{,}22\,°\text{C}, \quad \Delta T = 5{,}22 \text{ K}$$

50 % Feuchte

$$T_v = 273{,}65(1 + 0{,}608 \cdot 0{,}001935) = 273{,}97 \text{ K} = 0{,}82\,°\text{C}, \quad \Delta T = 0{,}32 \text{ K}$$

$$T_v = 305{,}15(1 + 0{,}608 \cdot 0{,}01406) = 307{,}76 \text{ K} = 34{,}60\,°\text{C}, \quad \Delta T = 2{,}61 \text{ K}$$

(Die zweite Rechnung ist nicht zwingend notwendig, man kann die obigen Werte durch 2 dividieren!)

Aufgabe 2 Aus der Psychrometertafel sind die Werte für den Sättigungsdampfdruck zu entnehmen und anschließend die absolute Feuchte zu berechnen (s. Tabelle). Dann kann mit Excel die Graphik erstellt werden.

km	$g \cdot m^{-3}$	km	$g \cdot m^{-3}$	km	$g \cdot m^{-3}$
Boden	16,67	4	3,40	8	0,37
1	10,60	5	2,13	9	Keine
2	7,55	6	1,31	10	Tafel-
3	5,31	7	0,71	11	Werte

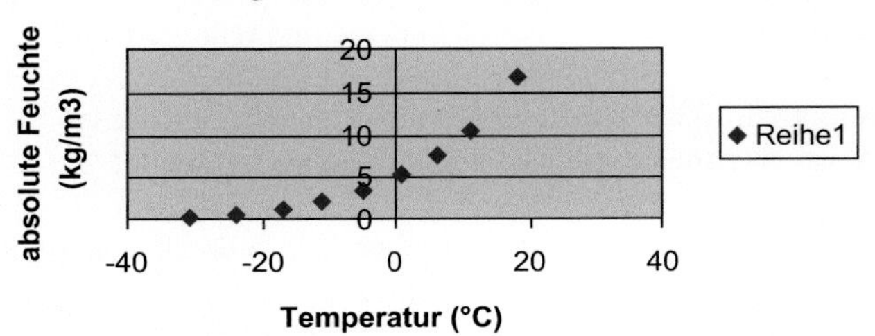

Aufgabe 3

(i) Dampfdruck, Sättigungsdampfdruck, absolute Feuchte, relative Feuchte, Taupunkt, spezifische Feuchte, Mischungsverhältnis, virtuelle Temperatur

(ii) $\tau = 10\,°C$, $\tau = 22{,}5\,°C$, $\tau = 35\,°C$

(iii) $a = 2\ g \cdot m^{-3}$, $a = 12\ g \cdot m^{-3}$, $a = 46\ g \cdot m^{-3}$

(iv) τ ist für alle drei Fälle stets 17 °C

(v) aktuelle Sättigung für 1 m^3:8 g m^{-3}, maximale Sättigung $\approx 17\ g \cdot m^{-3}$ (bei 20 °C)

$$RH = (8/17) \cdot 100 \sim 47\%$$
$$= 7{,}5\,°C \ (\text{bei } 8\ g)$$

(vi) $a(38) = 46\ g \cdot m^{-3}$, $a(30) = 30\ g \cdot m^{-3}$, $\Delta a = 16\ g \cdot m^{-3}$

$$Q = m \cdot L = \rho \cdot V \cdot L = 16 \cdot 1 \cdot 2418\ J \cdot g^{-1} (g \cdot m^{-3} \cdot m^3 \cdot J \cdot g^{-1}) = 38{,}7\ kJ$$

Aufgabe 4

Mischungsverhältnis: $m = 0{,}622 \dfrac{10{,}04}{1010 - 10{,}04} = 6{,}245\ g \cdot kg^{-1}$

Spezifische Feuchte: $s = 0{,}622 \dfrac{10{,}04}{1010} = 6{,}183\,g \cdot kg^{-1}$

Absolute Feuchte $a = 10^3 \cdot \rho_w = \dfrac{1004}{461 \cdot 293{,}65} \cdot 10^3 = 7{,}42\ g \cdot m^{-3}$

Taupunkt $\tau = 6{,}3\ K$ (Kurvenwert)

Relative Feuchte $RH = \dfrac{10{,}04}{24{,}13} \cdot 100\,\% = 41{,}6\,\%$

Virtuelle Temperatur $T_v = (1 + 0,608 \cdot 0,006183)293,65 = 294,75\ K,\ \Delta T = 1,1\ K$

Hebungskondensationsniveau $H_k = 125(20,5 - 6,3) = 1775\,m$

4.4 Meteore, Hydrometeore, Wolken und Nebel

Laut Wolkenatlas 1990 bezeichnet man als Meteor eine in der Erdatmosphäre oder an der Erdoberfläche zu beobachtende Erscheinung in Form von schwebenden, fallenden oder abgelagerten wässrigen bzw. nicht wässrigen, flüssigen oder festen Teilchen oder eine Erscheinung optischen bzw. elektrischen Charakters, also eine Vielzahl von natürlichen atmosphärischen Phänomenen, die sich anhand ihres Phasenzustandes sowie ihrer optischen und elektrischen Charakteristik wie folgt klassifizieren lassen:

- **Hydrometeore** flüssige, gefrorene wässrige Teilchen
- **Lithometeore** Ansammlung fester Teilchen (Staub, Sand, Asche)
- **Photometeore** Lichterscheinungen (Halo, Hof, Kranz, Glorie, Regenbogen, Irisieren)
- **Elektrometeore** sichtbare und hörbare Folgeerscheinungen der atmosphärischen Elektrizität (Blitze, Donner, Elmsfeuer, Polarlichter)

Als Hydrometeore gelten somit Ansammlungen von flüssigen oder gefrorenen Wasserteilchen, die in der Luft schweben oder fallen, durch den Wind von der Erdoberfläche aufgewirbelt worden sind oder sich an Gegenständen am Erdboden bzw. in der Luft absetzen. Man unterteilt sie unter anderem (s. Tab. 4.16) in:

- **schwebende Teilchen**
  Wolken, Dunst, Nebel oder Eisnebel ($t < 0$ °C)
- **fallende Teilchen**
  Regen, Sprühregen (Niesel), Schnee, Schneegriesel, Reif- und Frostgraupel, Eisnadeln, Hagel und Eiskörner
- **aufgewirbelte Teilchen**
  Schneefegen und -treiben, Gischt
- **abgelagerte Teilchen**
  Nebeltropen, Tau, Reif, Raureif, Glatteis

Unter den schwebenden Hydrometeoren sind die Wolken am aufschlussreichsten, denn sie geben Auskunft über ihre Mikrostruktur (Wasser-, Eis- oder Mischwolken), die vertikale Temperatur-, Feuchte- und Aerosolverteilung sowie gleichzeitig auch Hinweise auf das klein- und großräumige Strömungsfeld und den Turbulenzgrad der Luft. Wolken befinden sich in einem ständigen Entwicklungsprozess und besitzen daher eine große Mannigfaltigkeit an Erscheinungsformen. Trotzdem war

Tab. 4.16 Größe und Fallgeschwindigkeit von Wolken- und Niederschlagselementen. (nach verschiedenen Autoren)

Wolken- bzw. Niederschlagselemente	Durchmesser (mm)	Fallgeschwindigkeit
Wolkenelemente	$1 \cdot 10^{-3}$	$< 0{,}1\ mm \cdot s^{-1}$
	$2 \cdot 10^{-3}$	$0{,}1\ mm \cdot s^{-1}$
	$1 \cdot 10^{-2}$	$0{,}3\ mm \cdot s^{-1}$
Nebel	$2 \cdot 10^{-2}$	$1{,}3\ cm \cdot s^{-1}$
	$1 \cdot 10^{-1}$	$27{,}0\ cm \cdot s^{-1}$
Nässender Nebel	$2 \cdot 10^{-1}$	$70{,}0\ cm \cdot s^{-1}$
Niederschlagselemente		
Flüssig		
Sprühregen	0,4	$1{,}7\ m \cdot s^{-1}$
Leichter Regen	1,0	$4{,}0\ m \cdot s^{-1}$
Mäßiger Regen	2,0	$6{,}0\ m \cdot s^{-1}$
Starkregen	4,0	$9{,}0\ m \cdot s^{-1}$
Wolkenbruch	6,0	$11{,}0\ m \cdot s^{-1}$
Fest		
Eisnadeln	2,0	$0{,}7\ m \cdot s^{-1}$
Eiskristalle	1–5	$0{,}5\ m \cdot s^{-1}$
Graupel	2,0	$1{,}5\ m \cdot s^{-1}$
Graupel	5,0	$2{,}6\ m \cdot s^{-1}$
Hagel	20,0	$18{,}0\ m \cdot s^{-1}$
Hagel	40,0	$33{,}0\ m \cdot s^{-1}$

es möglich, häufig beobachtete charakteristische Strukturen zu definieren und anschließend zu klassifizieren.

Per Definition entspricht eine Wolke einem Ensemble von Hydrometeoren, das aus winzigen Wasser- oder Eisteilchen (oder aus beiden) besteht, die in der Luft schweben. Sie kann auch größere Wasser- oder Eisteilchen sowie solche Teilchen enthalten, wie sie in Abgasen, Rauch oder Staub vorkommen.

Wolken sind formenreich, durchlaufen einen Entwicklungszyklus und überdecken Gebiete von einigen hundert Metern (Schönwettercumuli) bis zu einigen Tausend Kilometern (maritime Stratusbewölkung). Gekoppelt daran sind Lebensdauern von einigen Minuten bis zu einigen Tagen. Sie stellen keine isolierten Phänomene dar, sondern sie sind sowohl an die Strömungsvorgänge der freien Atmosphäre gebunden als auch in den hydrologischen Zyklus eingebettet. Insgesamt stehen im Wasserkreislauf der Erde $1358 \cdot 10^6\ km^3$ Wasser zur Verfügung. Davon entfallen

- 97,220 % auf die Ozeane,
- 2,150 % auf die Kryosphäre,
- 0,620 % auf das Grundwasser,
- 0,009 % auf das Oberflächenwasser,
- 0,001 % auf die Atmosphäre.

Die letzte Angabe entspricht 1–4 Volumenprozent atmosphärischen Wasserdampfs. Wichtig ist hierbei, dass dieser bei den gegebenen Temperatur- und Druckverhältnissen sowohl kondensiert als auch sublimiert. In der Regel tritt atmosphärisches Wasser zu 96 % in Form von Wasserdampf, zu 4 % als flüssiges Wasser und in winzigen Anteilen als Eis auf.

Die Speicherkapazität der Atmosphäre für Wasserdampf wird in Abhängigkeit von der Temperatur durch den Sättigungszustand begrenzt (100 % relative Feuchte). Sie ist meist nicht ausgeschöpft, da die relative Feuchte in der Regel 100 % unterschreitet.

Gegenwärtig entspricht die Gesamtmenge der jährlichen Verdunstung und damit des Niederschlags $0{,}5 \cdot 10^6\,km^3$ Wasser. Das bedeutet die 30-fache Menge des gesamten atmosphärischen Wassers, sodass das am Kreislauf beteiligte Wasser den Zyklus 30-mal durchlaufen muss, was eine hohe Umsatzrate darstellt.

4.4.1 Wolkenbildung

Wolken entstehen in der Atmosphäre durch Kondensation und Sublimation von Wasserdampf, immer dann, wenn der Partialdruck des Wasserdampfs, der stark von der Temperatur abhängig ist (s. Clausius-Clapeyron-Gleichung), den Sättigungspartialdruck erreicht oder übersteigt. Dazu muss die Luft mit Wasserdampf gesättigt sein und feste, luftgetragene Teilchen – die Aerosole – als Kondensationskerne bzw. als Eiskeime enthalten.

Weil die Lufttemperatur in der Regel mit der Höhe stark abnimmt, bilden sich in größeren Höhen Wolken bei Temperaturen unter dem Gefrierpunkt. Dabei bleiben in einer sauberen Atmosphäre unterkühlte Wolkentröpfchen bis zu Temperaturen von etwa − 40 °C flüssig und gefrieren spontan erst bei tieferen Werten (vgl. Abb. 4.16). Folglich können in der unteren und mittleren Troposphäre alle drei Phasen des Wassers koexistieren, sodass Mischwolken entstehen. Die für die Kondensation und Sublimation erforderliche Sättigung wird in den meisten Fällen durch Abkühlung der Luft infolge Expansion während der Aufwärtsbewegung erreicht. In der oberen Troposphäre bilden sich Eiswolken (Cirren).

Da Kondensationskerne immer reichlich vorhanden sind, wird in einer Wolke höchstens eine Übersättigung von 1 bis 2 % beobachtet. In kontinentaler, staubreicher Luft beträgt die Anzahl der Keime 100 bis 1000 m^{-3}, in maritimer 10 bis 100. Somit findet man in den Wolken über Land viele kleine Tröpfchen, wodurch die Albedo zunimmt, sodass sie heller wirken, über See dagegen weniger, aber dafür größere Tröpfchen.

Wolkenkondensationskerne und Eiskeime reagieren im Allgemeinen chemisch mit Wasser oder Eis. Damit stellen Wolken reaktive Systeme dar, die die chemischen Eigenschaften der Luft verändern. Beim Fallen sammeln die Hydrometeore Aerosole und Gaspartikel ein, sodass ausfallender Niederschlag einen Reinigungsprozess der Atmosphäre bewirkt. Es regnet jedoch nur aus 10 % aller Wolken (s. Tab. 4.16).

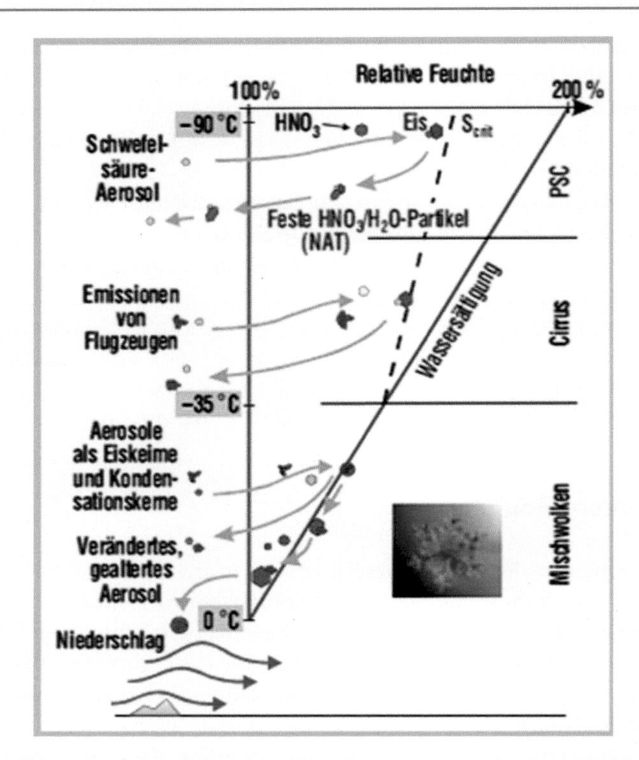

Abb. 4.16 Bildungsmechanismus von Wolken (Höhenschnitt durch die Atmosphäre), Flüssigwassersättigung (geneigte Linie), Eisübersättigung (gestrichelte Linie). (© Möhler 2003)

Zum Studium der vielfältigen und komplizierten Prozesse der Wolkenphysik und -dynamik sei an dieser Stelle auf die Lehrbücher von Mason 1957 und 1971, Pruppacher 1997 sowie die Veröffentlichungen von Beheng 1993 und Wacker 1993 verwiesen.

4.4.2 Indirekte Aerologie

Die Beobachtung von Wolken bietet Möglichkeiten, auf atmosphärische Prozesse und Zustände zu schließen. Sie vermittelt Hinweise auf die/den

- atmosphärische Stabilität (Auftreten von Schauern, Gewittern),
- Höhenströmung und
- kommenden Wetterablauf (Bewölkungsaufzug).

Wolkenbeobachtungen kombiniert mit Luftdruckwerten (z. B. Falltendenzen) sowie Windbeobachtungen in Bodennähe und in der freien Atmosphäre gestatten eine lokale Wettervorhersage.

4.4.3 Wolkenklassifikationen

Für die Klassifikation fasst man charakteristische Wolkenformen zu größeren Klassen zusammen. Man unterscheidet zwischen genetischen Klassifikationen, die die Art der Entstehung berücksichtigen, und morphologischen Klassifikationen, die vom allgemeinen Aussehen ausgehen, d. h. von der Form, der Struktur und der vertikalen Erstreckung der Wolke sowie von der Höhe der Wolkenbasis.

Genetische Klassifikation Als Einteilungsprinzip dient die Art der Vertikalbewegung, durch die die Kondensation hervorgerufen wird, denn in den meisten Fällen entstehen Wolken durch Hebung der Luftpartikel und der damit verbundenen adiabatischen Abkühlung unter den Taupunkt. In der Meteorologie spielen folgende Vertikalbewegungsprozesse eine wichtige Rolle:

- **großräumige Vertikalbewegungen**
  Hebung einer Luftschicht über einem großen Gebiet (z. B. im Warmsektor von Zyklonen) – es bildet sich Schichtbewölkung.
- **kleinräumige Vertikalbewegungen**
  Hebung infolge thermischer Konvektion (Thermikblasen besitzen 300–600 m über Grund einen Durchmesser von wenigen Hundert Metern) – es entstehen cumuliforme Wolken, da im horizontalen Mittel der vertikale Massentransport null sein muss, ist über anderen Gebieten absinkende Luftbewegung erforderlich.
- **reibungsbedingte Vertikalbewegungen**
  Hebung durch mechanische Turbulenz am Erdboden – infolge Abkühlung der Luftmasse unter den Taupunkt durch Wärmeleitung oder Ausstrahlung entsteht Nebel, Stratus oder Stratocumulus.
- **orographische Vertikalbewegungen**
  Aufsteigen von Luftmassen an orografischen Hindernissen und Überströmen von Gebirgen, wobei man häufig Wellenbewegungen beobachtet – es entwickeln sich cumuliforme Wolken, zu denen vor allem der Altocumulus lenticularis gehört.

Morphologische Klassifikation In der meteorologischen Praxis werden morphologische Klassifikationen verwendet, da sie auf den Einsatz wenig geschulter Beobachter angewiesen ist. Ihr Nachteil besteht darin, dass Wolken ganz verschiedener Entstehung, damit auch unterschiedlicher Temperatur- und Advektionsverhältnisse in der freien Atmosphäre, aufgrund äußerer Ähnlichkeit mit dem gleichen Namen belegt werden.

4.4.3.1 Historischer Überblick

Luke Howard, britischer Chemiker und Amateurmeteorologe (1772–1864), veröffentlichte 1803 die erste wissenschaftliche Wolkenbeschreibung in seinem Essay

On theModification of Clouds. Von der Gestalt der Wolken ausgehend führte er drei Grundformen ein, die er mit lateinischen Namen belegte:

- **Cirrus** (lat. Franse)
  hohe Wolken mit einem seidigen oder federähnlichen Aussehen
- **Cumulus** (lat. Haufen)
  Wolken (einzeln oder in Gruppen) mit ebener Unterseite und gewölbter, blumenkohlähnlicher Oberseite
- **Stratus** (lat. ausgebreitet)
  Wolkenschicht mit großer horizontaler, aber relativ geringer vertikaler Erstreckung

Durch Kombination der Grundformen lassen sich neue Gattungen bilden:

- **Cirrostratus**
- **Stratocumulus**
- **Cirrocumulus**

Etwa ab 1890 war klar, dass sich die Wolken auf der gesamten Erde ähneln, aber verschiedene Häufigkeiten aufweisen, und so wurde 1896 der erste Wolkenatlas herausgegeben. 1921 setzte man eine internationale Wolkenkommission ein, die einen neuen Atlas erarbeitete, von dem bisher folgende Ausgaben erschienen:

1930 erste gekürzte Ausgabe
1932 erster internationaler Wolkenatlas
1956 revidierter Wolkenatlas
1987 WMO-Ausgabe
1990 neue erweiterte Auflage (DWD)

4.4.3.2 Einteilungsprinzipien

Beobachtungen haben gezeigt, dass Wolken in Höhenbereichen auftreten, die sich infolge der unterschiedlichen Erdoberflächentemperaturen in den Tropen vom Meeresspiegel bis 18 km, in den gemäßigten Breiten bis 13 km und in den Polargebieten bis 8 km erstrecken. Sie werden in 3 Stockwerke unterteilt, deren Grenzen sich überschneiden und in Abhängigkeit von der geografischen Breite ändern (s. Tab. 4.17).

Tab. 4.17 Wolkenstockwerte in Abhängigkeit von der geografischen Breite

Stockwerke	Polargebiete (km)	Gemäßigte Zone (km)	Tropische Zone (km)
Oberes (hohe Wolken)	3–8	5–13	6–18
Mittleres (mittelhohe Wolken)	2–4	2–7	2–8
Unteres (tiefe Wolken)	0–2	0–2	0–2

Abb. 4.17 Stratocumulus undulatus (Oldenburg, 24.09.2006)

In einer ersten groben Einteilung können Haufenwolken mit überwiegend labiler (Cc, Ac, Sc, Cu, Cb) und Schichtwolken mit überwiegend stabiler Schichtung (Cs, As, Ns, St) unterschieden werden. Nach der Höhe der Wolkenbasis unterteilt man sie in tiefe, mittelhohe und hohe Wolken. Zählt man die Wolkenformen mit großer vertikaler Erstreckung hinzu, lassen sich vier Wolkenfamilien definieren.

Nach dem allgemeinen Aussehen der Wolken erhält man 10 Gattungen, die sich gegenseitig ausschließen, d. h., eine Wolke kann nur einer Gattung angehören.

Die beobachteten Eigenarten in der Gestalt der Wolke sowie die Unterschiede in ihrem Aufbau haben bei den meisten Wolkengattungen zu einer weiteren Unterteilung in Arten geführt. Beispielsweise wird die Form einer Linse (lenticularis) häufig bei Cc, Ac und Sc beobachtet. Wolken können besondere Merkmale aufweisen, nach denen die Unterarten definiert werden. Diese beziehen sich z. B. auf die Anordnung der Wolken in Form von Wellen (undulatus) oder ihre mehr (translucidus) oder weniger gute (opacus) Lichtdurchlässigkeit (s. Abb. 4.17).

Als Sonderformen und Begleitwolken werden Erscheinungen wie beutelförmig hängende Quellformen (mamma) oder Fallstreifen (virga) bezeichnet.

Teile einer Wolke können sich weiterentwickeln, sodass Wolken entstehen, die nicht mehr der Gattung der Mutterwolken angehören. Sie werden dann nach der neuen Gattung benannt und erhalten dazu die Gattungsbezeichnung der Mutterwolke mit dem Zusatz „genitus“ (z. B. Sc cumulogenitus).

4.4.3.3 Wolkendefinitionen

4.4.3.3.1 Wolkengattungen

Cirrus (Ci): Federwolke Isolierte Wolke in Form von dünnen weißen, zarten Fäden oder weißen (bzw. überwiegend weißen) Flecken oder schmalen Bändern. Sie zeigen ein fasriges (haarähnliches) Aussehen oder einen seidigen Schimmer bzw. beides (s. Farbtafeln 5 und 6). Öfters sind sie hakenförmig gebogen (Ci uncinus) oder strichförmig verzweigt bzw. auch verdichtet als Überreste ehemaliger Cb-Schirme (Ci cumulonimbogenitus). Bei Sonnenuntergang ist die Reihenfolge ihrer Färbung: weiß, gelb, rosa und schließlich grau.

Ci sind Eiswolken und können deshalb Haloerscheinungen (farbige oder nicht farbige, aber kaum geschlossene Ringe) aufweisen.

Cirrocumulus (Cc): zarte Schäfchenwolke Dünne weiße Flecken, Felder oder Schichten von Wolken, ohne Eigenschatten, die aus sehr kleinen körnig gerippelten o. ä. aussehenden, miteinander verwachsenen oder isolierten Wolkenteilen bestehen und mehr oder wenig regelmäßig angeordnet sind.

Cc setzt sich überwiegend aus Eiskristallen und vereinzelten unterkühlten Wassertropfen zusammen. Deshalb ist sie stets so durchscheinend, dass man die Stellung von Sonne und Mond jederzeit erkennen kann. Virga (Fallstreifen) treten gelegentlich auf.

Zur Unterscheidung von Ac: Die Wolkenteile besitzen eine Breite von $< 1°$ bei Wolken von 30° über dem Horizont, damit lassen sich die Wolkenteile mit dem kleinen Finger bei ausgestreckter Hand bedecken.

Cirrostratus (Cs): Schleierwolke Durchscheinender, weißlicher Wolkenschleier von fasrigem oder glattem Aussehen (s. Farbtafel 7), der den Himmel ganz oder teilweise bedeckt und im Allgemeinen Halo- und evtl. auch Hoferscheinungen hervorruft.

Vor einer herannahenden Front tritt meist in Folge Cs, As und Ns auf. Der Wolkenschleier ist dabei anfangs oft so dünn, dass man häufig nur den Halo sieht. Gegenstände werfen einen Schatten. Cs bedeckt in Verbindung mit Fronten oft den ganzen Himmel, gelegentlich markiert er aber als scharf abgegrenztes Wolkenband gegenüber dem wolkenfreien Himmel die Achse des Jetstreams.

Altocumulus (Ac): Wogenwolke oder grobe Schäfchenwolke Weiße und/oder graue Flecken, Felder oder Schichten von Wolken (im Allgemeinen mit Eigenschatten) aus schuppenartigen Teilen, Ballen, Walzen o. Ä. bestehend, die manchmal teilweise fasrig oder diffus aussehen und zusammengewachsen sein können (s. Farbtafel 8).

Vielfach sind sie in Form großer flacher Linsen angeordnet (Ac lenticularis), besonders bei Leewellen im Gebirge. Bei hochreichender Labilität quellen die Altocumuluszellen zu Türmchen auf (Ac castellanus), oder es bilden sich isolierte flockenartige Quellungen (Ac floccus). Beide Wolkenarten gelten insbesondere in den Morgenstunden als Vorboten aufkommender Gewitter.

Nahe der Sonne treten in dünnen Ac-Linsen Beugungsfarben auf (irisierende Wolken, mitunter auch Höfe). Ac ist eine Wasserwolke, die nur bei sehr niedrigen Temperaturen Eiskristalle enthält. Gelegentlich werden Fallstreifen beobachtet, wobei der Niederschlag aber nicht den Erdboden erreicht. Zur Unterscheidung zum Sc besitzen die Wolkenteile eine Breite von 1 bis 5°, d. h., man kann sie mit den drei Mittelfingern bei ausgestreckter Hand bedecken.

Altostratus (As) Graue oder bläuliche Wolkenfelder oder -schichten von streifigem, fasrigem oder einförmigem Aussehen, die den Himmel ganz oder teilweise bedecken und stellenweise gerade so dünn sind, dass sie die Sonne wie durch ein Mattglas erkennen lassen (As translucidus, s. Farbtafel 9). Es treten keine Haloerscheinungen auf, und Gegenstände werfen am Boden keinen Schatten. As bringt Dauerniederschlag in Form von Schnee, Schneeregen, Regen und Eiskörnchen (Mischwolke).

Nimbostratus (Ns): Regen- oder Schneewolke Graue, häufig dunkle Wolkenschicht, die bei mehr oder weniger anhaltendem, meist den Erdboden erreichendem Regen oder Schneefall diffus erscheint. Die Schicht ist so dicht, dass die Sonne unsichtbar wird (s. Farbtafel 10). Die Verdunstung des ausfallenden Niederschlags führt zur Bildung niedriger, zerfetzter Wolken (pannus) und zu einem immer tieferen Absinken der Wolkenuntergrenze, die den Erdboden erreichen kann, wenn keine Turbulenz (d. h. bei geringen Windgeschwindigkeiten) vorhanden ist. Im Allgemeinen ist Ns stabil geschichtet, enthält im Bereich von Kaltfronten aber auch Quellungen (labile Zonen). Außerhalb von Fronten besitzen sie eine mehrfach geschichtete Struktur mit wolkenfreien Zwischenräumen.

Stratocumulus (Sc): Haufenschichtwolke Graue und/oder weißliche Flecken, Felder oder Schichten von Wolken, die häufig dunkle Stellen aufweisen, aus mosaikartigen Schollen sowie Ballen, Walzen u. Ä. bestehen, welche von nichtfasriger Struktur sind und zusammengewachsen sein können (s. Farbtafeln 11 und 12).

Sc entsteht häufig durch Ausbreitung von Cu (Sc cumulogenitus) oder durch Labilisierung von St bei Ausstrahlung und Abkühlung der Wolkenoberfläche. Hierbei können sich Wogen und Walzen bilden (Sc undulatus, Abb. 4.17). Es formen sich häufig regelmäßige Konvektionszellen, zwischen denen der blaue Himmel durchscheint. Niederschläge fallen aus dieser Bewölkung meist in Form von Niesel, einzelnen Regentropfen, Schneeflocken oder Reifgraupeln (weiße undurchsichtige Reifkörnchen). Bei sehr tiefen Temperaturen entstehen oftmals Fallstreifen, die mit Haloerscheinungen verbunden sind. Die einzelnen Wolkenteile des Sc sind > 5°.

Stratus (St): Schichtwolke Durchgehende graue Wolkenschicht mit ziemlich einförmiger Untergrenze, aus der Sprühregen, Eisprismen oder Schneegriesel fallen können. Die Untergrenze liegt meist unter 600 m Höhe. Manchmal ist sie aufliegend (Nebel) oder knapp über dem Boden (Hochnebel) befindlich. Häufig kommt Stratus in Form zerfetzter Schwaden vor (St fractus). Haloerscheinungen treten ebenso wie beim Sc nur bei sehr tiefen Temperaturen auf (s. Farbtafel 13).

Abb. 4.18 Wolkenstraßen über Meddewade (12.09.2008)

Cumulus (Cu): Haufenwolke Isolierte, durchweg dichte und scharf begrenzte Wolken, die sich in der Vertikalen in Form von Hügeln, Kuppen oder Türmen entwickeln, deren aufquellende obere Teile oft wie ein Blumenkohl aussehen. Die von der Sonne beschienenen Teile der Wolke sind meist leuchtend weiß, ihre Untergrenzen (Kondensationsniveau), die fast horizontal verlaufen, jedoch relativ dunkel (s. Farbtafel 14).

Wenn das Höhenwachstum durch eine Inversion begrenzt wird, bilden sich flache Schönwetterwolken (Cu humulis), die manchmal in Reihen (Wolkenstraßen, s. Abb. 4.18) angeordnet sind (Cu radiatus). Bei fehlender Inversion oder labiler Schichtung entstehen aufgetürmte Haufenwolken (Cu con). Die einzelnen Zellen einer Quellwolke ändern sich rasch und haben eine Lebensdauer von 5 bis 20 min (vgl. Farbtafel 15).

Der Entstehung von Cumulus geht häufig das Auftreten von kleinen Dunstflecken voraus, während nach ihrer Auflösung eine Ansammlung von Kondensationskernen erhalten bleibt. Manchmal sind Cumuluswolken auch zerfetzt (Cu fractus).

Cumulonimbus (Cb): Gewitter- oder Schauerwolke Eine massige und dichte Wolke von beträchtlicher vertikaler Erstreckung in Form eines hohen Berges oder mächtigen Turmes (s. Farbtafel 16). Teilweise besitzt der obere Wolkenabschnitt glatte Formen (Cb calvus), teilweise ist er fasrig und streifig (Cb capillatus). Fast stets ist der obere Wolkenabschnitt abgeflacht, mitunter mit Kappe (Cb pileus). Er breitet sich oft amboßförmig (Cb incus) oder wie ein großer Federbusch aus. Die einzelnen Zellen haben eine Lebensdauer von 20 bis 40 min. Sie erzeugen durch kräftige schlotartige Aufwinde (15 bis 30 $m \cdot s^{-1}$) Regen- und Graupelschauer sowie Hagelschlag, wobei die herabstürzende Kaltluft zu heftigen Böen mit kragen- und wulstförmigen Wolken (Cb arcus) führt. Die Cb-Türme reichen bis zur Tropopause, bei stark labiler Schichtung auch 1 oder 2 km darüber. An der Untergrenze des Cb treten gelegentlich beutelartige Durchsackungen (mamma) auf.

Mit dem Erreichen der Vereisungsphase in der Wolke, d. h. beim Unterschreiten von Temperaturen von − 18 bis − 20 °C, kommt es zur Bildung von Elektrizität und nachfolgend zu elektrischen Entladungen. Eine Zusammenfassung der obigen Ausführungen findet man im Wolkenatlas des DWD 1990 oder im Frankfurter Wolkenatlas und in Tab. 4.18 (s. auch Internet 25).

Tab. 4.18 Wolkenklassifikationen (gemäß Wolkenatlas DWD1990, s. auch Internet 25)

Gattungen	Arten	Unterarten	Sonderformen
Cirrus	Fibratus	Intortus	Mamma
	Uncinus	Radiatus	
	Spissatus	Vertebratus	
	Castellanus	Duplicatus	
	Floccus		
Cirrocumulus	Stratiformis	Undulatus	Virga
	Lenticularis	Lacunosus	Mamma
	Castellanus		
	Floccus		
Cirrostratus	Fibratus	Duplicatus	
	Nebulosus	Undulatus	
Altocumulus	Stratiformis	Translucidus	Virga
	Lenticularis	Perlucidus	Mamma
	Castellanus	Opacus	
	Floccus	Duplicatus	
		Undulatus	
		Radiatus	
		Lacunosus	
Altostratus		Translucidus	Virga
		Opacus	Praecipitatio
		Duplicatus	Pannus
		Undulatus	Mamma
		Radiatus	
Nimbostratus			Praecipitatio
			Pannus
			Virga
Stratocumulus	Stratiformis	Translucidus	Mamma
	Lenticularis	Perlucidus	Virga
	Catellanus	Opacus	Praecipitacio
		Duplicatus	
		Undulatus	
		Radiatus	
		Lacunosus	
Stratus	Nebulosus	Opacus	Praecipitatio
	Fractus	Translucidus	
		Undulatus	
Cumulus	Humilis	Radiatus	Pileus
	Mediocris		Velum
	Congestus		Virga
	Fractus		Praecipitatio
			Arcus
			Pannus
			Tuba
Cumulonimbus	Calvus capillatus		Praecipitatio, virga, pannus, incus, mamma, pileus, velum, arcus, tuba

Tab. 4.19 Erläuterungen zu den Wolkenarten

Fibratus (fib)	Fasrig
Uncinus (unc)	Hakenförmig, in Form eines Kommas
Spissatus (spi)	Verdickt, verdichtet (besonders bei Ci)
Castellanus (cas)	Castellum – Burg (am frühen Morgen im Sommer Vorboten von Gewittern innerhalb 24 h – Hinweis auf labile Schichtung)
Floccus (flo)	„Noppe", zerrissene Cu-ähnliche Wolkenflocke (Gewittervorbote)
Stratiformis (str)	Schichtenförmig ausgebreitet
Nebulosis (neb)	Nebelig
Lenticularis (len)	Linsenförmig (meist orografischen Ursprungs), Hinweis auf stehende Wellen
Fractus (fra)	Zerrissen
Humilis (hum)	Niedrig, von geringer Höhe (Homunculus)
Mediocris (med)	Mäßige vertikale Erstreckung
Congestus (con)	Aufgetürmt
Calvus (cal)	Kahl
Capillatus (cap)	Behaart

4.4.3.3.2 Wolkenarten

Die beobachteten Eigenarten in der Gestalt der Wolken sowie die Unterschiede in ihrem inneren Aufbau haben bei den meisten Wolkengattungen zu einer weiteren Unterteilung in Arten geführt, wobei die zu einer Gattung gehörende Wolke nur den Namen einer Art haben darf, d. h., Arten schließen sich gegenseitig aus. Insgesamt unterscheidet man 14 Wolkenarten (s. Tab. 14.19).

4.4.3.3.3 Unterarten

Wolkenunterarten werden nach der Anordnung der Wolkenteile bzw. nach dem Grad der Lichtdurchlässigkeit klassifiziert, wobei man folgende Festlegungen getroffen hat:

- Unterteilung nach Anordnung der Wolkenteile
  intortus (in), undulatus (un), radiatus (ra), vertebratus (ve), lacunosus (la) duplicatus (du)
- Unterteilung nach dem Grad der Durchlässigkeit
  translucidus (tr), perlucidus (pe), opacus (op)

Wolken kann man nach Claudius 1948 auch ganz poetisch als „Gedanken, die am Himmel stehen" deuten, und in Anlehnung an Bertolt Brechts *Erinnerung an Marie A* (1967) lässt sich schreiben:

> Und über uns am blauen Sommerhimmel
> schwebten Schäfchenwolken immerfort.
> Sie waren weiß und hatten perlmuttfarb'ne Säume,
> und als wir wieder aufsah'n
> war'n sie nimmer dort.

Wolken sind darüber hinaus das wichtigste Element im Klimasystem, da sie einerseits einen großen Teil der Sonnenstrahlung reflektieren (so ist die Albedo der Erde mit Wolken etwa doppelt so hoch wie ohne Wolken) und andererseits einen Teil der von der Erde ausgehenden infraroten Strahlung absorbieren. Der Nettoeffekt aller Wolken auf die Energiebilanz der Erde ist letztlich negativ und betragsmäßig groß, denn Wolken reduzieren den Strahlungsfluss um 13–21 $W \cdot m^{-2}$.

Die meisten Wolken bilden sich im Zusammenhang mit der Tiefdrucktätigkeit in den mittleren Breiten und außerdem über der innertropischen Konvergenzzone, in der regelmäßig mächtige Cumulonimben entstehen, während erfahrungsgemäß über Wüstengebieten nur wenig Bewölkung existiert.

4.4.3.4 Besondere Wolken

Einige zu beobachtende Wolkenformen bilden sich alleinig infolge der Verunreinigung der Atmosphäre durch den Menschen, andere wiederum durch geologische Gegebenheiten wie Vulkanausbrüche oder auch durch den Staub von Meteoriten und Kometen.

4.4.3.4.1 Kondensstreifen

Eine Sonderform der Bewölkung stellen Kondensstreifen dar, die sich in Tropopausennähe, dem kältesten Gebiet der unteren Atmosphäre, entwickeln. Sie bilden sich, wenn die warmen und feuchten Abgase von Flugzeugen in die kalte Atmosphäre ($t < -35$ °C) eintreten und auf Rußpartikeln, Mineralstaub, Schwefelsäuretröpfchen, Ammoniumsulfat oder organischem Material gefrieren, denn ihrer geringen Temperaturen wegen kann die Umgebungsluft in diesem Höhenbereich nur wenig Wasserdampf aufnehmen, sodass dieser relativ schnell kondensiert und gefriert. Die so entstandenen Eispartikeln werden dann als Kondensstreifen (*condensation trails – contrails*) sichtbar (s. Abb. 4.19).

Abb. 4.19 Contrails. (© RAOnline (Internet 26))

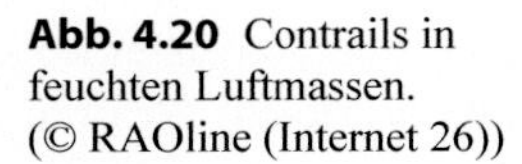
Abb. 4.20 Contrails in feuchten Luftmassen. (© RAOline (Internet 26))

Ist die Umgebungsluft besonders feucht, nehmen die Eispartikel weiterhin Wasserdampf durch Deposition von unterkühlten Tröpfchen auf und werden damit rasch größer, sodass die Wolkenfelder teilweise mehrere Kilometer breit und mehr als 100 km lang werden und wie dünne Eiswolken wirken, die oft mehrere Stunden am Himmel verbleiben (vgl Abb. 4.20). In trockener Umgebungsluft verdampfen die Eiskristalle dagegen in einigen Sekunden, und die Kondensstreifen lösen sich rasch auf.

In den Hauptflugkorridoren über Europa, dem Nordatlantik und den USA bedecken Kondensstreifen bis zu 5 % des Himmels, weltweit im Mittel jedoch nur zu 0,1 %. Ihr Beitrag könnte bis 2050 auf 0,5 % ansteigen.

Insgesamt gesehen breiten sich diese Kondensate durch den Wind über weite Gebiete aus und führen zu einem dünnen hohen Wolkenschleier, der für die Sonnenstrahlung fast transparent ist, aber thermische Strahlung absorbiert und emittiert, d. h. einen Treibhauseffekt bewirkt, was schon längere Zeit bekannt ist. Sie erwärmen das System Erde-Atmosphäre im globalen Mittel um etwa 30 $mW \cdot m^{-2}$ (vgl. Feichter 2007), wobei in der Literatur auch Werte bis zu 80 $mW \cdot m^{-2}$ angegeben werden (s. Sausen 2005). Hinzu kommt, dass tiefer liegende Wasserwolken die Strahlung dagegen sehr effektiv reflektieren, was im globalen Mittel einen Verlust an „Strahlungsenergie" von 48 $W \cdot m^{-2}$ bedeutet. Damit besitzt die Bewölkung als Gesamteffekt eine abkühlende Wirkung.

4.4.3.4.2 Vulkanaschewolken

Bei etwa 70 Vulkanausbrüchen pro Jahr existieren im Mittel jederzeit 20 bis 30 aktive Vulkane auf unserer Erde, die untermeerischen ausgeschlossen. Die bei explosiven Eruptionen entstehenden Aschewolken reichen bis zur Tropopause oder dringen in die Stratosphäre ein, wobei im ersten Fall mehr als 1 Mio. m^3, im Letzteren wie beim Mount St. Helens mehr als 10 Mio. m^3 Tephra (griech. Asche) je Sekunde ausgeworfen werden kann. Als Folge davon kommt es zum einen durch die vermehrte Anzahl von Kondensationskernen zu erhöhter Niederschlagsbildung

Abb. 4.21 Aschewolke des Eyjafjallajökull am 17.04.2010. (© Árni Friðriksson, Wikimedia Commons (Internet 27))

und damit kühlen Witterungsabschnitten und zum anderen zu Behinderungen im Flugverkehr, da die feinen Ascheteilchen u. a. die Frontscheiben der Flugzeuge zerkratzen, die Messsonden für die Höhen- und Geschwindigkeitsangaben verstopfen, zum Ausfall von Triebwerken durch einen glasartigen Film führen bzw. die Turbinenblätter beschädigen. Ein typisches Beispiel ist der Ausbruch des Eyjafjallajökull, eines an der Südspitze Islands gelegenen Vulkans, der am 20. März 2010 kurz vor Mitternacht begann. Dabei handelte es sich bis zum 27. März 2010 größtenteils um einen effusiven Vulkanausbruch, der bis zu 150 m hohe Lavafontänen aus 10–12 Kratern entlang einer ca. 500 m langen Spalte produzierte. Die Lava war ungefähr 1000–1200 °C heiß, von alkalibasaltischer Zusammensetzung und dünnflüssig. Eruptionswolken aus Magma, die bis in 4 bzw. 7 km Höhe geschleudert wurden, stieß der Vulkan am 22. und 23. März aus, wobei die Temperatur in den Lavasäulen etwa 640 °C betrug. Wenige Tage nach Beginn der Eruption konnte durch Satellitenmessungen der NASA bereits ein Ausstoß von über sechs Tonnen Lava in der Sekunde mit einer Wärmeleistung von mehr als einem Gigawatt festgestellt werden. Nach Messungen des Geologischen Instituts der Universität Island betrug der Lavaausstoß bis zum 7. April 2010 etwa 22–24 Mio. m^3, was einer Durchschnittslavaproduktion von 15 m^3 oder 30 bis 40 t pro Sekunde entspricht. In Abb. 4.21 ist die Aschewolke vom 17. April 2010 enthalten.

Abb. 4.22 Aschewolke des Eyjafjallajökull überm Nordatlantik am 17.04.2010. (© NASA/MODIS Rapid Response Team, flickr (Internet 28))

Am Morgen des 14. April 2010 brach in der Gipfelcaldera des Vulkans eine 2 km lange Spalte auf, und aus 5 Kratern flossen große Mengen Lava. Über dem Gletscher stiegen mehrere Tausend Meter (4–5, maximal 8 km) hohe Dampf- und Aschewolken auf. Die Aschewolke bewegte sich südostwärts, zog über die Nordsee und Nordwesteuropa und behinderte damit den Flugverkehr in ganz Europa (s. Abb. 4.22 und auch Abb. 4.62).

Nach Messungen der DLR (Schumann 2010) zwischen dem 18. April bis 3. Mai 2010 ergab sich am 19. April eine Asche-Massenkonzentration von maximal 60 $\mu g \cdot m^{-3}$ in einer vier bis sechs Tage alten Vulkanaschewolke über Leipzig; damit war die Belastung im Mittel geringer als unter Wüstenstaubbedingungen in Saudi-Arabien. Der mögliche Transport von Aschefeinstaub nach Europa wurde auf

3000 kg · s^{-1} geschätzt. Messflüge am 22. und 23. April über Oslo zeigten in einer frischen Aschewolke mäßige Schwefeldioxidkonzentrationen von 4 nmol · mol^{-1}. Am 2. Mai traten dagegen hohe Konzentrationen von Partikeln kleiner als 30 µm auf, es wurden Schwefeldioxidkonzentrationen von 150 nmol · mol^{-1}, hohe Kohlendioxidanteile (bis 180 nmol · mol^{-1}) sowie eine verringerte relative Feuchte und Ozonkonzentration gemessen.

4.4.3.5 Wolken in der Wetterbeobachtung

Die Bewölkung wird vom Beobachter geschätzt und in Achteln der Himmelsbedeckung angegeben. Bei wolkenlosem Wetter sind keine Wolken vorhanden, während man bei 1/8 bis 2/8 Bedeckung von heiterem Wetter spricht und 2/8 bis 3/8 Bedeckung leichte Bewölkung nennt. Im Allgemeinen bedeutet < 4/8 Bedeckung sonniges Wetter, sofern es sich überwiegend um durchscheinende Wolken handelt, wohingegen 4/8 bis 6/8 Bedeckung wolkigem Wetter entsprechen und ein Bedeckungsgrad von 7/8 starke Bewölkung heißt. Bei 8/8 ist der gesamte Himmel bedeckt. In Verbindung mit tiefem Stratus bezeichnet man diese Situation als trübes Wetter. Regenschauer bewirken eine rasche Änderung des Bedeckungsgrades, sodass man von wechselnder Bewölkung spricht.

Beim Niederschlag muss man zwei Arten unterscheiden, so den Regen bzw. Schneefall aus Schichtwolken, der regelmäßig fällt und längere Zeit anhält, und die Schauer in Form von Regen, Schnee, Graupel oder Hagel, die an Cumuluswolken gebunden sind, stark in der Intensität wechseln, räumlich eng begrenzt sind (einige Kilometer) und nur wenige Minuten bis zu einer halben Stunde andauern. Man gibt deshalb die Menge, die Intensität und die räumliche sowie zeitliche Verteilung des Niederschlags an.

4.4.4 Nebel

Unter Nebel versteht man eine die Sicht begrenzende Suspension aus winzigen Wassertröpfchen oder Eiskristallen in einer der Erdoberfläche aufliegenden Luftschicht. Damit besteht prinzipiell kein Unterschied zwischen der Bildung von Wolken und Nebel, da beide durch Kondensation oder Sublimation des Wasserdampfes an Kondensations- oder Gefrierkernen in der Luft entstehen. Kondensation bzw. Sublimation treten ein, wenn die Luft unter den Taupunkt abgekühlt wird. Im Falle der Wolkenbildung wird der Taupunkt durch Hebungsprozesse erreicht, bei der Nebelbildung spielen dagegen Strahlungs-, Advektions- und Verdunstungsprozesse sowie die Mischung von Luftmassen eine Rolle.

Im meteorologischen Sinne spricht man von Nebel, wenn die Sichtweite in Augenhöhe (1,80 m) einen Kilometer unterschreitet. Der Tropfenradius liegt bei leicht nässendem Nebel zwischen 5 bis 10 µm, in dichtem nässenden Nebel bei 10 bis 20 µm. In nässendem Nebel erreichen die größten Tropfen etwa 50 µm. Der Wassergehalt beträgt 0,01 bis 0,3 g Wasser pro m^3 Luft (vgl. hierzu die Angaben in Tab. 4.16).

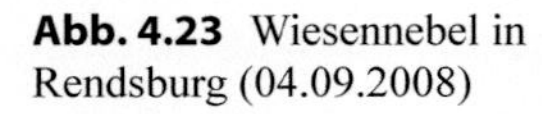

Abb. 4.23 Wiesennebel in Rendsburg (04.09.2008)

Nebeltropfen sind gewöhnlich so groß, dass die Streuung des Lichtes nicht mehr von der Wellenlänge abhängt, was zur Folge hat, dass eine Nebelwand weiß bis eintönig grau erscheint. Das gestreute Licht bewirkt eine starke Abnahme der Sichtweite, wodurch diese nur einige Hundert Meter, in dichtem Nebel bis zu 10 m beträgt.

4.4.4.1 Strahlungsnebel

Infolge ungehinderter Ausstrahlung (z. B. bei klarem Himmel nachts und schwachem Wind) erfolgt wegen der geringen Wärmeleitfähigkeit des Bodens eine starke Abkühlung der Erdoberfläche. Die darüberliegenden Luftschichten geben ihre Wärme durch Gegenstrahlung und Turbulenz an die sich abkühlende Erdoberfläche ab.

Sie werden dabei allmählich ebenfalls so stark abgekühlt, dass in ihnen der Taupunkt unterschritten wird und eine Kondensation des Wasserdampfes eintritt. Die Nebelbildung schreitet umso schneller voran, je feuchter die bodennahe Luftschicht ist. Eine hohe Feuchte in Bodennähe resultiert in der Regel aus der Verdunstung von Wasser von einer feuchten Erdoberfläche aus. Deshalb sind bevorzugte Gebiete nächtlicher Nebelbildung flache Senken und Talbecken, weil die Luft hier häufig feuchter als in der Umgebung ist (z. B. durch Wasseransammlung nach Niederschlägen oder der Schneeschmelze), meist nur ein schwacher Wind weht und folglich der Nebel nicht durch Turbulenz aufgelöst werden kann, und außerdem sehr oft Kaltluft in die Senken abfließt.

Strahlungsnebel wächst im Laufe der Nacht ungehindert nach oben (maximal einige Hundert Meter) und breitet sich horizontal aus, wobei die Dicke der Nebelschicht vom Feuchtigkeitsgehalt der Luft abhängt (s. Abb. 4.23). Ist diese nur mäßig feucht, dann bilden sich flache Nebelbänke, die kaum über die Höhe von Bäumen oder Gebäuden hinauswachsen. Darüber spannt sich der vom Mond beleuchtete Nachthimmel (s. Farbtafel 17). Bei großer Luftfeuchtigkeit entsteht dagegen eine vertikal mächtige Nebelschicht, die sich häufig erst nach Sonnenaufgang auflöst, im Herbst und Frühling sogar erst im Laufe des Vormittags. Die Nebelschicht hebt dann infolge der Erwärmung der Erdoberfläche allmählich vom Boden ab und wandert zum Beispiel in den Tälern von Mosel und Rhein im Laufe des Vormittags langsam hangaufwärts.

Grasspitzen sind sehr gute Wärmeleiter, da bei ihnen das Verhältnis von Oberfläche zum Volumen sehr groß ist, sodass über feuchten Wiesen wegen der fehlenden Wärmeleitung vom Boden her die Nebelbildung schon kurz nach Sonnenuntergang einsetzt. Es entwickelt sich der sogenannte Wiesennebel (s. Abb. 4.23), der sich oft ohne scharfe Obergrenze allmählich mit der Höhe verliert.

4.4.4.2 Advektionsnebel

Advektionsnebel entsteht, falls feuchte und warme Luftmassen über eine kühle Oberfläche geführt werden, wie das häufig im Winter der Fall ist, wenn subtropische Meeresluft mit mäßigen Windgeschwindigkeiten über ein abgekühltes Festland strömt. Es bildet sich hierbei eine Nebeldecke von 300 bis 500 m Mächtigkeit, manchmal reicht sie sogar bis zu einem Kilometer hoch. Advektionsnebel weisen keinen Tagesgang auf und können über einige Tage erhalten bleiben. Bei hohen Windgeschwindigkeiten und damit großer Turbulenz löst sich die Nebeldecke zeitweise von der Erdoberfläche ab. Damit entsteht Hochnebel bzw. bei starker Turbulenz auch tiefer Stratus.

Da besonders im Frühling und Frühsommer das Land merklich wärmer als die Wasseroberfläche ist, kann es bei ablandigem Wind zur Ausbildung von Nebelbänken über See kommen, weil die Luft von der kälteren Unterlage her abgekühlt wird.

Auch beim Zusammenfließen von kalten und warmen Meeresströmungen tritt im Grenzbereich häufig dichter Nebel auf, so z. B. vor Neufundland, wo der kalte Labradorstrom auf den warmen Golfstrom trifft.

Für die Westküsten der Kontinente sind kalte Meeresströmungen typisch, beispielsweise Peru (Peru- oder Humboldtstrom) und vor Kalifornien sowie Südwestafrika, sodass hier Meeresnebel auftreten. Kennzeichnend für das Sommerhalbjahr ist auch die große Nebelhäufigkeit über dem Polarmeer.

4.4.4.3 Mischungsnebel

Erfolgt eine Zufuhr von Wasserdampf in eine Luftschicht bei gleichzeitiger Abkühlung der Luft durch Mischung mit kälterer Luft, dann bildet sich Mischungsnebel. Zur Mischung kommt es z. B. an Fronten (Frontnebel) oder durch Zufuhr von Wasserdampf von einer warmen Wasseroberfläche in eine kältere Luftschicht (Seerauch).

4.4.4.3.1 Frontnebel

An einer Front liegt die Kaltluft keilförmig unter der Warmluft. Fällt Regen aus der wärmeren Luftschicht in die kalte darunter liegende, können die relativ warmen Wassertropfen verdunsten und führen somit der kälteren Luft Wasserdampf zu.

Durch Mischung der relativ warmen und feuchten Luftschicht um die Tropfen mit der kälteren Umgebungsluft, kann Kondensation eintreten. Vor der Front sinkt damit die Wolkenuntergrenze ab, und es entsteht Frontnebel. Dieser tritt bevorzugt im Winterhalbjahr auf, wenn die Kaltluft vor der Front meist schon relativ feucht ist und eine tiefe Wolkenbasis dominiert.

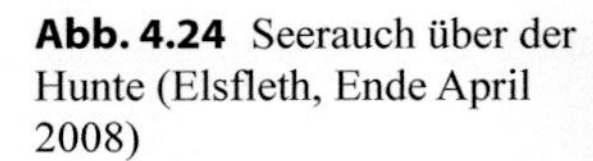

Abb. 4.24 Seerauch über der Hunte (Elsfleth, Ende April 2008)

4.4.4.3.2 Seerauch

Kommt eine Wasseroberfläche mit sehr kalter und trockener Luft in Berührung ($\Delta T = 10$ K), setzt ein lebhafter Wasserdampfstrom von der Wasseroberfläche in die darüber befindliche Luftschicht ein (wie heißer Kaffee, der aus der Tasse verdampft), die im Verlaufe der Zeit ungefähr die Wassertemperatur annimmt und gleichzeitig mit Wasserdampf angereichert wird. Die von unten her erwärmte Luft steigt konvektiv weiter nach oben und vermischt sich mit der darüberliegenden kälteren Luft. Dadurch wird sie abgekühlt und die Taupunktstemperatur erreicht, sodass der Wasserdampf kondensiert, der See raucht. Oft geht die kältere und trockenere Luft in einem so großen Verhältnis in die Mischung ein, dass der Wasserdampf schon in relativ geringer Höhe ungesättigt wird. Damit verdunsten die Tropfen wieder, der See raucht, ohne dass Nebel auftritt.

Seerauch wird sehr häufig beobachtet, wenn arktische Polarluft nach Süden strömt, so beispielsweise über dem Golfstrom westlich Skandinaviens, an der Ostküste der USA und zeitweise im Golf von Mexiko, aber auch über Flüssen und Bächen der mittleren Breiten, wie z. B. über der Hunte in Elsfleth (s. Abb. 4.24).

4.4.4.4 Feuchter Dunst

Feuchter Dunst ist ein schwebender Hydrometeor, der in Wechselwirkung mit den Luftmolekülen und Aerosolen das Sonnenlicht absorbiert und streut, sodass die einfallende Strahlung zum einen geschwächt und zum anderen wegen der Streuprozesse die Umgebung aufgehellt wird. Damit verschwimmen die Kontraste zwischen dem zu beobachtenden Gegenstand und dem Hintergrund. Bei Partikeln, die wesentlich kleiner als die Wellenlänge des Lichtes sind, ist die Streuung wellenlängenabhängig und beispielsweise für Luftmoleküle der vierten Potenz der Wellenlänge der Strahlung umgekehrt proportional, weswegen das Streulicht vom Himmel blau erscheint (s. Hoppe 1999). Die Lichtquelle nimmt dagegen für den Betrachter mit zunehmender Entfernung, also mit wachsender Dicke der durchstrahlten Schicht, gelbe, orange oder rote Farbtöne an. Bei nicht zu starker Dunsttrübung tritt eine blaue bis blaugrüne Verfärbung der Landschaft ein (Bernhardt 1997).

In Dunstschichten ist die Streuung etwa proportional zur Wellenlänge, obwohl die gleichfalls vorhandenen Aerosolkonzentrationen ebenso wie die Luftmoleküle eine Zunahme der Streuung mit abnehmender Wellenlänge aufweisen (s. Foitzik 1958). Daher ist das Himmelsblau in einer dunsterfüllten Atmosphäre weniger gesättigt und eine Nebelwand mit großen Tröpfchen nimmt eine weißlichblaue bis weißlichgraue Tönung an.

Eine interessante Erscheinung im morgendlichen Dunst ist in der Farbtafel 18 zu sehen. Die von den Hohlspiegeln der Autoscheinwerfer reflektierten Sonnenstrahlen sind im feuchten Dunst als gekrümmte Strahlen vom Fahrersitz aus durch die Windschutzscheibe wahrnehmbar, wobei die Krümmung nicht durch einen ortsabhängigen Brechungsindex (s. Bergmann-Schaefer 1962), sondern durch die Wölbung der Scheibe zustande kommt.

4.4.5 Übungen

Aufgabe 1

(i) Wie ändert sich der Sättigungsdampfdruck, wenn im Laufe eines Sommertages die Temperatur von 10 °C frühmorgens auf 35 °C am späten Nachmittag ansteigt? Welche Temperaturspanne ist erforderlich, damit sich der Sättigungsdampfdruck jeweils verdoppelt?

(ii) Was verstehen Sie unter relativer und absoluter Feuchte? Welche relative Feuchte wird gemessen, wenn bei 10 °C der aktuelle Dampfdruck 6,1 hPa beträgt?

Aufgabe 2 Eine kompakte Wasserwolke mit einem Volumen von 0,7 km^3 hat eine Dichte des Wolkenwassers von 0,5 $g \cdot m^{-3}$. Das Wolkenwasser kondensierte bei 25 °C, die Kondensationswärme L betrug 2260 $J \cdot kg^{-1}$.

(i) Berechnen Sie die Energiemenge, die freigesetzt wurde, als die Wolke aus dem Wasserdampf kondensierte, wenn $E = m_w \cdot L$ gilt!

(ii) Was geschieht mit der Energiemenge, wenn sich die Wolke auflöst, ohne Niederschlag zu produzieren?

(iii) Welche Wassermenge in m^3 wird freigesetzt, wenn die Wolke vollständig ausregnet?

Aufgabe 3 Nach gegenwärtigen klimatologischen Schätzungen fallen im Verlaufe eines Jahres im Mittel 973 mm Niederschlag auf jedes Quadratmeter der Erdoberfläche. Das entspräche einer Wasserhöhe von 0,973 m, wenn nichts abfließen und verdunsten würde.

(i) Wie viel km^3 Wasser stehen insgesamt sowie jeweils für die Land- und Meeresflächen zur Verfügung, wenn die Erdoberfläche $510 \cdot 10^6\,km^2$ beträgt und davon die Landoberfläche etwa $148{,}9 \cdot 10^6\,km^2$ ausmacht?
(ii) Von der unter i) berechneten Gesamtwassermenge (in km^3) enthält die Atmosphäre jedoch nur 14 100 km^3. Wie oft muss deshalb das atmosphärische Wasser innerhalb eines Jahres umgeschlagen werden, um die obige Niederschlagsmenge zu produzieren? Wie groß ist die Umsatzrate in Tagen?
(iii) Die gefallene Niederschlagsmenge von 973 mm bzw. 973 l pro Jahr und m^2 verdunstet wieder. Welche Leistung ($W \cdot m^{-2}$) wird hierzu benötigt?
(Hinweis: Verwenden Sie als Verdunstungswärme des Wassers $L_e = 2501\ J \cdot g^{-1}$).

4.4.6 Lösungen

Aufgabe 1

(i) $10\,°C:\ e_w(t) = 12{,}27\ hPa;\ 15\,°C: e_w(t) = 17{,}04\ hPa;$

$20\,°C: e_w(t) = 23{,}37\ hPa;\ 25\,°C: e_w(t) = 31{,}57\ hPa;\ 30\,°C: e_w(t) = 42{,}43\ hPa;$

$35\,°C: e_w(t) = 56{,}24\ hPa$

Eine Verdopplung des Sättigungsdampfdrucks erfolgt bei gut 10 Grad Temperaturanstieg.
(ii) 49,8 %

Aufgabe 2

(i) $E = m_w \cdot L,\ m_w = \rho \cdot V,\ \rho_w = 0{,}5 \cdot 10^{-3}\,kg \cdot m^{-3}$

$m_w = 0{,}5 \cdot 10^{-3} \cdot 0{,}7 \cdot 10^9\,m^3 = 0{,}35 \cdot 10^6\,kg$

$E = 0{,}35 \cdot 10^6\,kg \cdot 2260\ J \cdot kg^{-1} = 0{,}791 \cdot 10^9\,J$

(ii) Die Energiemenge wird an die Atmosphäre abgegeben.
(iii) $V = m_w/\rho = \dfrac{0{,}35 \cdot 10^6 (kg \cdot m^3)}{10^3\,kg} = 350\ m^3$

Aufgabe 3

(i) Gesamtfläche: $510 \cdot 10^6\,km^2$ davon Land: $148{,}9 \cdot 10^6\,km^2$ und Meer: $361{,}1 \cdot 10^6\,km^2$
$510{,}0 \cdot 10^6\,km^2 \cdot 0{,}973 \cdot 10^{-3}\,km = 496.230\,km^3$
$148{,}9 \cdot 10^6\,km^2 \cdot 0{,}973 \cdot 10^{-3}\,km = 144.880\,km^3$
$361{,}1 \cdot 10^6\,km^2 \cdot 0{,}973 \cdot 10^{-3}\,km = 351.350\,km^3$

(ii) $496 \cdot 230\ km^3 : 14 \cdot 100\ km^3 = 35{,}2$ (mal)
(iii) 1 Jahr (a) $= 365 \cdot 24 \cdot 3600\ s = 3{,}15 \cdot 10^7\ s$
$9{,}73 \cdot 10^5\ g \cdot 2501\ J \cdot g^{-1} = 2{,}43 \cdot 10^9\ J$ (für 1 m^2)
$2{,}43 \cdot 10^9\ W \cdot s / 3{,}15 \cdot 10^7\ s = 77\ W$ (pro m^2 und s)

4.5 Der Wind

Wind ist bewegte Luft relativ zur rotierenden Erde, und er wird seit alters her nach der Richtung benannt, aus der er weht. So kommt ein Südwind aus Süden, ein Seewind von der See her, und ein Bergwind weht den Berg herab. Diese Definition des Windes ist heute Allgemeingut, während Aristoteles in seiner Lehre von den Winden dagegen verkündete:

> **Es wäre ja absurd, wenn die uns umgebende Luft einfach durch Bewegung zu Wind würde und Wind hieße.**

In den einzelnen Wissensgebieten und im täglichen Leben spielt der Wind eine sehr unterschiedliche Rolle, aber aktuell ist er beispielsweise als regenerative Energiequelle in aller Munde. Da die mittlere Windgeschwindigkeit in Deutschland 3 bis 4 $m \cdot s^{-1}$ im Binnenland und 4 bis 6 $m \cdot s^{-1}$ im Küstenbereich beträgt, reicht sie in exponierten Lagen, wie z. B. in Norddeutschland und auf See, im Mittel aus, um die Rotorblätter einer Windkraftanlage in Bewegung zu setzen und zu halten. Von großer Bedeutung ist der Wind auch im Luft- und Seeverkehr sowie bei Sturmwarnungen, die zur Minimierung der mit hohen Windgeschwindigkeiten verbundenen volkswirtschaftlichen Schäden herausgegeben werden. So hat nach Berz 2003 seit den 1960er-Jahren die Anzahl der großen Naturkatastrophen sowohl bezüglich ihrer Häufigkeit als auch nach wirtschaftlichen und versicherten Schäden deutlich zugenommen (s. auch Abb. 4.25).

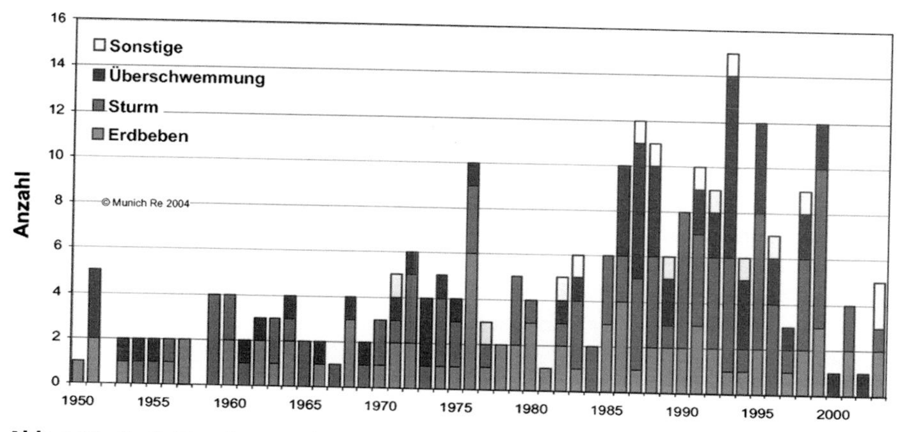

Abb. 4.25 Große Naturkatastrophen von 1950–2003. (© Berz (2003))

Tab. 4.20 Horizontale Windrichtung nach einer 360-teiligen Gradskala

360°-Skala	Himmelsrichtung	Bezeichnung
000	Nord	N
022,5	Nord-Nordost	NNE
045	Nordost	NE
067,5	Ost-Nordost	ENE
090	Ost	E
112,5	Ost-Südost	ESE
135	Südost	SE
157,5	Süd-Südost	SSE
180	Süd	S
202,5	Süd-Südwest	SSW
225	Südwest	SW
247,5	West-Südwest	WSW
270	West	W
292,5	West-Nordwest	WNW
315	Nordwest	NW
337,5	Nord-Nordwest	NNW
360	Nord	N

Derzeit gilt der allgemeine Konsens, dass sich das Druckgefälle zwischen dem Äquator und den Polen verstärkt hat, da die Lufttemperaturen in 3 bis 6 km Höhe in den Tropen und Subtropen angestiegen sind, sich in der Arktis jedoch verringert haben. Damit ist die Windgeschwindigkeit in allen Breiten in den letzten 20 Jahren gewachsen, und zwar in den mittleren Breiten um 5 bis 10 %, in den Tropen sogar um 20 %.

Mathematisch gesehen stellt der Wind einen Vektor dar, der zwei horizontale Komponenten (u, v) und eine vertikale Komponente (w) besitzt, sodass in einem kartesischen Koordinatensystem für ihn

$$\mathbf{V} = u\mathbf{i} + v\mathbf{j} + w\mathbf{k} \qquad \text{bzw.} \qquad |\mathbf{V}| = \sqrt{u^2 + v^2 + w^2}$$

geschrieben werden kann. Allgemein gilt er jedoch als eine horizontale Strömung $\mathbf{V}_h$, da seine vertikale Komponente in der Regel sehr klein ist, nämlich im $cm \cdot s^{-1}$-Bereich liegt. Für seine Bestimmung ist eine Richtungs- und Geschwindigkeitsangabe notwendig. Zur Festlegung der Windrichtung findet eine 360-teilige Gradskala Verwendung, wobei per Definition ein Wind aus 360° als Nord-, aus 270° als West-, aus 180° als Süd- und aus 090° als Ostwind bezeichnet wird. Dabei entspricht „E" der international üblichen englischen Abkürzung für Ost (s. Tab. 4.20).

Als Maßeinheit für die skalare Windstärke (*wind force*) oder die vektorielle Windgeschwindigkeit (*wind velocity*) verwendet man Knoten (kn) oder Meter pro Sekunde ($m \cdot s^{-1}$). In der Praxis wird stets die über einen Zeitraum von 10 min gemittelte und in 10 m Höhe registrierte Windgeschwindigkeit gemeldet. Für geschätzte Windgeschwindigkeiten, die dann als Windstärken bezeichnet werden, ist die Beaufort-Skala in Gebrauch, die um 1805 von dem britischen Admiral Sir F. Beaufort (1774–1857) für die Seefahrt erarbeitet wurde (s. Tab. 4.21) und sich an der erkennbaren Wirkung des Windes in Bodennähe orientiert.

Tab. 4.21 Beaufort-Skala

Windstärke (Bft)	Bezeichnung	Windgeschwindigkeit $m \cdot s^{-1}$	$km \cdot h^{-1}$	kn	Zustand der See	Zustand über Land
0	Windstille	0–0,2	1	1	Spiegelglatte See	Rauch steigt senkrecht auf
1	Schwacher Wind	0,3–1,5	1–5	1–3	Kleine Kräuselwellen ohne Schaumkämme	Rauch wird leicht getrieben
2	Schwacher Wind	1,6–3,3	6–12	4–6	Kleine Wellen, noch kurz, Kämme glasig, nicht brechend	Gerade eben fühlbar
3	Schwacher Wind	3,4–5,4	12–19	7–10	Kämme beginnen zu brechen, Schaum glasig, vereinzelt kleine weiße Schaumköpfe	Blätter bewegen sich
4	Mäßiger Wind	5,5–7,9	20–28	11–16	Wellen noch klein, aber länger, verbreitet weiße Schaumköpfe	Wimpel werden gestreckt
5	Frischer Wind	8,0–10,7	29–38	17–21	Mäßige Wellen, ausgeprägt lang, überall weißer Schaum, vereinzelt Gischt	Zweige bewegen sich
6	Starker Wind	10,8–13,8	39–49	22–27	Erste große Wellen, Kämme brechen, große Schaumflächen, etwas Gischt	Pfeifen an Häusern
7	Starker Wind	13,9–17,1	50–61	28–33	See türmt sich, weißer Schaum legt sich in Streifen zur Windrichtung	Dünne Stämme bewegen sich
8	Sturm	17,2–20,7	62–74	34–40	Mäßig hohe und lange Wellen, Gischt abwehend, ausgeprägte Schaumstreifen	Bäume bewegen sich
					Rollen der See, Gischt reduziert die Sicht	
9	Sturm	20,8–24,4	75–88	41–47	Hohe Wellenberge, dichte Schaumstreifen	Dachziegel werden gehoben
10	Schwerer Sturm	24,5–28,4	89–102	48–55	Sehr hohe Wellenberge, See weiß durch Schaum, schweres Rollen, Sichtbehinderung	Bäume werden umgerissen
11	Orkanartiger Sturm	28,5–32,6	103–117	56–63	Außergewöhnlich hohe Wellenberge, Sicht durch Gischt herabgesetzt	Schwere Zerstörungen
12	Orkan	32,7–36,9	118–133	64–69	Luft mit Gischt und Schaum erfüllt, See vollständig weiß, Sicht stark herabgesetzt, jede Fernsicht hört auf	Verwüstungen schwerster Art

Tab. 4.22 Erweiterte Beaufort-Skala

Windstärke	Bezeichnung	Windgeschwindigkeit		Zustand der See
(Bft)	$m \cdot s^{-1}$	$km \cdot h^{-1}$	kn	
13 Superorkan	37,0–41,4	134–149	70–75	
14 dto	41,5–46,1	150–166	76–80	
15	46,2–50,2	167–183	81–85	
16	50,3–56,3	184–201	86–90	
17	56,4–	> 202	91–95	
18			96–100	
19			101–105	
20			106–110	
21			> 110	See zu 100 % weiß und grün, kaum Variationen in der Helligkeit

In Verbindung mit der Orkannavigation wurde die obige Skala bis auf 21 Bft erweitert und dient in dieser Form (s. Tab. 4.22) beim australischen und japanischen Wetterdienst zur Warnung vor Superorkanen.

In der Beaufort-Skala entspricht Windstille oder schwacher Wind den Beaufortgraden 0–3 (0 bis 19 $km \cdot h^{-1}$), während Windstärke 4 mäßiger Wind (20 bis 28 $km \cdot h^{-1}$) bedeutet. Unter frischem Wind versteht man Windstärke 5 (29 bis 38 $km \cdot h^{-1}$). Als starker Wind gelten 6 Bft (39 bis 49 $km \cdot h^{-1}$), und Windstärke 7 (50 bis 61 $km \cdot h^{-1}$) wird als starker bis stürmischer Wind bezeichnet. Stürmischer Wind heißt Windstärke 8 (62 bis 74 $km \cdot h^{-1}$). Es werden bereits Äste von den Bäumen gebrochen, und das Gehen ist erheblich erschwert. Große Schäden entstehen bei Sturm bzw. schwerem Sturm, der 9 bis 10 Bft (75 bis 88 bzw. 89 bis 102 $km \cdot h^{-1}$) ausmacht. Die Windstärken 11 und 12, d. h., orkanartiger Sturm und Orkan (103 bis 117 $km \cdot h^{-1}$) sind zerstörerische Ereignisse, die im Binnenland, abgesehen von hohen Bergkuppen, nur in Böen alle paar Jahre einmal auftreten. Im meteorologischen Sprachgebrauch sind Bezeichnungen wie windstill, schwache, mäßige, starke, stürmische Winde aus westlichen Richtungen, um West, Weststurm ($ff > 21\ m \cdot s^{-1}$), Sturm mit Orkanböen ($ff > 33\ m \cdot s^{-1}$) üblich, wobei f für *force* steht.

4.5.1 Windbestimmung an Bord

Bei einer automatischen Windregistrierung an Bord eines Schiffes wird stets ein scheinbarer (gefühlter) Wind abgelesen, der aus der Bewegung des Schiffes resultiert. Er ergibt sich aus der vektoriellen Addition des Fahrtwindes (Kurs und Fahrt des Schiffes um 180° nach rechts gedreht) und des wahren Windes (s. Abb. 4.26). Die Aufgabenstellung an Bord bei Verschlüsselung einer Wetterbeobachtung ist aber genau umgekehrt. Man muss nämlich aus dem scheinbaren Wind, der abgelesen wird, sowie aus der Fahrt und dem Kurs des Schiffes den wahren Wind ermitteln.

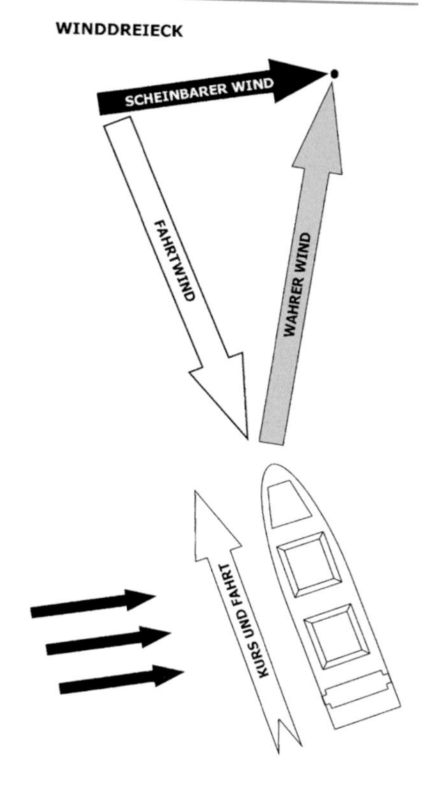

Abb. 4.26 Bestimmung des scheinbaren Windes

Beispiel:
Kurs: 270°, 6 kn;
scheinbarer Wind: 301°, 10,3 kn
wahrer Wind: ~ 332°, ~6 kn

4.5.2 Charakteristika des Windfeldes

Ursache des Windes sind horizontale Druckunterschiede, die durch die Bewegung von Luftmassen ausgeglichen werden. Die Energie des Windes entstammt dem solaren Strahlungsfluss, der im Mittel 1368 $W \cdot m^{-2}$ an der Atmosphärenobergrenze ausmacht. Hiervon werden etwa 1,9 % für die Erzeugung von Winden, Wellen, Wirbeln und Strömungen verbraucht.

Die Windgeschwindigkeit wird durch den Druckgradienten, die Rauigkeit der Erdoberfläche, die geografische Breite, die Krümmung der Trajektorienbahn der Luftpartikel, die Luftpartikel, die vertikale Temperaturverteilung und die Eigenschaften des Reliefs bestimmt.

Infolge der Rauigkeit der Erdoberfläche stellt der Wind ein turbulent bewegtes Medium dar, d. h., er besteht aus auf- und absteigenden Luftpartikeln, was man anhand

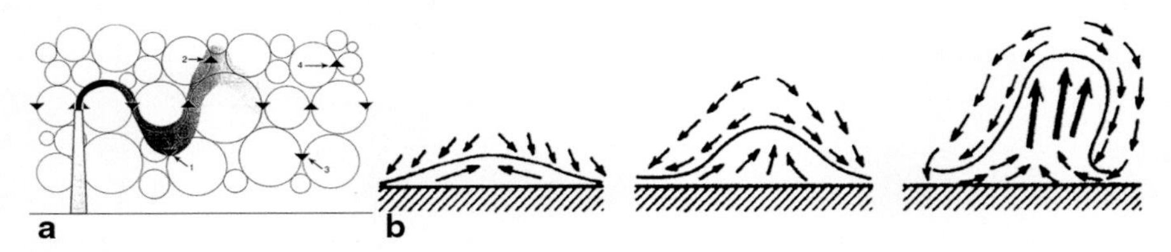

Abb. 4.27 **a** Dynamisch bedingte Turbulenz. **b** Entwicklung von thermischer Konvektion

der Rauchfahnen aus einem Schornstein gut beobachten kann (vgl. Abb. 4.27a und b). Sein Turbulenzgrad hängt dabei ganz wesentlich von der thermischen Schichtung der Atmosphäre, da diese das Aufsteigen entweder fördert oder bremst, sowie von der Rauigkeit der Erdoberfläche und seiner Geschwindigkeit selbst ab.

4.5.3 Änderung des Windes mit der Höhe

Infolge der komplexen Struktur der planetarischen Grenzschicht weist das Windfeld eine große zeitliche und räumliche Variabilität auf, sodass sich der Windvektor markant mit der Höhe ändert (s. Abb. 4.28). Unmittelbar oberhalb des Erdbodens erfolgen zunächst eine starke Zunahme seiner Geschwindigkeit und daran anschließend eine merkliche Drehung seiner Richtung nach rechts. Die Ursache hierfür liegt in der Abnahme des Reibungseinflusses der Erdoberfläche mit zunehmender Höhe und der daraus resultierenden Anpassung des Windvektors an den geostrophischen Wind der freien Atmosphäre. Folglich muss man in der Meteorologie zwischen Boden- und Höhenwind unterscheiden. Über Land erreicht der Bodenwind im Mittel 50 bis 70 % des Betrages des geostrofischen Windes, über See 70 bis 80 %.

4.5.3.1 Vertikale Windprofile

Zur mathematischen Behandlung des Vertikalprofils des horizontalen Windvektors $\mathbf{V}_h$ geht man gemäß Holton 1967 von einer horizontal homogenen und vertikalbewegungsfreien Grenzschicht mit einem höhenkonstanten Turbulenzreibungskoeffizienten k aus, sodass die Euler'schen Bewegungsgleichungen für die u- und v-Komponente des Windvektors die einfache Form annehmen (s. auch Klose 2006a):

$$k\frac{\partial^2 u}{\partial z^2} + f(v - v_g) = 0 \qquad (4.53)$$

$$k\frac{\partial^2 v}{\partial z^2} - f(u - u_g) = 0 \qquad (4.54)$$

Hierin entsprechen u_g und v_g der x- bzw. der y-Komponente des geostrophischen Windes (Wind oberhalb 1500 m im beschleunigungsfreien Fall) sowie f dem Co-

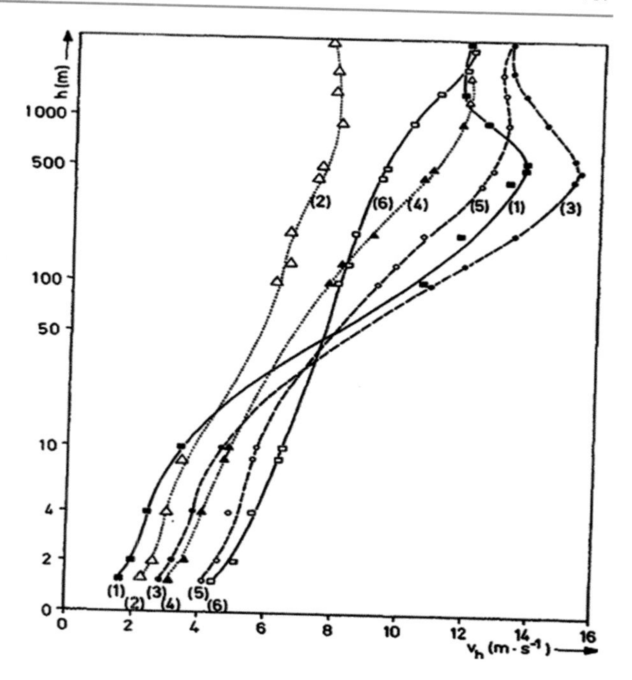

Abb. 4.28 Vertikalprofile des Betrages des horizontalen Windvektors (© Daten: Orlenko 1979) in einer stabil (*Kurven 1, 3*), neutral (*Kurven 2, 4, 5*) und labil (*Kurve 6*) geschichteten Grenzschicht

riolisparameter. Bei Verwendung der komplexen Schreibweise mit der imaginären Einheit i ergibt sich

$$k\frac{\partial^2(u+iv)}{\partial z^2} - if(u-u_g+i(v-v_g)) = 0. \tag{4.55}$$

Setzt man $\left(u-u_g+i\left(v-v_g\right)\right) = W$ und legt fest, dass der komplexe geostrophische Wind eine lineare Funktion der Höhe ist, erhält man eine homogene Differenzialgleichung 2. Ordnung, nämlich

$$k\frac{\partial^2 \mathbf{W}}{\partial z^2} - if\,\mathbf{W} = 0. \tag{4.56}$$

Ihr Lösungsvektor besitzt die Form:

$$\mathbf{W} = \mathbf{W}_0 \exp\left(-\sqrt{\frac{if}{k}}z\right) \tag{4.57}$$

W entspricht dem Winddefekt, d. h. der Abweichung des Windfeldes in der Grenzschicht von der geostrophischen Balance. Unter Berücksichtigung der nachstehenden Randbedingungen

$$\mathbf{W} = -\mathbf{V}_g \qquad \text{für} \qquad z = 0$$

$$\mathbf{W} \to 0 \qquad \text{für} \qquad z \to \infty$$

erhält die Beziehung (4.57) die Gestalt

$$\mathbf{W} = -\mathbf{V}_g \exp\left(-\sqrt{\frac{if}{k}}z\right) \tag{4.58}$$

$$\mathbf{V}_h(z) = -\mathbf{V}_g \exp\left(-\sqrt{\frac{if}{k}}z\right) + \mathbf{V}_g. \tag{4.59}$$

Dies ist eine Lösung, die bereits 1905 von Ekman (Physiker und Ozeanograf, 1874–1954) für die Winddrift im Ozean abgeleitet wurde.

Mit $v_g = 0$, d. h. für einen zonalen geostrophischen Wind, und nach der Trennung von Real- und Imaginärteil folgt für die Nordhalbkugel mit $f > 0$ als Lösung für die Ekman-Schicht:

$$u = u_g(1 - e^{-Bz}\cos(Bz)) \tag{4.60}$$

$$v = u_g e^{-Bz}\sin(Bz) \qquad \text{mit} \qquad B = \sqrt{\frac{f}{2k}} \tag{4.61}$$

Die Struktur dieser Lösung verdeutlicht man am besten mittels einer Hodographenkurve, der Ekman-Spirale (vgl. Abb. 4.29, Kurve (1)). Ihr zufolge dreht der horizontale Windvektor in der Ekman-Schicht unter nur noch geringer Zunahme seines Betrages kontinuierlich nach rechts und erreicht an ihrer Obergrenze nicht nur die

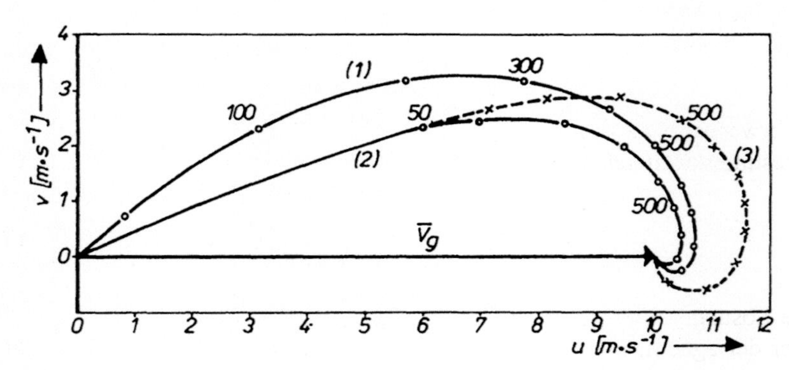

Abb. 4.29 Änderung des Windvektors mit der Höhe (Angaben in m). Kurve (1) Ekman-Spirale, Kurve (2) Taylorspirale, Kurve (3) instationäre Grenzschicht

Richtung, sondern auch einen um etwa 7 % größeren Betrag als der geostrophische Wind. Es existiert somit ein schwach ausgeprägtes Windmaximum, das typisch für eine Grenzschicht auf einer rotierenden Erde ist. Eine ideale Ekman-Spirale wird aber höchst selten beobachtet, da die Annahme eines höhenkonstanten Turbulenzreibungskoeffizienten k eine einschneidende Vereinfachung darstellt, denn k variiert nahe der Erdoberfläche sehr stark mit der Höhe. Des Weiteren ist die Grenzschicht nur bei hohen Windgeschwindigkeiten thermisch neutral, ansonsten weist sie in Bodennähe tagsüber eine labile und nachts eine stabile Schichtung auf. Darüber hinaus bewirkt die Abnahme des Reibungseinflusses mit zunehmender Höhe eine vertikale Scherung des horizontalen Windvektors, weshalb die tatsächlich beobachteten Windprofile generell von einer Spiralform abweichen. Eine bessere Annäherung an die vertikale Windverteilung in der Grenzschicht erhält man durch eine Kombination des logarithmischen Windprofils der Bodenschicht mit der Ekman-Spirale. Auch in diesem Fall rechnet man zwar mit einem höhenkonstanten Turbulenzreibungskoeffizienten, aber die Lösung der modifizierten Gleichung gilt nur für die Ekman-Schicht und besitzt jetzt die Form:

$$u = u_g (1 - \sqrt{2}\ \sin\alpha\ e^{-Bz}\ \cos(Bz - \alpha + \pi / 4)) \tag{4.62}$$

$$v = u_g \sqrt{2}\ \sin\alpha\ e^{-Bz}\ \sin(Bz - \alpha + \pi / 4) \tag{4.63}$$

Sie wird als Taylorspirale (Kurve 2 in Abb. 4.29) bezeichnet, wobei für den Ablenkungswinkel α meist $\pi/8$ (22,5°) gewählt wird. Für eine instationäre Grenzschicht mit einem höhenkonstanten Turbulenzreibungskoeffizienten ergibt sich die Kurve (3). Man erhält sie aus der nachstehenden Bewegungsgleichung für eine instationäre, horizontal homogene und vertikalbewegungsfreie Grenzschicht

$$\frac{\partial \mathbf{W}}{\partial t} = -k \frac{\partial^2 \mathbf{W}}{\partial z^2} + if\ \ \mathbf{W} = 0. \tag{4.64}$$

Ihre Lösung ergibt die Kurve (3) in Abb. 4.29 und lautet:

$$\mathbf{W}(z,t) = \mathbf{W}_0 \exp(-\sqrt{\frac{if}{k}} z) + \mathbf{C}_0 e^{-ift}. \tag{4.65}$$

Bei Verwendung der entsprechenden Randbedingungen $\mathbf{W}_o = -\mathbf{V}_g$ und $\mathbf{C}_o = \mathbf{C}z$ für $t=0$ resultiert letztendlich

$$\mathbf{W}(z,t) = -\mathbf{V}_g \exp(-\sqrt{\frac{if}{k}} z) + \mathbf{C} z e^{-ift}. \tag{4.66}$$

Diese Lösung erlaubt die Interpretation, dass der linear von der Höhe abhängige Vektor der ageotriptischen Windabweichung **C** um den Vektor des Bodenwindes eine Trägheitsschwingung cum sole vollführt, eine Eigenschaft des Windfeldes, die bereits 1882 von Dove und später ausführlich von Wagner 1936, Möller 1940, Kleinschmidt 1948 sowie Clarke 1970 diskutiert wurde und zur Erklärung des Tagesganges des Windes herangezogen werden kann.

4.5.3.2 Der nächtliche Grenzschichtstrahlstrom

Während in einer neutral geschichteten und barotropen Grenzschicht das Überschießen des aktuellen Windvektors über den geostrophischen Wind nur maximal 7 % des geostrophischen Vektorbetrages ausmacht, werden bei einer ungestörten Wetterlage über den Landgebieten der Erde in etwa 10 bis 20 % aller Nächte vertikal eng begrenzte Geschwindigkeitsmaxima beobachtet (s. Klose 1991). Sie entwickeln sich zum Zeitpunkt des Sonnenuntergangs in einem Höhenbereich zwischen 200 und 700 m und weisen häufig übergeostrophische Geschwindigkeiten auf, wobei das „Überschießen“ des aktuellen Windes über den geostrophischen Wind 1,2 bis 1,5 V_g, maximal auch 2 V_g beträgt. Die Modifikation des Windfeldes erfolgt dabei insbesondere durch die interdiurne Veränderlichkeit der statischen Stabilität der Grenzschicht. So entspricht eine stabil geschichtete Grenzschicht mit einer Bodeninversion den natürlichen Gegebenheiten nachts, während am Tage überadiabatische Gradienten in unmittelbarer Bodennähe auftreten, was labile Schichtung bedeutet, und darüber annähernd neutrale Schichtung beobachtet wird. Nach Blackadar (1957) lässt sich ein solches Geschwindigkeitsmaximum durch eine Trägheitsschwingung des Vektors der ageostrophischen Windabweichung ($\mathbf{V}_h - \mathbf{V}_g$) erklären. Diese setzt stets nach dem faktischen Erlöschen der Turbulenz oberhalb der Bodeninversion ein und führt zu einem Maximum des Betrages im Vertikalprofil des horizontalen Windvektors. Sie gilt als komplexe Antwort der planetarischen Grenzschicht auf die ihr inhärente reibungsbedingte ageostrophische Windabweichung. Zu ihrer mathematischen Behandlung geht man unter Einbeziehung der komplexen Schreibweise von einer horizontal homogenen und vertikalbewegungsfreien Grenzschicht ohne Reibung aus, sodass die folgende Differenzialgleichung Gültigkeit besitzt (Klose 2006a):

$$\frac{\partial \mathbf{W}}{\partial t} + \mathrm{i} f \mathbf{W} = 0 \tag{4.67}$$

Ihre Lösung hat die einfache Form

$$\mathbf{W}(t) = \mathbf{W}_0 e^{\mathrm{i}ft}. \tag{4.68}$$

$\mathbf{W}_o$ ist der ageotriptisch modifizierte Vektor der ageostrophischen Windabweichung (s. Abb. 4.30), d. h. der Differenzvektor zwischen dem aktuellen Wind $\mathbf{V}_h$ bzw. $\mathbf{V}_h(t)$ und dem geostrophischen Wind $\mathbf{V}_g$, der im Laufe der Nacht eine ungedämpfte Trägheitsschwingung mit der Periode $T = 2\pi/f$ vollführt. Die Bahnkurve entspricht in den einzelnen Niveaus einem Trägheitskreis mit dem Mittelpunkt $\mathbf{V}_g$ und dem Radius $\mathbf{W}_o$, wobei das Maximum der Windgeschwindigkeit dann erreicht wird, wenn

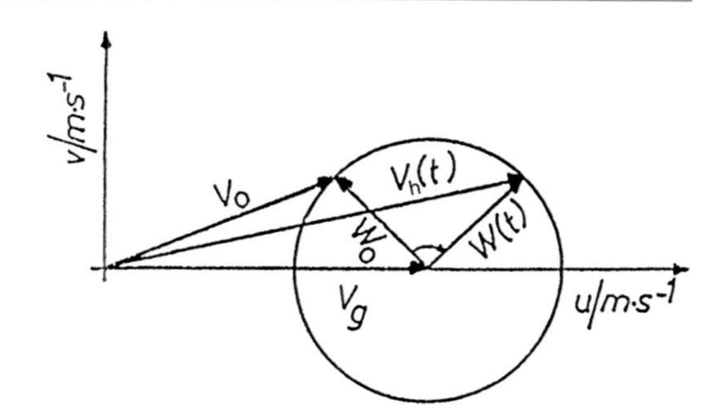

Abb. 4.30 Trägheitsschwingung des Vektors der ageostrophischen Windabweichung

die Richtung des geostrophischen und aktuellen Windes übereinstimmen. Damit wird das entstehende Windmaximum allein von der Phasenlage und dem Betrag des Vektors der ageostrophischen Windabweichung $\mathbf{W}_0$ zum Zeitpunkt des Sonnenuntergangs bestimmt.

Wegen der Anfangslage des Vektors der ageostrophischen Windabweichung zwischen 1/4 und 1/2 der Trägheitsperiode, die in den mittleren Breiten ca. 15 h beträgt, erhält das übergeostrophische Geschwindigkeitsmaximum seine volle Ausprägung bereits wenige Stunden nach Sonnenuntergang, in den Subtropen aber erst weit nach Mitternacht. Prinzipiell geht ein Anwachsen der maximalen Geschwindigkeitswerte mit einem zeitlich späteren Eintreten des Windmaximums einher. Dieses ist umso besser ausgeprägt, je niedriger die geografische Breite des Beobachtungsortes und die Höhe der planetarischen Grenzschicht am Tage und je größer der Betrag des geostrophischen Windes und der Turbulenzreibungskoeffizient sind (vgl. Klose 1988).

Verwendet man für $\mathbf{W}_0$ zum Zeitpunkt des Sonnenuntergangs t_0 die Lösung der Differenzialgleichung (4.62), dann folgt als endgültiges Resultat

$$\mathbf{W}(z,t) = \left(-\mathbf{V}_g \exp\left(-\sqrt{\frac{if}{k}} z \right) + \mathbf{C} z e^{-ift_0} \right) e^{-ift}. \tag{4.69}$$

Untersuchungen zeigen jedoch, dass die Windhodographen häufig von einer Kreisform abweichen, was von den in der planetarischen Grenzschicht stets wirksamen Beschleunigungen herrührt. Hierzu gehören Instationaritätseffekte infolge des Tagesganges des Windvektors, der Einfluss einer zeitlichen Änderung des Druckfeldes, das Auftreten von Geschwindigkeitsdivergenzen und die Wirkung der Krümmungsvorticity sowie das Vorhandensein von Vertikalbewegungen in Verknüpfung mit vertikalen Windscherungen. Sie alle sind mit dem Auftreten zusätzlicher strömungsparalleler und -senkrechter Windkomponenten verbunden, sodass es einerseits zu einer Modifikation der Amplitude der Trägheitsschwingung und des Zeitpunktes maximaler Geschwindigkeitsbeträge kommt und andererseits die Hypergeostrophie (V_h/V_g) des nächtlichen Grenzschichtstrahlstromes beeinflusst wird.

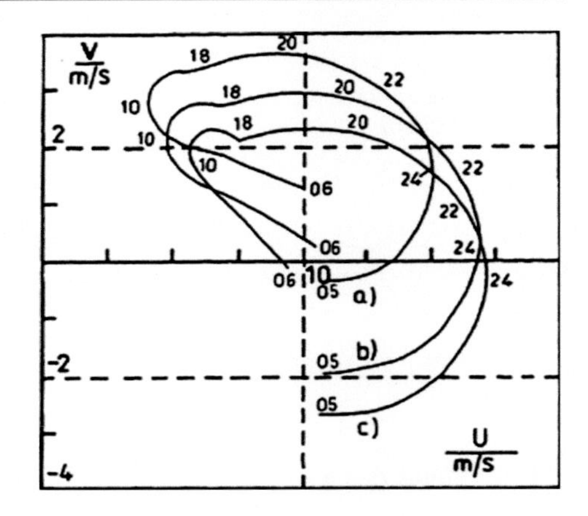

Abb. 4.31 Hodographenkurven von V_h in der Höhe des Windmaximums (358 m) beim Auftreten von Geschwindigkeitsdivergenzen ($D = 10^{-5}\,s^{-1}$, a), -konvergenzen ($D = -\,10^{-5}\,s^{-1}$, c) sowie im beschleunigungsfreien Fall (b) in einer barotropen Grenzschicht

So führen zum Beispiel nach Klose 1976 sowie 1990 Geschwindigkeitsdivergenzen D zu einer Dämpfung der Amplitude der Trägheitsschwingung und damit zu einem zeitlich früheren Auftreten des Geschwindigkeitsmaximums bei gleichzeitig verringerter Hypergeostrophie, während -konvergenzen mit betragsmäßig größeren und zeitlich später auftretenden Windmaxima sowie verstärkter Hypergeostrophie verknüpft sind (vgl. Abb. 4.31).

Von ähnlicher Wirkung ist der Einfluss der Isobarenkrümmung. So nimmt für antizyklonal gekrümmte Isobaren die Hypergeostrophie der Geschwindigkeitsmaxima z. B. um 50 % für einen Wert der Krümmungsvorticity von $D^* = -\,2 \cdot 10^{-5}\,s^{-1}$ zu, wobei der aktuelle Windvektor einen Betrag von $2V_g$ erreichen kann (s. Abb. 4.32).

Bedeutsam ist auch eine Abnahme des geostrophischen Windvektors mit der Zeit in Kombination mit aufsteigenden Vertikalbewegungen, da ihr gemeinsames Auftreten zu einer Hypergeostrophie von 1,4 V_g führt und sich besonders tief liegende Windmaxima in ca. 100 m Höhe ausbilden. Auch die Baroklinität der unteren Atmosphäre bewirkt bei einem Linksdrehen des geostrophischen Windes mit der Höhe und einer gleichzeitigen Abnahme seines Betrages tief liegende Windmaxima

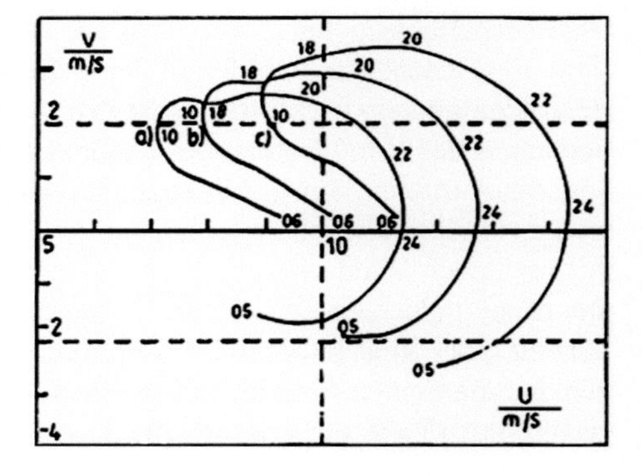

Abb. 4.32 Hodographenkurven von V_h in der Höhe des Windmaximums bei zyklonaler ($D^* = 10^{-0}\,s^{-0}$, *a*) und antizyklonaler ($D^* = -\,10^{-0}\,s^{-0}$, *c*) Isobarenkrümmung sowie bei geradlinigem Isobarenverlauf (*b*) in einer barotropen Grenzschicht

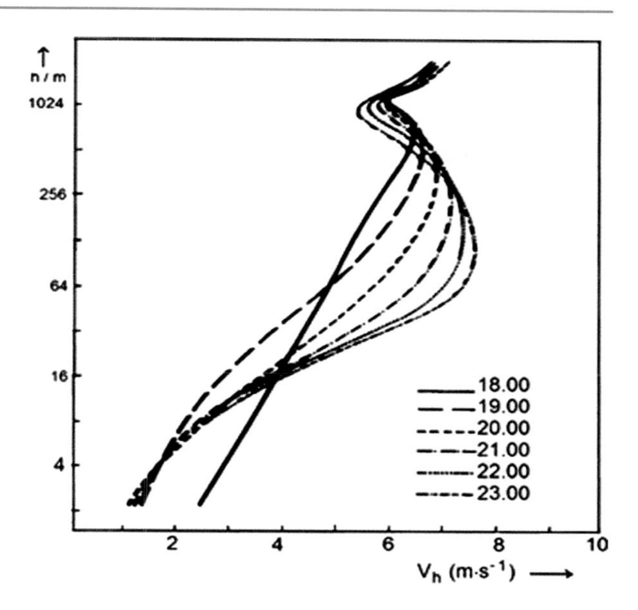

Abb. 4.33 Entwicklung eines Windmaximums in einer baroklinen Grenzschicht (bei einer zeitlichen Verringerung des Betrages des geostrophischen Windes)

mit einer Hypergeostrophie von 1,4 V_g, während in einer allein baroklinen Grenzschicht die Maxima in 300 bis 500 m Höhe zu beobachten sind (s. Abb. 4.33).

4.5.3.3 Bodennahe Windprofile

Die unmittelbar der Erdoberfläche aufliegende Bodenschicht wird gänzlich durch den vertikalen Impulstransport mittels turbulenter Wirbel dominiert, während der Einfluss der Coriolis- und Druckgradientkraft gering ist. Ihre Höhe hängt von der Stabilität ab und beträgt weniger als 10 % der vertikalen Mächtigkeit der Grenzschicht. In Erdbodennähe ist der Wind weitgehend parallel zur x-Achse (v = 0), sodass man für die Änderung des Bodenwindes mit der Höhe folgende Differenzialgleichung schreiben kann:

$$\frac{\partial u}{\partial z} = \frac{u_*}{k \cdot z} \tag{4.70}$$

Bei höhenkonstantem κ und u* ergibt die Integration nach z ein logarithmisches Windprofil:

$$u(z) = \frac{u_*}{k} \ln\left(\frac{z}{z_0}\right) \tag{4.71}$$

Hierin entsprechen κ der von Kármán-Konstanten (~ 0,4), u_* der Schubspannungsgeschwindigkeit (0,15 bis 0,4 $m \cdot s^{-1}$), z_0 der Rauigkeitshöhe (1–10 cm), in der die mittlere Windgeschwindigkeit null wird, und z der geometrischen Höhe (m). Ergänzend muss hinzugefügt werden, dass außer der Reibungskraft am Boden eine innere Reibung zwischen dem Wind am Boden und dem in der Höhe auftritt, die man ursprünglich „mitschleppende Kraft“ nannte. Da die Windgeschwindigkeit mit der Höhe zunimmt, wird diese Kraft pro Flächeneinheit heute als Scher- oder Schubspannung bezeichnet. Sie wirkt parallel zur Fläche und ist das Ergebnis der unregelmäßigen Molekularbewegung, die einen ständigen Austausch zwischen den einzelnen Luftschichten mit unterschiedlichen Geschwindigkeiten verursacht. Diese mit dem Austausch verknüpften Geschwindigkeiten werden Schubspannungsgeschwindigkeiten genannt. z_0 ist eigentlich eine Integrationskonstante, die sich aber stark mit der Beschaffenheit der Unterlage ändert, wie man der Tab. 4.23 entnehmen kann.

Nach Hellmann 1917, Prandtl 1932 und der Monin-Obuchov'schen Theorie 1954 gilt bei neutraler Schichtung das logarithmische Windprofil als gute Näherung für die mittlere Windgeschwindigkeit in einem Höhenbereich zwischen 10 cm und etwa 100 m. Weicht die Schichtung jedoch vom neutralen Typ ab, sollte das logarithmischlineare Windprofil Verwendung finden, das Gültigkeit bis zu mehreren Hundert Metern Höhe besitzt. Es ist in Bodennähe zunächst fast logarithmisch und geht mit zunehmender Höhe in ein lineares Profil über:

$$u(z) = \frac{u_*}{k}\left(\ln\frac{z}{z_0} + 4{,}7\frac{z - z_0}{L_*}\right) \tag{4.72}$$

Die Stabilitätslänge L_* ist im Wesentlichen eine Funktion der Schubspannungsgeschwindigkeit u_* und des turbulenten Wärmestromes. Im Fall labiler/stabiler Schichtung ist L_* negativ/positiv, sodass sich die Windgeschwindigkeit gegenüber neutralen Verhältnissen verringert/vergrößert (s. Abb. 4.34). So beträgt $L_* \approx -25\,\text{m}$ für Windgeschwindigkeiten von $10\ \text{m} \cdot \text{s}^{-1}$ in Anemometerhöhe und einen "Wärmestrom“ von $\sim 100\ \text{W} \cdot \text{m}^{-2}$.

Tab. 4.23 Mittlere Rauigkeitshöhe z_0 für verschiedene Eigenarten der Erdoberfläche

Landschaftstyp	Rauigkeitshöhe z_0 (m)
Eis, Sumpfebene	$2 \cdot 10^{-3}$
Offene See	10^{-4}
Wüste (eben)	$5 \cdot 10^{-4}$
Schneebedeckte Landwirtschaftsfläche	$2 \cdot 10^{-3}$
Gras (ungemäht)	$2 \cdot 10^{-2}$
Einzelne Bäume	$3 \cdot 10^{-2}$
Wald	1–3
Agrarlandschaft	$2 \cdot 10^{-2}$–$9 \cdot 10^{-2}$
Vororte	$5 \cdot 10^{-1}$
Zentren kleiner Städte	$7 \cdot 10^{-1}$
Zentren großer Städte	$7 \cdot 10^{-1}$–2
Stadtzentrum mit Hochhäusern	2–4
Mittelgebirge, Hochgebirge	60–80

Abb. 4.34 Bodennahe Windprofile in Abhängigkeit von der thermischen Schichtung. (© Etling 1996)

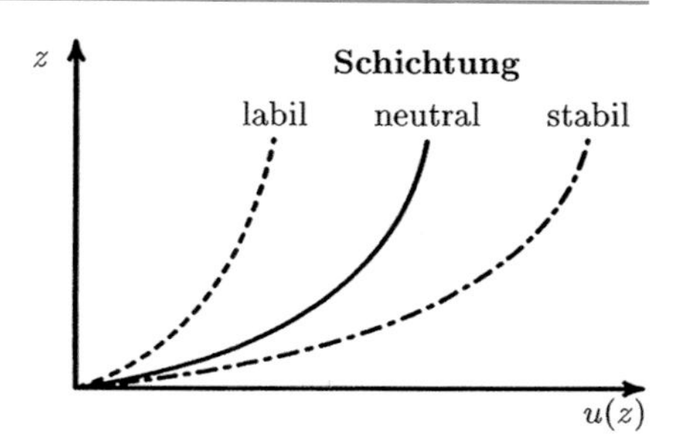

Für technische Anwendungen wird häufig das Potenzgesetz benutzt, das etwa bis zu 400 m Höhe gilt und ermöglicht, die Windgeschwindigkeit aus einer einzigen Windmessung in 10 m Höhe zu berechnen:

$$u(z) = u(10\mathrm{m})\left(\frac{z}{10\ \mathrm{m}}\right)^p \tag{4.73}$$

Der Exponent p ist von der Rauigkeit der Erdoberfläche und der thermischen Schichtung abhängig. Für stark stabile Schichtung resultiert ein p-Wert zwischen 0,45 und 0,6, während bei neutraler Schichtung p zwischen 0,1 bis 0,3 variiert. In einer labilen Grenzschicht dominieren p-Werte zwischen 0,5 und 0,15, bei starker Labilität von 0,05.

4.5.3.4 Horizontales Windfeld

Im Allgemeinen betrachtet man den Wind als eine horizontale Luftströmung, obwohl seine Vertikalkomponente eine entscheidende Rolle sowohl für die Wolken-, Niederschlags- und Gewitterbildung als auch für die Übertragung von Wärme und Wasserdampf von der Erdoberfläche in die darüber liegenden Luftschichten spielt.

Trotzdem kann man bei der obigen Annahme bleiben, da sich die Horizontal- und Vertikalkomponente des Windes um mehrere Größenordnungen unterscheiden. Das horizontale Windfeld wird von der Bodenreibung, der Druckgradient- und der Corioliskraft bestimmt, sodass im Kräftegleichgewicht ein Einströmen (Ausströmen) des Windes in das Tiefdruckzentrum (aus dem Hochdruckgebiet heraus) erfolgt.

Der Ablenkungswinkel A (Abweichung der Strömungsrichtung vom geradlinigen Isobarenverlauf) ist eine Funktion der Rauhigkeit der Erdoberfläche, der Schichtungsstabilität sowie der Windgeschwindigkeit selbst. Er beträgt 20 bis 40° über Land und 10 bis 20° über dem Meer. Diese Eigenschaften des Windfeldes hat der holländische Admiral Buys-Ballot (1817–1890) bereits 1857 beschrieben und ein nach ihm benanntes Windgesetz formuliert:

Steht man mit dem Rücken zum Wind, so liegt auf der Nordhalbkugel (Südhalbkugel) das Tiefdruckgebiet vorne links (rechts) und das Hochdruckgebiet hinten rechts (links).

4.5.3.5 Böigkeit des Windes

Die Richtung und Geschwindigkeit des Windes unterliegen erheblichen turbulenten Pulsationen, sodass man eine zeitliche und räumliche Mittlung einführen muss. Als Mittlungsintervall wählt man für den Beobachtungsdienst 10 min, zur Untersuchung von Turbulenzcharakteristika dagegen nur 2 min.

Die Böigkeit des Windes ist eine Folge der Rauigkeit der Erdoberfläche, des Austausches und der Turbulenz der Luftströmung. Durch die Rauigkeit der Erdoberfläche bilden sich Wirbel mit waagerechter Rotationsachse, die die Luft zum Schwingen bringen (hörbar am Summen der Telefondrähte). Der Austausch bewirkt durch das Aufsteigen und Absinken von Luftpaketen Beschleunigungs- und Verzögerungseffekte in Bodennähe. Böen sind per Definition kurzzeitige Abweichungen des Windes von der mittleren Geschwindigkeit um $5\ \mathrm{m \cdot s^{-1}}$ für wenige Sekunden oder Minuten.

Zur Erfassung von Böen verwendet man Böenmesser. Sie registrieren den Gesamtdruck p_{ges}, der aus dem statischen Druck p_{sta} und dem dynamischen Druck p_{dyn} (häufig auch als Staudruck bezeichnet) resultiert, sodass man schreiben kann:

$$p_{ges} = p_{sta} + p_{dyn} \quad \text{bzw.} \quad p_{ges} = p_{sta} + \tfrac{1}{2}\rho \cdot v^2 \tag{4.74}$$

Die durch den Austausch und den unterschiedlichen Reibungseinfluss der Erdoberfläche ständig wirksame Böigkeit wird *gustiness* genannt, während man die in Verbindung mit Gewittern oder Gewitterfronten auftretenden starken Böen als *sqalls* bezeichnet (vgl. Abb. 4.35). Böen bei Schauern und Gewittern sind umso kräftiger, je höher die Wolkenbasis liegt. Beim Durchgang von Fronten kann die Böe aus der Temperaturdifferenz ΔT zwischen der Warmluft im Warmsektor und der hinter der Kaltfront einfließenden Kaltluft mittels der nachstehenden Faustformel abgeschätzt werden:

$$V_{Böe} = 2\Delta T \quad (\text{Maßeinheit festgelegt: } \mathrm{m \cdot s^{-1}}) \tag{4.75}$$

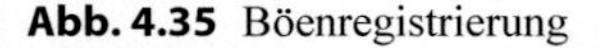

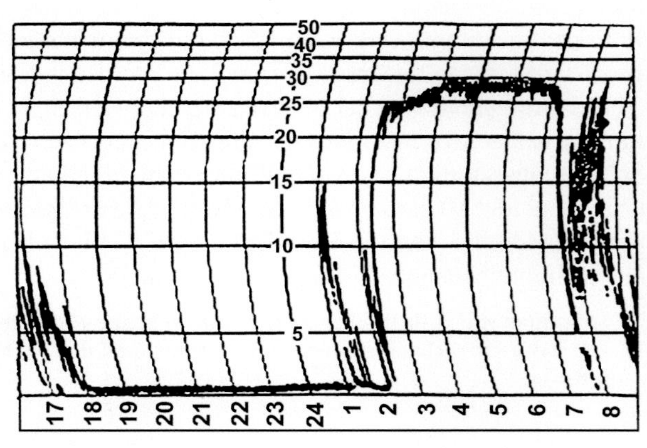

Abb. 4.35 Böenregistrierung

4.5.3.6 Scherwinde

Änderungen der Windgeschwindigkeit und -richtung quer zur Strömungsachse eines Windfeldes werden als Scherung bezeichnet und treten sowohl bei den horizontalen Windkomponenten als auch im Vertikalbewegungsfeld auf. So ist beispielsweise für die Prandtl-Schicht nahe der Erdoberfläche eine große Richtungskonstanz des Windvektors bei gleichzeitig beträchtlichen Geschwindigkeitsscherungen typisch, wobei diese insbesondere in Verbindung mit Gewittern, Fronten und lokalen Windsystemen beobachtet werden. Die mittleren Scherbeträge erreichen in der Regel 0,1 bis 0,15 s^{-1} auf 30 m Höhendifferenz. Des Weiteren sind hohe Scherbeträge an Strahlströme geknüpft, die sich sowohl unterhalb der Tropopause als auch in Bodennähe bilden. Einen direkten Hinweis auf Windscherung in der freien Atmosphäre geben der Cirrus uncinus, der Altocumulus flocus sowie geneigte Gewittertürme. Starke Windscherungen ($dV_h/dz) > 3\ m \cdot s^{-1}$) sind kurzzeitige und seltene Ereignisse mit einer mittleren Dauer von 2 bis 4 min. Sie sind an Starkwind- und Sturmwetterlagen, an Front- und Bodeninversionen sowie nächtliche Windmaxima gebunden. Der höchste jemals gemessene Scherbetrag wurde mit 13,6 bzw. 10,9 $m \cdot s^{-1}$ auf ein Höhenintervall von 30 m an einem Messmast in Obninsk am 28. bzw. 29.11.1965 für ein Mittlungsintervall von 2 bzw. 10 min aufgezeichnet. Für den Flughafen Berlin-Schönefeld ließ sich dagegen für die gleiche Höhendifferenz im Beobachtungszeitraum zwischen März 1980 und Dezember 1985 für ein Mittlungsintervall von 2 min nur ein Scherbetrag von 9 $m \cdot s^{-1}$ (vgl. Klose 1986) ermitteln.

4.5.3.7 Tagesgang des Windes

Der Wind besitzt einen ausgeprägten Tagesgang. So beobachten wir in Bodennähe eine Zunahme der Windgeschwindigkeit im Verlaufe des Vormittags bis auf einen maximalen Wert kurz nach dem Sonnenhöchststand sowie eine anschließende Abnahme derselben, manchmal bis zur völligen Windstille in wolkenlosen Nächten. Ursache ist die Intensitätsänderung des vertikalen Austausches im Tagesverlauf. Ein inverser Gang der Windgeschwindigkeit tritt auf exponierten Berggipfeln und in der freien Atmosphäre auf, wo wir ein Geschwindigkeitsmaximum nachts und ein Minimum um die Mittagszeit beobachten.

Die tägliche Windvariation erreicht 1 bis 3 $m \cdot s^{-1}$, maximal 5 $m \cdot s^{-1}$ in Steppen und Wüstengebieten oder auf stark besonnten Plateaus. Das mittägliche Maximum ist in den Sommermonaten bzw. bei heiterem Wetter meist etwa doppelt so groß wie im Winter bzw. bei hohem Bedeckungsgrad. Die Amplitude der Tagesschwankung nimmt mit zunehmender Höhe ab, wobei sich der zeitliche Eintritt des Geschwindigkeitsmaximums um etwa 1 bis 2 h verzögert.

Der Bodentypus der täglichen Windvariation reicht bei hohen Windgeschwindigkeiten bzw. bei zyklonalen Wetterlagen sowie großer Rauhigkeit der Erdoberfläche (z. B. über Großstädten) und an Strahlungstagen insgesamt höher hinauf, sodass beispielsweise die Windregistrierungen von Potsdam (Anemometerhöhe 41 m) in den Sommermonaten ein Mittagsmaximum der Windgeschwindigkeit aufweisen, während für die kalte Jahreszeit eine Umkehr der täglichen Periode zu beobachten ist (vgl. Abb. 4.36, linke Seite). Die mittlere Amplitude der Tagesschwankung ist klein und beträgt 0,41 $m \cdot s^{-1}$ für den Winter bzw. 0,78 $m \cdot s^{-1}$ für den Sommer.

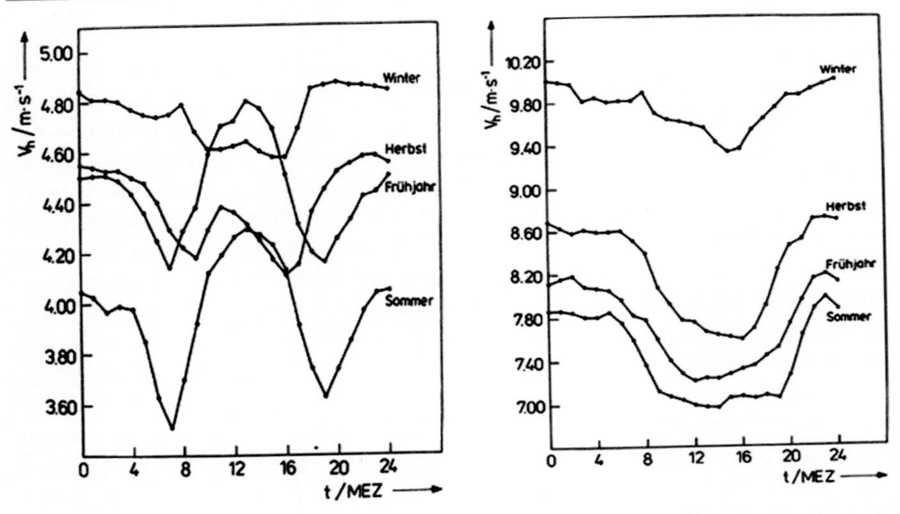

Abb. 4.36 Tagesgang des Windes zu unterschiedlichen Jahreszeiten in Potsdam und auf dem Fichtelberg

Oberhalb 300 m dominiert der Höhentypus des Tagesganges, wobei die mittlere Amplitude mit der Höhe abnimmt. Für den Fichtelberg (1214 m) beträgt z. B. die Amplitude des Tagesganges der Windgeschwindigkeit vom Frühjahr bis zum Herbst rund 1 $m \cdot s^{-1}$, während sie im Winter nur 0,67 $m \cdot s^{-1}$ ausmacht (vgl. Abb. 4.36, rechte Seite).

Insgesamt zeigt der Tagesgang auf Bergstationen durch die unterschiedliche Topografie und die Existenz lokaler Windsysteme im Vergleich zum Bodentypus eine wesentlich größere Variation hinsichtlich des Eintretens der Extremwerte.

Über dem Meer ist die tägliche Windvariation nur schwach ausgeprägt, die Änderung der Windgeschwindigkeit erreicht etwa 0,5 $m \cdot s^{-1}$.

4.5.4 Windmessung

In Bodennähe erfolgt die Messung des Windvektors in 8, 10 oder 12 m Höhe. Bei der Installation von Messgeräten sollten Gegenstände etwa doppelt so weit vom Aufstellungsort des Gerätes entfernt sein wie sie hoch sind und sich außerdem die Umgebung des Messortes in allen Himmelsrichtungen wenig unterscheiden.

4.5.4.1 Bestimmung der Windrichtung

Die Messung der Windrichtung erfolgt vorwiegend mittels Windfahnen, die schon seit alters her auf Rathäusern, Kirchen und anderen öffentlichen Gebäuden angebracht werden. Auf Brücken und an Flughäfen verwendet man einen Windsack, und zur Schätzung der Richtung eignen sich Rauchfahnen bzw. die Zugrichtung der tiefen Bewölkung.

Eine Windfahne muss den kurzzeitigen Pulsationen des Windes folgen können sowie auf schwache Strömungen und kleine Richtungsänderungen reagieren. Deshalb verwendet man Düsen- oder Fahnenformen. Die Übertragung der Windrichtung zur Anzeige bzw. zum Registriergerät erfolgt heute mittels Wechselstrommeldeanlagen, die die Winkelstellung der Fahne mit einer Genauigkeit von 1° wiedergeben können.

4.5.4.2 Bestimmung der Windgeschwindigkeit

Zur Messung der Windgeschwindigkeit nutzt man die Eigenschaft des Windes, einen Druck bzw. eine Kraftwirkung auf Gegenstände an der Erdoberfläche auszuüben. Übliche Messgeräte sind gegenwärtig:

- Rotationsanemometer (Flügelrad-, Schalenanemometer)
- Staudruckanemometer
- Hitzdrahtanemometer (für geringe Geschwindigkeiten)

4.5.4.2.1 Flügelradanemometer

Flügelradanemometer sind seit 1752 bekannt und bestehen aus einem System geneigter Platten, die an einer horizontalen Achse befestigt sind. Das Flügelrad muss stets senkrecht zur Windrichtung stehen und ist folglich mit einer Windfahne zu koppeln oder als Handanemometer zu verwenden. Es funktioniert nach dem Prinzip einer Windmühle, ist sehr trägheitsarm, kann aber Schwankungen der Luftdichte, die in den mittleren Breiten etwa 10 % ausmachen, weniger gut umsetzen. Flügelradanemometer werden im Windkanal geeicht und besitzen eine Messgenauigkeit von ± 5 %.

4.5.4.2.2 Schalenkreuzanemometer

Schalenkreuzanemometer bestehen aus drei oder vier gewöhnlich halbkugelförmigen oder konischen Schalen. Sie sind an horizontalen Armen befestigt, welche radial von einer vertikalen Achse ausgehen. Da der Wind auf die konkaven Seiten der Schalen einen höheren Druck ausübt (der Widerstandsbeiwert ist um den Faktor 3,91 größer) als auf die konvexen, entsteht eine von der Anströmrichtung des Windes unabhängige Rotation, die von der Windgeschwindigkeit bestimmt wird. Die Messung der Rotationsgeschwindigkeit des Schalensternes erfolgt aus der Bestimmung des Windweges mittels elektrischer oder magnetischer Kontakte. Die Windgeschwindigkeit ist nahezu proportional zur Zahl der Kontakte in einem bestimmten Zeitintervall. Es wird eine mittlere Geschwindigkeit in einem bestimmten Zeitintervall (10 min, 1 h etc.) gemessen. Infolge der Reibung des Anemometers erfolgt eine zuverlässige Messung erst ab $0{,}5\ m \cdot s^{-1}$.

Handanemometer übertragen den Messwert mechanisch auf einen Zeiger und geben immer die mittlere Windgeschwindigkeit über den auf dem Gerät vermerkten Messzeitraum an. Zur Einhaltung einer konstanten Messzeit (mindestens 100 s) befindet sich eine Stoppuhr am Messgerät.

4.5.4.3 Staudruckanemometer (Böenmesser)

Bewegte Luft erzeugt beim Auftreffen auf einen in Ruhe befindlichen Körper einen Staudruck ($p = (1/2\, \rho \cdot v^2)$ und auf seiner Rückseite einen Unterdruck, während sich dazwischen eine Zone befindet, in der der normale Luftdruck (statischer Druck) wirkt. Zwischen dem von der Luftbewegung hervorgerufenen Staudruck und der Windgeschwindigkeit besteht ein gesetzmäßiger Zusammenhang, der zu Messzwecken genutzt wird. Durch die Verwendung von Staudüsen verschiedener Konstruktion ermittelt man aufgrund der Bernoulli'schen Gleichung ($p_{ges} = p_s + 1/2\, \rho \cdot v^2$) die Druckdifferenz Staudruck (p_{ges}) minus statischer Druck (p_s), aus der die Windgeschwindigkeit berechnet wird.

4.5.4.4 Hitzdrahtanemometer

Zur Messung von Windgeschwindigkeiten $< 1\ m \cdot s^{-1}$ verwendet man mehrere zusammengeschweißte Platindrähte, die der Luftbewegung ausgesetzt werden. Gemäß dem Newton'schen Abkühlungsgesetz wird die durch die Luftbewegung hervorgerufene Abkühlung und damit erfolgte Widerstandsänderung nach vorgenommener Eichung in ein Windgeschwindigkeitsmaß umgesetzt, das am Messgerät (Galvanometer bzw. Verstärker) abgelesen werden kann.

4.5.5 Übungen

Aufgabe 1

(i) Bestimmen Sie für einen Bodenwind aus West mit $15\ m \cdot s^{-1}$ seine Änderung bis 300 m Höhe für neutrale Schichtungsverhältnisse nach dem Potenzgesetz!
(ii) Was bedeutet Böigkeit im meteorologischen Sprachgebrauch, welche Böenarten lassen sich unterscheiden? Wie stark sind die zu erwartenden Böen?
(iii) Diskutieren Sie das vertikale Windprofil im Bereich der planetarischen Grenzschicht im Allgemeinen sowie für eine Land- und eine Seeoberfläche!

Aufgabe 2 Bei der Sturmwetterlage am 16. März 1962 wurde ein Druckgradient zwischen Norwegen und den Azoren von 90 hPa auf 2660 km Entfernung gemessen.

(i) Berechnen Sie die aufgetretene geostrophische Windgeschwindigkeit V_g gemäß $V_g = \frac{1}{\rho f} \frac{dp}{dn}$ mit $f = 2 \cdot 7{,}292 \cdot 10^{-5}\, s^{-1} \cdot \sin\varphi$ für den oben angeführten Gradienten dp/dn, eine geografische Breite von 50° und eine Luftdichte $\rho = 1{,}225\ kg \cdot m^{-3}$.
(ii) Welche Stärke wies der gemessene Bodenwind über See und Land auf, welche Böen wurden beobachtet?
(iii) Diskutieren Sie den Unterschied zwischen dem geostrophischen und dem Bodenwind!

Aufgabe 3 Mit Hilfe der Forschungsplattform FINO1 in der Nähe des Borkumriffs werden seit 2003 Windgeschwindigkeiten zwischen 10 und 100 m Höhe gemessen. Danach liegt die mittlere Geschwindigkeit über See in 100 m Höhe im Sommer bei etwa 8,3 $m \cdot s^{-1}$ und im Winter bei 11,4 $m \cdot s^{-1}$.

(i) Erklären Sie die Ursachen für die unterschiedlichen Mittelwerte der Windgeschwindigkeit im Sommer und im Winter.
(ii) Bestimmen Sie den Bodenwind in 10 m Höhe für den Sommer und Winter unter Zuhilfenahme eines Windprofils.
(iii) Welcher scheinbare Wind lässt sich für den Winter bestimmen, wenn bei Westwind Ihr Schiff mit einem Kurs von 240° und einer Geschwindigkeit von 10 kn fährt?

4.5.6 Lösungen

Aufgabe 1

(i) $V_h(z) = V_h(10\text{ m}) \cdot \left(\frac{\mathbf{z}}{\mathbf{10m}}\right)^{0,2}$, $V_h(10) = 15 m \cdot s^{-1}, \ln V_h(z) = 0,2(\ln z - \ln 10) + \ln 15$

$z = 10\text{ m} \rightarrow V_h(z) = 16,27\text{ m} \cdot s^{-1}$

$z = 20\text{ m} \rightarrow V_h(z) = 17,2\text{ m} \cdot s^{-1}$; $z = 50\text{ m} \rightarrow V_h(z) = 20,7\text{ m} \cdot s^{-1}$

$z = 100\text{ m} \rightarrow V_h(z) = 23,8\text{ m} \cdot s^{-1}$; $z = 200\text{ m} \rightarrow V_h(z) = 27,3\text{ m} \cdot s^{-1}$

$z = 300\text{ m} \rightarrow V_h(z) = 29,6\text{ m} \cdot s^{-1}$

(ii) und (iii) Siehe Ausführungen im Text!

Aufgabe 2

(i) $f = 2\omega \sin\varphi = 2 \cdot 7,292 \cdot 10^{-5} \cdot \sin 50°$, $\rho = 1,225\text{ kg} \cdot m^{-3}$, $dp = 90\text{ hPa} = 9000\text{ N} \cdot m^{-2}$

$$V_g = \frac{9000(\text{kg} \cdot m \cdot s^{-2} \cdot m^{-2})}{1,225\text{kg} \cdot m^{-3} \cdot 1,12 \cdot 10^{-4} s^{-1} \cdot 2660 \cdot 10^3\text{ m}} = 24,66\text{ m} \cdot s^{-1}$$

(ii) Bodenwind über Land: $V_h(z) = 0,75\ V_g = 18,5\text{ m} \cdot s^{-1}$
Wind über See: $V_h(z) = 0,60\ V_g = 14,8\text{ m} \cdot s^{-1}$
(iii) Siehe Ausführungen im Text!

Aufgabe 3

(i) Die Variationen in der Windgeschwindigkeit zwischen Winter und Sommer basieren auf den unterschiedlichen Schichtungsverhältnissen. Im Sommer findet bei meist labiler Schichtung ein verstärkter Austausch statt, sodass die Windgeschwindigkeit in der Höhe abnimmt und am Boden wächst, während im Winter bei meist stabiler Schichtung die unmittelbar über der Wasseroberfläche liegende Luftschicht stark reibungsbeeinflusst ist (Wellenbewegung), wodurch die Windgeschwindigkeit reduziert wird. Häufig existiert auch eine Inversion, sodass das Windfeld der freien Atmosphäre mit höheren Windgeschwindigkeiten von dem bodennahen abgekoppelt ist.

(ii) Potenzgesetz: $u(z) = u(10) \cdot \left(\frac{z}{10}\right)^p$ mit p = 0,45 (stabil) und p = 0,15 (labil)
$\ln u(10) = \ln u(z) - p\,(\ln z - \ln 10)$, z = 100 m
Sommer: $\ln u(10) = \ln 8{,}3 - 0{,}15(\ln 100 - \ln 10)$; $\ln u(10) = 1{,}77086$; $u \sim 5{,}9\ \mathrm{m \cdot s^{-1}}$
Winter: $\ln u(10) = \ln 11{,}4 - 0{,}45(\ln 100 - \ln 10)$; $\ln u(10) = 1{,}39745$; $u \sim 4{,}0\ \mathrm{m \cdot s^{-1}}$

(iii) Zeichnerisch: SW = 254°, 8 – 7 $\mathrm{m \cdot s^{-1}}$

4.6 Die Strahlung

Strahlung ist der Transport von Energie mittels sich nicht gegenseitig beeinflussender elektromagnetischer Wellen, die sich sowohl im Vakuum als auch in der Materie ausbreiten können, wobei der Transportprozess im Allgemeinen mithilfe von Spektren beschrieben wird. Die mit der Strahlung transportierte Energie betrachtet man als Energie pro Fläche und Zeit, sodass man von einem Strahlungsstrom J spricht. Strahlung breitet sich geradlinig aus, was streng genommen nur im Vakuum gilt, aber auch für die Luft in erster Näherung angenommen werden kann.

Eine elektromagnetische Welle entsteht nach der Maxwell'schen Theorie immer dann, wenn Ladungen beschleunigt oder abgebremst werden. Das ist in Atomen der Fall, wenn ein angeregtes Elektron die Schale wechselt oder in makroskopischen Sendern, in denen durch Schwingungen Ladungen hin- und herbewegt werden. Da der emittierende Dipol stets Ausmaße in der Größenordnung der Wellenlänge hat, emittiert ein atomarer Dipol im nm-Bereich, während Rundfunksender im m-Bereich ausstrahlen.

Elektromagnetische Wellen werden durch zwei Feldgrößen definiert: einen elektrischen **E** und einen magnetischen Vektor **H**, die beide orthogonal zueinander sind und senkrecht zur Ausbreitungsrichtung schwingen (s. Abb. 4.37), wodurch Energie in Ausbreitungsrichtung transportiert wird, die dem Vektorprodukt aus beiden Größen direkt proportional ist (Poyntingvektor $\mathbf{S} = \mathbf{E} \times \mathbf{H}$).

Strahlung ist eine Transversalwelle, und ihre Ausbreitungsgeschwindigkeit beträgt im Vakuum $2{,}998 \cdot 10^8\ \mathrm{m \cdot s^{-1}}$. Infolge dieser hohen Geschwindigkeit liegen die Frequenzen des Lichtes gemäß der Relation $c = \lambda \cdot \nu$ bei etwa 10^{15} Hz. Die Lichtgeschwindigkeit im Medium c_m ist kleiner als die im Vakuum c_o, da die beiden Vektoren der Lichtwelle mit der Materie wechselwirken. Das Verhältnis beider Ge-

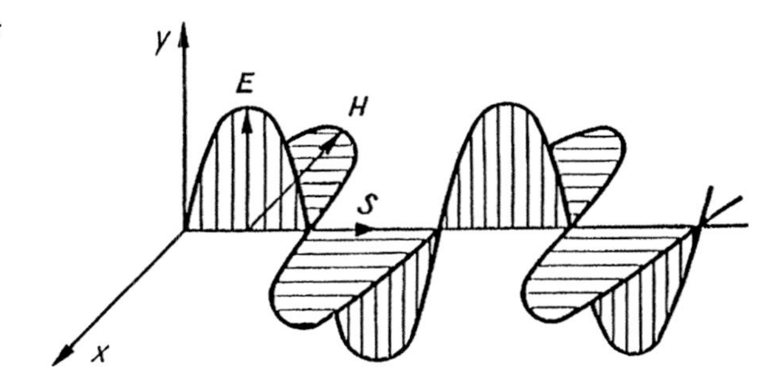

Abb. 4.37 Ausbreitung einer elektromagnetischen Welle (**E** entspricht dem elektrischen und **H** dem magnetischen Vektor)

schwindigkeiten zueinander bezeichnet man als Brechungsindex $n = c_o/c_m$. Infolge dieser Wechselwirkung wird der Lichtstrahl abgelenkt und gebrochen, was z. B. bei der astronomischen Refraktion eine Rolle spielt.

4.6.1 Solarstrahlung

Die lebensspendende Strahlung auf der Erde stammt nahezu vollständig aus der Photosphäre der Sonne und besteht aus elektromagnetischen Wellen und geladenen Partikeln wie Protonen, Elektronen und Alphateilchen. Mit den Augen können wir jedoch nur einen kleinen Anteil des elektromagnetischen Spektrums (vgl. Tab. 4.24) wahrnehmen, nämlich das sichtbare Licht mit Wellenlängen zwischen etwa 0,38 und 0,78 μm (also eine Oktave), was einer Frequenz von etwa $5 \cdot 10^{14}$ Hz entspricht. Wenn wir uns auf den nahen ultravioletten, den sichtbaren sowie nahen infraroten Bereich der von der Sonne einfallenden Strahlung beschränken, dann stellt diese hauptsächlich die Emission eines sehr heißen Körpers (Oberflächentemperatur etwa 5800 K) als Kontinuum dar. Unsere Sonne können wir daher in erster Näherung als einen schwarzen Strahler betrachten. Die Erde besitzt dagegen eine Mitteltemperatur von 288,15 K und emittiert deshalb im Infraroten Banden zwischen 4 und 24 μm mit einem Maximum bei etwa 10 μm.

Unter einem schwarzen Körper versteht man per Definition einen Körper, der die gesamte auf ihn auftreffende Strahlung absorbiert und vollständig in Wärme umwandelt. Sein Absorptionsvermögen A, definiert durch das Verhältnis von absorbierter zu auffallender Strahlungsenergie, ist eins. Da die Summe von Absorptions-, Reflexions- und Transmissionsvermögen gleichfalls eins ist ($A + R + T = 1$), entfallen bei ihnen Transmission und Reflexion. Befindet sich ein Körper im Vakuum, dann nimmt er infolge von Wärmestrahlung die Temperatur seiner Umgebung an, sodass sich nach gewisser Zeit ein thermisches Gleichgewicht einstellt (s. Planck 1966).

Der Bereich der elektromagnetischen Strahlung umfasst gemäß Tab. 4.24 mehr als fünfzehn Größenordnungen, nämlich von 10^{-11} bis 10^4 m und ist damit sehr breit gefächert. Berücksichtigt man zum obigen Spektrum außerdem die kosmische

Tab. 4.24 Elektromagnetisches Spektrum der Sonnenstrahlung

Bezeichnung	Wellenlänge	Frequenz (Hz)	Photonenenergie (eV)
γ – Strahlung	$< 10^{-4}$ µm	$> 3 \cdot 10^{19}$	$> 10^4$–10^7
Röntgen-Strahlung	10^{-5}–10^{-2} µm	$2 \cdot 10^{20}$–$7 \cdot 10^{16}$	$(50–8) \cdot 10^5$
UV-Strahlung	0,1–0,380 µm	$3 \cdot 10^{15}$–$7{,}9 \cdot 10^{14}$	3,3–12
UV-C	0,1–0,280 µm		
UV-B	0,280–0,315 µm		
UV-A	0,315–0,380 µm		
Sichtbares Licht	0,380–0,780 µm	$7{,}9 \cdot 10^{14}$–$3{,}85 \cdot 10^{14}$	3,3–1,59
Violett	0,380–0,436 µm		
Blau	0,436–0,495 µm		
Grün	0,495–0,566 µm		
Gelb	0,566–0,589 µm		
Orange	0,589–0,627 µm		
Rot	0,627–0,780 µm		
IR	0,780 µm–1 mm	$3{,}85 \cdot 10^{14} - 3 \cdot 10^{11}$	$(1{,}59–1{,}2) \cdot 10^{-3}$
IR-A	0,780 µm–1,4 µm		
IR-B	1,4 µm–3,0 µm		
IR-C	3,0 µm–1 mm		
Mikrowellen	0,1–100 cm	$(300–0{,}3) \cdot 10^9$	$1{,}2 \cdot 10^{-3}$–$1{,}2 \cdot 10^{-6}$
Radiowellen	1 m–10 km	$3 \cdot 10^8$–$3 \cdot 10^4$	$1{,}2 \cdot 10^{-6}$–$1{,}2 \cdot 10^{-10}$
UKW	1–10 m		
KW	10–100 m		
MW	100–1000 m		
LW	1–10 km		

Höhenstrahlung (10^{-13} bis 10^{-15} m) und die technischen Wechselströme (10^5 bis 10^6 m), dann erweitert sich die Unterteilung auf 21 Größenklassen, von denen aber nicht alle für die Meteorologie relevant sind (s. Abb. 4.38). Elektromagnetische Wellen lassen sich durch ihre Wellenlänge λ, die den Namen und die Eigenschaft der Strahlung festlegt, bzw. durch ihre Frequenz ν unterscheiden, wobei der Zusammenhang $c = \lambda \cdot \nu$ besteht.

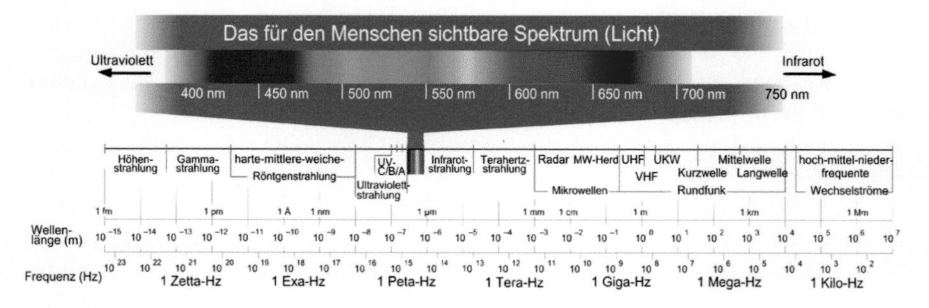

Abb. 4.38 Elektromagnetisches Spektrum. (© H. Frank (Internet 29))

4.6.2 Wärmestrahlung

Strahlung, die ein warmer oder heißer Körper emittiert, nennen wir Wärmestrahlung. Dabei gilt, je höher die Temperatur des Körpers, desto kurzwelliger, also energiereicher, ist diese Strahlung. Ein Körper mit relativ niedriger Temperatur, wie z. B. ein Mensch, strahlt elektromagnetische Wellen im Infraroten ab. Erst wenn die Temperatur eines Körper 450 °C überschreitet, beginnt er zu glühen, d. h., er emittiert Strahlung, die wir mit unseren Augen wahrnehmen können.

Grundlegende Beiträge zur Problematik der Wärmestrahlung leisteten Kirchhoff (1824–1887), Stefan (1835–1893), Boltzmann (1844–1906), Wien (1864–1928) und insbesondere Max Planck (1858–1947). Er stellte 1900 seine heute als Planck'sches Strahlungsgesetz bezeichnete Gleichung vor, in die er die Naturkonstante h einführte. Diese drückt aus, dass Energien von Atomen nicht kontinuierlich absorbiert bzw. emittiert, sondern dass diese Prozesse quantenhaften Charakter tragen, d. h. Energien portionsweise aufgenommen bzw. abgegeben werden. Ausgehend von Plancks Idee postulierte Einstein 1905 eine einfache Gleichung, wonach die Energie eines Photons (Lichtquants) durch

$$E = h \cdot \frac{c}{\lambda} = h \cdot \nu \tag{4.76}$$

gegeben ist. Damit können wir die Energie von Licht allein aus seiner Frequenz ν berechnen. Als Konsequenz dieser Beziehung folgt, dass Photonen mit einer kleineren Wellenlänge über einen größeren Energiegehalt verfügen als solche mit einer größeren (s. Tab. 4.24).

4.6.3 Strahlungsgesetze

Da für den Strahlungstransport sehr unterschiedliche Bezeichnungen verwendet werden, sind zunächst in Anlehnung an Bakan 1988 und Möller 2003 einige Festlegungen zu den verwendeten Begriffen zu treffen:

- **Strahlungsenergie (J)**
  durch elektromagnetische Wellen transportierte und an einer Oberfläche absorbierte oder emittierte Energie
- **Strahlungsfluss Φ (W)**
  transportierte Energie pro Zeiteinheit ($J \cdot s^{-1}$ bzw. W)
- **Strahlungsflussdichte $\partial\Phi/\partial A$ ($W \cdot m^{-2}$)**
  transportierte Energie pro Zeit- und Flächeneinheit ($J \cdot m^{-2} \cdot s^{-1}$)
- **Strahldichte L ($W \cdot m^{-2} \cdot sr^{-1}$)**
  transportierte Energie pro Zeit-, Flächen- und Raumwinkeleinheit ($J \cdot m^{-2} \cdot s^{-1} \cdot sr^{-1}$)
- **spektrale Dichte**
  Größe, bezogen auf die Wellenlänge (z. B. spektraler Strahlungsfluss in $W \cdot mm^{-1}$ oder spektrale Dichte einer Strahlungsflussdichte in $W \cdot m^{-3}$)

4.6.3.1 Planck'sches Strahlungsgesetz

Das von Planck im Jahre 1900 formulierte Gesetz zur Beschreibung der Strahldichte $L_{\lambda,s}(\lambda,T)$ eines schwarzen Körpers gibt an, welche Wellenlängen ein strahlender Körper aussendet und wie viel jede von ihnen zur Gesamtstrahlung beiträgt. Es besitzt die Form (s. Bakan 1988)

$$L_{\lambda,s}(\lambda,T) = \frac{2 \cdot h \cdot c^2}{\lambda^5} \cdot \frac{1}{e^{\frac{h \cdot c}{(\lambda \cdot k \cdot T)}} - 1} \tag{4.77}$$

In diese Beziehung gehen das Planck'sche Wirkungsquantum h, die Boltzmann-Konstante k und die Lichtgeschwindigkeit c als Naturkonstanten sowie die Temperatur T des schwarzen Körpers ein, also keine spezifischen Materialgrößen. Man kann somit allein aus der Temperatur T die bei der Wellenlänge λ emittierte Strahldichte berechnen. Die genannten Naturkonstanten besitzen folgende Werte (s. auch Anhang Konstanten):

- $h = 6,63 \cdot 10^{34}\,J \cdot s = 4,135 \cdot 10^{-15}\,eV \cdot s$
- $k = 1,38 \cdot 10^{23}\,J \cdot K^{-1} = 8,617 \cdot 10^{-5}\,eV \cdot K^{-1}$
- $c = 2,998 \cdot 10^{8}\,m \cdot s^{-1}$

Die spektrale Energieverteilung der Sonnenstrahlung (vgl. Abb. 4.39) demonstriert, dass ein schwarzer Körper letztendlich einen großen Bereich von Wellenlängen des elektromagnetischen Spektrums aussendet, aber die Strahlungsintensität umso schwächer wird, je weiter man sich vom Intensitätsmaximum entfernt.

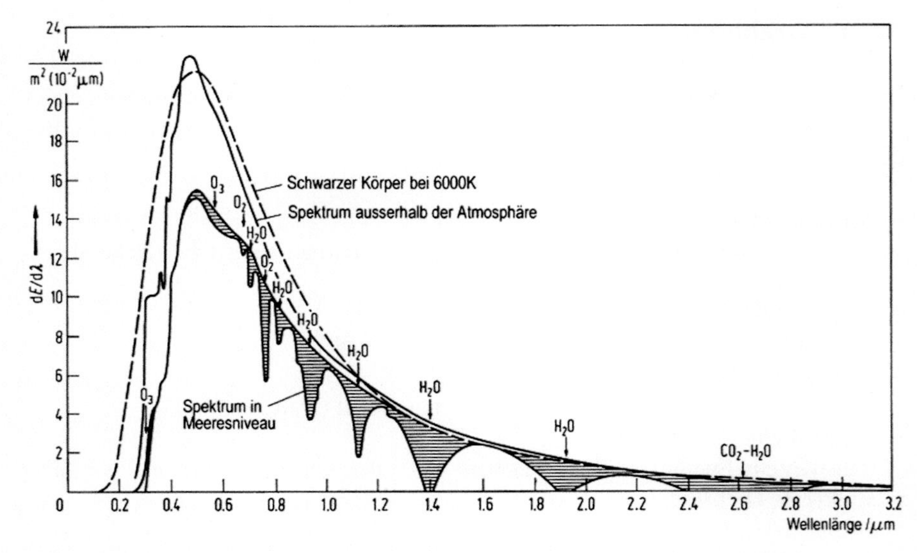

Abb. 4.39 Spektrale Energieverteilung des Sonnenspektrums auf Meeresniveau und außerhalb der Atmosphäre im Vergleich mit der eines Schwarzen Strahlers bei 6000 K. (© Bakan 1988)

Die Spektralkurve weist im kurzwelligen Bereich einen steilen Anstieg auf, da die Wellenlängen zwischen 0,18 und 0,30 µm größtenteils durch die Ozonschicht der Stratosphäre absorbiert werden. Im langwelligen Spektralbereich besitzt sie dagegen einen weitreichenden Abfall. Wesentliche Einschnitte in den Kurvenverlauf erfolgen im sichtbaren und infraroten Bereich durch den Wasserdampf, die O_2- und O_3-Moleküle und das Kohlendioxid sowie andere atmosphärische Spurengase und die Fraunhofer'schen Linien, die durch Absorption in der Sonnenkorona hervorgerufen werden. Nach beiden Seiten nähert sich die Kurve immer mehr dem Wert null, den sie aber nicht erreicht. Die Fläche unter der Kurve ist als gesamte abgestrahlte Energie zu deuten.

Ein typisches Tageslichtspektrum zeigt Abb. (4.40), wobei die darin enthaltenen Absorptionsbanden (1 bis 11) in der Tab. 4.25 aufgeführt sind. Die Farbtemperatur beträgt etwa 5600 K.

Die starke Strukturierung des Spektrums rührt sowohl von den Absorptionen durch Moleküle in der Erdatmosphäre als auch von den Fraunhofer'schen Absorptionen in der Sonnenkorona her. Sieht man von den genannten Absorptionsbanden ab, kann man dieses Spektrum in erster Näherung als das einer Rayleigh-Atmosphäre bezeichnen.

4.6.3.2 Planck'sches Gesetz in vereinfachter Form

Wird im Planck'schen Strahlungsgesetz die −1 im Nenner vernachlässigt, so erhält man die nachstehende Beziehung (für $(h \cdot c)/(\lambda \cdot k \cdot T) \gg 1$)

$$L_{\lambda,s}(\lambda,T) = \frac{2 \cdot h \cdot c^2}{\lambda^5 \cdot e^{\frac{h \cdot c}{\lambda \cdot k \cdot T}}}, \tag{4.78}$$

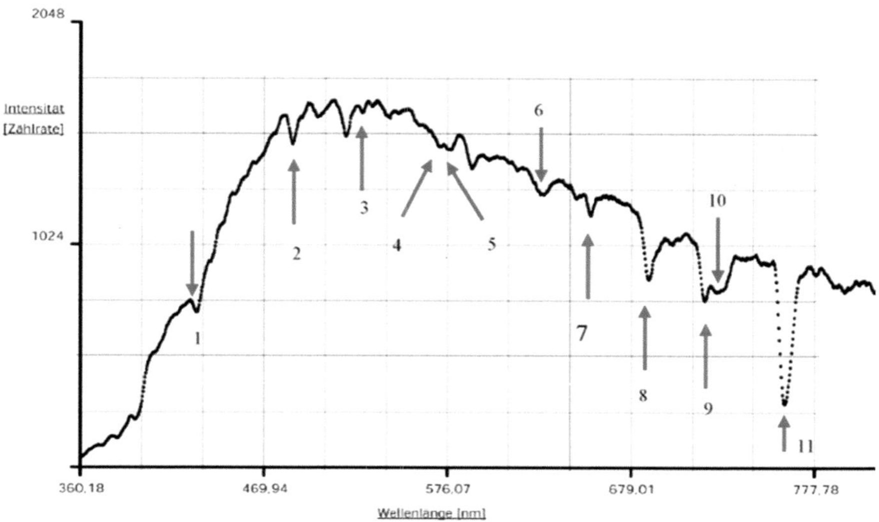

Abb. 4.40 Spektrum der Sonne auf NN (Elsfleth, 30.03.2004, 30° neben der Sonne, 9.15 Uhr)

Tab. 4.25 Absorptionsbanden von atmosphärischen Gasen im Sichtbaren

Nr.	Moleküle	Werte aus der Literatur (nm)	Gemessene Werte (nm)
1	NO_2	um 390	393,14
2	H_2	485	486,35
3	CH	um 530	526,85
4	O_3	um 575	571,82
5	O_3	um 575	576,78
6	O_2	630	630,44
7	NO_3	660	656,73
8	O_2	690	688,50
9	H_2O	720–725	719,33
10	H_2O	720–725	725,38
11	O_2	761,9	761,96

die vor allem in der Meteorologie verwendet wird, um die Sonnenstrahlung im UV- und sichtbaren Spektralbereich zu berechnen. Für einen ca. 6000 K heißen „schwarzen Körper" mit einer Maximalemission im Lindgrünen reicht somit das Spektrum von etwa 0,18 μm (UV), über den sichtbaren Bereich bis weit ins Infrarote (Wärmestrahlung), wobei ca. 10 % der Strahlung auf den UV- sowie jeweils 45 % auf den sichtbaren und infraroten Bereich entfallen.

Um die Aussagen des Planck'schen Strahlungsgesetzes zu veranschaulichen, trägt man die Strahldichte $L_{\lambda,s}$ als Funktion der Wellenlänge λ mit der Temperatur T als Parameter des enormen Werteumfangs wegen in einem doppeltlinearen Maßstab auf (s. Abb. 4.41). Hierbei wird ersichtlich, dass sich die Maxima der Planck'schen Kurven mit fallender Temperatur zu größeren Wellenlängen verschieben und sich die Kurven für verschiedene Temperaturen nicht schneiden.

4.6.3.3 Stefan-Boltzmann-Gesetz

Falls die Abhängigkeit der Schwarzkörperstrahlung von der Wellenlänge und vom Raumwinkel keine Rolle spielt, sondern allein die gesamte Strahlungsflussdichte von Interesse ist, integriert man das Planck'sche Strahlungsgesetz zweimal, nämlich zunächst über den Halbraum und dann anschließend über alle Wellenlängen. Auf diese Weise erhält man für die gesamte von einem Körper abgegebene Strahlung M die von Stefan experimentell gefundene und von Boltzmann theoretisch abgeleitete sehr einfache Beziehung

$$M(T) = \sigma \cdot T^4, \tag{4.79}$$

der zufolge eine Verdopplung der Temperatur zu einer Erhöhung der Wärmestrahlung um den Faktor 16 führt. In (4.79) entspricht σ der Stefan-Boltzmann-Konstanten, die als $\sigma = (2k^4 \cdot \pi^5)/(15h^3 \cdot c^2)$ definiert ist und einen Wert von $5{,}670 \cdot 10^{-8}\ W \cdot m^{-2} \cdot K^{-4}$ aufweist. Man kann dieses Gesetz für fast alle in der Natur vorkommenden Oberflächen verwenden, wenn sie die Eigenschaften eines nahezu schwarzen Strahlers besitzen. Darüber hinaus lässt es drei Folgerungen zu:

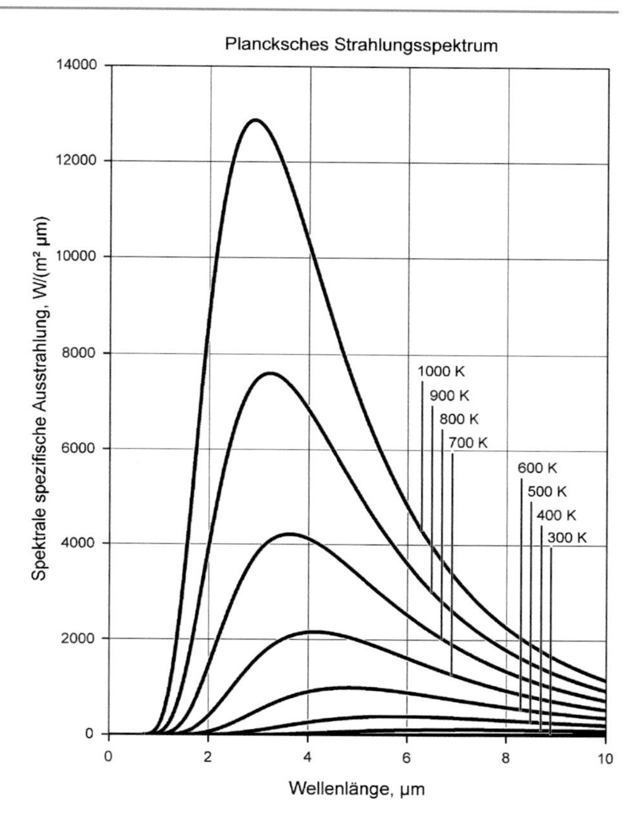

Abb. 4.41 Planck'sches Strahlungsspektrum für verschiedene Temperaturen. (© Wikipedia, modifiziert von Hesse 2008)

- Jeder Körper mit einer von null verschiedenen Temperatur sendet Strahlung aus.
- Diese Strahlung ist stark temperaturabhängig, und zwar von der vierten Potenz der Temperatur.
- Aus der Gesamtemission eines Körpers lässt sich seine Temperatur bestimmen.

Da man die Solarkonstante S (Einstrahlung der Sonne an der Atmosphärenobergrenze) kennt, lässt sich anhand der obigen Beziehung die Temperatur der Erde T_E berechnen, wenn man berücksichtigt, dass die gesamte von einem Planeten empfangene Sonnenenergie durch seine Querschnittsfläche gegeben ist, die man mit der jeweiligen um den reflektierten Anteil reduzierten Solarkonstanten (1 – Albedo)S zu multiplizieren sowie durch die Größe der Oberfläche und die Stefan-Boltzmann-Konstante zu dividieren hat:

$$T_E = \sqrt[4]{\frac{\pi r^2 (1 - \text{Albedo}) S}{4\pi r^2 \cdot \sigma}} \tag{4.80}$$

Tab. 4.26 Ausstrahlung eines schwarzen Körpers und Wellenlänge maximaler Strahlungsintensität

Temperatur (K)	0	100	200	288	300	400	500	600
Intensität (W m^{-2})	0	5,7	90,7	390	459	1450	3540	7350
λ_{max} (µm)	–	29	14	10	9,7	7,2	5,8	4,8
Temperatur (K)	700	800	900	1000	2000	4000	6000	8000
Intensität (kW · m^{-2})	13,6	23,2	37,2	56,7	907	14.500	73.500	232.000
λ_{max} (µm)	4,1	3,6	3,2	2,9	1,4	0,72	0,48	0,36

1800K 4000K 5500K 8000K 12000K 16000K

Abb. 4.42 Farben in Abhängigkeit von der Temperatur bezogen auf einen schwarzen Strahler

Daraus resultiert für die Strahlungstemperatur der Erde (Mitteltemperatur ohne Treibhauswirkung):

$$T_E = \sqrt[4]{\frac{1368\cdot 0,7}{4\cdot 5,67028\cdot 10^{8}}} = 254,9\,\mathrm{K} \approx -18\,°\mathrm{C} \tag{4.81}$$

4.6.3.4 Wien'scher Verschiebungssatz

Neben der abgegebenen Gesamtenergie interessiert insbesondere, in welchem Wellenlängenbereich die Abstrahlung erfolgt und wo diese ein Maximum besitzt. Dazu differenziert man die Planck'sche Gleichung und setzt ihre 1. Ableitung gleich null, sodass sich nach einigen Umformungen ergibt:

$$\lambda_{max}\cdot T = 2898\ (\mu m \cdot K) \tag{4.82}$$

Für die Sonne mit einer effektiven Strahlungstemperatur von 5783 K liegt λ_{max} im Sichtbaren bei 501 nm (am unteren Ende des grünen Spektralbereiches). Die Erde mit einer Temperatur von 288,15 K strahlt mit maximaler Intensität bei $\lambda_{max} = 10,06\,\mu m$ (s. Tab. 4.26). Auf diese Weise lässt sich ein unmittelbarer Zusammenhang zwischen der Temperatur und Wellenlänge und damit der Farbe ableiten, sodass auch von einer Farbtemperatur (vgl. Abb. 4.42) gesprochen werden kann.

4.6.3.5 Lambert'sches Gesetz

Bildet die bestrahlte Fläche mit der Strahlrichtung einen Winkel, so verteilt sich die Strahlungsenergie auf eine größere Fläche als bei senkrechtem Strahlungseinfall, was bei Betrachtung von Abb. 4.43 sofort augenfällig ist. Hierdurch wird der Strahlungsfluss (in $W\cdot cm^{-2}$) reduziert, und es gilt

Abb. 4.43 Lambertsches Strahlungsgesetz. (© Häckel 1999a)

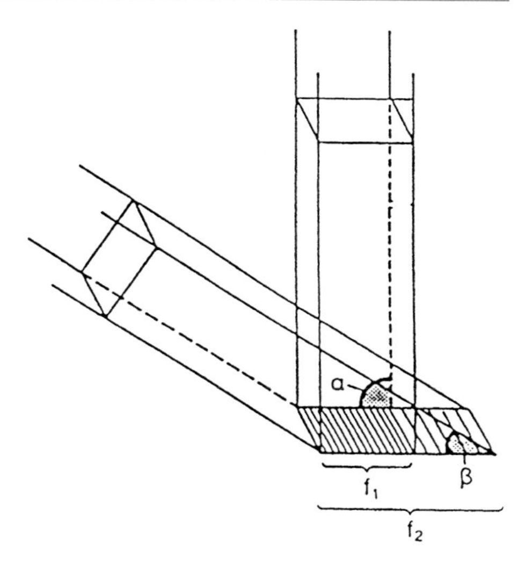

$$I = I_0 \cdot \sin\beta \qquad \text{bzw.} \qquad I = I_0 \cdot \cos h \tag{4.83}$$

wobei I_0 der Solarkonstanten und $h = 90° - \beta$ der Sonnenhöhe (in Grad) bzw. ß dem Winkel zwischen der senkrecht zur Ausbreitungsrichtung der Strahlung stehenden Fläche f_1 und der die tatsächliche Strahlung empfangenden Bodenfläche f_2 entsprechen.

4.6.3.6 Bouguer-Lambert-Beer-Gesetz

Die einfallende Sonnenstrahlung erleidet beim Durchgang durch die Erdatmosphäre einen Energieverlust, der einer Schwächung der Gesamtenergie und einer partiellen Auslöschung der Strahlung in begrenzten Spektralbereichen (IR und UV) entspricht. Ursache hierfür sind die diffuse Reflexion bzw. Streuung und die selektive Absorption, die mittels der Gleichung

$$I = I_0 \cdot e^{-\alpha \cdot x} \tag{4.84}$$

beschrieben werden kann. I_0 bedeutet die Strahlungsintensität vor Eintritt ins Medium, x entspricht dem darin zurückgelegten Weg, α ist der Absorptionskoeffizient.

Für die Bestimmung der horizontalen Sichtweite müssen die Absorptions- und Streuprozesse betrachtet werden, die als Summe in den Extinktionskoeffizienten σ(λ) eingehen sollen, da sowohl die Lichtstreuung als auch die Lichtabsorption die Lichtintensität I(x,λ) schwächen. Bei geradlinigem Einfall der Intensität I_0 ist die differenzielle Schwächung proportional zur Extinktion:

$$\frac{dI(x,\lambda)}{dx} \approx -\sigma(\lambda) \tag{4.85}$$

Ist der Weg x = s eine endliche Strecke, kann man diese Gleichung für jede Wellenlänge, falls eine Abhängigkeit vorliegt, integrieren und erhält das bekannte Gesetz von Bouguer-Lambert-Beer, wobei die Integrationskonstante aus $I(x = 0,\lambda) = I_0$ bestimmt wird:

$$I(x,\lambda) = I_0 e^{-\sigma(\lambda)\cdot x} \quad (4.86)$$

Die entsprechenden Parameter werden meist für eine Wellenlänge von 550 nm angegeben, für die sowohl das Maximum der durch die Atmosphäre modifizierten Sonnenstrahlung als auch des Sehvermögens vorliegen. Angenommen wurde weiterhin eine homogene Schwächung des Lichtes in der beobachteten Messstrecke s. Ansonsten registriert man bei Sichtweitenmessungen den integralen Wert von s (λ, x), der örtlich stark vom mittleren Wert abweichen kann (z. B. in einer lokal begrenzten Nebel- bzw. Sandsturmwand).

Sind neben den genannten Gasmolekülen noch größere Partikel wie Nebeltröpfchen, Regentropfen, Schnee- und Eiskristalle, Salzpartikel, Staub oder Ruß- bzw. Mineralpartikel in der Atmosphäre vorhanden, treten weitere, zum Teil stark selektive Absorptionen auf, die zu extrem geringen Sichtweiten von bis zu wenigen Metern (z. B. Schneesturm, Nebel und Rauchfahnen) führen können. Alle genannten Partikel tragen zur Trübung der Atmosphäre bei. Man unterscheidet zwischen einem Extinktionskoeffizienten für Luftmoleküle und einem für Partikel, deren Durchmesser zwischen 1 nm und 100 µm liegen können.

4.6.4 Solarkonstante

Die Grundgröße aller Berechnungen über die Verteilung der Sonnenstrahlung auf der Erde ist die extraterrestrische Strahlung oder Solarkonstante S. Sie entspricht dem außerhalb der Erdatmosphäre gemessenen Strahlungsstrom (96 % elektromagnetische Strahlung, 4 % Teilchen) der Sonne gemittelt über eine senkrecht zur Verbindungslinie Sonne/Erde stehenden Fläche und beträgt im Mittel $1367 \pm 7\ W \cdot m^{-2}$. Sie scheint dem Sonnenfleckenrhythmus zu folgen.

Da sich die Entfernung Erde-Sonne zwischen Anfang Juli (Aphel – $152 \cdot 10^6$ km) und Anfang Januar (Perihel – $147 \cdot 10^6$ km) ändert, variiert folglich auch die Bestrahlungsstärke, sodass die Solarkonstante im Aphel etwa $1350\ W \cdot m^{-2}$ und im Perihel etwa $1440\ W \cdot m^{-2}$ beträgt, was knapp 7 % Differenz bedeutet.

4.6.4.1 Räumlich und zeitlich gemittelte Einstrahlung

Die Erde blendet aus der Sonnenstrahlung ein Bündel der Fläche $\pi \cdot R^2$ (Kreisfläche) aus. Da infolge der Erdrotation im Laufe eines Tages aber die gesamte Erdoberfläche ($4\pi \cdot R^2$) bestrahlt wird, dividiert man $1367\ W \cdot m^{-2}$ durch vier, so dass $341{,}75\ W \cdot m^{-2} \approx 342\ W \cdot m^{-2}$ resultieren. Berücksichtigt man noch, dass durch die Erdalbedo rund 30 % davon verloren gehen, dann beträgt die Strahlungsflussdichte an der Erdoberfläche im Mittel $240\ W \cdot m^{-2}$. In Abhängigkeit von der geografischen Breite ergibt sich eine mittlere Verteilung der kurzwelligen Strahlungsbilanz von über $300\ W \cdot m^{-2}$ für die Tropen, von ca. $150\ W \cdot m^{-2}$ für Europa und von

250 bis 300 $W \cdot m^{-2}$ für die Sahara und Südkalifornien. Für den polaren Bereich sind weniger als 150 $W \cdot m^{-2}$ typisch, d. h., sie ist überall positiv (s. Abb. 4.44). Im Gegensatz dazu steht die langwellige Strahlungsbilanz, die über der gesamten Erdoberfläche negativ ist. Multipliziert man den Betrag von 341,75 $W \cdot m^{-2}$ mit der Oberfläche der Erde von $510 \cdot 10^6$ km^2, dann beträgt der eintreffende Energiefluss $1{,}74 \cdot 10^{17}$ W in der Sekunde im Vergleich zur Ausgangsstrahlungsleistung der Sonne von $3{,}8 \cdot 10^{26}$ W.

Die extraterrestrische Bestrahlungsstärke schwankt zyklisch, wie Satellitenmessungen ergaben, und zwar innerhalb einiger Wochen um 0,2 %. Ursache hierfür sind die dunklen Sonnenflecken und hellen Sonnenfackeln, die im Laufe einer etwa einmonatigen Umdrehung der Sonne über die jeweils erdzugewandte Hemisphäre wandern. Eine Änderung der Solarkonstanten um etwa 0,1 % erfolgt auch im Laufe eines Sonnenfleckenzyklus.

4.6.5 Strahlungsmodifikationen

Wie bereits ausgeführt, wird die Strahlung beim Durchgang durch die Atmosphäre modifiziert, wobei es sich hauptsächlich um eine Änderung der Strahlrichtung, ein Auslöschen oder eine Schwächung bestimmter Wellenlängen und um Brechung handelt.

4.6.5.1 Streuung

Die Streuung des Sonnenlichtes in der Atmosphäre ist die Voraussetzung für die uns umgebende Helligkeit und die Sicht auf unsere Umwelt. Sie besteht in einer Wechselwirkung der Photonen mit den Luftmolekülen, Wassertröpfchen (Wolken-, Nebel-, Dunsttröpfchen), Eiskristallen und Partikeln auf eine solche Weise, dass

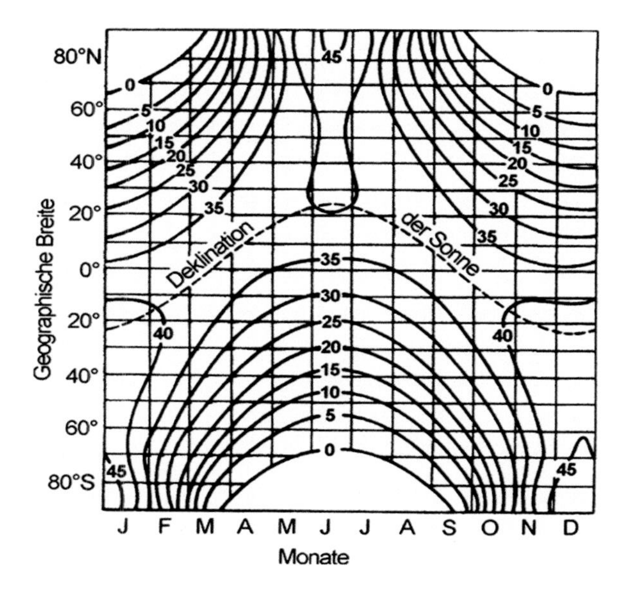

Abb. 4.44 Globale Verteilung der täglichen Solarstrahlung (in 10^3 $kJ \cdot m^{-2} \cdot d^{-1}$), die die Erdoberfläche erreicht. (© Hupfer 2006)

die vorgegebene Strahlrichtung aufgehoben wird und die Fortpflanzungsrichtung der Photonen in Abhängigkeit von der Größe der reflektierenden Teilchen eine fast kugelsymmetrische Verteilung im Falle der Rayleigh-Streuung (Streuung an Luftmolekülen, die etwa 100-mal kleiner als die Wellenlänge des Lichtes sind) oder eine kegelförmige Verteilung im Falle der Mie-Streuung (Streuung an Dunstpartikeln, die gleich oder größer als die Wellenlängen des Lichtes sind) erhält, sodass die Sonnenstrahlung auf neue Richtungen umverteilt wird.

Auf der Basis der klassischen Experimente von Tyndall (Physiker, 1820–1893), der Theorie von Rayleigh (John William Strutt, 1842–1919) und der grundlegenden Mie'schen Arbeit zur Streuung von Licht an Partikeln (s. Mie 1908) war man überhaupt erst in der Lage, die Himmelsfarben für unterschiedliche Einstrahlungsbedingungen des Sonnenlichtes, die Farben des See- und Meerwassers und die unterschiedliche Trübung der Atmosphäre und des Wassers physikalisch zu erklären. Neben der Streuung bewirkt die Absorption ebenfalls eine Schwächung des Sonnenlichtes beim Durchgang durch die Atmosphäre, wobei beide Effekte stark von der Partikelgröße abhängen. Der Beitrag kleinster Luftbestandteile zur Strahlungsmodifikation ist in Tab. 4.27 zusammen gestellt.

Aus einem Vergleich der Teilchengröße mit der Wellenlänge ergibt sich, dass die Rayleigh-Streuung für $2\pi r \ll \lambda$ und die Mie-Streuung für $2\pi r > \lambda$ gilt. Beide Phänomene werden als elastische Streuung bezeichnet, da hierbei keine Frequenzänderung auftritt. Der Übergang der Streuarten ist fließend, und die Mie'sche Theorie enthält die Rayleigh-Streuung als Grenzfall (siehe Born 1985).

Im Falle der Rayleigh-Streuung setzt man streuende Teilchen voraus, die sphärisch, isotrop und optisch dichter als die Umgebung sind. Die Rayleigh'sche Theorie basiert darauf, dass infolge des elektrischen Feldes der einfallenden elektromagnetischen Wellen in den Atomen und Molekülen der Luft ein Dipolmoment induziert wird, sodass die Atome und Moleküle als Hertz'scher Dipol wirken und infolge der erzwungenen Schwingung eine Sekundärwelle mit derselben Frequenz wie die ein-

Tab. 4.27 Wechselwirkung von Strahlung ($\lambda = 555$ nm) und Materie in der Atmosphäre

Art	Teilchenradius	Verhältnis ($2\pi r/\lambda$)	Effekte
Luftmoleküle	Mittlerer Radius	Etwa 10^{-3}	Rayleigh-Streuung
	0,1 nm		
Dunstpartikel	100 nm–2 µm	~ 1–20	Rayleigh- und Mie-Streuung
Nebel/Wolken	2 µm–30 µm	~ 10–300	Mie-Streuung, Beugung, Absorption
Staub/Rauch	100 nm–100 µm	~ 1–10^3	Rayleigh- und Mie-Streuung, Beugung, Absorption
Nebeltröpfchen	30–300 µm	~ $3 \cdot 10^2$–$3 \cdot 10^3$	Beugung, Brechung, Absorption
Regentropfen	300 µm bis einige mm	~ 10^3–$2 \cdot 10^4$	Brechung, Reflexion, Interferenz
Schnee- bzw. Eiskristalle	50 µm bis einige mm	Nicht eindeutig	Brechung, Dispersion, Reflexion, Absorption

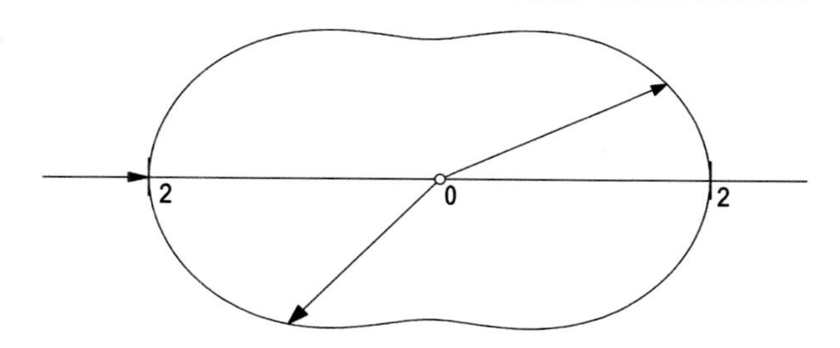

Abb. 4.45 Winkelabhängigkeit der Rayleigh-Strahlung

fallende Welle emittieren. Eine schnelle Abschätzung des Streuverhaltens gewinnt man durch eine Gleichung, die sowohl das Streuvolumen V als auch die Entfernung R des Beobachters vom Streuprozess enthalten muss. Die Brechungsindizes des Streuelements bzw. der Umgebung sind durch n_2 und n_1 gegeben. Gemäß Rayleigh darf man nun annehmen, dass die Amplitude der einfallenden Lichtwelle in zwei zueinander senkrechte Ebenen aufgeteilt werden kann und so polarisiertes Licht darstellt. Dann schwingt der Vektor der einfallenden Welle E_1 in der Ebene rechtwinklig zum einfallenden und zum gestreuten Strahl, d. h., die gestreute Amplitude ist durch

$$E_1 = \frac{C \cdot V \cdot E_{01}}{R \cdot \lambda^2} \tag{4.87}$$

gegeben, da sie dem Streuvolumen V und der einfallenden Amplitude E_{01} direkt und der Entfernung R umgekehrt proportional sein müsste. Die λ^{-2}-Abhängigkeit fügte Rayleigh aus Dimensionsbetrachtungen in Bezug zu den anderen Größen ein, während die Konstante C aus atomphysikalischen Überlegungen bestimmt wird. Für die andere Amplitude, die in der Ebene zwischen dem einfallenden Strahl und dem gestreuten schwingt, folgt dann

$$E_2 = \frac{C \cdot V \cdot E_{02} \cos\vartheta}{R \cdot \lambda^2} \tag{4.88}$$

Da gemäß dem Poyntingvektor der Energiefluss einer elektromagnetischen Welle in Ausbreitungsrichtung gegeben ist, erhält man beim Ersetzen von H durch E die mittlere Intensität I bzw. den mittleren Energiefluss pro Einheitsfläche und pro Zeiteinheit. Damit folgt durch Quadrieren der Gl. (4.87) und (4.88) sowie durch Addition der beiden Intensitäten die Gesamtintensität I des gestreuten Lichtes in Abhängigkeit von der einfallenden Intensität $I_0 = E_1^2 + E_2^2$ unter der Annahme, dass $E_1 = E_2$ ist, zu:

$$I(\lambda) = \frac{C^2 \cdot I_0 (1 + \cos^2\vartheta)}{R^2 \cdot \lambda^4}. \tag{4.89}$$

Hierbei stellt ϑ den Streuwinkel dar. Auf diese Weise erhält man die berühmte Rayleigh'sche Gl. 4.89 für die Lichtstreuung, die sowohl die Wellenlängenabhängigkeit als auch die Polarisation der gestreuten Strahlung beinhaltet, wobei die Absorption und die Mehrfachstreuung nicht berücksichtigt wurden. In Abb. 4.45 ist die Verteilung der gestreuten Strahlung in Polarkoordinaten unabhängig von der Wellenlänge schematisch dargestellt. Wenn das Licht von links einfällt (Pfeilrichtung), tritt die maximale Streuintensität in Vorwärts- und Rückwärtsrichtung, also für Winkel von 0 bzw. 360 und 180° auf, während die Lichtintensität in 90°-Richtung nur halb so groß ist.

Die genauere Ableitung auf der Basis der Atomphysik liefert dann unter Berücksichtigung der Näherung $(n^2+2)=3$ und $c \cdot \varepsilon_o \cdot E_0^{\,2} = I_0(W \cdot m^{-2})$ sowie $N=1/(4/3\ \pi \cdot r^3)$ den oft verwendeten Ausdruck für die Rayleigh-Streuung (s. auch Bohren 1998) an einem Streuzentrum unter der Annahme, dass die Streuung von den einzelnen Teilchen ein additiver Prozess ist, was sicher für kleine Teilchendichten erfüllt sein dürfte:

$$I(\vartheta,\lambda) = I_0 \cdot 8\pi^4 r^6 \frac{(n^2-1)^2}{(n^2+2)^2} \cdot \frac{(1+\cos^2\vartheta)}{R^2 \cdot \lambda^4} \tag{4.90}$$

Die Gl. (4.90), die die Strahlungsintensität in $W \cdot m^{-2}$ angibt, erlaubt folgende Schlüsse:

- Die Strahlungsintensität der gestreuten Welle ist der einfallenden Intensität direkt und der Wellenlänge umgekehrt zur 4. Potenz proportional. Dadurch lassen sich der blaue und der azurblaue Himmel, das Morgen- und Abendrot (insbesondere seine prächtigen Farben nach Vulkanausbrüchen für mehrere Jahre (Krakatau 1883, Mont Pele 1902, Katmai 1912, Mount St. Helens 1980, Pinatubo 1992) sowie abnorme Mond- und Sonnenverfärbungen infolge großer Waldbrände (z. B. Kanada 1950) erklären. Setzt man für λ die Frequenz ν ein, dann ist die gestreute Intensität proportional zu ν^4. Nimmt man also eine Verdopplung der Frequenz an, so wächst die Streuintensität um das 16-Fache!
- Die räumliche Verteilung der Streustrahlung weist eine Symmetrie zur Ausbreitungsrichtung und zu der dazu senkrechten Richtung auf.
- Für polarisiertes Licht strahlt der Dipol nicht bei $\varphi = 90°$, d. h., wenn man in die Dipolachse schaut, würde man kein Streulicht wahrnehmen.
- Hat man gestreute Wellen an m Streuzentren, dann ist die gesamte Streuintensität durch die Multiplikation der Gl. (4.90) mit m gegeben, wobei die gegenseitige Beeinflussung der Streuzentren ausgeschlossen wird.
- Die Streuintensität wird gemäß Gl. (4.90) umso größer, je größer der Brechungsindex der streuenden Partikel ist. Streuung tritt nur dann auf, wenn $n - 1 \neq 0$ gilt, d. h., bei einem gleichen Brechungsindex von Matrix und Streuzentrum erfolgt keine Streuung!
- Aus Gl. (4.90) folgt ferner, dass $I(\vartheta,\lambda) \sim r^6$ ist, also sehr stark von der Größe des Streuzentrums abhängt.

Auf den Polarisationsgrad der Streustrahlung soll hier nicht eingegangen werden, da er für die Sichtweite keine bedeutsame Rolle spielt.

Ist der Radius r nicht mehr klein gegen die Wellenlänge des Lichtes, gilt also $2\pi \cdot r \approx \lambda$ bzw. $2\pi r \geq \lambda$, dann ändert die Lichtstreuung ihren Charakter, d. h., es tritt zunehmend eine Vorwärtsstreuung auf, die weitestgehend von der Wellenlänge unabhängig ist (s. Foitzik 1958). Die grundlegende Theorie dazu wurde schon 1908 von Mie entwickelt (s. Mie 1908) und von Debye ein Jahr später vertieft (s. Debye 1909). Sie enthält als Grenzfall die Rayleigh-Theorie, und zwar liefern beide Theorien für $2\pi \cdot r \cdot \lambda \approx 0,3$ die gleichen Resultate. Die Mie-Theorie bildet die Grundlage vieler aktueller Arbeiten zur allgemeinen Behandlung der Lichtstreuung in unterschiedlichen Medien. Bemerkt werden muss hierzu, dass Mie seine Theorie für eine Suspension kleinster Goldteilchen in Wasser entwickelte, wobei die Betrachtung solcher Teilchen historisch von großem Interesse war, da die Wechselwirkung mit dem einfallenden Licht die Reflexion, Brechung, Absorption und Beugung in eigenartiger Weise verknüpft. Da die Mie-Theorie mathematisch aufwendig ist, sollen hier nur die Ergebnisse entsprechend der prägnanten Behandlung des Beugungsproblems nach Born 1985 und 1989 sowie Hulst 1957 kurz dargestellt werden. Es sei darauf hingewiesen, dass Mie-Streuung nur dann auftritt, wenn die beugenden Teilchen und das sie umgebende Medium einen unterschiedlichen Brechungsindex aufweisen (s. oben). Eine gut anwendbare Gleichung für die Streuintensität I eines kugelförmigen Teilchens mit dem Durchmesser d bzw. dem Radius r in der Fernfeldnäherung ($R \geq d^2/\lambda$) mit dem Parameter $a = \pi \cdot d/\lambda = 2\pi \cdot r/\lambda$ und dem Streuwinkel ϑ ist der folgende Ausdruck (s. Hulst 1957):

$$I(\vartheta, \alpha, n) = \frac{I_0 \lambda^2}{8\pi^2 R^2}(i_1(\vartheta, \alpha, n) + i_2(\vartheta, \alpha, n)) \tag{4.91}$$

In dieser Gleichung stellen die Intensitätsfunktionen i_1 und i_2 die senkrechte und parallele Komponente des polarisierten Lichtes dar, in die sich unpolarisiertes Licht aufspalten lässt.

Daher kann man, wie oben schon bemerkt, durch die Absolutbeträge der Quadrate der Feldstärken $|E|^2$ gemäß Poyntingvektor die Intensität bestimmen, wobei folgende Zusammenhänge bestehen

$$|E_\vartheta|^2 = \cos^2\varphi i_1 \quad \text{hier } i_1 = i_| \tag{4.92}$$

$$|E_\varphi|^2 = \cos^2\varphi i_2 \quad \text{hier } i_2 = i \perp . \tag{4.93}$$

Die Intensitätsfunktionen i_1 und i_2 werden nach Mie 1908 durch (Summation über n)

$$i_1(\alpha, n, \vartheta) = \left| \sum_n \frac{2n+1}{n(n+1)}(a_n \pi_n + b_n \tau_n) \right|^2 \tag{4.94}$$

$$i_2(\alpha, n, \vartheta) = \left| \sum_n \frac{2n+1}{n(n+1)}(b_n \pi_n + a_n \tau_n) \right|^2 \tag{4.95}$$

charakterisiert (s. auch Bohren 1998). Sie stellen unendliche Reihen dar, wobei a_n und b_n als sogenannte Mie-Koeffizienten spezielle Besselfunktionen und ihre Ableitungen nach dem Streuparameter a enthalten. Die Funktionen π_n und τ_n setzen sich aus Legendre'schen Kugelfunktionen zusammen. Da die Reihenentwicklungen schlecht konvergieren, müssen sehr viele Glieder berechnet werden, was zu einem hohen Aufwand führt, um eindeutige Resultate zu erhalten. Für $a << 1$ und $n \sim 1$ entspricht der erste Term der Reihenentwicklung der Rayleigh-Streuung.

Für sphärische Teilchen mit verschiedenem Brechungsindex n (kann auch komplex sein!) und unterschiedlichem Parameter a kann man die Streufunktionen i_1 und i_2 aus Tabellen bzw. berechneten Kurven entnehmen (s. z. B. Bakan 1988). Zu den obigen Gleichungen muss Folgendes bemerkt werden. In Tab. 4.28 ist das Verhältnis der Streuintensitäten für unterschiedliche Streuwinkel ϑ in Abhängigkeit von der Partikelgröße $a = 2\pi \cdot r/\lambda$ und für einen Brechungsindex von $n = 1{,}25$ nach Daten von Born 1985 angegeben.

Aus den Werten der Tab. 4.28 erkennt man unschwer, dass mit Zunahme des Radius der streuenden bzw. beugenden Teilchen bei konstanter Wellenlänge die Vorwärtsstreuung wesentlich schneller als die Rückwärtsstreuung zunimmt, während das Verhältnis der Vorwärtsstreuung zur seitlichen ebenfalls stark anwächst, das Verhältnis der Rückwärtsstreuung zur seitlichen jedoch abnimmt. Für eine Wellenlänge von 555 nm ist dann schon bei einem Teilchenradius von $r \sim 400$ nm die Vorwärtsstreuung um zwei Ordnungen größer als die Rückwärtsstreuung.

Mit dem dimensionslosen Parameter $a = 2\pi \cdot r/\lambda$, der das Produkt aus dem Wellenvektor $k = 2\pi/\lambda$ und dem Teilchenradius r ist, kann man die Ergebnisse verallgemeinern. Die Mie'sche Theorie stellt, wie wir aus den obigen Gleichungen sehen können, eine strenge Lösung des Beugungsproblems einer aus dem Unendlichen kommenden Welle, die auf eine beliebige Unstetigkeitsstelle trifft, im allgemeinen Sinne dar (Born 1985, 1989). Im Prinzip handelt es sich um eine konstruktive Interferenz von Sekundärwellen des streuenden Partikels, die von unterschiedlichen Stellen des Streuers ausgehen, da die Feldstärke E nicht mehr wie oben für die Rayleigh-Streuung als konstant über die ganze Länge des Streuers angesehen werden kann.

Früher war die Berechnung der Streuanteile bzw. der Funktionen i_1 und i_2 schwierig, da die Reihen schlecht konvergieren. Erstmals berechnete Blumer von 1925 bis 1932 exakte Kurven für die Streuung an Dunsttröpfchen mit $n = 1{,}33$ und auch an Goldkügelchen mit komplexem Brechungsindex, die dann von vielen Autoren verwendet wurden (s. Born 1989). Heute, im Zeitalter der modernen und sehr

Tab. 4.28 Verhältnis der Streuintensitäten mit $n = 1{,}25$

ϑ_1/ϑ_2	a=0,01	a=0,1	a=0,5	a=1	a=2	a=5	a=8
0°: 90°	2	1,96	1,56	0,05	0,08	0,48	0,13
180°: 0°	1	1,02	1,54	121	215	754	8333
180°: 90°	2	2	2,4	6,4	17,2	363	1056

schnellen Rechentechnik, ist eine Berechnung mit unterschiedlich variablen Parametern relativ schnell schon mit einem komfortablen Personalcomputer möglich, setzt aber gute Programmierung voraus, wie sie beispielsweise Wiscombe 1980 und Druger 1978 vorgestellt haben.

Die beiden Streuarten nach Gl. (4.90) und (4.91) drücken die Streuintensitäten des einfallenden Sonnenlichtes in Abhängigkeit von der Größe der Streupartikel, von der Wellenlänge und vom Brechungsindex aus und sind die Basis für die Ermittlung der Streukoeffizienten. Da die Mie-Streuung stark von der Partikelgröße abhängt und für kleinste Teilchen in die Rayleigh-Streuung übergeht, weist sie im sichtbaren Teil des Spektrums in Abhängigkeit vom streuenden Aerosol eine unterschiedliche Wellenlängenabhängigkeit auf, die nur äußerst schwach für Teilchengrößen von etwa 500 und über 2000 nm ist. Für andere Teilchendurchmesser kann sie einen negativen und auch positiven Exponenten besitzen (Foitzik 1958). Daher tritt bei unterschiedlichem Aerosol eine etwas unterschiedliche Wellenlängenabhängigkeit der Streustrahlung auf, die die Sichtweite entsprechend beeinflussen kann.

Die Rayleigh'sche Theorie ergibt einen Streukoeffizienten s, der umgekehrt proportional zur vierten Potenz der Wellenlänge ist, also $s \sim \lambda^{-4}$ gilt. Für die Mie-Streuung ergab sich eine Wellenlängenabhängigkeit von $s \sim \lambda^{-1,3}$ bzw. $s \sim \lambda^{-0,5}$.

Luftmoleküle haben damit die Eigenschaft, die kurzen Wellenlängen stärker als die längeren zu streuen, was dazu führt, dass der Himmel blau ist. Gleichzeitig ist das der Grund dafür, dass man sich im Schatten einen Sonnenbrand holen kann, da das gestreute Licht einen nicht zu vernachlässigenden Anteil an UV-Strahlung enthält. Morgens und abends beobachtet man dagegen sehr häufig eine rote Sonne oder rote Wolkensäume, weil dann bei dem viel längeren Weg des Lichtes durch die Atmosphäre ein großer Anteil des blauen Lichtes bereits herausgestreut ist. Staubpartikel und andere atmosphärische Bestandteile streuen unabhängig von der Wellenlänge, sodass keine charakteristische Streufarbe auftritt. Damit wirken Dunst und Staub je nach Dichte weiß bis grau. Die nach oben abgelenkten Teile der Sonnenstrahlung gehen in den Weltraum zurück, die Anteile aus der unteren Halbkugel erreichen die Erdoberfläche als diffuse Himmelsstrahlung oder diffuses Himmelslicht. In Abhängigkeit von der Partikelgröße ist in Abb. 4.46 die Intensitätsverteilung nach Häckel (1999b) schematisch dargestellt.

4.6.5.2 Absorption

Neben der Lichtstreuung tritt eine zusätzliche Schwächung des Sonnenlichtes durch Absorptionen auf, was sich mithilfe des Extinktionskoeffizienten $\sigma(\lambda)$ beschreiben lässt. Aus einem Strahlenbündel absorbiert ein Körper nur bestimmte Wellenlängen und wandelt die Strahlungsenergie in andere Energieformen, z. B. Wärme um, während andere Wellenlängen reflektiert oder durchgelassen werden. Der Quotient aus absorbierter und gesamter auffallender Strahlungsenergie wird als Absorptionsvermögen bezeichnet. Er ist eine Stoffkonstante.

Vom Verhältnis der absorbierten zu den reflektierten bzw. durchgelassenen Wellenlängen im sichtbaren Bereich wird die Farbe eines Körpers bestimmt. So haben wir einen Körper, der alle auftreffende Strahlung absorbiert, als einen schwarzen Körper definiert. Selektive Absorption erfolgt insbesondere durch den

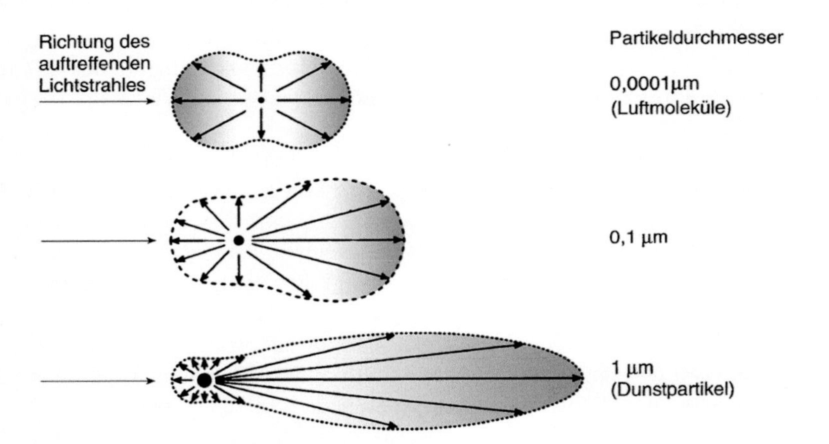

Abb. 4.46 Intensitätsverteilung gestreuten Lichtes auf unterschiedliche Richtungen in Abhängigkeit von der Partikelgröße. (© Häckel 1999b)

Wasserdampf, das Kohlendioxid, das Ozon und den Sauerstoff wie die nachstehende Tab. 4.29 zeigt und auch die Abb. 4.47 veranschaulicht.

Aus dieser Tab. erkennt man, dass es nahezu absorptionsfreie Bereiche gibt, so das Fenster zwischen 8 und 12 µm, das nur durch die 9,6 µm-Bande des Ozons unterbrochen wird. In diesem Fensterbereich kann man vom Satelliten aus die Erdoberfläche beobachten bzw. die von der Erdoberfläche ausgehende Strahlung kann ungehindert in den Weltraum gelangen.

Die an der Erdoberfläche ankommende Strahlung besteht also aus direkter Sonnenstrahlung und diffusem Himmelslicht. Ihre Summe wird als Globalstrahlung

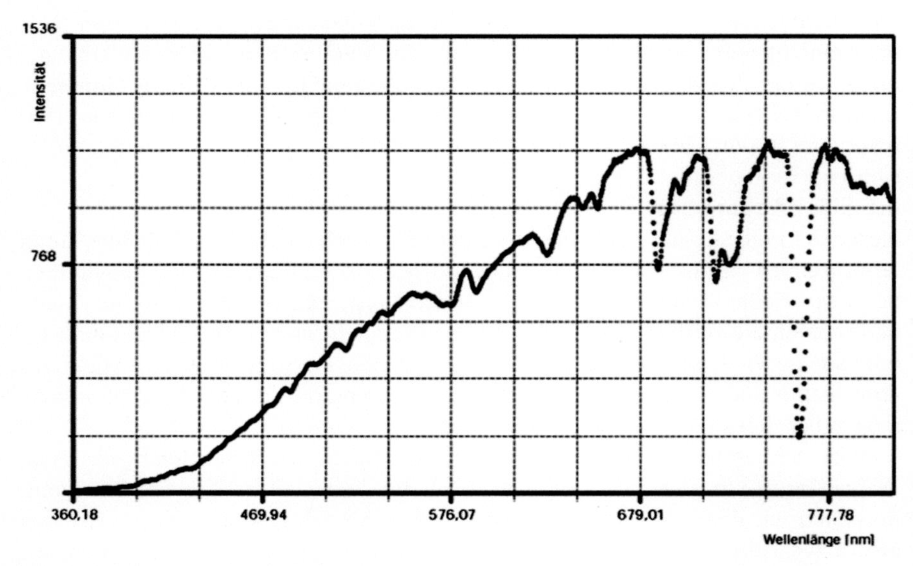

Abb. 4.47 Sichtbares Sonnenspektrum durch Nebel (30.03.2004, 7.56 Uhr, Elsfleth, T_c etwa 3000 K)

Tab. 4.29 Absorptionsbanden

Absorptionsbanden atmosphärischer Gase in μm		
H_2O	0,72 0,81 0,93 1,13 1,37 1,85 2,66 3,2 6,3 > 13	
CO_2	1,46 1,60 2,04 2,75 4,27 4,80 5,20 9,3 13,3 > 15	
O_3	0,22 … 0,29	Hartley-Bande
	0,30 … 0,35	Huggins-Bande
	0,60 … 0,76	Chappuis-Bande
O_2	0,10 … 0,18	Schumann-Runge- Bande
	0,20 … 0,24	Herzberg-Bande
	0,656; 0,688; 0,762	

bezeichnet. Großen Einfluss auf die Globalstrahlung haben die geografische Breite und die Bewölkung (s. Tafel 4.3).

Tafel 4.3 Zusammenspiel von Globalstrahlung und diffusem Himmelslicht

	Globalstrahlung	Anteil an diffuser Strahlung
Hoher Sonnenstand	Relativ groß	Relativ klein
Hoher Bewölkungsgrad	Relativ klein	Relativ groß
Hoher Wasserdampf- und Aerosolgehalt	Relativ klein	Relativ groß

Konventionsgemäß erhalten Strahlungsflüsse ein positives Vorzeichen, wenn sie zur Fläche des Strahlungsumsatzes gerichtet sind, im umgekehrten Fall ein negatives. Man benötigt diese Festlegungen, um Strahlungsbilanzen aufzustellen.

Das für die horizontale Sichtweite zur Verfügung stehende Sonnenlicht weist ein Spektrum auf, welches sich häufig stark von dem eines schwarzen Strahlers mit einer Temperatur von etwa 6000 K unterscheidet, wie man z. B. Abbildung 4.47 entnehmen kann. Die Modifikation des Sonnenspektrums bei klarer Luft erfolgt durch entsprechende selektive Absorptionen infolge der Atome und Moleküle der Atmosphäre, wobei markante Absorptionen durch das Ozon O_3, durch die O_2-Moleküle und durch Wasserdampf verursacht werden. Da für die Sichtweite nur die sichtbare Strahlung interessiert, sind in Abb. 4.47 und 4.48 Spektren aufgezeichnet, die mithilfe eines geeichten Spektrometers (mittels Hg- sowie Fraunhofer'sche Linien) mit einer Wellenlängenzuordnung von besser als 0,3 nm und einer Auflösung von unter 0,5 nm aufgenommen wurden. In Abb. 4.47 ist ein Spektrum enthalten, das durch eine Nebelwand frühmorgens registriert worden ist.

In diesem Spektrum sind die O_2-Absorptionsbanden bei 688 und 762 nm sowie die Wasserdampfbande bei 719 nm stark ausgeprägt, da der Weg des Lichtes durch die Atmosphäre des Sonnenstandes wegen noch sehr lang war. Infolge des abgeminderten Blauanteils erreicht die Farbtemperatur T_c nur Werte von 2963 K (10°-Betrachter) bzw. 3044 K (2°-Betrachter).

Das Spektrum (Abb. 4.48) wurde nach untergegangener Sonne in Sonnenrichtung bei klarem Himmel gemessen. Eine Berechnung der Farbtemperatur war nicht mehr möglich.

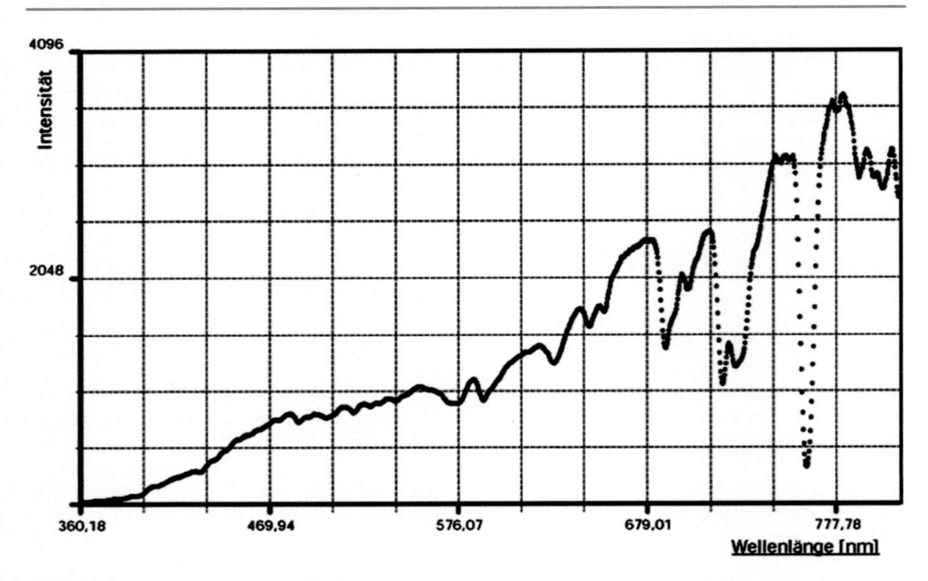

Abb. 4.48 Himmelslicht bei untergegangener Sonne (11.09.2006, 19.30 Uhr, Oldenburg)

Auch dieses Spektrum bringt die relative Zunahmen der O_2- und H_2O-Banden gut zum Ausdruck. Man erkennt die Wirkung der Rayleigh-Streuung bei unbewölktem Himmel mit schon erhöhtem Rotanteil. Wie nicht anders zu erwarten, ist die Intensität zwischen den Aufnahmen sehr unterschiedlich. Der Blauanteil ist infolge der Rayleigh-Streuung sehr stark herabgesetzt, obwohl auch die Gesamtintensität des Lichtes um etwa den Faktor 300 gegenüber Abb. 4.47 abgenommen hat. Die Absorptionsbanden werden wie oben durch O_3, O_2, CO_2, NO_2 und Wasserdampf verursacht, sind also dominantere Banden infolge des langen Weges des Lichtes durch die Atmosphäre. Da die Spektren nur im Sichtbaren registriert wurden, sind die UV-Absorptionen der O_3-Moleküle und die markanten infraroten Absorptionen von H_2O und CO_2 nicht enthalten.

4.6.5.3 Reflexion

Bei der Reflexion wird ein Teil der auf einer Grenzfläche auftreffenden Strahlung wieder zurückgeworfen, d. h., die ankommende Energie teilweise wieder abgeführt, wobei die Rauigkeit der Oberfläche klein sein muss. Der von einer Oberfläche reflektierte Strahlungsanteil, ausgedrückt in Prozent des ankommenden Strahlungsstroms, wird als Albedo bezeichnet und spielt in der Meteorologie eine große Rolle. Helle Oberflächen haben damit eine große, dunkle dagegen eine geringe Albedo.

Jeder auf der Erdoberfläche auftreffende Strahl wird entsprechend den physikalischen Eigenschaften der Erdoberfläche überhaupt nicht, teilweise oder ganz reflektiert. Für große Gebiete der vegetationsbedeckten Mittelbreiten kann man ein Flächenmittel der Albedo von rund 16 %, für die Ozeane der Tropen und mittleren Breiten von 7 bis 9 %, für schneebedeckten Tundren von 80 % und für verschneite Waldflächen von 40 % ansetzen (s. Tab. 4.30).

Tab. 4.30 Reflexionsvermögen der Erdoberfläche in Prozent

	Kurzwellige Albedo	Langwellige Albedo
Wasser	4	
Sonnenhöhe (40–50°)	7–10	
Sonnenhöhe (um 20°)	20–25	
Schneedecke		0,5
Frisch gefallen	75–95	
Gealtert	40–70	
Eis		
Reines Gletschereis	30–45	
Unreines Gletschereis	20–30	
Seeeis	30–40	
Sandfelder		10
Trocken	35–45	
Nass	20–30	
Graue Tonböden		
Feucht	10–20	
Trocken	20–35	
Wolken		10
Haufenwolken	70–90	
Schichtwolken	40–60	
Oberflächen		
Grasfläche	10–20	1,5
Getreidefelder	15–25	
Savanne	15–20	
Wüste	25–30	
Schwarzerde	5–15	

4.6.6 Strahlungshaushalt Erde-Atmosphäre

Für das System Erde-Atmosphäre ist die Bilanz zwischen einfallender kurz- und ausgehender langwelliger Strahlung entscheidend. Von den insgesamt 342 $W \cdot m^{-2}$ (100 %) des zur Verfügung stehenden solaren Strahlungsflusses vereinnahmt die Erdoberfläche über das Jahr gemittelt zwischen 168 bis 174 $W \cdot m^{-2}$ (etwa 50 %), die sie absorbiert und zu 4 % wieder reflektiert (vgl. Bakan 2002, Kraus 2001, Lemke 2003). Damit beträgt die kurzwellige Bilanz etwa 157 $W \cdot m^{-2}$ am Erdboden. Rund 30 % (103 $W \cdot m^{-2}$) der direkten Sonnenstrahlung gelangen durch Reflexion ungenutzt in den Weltraum zurück, wobei das kurzwellige Sonnenlicht außer an der Erdoberfläche auch an den Wolken (20 %) und den atmosphärischen Bestandteilen wie Wasserdampf, Wolkenwasser, Kohlendioxid, Ozon und Staub (6 %) reflektiert wird. Der Rest von 19 % (65 $W \cdot m^{-2}$) verbleibt infolge von Absorption durch die atmosphärischen Gase, Aerosole und Wolken (s. Farbtafel 19, linke Seite) in der Atmosphäre.

An der Erdoberfläche wird die Bilanz außerdem durch die thermische Strahlung der atmosphärischen Bestandteile bestimmt, sodass sie zusätzlich 96 % (324 $W \cdot m^{-2}$) vereinnahmt, was zusammen mit dem kurzwelligen Anteil von 50 %

einen Wert von 146 % ausmacht (494 $W \cdot m^{-2}$). Zum Ausgleich der Bilanz muss sie folglich 24 $W \cdot m^{-2}$ (5 %) durch Konvektion, 78 $W \cdot m^{-2}$ (27 %) durch Verdunstung und 390 $W \cdot m^{-2}$ (114 %) durch thermische Ausstrahlung abgeben, wozu noch eine geringfügige terrestrische Reflexion kommt (s. Farbtafel 19, rechte Seite). Für den Strahlungshaushalt am Erdboden ergibt sich damit eine positive Bilanz von rund 100 $W \cdot m^{-2}$. Abbildung 4.49 demonstriert hierzu den Verlauf einzelner Strahlungskomponenten und die daraus resultierende Strahlungsbilanz über einer Wiese für drei wolkenarme Sommertage an der Messstation in Melpitz bei Torgau. Deutlich zeigt sich, dass mit zunehmender kurzwelliger Einstrahlung nach Sonnenaufgang und der hierdurch ansteigenden Boden- und Lufttemperatur die langwellige Ausstrahlung zunimmt. Im Mittel bleibt die langwellige Strahlungsbilanz aber den ganzen Tag über negativ. Das trifft auch für die nächtliche Gesamtstrahlungsbilanz zu, die tagsüber infolge der großen solaren Strahlungsflussdichte (nahezu 900 $W\ m^{-2}$) hingegen positiv ist.

Gemäß der Energiebilanz werden somit 30 % der einfallenden Strahlung zurückgestreut und knapp 51 % erreichen die Erdoberfläche in Form von direkter Sonnenstrahlung S oder gestreutem Himmelslicht D, wobei S + D die Globalstrahlung darstellt, während 19 % in der Atmosphäre verbleiben. Ein Teil der infraroten Strahlung wird in der Atmosphäre absorbiert und kehrt als Gegenstrahlung C (counter radiation) zur Erdoberfläche zurück, was zu einer Erwärmung der unteren Luftschichten führt (Treibhauseffekt). Den wichtigsten Anteil hierzu liefert der Wasserdampf mit einem Betrag von 62 %, gefolgt vom Kohlendioxid mit 22 %. Damit lässt sich als Strahlungsbilanzgleichung schreiben (s. Autorenteam 1995)

$$Q = (S + D) \cdot (1 - A) - (E - C), \tag{4.96}$$

mit (S + D) als einfallende, −A(S + D) als reflektierte und $(1 - A) \cdot (S + D)$ als absorbierte Sonnenstrahlung, E als Aus- und C als Gegenstrahlung, wobei die Differenz − (E − C) als effektive Ausstrahlung bezeichnet wird.

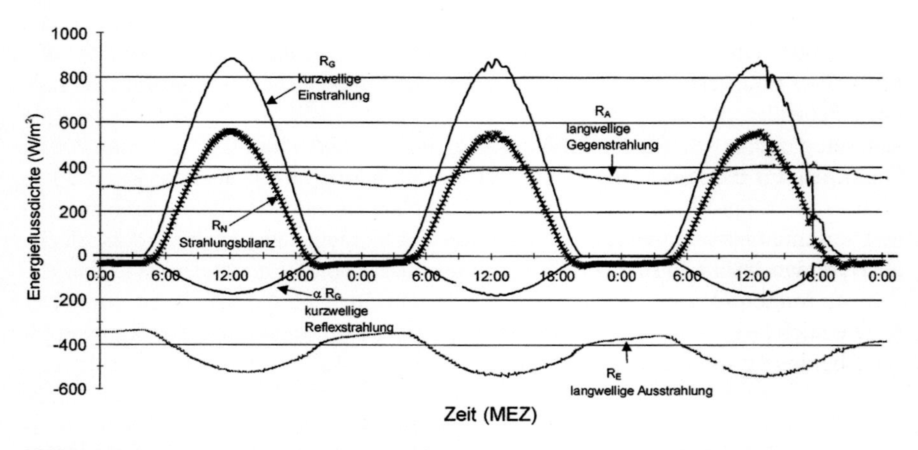

Abb. 4.49 Strahlungsbilanz einzelner Strahlungskomponenten. (© Bernhofer 2004)

Diese Bilanz ist überwiegend positiv, sodass sich die Erdoberfläche laufend erwärmen würde, wenn sie nicht den strahlungsbedingten Überschuss durch andere Wärmeströme kompensieren könnte. Die Energieabfuhr durch Wärmeströme geht nach der Wärmehaushaltsgleichung

$$Q = H + L + B(M) \tag{4.97}$$

vonstatten, worin Q der Strahlungsbilanz der Erdoberfläche, H dem sensiblen Wärmestrom, L dem Fluss latenter Wärme (Kondensationswärmestrom, turbulenter Wasserdampfstrom, Verdunstung) und B bzw. M dem Bodenwärmestrom bzw. dem Wärmestrom der Meere entsprechen. Die feste Erdoberfläche strahlt, wie oben gezeigt, entsprechend ihrer Temperatur mit σT^4 im Infraroten mit einem Maximum der Planck'schen Kurve bei etwa 10 µm.

4.6.7 Wärmeverteilung im Wasser

Etwa 68 % der Sonnenenergie werden von Wasserflächen absorbiert. Dies geschieht in Abhängigkeit vom Reinheitsgrad des Wassers in einer Schicht bis etwa 30 m Tiefe, d. h., die vereinnahmte Energie verteilt sich auf ein sehr viel größeres Volumen als im Falle der Erdoberfläche, sodass der mögliche Wärmegewinn an der Wasseroberfläche wesentlich kleiner als über Land ist. Außerdem besitzt Wasser eine drei- bis viermal größere spezifische Wärme ($c_v = 4170\ \mathrm{J \cdot kg^{-1} \cdot K^{-1}}$) als Gestein, was eine drei- bis viermal geringere Temperaturerhöhung gegenüber dem Boden zur Folge hat.

Infolge turbulenter Durchmischung (Seegang, Wind) verringert sich zusätzlich die oberflächennahe Erwärmung des Wassers, da die durch Absorption zustande gekommene Temperaturverteilung auf ein größeres Volumen übertragen wird. So werden im sauberen Wasser die kurzwelligen und langwelligen Anteile stärker absorbiert, während im Blauen minimale Absorptionen auftreten, was durch die intensive Rayleigh-Streuung zur Blau- und Grünfärbung des Wassers führt (s. Abb. 4.50). Die größte Durchmischungstiefe weisen die freien Ozeane auf, wo selbst in 300 bis 400 m Tiefe noch jahreszeitliche Temperaturschwankungen beobachtet werden (vgl. Farbtafel 20). Damit sind die tagesperiodischen Temperaturänderungen wesentlich geringer als über Land und betragen im Mittel 1 K.

Folgende Tatsachen ergeben sich im Vergleich zu einer Landoberfläche:

- Die Jahresschwankung der Temperatur beträgt an der Oberfläche 17 K, in 10 m Tiefe, wo über Land keine Tagesperiode mehr auftritt, 10 K und in 20 m Tiefe noch immer 5 K.
- Die höchste Temperatur tritt an der Oberfläche im Juli bzw. August, in 20 m Tiefe bereits zwei Monate später auf (im Boden vier bis sechs Monate verspätet).

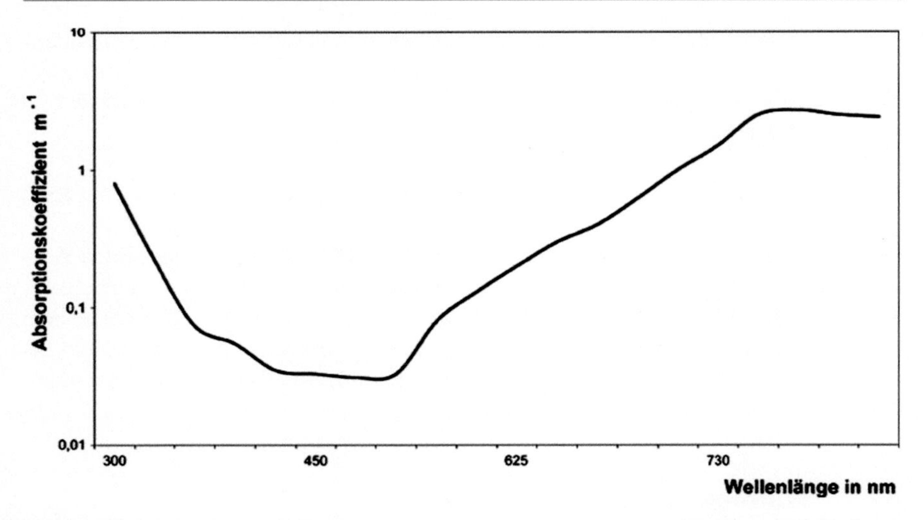

Abb. 4.50 Absorptionskoeffizient von sauberem Wasser (aus verschiedenen Publikationen gemittelte Werte)

- Zwischen 8 bis 12 m Tiefe besteht im Sommer eine sogenannte Sprungschicht, in der auf relativ geringer vertikaler Distanz große Temperaturunterschiede existieren. Im Bereich der Sprungschicht wird ein thermisch homogener warmer von einem thermisch homogen kalten Wasserkörper getrennt.
- Vom Hochwinter bis zum zeitigen Frühjahr (Januar bis Mitte April) herrscht über die ganze Tiefe eines Sees die gleiche Temperatur (Isothermie) von nahe 4 °C.

Die mittlere Jahresschwankung der Temperatur erreicht im Atlantik für 0° N 2,3 K, für 10° N 2,4 K, für 20° N 3,6 K, für 30° N 5,9 K, für 40° N 7,5 K und für 50° N 4,7 K.

4.6.8 Strahlungsmessung

Um Strahlungswerte in Absoluteinheiten zu erhalten, misst man die in Wärme umgewandelte Strahlungsenergie. Daher lässt man Strahlung von einer geschwärzten Oberfläche (z. B. Metallstreifen) absorbieren oder emittieren. Bei Absorption steigt die Temperatur des Streifens um einen bestimmten Betrag an, sodass nach einer gewissen Zeit eine entsprechende Wärmemenge pro Zeiteinheit vom Streifen durch das Gerät fließt oder an die Umgebungsluft durch Temperaturstrahlung abgegeben wird. Die eingetretene Temperaturerhöhung ist ein Maß für die Strahlungsenergie und dieser zumeist proportional.

4.6.8.1 Messung der direkten Sonnenstrahlung

4.6.8.1.1 Angström'sches Kompensationspyrheliometer (Absolutinstrument)

In einem Gerät sind innerhalb einer Metallröhre zwei geschwärzte Manganinstreifen so angebracht, dass bei Besonnung des Messinstrumentes der eine Streifen im Schatten bleibt, der andere dagegen beleuchtet wird. Der besonnte Streifen nimmt infolge Absorption eine höhere Temperatur als der im Schatten befindliche und der Körper des Instrumentes an. Diese Temperaturdifferenz wird mittels eines Thermoelementes und Verstärkers gemessen.

Erwärmt man den unbeleuchteten Streifen mittels Stromfluss und bringt ihn auf die gleiche Temperatur wie den beleuchteten, dann geht der Galvanometerausschlag zwar zurück, die gemessene Stromstärke ist jedoch proportional der vom beleuchteten Streifen in der Zeiteinheit absorbierten Strahlungsenergie.

4.6.8.1.2 Bimetallaktinometer (Relativinstrument)

Die Sonne bestrahlt einen kleinen geschwärzten Bimetallstreifen, auf dem ein feiner Quarzfaden mittels zweier stärkerer Quarzfäden befestigt ist. Wird der Streifen durch die Sonne erwärmt, verbiegt er sich und verschiebt dabei den Quarzfaden, der sich im Gesichtsfeld eines Ablesemikroskops befindet. Die Verschiebung wird gegenüber einer festen Skala abgelesen und ist ein Maß für die absorbierte Strahlungsenergie.

4.6.8.2 Messung der Globalstrahlung

Zur Messung der Globalstrahlung werden Pyranometer verwendet, deren geschwärzte Fläche horizontal befestigt ist, um die gesamte kurzwellige Strahlung (vom Horizont bis zum Zenit) zu erfassen. Die geschwärzte Fläche ist hierbei von einem Glaskörper geschützt, um die langwellige Strahlung abzuhalten. Der absorbierte Strahlungsfluss verursacht einen Temperaturanstieg der geschwärzten Fläche, den man mittels Thermoelement misst.

4.6.8.3 Effektive Ausstrahlung (langwellige Strahlung)

4.6.8.3.1 Angström'sches Pyrgeometer

Es werden zwei Manganinstreifen verwendet, wobei der eine geschwärzt, der andere reflektierend ist. Sie sind horizontal und ohne Glasschutz angebracht. Die Messung der effektiven Ausstrahlung erfolgt stets nach Sonnenuntergang.

Der geschwärzte Streifen wird im Vergleich zum reflektierenden mehr abgekühlt, da er Strahlung gemäß seiner Temperatur (Instrumententemperatur) an die Umgebung abgibt, während der reflektierende Streifen Strahlung weder emittiert noch absorbiert.

Die eintretende Abkühlung ist ein Maß für die effektive Ausstrahlung. Zu beachten ist, dass die Windverhältnisse die Abstrahlung beeinflussen können. Um eine windunabhängige Messung zu erhalten, bringt man den geschwärzten Streifen auf die gleiche Temperatur wie den reflektierenden.

4.6.8.4 Strahlungsbilanzmesser

Sie bestimmen die Differenz zwischen der zur Erdoberfläche gerichteten und der von ihr ausgehenden Strahlungsströme, die sowohl kurz- als auch langwellig sein können. Hierzu werden zwei geschwärzte Flächen genutzt, von denen eine nach oben und eine nach unten gerichtet ist. Bei unterschiedlichen Strahlungsströmen weisen diese eine Temperaturdifferenz auf, die mittels Thermoelementen und einem Verstärker gemessen wird.

4.6.9 Übungen

Aufgabe 1 Im Sternbild Orion weisen die Sterne Rigel und Beteigeuze Oberflächentemperaturen von 12.000 bzw. 3000 °C auf.

(i) Wie groß ist ihre spezifische Abstrahlung in W m^{-2}, und wo liegen die Maxima der Strahlungsintensität?
(ii) Vergleichen Sie die Werte mit der Temperatur der Sonne (5700 K) und einer Glühlampe (2700 K)!
(iii) Die Gesamtabstrahlung der Sonne beträgt $3{,}9 \cdot 10^{26}$ W. Sonne und Erde sind $1{,}5 \cdot 10^{11}$ m voneinander entfernt. Wie können Sie daraus die Solarkonstante berechnen?

Aufgabe 2 Fällt Licht senkrecht ins Meer, dann wird es durch Streuung und Absorption geschwächt. Dieser Vorgang lässt sich durch das Absorptionsgesetz gemäß $I = I_0 \cdot e^{-\sigma \cdot x}$ beschreiben. Durch den zurück gestreuten Anteil ist das Wasser blau (nicht schwarz).

(i) Auf welchen Wert fällt die ursprüngliche Lichtintensität I_0 in 78 m Wassertiefe ab, wenn der Extinktionskoeffizient für sauberes Wassers $\sigma = 0{,}027\ m^{-1}$ beträgt.
(ii) Der Meeresboden in 78 m Tiefe habe eine Albedo von 0,3. Welche Intensität besitzt der vom Meeresboden direkt reflektierte Strahl an der Wasseroberfläche?
(iii) In welcher Tiefe ist die einfallende Intensität I_0 auf 50 % abgefallen?

Aufgabe 3

(i) Auf dem Mond werden tags Temperaturen von 130 °C und nachts unter − 150 °C gemessen, also eine Tagesamplitude von 280 K beobachtet. Warum beträgt diese Amplitude auf der Erde im Mittel nur 10 bis 20 K?
(ii) Kurz vor Neumond sieht man tagsüber neben der von der Sonne hell beschienenen Mondsichel noch den restlichen Teil der Mondscheibe matt schimmern. Woher stammt das Licht?

Aufgabe 4 Der Strahlungsfluss der Sonne beträgt in der Sahara etwa 280 $W \cdot m^{-2}$.

(i) Setzt man den Weltenergieverbrauch mit 14 TW = $14 \cdot 10^{12}$ W an, und geht man vom Wirkungsgrad eines Sonnenkraftwerkes von 15 % aus, welche Flächenbedeckung mit Solarzellen wäre dann zur Deckung dieses Bedarfs nötig?
(ii) Bestimmen Sie den Strahlungsstrom der Sonne, die eine Oberflächentemperatur von 5800 K besitzt.
(iii) Berechnen Sie ihre gesamte Abstrahlung, wenn ihr Radius 696.000 km beträgt.
(iv) Welche Masse verliert die Sonne gemäß der Einsteinschen Relation $E = m \cdot c^2 (c = 3 \cdot 10^8 \, m \cdot s^{-1})$ pro Stunde?

Aufgabe 5 Bestimmen Sie den Bodenwärmestrom $B = -\lambda \cdot T/x$ ($\lambda = a \cdot \rho \cdot c$: Wärmeleitfähigkeit) in $J \cdot s^{-1} \cdot m^{-2} = W \cdot m^{-2}$ nach dem Gradientansatz für die Erdbodentemperatur (31,7 °C) und die Temperatur in 20 cm Tiefe (11,4 °C) um 13 UTC für nassen Sand und für Moorboden!

Bodenart	λ ($J \cdot m^{-1} \cdot s^{-1} \cdot K^{-1}$)	$\rho \cdot c$ ($J \cdot m^{-3} \cdot K^{-1}$)	a ($m^2 \cdot s^{-1}$)
Fels	4,62	$2,2 \cdot 10^6$	$2,1 \cdot 10^{-6}$
nasser Sand	1,70	$1,7 \cdot 10^6$	$1,0 \cdot 10^{-6}$
trockener Sand	0,14	$1,2 \cdot 10^6$	$1,2 \cdot 10^{-7}$
Moorboden	0,05	$3,8 \cdot 10^5$	$1,2 \cdot 10^{-7}$

a Temperaturleitfähigkeit, *ρ* Dichte, *c* spezifische Wärme

Aufgabe 6 Infolge der Sonnenfleckenaktivität nimmt die Oberflächentemperatur der Sonne von 5700 auf 5660 K ab, sodass sich ihre spezifische Ausstrahlung und damit die Solarkonstante an der Atmosphärenobergrenze verändern.

(i) Um welchen Betrag variieren beide Größen?
(ii) Welche Leistung strahlt die Venus bei einer Oberflächentemperatur von 475 °C ab und wo liegt die Wellenlänge des Maximums der Strahlung?

4.6.10 Lösungen

Aufgabe 1

(i) Wien'scher Verschiebungssatz: $\lambda_{max} \cdot T = 2898 \; (\mu m \cdot K)$

$$M(T) = \sigma \cdot T^4, \text{ mit } \sigma = 5,670 \cdot 10^{-8} \, W \cdot m^{-2} \cdot K^{-4}$$

$$T_1 = 12.000 \text{ °C} = 12\,273 \text{ K}, \; \lambda_{max} = \frac{0,28978}{12273} (cm \cdot K/K) = 0,236 \mu m = 236 \text{ nm}$$

$$M(T) = 5,670 \cdot 10^{-8} \cdot (12\,273)^4 \; (W \cdot m^{-2} \cdot K^{-4} K^{+4})$$
$$= 1,286 \cdot 10^9 \, W \cdot m^{-2}$$

$$T_2 = 3000\ °C = 3\,273\ K,\ \lambda_{max} = \frac{0,28978}{3273}\left(\frac{cm \cdot K}{K}\right) = 0,885 \mu m = 885\ nm$$

$$M(T) = 5,670 \cdot 10^{-8} (3273)^4\ (W \cdot m^{-2} \cdot K^{-4} K^4)$$
$$= 6,507 \cdot 10^6\ W \cdot m^{-2}$$

(ii) $T_3 = 5700\ K,\ \lambda_{max} = \frac{0,28978}{5700} \cdot 10^{-8} \frac{cm \cdot K}{K} = 0,5084 \mu m = 508,4\ nm$

$$M(T) = 5,670 \cdot 10^{-8} (5700)^4\ (W \cdot m^{-2} \cdot K^{-4} K^4)$$
$$= 5,985\ 10^7\ W \cdot m^{-2}$$

$$T_4 = 2700\ K \cdot \lambda_{max} T = \frac{0,28978}{2700} \cdot 10^{-8} \frac{cm \cdot K}{K} = 1,073\ nm$$

$$M(T) = 5,670 \cdot 10^{-8} \cdot (2700)^4\ (W \cdot m^{-2} \cdot K^{-4} K^4)$$
$$= 3,013\ 10^6\ W \cdot m^{-2}$$

(iii) $3,9 \cdot 10^{26}\ W/(4\pi(1,5)^2 \cdot 10^{22}\ m^2) = 1380\ W \cdot m^{-2}$

Aufgabe 2

(i) Mit $I = I_0 \cdot e^{-\sigma \cdot x}$ folgt $I/I_0 = e^{-\sigma \cdot x} = e^{-0,027 \cdot 78} = 0,122$, d. h., die Intensität ist auf 12,2 % abgesunken.
(ii) Aus $I_r = I_0 \cdot e^{-\sigma \cdot x}$ folgt mit $I_r = 0,122 \cdot 0,3 = 0,0366$ $I_r/I_0 = 0,0366 \cdot 0,122 = 4,46 \cdot 10^{-3}$, d. h. die Intensität ist auf 4,46 Promille abgesunken.
(iii) Mit $I/I_0 = 0,5$ folgt $x = (1/\sigma) \cdot \ln(I_0/I) = 25,7\ m$

Aufgabe 3

(i) Da der Mond keine Atmosphäre besitzt.
(ii) Reflektiertes Sonnenlicht von der Erde

Aufgabe 4

(i) 14 TW $\rightarrow 14 \cdot 10^{12}\ W/(280\ W \cdot m^{-2} \cdot 0,15) = 3,33\ 10^{11} m^2 = 3,33 \cdot 10^5 km^2$, d. h. eine Fläche von 333.000 km².
(ii) $S = \sigma \cdot T^4 = 5,67 \cdot 10^{-8} W \cdot m^{-2} \cdot K^{-4} \cdot (5800\ K)^4 = 6,42 \cdot 10^7 W \cdot m^{-2}$
(iii) $S_{gesamt} = 4\pi r^2 \cdot 6,33\ 10^7 W \cdot m^2$

$$F_{Sonne} = 4\pi(696000)^2 km^2 = 4\pi 6,96^2 \cdot 10^{10} km^2 = 608,43 \cdot 10^{10} km^2$$
$$= 6,08 \cdot 10^{12} km^2 = 6,08\ 10^{18} m^2$$

$$S_{gesamt} = 6,08 \cdot 10^{18}\,m^2 \cdot 6,33 \cdot 10^7\,W \cdot m^2 = 38,5 \cdot 10^{25}\,W = 3,85 \cdot 10^{26}\,W$$

(iv) $\Delta m = E/c^2 = 3,85 \cdot 10^{26}\,Ws/9 \cdot 10^{16}\,m^2 \cdot s^2 \sim 4,28\ 10^9\,kg \sim 5\ Mio.\ t \cdot s^{-1}$

Aufgabe 5

Mit $B = -\lambda \cdot \partial T/\partial x$ und dT=20,3 K, $\lambda_1 = 1,7\ J \cdot m^{-1} \cdot s^{-1} \cdot K^{-1}$
dx=0,2 m, $\lambda_2 = 0,05\ J \cdot m^{-1} \cdot s^{-1} \cdot K^{-1}$

ergibt sich $B_1 = -1,7 \cdot \dfrac{20,3}{0,2}(J \cdot s^{-1} m^2) = -172,6\ J \cdot s^{-1} \cdot m^2$

$$B_2 = -0,05 \cdot \frac{20,3}{0,2}(J \cdot s^{-1} m^2) = -5,075\ J \cdot s^{-1} \cdot m^2$$

Aufgabe 6

(i) T=5700 K
$M = \sigma \cdot T^4,\ \sigma = 5,67 \cdot 10^{-8}\,N \cdot m^{-2} \cdot K^{-4}$
$M = 5,67 \cdot 10^{-8} \cdot (5,7)^4 \cdot 10^{12} = 5,67 \cdot 10^4 \cdot (5,7)^4 = 5,99 \cdot 10^3 \cdot 10^4 = 59,85 \cdot MW \cdot m^{-2}$
T=5660 K
$M = 5,67\ 10^{-8} \cdot (5,66)^4 \cdot 10^{12} = 5,819 \cdot 10^3 \cdot 10^4 = 58,19\ MW \cdot m^{-2}$
$\Delta M = (59,85 - 58,19)\,MW \cdot m^{-2} = 1,66\ MW \cdot m^{-2}$

Dreisatz
59,85: 1368=58,19:x, 59,85x=79603,9; x=1330 $W \cdot m^{-2}$; Δ S=38 $W \cdot m^{-2}$
Damit variiert die Solarkonstante um 2,8 %.

(ii) T_{Venus}=475 °C=748,15 K, $M=\sigma \cdot T^4$
$M = 5,67\ 10^{-8} \cdot (7,48)^4 \cdot 10^8 = 5,67 \cdot (7,48))^4 = 17\ 750\ W \cdot m^{-2} = 17,75\ kW \cdot m^{-2}$
$T \cdot \lambda_{max} = 2897\,\mu m \cdot K$
$\lambda_{max} = 2897\ \mu m\ K/748,15\ \mu m \cdot K = 3,872\ \mu m = 3872\ nm$ (mittleres Infrarot)

4.7 Aerosole und Sichtweite

Die Sicht betrifft den allgemeinen Zustand der Atmosphäre bezüglich der qualitativen visuellen Einschätzung der optischen Wahrnehmung der Umgebung, während die Sichtweite ein quantitativer Ausdruck für die Entfernungsschätzung eines Sichtziels ist, d. h., im letzteren Fall sind Aussagen zu wahrnehmbaren Kontrastverhältnissen entsprechender Sichtziele zur Umgebung und zu ihrer Entfernung vom Beobachter zu treffen.

Als horizontale Sicht versteht man die optische Wahrnehmung und annähernde Erkennung eines Objektes derart, dass zumindest die Umrisse eindeutig beschrieben werden können. Dabei muss man zwischen selbstleuchtenden Objekten und nur Licht reflektierenden bzw. streuenden Sichtzielen in der Horizontalen unterscheiden, sodass der Zustand der Atmosphäre eine entscheidende Rolle bei der Bestimmung der Sichtweite spielt. Würde nämlich die Atmosphäre nur die Gasatome und -moleküle ihrer Komponenten enthalten und keine Verunreinigungen wie Wasserdampf, Wassertröpfchen, Schneeflocken, Eiskristalle und Staubpartikel, könnte man ohne Berücksichtigung der Erdkrümmung Objekte noch in vielen Hundert Kilometern horizontaler Entfernung wahrnehmen. Die größte horizontale Sichtweite wurde von Berg 1948 berichtet, wonach man aus einem Flugzeug in 4000 m Höhe über Köln den Mont Blanc erkennen konnte. In vertikaler Richtung lassen sich nicht selbstleuchtende Objekte infolge der Lichtstreuung durch Gase bis zu etwa 300 km Höhe beobachten. Bei einem hohen Aerosolgehalt bildet dieser die Hauptbegrenzung für die Sichtweite.

In der Meteorologie definiert man laut WMO die horizontale Sichtweite als die größte Entfernung, bei der ein schwarzes Objekt angemessener Dimension, platziert am Erdboden, noch im Tageslicht gegen den hellen Horizont gesehen und erkannt werden kann. Hierbei spielen zwei Faktoren eine wesentliche Rolle, nämlich

- der Grad, mit dem das vom Gegenstand reflektierte Licht auf dem Wege zum Beobachter absorbiert und gestreut wird,
- die visuelle Wahrnehmungsschwelle des Beobachters.

Mit der fortschreitenden Technisierung unserer Umwelt ist eine möglichst exakte Angabe der Sichtweite und damit der Kenntnis des Aerosolgehaltes der Atmosphäre äußerst wichtig, da zum einen die Geschwindigkeiten immer größer und damit die Reaktionszeiten immer kürzer werden müssen, was insbesondere auf den Straßen- und Flugverkehr, die See- und Binnenschifffahrt und den schienengebundenen Verkehr zutrifft, und zum anderen haben im Rahmen der Umwelt- und Klimadiskussion Aerosole eine zunehmende Bedeutung erlangt, weil sie den Strahlungshaushalt und die Wolkenbildung beeinflussen.

4.7.1 Aerosole

Ein Aerosol ist eine stabile Suspension fester und/oder flüssiger Partikel mit Teilchengrößen zwischen 10^{-3} bis 10^{2} μm in einem gasförmigen Lösungsmittel (im einfachsten Falle Luft). Damit besteht das atmosphärische Aerosol aus der gesamten in der Atmosphäre kondensierten Materie, d. h. aus kleinsten Partikeln als Träger der Brown'schen Molekularbewegung bis hin zu sehr großen Partikeln, die der Sedimentation unterliegen.

4.7.1.1 Bildung und Abbau von Aerosolen

Prinzipiell existieren zwei Mechanismen zur Bildung von Primäraerosolen, nämlich

- die Gas-zu-Partikelumwandlung durch Kondensation oder Nukleation, in deren Folge sehr kleine Partikel entstehen (Nanometerbereich), und

- die mechanische Aufwirbelung (Dispergierung) flüssigen oder festen Materials, die zu Partikeln im Größenbereich von 1 bis 10 µm führt.

Nach Roedel 2011 und Tuckermann 2005 bleiben die primären Eigenschaften der Partikel nach ihrer Generierung nicht erhalten, sondern unterliegen chemischen und physikalischen Umwandlungsprozessen (vgl. Abb. 4.51), in deren Verlauf nach einigen Tagen ein gealtertes Mischaerosol entsteht. So koagulieren beispielsweise die sehr kleinen Teilchen des Nukleationsmode in der Regel mit mittelgroßen Partikeln, oder es kommt zur Anlagerung nicht flüchtiger Substanzen an die Aerosole bzw. zur heterogenen Kondensation, bei der ein Aerosolpartikel den Kern für die Kondensation von Wolken- oder Nebeltropfen bildet. Des Weiteren wirken die Dispersionsaerosole ebenfalls als Wolken- und Kondensationskerne, wobei sich in mehreren Zyklen aus Tröpfchenbildung und Wiederverdunstung sowie durch Anlagerung von Partikeln an die Wolkentröpfchen die Eigenschaften des Aerosols ändern. Aus der Atmosphäre werden sie durch trockene Deposition, d. h. durch Sedimentation im Schwerefeld der Erde, und durch nasse Deposition infolge Ausregnens entfernt, wobei im letzteren Fall eine Wechselwirkung zwischen den gasförmigen Molekülen oder Partikeln und den Wassertröpfchen auftritt. Da Regentropfen bis zu 10.000 Partikel enthalten, besteht für diese eine hohe Wahrscheinlichkeit, von einem Tropfen eingefangen zu werden.

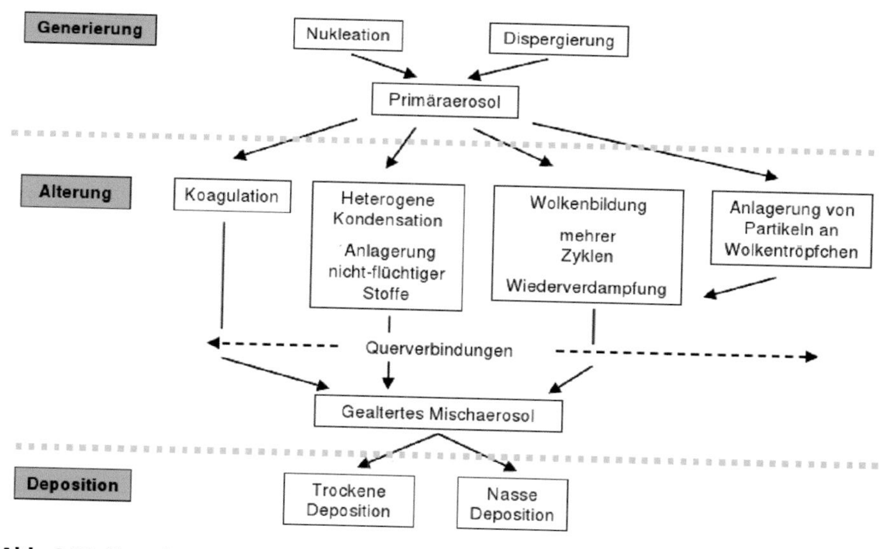

Abb. 4.51 Entstehung und Abbau von Aerosolen in der Troposphäre. (© Roedel 2011)

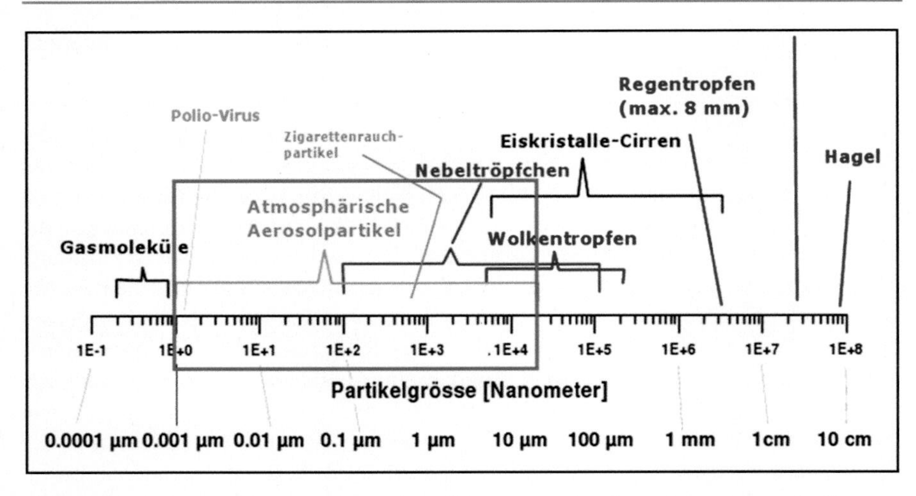

Abb. 4.52 Größenverteilung von Aerosolen. (© Borrmann, Antrittsvorlesung Mainz 2001)

Insgesamt gesehen weist die Partikelgröße verschiedener Aerosole ein sehr breites Spektrum auf (vgl. Abb. 4.52), ist jedoch letztlich so gering, dass man einzelne Aerosole mit bloßem Auge nicht erkennen kann. Sichtbar werden sie erst, wenn sie in hohen Konzentrationen als SMOG auftreten (etwa ab 10^6 Partikel cm^{-3}). In Abhängigkeit von ihrer Größe unterteilt man die Aerosole in

- ultrafeine Partikel (< 0,1 µm Durchmesser),
- feine Partikel (Akkumulationsmodus) mit 0,1–2,5 µm Durchmesser, und in
- grobe Partikel (> 2,5 µm Durchmesser).

Allgemein unterscheidet man zwischen natürlichen und anthropogenen Quellen, aus denen infolge von Gradienten in der Konzentration, der Temperatur oder des Druckes ein Stofffluss in die Atmosphäre erfolgt. Verantwortlich dafür sind physikalische, chemische, biologische und natürliche Prozesse, bei denen entweder Primärpartikel direkt in die Atmosphäre gelangen (z. B. Mineralstaub durch Winderosion, s. Abb. 4.53) oder als Seesalzpartikel (durch brechende Wellen) bzw. Sekundärpartikel entstehen, die sich durch Nukleation und Kondensation oder durch das Zusammenwachsen von gasförmigen Molekülen bilden. Die wichtigsten natürlichen Aerosole sind Wüsten- bzw. Mineralstaub, Meersalz, Sulfate, Russteilchen, Rauch, Nebel und organische Verbindungen wie Pollen, Bakterien, Sporen und Viren.

4.7.1.2 Verweilzeit in der Atmosphäre

Die Verweilzeit von Aerosolen in der Atmosphäre hängt entscheidend von ihrer Größenverteilung ab (vgl. Abb. 4.54). So koagulieren ultrafeine Partikel infolge der Brown'schen Molekularbewegung innerhalb weniger Stunden mit anderen Teilchen zu größeren oder wachsen durch Kondensation, während grobe Partikel > 10 µm

Abb. 4.53 Aerosolwolke durch Winderosion über Nordindien und Bangladesch. (© NASA (Internet 30))

schon nach wenigen Minuten, Stunden oder auch im Verlaufe eines Tages sedimentieren bzw. durch Hydrometeore eingefangen werden, sodass sie gleichfalls eine Verweildauer von nur einigen Stunden haben. Teilchen im Akkumulationsmodus besitzen dagegen eine Verweildauer von ca. einer Woche, ehe sie in der Regel durch Niederschlag ausgewaschen werden.

Die Verweildauer von Partikeln mit einem Radius kleiner als 0,1 µm beträgt etwa ein Jahr bis maximal zwei Jahre. Sie dominieren die Anzahldichte, während diejenigen mit einem Radius von 0,05 und 0,1 µm die Aerosoloberfläche und damit die optischen Eigenschaften und solche mit Radien zwischen 0,3 und 20 µm die Partikelmasse bestimmen.

Mittlere Partikel werden durch Kollision mit und durch Diffusion zu Oberflächen bzw. durch Niederschläge entfernt. In Abhängigkeit von ihrer chemischen Zusammensetzung dienen Partikel zwischen 0,1 und 1,0 µm auch als Nukleationskeime für Wolkentröpfchen. Dieser Prozess hat allerdings eine nur geringe Wirksamkeit, sodass die Verweildauer der Partikel groß sein kann. Bei Partikeln in der mittleren und unteren Troposphäre beträgt die Verweildauer ungefähr eine Woche, in der Stratosphäre Monate bis Jahre, was sich auf die mit der Höhe abnehmende Wolkenbildung und Niederschlagstätigkeit zurückführen lässt. Da die Verweildauer

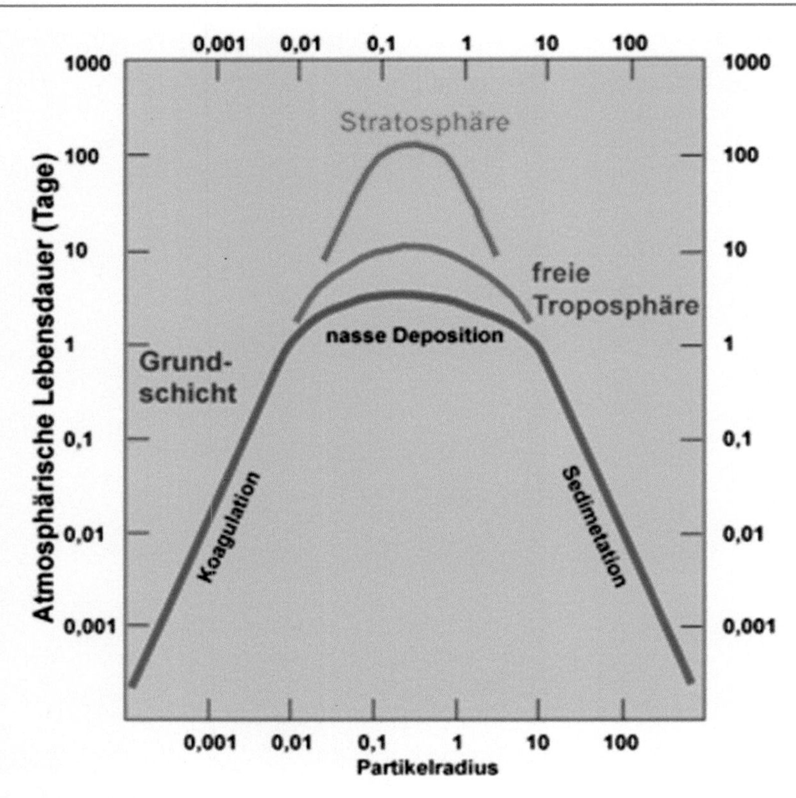

Abb. 4.54 Lebensdauer von Aerosolen in Abhängigkeit vom Partikelradius (in µm) und der Höhe. (© Borrmann (Internet 31))

der Partikel von ihrer Größe abhängt, verändern sich die Aerosolspektren mit dem Partikelalter. So existieren anfangs Quellpartikel und solche aus der Gas-Partikel-Umwandlung, später weist das Partikelspektrum meist nur Teilchen mittlerer Größe auf, und die Partikelanzahl hat sich verringert.

Die Aerosolkonzentration nimmt mit der Höhe ab, wobei man in 10 km Höhe in der Regel nur noch ein Zehntausendstel des Bodenwertes von etwa 10^{-6} kg Aerosolmenge je Kubikmeter Luft misst.

4.7.1.3 Aerosolquellen

Natürliche Aerosolquellen werden zum einen durch biogeochemische Stoffkreisläufe (z. B. Schwefel-, Kohlendioxid-, Stickstoff-Kreislauf) reguliert und zum anderen durch geogene Quellen (partikulärer Stoffeintrag durch den Wind, den Vulkanismus und die Biomasseverbrennung) bestimmt, während für die anthropogenen Aerosolquellen eine Einteilung nach der Entstehungsart der Partikel (Verbrennung, industrielle Verarbeitung, Verkehr, Umschlag und Lagerung von Gütern, Einsatz von Lösungsmitteln und biologische Prozesse) oder nach den Anwendungsbereichen (Industrie, Landwirtschaft, Verkehr und Kommune) dient (s. Winkler 2000).

Hervorzuheben ist, dass Sulfataerosole (Schwefelsäuretröpfchen) in der Atmosphäre erst durch Reaktionen von Schwefeldioxid mit anderen Stoffen entstehen. Gemäß Roedel 2011 liegen die typischen SO_2-Konzentrationen in Mitteleuropa bei etwa 2 bis 10 $\mu g\,m^{-3}$ bei einer Lebensdauer von 1 bis 4 Tagen. Die Hälfte davon wird in der Atmosphäre zu Schwefelsäure oder Sulfat oxidiert, der Rest diffundiert zur Bodenoberfläche oder wird durch den Regen ausgewaschen. Rund 50 % des atmosphärischen Aerosols stehen zur homogenen Nukleation zur Verfügung. Die mengenmäßig wichtigste Reaktion ist die Addition von OH-Radikalen unter Bildung eines HSO_3-Radikals und dem nachfolgenden Zerfall des Radikals in Schwefeltrioxid SO_3 und Wasserstoff H. Schwefeltrioxid und Wasser bilden dann zusammen Schwefelsäure. Wolkenaerosole können koagulieren, sich durch Kondensation oder Desublimation aus übersättigten Dämpfen entwickeln, als Kondensationskerne von Wolkentröpfchen und Eiskristallen dienen, sich an Wassertröpfchen anlagern oder chemische Reaktionen durchlaufen. Die Produktionsrate natürlicher Aerosole aus der direkten Partikelemission und den Gasreaktionen wird auf etwa 2 bis 2,5 Gt pro Jahr geschätzt. Hiervon entfallen zwei Drittel auf die Partikelemission und ein Drittel auf die homogene und heterogene Keimbildung. Die anthropogene Emission erreicht Werte bis zu 1 Gt pro Jahr (vgl. Tab. 4.31).

Prinzipiell gilt: Je mehr Schwebeteilchen in der Atmosphäre vorhanden sind, desto mehr Kondensationskerne können sich bilden, sodass letztlich ein Spektrum von kleinen Wolkentröpfchen entsteht. Diese verbleiben, ehe sie ausregnen, wesentlich länger „als Sonnenschirme" in der Luft als große Tropfen.

4.7.1.4 Aerosolkomponenten und ihre Entstehung

Unsere Atmosphäre ist ein Mehrkomponenten- und Multiphasensystem und enthält stets Aerosole unterschiedlichen Typs, verschiedener Herkunft, zeitlich variabler Konzentration und mit speziellen Eigenschaften, wobei die Staub- und Seesalzpartikel den mengenmäßig größten Anteil am Aerosolgehalt besitzen.

4.7.1.4.1 Bodenstaub durch Winderosion

Bodenstaub ist neben Seesalz die ergiebigste Quelle von partikelförmigen Substanzen und kann lokal zu einer erheblichen Belastung der Atmosphäre führen. So werden Staubpartikel über sehr weite Strecken verfrachtet, u. a. große Mengen Staub (ca. 10 $g \cdot m^{-2} \cdot a^{-1}$) aus den chinesischen Wüsten Gobi und Taklamatan bis zum Pazifischen Ozean bzw. aus der Sahara bis vor die nordwestafrikanische Küste und in die Karibik (s. Abb. 4.55). Andere Meeresgebiete erhalten etwa nur 1/10 dieses Eintrags. In den polaren Gebieten ist die Deposition gering, nämlich kleiner als 10 $mg \cdot cm^{-2} \cdot a^{-1}$.

In Abhängigkeit von der Bodenbeschaffenheit und -zusammensetzung werden Bodenpartikel beim Überschreiten bestimmter Windgeschwindigkeiten zunächst entlang der Erdoberfläche bzw. im schwebenden Zustand transportiert. Diese Tangentialbewegung führt zur Kollision der Partikel mit den Unebenheiten des Untergrundes. Infolge der Stöße erlangen mittlere Teilchen den notwendigen Vertikalimpuls, um die Adhäsionskräfte zu überwinden und von der laminaren Strömungsschicht unmittelbar über der Erdoberfläche in die darüberliegende turbulent durchmischte Schicht zu gelangen. So kann sich bei starken Sandstürmen oft eine meterhohe Schicht wirbelnder und springender Sandkörner entwickeln.

Tab. 4.31 Globale Emissionen von wichtigen atmosphärischen Aerosolen (Roedel 2011, Seinfeld 1997 und 2006, Tuckermann 2005) und optische Dicke als Maß für die Schwächung der solaren Strahlung

Quelle	Typische Größe	Typische Zusammensetzung	Globaler Emissionsfluss ($Tg \cdot a^{-1}$)	Mittlere optische Dicke bei 550 nm
Natürliche Aerosole *Primäre*				
Bodenstaub	> 1 µm	Si, Al, Fe, Ca	1500	0,023
Seesalz	> 1 µm	Na, Cl, S	1300	0,003
Vulkanasche	> 1 µm	Si, Al, Fe	33	0,001
Biogene Materialien	> 1 µm	C	50	0,002
Sekundäre	Durch direkte chemische Reaktionen gasförmiger Stoffe und/oder durch Anlagerung der Reaktionsprodukte an Kondensationskernen			
Sulfate biogener Gase	< 1 µm	(NH4)2SO4	90	0,017
Sulfate aus vulkanischem SO2	< 1 µm		12	0,002
Organ. Material aus VOC	< 1 µm	C	55	0,001
Nitrate aus NOx	> 1 µm		22	0,017
Natürliche Aerosole gesamt			*3062*	
Anthropogene Aerosole				
Primäre	Aus mechanischen oder thermischen Prozessen			
Industrielle Partikel	> 1 µm	C, Si, Al, Fe, Schwermetalle	100	
Stäube	> 1 µm	C, N, Si, Al, Fe, Ca	600	0,004
Ruß	< 1 µm	C	10	0,006
Biomasseverbrennung		C	90	
Sekundäre				
Sulfate aus SO2	< 1 µm	C, K, Metalle	190	0,027
Nitrate aus NOx	< 1 µm	N	50	0,002
Organ. Material aus VOC	< 1 µm	C, N	10	0,002
Durch Menschen verursacht			*1050*	
Global emittierte Partikel			*4112*	

VOC (*Volatile Organic Compunds*): flüchtige Kohlenwasserstoffverbindungen

Die Radien der Dispersionsaerosole liegen im Allgemeinen zwischen 1 und 100 µm, wobei nur diejenigen mit einem Radius von etwa 10 µm längere Zeit in der Atmosphäre verbleiben und so mit dem Ferntransport (*long range transport*) verfrachtet und viele Tausend Kilometer weit getragen werden können.

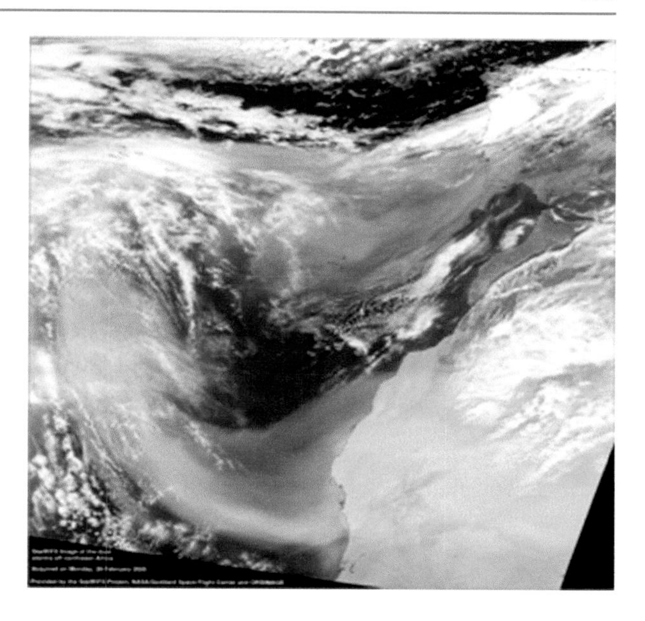

Abb. 4.55 Ferntransport-Episode aus der Sahara am 28. Februar 2000. (© NASA (Internet 32))

Ein Beispiel dafür ist der Transport von Feinstaub (überwiegende Partikelgröße 2,5 bis 10 µm) aus der südlichen Ukraine bis nach England am 23. und 24. März 2007 (s. Abb. 4.56). In Borna (Sachsen) betrugen die Stundenmittelwerte der Staubmassenkonzentration noch 641 µg m^{-3}, während in der Slowakei, der Tschechischen Republik, Österreich und Polen teilweise Konzentrationen von über 1000 µg m^{-3} erreicht worden waren. Allerdings gingen nach wenigen Stunden die Konzentrationen stark zurück.

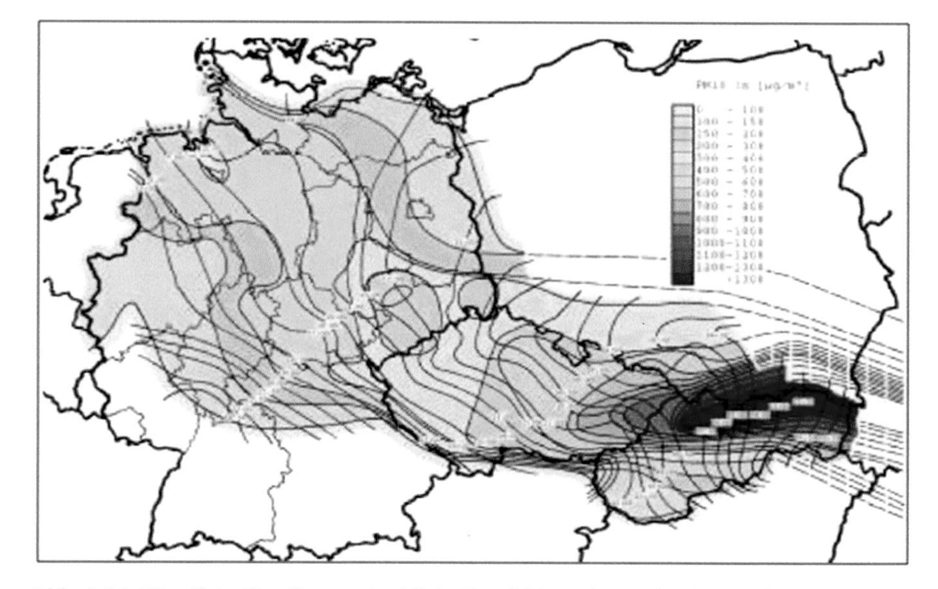

Abb. 4.56 Räumliche Verteilung und zeitliche Entwicklung der maximalen Staubmassenkonzentration. (© DWD, Birmili 2008)

Insgesamt gelangen durch die Wüsten jährlich etwa 2 Mrd. t Staub in die Atmosphäre, wobei sein Transportweg bis 20.000 km betragen kann. Da Staubfahnen die kurzwellige Sonnenstrahlung absorbieren, kommt es einerseits in Abhängigkeit von der jeweiligen optischen Dicke der Staubschicht zu einer Erwärmung derselben, andererseits tritt infolge von Staub eine verstärkte Reflexion der Sonnenstrahlung ein. Als Bilanz beider Effekte ergibt sich jedoch im Mittel eine geringfügige lokale und zeitlich begrenzte Abnahme der Erdoberflächentemperatur. Sedimentierender Wüstenstaub bewirkt außerdem einen düngenden Effekt für die betroffenen Ökosysteme, da sie hierdurch Phosphate und Eisen importieren können. So entstanden die eisenhaltigen Böden auf einigen Westindischen Inseln durch Akkumulation von Saharastaub über lange Zeiträume hinweg (vgl. Podgrebar 2013).

4.7.1.4.2 Maritimes Aerosol

Maritimes Aerosol gehört global betrachtet zu den wichtigsten natürlichen Aerosolen und beinhaltet zwei unterschiedliche Komponenten, zum einen das durch Windeinwirkung auf die Meeresoberfläche infolge Dispersion gebildete *sea-spray* Aerosol, das aus Seesalz und organischer Materie besteht sowie Partikelgrößen zwischen 0,1 bis 100 µm aufweist (vgl. O'Dowd 1999 und 2007), und zum anderen die durch Gas-Partikel-Konversion gebildeten Kondensationskerne aus schwefliger Säure und Jodoxiden, deren Größenordnungen im Nanometerbereich liegen (s. Abb. 4.57).

Sea-spray entsteht durch berstende Wassertropfen, die in Gischtfahnen bzw. *whitecaps* produziert werden, wenn sich ab Windgeschwindigkeiten größer $3\ m \cdot s^{-1}$ durch brechende Wellen Luftblasen unterschiedlicher Größe in das oberflächennahe Wasser einmischen (vgl. Abb. 4.58). Diese Blasen steigen an die Meeresoberflä-

Abb. 4.57 Seesalz-Aerosol, Puerto Rico 18.12.2004. (© Borrmann, Antrittsvorlesung Mainz 2001 und Internet 33)

Abb. 4.58 Gischt bzw. See mit whitecaps in Warnemünde. (© Tiesel (Internet 34))

che und zerplatzen, wobei in wenigen Zentimetern über der Wasseroberfläche ein Spektrum kleiner Tröpfchen (< 1 μm) aus der Wasserhülle um die Gasblase, die sogenannten Filmtropfen entstehen, und außerdem etwa 10 Jettropfen (1–2 μm), die sich durch das Zerplatzen der Luftblasen bilden (vgl. Abb. 4.59). Wenn die Tropfen durch turbulente Vorgänge in der Luft verbleiben, dampfen sie etwa auf die Hälfte bis ein Drittel ihrer Größe ein, sodass die auf diese Weise produzierten Seesalzpartikel einen Radius von 1–10 μm aufweisen.

Darüber hinaus reißen bei Windgeschwindigkeiten > 8 $m \cdot s^{-1}$ von den Wellenkämmen kleine Wassertropfen ab, die zusammenfließen und größere Tropfen, die sogenannten Gischt- oder Spumtropfen bilden, deren Größen zwischen 10 und 100 μm variiert.

In der unteren Luftschicht beträgt die Gesamtanzahl der Seesalzkerne etwa 50 bis 100 cm^{-3}, oberhalb 3 km Höhe geht ihr Anteil auf nahezu null zurück. Auch in horizontaler Entfernung von der Küstenlinie wird ein starker Gradient der Seesalzkonzentration beobachtet, die etwa 1 km landeinwärts bereits auf 10 % abgenommen hat. Im Einklang mit dem Jahresgang der Windgeschwindigkeit ist die Produktion von Seesalzpartikeln im Winter etwa zwei- bis dreifach so hoch wie im Sommer.

4.7.1.4.3 Vulkanismus

Von den ca. 50 bis 60 jährlich tätigen Vulkanen gelangt etwa alle ein bis drei Jahre eine Eruptionssäule bis in die Stratosphäre, die neben Aschepartikeln unterschiedliche feste bis gasförmige Bestandteile enthält (z. B. $2 \cdot 10^9$ kg CO_2 und 13 Megatonnen SO_2 bzw. $5 \cdot 10^9$ kg CO_2 und $3 \cdot 10^{11}$ g SO_2 beim Ausbruch des El Chichón Ende

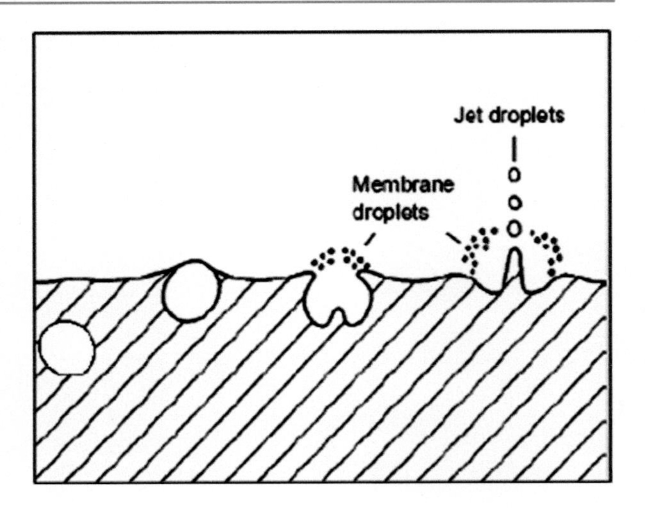

Abb. 4.59 Bildung von Film- (Membran-) und Jettropfen beim Zerplatzen von Meerwasserblasen. (© Roedel 2011)

März/Anfang April 1982 bzw. des Pinatubo 1991; s. Abb. 4.60 und 4.61). Diese Emissionen können die Erde mehrfach umrunden (vgl. Krueger 1983, Hoff 1992, Ackermann 1992, Trepte 1993).

Hierdurch wird die in der Stratosphäre befindliche Aerosolschicht verstärkt, da sich die vulkanischen Gase innerhalb weniger Wochen in Schwefelsäuretröpfchen umwandeln (vgl. Rampino 1990, Schmincke 2001 und Trepte 1993), was zu einer vermehrten Absorption von Infrarotstrahlung aus dem Sonnenspektrum und aus tiefer liegenden Atmosphärenschichten führt, wodurch sich die Stratosphäre zu erwärmen beginnt, so beispielsweise um 4 K nach dem Ausbruch des El

Abb. 4.60 Eruption des Pinatubo, 1991. (© U.S. Geological Survey, Richard P. Hoblitt (© NOAA (Internet 35))

Abb. 4.61 Eruption des El Cichón, 1982. (Internet 36))

Chichón (s. Abb. 4.61), dessen Sulfataerosole bis zu einer Höhe von 55 km beobachtet wurden. Die vulkanischen Aerosolpartikel bewirken aber gleichzeitig auch eine verstärkte Absorption und Streuung der Sonnenstrahlung in diesem Höhenbereich, sodass die Temperatur hemisphärisch in Abhängigkeit von der Verteilung der Aerosolschleier durch die allgemeine Zirkulation nahe der Erdoberfläche etwa 2 Monate nach der Eruption zu sinken beginnt (z. B. um 0,5 °C zwischen 1991 und 1993 in den mittleren Breiten der Nordhalbkugel nach dem Ausbruch des Pinatubo (s. Abb. 4.60). Bereits Franklin stellte 1783 einen Zusammenhang zwischen Vulkanausbrüchen und der Lufttrübung sowie einer Temperaturabnahme fest (vgl. Abb. 2.25, s. auch Internet 35/36). Die Wirkung von Vulkanasche auf den sichtbaren Spektralbereich lässt sich an der Aschewolke des Eyjafjallajökul, die nach dem großen morgendlichen Ausbruch am 14. April gegen 20.00 Uhr des Folgetages Norddeutschland erreichte, durch die Absorption von Licht im Wellenlängenbereich zwischen 470 und 680 nm im Spektrum (s. Abb. 4.62) deutlich nachweisen, denn gemäß Bussemer 1998 weist das Absorptionsspektrum von Ruß keine schmalbandigen Strukturen auf, und Ruß ist folglich die einzige Aerosolkomponente, die im sichtbaren Bereich im nennenswerten Maße Licht absorbiert. Die Messung erfolgte sofort nach Eintreffen der Wolke über Oldenburg.

4.7.1.5 Wirkung von Aerosolen auf das Klima

Der Temperatureffekt von anthropogenen Aerosolen ist nach Modellrechnungen des MPI für den gesamten Globus negativ (s. Abb. 4.63) und in Abhängigkeit von der räumlichen Aerosolverteilung auf der Nordhalbkugel sowie den Kontinenten besser ausgeprägt. Die starken Änderungen über Sibirien und den Polargebieten beruhen auf einer Zunahme der Albedo infolge vergrößerter Schnee- und Eisbedeckung, wodurch mehr Sonnenstrahlung zurückgestreut wird und eine weitere Abkühlung eintritt. Über den südlichen Ozeanen ist wegen des geringen Verschmutzungsgrades der Luft die Aerosolwirkung dagegen wesentlich kleiner.

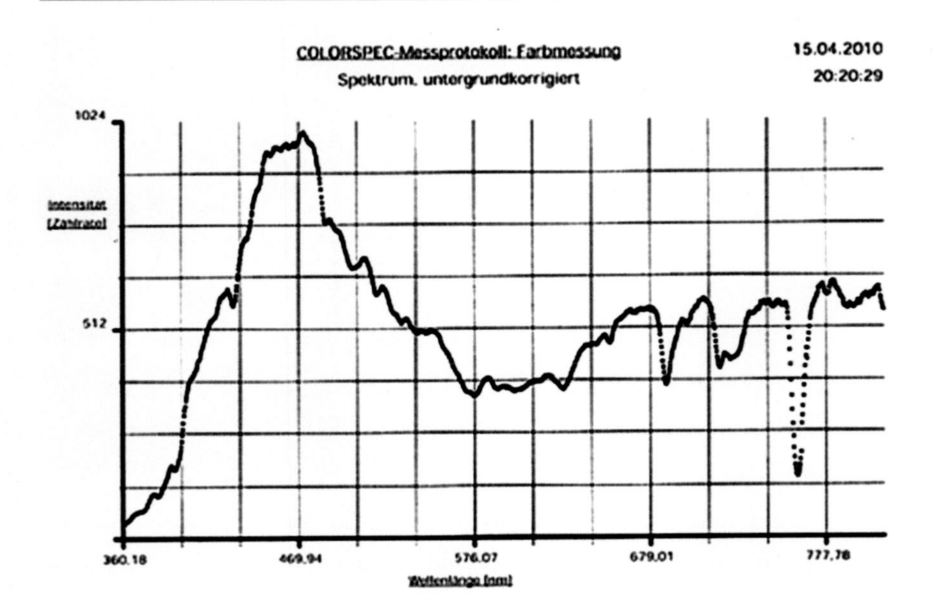

Abb. 4.62 Tageslichtspektrum in Oldenburg/Etzhorn unter Einfluss der Vulkanaschewolke des Eyjafjallajökul (15.04.2010 gegen 20.20 LT)

Folgen für den Wärmehaushalt Sulfataerosole kühlen die Erde ab, indem sie Sonnenlicht absorbieren oder streuen und damit verhindern, dass es die Erdoberfläche erreicht, wodurch der anthropogene Treibhauseffekt etwas gemildert wird. Nach Modellrechnungen erwärmt sich die Luft in Bodennähe um 0,5 bis 0,8 K je $1\ W \cdot m^{-2}$ Strahlungsantrieb an der Obergrenze der Atmosphäre. Von den $2{,}4\ W \cdot m^{-2}$,

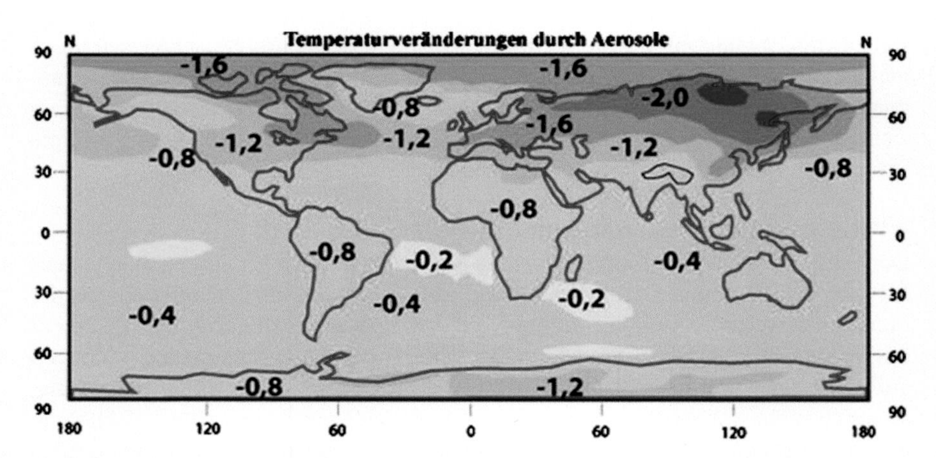

Abb. 4.63 Veränderung der mittleren bodennahen Temperatur durch anthropogene Aerosole im Vergleich zum vorindustriellen Wert. (© Kasang (Internet 37))

die seit Beginn der Industrialisierung in der Mitte des 18. Jahrhunderts durch die langlebigen Treibhausgase (CO_2, CH_4, N_2O und FCKW) verursacht wurden, verblieben 0,4 $W \cdot m^{-2}$ im Ozean. Die restlichen 2 $W \cdot m^{-2}$ sollten eine Erwärmung von 1 bis 1,6 K bewirken, was aber nicht zutrifft, denn der beobachtete Temperaturanstieg seit 1860 beträgt nur 0,6 bis 0,7 K.

Für die beobachtete Differenz ist gemäß Abb. 4.64 wahrscheinlich die zunehmende Aerosolbelastung seit Beginn der Industrialisierung verantwortlich, die an der Obergrenze der Atmosphäre einen Strahlungsantrieb von ca. − 1,0 $W \cdot m^{-2}$ verursacht hat. Aerosole sind somit Gegenspieler der Treibhausgase, da sie auf die bodennahen Luftschichten hauptsächlich abkühlend wirken. Nur bei einer dunklen Oberfläche (z. B. Rußpartikel) absorbieren sie sichtbares Licht und speichern es als Wärme in der unteren Atmosphäre. Insgesamt mindern sie den Energiefluss der Sonne um etwa 2 W je Quadratmeter, während sie auf die langwellige Wärmestrahlung so gut wie keinen Einfluss haben.

Darüber hinaus wirken Aerosole als Wolkenkondensationskeime und kontrollieren den Wärmehaushalt, da sie den Anteil an „weißen Wolkenfeldern" in der Erdatmosphäre erhöhen, wodurch die Albedo unseres Planeten steigt und folglich ein Abkühlungseffekt eintritt. Außerdem modifizieren sie die Eigenschaften der tiefen Bewölkung, in dem sie diese aufhellen und ihre Lebensdauer verändern, sodass mehr Sonnenlicht reflektiert wird.

In der Passatregion lassen Aerosole Wolken schneller ausregnen, da in den von ihnen erzeugten Wolken wegen der freigesetzten Kondensationswärme die Luft höher aufsteigt und damit Wasserdampf in großen Höhen zur Verfügung steht.

Folgen für den hydrologischen Zyklus Allgemein wird angenommen, dass der hydrologische Zyklus infolge der globalen Erwärmung durch die Zunahme der Treibhausgase intensiviert wird. Fast alle Klimamodelle zeigen, dass eine Erwärmung an der Erdoberfläche um 1 K infolge der Erhöhung der Wasserdampfkapazität der Atmosphäre eine Steigerung der Verdunstung und damit eine Zunahme der Niederschläge um 2 bis 3 % zur Folge hat. Beobachtungen über die letzten 50 Jahre bestätigen die Modellrechnungen jedoch nur begrenzt und zeigen in einigen

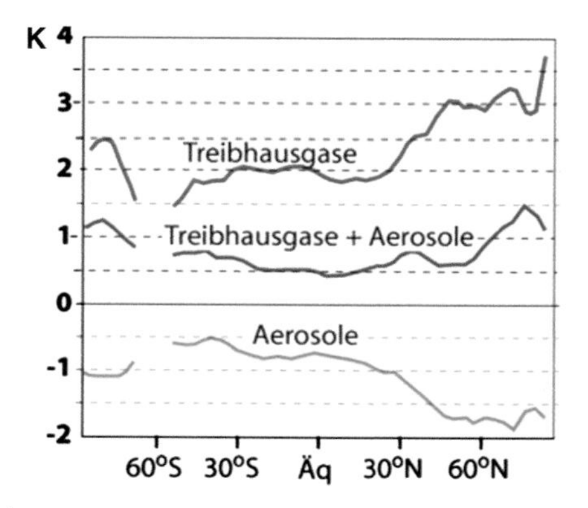

Abb. 4.64 Temperaturdifferenz zwischen dem vorindustriellen Wert (0 °C) und der Gegenwart durch verschiedene Antriebe über Land. (© Kasang (Internet 37))

Gebieten sogar eine Abnahme der potenziellen Verdunstung. Als wahrscheinliche Erklärung hierfür gilt eine Reduzierung der Sonneneinstrahlung infolge einer Zunahme der Bewölkung und/oder Aerosolkonzentration. Die Zunahme von Wolken und Aerosolen in den letzten Jahrzehnten führt im Modell zu einer Reduktion der Sonneneinstrahlung am Boden um 5,2 $W \cdot m^{-2}$ über Land und 3,8 $W \cdot m^{-2}$ global.

Aerosole wirken dem Einfluss der Treibhausgase auf die Verdunstung und den Niederschlag entgegen, denn erstens verzögern sie den Niederschlag durch ihren Einfluss auf die Tröpfchengröße, und zweitens verringert die durch Aerosole verursachte Verminderung der Einstrahlung die Verdunstung und als Folge davon auch den Niederschlag. Drittens sorgt die Erwärmung der unteren Atmosphäre durch absorbierende Aerosole (vor allem durch Ruß) für eine Verringerung der Temperaturabnahme mit der Höhe und damit für eine Schwächung des Auftriebs warmer, wasserdampfhaltiger Luft, was wiederum die Niederschlagsneigung schwächt. Die Erwärmung der unteren Atmosphäre durch Rußaerosole sorgt auch direkt für eine abnehmende Bewölkung und eine Reduzierung von Niederschlägen. Nach neueren Modellrechnungen dürfte die Veränderung bei Verdunstung und Niederschlag durch Aerosole trotz des geringeren Temperatureinflusses höher als durch Treibhausgase sein. Der hydrologische Zyklus reagiert hiernach auf Veränderungen im Aerosolgehalt dreimal stärker als auf Veränderungen in der Konzentration von Treibhausgasen. Während die globale Erwärmung den hydrologischen Zyklus verstärkt, ist der Aerosoleffekt auf die Einstrahlung am Boden stark genug, um diesen Effekt zu kippen. Die Verringerung der Niederschläge ist besonders groß über aerosolbelasteten Gebieten. Da der Niederschlag die Hauptursache für die Entfernung von Aerosolen aus der Atmosphäre ist, gibt es ein positives Feedback, denn die Verringerung der Niederschläge sorgt für eine Erhöhung der Aerosolkonzentration. Außerdem stabilisiert die Abkühlung des Bodens durch Aerosole die untere Atmosphärenschicht und unterdrückt die Konvektion. Trotz einer allgemeinen Erwärmung (hier übertrifft der Treibhauseffekt den Aerosoleffekt) nimmt der Niederschlag in manchen Breiten ab, besonders über den Kontinenten in niederen Breiten.

Folgen für die terrestrische Biosphäre Pflanzen und Mikroorganismen bewirken biogene Emissionen. Zu ihnen zählen sowohl Materialkomponenten, die von Pflanzen in Form von Samen, Sporen, Pollen und Harzen freigesetzt werden (Größen von 1–250 μm), als auch Mikroorganismen (< 1 μm). Die Konzentration von Pollen und Sporen schwankt mit der Jahreszeit (12500 m^{-3} im Sommer über Europa), den meteorologischen Bedingungen sowie dem Ort und nimmt bis 5 km Höhe stark ab. Ihr Transport erfolgt über viele Hundert Kilometer.

Biomasseverbrennung Neben einer natürlichen Biomasseverbrennung infolge von Blitz- und Meteoriteneinschlägen sowie Vulkaneruptionen mit Brandfolgen steht heute die anthropogene Biomasseverbrennung durch Waldbrände, Waldrodung oder Brandrodungen von Feldern im Vordergrund. Dabei werden große Partikelmengen in aufsteigenden heißen Luftsäulen erzeugt und können deshalb über weite Strecken verfrachtet werden. Mit einem Durchmesser von 0,1 bis 0,3 µm bilden diese Partikel hauptsächlich Kondensationskerne. Die Gesamtmasse besteht zu 50 % aus löslichen organischen Substanzen, zu 40 % aus reinem Kohlenstoff und zu 10 % aus Mineralien. Diese Aerosole stellen zwischen einem Sechstel und der Hälfte des gesamten global freigesetzten partikulären organischen Materials dar.

Ein stark veränderlicher Anteil ist der elementare Kohlenstoff. Rußpartikel sind wesentlich kleiner als organisches Aerosol und beeinflussen hauptsächlich die Strahlungseigenschaften der Atmosphäre sowie die Kondensationseffektivität von Wolken. Zudem sind sie die einzigen Aerosole, die durch Absorption der Sonnenstrahlung zu einem Erwärmungseffekt führen.

Homogene und heterogene Nukleation Als Nukleation bezeichnet man die Kondensation eines flüssigen Aerosolpartikels aus der Gasphase, wobei die Bildung sehr kleiner sekundärer Partikel in der Atmosphäre normalerweise über die direkte Nukleation von mineralischen und organischen Partikeln aus vorhandenen Gasen oder durch Kondensation auf bereits existierende winzige Partikel geschieht. Ein typisches Beispiel hierfür ist der zeitweise über Laubwäldern sichtbare bläuliche Dunst, der zumindest teilweise durch die Kondensation von vegetativen Emissionen entsteht.

Schwefelhaltige Gase sind gleichfalls an der Gas-Partikel-Umwandlung beteiligt, so Schwefeldioxid (SO_2), Dimethylsulfid (CH_3SCH_3) und Schwefelwasserstoff (H_2S). Diese reaktiven Gase werden sehr schnell in Schwefelsäure umgewandelt. Wegen ihres extrem niedrigen Gleichgewichtsdampfdruckes nukleiert Schwefelsäuregas oder kondensiert auf Wolkentröpfchen und Oberflächen von partikulärer Materie. Als Folge der Gas-Partikel-Umwandlung sind Sulfationen der Schwefelsäure sowie Amoniumionen und Nitrationen aus gasförmigen Ammoniak und gasförmiger Salpetersäure die am häufigsten vorkommenden Spezies.

Auch die stratosphärische Aerosolschicht, eine Schicht kleiner Partikel zwischen 17 km Höhe in Polnähe und 25 km am Äquator, hängt mit der Gas-Partikel-Umwandlung zusammen. Sie wird einerseits durch den ständigen Massenfluss aus der Troposphäre (quasistationäre Schicht) und andererseits durch Vulkanausbrüche (episodische Schicht) gespeist. Die durchschnittliche Größe stratosphärischer Partikel ist kleiner als die der troposphärischen, wobei das Größenspektrum relativ konstant bleibt, wenn größere vulkanische Aktivitäten fehlen. Das Maximum der Partikel liegt bei etwa 0,06 µm. Oberhalb von 0,3 µm kommen so gut wie keine Partikel mehr vor. Bei einem Vulkanausbruch sind die emittierten Partikel größer als üblich, aber zu klein, um sofort am Emissionsort auszufallen. Durch die Oxidation von SO_2 bilden sich insbesondere Schwefelsäuretröpfchen.

Als schwefelhaltiges Gas wird in der Stratosphäre Carbonylsulfid COS benötigt. Es ist in der Troposphäre chemisch inert, besitzt nur eine geringe Wasserlöslichkeit und wird durch UV-Strahlung erst oberhalb 20 bis 25 km in CO und S gespalten. Die dabei entstehenden Schwefelatome werden durch stratosphärische chemische Reaktionen sehr schnell in SO_2 und H_2SO_4 überführt und bilden daraufhin

Sulfataerosole. Die Partikeldichte erreicht 8 bis 10 Partikel cm^{-3} in 20 bis 25 km Höhe zwischen 0 und 30° Breite, sowie 5 bis 8 Partikel cm^{-3} in 15 bis 20 km Höhe für die gesamte Hemisphäre.

Die hohe Affinität von Kondensationskernen zu Wassermolekülen ermöglicht den Stoffübertrag von Wasserdampf an die Partikelphase auch dann, wenn die Atmosphäre nicht mit Wasserdampf gesättigt ist, wobei ein starkes Partikelwachstum einsetzt, und die Partikel so aktiviert werden, dass schon eine geringe Übersättigung von 1 % ausreicht, um innerhalb kurzer Zeit Wolkentröpfchen zu bilden.

4.7.2 Meteorologische Sichtweite

Zur Charakterisierung des Wetterzustandes und zur Herausgabe von Wetterwarnungen ist im operationellen Wetterdienst täglich die Sichtweite zu ermitteln und zu prognostizieren, was ein durchaus schwieriges Unterfangen darstellt.

Erste experimentelle Untersuchungen zur Sichtweite wurden bereits im Winter 1875/1876 auf der Unterelbe und Jade durchgeführt und im Winter 1893/1894 auf Anordnung des Reichsmarineamtes durch die Seewetterwarte Hamburg wiederholt und fortgesetzt. Grundlegende theoretische und experimentelle Arbeiten zur Definition des Begriffes Sicht und Sichtweite führte Koschmieder in den 20er- und 30er-Jahren des vergangenen Jahrhunderts durch, während Löhle 1941 den Einfluss von Luftverschmutzungen auf langzeitige Veränderungen der Sichtweiten erstmals im Rheintal untersuchte (s. Koschmieder 1925, 1926 und Löhle 1941). Weiterführende zusammenfassende Ausführungen findet man bei Linke 1960, Middleton 1952 und 1957 sowie bei Dietze 1957. Eine jüngere VDI-Richtlinie beschreibt die Normsichtweite und geht auf die Messbedingungen zur Bestimmung der horizontalen Sichtweite ein (VDI-Richtlinie 1983).

Bedingt durch die in der Luft gelösten Partikel (Aerosole) wird infolge Absorption und Lichtstreuung die Transmission und damit die Sichtweite in Abhängigkeit von den Wetterbedingungen stark beeinflusst. Geht man von den Arbeiten Koschmieders aus, dann ist zu beachten, dass gemäß Abb. 4.65 ein Teil des vom Sehziel (Target T) ausgesendeten Lichtes aus dem Raumwinkel $d\omega$ herausgestreut wird und das Auge des Beobachters nicht erreicht. Zusätzlich tritt aber vom einfallenden Sonnenlicht ein Anteil (1) direkt in das Volumenelement dV ein und wird in Richtung des Beobachters B gestreut. Diffuses Himmelslicht (2), das schon außerhalb des Sichtkegels gestreut wurde, gelangt ebenfalls in das Volumenelement dV. Außerdem dringt noch diffuses Licht (3), reflektiert vom Erdboden, gebrochen oder gebeugt an Hindernissen in dV ein. Damit erscheint das Target T heller, als es in Wirklichkeit ist. Die Folge dieser Vorgänge ist, dass der Kontrast zwischen dem Sehziel und der Umgebung geringer wird, je größer man die Wegstrecke s wählt.

Folgt man den Darstellungen von Koschmieder 1925 und 1926 sowie den Ausführungen von Dietze 1957, dann wirkt das Volumenelement dV, für das

$$dV = d\omega \cdot x^2 \, dx \tag{4.98}$$

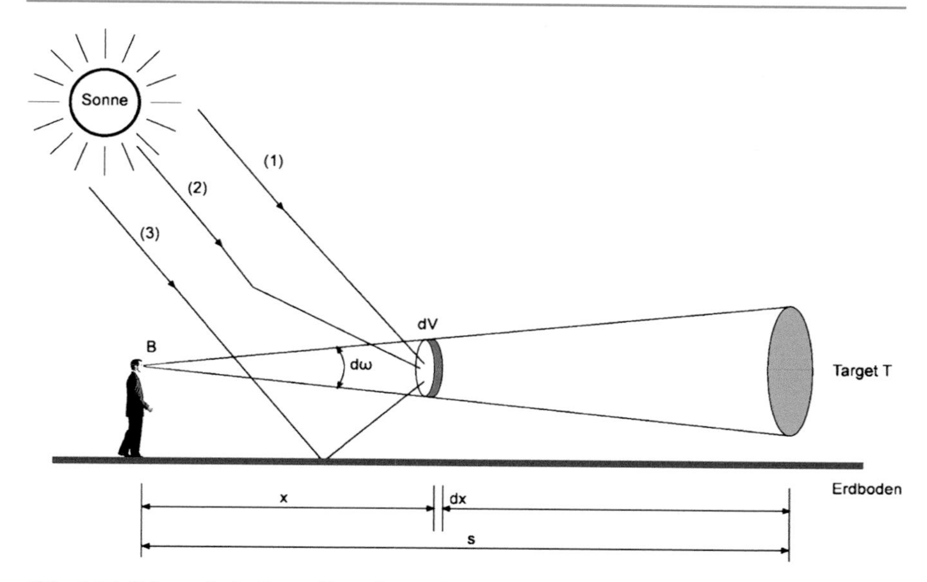

Abb. 4.65 Schematische Darstellung der Beobachtung eines Sichtziels

gilt, als scheinbare Lichtquelle mit einer Lichtstärke I, die bei Vernachlässigung der Absorption dem Streukoeffizienten σ und dem Volumen dV proportional ist, wobei eine Proportionalitätskonstante C* eingefügt werden muss:

$$I = C^* \cdot \sigma \cdot dV \tag{4.99}$$

Die vom Beobachter B wahrgenommene differenzielle scheinbare Leuchtdichte dL_B des Volumenelementes dV erhält man, indem man den vorstehenden Ausdruck durch die Fläche des Volumenelementes dividiert, wobei zu beachten ist, dass bei Vernachlässigung der Absorption entlang der Strecke x Licht aus dem Sehstrahlkegel herausgestreut wird, was eine exponentielle Abnahme ergibt (s. Abb. 4.65). Damit resultiert

$$dL_B = C^* \cdot \sigma \cdot dx \cdot e^{-\sigma \cdot x}. \tag{4.100}$$

Unter Annahme, dass der Streukoeffizient σ entlang der Strecke s konstant ist, lässt sich die Gl. 4.100 leicht integrieren und führt zur gesamten in B wahrgenommenen Leuchtdichte L_B:

$$L_B = C^* \ (1 - e^{-\sigma \cdot x}) \tag{4.101}$$

Zur Bestimmung der Konstanten C* integriert man die Gl. 4.101 von 0 bis ∞, was die Horizontleuchtdichte L_H ergibt und zu $L_H = C^*$ führt. Damit erhält man die sogenannte Luftlichtformel von Koschmieder:

$$L_B = L_H(1 - e^{-\sigma \cdot x}) \tag{4.102}$$

Gemäß der obigen WMO-Definition (s. WMO 2006) ist die Sichtweite dann erreicht, wenn bei x = s das Target gerade noch wahrnehmbar ist. Für die Wahrnehmung eines schwarzen Sichtziels ist sein Kontrast zum homogenen und hinreichend ausgedehnten Hintergrund (Horizont) entscheidend. Wenn die Leuchtdichte des schwarzen Targets L_T gleich der Luftleuchtdichte L_B ist, dann besteht mit der Definition des Kontrastes

$$K = (L_H - L_B)/L_H \tag{4.103}$$

der einfache Zusammenhang

$$K = e^{-\sigma \cdot x}, \tag{4.104}$$

der die Sichtweite enthält. Erfahrungsgemäß kann man ein Sichtziel noch wahrnehmen, wenn der Kontrast K=0,02 ist, d. h. mehr als 2 % zur Umgebung beträgt. Wenn dieser Schwellenwert ε als Grenzwert angenommen wird, lässt sich die Sichtweite nach Gl. 4.103 und 4.104 bestimmen:

$$V = \sigma^{-1} \ln(1/\varepsilon) \tag{4.105}$$

Für die sogenannte Normsichtweite V_N verwendet man einen Schwellenkontrast von ε=0,02, während in der Meteorologie als Schwellenkontrast ε=0,05 gewählt wird. Mit ln(1/0.05)=2,996 und ln(1/0.02)=3,91 resultiert für die beiden Größen:

$$V_M = 2{,}996\ \sigma^{-1} \tag{4.106}$$

$$V_N = 3{,}912\ \sigma^{-1} \tag{4.107}$$

Damit sind die Normsichtweite und die meteorologische Sichtweite nur noch vom Extinktionskoeffizienten σ abhängig. Die meteorologische Sichtweite bildet die Grundlage für den internationalen Sichtweitecode (vgl. Tab. 4.32).

Die Codes 0 bis 2 sind durch die hohe Konzentrationen von Wassertröpfchen, die anderen Codes durch die Kombination von Tröpfchen und festen Partikeln bedingt. Bei nicht meteorologischen Beobachtungen bestimmt man die Sichtweite oft nicht mit schwarzen Gegenständen, sodass die Konstante im Zähler mehr bei 2,0 als bei 3,91 liegt. Die maximale theoretische Sichtweite würde in reiner Luft bei Vernachlässigung der Erdkrümmung und der atmosphärischen Refraktion $V_{M,max}$ = 212 km ($V_{N,max}$=277 km) betragen.

Ergänzend sei auf die geometrische Sichtweite auf der Erdoberfläche hingewiesen, die sich aus rein mathematischen Betrachtungen mit dem Erdradius R=6371 km und der Augenhöhe des Beobachters h_B zu

$$V_{geo} = \sqrt{2R \cdot h_B} \tag{4.108}$$

Tab. 4.32 Internationaler Sichtweitecode

Code Nr.	Wetterverhältnisse	R_v (km)	σ (km^{-1})
0	Dicker Nebel	< 0,05	> 78,2
1	Dichter Nebel	0,05–0,2	78,2–19,6
2	Mäßiger Nebel	0,2–0,5	19,6–7,8
3	Leichter Nebel	0,5–1,01	7,8–3,9
4	Feiner Nebel	1–2	3,9–2,0
5	Dunst	2–4	2,0–1,0
6	Leichter Dunst	4–10	1,0–0,39
7	Klar	10–20	0,39–0,20
8	Sehr klar	20–50	0,20–0,08
9	Außergewöhnlich klar	> 50	< 0,08
10	Reine Luft	> 212	0,0141

(hierin bedeutet R_v – *range of visibilty*)

ergibt, wobei im Falle einer Targethöhe h_T folgt:

$$V_{geo} = \sqrt{2R \cdot h_B} + \sqrt{2R \cdot h_T}\,. \tag{4.109}$$

Hierbei wurde angenommen, dass $2R \cdot h_B \gg (h_T)^2$ ist.

Entsprechend Gl. 4.109 kann man bei einer Augenhöhe von etwa 2 m nur Objekte in 5,05 km Entfernung bei guten Sichtbedingungen erkennen. Sitzt dagegen eine Person in etwa 30 m Höhe auf einem Schiff (Ausguck), lassen sich flache Objekte bei besten Sichtbedingungen noch in einer Entfernung von 19,5 km ausmachen.

Setzt man für die oben erwähnte größte beobachtete Sichtweite von Köln bis zum Mont Blanc (530 km) die Höhen $h_B = 4$ km und $h_T = 4{,}81$ km in die Gl. (4.110) ein, würde man auf eine rein geometrische Sichtweite von 473 km kommen. Daher kann die Beobachtung nur durch eine entsprechende atmosphärische Refraktion erklärt werden (s. Berg 1948; Vollmer 2006). Eine enorm gute Sichtweite wurde von der Autorin am 18. Juli 2012 auf dem Belchen im Schwarzwald (1414 m) beobachtet, bei der der Säntis (2501 m, etwa 127 km entfernt), die Zugspitze (2962 m, etwa 240 km entfernt) und der Mont Blanc (4807 m, etwa 230 km entfernt) mit unbewaffnetem Auge beobachtbar waren bzw. identifiziert werden konnten (s. Farbtafel 21).

Die oben abgeleitete Normsichtweite (meteorologische Sichtweite) nach Koschmieder erfolgte unter den Voraussetzungen, dass

- die Atmosphäre als trübes Medium aufgefasst wird,
- sich ein ideal schwarzes Target vor einem hellen Hintergrund befindet (Horizont unter Tageslichtbedingungen),
- das Target eine angemessene Dimension aufweist, sodass der Öffnungswinkel $d\omega$ nicht zu groß und nicht außerordentlich klein ist (Ausmaße des Targets seien klein gegen s),

- sich innerhalb der Sichtweite der Extinktionskoeffizient nicht ändert,
- der Sehstrahlkegel parallel zur Erdoberfläche verläuft und das Target auf ihr angebracht ist (s. Abb. 4.65), wobei die Erdkrümmung vernachlässigt wird,
- der Beobachter ein normales Sehvermögen hat, sodass er bei Kontrastschwellenwerten von 0,02 bis 0,05 das Target noch wahrnehmen und erkennen kann, und
- dass die Wellenlängenabhängigkeit des Extinktionskoeffizienten vernachlässigbar ist, wobei normalerweise ein mittlerer Wert von σ für 550 nm angenommen wird.

Wenn diese Bedingungen nicht mehr gegeben sind, muss die Ableitung modifiziert werden. Das trifft z. B. für ein Target mit einer von null verschiedenen Leuchtdichte (selbstleuchtendes oder beleuchtetes Target) sowie für die Nacht- und Schrägsicht zu, wobei Letztere ein schwierig zu lösendes Problem darstellen. Zur Orientierung sei auf die Monographien von Middleton 1952 und 1957 sowie Dietze 1957 verwiesen.

Will man die Sichtweite in Beziehung zur Gesamtaerosolmasse TPM (*Total Particle Mass*) setzen, die nach Graedel 1994 durch

$$\mathrm{T\,M\,P} = 2{,}5 \cdot 10^5 \sigma (\mu\mathrm{g} \cdot \mathrm{m}^{-2}) \tag{4.110}$$

gegeben ist, dann erhält man mit Gl. (4.108) für die Normsichtweite V_N (auch als *range of visibility* – R_V bezeichnet) die Beziehung (4.111), die in Abb. (4.66) grafisch dargestellt ist:

$$R_V = 3{,}91 \cdot 2{,}5 \cdot 10^5 / \mathrm{T\,M\,P}\ (\mathrm{m}) \tag{4.111}$$

Nach Gl. (4.111) nimmt die Sichtweite linear mit ansteigender Gesamtaerosolmasse ab, und zwar insbesondere bei Konzentrationen > 10 $\mu g \cdot m^{-3}$. Das Abflachen der Kurve bei geringen Massenkonzentrationen stellt die Sichtweitenbegrenzung durch Molekulargasstreuung dar. Atmosphärische Massenkonzentrationen des Aerosolmaterials liegen selten oberhalb 500 $\mu g \cdot m^{-3}$ bzw. unterhalb 10 $\mu g \cdot m^{-3}$, sodass mehr als 95 % der Außenbeobachtungen in den schattierten Bereich von Abb. 4.66 fallen.

4.7.3 Experimentelle Bestimmung der Sichtweite

Die Bestimmung der Sichtweite erfolgt gegenwärtig hauptsächlich nach drei Methoden, die im Prinzip alle auf eine experimentelle Ermittlung des Extinktionskoeffizienten hinauslaufen. Die erste Methode beruht auf der Messung der Transmission über eine relativ große Strecke, für die die Schwächung eines Lichtstrahls bestimmt wird. Für die zweite Methode nutzt man die Lichtstreuung, wobei allerdings nur am Ort der Apparatur die Streuung ermittelt wird und eine Absorption infolge der kurzen Messstrecke nur selten nachgewiesen werden kann. Zur dritten Methode zählen

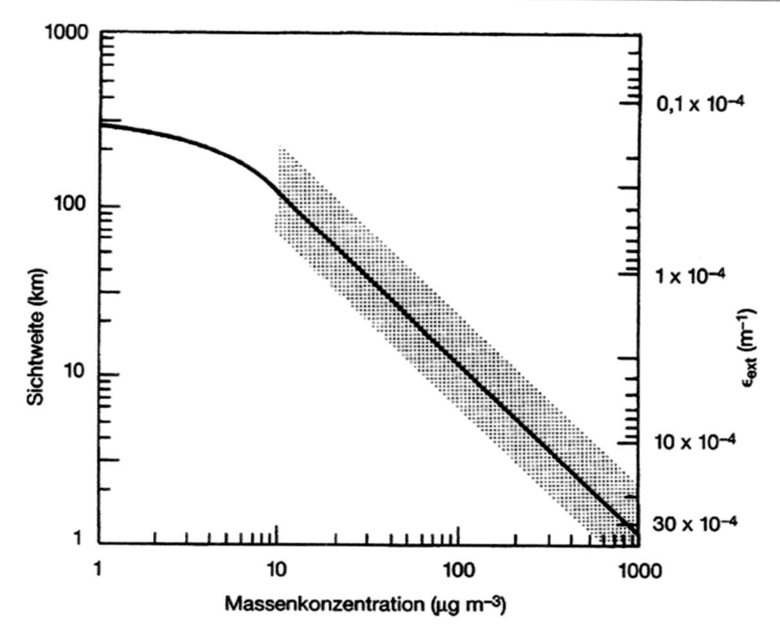

Abb. 4.66 Normsichtweite V_N. (© Graedel 1994)

Kontrastmessungen bei bekanntem Abstand der zu vergleichenden Targets. Eine relativ zuverlässige Methode zur einfachen und schnellen Ermittlung der Sichtweite ist die Beobachtung von Hindernissen bekannten Abstands bei unterschiedlichen Sichtverhältnissen, wie es früher auf Flughäfen übliche Praxis war und wie es jeder Beobachter zu nutzen versucht (auch die Führer von Automobilen und Schiffen).

Eine neue Art der experimentellen Bestimmung der Sichtweite nutzt die rechentechnische Auswertung von digitalen Bildern, die infolge der schnellen Operationen in Bruchteilen von Sekunden durchführbar ist. Sie läuft auf die Bestimmung von Kontrasten hinaus, wobei Schwierigkeiten in der exakten Entfernungsbestimmung auftreten können (s. Pochmüller 2000/2001).

4.7.3.1 Transmissionsmethoden

Diese Methoden ermöglichen die Bestimmung der Sichtweite durch die Schwächung eines Lichtstrahls, sodass man den Extinktionskoeffizienten für eine bestimmte Strecke erhält, wobei Sender und Empfänger um die Messstrecke s entfernt installiert werden oder sich am gleichen Ort befinden und einen Spiegel für den doppelten Durchlauf der Messstrecke s verwenden. Basisweiten s zwischen 10 und 1000 m sind üblich. Geräte, die diese Methodik ausnutzen, werden von unterschiedlichen Branchen verwendet, was sowohl auf die Meteorologie als auch auf den Verkehr zu Wasser, zu Lande und zur Luft sowie auf die Tunnelüberwachung und auf die Umweltmesstechnik zutrifft. Es ist eine ständige, möglichst automatische Überprüfung durchzuführen, die aufwendig sein kann, da die optimale Ausrichtung

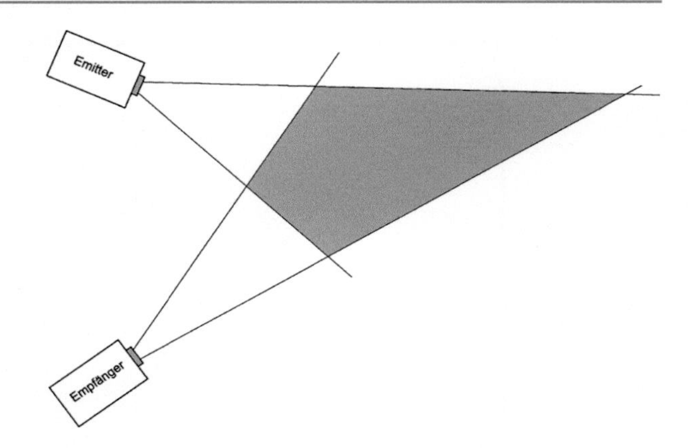

Abb. 4.67 Rückstreumethodik

der Sender und Empfänger bzw. Spiegel garantiert sein muss. Ist dies der Fall, kann eine sehr genaue Ermittlung des Extinktionskoeffizienten erfolgen. Allerdings werden Inhomogenitäten wie Rauchfahnen oder Nebelschwaden integral erfasst und bedingen unter Umständen einen großen Fehler. Da heute sowohl sehr effiziente und gut modulierbare Halbleiterlumineszenzdioden und -laserdioden mit extrem hoher Lebensdauer als auch äußerst empfindliche Halbleiterdetektoren (z. B. Avalanchephotodioden) zur Verfügung stehen, kann mit dieser Methodik zu allen Tageszeiten gemessen und der Extinktionskoeffizient über viele Größenordnungen bestimmt werden.

4.7.3.2 Streulichtmethoden

Immer gebräuchlicher werden Streulichtmessgeräte, weil sie kompakt aufgebaut und auch portabel einsetzbar sind. Auch bei diesen Geräten werden effiziente und gut modulierbare bzw. pulsbare Halbleiteremitter und extrem empfindliche Halbleiterdetektoren verwendet.

In den Bildern Abb. 4.67 bis 4.69 (modifiziert nach VDI 1983) ist die grundlegende Messmethodik schematisch dargestellt, wobei in Abb. 4.67 die Rückwärtsstreuung eines Emitters, verursacht durch Dunst, Nebel, Schnee und Regentröpfchen sowie mineralische Aerosole, ausgewertet wird.

Diese Methode wurde in den 1970er-Jahren bevorzugt herangezogen. Nachteilig wirkt sich bei starker Trübung die Minderung des Signals durch die Absorption auf den Rückweg des gestreuten Lichtes aus. Daher werden heute immer häufiger Geräte eingesetzt, die die Vorwärtsstreuung ausnutzen (s. Abb. 4.68 und 4.69).

Hierbei hat sich eine versetzte Anordnung des Emitters und Detektors um etwa 42° durchgesetzt. Das Detektionsvolumen ergibt sich also durch eine Schrägstellung von Emitter und Empfänger gemäß Abb. 4.68 oder bei einer Gegenüberstellung durch die Verwendung von Blenden zur Vermeidung der Registrierung des direkten Lichtes (Abb. 4.69).

Alle Streulichtanordnungen ermöglichen einen kompakten Aufbau, da der Abstand von Sender und Empfänger nur etwa ein Meter beträgt und die Installation auf einem festen Mast bzw. Sockel erfolgen kann. Aus den Streulichtdaten wird

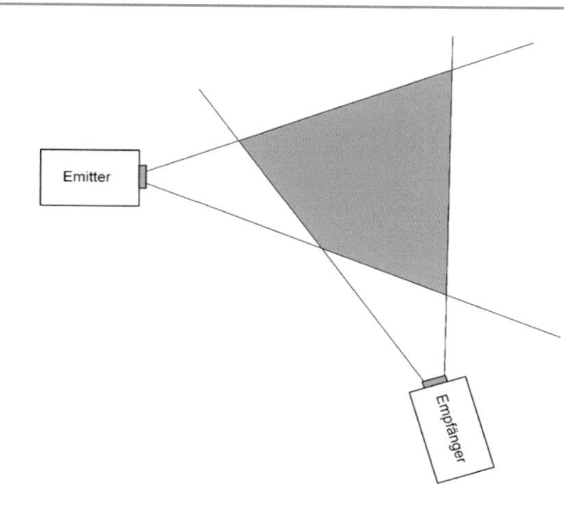

Abb. 4.68 Vorwärtsstreumethodik

auf den Extinktionskoeffizienten geschlossen, der bei diesen Geräten aber nur die Streuung enthält. Die Angaben der Gerätehersteller von Sichtweitebestimmungen zwischen 10 m und 50 km sind jedoch mit Vorsicht zu betrachten, da von einem kleinen Messvolumen auf extrem große Sichtweiten geschlossen wird. Daher sind Aussagen bzgl. großer Entfernungen häufig falsch. Auch diese Geräte müssen geeicht und ständig überprüft werden.

4.7.3.3 Kontrastmethoden

Bei diesen Messarten wird photoelektrisch der Kontrast zwischen einem dunklen und einem hellen Target bzw. einem dunklen und hellen Horizont nach Koschmieder ausgewertet. Bekannt muss allerdings die Entfernung s sein. Mithilfe der modernen Optoelektronik könnte diese Messmethodik eine Renaissance erleben.

4.7.3.4 Methoden der digitalen Bildauswertung

In gewissem Sinne läuft die Bestimmung der Sichtweite mittels digitaler Bildaufnahme und -auswertung auf eine zeitgemäße Anwendung der Kontrastmethodik hinaus. Beobachtet man gemäß Abb. 4.70 ein Objekt 3 der Tiefe Δa aus der Entfernung a mit beiden Augen oder besser mit zwei Digitalkameras hoher Auflösung,

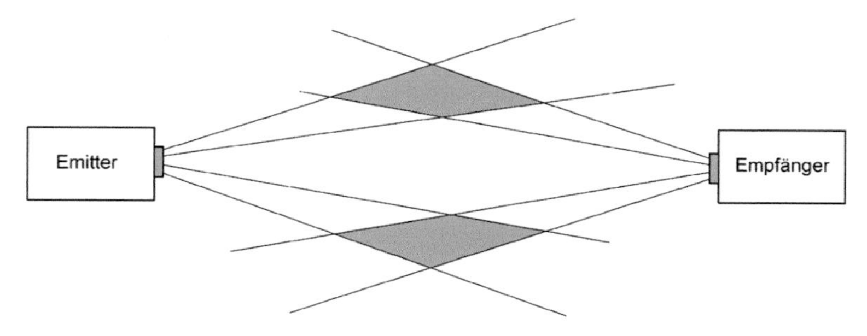

Abb. 4.69 Direkte Vorwärtsstreumethodik

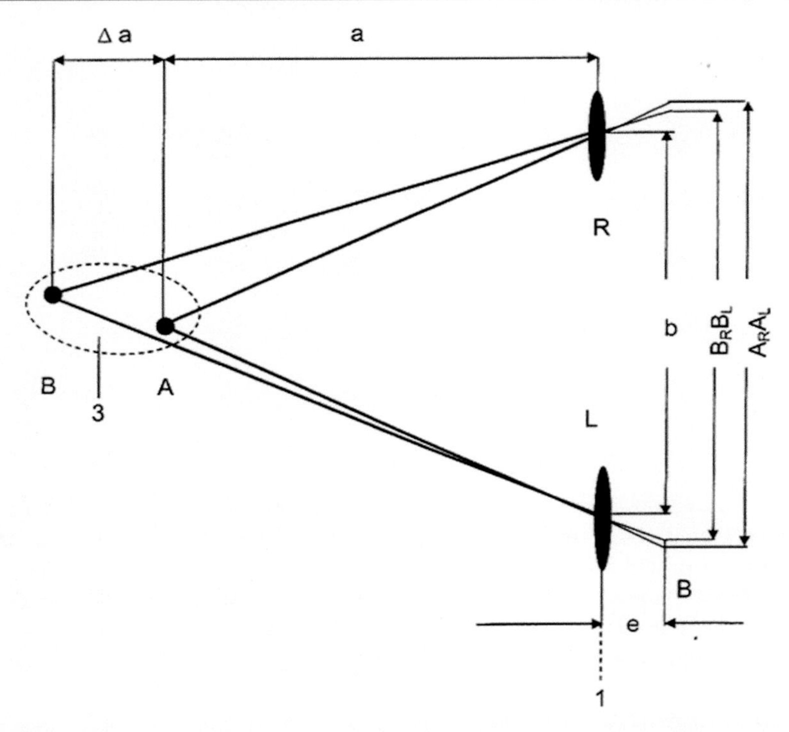

Abb. 4.70 Schematische Darstellung der stereoskopischen Beobachtung eines Objektes. (© Klose (2006b))

deren Abstand der Basisbreite b entspricht, so tritt auf dem Sensor, der sich im Abstand e von der Linsenebene befindet, zwischen der Position R (rechter Sensor) und L (linker Sensor) eine Parallaxe $p_1 = A_R A_L - B_R B_L$ bezüglich der Punkte A und B des Objektes auf, die zur weiteren Auswertung herangezogen werden kann. Den Winkel zwischen A_R und A_L bezeichnen wir mit γ. Wird nun das Objekt aus einer zweiten Position $a + \Delta x$ aufgenommen, dann erhält man für dieselben Punkte A und B des Objektes die Parallaxe $p_2 = A_R{'}A_L{'} - B_R{'}B_L{'}$.

Man kann nun zeigen, dass mit den Näherungen $a \gg \Delta a$, $a \gg \Delta x, \Delta x \gg \Delta a$ und $e \cong f$ (mit f als Brennweite der Kameras) ein einfacher, genäherter Ausdruck zur Bestimmung der Entfernung a ableitbar ist (s. Klose 2010/2011):

$$a = \Delta x \cdot \frac{1}{\left(\frac{p_1}{p_2}\right)^{1/2} - 1} \tag{4.112}$$

Da p_1 in allen Fällen größer als p_2 ist, kann die Entfernung a bei bekanntem Δx durch Auszählen bzw. durch eine elektronische Ermittlung der Pixel für p_1 und p_2 der Punkte A und B des Objektes bestimmt werden. Die Übergänge $p_1 \to p_2$ und $p_1 \gg p_2$ führen zu sehr großen bzw. sehr kleinen Entfernungen a.

Während mit unbewaffneten Augen ($b \sim 6{,}5$ cm) nur eine Tiefenschätzung eines Objektes bis zu maximal 450 m möglich ist, kann man mit wachsendem b auch große Entfernungen a sehr genau aus der stereoskopischen Beobachtung ermitteln, weil der Ausdruck da (die Ungewissheit) von a bei der Entfernungsbestimmung annähernd durch

$$da \cong -a^2 \cdot d\gamma / b \tag{4.113}$$

gegeben ist, wobei der Winkel γ als klein angenommen wird. Der relative Fehler da/a nimmt mit a zu und mit wachsendem b schnell ab, sodass theoretisch bei $b \sim 10$ m in Abhängigkeit von den meteorologischen Bedingungen noch Entfernungsbestimmungen von über 10 km möglich sind. Diese Gegebenheiten veranschaulicht Abb. 4.71, in der anhand des obigen Verfahrens die Entfernungen a für verschiedene Objekte in Abhängigkeit von der wahren Entfernung a′ (gewonnen mittels Lasermessgerät und Schiffsradar) aufgetragen sind. Ganz offensichtlich ist der Fehler auch bei großen Entfernungen relativ klein.

Hat man die Entfernung eines Objektes bestimmt, kann das gesamte Bild des Objektes unter Verwendung einer speziellen Bildverarbeitung so ausgewertet werden, dass Kontraste innerhalb des Bildes keine Entfernungsbestimmung mehr ermöglichen. Man könnte diesen Übergang als Sichtweite bezeichnen, wobei mittels Touchscreen ein Ziel auf dem Bild ausgewählt werden kann. Die Auswertung eines digitalen Bildes erfolgt in Bruchteilen von Sekunden, sodass viele Messungen zur Mittelwertbildung und damit zur Reduzierung von Fehlern zur Verfügung stehen. Bei relativ schnell bewegten Aufnahmesystemen wie z. B. Automobilen, Zügen und Flugzeugen sind nur zwei Digitalkameras notwendig, da in der Zeit t aus der Geschwindigkeit v der Versatz der Aufnahmepositionen $\Delta x = v \cdot t$ folgt. Bei schwer steuerbaren Seeschiffen (Wenderadius bis zu 10 km) kann der Versatz Δx durch die genaue Ortsbestimmung mittels GPS zu verschiedenen Zeiten berechnet werden.

Interessant dürfte die Höhenbestimmung einzelner Wolken oder Wolkenteile mit dieser Methodik sein, da an meteorologischen Stationen vier Digitalkameras mit bekanntem Abstand a und b sowie entsprechender Winkeleinstellung leicht instal-

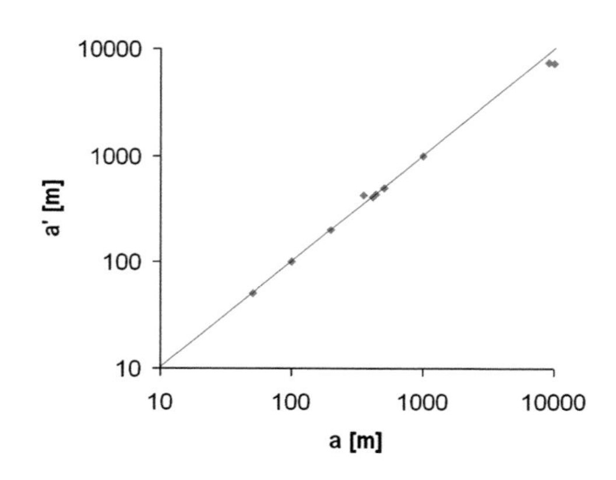

Abb. 4.71 Vergleich der wahren Entfernung a′ mit den stereoskopisch bestimmten Entfernungen a

liert werden könnten. Die Auswahl der Wolken würde dann mit Touchscreen erfolgen, und zeitliche Abläufe ließen sich leicht aufnehmen. Mittels Radar und anderer Methoden wäre das kaum möglich.

4.7.4 Übungen

Aufgabe 1 Die Schwebstoffbelastung der Luft beträgt in Frankfurt/Main 50 $\mu g \cdot m^{-3}$. Ein Mensch führt im Mittel 14 Atemzüge je Minute aus mit einem Volumen von 500 cm^3 Luft je Atemzug.

(i) Welche Partikelmasse atmet ein Mensch innerhalb von 50 Jahren ein, wenn man die Schalttage vernachlässigt?
(ii) Zählungen von Aerosolpartikeln ergaben für die Monate August und September im Bundesstaat Kalifornien rund $6{,}94 \cdot 10^3$ Partikel $\cdot\, cm^{-3}$ bei einem mittleren Radius von $r = 2{,}665$ µm. Berechnen Sie für eine durchschnittliche Partikeldichte von $1{,}7\ g \cdot m^{-3}$ die Sichtweite R_V.

Aufgabe 2 Die meteorologische Sichtweite ist eine Funktion des Extinktionskoeffizienten σ, der bei klarem Wetter bzw. bei Nebel Werte von 0,2 bzw. 25 km^{-1} aufweist.

(i) Wie groß sind die dazu gehörigen meteorologischen Sichtweiten?
(ii) Infolge starken Verkehrs betrage bei ausgefallener Lüftung die Sichtweite im Wesertunnel nur 67 m. Welchen Extinktionskoeffizenten berechnen Sie?
(iii) Können Sie auf Ihrem Schiff in der Beobachtungshöhe $h_B = 25$ m ein Sichtziel von $h_T = 10$ m Höhe bei leichtem Dunst ($\sigma = 1\ km^{-1}$) in 5 km Entfernung noch erkennen?
(iv) Wie groß ist die geometrische Sichtweite V_{geo} bei einem Erdradius $R = 6371$ km bei $h_T = 10$ m und bei $h_B = 25$ m?
(v) Im Altertum diente der Stromboli für die Navigation. Er emittiert etwa alle 20 min. eine Lavafontäne, die etwa 200 m hoch ist, der Berg selbst erreicht eine Höhe von etwa 900 m. Wie weit konnte man die glühende Lavafontäne bei idealen meteorologischen Bedingungen sehen ($\sigma \sim 0{,}08\ km^{-1}$)?

Aufgabe 3 Der solare Strahlungsfluss weist beim Eindringen in einen sauberen alpinen Gletscher nach einer Wegstrecke von $z = 8$ m nur noch 1 % seines ursprünglichen Wertes auf.

(i) Berechnen Sie den Extinktionskoeffizienten k(z).
(ii) Nach welcher Wegstrecke ist der Strahlungsfluss auf die Hälfte seines Ausgangswertes abgesunken?
(iii) Wieso ist der wolkenlose Himmel mittags blau, während die Schönwettercumuli weiß erscheinen?
(iv) In welchem Höhenbereich der Atmosphäre treten Perlmutterwolken auf? Worauf deuten sie hin, und was bewirken sie?

4.7.5 Lösungen

Aufgabe 1

(i) Ein Tag hat 24 Stunden, also $24 \cdot 60$ min $=1440$ min, 50 Jahre sind dann 1440 min $\cdot 365 \cdot 50 = 26{,}28 \cdot 10^6$ min, 14 Atemzüge pro Minute bedeuten $26{,}28 \cdot 10^6 \cdot 14 = 3{,}68 \cdot 10^8$ Atemzüge, jeder Atemzug hat ein Volumen von $500\ \text{cm}^3 = 5 \cdot 10^{-4}\ \text{m}^3$, also $5 \cdot 10^{-4}\ \text{m}^3 \cdot 50\ \mu\text{g} \cdot \text{m}^{-3} = 250 \cdot 10^{-4}\ \mu\text{g}$, womit $3{,}68 \cdot 10^8$ (Atemzüge) $\cdot 250 \cdot 10^{-4}\ \mu\text{g} = 920 \cdot 10^4\ \mu\text{g} = 9{,}2$ g gilt.

(ii) $V = (4/3)\pi \cdot r^3 = (4/3)\pi \cdot 2{,}665^3 \mu\text{m}^3 = 79{,}28 \mu\text{m}^3$
$M = \rho \cdot V = 1{,}7\,\text{g} \cdot \text{m}^{-3} \cdot 79{,}28\,\mu\text{m}^3 = 134{,}8 \cdot 10^{-6}\,\text{g} = 134{,}8\,\mu\text{g}$
$\approx 134{,}8\,\mu\text{g} \cdot \text{m}^{-3}$ entsprechen einer $R_v = 7{,}24$ km (s. Abb. 4.66)

Aufgabe 2

(i) $V_m = (1/\sigma) \cdot \ln 20 = 2{,}996/\sigma$
$V_m\ (0{,}2\ \text{km}^{-1}) = 14{,}98$ km
$V_m\ (25\ \text{km}^{-1}) = 119{,}8$ m

(ii) $\sigma = 2{,}996/V_m = 2{,}996/0{,}067\ \text{km} = 44{,}72\ \text{km}^{-1}$

(iii) $V_m = (1/\sigma) \cdot \ln 20 = 2{,}996/1\text{km}^{-1} \approx 3$ km, das Target kann nicht gesehen werden.

(iv) $V_{geo} = \sqrt{2 \cdot 6371 \cdot 10^3 \cdot 25} + \sqrt{2 \cdot 6371 \cdot 10^3 \cdot 10} = 29{,}14$ km

(v) $V_{geo} \sim 120$ km; $V_m \sim 37$ km

Aufgabe 3

(i) $J = J_0 \cdot e^{-kz}$, $\ln 0{,}01 = -kz$, $k = \dfrac{\ln 0{,}01}{z} = \dfrac{4{,}605}{8} = 0{,}576\ \text{m}^{-1}$

(ii) $\ln 0{,}5 = -kz$, $z = 1{,}2$ m

(iii) Die Lichtstreuung erfolgt umgekehrt proportional zur Wellenlänge hoch vier, damit wird der Blauanteil des Lichtes viel stärker gestreut als der rote, sodass der Himmel mittags blau erscheint. Bei Wolken ist die Streuung proportional zur Wellenlänge, d. h., alle Wellenlängen werden gleich gestreut, sodass die Schönwettercumuli weiß erscheinen.

(iv) In der Mesosphäre und darüber; sie geben einen Hinweis auf außergewöhnlich tiefe Temperaturen und damit die Bildung eines Ozonlochs im Frühjahr.

5 Satelliten als Hilfsmittel der Analyse und Diagnose

Mit dem Start des ersten Sputniks am 04. Oktober 1957 wurden die von Kepler empirisch bestimmten und von Newton 1665 anhand seiner Gravitationstheorie hergeleiteten Gesetze der Planetenbewegung experimentell bestätigt. Die Menschheit schuf sich an diesem Tag einen künstlichen Mond. Mehr als 50 Jahre danach ist der Start eines Satelliten zu einem alltäglichen Ereignis geworden, und ihre wachsende Anzahl (derzeit mehr als 800) führte dazu, dass man sie heute staffeln und ihnen einen minimalen gegenseitigen Abstand auf ihren Umlaufbahnen zuweisen muss (s. auch Köpke 2012). Dieser beträgt für Nachrichtensatelliten in Abhängigkeit vom benutzten Frequenzband 1,5 bis 2°.

Mit TIROS 1 (*Television and Infrared Observation Satellite*) wurde am 01.04.1960 von Cap Canaveral der erste Wettersatellit gestartet. Auf einer nahezu kreisförmigen Bahn umrundete er in 700 km Höhe die Erde in 99 min. Die mit einer TV-Kamera aufgenommenen Bilder konnten auf einem Band gespeichert bzw. zu einer Bodenstation gesendet werden. 1963 erfolgte die erste öffentliche Bildübertragung mit dem APT-System (*Automatic Picture Transmission*) an Bord von TIROS 8. Infrarotbilder stehen seit 1970 mit der ITOS/NOAA-Serie zur Verfügung und werden seit dem Start von NOAA 3 ab 1973 übertragen. Der erste polumlaufende europäische Umweltsatellit ERS-1 wurde 1991 gestartet.

Die Erprobung geostationärer Satelliten begann mit der ATS-Serie (*Applications and Technology Satellite*) 1966/1967, gefolgt vom GOES-Programm (*Geostationary Operational Environmental Satellite*). In Europa wurde der erste geostationäre Wettersatellit METEOSAT 1 (s. Abb. 5.1) am 23.11.1977 gestartet und beendete seine Mission bereits 1979, obwohl Satelliten in der Regel für einen Weltraumeinsatz von 5 Jahren vorgesehen sind.

Eine neue Serie von geostationären Wettersatelliten der zweiten Generation (*Meteosat Second Generation*, MSG) ist seit 29.08.2002 im Einsatz. Im Unterschied zur ersten Generation verfügen sie über eine verbesserte zeitliche Auflösung von 15 min, eine räumliche Auflösung von 3 km im Nadir sowie ein 12-Kanal Radiometer und ein Gerät zur Messung der Strahlungsflussdichte am Oberrand der Atmosphäre. Am 19.10.2006 startete zusätzlich von Baikonur aus MetOp-A (vgl.

B. Klose, *Meteorologie,* Springer-Lehrbuch, DOI 10.1007/978-3-662-43622-6_5

Abb. 5.1 Ansicht von Meteosat 1. (© NASA (Internet 38))

Abb. 5.2 BDB-Metop-3 mit ausgefahrenem Sonnensegel. (© ESA/Astrium)

Abb. 5.2) ein europäischer Wettersatellit auf polarer Umlaufbahn in 840 km Höhe. Er übernimmt als europäischen Beitrag zu dem Polarbahnsatelliten-System die Morgenbeobachtung, während die NOAA-Satelliten für die Nachmittagssituation verantwortlich sind.

Das METEOSAT-Projekt wurde im Rahmen von GARP (*Global Atmospheric Research Programme*) 1972 in der ESA (*European Space Agency*) begonnen. Es besteht aus einem Satelliten und einem Bodensystem. Der Satellit dient einerseits als Mess- und Beobachtungsplattform und anderseits zugleich für die Sammlung meteorologischer Daten von Messstationen und für die Verteilung von vorverar-

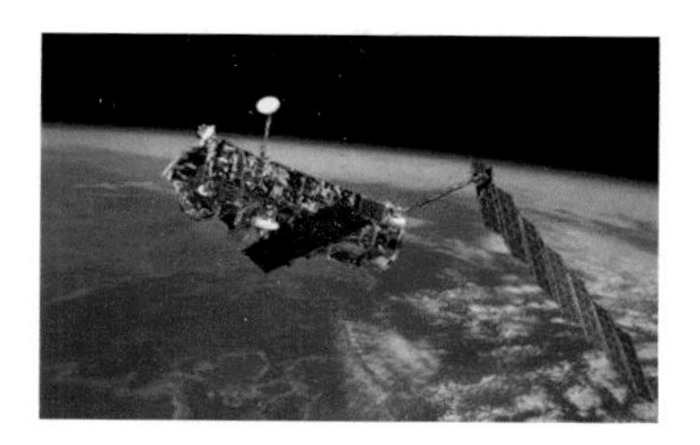

Abb. 5.3 Start von ENVISAT. (© Graphik ESA/Astrium)

beiteten Daten. Das Bodensystem, das eine Datenempfangs-, Fernmess- und Bahnkontroll-Station sowie das bodenseitige Computersystem umfasst, ist in Michelstadt (Odenwald) bzw. in Darmstadt (Bahn- und Funktionskontrolle des Satelliten, Gewinnung, Aufbereitung und Verteilung meteorologischer Daten) installiert. Ab 1986 hat EUMETSAT (European Organisation for the Exploitation of Meteorological Satellites) die Trägerschaft für das METEOSAT-Programm übernommen, an dem sich 17 europäische Staaten beteiligen. Den bisher aufwendigsten Umweltsatelliten ENVISAT (s. Abb. 5.3) startete die ESA am 28.02.2002 von Kourou in Französisch-Guyana.

In der Abb. 5.4 ist ein Satellit der zweiten Generation der Meteosat-Serie dargestellt, die insbesondere multispektrales Bild- und Datenmaterial alle 15 min senden (Erdoberfläche, Wolkensysteme).

Abb. 5.4 Meteosat Second Generation. (© ESA/Astrium)

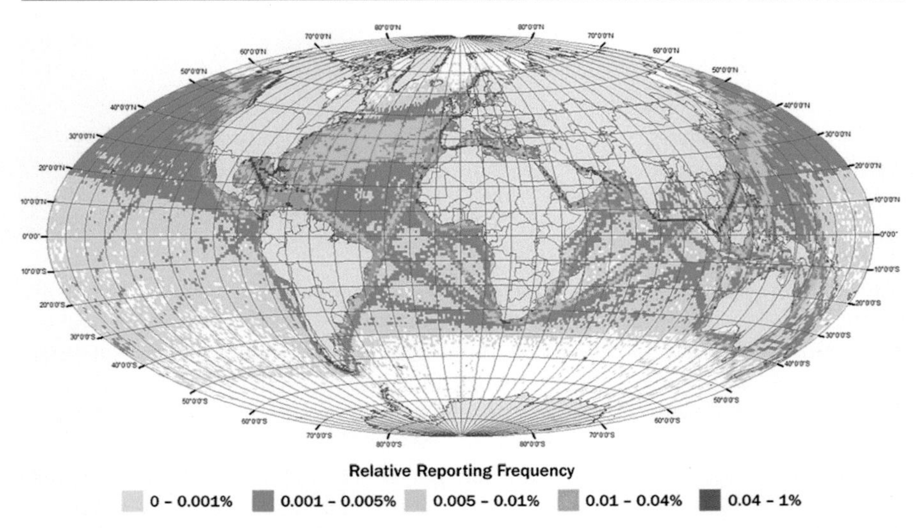

Abb. 5.5 Vertikal integrierte Stickstoffdioxidkonzentration NO_2, gemessen von SCIAMACHY (Aug. 02 bis April 04). (© Richter 2004)

Auf ENVISAT befindet sich der Sensor SCIAMACHY (*Scanning Imaging Absorption Spectrometer for Atmospheric Cartography*), mit dessen Hilfe Vertikalprofile von O_3, NO_2, SO_2 und H_2CO (Formaldehyd) bestimmt und Konzentrationen von CH_4, CO, N_2O, H_2O und CO_2 gemessen werden, sodass sich beispielsweise der enorme Beitrag des Schiffsverkehrs zur Luftverschmutzung durch die Konzentration von Stickoxiden entlang der Schifffahrtswege messen und dokumentieren lässt, unter anderem für den Atlantik, die amerikanische Ost- und Westküste, das Rote Meer, den Indischen Ozean und das Südchinesische Meer (vgl. Richter 2004). Deutlich erkennbar sind nach Abb. 5.5 die erhöhten Stickstoffdioxid-Konzentrationen auf den Nord- und Südamerikarouten, zwischen Sri Lanka und Indonesien sowie weiter in Richtung Vietnam und China. Die dunkleren roten Flächen entlang der Küsten repräsentieren dagegen stark erhöhte NO_x-Werte aus Industrieregionen und Ballungszentren. Um die Emissionen entsprechend zu reduzieren, ist die Entwicklung von „Grünen Schiffen" in Zukunft unbedingt notwendig (s. Vahs 2010).

Gegenüber konventionellen Methoden beobachtet ein Satellit das System Erde-Atmosphäre weltweit flächendeckend mit einer räumlichen Auflösung der Bilddaten von weniger als einem Kilometer. Die Beobachtungsfrequenz liegt derzeit zwischen 15 und 102 min. Der Satellit hat keinen Kontakt mit dem Messobjekt, sodass man von Fernerkundung (*Remote Sensing*) spricht. Da Satelliteninformationen aus Strahlungsmessungen gewonnen werden, erlauben sie die indirekte Ableitung einer Vielzahl von atmosphärischen Parametern und Erscheinungen, wozu jedoch Referenzdaten erforderlich sind.

5.1 Satelliten und Satellitensysteme

Prinzipiell unterscheidet man zwischen geostationären und polumlaufenden Satelliten, wobei es nur eine geostationäre Umlaufbahn, aber unendlich viele polare Umlaufbahnen gibt. Im Allgemeinen wird die Flughöhe der Satelliten jedoch durch die benötigte Laufzeit für die Signale und den Van-Allen-Strahlungsgürtel der Erde begrenzt, der eine erhöhte Protonen- und Elektronendichte aufweist, wodurch die Halbleiterbauelemente und Atomuhren gestört werden können.

5.1.1 Geostationäre Satelliten

Geostationäre Satelliten besitzen eine kreisförmige Umlaufbahn, die in der Äquatorebene der Erde liegt und sich in einer Höhe von 35.786 km über dem Äquator befindet. Sie rotieren mit derselben Winkelgeschwindigkeit wie die Erde ostwärts und scheinen deshalb über einem Ort festzustehen, und zwar dort, wo sich der Äquator und der Meridian von Greenwich bzw. andere Meridiane schneiden. Wegen ihrer großen Entfernung von der Erde beträgt ihr Blickwinkel nur 18°, sodass ein einzelner Satellit zwar 42 % der Erdoberfläche zwischen 75° Süd bis 75° Nord in guter Auflösung beobachten kann, nicht aber die polaren Bereiche.

Infolge des Gravitationsfeldes von Sonne und Mond verschiebt sich die Inklination der Satellitenbahn (Winkel zwischen der Ebene der Umlaufbahn und der Äquatorebene der Erde, der normalerweise null ist) um 0,85° je Jahr, und durch die nicht kugelförmige Gestalt ändert sich außerdem ihre mittlere Bewegung, sodass sie entlang ihres Orbits in östliche Richtung driften. Aus diesen beiden Gründen sind häufig Korrekturmanöver zur Beibehaltung ihrer Position notwendig. Da die Erde in Äquatornähe zudem nicht vollkommen kreisförmig ist, ergibt sich ein Gradient der Erdanziehungskraft, der dazu führt, dass ausgediente Satelliten, deren Position nicht mehr korrigiert wird, auf zwei stabile Punkte in der geostationären Umlaufbahn, die sogenannten „Satellitenfriedhöfe" bei 075° östlicher und 105° westlicher Länge, zu driften.

5.1.2 Polumlaufende Satelliten

Polumlaufende Satelliten besitzen Umlaufbahnen mit Inklination, d. h., die Bahnebene schneidet die Äquatorebene. Je nach Verwendungszweck und Umlaufzeit schwankt für meteorologische Belange ihre Höhe zwischen 600 und 1250 km, und ihre Umlaufdauer beträgt 95 bis 102 min. Diese Satelliten sind in der Regel sonnensynchron, d. h., nach einer Periodendauer von einem Tag überfliegt der Satellit den Äquator zur jeweils gleichen Zeit und am jeweils gleichen Längenkreis. Das wird z. B. bei den NOAA-Satelliten durch eine Umlaufdauer von 102 min erreicht.

Dadurch wandert ihre Umlaufbahn um 0,9865° je Tag ostwärts und ist somit zur Sonnenbewegung synchron. Der Umlauf der Satelliten wird durch Bahndaten festgelegt, die von der NASA berechnet und verbreitet werden. Die Breite des von den Sensoren abgetasteten Streifens beträgt ca. 500 km, sodass sich diese bei jedem Überflug überschneiden, und zwar maximal an den Polen. Im sichtbaren Spektralbereich erzielen Satelliten in niedrigeren Umlaufbahnen ein Auflösungsvermögen bis in den Meterbereich. Wegen ihrer niedrigen Flughöhe von etwa 800 km und einer Umlaufzeit von 102 min gestatten z. B. Satelliten vom Typ NOAA zweimal täglich eine vollständige globale Beobachtung. Die für die Satellitennavigation NAVSTAR, GPS, GLONASS, GALILEO und COMPASS verwendeten Nachrichtensatelliten befinden sich dagegen auf Bahnen in ungefähr 20.000 km Höhe. Das Raumsegment von GPS besteht aus 24 Satelliten, die sich je zu viert auf sechs Bahnebenen bewegen, ihre Inklination beträgt 55°, ihre Erdumlaufzeit 12 h. GPS sendet zwei Arten von Codierungen aus, zum einen den C/A-Code (Coarse Aquisition), der frei zugänglich ist, und zum anderen den P-Code (Precision), der nur von den US-Streitkräften genutzt werden kann. Die Genauigkeit einer GPS-Messung beträgt in Abhängigkeit von der Geschwindigkeit des Objektes bis zu 10 m (s. Dodel 2010).

Die Europäische Union ist derzeit bestrebt ein eigenes ziviles europäisches Satellitennavigationssystem (GALILEO) zu entwickeln. Dazu sollen 30 Satelliten gehören, die in 23260 km Höhe auf drei Bahnebenen fliegen werden, wobei die Ortsauflösung von Objekten auf der Erdoberfläche 100 m, zum Teil bis zu 10 m betragen soll. Mit den im Jahre 2014 vorhandenen Satelliten kann dann auch 2014 bzw. 2015 der Probebetrieb beginnen. Vollständig in Funktion soll das System 2020 sein. Mit dem Satellitennavigationssystem GALILEO könnte in Kombination mit anderen Ortungsmethoden wie beispielsweise der Radartechnik, der elektronischen Seekarte oder dem Autopiloten eine automatisierte Bahnführung sowohl im Revier als auch beim An- und Ablegen von Schiffen nahezu fehlerlos möglich werden.

5.1.3 Globales System

Zur globalen Überwachung des Wetters basiert das meteorologische Satellitensystem auf 6 Satelliten im Abstand von 060° bis 080° geografischer Länge über dem Äquator. Neben METEOSAT 7 (Eumetsat, 0°) sind gegenwärtig GOES-10, GOES-11, GOES-12 (USA, 135°, 105°, 75°W), FY-28 (China, 105°E), GMS-5 (Japan, 140°E), GOMS-N1 (Russland, 76°E) und INSAT-10 (Indien 74°E) in Betrieb. METEOSAT 7 erfasst ungefähr ein Drittel der Erdoberfläche. In West-Ost-Richtung entspricht das einem Ausschnitt von der Karibik bis zum indischen Subkontinent, wobei insbesondere Europa, Afrika, der Vordere Orient, ein Teil Südamerikas und der gesamte Atlantische Ozean abgetastet werden. Auf einer sonnensynchronen Bahn befinden sich METOP, FY-1 und NOAA (vgl. Abb. 5.6).

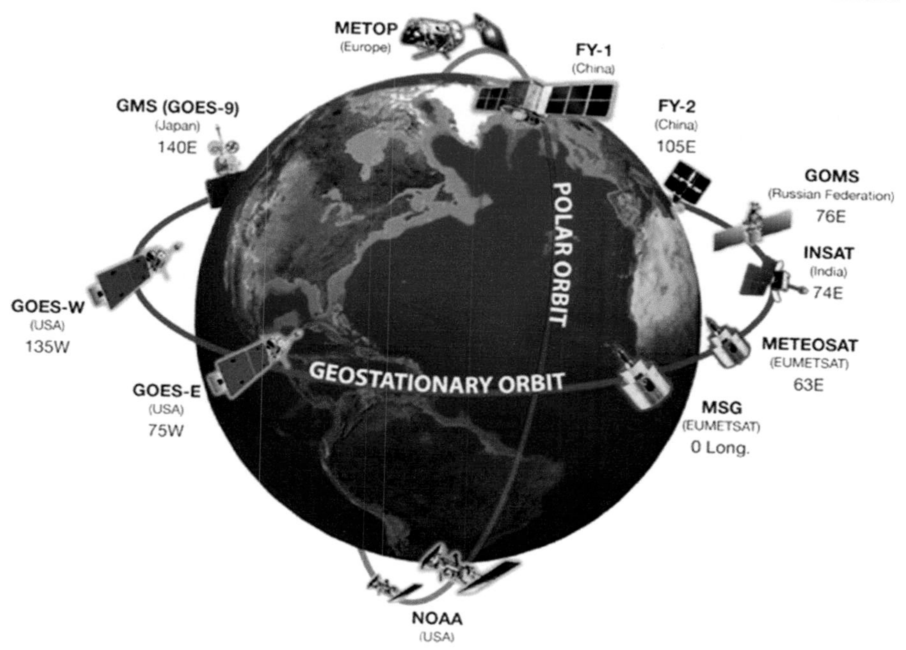

Abb. 5.6 Operationelle Wettersatelliten mit geostationärem Orbit bzw. sonnensynchroner Umlaufbahn. (© CEOS, NOAA/WMO (Internet 39))

5.2 Satellitenbildinformationen

Alle an Bord von Satelliten gewonnenen Informationen sind Messungen der von der Erde und ihrer Atmosphäre absorbierten, reflektierten oder emittierten Strahlung, wobei sich der für die Meteorologie interessante Teil des elektromagnetischen Spektrums von etwa 100 nm (milliardstel Meter) im Ultravioletten über den sichtbaren Bereich bis hin zu mehreren Zentimetern im Mikrowellenbereich erstreckt. Der solare Spektralbereich, in dem die Sonne wesentlich zu den Energieflüssen beiträgt, reicht von 0,3 µm bis 3,5 µm, während der terrestrische Strahlungsanteil zwischen 3,5 µm und etwa 5 cm variiert. Man misst in ausgewählten Spektralbändern, den sogenannten Kanälen, von denen beispielsweise MSG-1 insgesamt 12 besitzt (s. Tab. 5.1). Es werden Rasterbilder durch ein hochauflösendes Strahlungsmessgerät (Radiometer) im sichtbaren (TV bzw. VIS) und infraroten (IR) Spektralbereich sowie in zwei Wasserdampfabsorptionsbanden (WV) erzeugt. Das Radiometer tastet die Erde von Ost nach West und Süd nach Nord durch leichtes Kippen nach jeder Umdrehung zeilenweise ab. Zur Gewinnung eines Rasterbildes und der Übermittlung der Rohdaten an das Kontrollzentrum benötigt man 15 min. Der übermittelte Datenstrom beträgt 333 kByte/s, was ca. 33 DIN-A4-Seiten je Sekunde entspricht. Jedes vom Sensor aufgenommene Bild (insgesamt 25 Mio. Pixel) wird in 256 Grau-

Tab. 5.1 12-Kanalsystem des MSG-1 Satelliten

Kanal	Alternative Bezeichnung	Zentrale Wellenlänge (μm)	Primäre Informationen
Ch01	VIS 0,6	0,635	Erdoberfläche, Wolken, Windfelder
Ch02	VIS 0,8	0,81	Erdoberfläche, Wolken, Windfelder
Ch03	NIR	1,64	Erdoberfläche, Wolkenphasen
Ch04	IR	3,9	Erdoberfläche, Wolken, Windfelder
Ch05	WV 6,2	6,25	Wasserdampf, hohe Wolken, atmosphärische Stabilität
Ch06	WV 7,3	7,35	Wasserdampf, atmosphärische Stabilität
Ch07	IR 8,7		Erdoberfläche, Wolken, atmosphärische Instabilität
Ch08	IR 9,7		Ozon
Ch09	IR 10,8		Erdoberfläche, Wolken, Windfelder, atm. Instabilität
Ch10	IR 12,0		Erdoberfläche, Wolken, atmosphärische Instabilität
Ch11	IR 13,4		Hohe Cirruswolken, atmosphärische Instabilität
Ch12	HRV	0,4–1,1	Erdoberfläche, Wolken

stufen umgesetzt. Der Durchmesser eines Pixels beträgt im Subsatellitenpunkt für alle Kanäle rund 3 km.

MSG-1 nutzt zwei Kanäle im visuellen Bereich sowie 6 Kanäle zur Erstellung von Infrarotbildern, wobei der Bereich zwischen 8,7 μm und 13,4 μm auch als atmosphärisches Fenster bezeichnet wird, da hier die Wärmestrahlung ungehindert durch atmosphärische Absorber wie Kohlendioxid, Ozon und Wasserdampf in den Weltraum entweichen kann. Die beiden Wasserdampfkanäle bei 6,2 μm und 7,3 μm machen sich die Eigenschaften der Gase als atmosphärische Absorber zunutze, d. h., der Wasserdampf weist in diesem Bereich seine stärkste Absorption auf, so dass keine Strahlung von der Erdoberfläche und den darüberliegenden Schichten in den Weltraum entweichen kann. Der HRV-Kanal (High Resolution Visible) erlaubt durch seine hohe räumliche Auflösung die Darstellung subskaliger Wolkenstrukturen von nur einem Kilometer.

5.2.1 Bildformate

Als Bildformate existieren hochaufgelöste digitale Daten, die nur von PDUS-Stationen (Primary Data User Stations) empfangen und für Forschungszwecke sowie zur Bestimmung der Wolkenhöhe und des Windfeldes in der freien Atmosphäre genutzt werden. Andererseits überträgt METEOSAT WEFAX-Daten für SDUS-Stationen (Secondary Data User Stations). Im MST-100-System stehen dem Nutzer 11 Ausschnitte der beobachteten Erdscheibe zur Verfügung, wobei C- und D- bzw. WV-Bilder dem TV- und IR-Bereich bzw. einer Wasserdampfbande zuzuordnen sind. Die besonderen Ausschnitte CO_2, CO_3 sowie alle D1-, D2- und D3-Bilder werden halbstündlich, die übrigen Produkte alle 3 h übertragen. Im WV-Kanal sind zweimal am Tage Aufnahmen verfügbar.

5.2.2 Eigenschaften der Bilddaten

Satelliten messen zwei ursächlich verschiedene Strahlungsströme: die Albedo (von der Erdoberfläche, der Atmosphäre und den Wolken reflektiertes Sonnenlicht) und die Wärmestrahlung der Erde bzw. Atmosphäre.

- Die Albedo reicht vom UV (0,3 μm) bis ins nahe Infrarot (4 μm) und weist im sichtbaren Spektralbereich bei ca. 0,5 μm ihre maximale Stärke auf.
- Die Wärmestrahlung der Erde bzw. der Erdatmosphäre liegt wegen der Temperaturabhängigkeit der Wellenlänge, bei der ein Körper mit maximaler Intensität strahlt (vgl. Wien'sches Verschiebungsgesetz), dagegen gänzlich im mittleren IR- Bereich, nämlich zwischen 8 und 12 μm.

Bezüglich der einzelnen Spektralbereiche lässt sich eigentlich nur der sichtbare Bereich objektiv abgrenzen. Er variiert zwischen 0,38 μm bis 0,78 μm mit folgender Farbunterteilung:

Violett	0,38–0,45 μm
Blau	0,45–0,49 μm
Blau-Grün; Grün	0,49–0,56 μm
Gelb	0,56–0,59 μm
Orange	0,59–0,63 μm
Rot	0,63–0,76 μm
Ultraviolett UV	0,20–0,38 μm
Nahes Infrarot NIR	0,76–ca. 3 μm
Mittleres Infrarot MIR	3–25 μm
Fernes Infrarot	> 25 μm
Mikrowellenbereich MW	ab 0,5 oder 1 mm

Im Gegensatz zur reflektierten Sonnenstrahlung umfasst der Wellenlängenbereich > 3 μm die Eigenstrahlung der Erdoberfläche, deren Maximum je nach Temperatur der strahlenden Fläche zwischen etwa 9 μm (+ 50 °C) und 14 μm (− 70 °C) liegt. Für die Erdmitteltemperatur von 15 °C ergibt sich ein Intensitätsmaximum bei ≈ 10 μm.

5.2.3 Atmosphärische Fenster und Absorptionsbereiche

Die Gase in der Atmosphäre absorbieren die IR-Strahlung der Erdoberfläche zwischen 7 und 13 μm nur geringfügig, ansonsten jedoch stark. Eine kontinuierliche Absorption erfolgt insbesondere durch den Wasserdampf, das Kohlendioxid und das Ozon. In den atmosphärischen Fenstern misst der Satellit die Temperatur der obersten strahlenden Fläche des Systems Erde-Atmosphäre, d. h. bei wolkenlosem Himmel die Temperatur des Festlandes oder der Meeresoberflächen, bei Bewölkung dagegen die Temperatur an der Obergrenze der relativ höchsten Wolken.

Folgende Fensterbereiche werden gegenwärtig genutzt:

TV Bereich und NIR	
MIR bei	11–12 μm
MIR bei	3,7 μm
NIR bei	1,6 μm für MSG
MW bei	8 mm
MW bei	21 und 33 mm für MSG

Die Absorptionsbereiche stellen scheinbar eine Störgröße dar, sie liefern aber Informationen über die Art, Verteilung und Konzentration des Absorbers.

- So kann für Gase, die nach Volumenprozenten konstant mit der Höhe verteilt sind, die Temperatur des Absorbergases und damit die vertikale Temperaturverteilung abgeleitet werden. Das gilt für CO_2 bei 4,3 μm und 15 μm und O_2 bei 5 mm. Hierzu führt man mehrere sehr schmalbandige Messungen in kleinen Spektralintervallen durch, sodass Strahlung aus unterschiedlich hochgelegenen Schichten empfangen wird. Bei starker Absorption erhält man repräsentative Strahlungswerte und damit Temperaturen für die Stratosphäre, bei geringer Absorption für die untere Troposphäre.
- Bei einer variablen Höhenverteilung des Gases und Kenntnis der Temperaturverteilung lassen sich Informationen über das Gas selbst gewinnen (so z. B. vertikale Wasserdampfprofile im Bereich um 6,7 μm).
- Im Mikrowellenbereich (8 mm) erhält man zusätzlich Aussagen über den Gesamtwassergehalt sowie den Flüssigwassergehalt der Wolken.

5.2.4 Bilddaten

METEOSAT verbreitet routinemäßig Satellitenbilder aus dem sichtbaren Spektralbereich (hier 0,5–0,9 μm; VIS-Bilder), aus dem thermischen Infrarot (10,5–12,5 μm; IR-Bilder aus dem großen atmosphärischen Fenster) sowie aus der Wasserstoffbande (5,7–7,2 μm; WV-Bilder).

- VIS-oder TV-Bilder geben die reflektierte Sonnenstrahlung oder Albedo der Erdoberfläche bzw. von Wolken wieder. Diese hängt von der vertikalen Mächtigkeit und Dichte der Wolken, von der Form und Größe ihrer Eiskristalle bzw. von ihrem Aggregatzustand und vom Sonnenstand ab. Wolken mit großer optischer Dicke und hohem Reflexionsvermögen (80 bis 90 %) erscheinen daher weiß im Satellitenbild, so z. B. Gewitterwolken.
- Wasseroberflächen mit geringem Reflexionsvermögen (unter 10 %) sind hingegen gleichmäßig dunkel oder schwarz. Landflächen zeigen je nach Art und Zustand des Bodens bzw. Entwicklung der Vegetation eine große Vielfalt von

Grauwerten. Staub- und Dunsttrübungen führen dazu, dass dunkle Oberflächen aufgehellt werden.

- IR-Bilder repräsentieren die Temperaturstrahlung der Erdoberfläche bzw. von Wolken. Hierbei gilt: Je kälter die Strahlungsquelle, desto heller ist die Graustufe. Hohe Wolken (Cirren mit Temperaturen < − 35 °C) sind daher im Satellitenfoto weiß, tiefe Bewölkung grau und wolkenfreie Zonen bzw. warme Meeresgebiete dunkel bis schwarz.
- Wolkenfreie Landoberflächen besitzen einen Tagesgang der Temperatur, sodass sie tagsüber dunkel, nachts und frühmorgens dagegen deutlich heller als Wasseroberflächen erscheinen. Die Küstenlinie kann daher nicht exakt ermittelt werden, sodass man sie fest ins Satellitenbild einblendet.
- WV-Bilder beruhen auf der starken Absorption der vom Boden emittierten Wärmestrahlung durch den Wasserdampf in der oberen Troposphäre (6,7 µm-Bande). Die Absorptionsbande zwischen 20 und 23 µm dient zur Bestimmung des Wasserdampfes in geringeren Höhen (Wolkenwassergehalt). WV-Bilder verdeutlichen hauptsächlich Wolken: Wolkenreiche Gebiete erscheinen hell, wasserdampfarme Zonen dagegen dunkel. Infolge des räumlich und zeitlich stark variablen Wasserdampfgehaltes der Atmosphäre entstehen schlierenartige, sanfte Strukturen.

5.3 Satellitenprodukte

Zusätzlich zu den bereits erwähnten analogen oder digitalen Bilddaten werden heute durch verschiedene Prozeduren Vertikalprofile meteorologischer Elemente abgeleitet, horizontale Feldverteilungen bestimmt sowie Klimadaten aufbereitet. Hierzu gehören:

- Satellitenbilder VIS, IR, WV (cloud coverage data)
- Vertikalprofile von Wind, Temperatur und Feuchte
- horizontale Windfelder (cloud motion winds)
- SST (sea surface temperature)
- Wolkenobergrenzen (cloud top height maps)
- Feuchtewerte bis 30 km Höhe (upper tropospheric humidity values)
- Klimadaten (basic climatological data set)
- Niederschlagsindex (precipitation index)

Neben den für die Bilddaten erforderlichen Radiometern befinden sich auf modernen Satelliten Spektrometer, die sowohl die reflektierte als auch selektiv absorbierte ultraviolette und infrarote Strahlung pixelartig nachweisen können und zu UV- bzw. IR-Bildern zusammensetzen. Ausgenutzt werden dabei Prozesse der selektiven Absorption oder Emission von Photonen durch Atome und Moleküle der Atmosphäre, sodass bei Kenntnis der Wellenlänge und Intensität der selektiven Strahlung auf optisch aktive Bestandteile und ihre Konzentration geschlossen werden kann oder sich Vertikalprofile der Temperatur und Feuchte erstellen lassen.

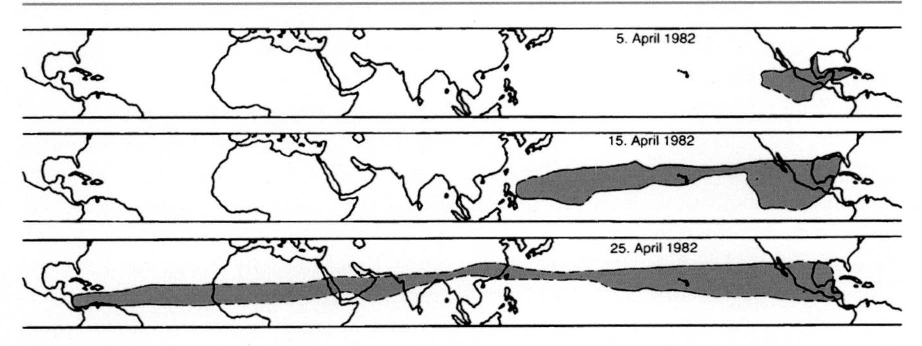

Abb. 5.7 Aerosolfahne des El Chichón (5. bis 25. April 1982). (© modifiziert nach Robock 1983)

So konnte man z. B. den Weg der Vulkanaschewolke des El Chichón in Mexiko, die sich infolge des stratosphärischen Ostwindregimes westwärts bewegte, durch die gemessene Intensität des reflektierten Sonnenlichtes auf den Satelliten GOES East und West sowie NOAA 7 genau verfolgen (s. Abb. 5.7). Die Reduktion der Sonneneinstrahlung betrug ungefähr 16 %.

Auch die Wolke des Pinatubo-Ausbruchs vom 18.06.1991, die sich binnen dreier Tage bis zum Roten Meer ausgedehnt hatte (8000 km vom Pinatubo-Gipfel entfernt), wurde erstmals durch ein Spektrometer, nämlich TOMS (*Total Ozone Mapping Spectrometer*), das sich seit Oktober 1978 an Bord von NIMBUS 7 befand, nachgewiesen. Die berechnete SO_2-Menge betrug 16 Mio. t. TOMS misst die selektive Absorption in der Atmosphäre bei den ausgewählten Wellenlängen $\lambda = 312{,}5$; 317,5; 331,2; 339,8; 360,0 und 380,0 nm und lässt daraus eine Ozonkonzentrationsbestimmung zu, sodass mit seiner Hilfe die über der Antarktis entdeckte Veränderung der Ozonkonzentration (das Ozonloch) exakt nachgewiesen wurde.

5.4 Analyse einer Bodenwetterkarte mittels Satellitenbildern

Die zur Analyse einer Bodenwetterkarte verwendeten Satellitenfotos zeigen Wolkenkonfigurationen, die durch atmosphärische Vertikalbewegungen und die damit verbundenen Kondensationsprozesse hervorgerufen werden. Vertikalbewegungen haben aber sehr unterschiedliche Entstehungsursachen. Man unterteilt sie in

- großräumig,
- kleinräumig,
- orografisch,
- reibungsbedingt,
- divergenzbedingt, oder sie sind verbunden mit
- positiver Vorticityadvektion bzw.
- Warmluftadvektion.

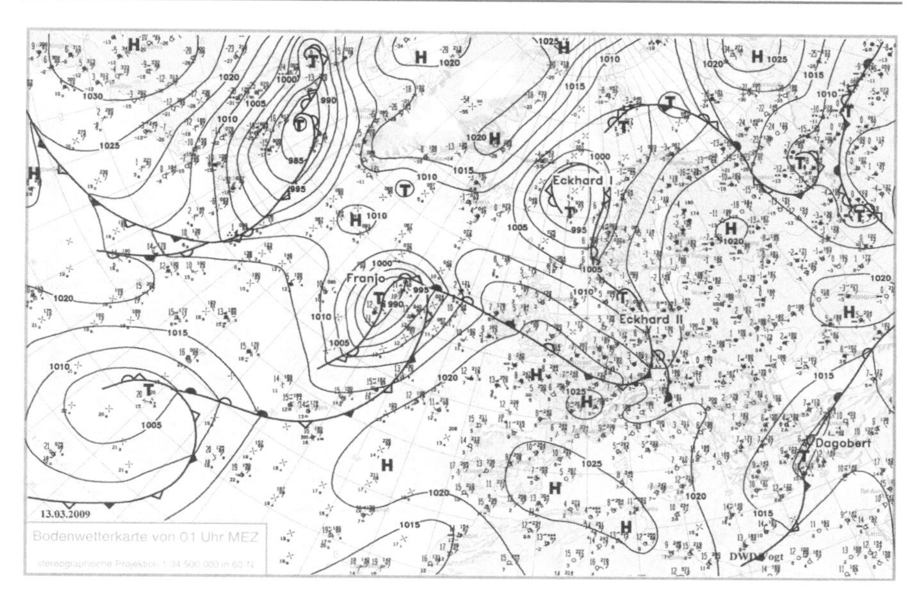

Abb. 5.8 Wetterlage vom 13.03.2009 um 01 MEZ. (© BKW (Internet 23))

Aus diesem Grund lassen sich Wolkenbänder im Bereich von Warm- und Kaltfronten, an Okklusionen, im Strahlstrombereich, in Verbindung mit Höhentiefs oder auf der Vorderseite eines Höhentroges bzw. infolge Gebirgseinflusses unterscheiden.

5.4.1 Analyse des Tiefdruckgebietes „Franjo"

Das Tiefdruckgebiet Franjo entwickelte sich am 11.03.2009 über dem Nordatlantik aus einem Höhentief und verlagerte sich westlich der Azoren in Richtung Norden, wobei sein Kerndruck von 1005 auf 990 hPa fiel. Auf der Inselgruppe kam es während seiner Passage zu kräftigen Winden und ergiebigen Niederschlägen von maximal 171 $l \cdot m^{-2}$ innerhalb von 24 h. Das Zentrum der bereits okkludierten Zyklone befand sich gemäß Berliner Wetterkarte vom 13.03.2009 um 01 MEZ (s. Abb. 5.8 und 5.9) bei ungefähr 50° nördlicher Breite und 025° westlicher Länge und damit zirka 900 Seemeilen westlich von Irland.

Seine Fronten erreichten im Laufe des Tages die Britischen Inseln, auf denen leichter Regen einsetzte. Insgesamt gesehen zog das Tief weiter nach Island, wo es seine größte Wetterwirksamkeit besaß. Die auf seiner Rückseite einfließende kühle Meeresluft aus Nordwesten führte zu länger anhaltenden Niederschlägen, wobei die größten Niederschlagssummen in Bergen (Rügen) mit 161 $l \cdot m^{-2}$ und Kaliningrad (Königsberg) mit 141 $l \cdot m^{-2}$ gemessen wurden. Es verlagerte sich weiter über das Europäische Nordmeer in Richtung Barentssee und beeinflusste damit das Wettergeschehen auch in Norwegen und im nordwestlichen Teil Russlands.

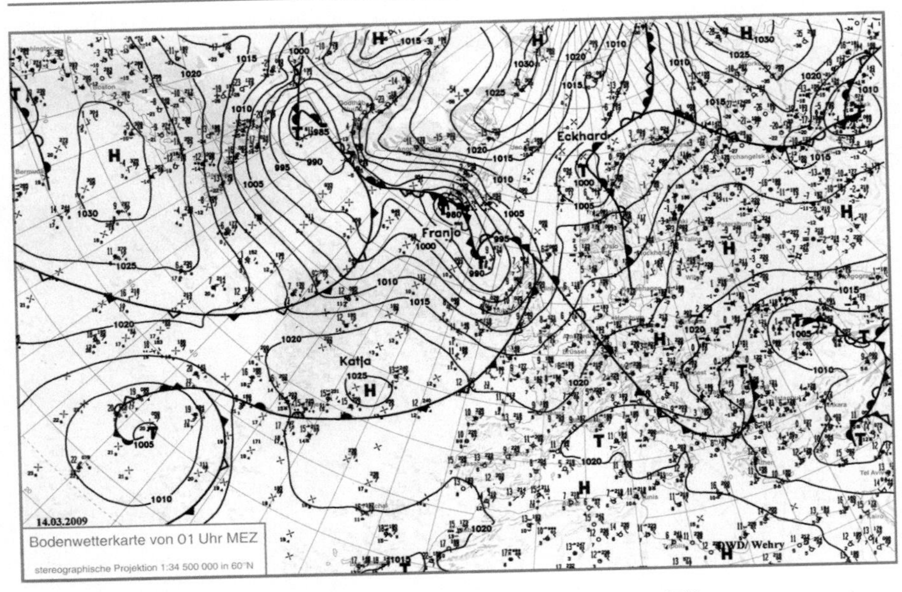

Abb. 5.9 Wetterlage vom 14.03.2009 um 01 MEZ. (© BKW (Internet 23))

5.4.2 Satellitenbildauswertung

Die vor der Kaltfront (KF1, KF2) verlaufende Warmfront ist im Falschfarbenbild (Abb. 5.10) mit den Buchstaben WF1 und WF2 markiert. Sie verläuft vom Tief ausgehend über England bis nach Nordfrankreich und Belgien, wo sie an eine Kaltfront eines weiteren Tiefs (Eckhard II) Anschluss findet.

Im Bereich des Tiefs erreicht die Warmfront (WF1) eine horizontale Ausdehnung von mehreren Hundert Kilometern, was typisch für Aufgleitfronten ist. In ihrem Bereich herrscht dichte Bewölkung und meist Niederschlag in Form von Regen oder auch Schnee vor.

Das IR-Bild (Abb. 5.11) lässt dagegen besser als das Falschfarbenbild (Abb. 5.10) Rückschlüsse über die Art der Bewölkung zu. Man erkennt z. B. weißliche Wolkenfelder innerhalb des Warmfrontverlaufs (WF1, WF2). Da im IR-Bild kalte Wolken immer heller dargestellt werden als warme, handelt es sich folglich um hohe, bis in die obere Troposphäre reichende Strukturen. Die hellsten Wolkenbänder entsprechen damit einer Cirrusbewölkung, wohingegen die weniger hellen Schichten aus Altostratus bestehen. Zum Ende der Warmfront nimmt die Wolkenhöhe ab, was sich im IR-Bild in immer dunkleren Strukturen niederschlägt. Hier besteht die Wolkenschicht vornehmlich aus mittelhohem Altocumulus oder Nimbostratus bzw. niedrigem Cumulus.

Neben der Warmfront ist auch das weniger breite Wolkenband der Kaltfront (KF1, KF2) gut zu erkennen. Sie verläuft vom Zentrum des Tiefs (Z) in südwest-

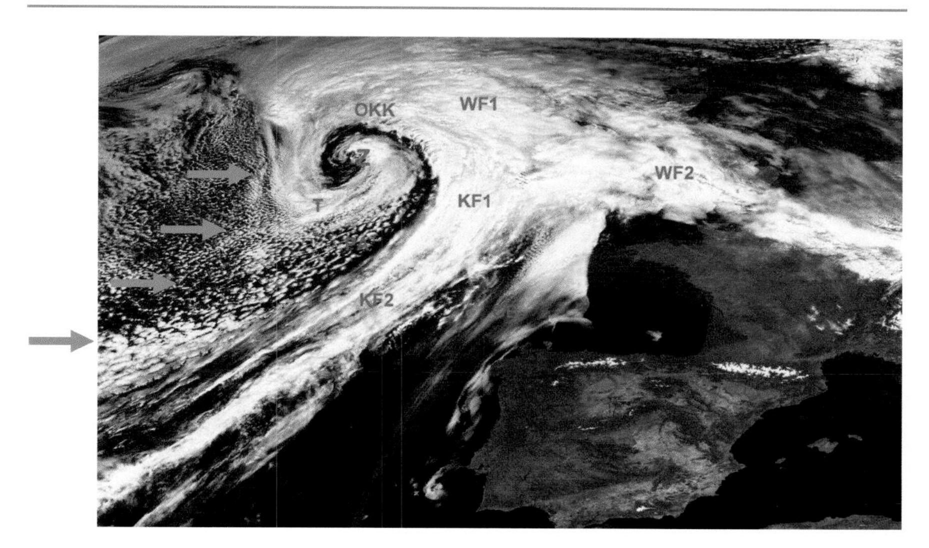

Abb. 5.10 Falschfarbenbild des Tiefs Franjo, 13.03.2009, 12 UTC. (© Datenserver FB Seefahrt)

liche Richtung bis zu den Azoren, wo sie an eine weitere Warmfront anschließt. Betrachtet man die Kaltfront im IR-Bild, so fällt auf, dass kaum hohe Bewölkung vorhanden ist, denn es finden sich entlang der Frontachse nur wenige Bereiche (KF1), in denen weiß eingefärbte Wolkenformationen zu beobachten sind. Bei diesen Wolken, die alle im präfrontalen Bereich der Kaltfront liegen, handelt es sich um Cumulonimben. Im äußeren Bereich der Kaltfront (KF2) existieren praktisch keine hochreichenden Wolken mehr. Die vereinzelten weiß gefärbten Wolkenstrukturen ergeben sich durch Quellwolken, die im Verlauf der Tiefdruckentwicklung bis ins oberste Stockwerk reichten.

Ein weiteres, sehr auffälliges Merkmal dieses Tiefdruckgebietes lässt sich hinter der Kaltfront erkennen, die sogenannte Zone der postfrontalen Aufheiterung. Sie zeichnet sich durch eine plötzliche Wetterbesserung aus, die direkt auf die vorangehende Kaltfront folgt (markiert durch Pfeile). Dieser Bewölkungsrückgang ist auf das Absinken der Kaltluft hinter der Kaltfront und die damit verbundene Erwär-

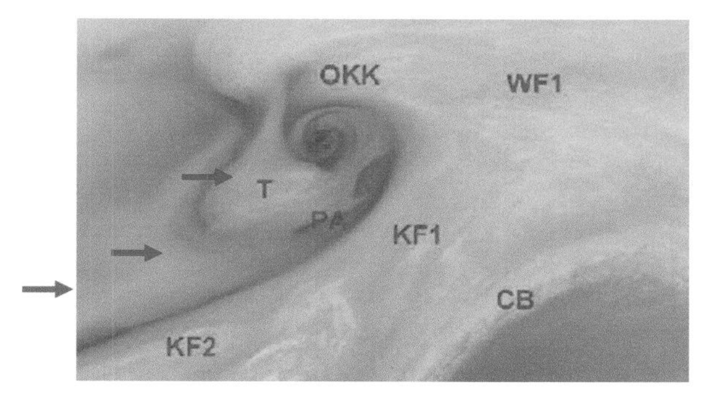

Abb. 5.11 Ausschnitt aus dem Ch05 Infrarotkanalbild. (© Datenserver FB Seefahrt)

mung der Luft in Bodennähe zurückzuführen. Typisch ist außerdem, dass der Druck steigt, was man den Beobachtungen auf der Bodenwetterkarte entnehmen kann. Im Bereich der Front werden Luftdruckwerte von 1013,0 hPa, hinter der Front von 1016,5 hPa bzw. 1015,0 hPa angegeben. Der Kaltfront und den Schlechtwetterwolken folgt damit ein schmaler Bereich völliger Wolkenarmut. Auf der Rückseite der Kaltfront bilden sich lediglich Konvektionswolken der Gattung Cumulus oder Stratocumulus. Die Temperaturen im Kaltfrontbereich betragen nach Schiffsmeldungen im Mittel 15 °C, sodass die Werte von 12 °C hinter der Front eine geringe Temperaturabnahme signalisieren.

5.5 Übungen

Aufgabe 1 Die Startgeschwindigkeit v_o eines Satelliten muss über der ersten kosmischen Geschwindigkeit $v_o = 7{,}91\ km \cdot s^{-1}$ und unter der zweiten kosmischen Geschwindigkeit $v_o = 11{,}2\ km \cdot s^{-1}$ liegen, wenn man ihn auf eine stabile Umlaufbahn bringen will.

i) Berechnen Sie die Bahngeschwindigkeit V_h eines Polarbahnsatelliten auf einer nahezu kreisförmigen Bahn sowie seine Umlaufzeit für eine Höhe von 200, 850, 1000 und 1500 km, wenn mit $g = 9{,}81\ m \cdot s^{-2}$, h = Höhe des Satelliten (km), $r_e = 6\,370\ km = 6{,}37 \cdot 10^6\, m$ gilt:

$$V_h = \sqrt{\frac{g \cdot r_e^{\,2}}{r_e + h}}, \quad T = \frac{2\pi(r_e + h)}{V_h}$$

ii) Versuchen Sie zu erklären, warum die Umlaufgeschwindigkeit kleiner als die 1. kosmische Geschwindigkeit ist.

Aufgabe 2

i) Beweisen Sie, dass für eine Umlaufzeit von einem Tag für einen geostationären Satelliten der Radius $(r_e + h) \approx 42\ 300\ km$ betragen muss. Verwenden Sie das 3. Keplersche Gesetz $T_1^{\,2} / T_2^{\,2} = r_1^{\,3} / r_2^{\,3}$ bzw.

$$\frac{T^2}{r^3} = \frac{4\pi^2}{\gamma \cdot m_e} \quad \text{mit} \quad \gamma = 6{,}672 \cdot 10^{-11} N \cdot m^2 \cdot kg^{-2} \text{ (Gravitationskonstante)},$$

$$m_e = 5{,}98 \cdot 10^{24}\, kg \text{ (Masse der Erde)}.$$

ii) Wie groß ist die Bahngeschwindigkeit v eines geostationären Satelliten?

Aufgabe 3 (nach Orear 1971) Um einen Kosmonauten in seinem Raumschiff auf eine Umlaufbahn zu bringen, muss es von der Geschwindigkeit Null auf die Bahngeschwindigkeit von etwa 8 km · s^{-1} beschleunigt werden. Die Beschleunigung a während der Anfangsphase betrage 5 g.

i) Wie groß ist die Zeitspanne t, die die Rakete benötigt, um die Bahngeschwindigkeit zu erreichen?
ii) Wie weit fliegt sie während dieser Zeit?

Aufgabe 4 Ein Wettersatellit in 800 km Höhe über der Erdoberfläche wird nach Beendigung seiner Mission durch eine Rakete abgeschossen.

i) Wie groß muss die Auftreffgeschwindigkeit der Rakete sein, um den Satelliten gerade noch zu erreichen, wenn $g = g_h$ gilt und der Luftwiderstand vernachlässigt wird?
ii) Welche Zeit benötigt das Geschoß dazu?

Aufgabe 5 Die elektromagnetische Strahlung breitet sich mit Lichtgeschwindigkeit aus. Berechnen Sie die Zeit, die die IR-Strahlung der Erdoberfläche benötigt, um von einem Radiometer auf einem geostationären Satelliten registriert zu werden?

5.6 Lösungen

Aufgabe 1

i) Die Bahngeschwindigkeit beträgt:

200 km: $$V_h = \sqrt{\frac{9{,}81 \cdot (6{,}37 \cdot 10^6)^2 \, m \cdot m^2}{6{,}57 \cdot 10^6 s^2 \cdot m}} = 7{,}78 \text{ km} \cdot s^{-1},$$

$$T = \frac{2\pi \cdot 6{,}57 \cdot 10^6 \text{ m} \cdot s}{7{,}78 \cdot 10^3 \text{ m}} = \frac{41260 \text{ s}}{7{,}78} = 5303 \text{ s} = 88{,}4 \text{ min}$$

850 km: $V_h = 7{,}425 \text{ km} \cdot s^{-1}$

$T = 101{,}8 \text{ min}$

1000 km: $V_h = 7{,}35 \text{ km} \cdot s^{-1}$

$T = 104{,}95 \text{ min}$

1500 km: $V_h = 7{,}11 \text{ km} \cdot s^{-1}$

$T = 115{,}9 \text{ min}$

ii) Da der Satellit für das Erreichen einer Kreisbahn zwar die Geschwindigkeit von 7,97 km · s^{-1} haben muss, er aber entsprechend der Fallgesetze bis zum Erreichen derselben etwas an Geschwindigkeit verliert, ist die Bahngeschwindigkeit etwas kleiner als die 1. kosmische Geschwindigkeit (s. Hänsel 1993).

Aufgabe 2

i) Nach dem 3. Keplerschen Gesetz gilt:

$$r = \sqrt[3]{\frac{\gamma \cdot m_e \cdot T^2}{4\pi^2}} = \sqrt[3]{\frac{6{,}672 \cdot 10^{-11}\ \mathrm{N \cdot m^2 \cdot kg^{-2}} \cdot 5{,}98 \cdot 10^{24}\ \mathrm{kg} \cdot (86400\ \mathrm{s})^2}{4\pi^2}}$$

$$= 4{,}2255 \cdot 10^7\ \mathrm{m}$$

Daraus folgt: 42 255 km – 6370 km = 35 885 km

ii) $V_h = 3{,}06\ \mathrm{km \cdot s^{-1}}$

Aufgabe 3

i) Mit $a = \frac{v}{t} \rightarrow t = \frac{8 \cdot 10^3\ \mathrm{m}}{4 \cdot 9{,}81\ \mathrm{m \cdot s^{-2}}} = 163{,}1\ \mathrm{s}$

ii) Mit $v^2 = 2a \cdot s \rightarrow s = \frac{v^2}{2a} = \frac{64 \cdot 10^6\ \mathrm{m^2 \cdot s^{-2}}}{2 \cdot 5 \cdot 9{,}81\ \mathrm{m \cdot s^{-2}}} = 652{,}4\ \mathrm{km}$

Aufgabe 4

i) Mit $v^2 = 2g \cdot s \rightarrow v = \sqrt{2g \cdot s}$

$$v = \sqrt{2 \cdot 9{,}81\ \mathrm{m \cdot s^{-2}} \cdot 0{,}800 \cdot 10^6\ \mathrm{m}} = 3{,}96\ \mathrm{km \cdot s^{-1}}$$

ii) Mit $t = \frac{v}{g} \rightarrow t = \frac{3{,}96 \cdot 10^3\ \mathrm{m \cdot s^{-1}}}{9{,}81\ \mathrm{m \cdot s^{-2}}} = 403{,}7\ \mathrm{s}$

Aufgabe 5

i) $v = \frac{s}{t} \rightarrow t = \frac{s}{v} \cong \frac{36000\ \mathrm{km}}{300000\ \mathrm{km \cdot s^{-1}}} = 0{,}12\ \mathrm{s}$

Kräfte in einem rotierenden Bezugssystem

6

Nach dem 2. Newton'schen Axiom ruft eine auf ein Luftpartikel (Luftvolumen, das genügend viele Moleküle enthält) der Masse m wirkende Kraft **F** eine Beschleunigung **a** hervor, d. h.

$$m \cdot \mathbf{a} = \mathbf{F} \qquad \text{bzw.} \qquad m\frac{d\mathbf{V}}{dt} = \mathbf{F}, \tag{6.1}$$

wodurch sich seine Geschwindigkeit **V** ändert. Wirksame Kräfte sind die Druckgradient-, die Zentripetal- bzw. Zentrifugal-, die Coriolis- sowie die Schwer- und die Reibungskraft.

6.1 Die Gradientkraft

Infolge horizontaler und vertikaler Temperaturunterschiede variiert der Luftdruck im Meeresniveau, d. h., es existiert ein horizontaler Luftdruckunterschied in der Umgebung eines Luftteilchens. Dieser Druckgradient bewirkt eine Kraft, die dazu führt, dass sich das Teilchen von einem Gebiet höheren zu einem geringeren Luftdrucks bewegt, es also versucht, die Luftdruckunterschiede auszugleichen. Man bezeichnet diese Kraft als Druckgradientkraft, kurz Gradientkraft. Sie besitzt in zweidimensionaler Betrachtungsweise eine Horizontal- und eine Vertikalkomponente, da sich der Luftdruck sowohl im Meeresniveau als auch mit der Höhe ändert.

Zur Bestimmung der Gradientkraft **G** gehen wir in Anlehnung an Liljequist 1984 und gemäß Abb. 6.1 von zwei Isobarflächen aus: eine mit dem Druck p, die darüberliegende mit dem Druck p + d p. Des Weiteren betrachten wir ein Volumenelement in der Form eines kleinen rechtwinkligen Parallelepipeds mit der Grund- bzw. Deckfläche A (bzw. B) im Niveau p = const. und p + d p = const. sowie der Höhe dp (bzw. dn als Abstand zweier Isobarflächen).

Der Luftdruck wirkt auf alle Flächen des Parallelepipeds als Druck von außen. Seine Gesamtwirkung auf die Seitenflächen ist damit gleich null, denn die Druck-

B. Klose, *Meteorologie,* Springer-Lehrbuch, DOI 10.1007/978-3-662-43622-6_6

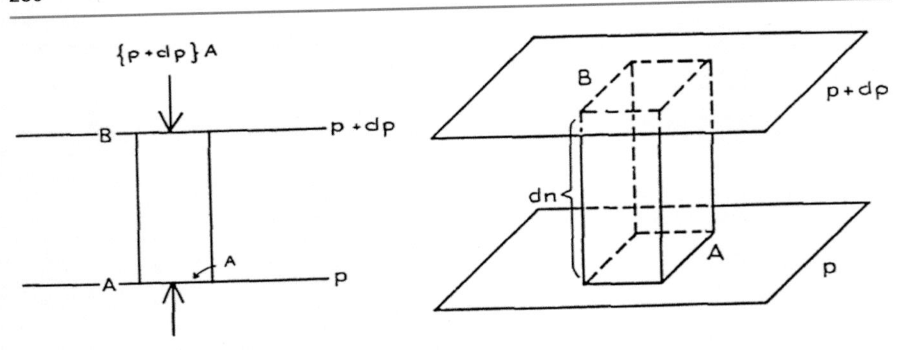

Abb. 6.1 Ableitung der Druckgradientkraft. (© Liljequist 1984)

kraft in einem Punkt auf einer Seitenfläche entspricht einer gleich großen, aber entgegengesetzt gerichteten Kraft auf der gegenüberliegenden Seitenfläche.

Auf die Grundfläche A wirkt die Kraft p · A, auf die Deckfläche die Kraft (p + dp) · A. Beide Kräfte sind entgegengesetzt gerichtet. Wählt man die Richtung der Druckzunahme als positive Richtung, so folgt nach Abb. 6.1

$$p \cdot A - (p + d\,p)A = -A \cdot d\,p. \tag{6.2}$$

Diese Gleichung drückt die Wirkung der Gradientkraft auf ein Luftteilchen mit dem Volumen A·dp (bzw. A · dn, wenn n die Richtung senkrecht zur Grundfläche ist) und der Masse m = ρ · A · dn aus. Dabei entspricht ρ = m/V der Luftdichte im Volumenelement. Für die Kraftwirkung, bezogen auf die Masseneinheit von einem Kilogramm, d. h. – A · dp/ρ · A · dn, erhält man damit unmittelbar

$$G = -\frac{1}{\rho}\frac{dp}{dn} \quad \text{bzw. für die Gradientkraft} \quad \mathbf{G} = -\frac{1}{\rho}\nabla p. \tag{6.3}$$

Das Minuszeichen besagt, dass die Kraft zur festgelegten positiven Bezugsrichtung entgegengesetzt wirkt, d. h., die Gradientkraft **G** ist vom höheren zum tieferen Druck gerichtet. Wird der Druck in $N \cdot m^{-2}$, der Abstand der Isobaren n in m und die Luftdichte in $kg \cdot m^{-3}$ gemessen, dann besitzt **G** die Maßeineinheit $N \cdot kg^{-1}$ und entspricht damit einer Beschleunigung.

6.1.1 Vertikalkomponente der Gradientkraft

Auf einer absoluten Topografie (Höhenlage einer ausgewählten Druckfläche) ist der Druck überall gleich groß, sodass die Gradientkraft **G** keine horizontale, sondern nur eine vertikale Komponente G_z besitzt, die gemäß (6.3) in der nachstehenden Form geschrieben werden kann:

$$G_z = -\frac{1}{\rho}\frac{dp}{dz} \tag{6.4}$$

Betrachtet man jetzt ein Volumenelement in der freien Atmosphäre mit einer Grund- und Deckfläche von jeweils 1 m^2, dann beträgt das Volumen $V = 1 \cdot dz$ und die Masse des Volumens $m = \rho \cdot 1 \cdot dz$. Neben der Druckgradientkraft $\mathbf{G}_z$, die auf das Volumenelement senkrecht nach oben wirkt (negatives Vorzeichen), wird das Teilchen von der Schwerkraft **g** beeinflusst, die nach unten gerichtet ist. Im Gleichgewichtsfall muss die Kraftwirkung beider Kräfte null sein, d. h., es gilt

$$-\frac{1}{\rho}\frac{dp}{dz} - g = 0 \tag{6.5}$$

Aus dieser Beziehung erhält man die hydrostatische Grundgleichung

$$\frac{dp}{dz} = -\rho g \quad \text{bzw.} \quad \frac{dp}{dz} = -\frac{g \cdot p}{R \cdot T}, \tag{6.6}$$

die für eine ruhende Atmosphäre gilt und die Änderung des Luftdrucks mit der Höhe beschreibt. Nimmt man für ein Höhenintervall dz die Schwerkraft als konstant an, dann ändert sich in Kaltluft ihrer größeren Dichte wegen der Druck mit der Höhe schneller als in Warmluft. Hydrostatisches Gleichgewicht bedeutet ein Gleichgewicht der Kräfte und damit eine konstante Geschwindigkeit, d. h., es können aber gleichbleibende Vertikalbewegungen auftreten.

Auch eine bewegte Atmosphäre verhält sich weitgehend hydrostatisch, von lokalen kurzzeitigen Ausnahmen abgesehen (z. B. Gewitter mit extremen Vertikalbewegungen). Damit spielt zur Beschreibung der allgemeinen Zirkulation die Vertikalkomponente der Druckgradientkraft G_z keine Rolle. Hierzu muss man die Horizontalkomponente der Gradientkraft G_h betrachten.

6.1.2 Horizontalkomponente der Gradientkraft

Die Horizontalkomponente der Gradientkraft wirkt in Übereinstimmung mit den vorangehenden Ausführungen senkrecht zu den Isobaren der Bodenwetterkarte in Richtung des tiefen Druckes

$$G_h = -\frac{1}{\rho}\frac{dp}{dn}, \tag{6.7}$$

wobei die auftretenden Luftdruckdifferenzen hauptsächlich eine Folge horizontaler Temperaturunterschiede (bzw. verschiedener Wasserdampfkonzentrationen der Luftmassen) sind oder durch dynamische Effekte (Konvergenzen und Divergenzen) hervorgerufen werden. Da sich jede Änderung einer Größe auf einer Fläche (hier Meeresniveau) mathematisch durch den Gradienten beschreiben lässt, gilt außerdem

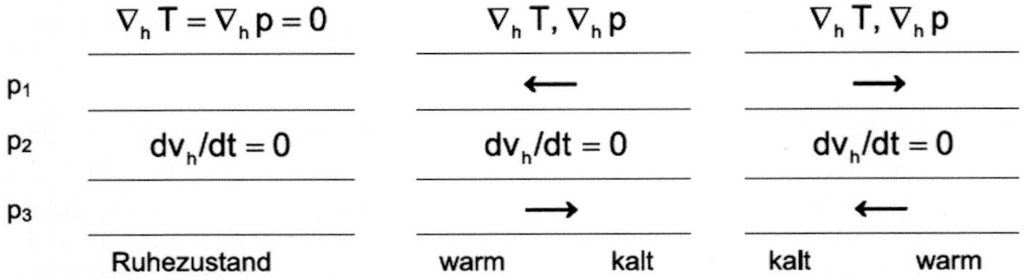

	$\nabla_h T = \nabla_h p = 0$	$\nabla_h T, \nabla_h p$	$\nabla_h T, \nabla_h p$
p_1		⟵	⟶
p_2	$dv_h/dt = 0$	$dv_h/dt = 0$	$dv_h/dt = 0$
p_3		⟶	⟵
	Ruhezustand	warm kalt	kalt warm

Abb. 6.2 Entstehung von Bewegungen aufgrund horizontaler Temperaturunterschiede

$$G_h = -\frac{1}{\rho}\nabla_h p. \tag{6.8}$$

Ein Vergleich der Komponenten G_z und G_h zeigt, dass bei einer vertikalen Luftdruckänderung von 1 hPa auf 8 m sowie einer horizontalen Änderung von 1 hPa auf 100 km der vertikale Gradient 10.000-mal größer als der horizontale ist. Obwohl die horizontale Gradientkraft damit einen sehr kleinen Betrag besitzt, vermag sie großräumige Bewegungen in Gang zu setzen und zu halten sowie Stürme und Orkane zu erzeugen.

Mittels der hydrostatischen Grundgleichung lässt sich zeigen, dass die Ursache aller Bewegungsvorgänge auf der Erde Temperatur- bzw. die mit ihnen verknüpften Druckunterschiede sind. Im großräumigen Maßstab resultieren horizontale Temperaturdifferenzen z. B. aus der unterschiedlichen Sonneneinstrahlung am Äquator und am Pol, während sie im kleinräumigen Maßstab unter anderem durch Küsteneffekte hervorgerufen werden.

Die aus dem Ruhezustand heraus entstehende Bewegung ist hierbei stets so gerichtet, dass sie einen Temperatur- und damit Druckausgleich bewirkt (s. Abb. 6.2). Sie erfährt nach ihrer Initiierung lediglich Modifikationen durch den Einfluss der Erdrotation und durch Reibungskräfte.

6.2 Die Schwerkraft

Die Schwerkraft, d. h. die Schwerebeschleunigung **g** bezogen auf die Einheitsmasse, ist sehr groß im Vergleich zu allen anderen in der Atmosphäre auftretenden Beschleunigungen. Sie resultiert zu einem großen Teil aus der Newton'schen Anziehungskraft der gewaltigen Erdmasse (~ 10^{29} kg) und zu einem kleinen Teil aus der Zentrifugalkraft der Erdrotation. Das Zusammenwirken beider Kräfte hat zu einer Abplattung der Erde geführt, sodass **g** senkrecht auf der Erdoberfläche steht und damit nicht genau zum Erdmittelpunkt zeigt. Die Schwerebeschleunigung **g** ist eine Funktion des Abstandes z von der Erdoberfläche und der geografischen Breite φ, wobei **g** für eine Breite von 45° als Normalschwerebeschleunigung $\mathbf{g}_N$ bezeichnet wird und einen Betrag von 9,80665 $m \cdot s^{-2}$ besitzt. In Vektorform lässt sich für $\mathbf{F}_G = -\mathbf{g}$ schreiben:

$$\mathbf{F}_G = 0\mathbf{i} + 0\mathbf{j} + m(-g)\mathbf{k} \tag{6.9}$$

6.3 Die Reibungskraft

Reibungskräfte treten in der Atmosphäre in Form von Schubspannungen auf und resultieren aus Scherungseffekten des Windfeldes, wobei Scherung nichts anderes als eine Änderung der Windgeschwindigkeit senkrecht zur Strömungsrichtung bedeutet. Damit bewirkt die Zunahme der Windgeschwindigkeit mit der Höhe eine vertikale Windscherung und folglich das Auftreten von Schubspannungen. Durch den vertikalen Impulsaustausch zwischen Schichten mit unterschiedlicher Strömungsgeschwindigkeit werden diese so miteinander verzahnt, dass absteigende Wirbel ihren größeren Horizontalimpuls an darunterliegende und aufsteigende Wirbel ihren geringeren Horizontalimpuls an darüberliegende Schichten abgeben. Hierdurch entsteht ein Tangentialdruck in bzw. entgegengesetzt der Strömungsrichtung, der durch den Geschwindigkeitsgradienten senkrecht zu dieser Richtung (hier die Höhe z) definiert wird (s. Bergmann-Schaefer 2001).

Für den einfachen Fall einer Strömung in x-Richtung, die in y-Richtung homogen ist und nur eine Änderung in z-Richtung besitzt, also V = (u, 0, 0), ergibt sich folgende Beziehung für den Tangentialdruck τ_{xz} (Flussdichte von x-Impuls in z-Richtung)

$$\tau_{xz} = \rho\left(k\frac{\partial u}{\partial z}\right) \quad \text{bzw.} \quad F_R = \frac{\partial u}{\partial z}\left(k\frac{\partial u}{\partial z}\right) \tag{6.10}$$

mit k als turbulenten Diffusionskoeffizienten, der ein Maß für den turbulenten Austausch, der sowohl dynamisch als auch thermisch erzeugt wird, darstellt.

6.4 Die Zentrifugal- und Corioliskraft

Obwohl die Gradientkraft eine Bewegung der Luftpartikel von hohen zu niedrigen Druckwerten bewirkt, erfolgt sowohl in Bodennähe als auch in der freien Atmosphäre die Luftströmung annähernd parallel zu den Isobaren. Verantwortlich hierfür ist die Corioliskraft, die infolge der Erdrotation auftritt und das Kräftegleichgewicht beeinflusst.

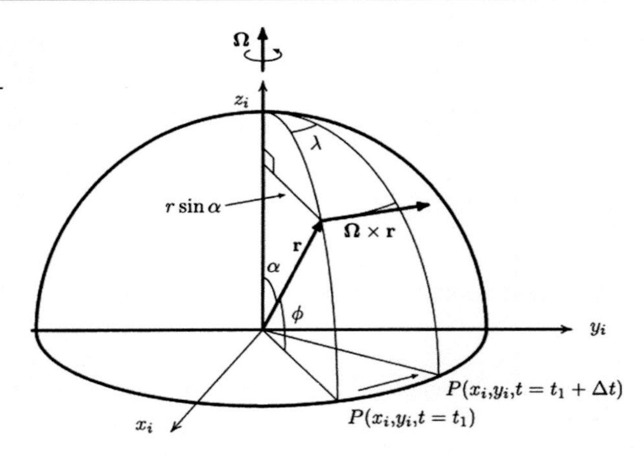

Abb. 6.3 Geografische Koordinaten. φ: geografische Breite, $a = (90° - \varphi)$: Breitenkomplement, λ: geografische Länge und Inertialsystem (r: Radiusvektor der Erde, Ω: Winkelgeschwindigkeit). (© Etling 1996)

6.4.1 Unterschiedliche Koordinatensysteme

Zum Rechnen verwendet man in der Meteorologie ein mit der Erdoberfläche fest verbundenes, also rotierendes und damit beschleunigtes geografisches Koordinatensystem (mit den Koordinaten λ(y), φ(x) und z), während die Newton'schen Axiome für ein Inertialsystem (nicht rotierend und damit unbeschleunigt, Ursprung im Erdmittelpunkt) gelten (s. Abb. 6.3). Will man also die Newton'schen Axiome auf ein erdgebundenes Koordinatensystem anwenden, muss man den Beschleunigungseffekt des erdgebundenen Koordinatensystems berücksichtigen, was über die Einführung von Scheinkräften (auch Trägheitskräfte genannt) geschieht. Hierzu gehören die Zentrifugal- und die Corioliskraft. Da wir die beiden Scheinkräfte über eine Differenzialgleichung für die Relativbewegung nach Etling (1996) ableiten, erhalten wir als Ergebnis Beschleunigungseffekte, nämlich die Zentrifugal- und die Coriolisbeschleunigung.

6.4.2 Zentrifugal- und Coriolisbeschleunigung

Man kann einen bestimmten Punkt auf der Erdoberfläche durch seine Position und den Ortsvektor (Erdradius) charakterisieren, dann bewegt er sich mit der Geschwindigkeit $\mathbf{v} = \mathbf{\Omega} \times \mathbf{r}$, wobei gilt

$$\mathbf{v} = \mathbf{\Omega} \times \mathbf{r} = \Omega r \sin\alpha = \frac{2\pi}{T_e} r \sin\alpha \tag{6.11}$$

mit $\mathbf{\Omega}$ als Vektor der Erdrotation und T_e als Zeit für eine Erdumdrehung. Der Ausdruck r sinα bzw. r cosφ entspricht dem Radius eines Breitenkreises (s. Abb. 6.4).

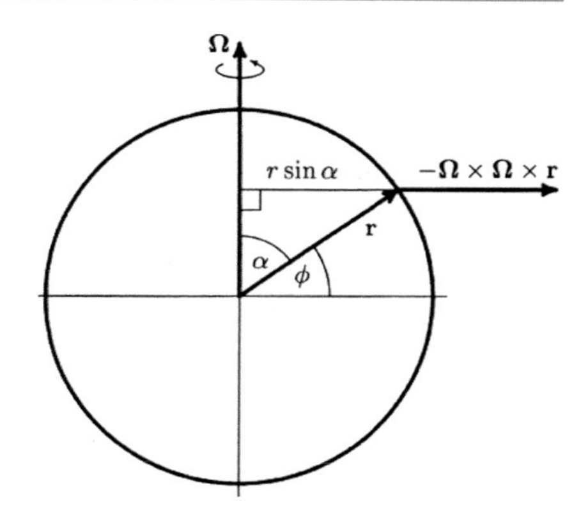

Abb. 6.4 Darstellung der Zentrifugalbeschleunigung. (© Etling 1996)

Wenn nun ein Luftteilchen relativ zur Erdoberfläche die Geschwindigkeit $\mathbf{v}_e$ hat, dann besitzt es im Inertialsystem die Geschwindigkeit $\mathbf{v}_i$, d. h., es gilt:

$$\mathbf{v}_i = \mathbf{v}_e + \boldsymbol{\Omega} \times \mathbf{r} \tag{6.12}$$

Gemäß der Differentation eines Vektorpoduktes nach einem Skalar folgt für eine zeitliche Änderung der Geschwindigkeit:

$$\left(\frac{d\mathbf{v}_i}{dt}\right)_i = \left(\frac{d\mathbf{v}_e}{dt}\right)_i + \left(\frac{d\Omega}{dt} \times \mathbf{r}\right) + \left(\Omega \times \frac{d\mathbf{r}}{dt}\right)_i \tag{6.13}$$

Dabei ist der zweite Ausdruck der rechten Seite null, wenn die Erdrotation als konstant angenommen wird. Für die Beschleunigungen im erdfesten System erhalten wir in Anlehnung an Reuter 1976 mit $(d\mathbf{r}/dt)_e = \mathbf{v}_e$

$$\left(\frac{d\mathbf{v}_i}{dt}\right)_i = \left(\frac{d\mathbf{v}_e}{dt}\right)_e + \Omega \times \mathbf{V}_e + \left(\Omega \times \frac{d\mathbf{r}}{dt}\right)_e + \Omega \times (\Omega \times \mathrm{r}) \tag{6.14}$$

bzw. unter Fortlassung des Index e die Beziehung

$$\left(\frac{d\mathbf{v}_i}{dt}\right)_i = \left(\frac{d\mathbf{v}}{dt}\right)_e + 2\Omega \times \mathbf{V} + \Omega \times (\Omega \times \mathrm{r}). \tag{6.15}$$

Folglich setzt sich die Beschleunigung im Inertialsystem aus der Beschleunigung im Relativsystem (Erde) sowie aus zwei Zusatzbeschleunigungen zusammen, die zum einen nach dem französischen Physiker Coriolis (1792–1843) als Coriolisbeschleunigung $\mathbf{a}_c$ und zum anderen als Zentrifugalbeschleunigung $\mathbf{a}_{zf}$ bezeichnet werden. Aus (6.14) folgt außerdem, dass eine beschleunigungsfreie Bewegung im Inertialsystem $(dv_i/dt)_i = 0$ im Relativsystem nicht beschleunigungsfrei ist, sondern es gilt

$$\left(\frac{d\mathbf{v}}{dt}\right) = -2\Omega \times \mathbf{v} - \Omega \times (\Omega \times \mathbf{r}). \tag{6.16}$$

Die Zentrifugalbeschleunigung $\mathbf{a}_{zf} = -\mathbf{\Omega}\times(\mathbf{\Omega}\times\mathbf{r})$ steht senkrecht auf den Vektoren $\mathbf{\Omega}$ und $\mathbf{\Omega}\times\mathbf{r}$, d. h., sie zeigt von der Erdachse weg. Ihr Betrag Ω^2 r sinα ist gleich dem Produkt aus Erdrotation $(\Omega = 2\pi / 23\text{h } 56 \text{ min } 4{,}091 \text{ s} = 7{,}292 \cdot 10^{-5} \text{s}^{-1})$ und Geschwindigkeit. Da r · sinα bzw. r · cosφ der Abstand eines Punktes der Erdoberfläche von der Erdachse ist, hat die Zentrifugalbeschleunigung ihren größten Wert am Äquator mit $\mathbf{\Omega}\times(\mathbf{\Omega}\times\mathbf{r})\big|_{max} = \Omega^2 r = (7{,}29 \cdot 10^{-5})^2 \cdot 6{,}371 \cdot 10^6 \text{ m} \approx 3 \cdot 10^{-2} \text{ m} \cdot \text{s}^{-2}$ und verschwindet an den Polen.

Die Resultierende aus der Gravitationskraft, die zum Erdmittelpunkt gerichtet ist, und der Zentrifugalkraft, die senkrecht auf der Bewegungsrichtung steht, ist die Schwerebeschleunigung **g**, für die in der Meteorologie ein Betrag von 9,81 m s^{-2} festgesetzt wurde.

6.4.3 Coriolisparameter

Der Vektor der Coriolisbeschleunigung $(-2\mathbf{\Omega}\times\mathbf{v})$ steht senkrecht auf der durch die Vektoren Ω und **v** aufgespannten Ebene und zeigt auf der Nordhalbkugel nach rechts (Südhalbkugel nach links) zur Bewegungsrichtung (s. Abb. 6.5), d. h., er kann nur die Richtung und nicht den Betrag der Geschwindigkeit beeinflussen. Aus diesem Grund bezeichnet man die Corioliskraft häufig als Scheinkraft. Unter der Wirkung der Coriolisbeschleunigung wird jedes sich in Richtung Osten (Westen) bewegende Luftteilchen äquatorwärts- (polwärts) abgelenkt.

Offensichtlich wird die Wirkung der Corioliskraft durch die Bildung von Ästuaren an Flussmündungen in Meere mit Gezeiten, so z. B. am Elbtrichter in Hamburg (s. Abb. 6.6). Bei Flut mit auflaufenden Wassermassen wird die linke Seite der Elbe

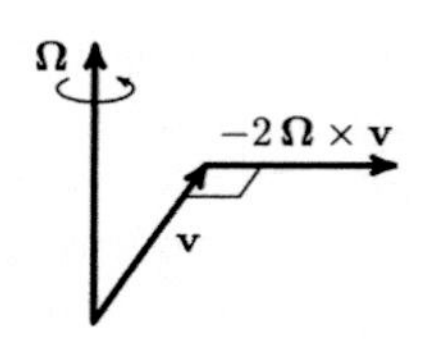

Abb. 6.5 Wirkung der Coriolisbeschleunigung. (© Etling 1996)

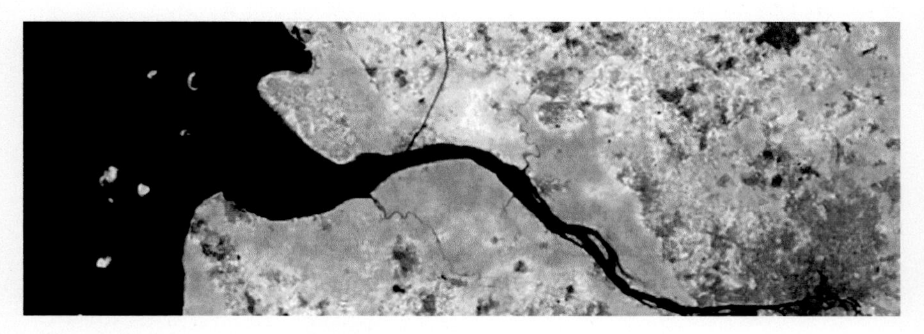

Abb. 6.6 Wirkung der Coriolisbeschleunigung auf die Elbmündung

Abb. 6.7 Mündungsgebiet der Lena. (© NASA (Internet 40))

und bei Ebbe mit Ausströmen ihre rechte Seite erodiert, da der Material- und Sedimenttransport geringer ist als die Wirkung der Tide. Fehlt die Gezeitenwirkung, entsteht dagegen ein Delta.

Ein wunderschönes Delta besitzt aus Satellitensicht hingegen die Lena, deren Wasser sich im hohen Norden in die Laptewsee ergießt (siehe Abb. 6.7).

In einem kartesischen Koordinatensystem, das tangential zur Erdoberfläche orientiert ist und bei dem die x-Achse parallel zu den Breitenkreisen nach Osten weist, lässt sich der Vektor der Erdrotation $\boldsymbol{\Omega}$ in einen horizontalen und vertikalen Anteil aufspalten (s. Abb. 6.7, 6.8), nämlich in

$$\boldsymbol{\Omega} = \Omega \cos\varphi\, \mathbf{j} + \Omega \sin\varphi\, \mathbf{k}. \tag{6.17}$$

Die Vertikalkomponente der Coriolisbeschleunigung $2\Omega\sin\varphi\, \mathbf{k}$ wird als Coriolisparameter bezeichnet und lautet damit

$$f = 2\Omega \sin\varphi. \tag{6.18}$$

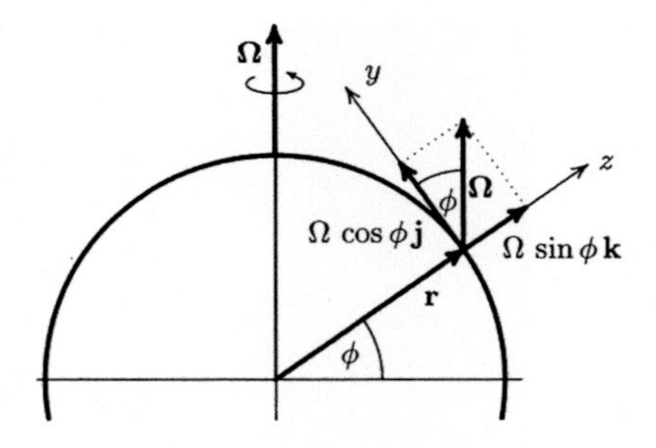

Abb. 6.8 Komponenten der Corioliskraft. (© Etling 1996)

In Determinantenschreibweise gilt für ein Vektorprodukt mit $\mathbf{v} = \mathbf{i}u + \mathbf{j}v + \mathbf{k}w$:

$$-2\Omega \times \mathbf{V} = \begin{vmatrix} \mathbf{i} & \mathbf{j} & \mathbf{k} \\ 0 & 2\Omega\cos\varphi & 2\Omega\sin\varphi \\ u & v & w \end{vmatrix}$$

$$= -(\mathbf{i}\ 2\Omega\cos\varphi\ w + \mathbf{j}\ 2\Omega\sin\varphi\ u - \mathbf{k}\ 2\Omega\cos\varphi\ u - \mathbf{i}\ 2\Omega\sin\varphi\ v)$$

Für den horizontalen Anteil der Coriolisbeschleunigung resultiert damit

$$fv\mathbf{i} - fu\mathbf{j} = f\,\mathbf{k} \cdot \mathbf{V}_h \quad \text{bzw.} \quad \mathbf{a}_c = 2\,\Omega \sin\varphi \cdot V_h. \qquad (6.19)$$

6.5 Übungen

Aufgabe 1 Skizzieren Sie für die Erdkugel die Ablenkung einer großräumigen Strömung infolge des Corioliseffektes und zeigen Sie, wo die Ablenkung am größten bzw. gleich null ist!

Aufgabe 2 Zeichnen Sie die Trajektorie eines Luftpartikels unter alleiniger Einwirkung der Corioliskraft!

Aufgabe 3 Der Erdrotation wegen addiert sich zur Schwerebeschleunigung g die ortsabhängige Komponente der Zentrifugalbeschleunigung $a_{zf}\cos\varphi$. Damit ist die effektive Schwerebeschleunigung g_{eff} nach Betrag und Richtung von der geographischen Breite φ abhängig.

Wie groß ist der Korrekturbetrag Δg für g in einer Breite von 50° N?

Aufgabe 4 Ein Fahrzeug mit der Masse m = 1000 kg fährt mit einer Geschwindigkeit $v = 72\ \text{km} \cdot \text{h}^{-1}$ von Süden nach Norden.

(i) Wie groß ist auf der geografischen Breite $\varphi = 50°$ N die Coriolisbeschleunigung und Corioliskraft?
(ii) Wie groß ist die Tangential- und Vertikalkomponente der Corioliskraft, wenn das Fahrzeug mit derselben Geschwindigkeit bei 50° N von West nach Ost fährt?

Aufgabe 5 Bestimmen Sie für eine Breite von 45° N und eine horizontale Windgeschwindigkeit $V_h = 10\ \text{m} \cdot \text{s}^{-1}$ die Druckgradient- und die Corioliskraft, wenn die horizontale Luftdruckänderung 1,1 hPa auf 100 km und die Luftdichte $\rho = 1{,}25\ \text{kg} \cdot \text{m}^{-3}$ beträgt!

6.6 Lösungen

Aufgabe 1
Da die Corioliskraft auf der Bewegungsrichtung (schwarzer Pfeil) nach rechts weist, wird beispielsweise aus einem Süd- Südwestwind (gestrichelter Pfeil) und aus einem Nord- ein Nordost- bzw. Nordwestwind auf der Nord- bzw. Südhalbkugel.

Am Äquator tritt keine Ablenkung der Strömungsrichtung auf, da $\sin 0° = 0$ ist (s. Pfeil Äquator), an den Polen ist dagegen eine zweifache Rotation zu beobachten.

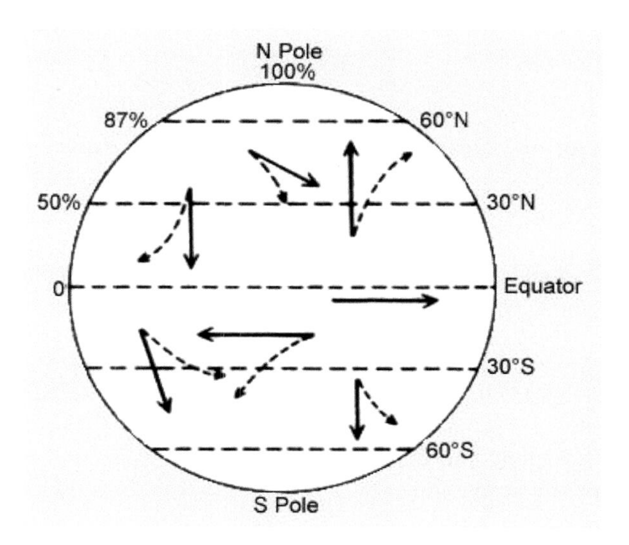

Aufgabe 2

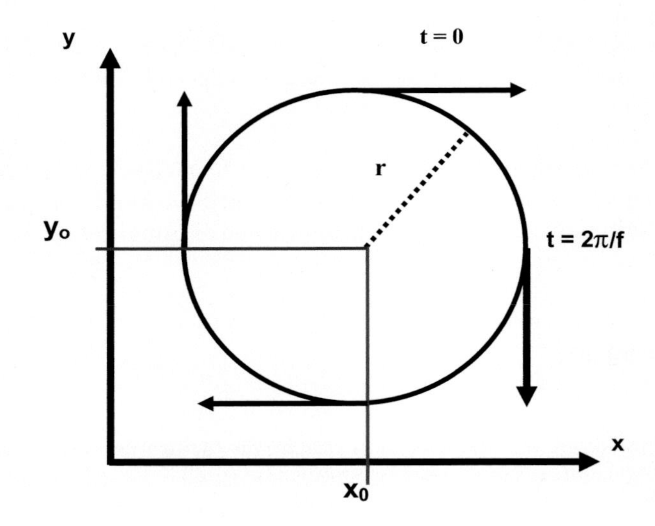

Die Trajektorie entspricht einem Trägheitskreis mit dem Radius r.

Aufgabe 3

Es gilt: $a_{zf} = \Omega^2 \cdot r \cdot \sin\alpha$ bzw. $a_{zf} = \Omega^2 \cdot r \cdot \cos\varphi = (2\pi/T_e)^2 r \cdot \cos\varphi$

$$r = 6370 \text{ km}, T_e = 23{,}93 \text{ h} = 86\,164 \text{ s}$$

$$\Delta g = a_{zf} \cdot \cos\varphi = (4\pi^2 / T_e^{\,2}) \cdot r \cdot \cos^2\varphi = 0{,}014 \text{ m} \cdot \text{s}^{-2}$$

Aufgabe 4

(i) $F_c = m \cdot 2\Omega \sin\varphi \cdot V_h = 2 \cdot 10^3 \text{kg} \cdot 20 \text{ m} \cdot \text{s}^{-1} \cdot 7{,}29 \cdot 10^{-5} \text{s}^{-1} \cdot \sin 50°$
$= 4 \cdot 10^4 \cdot 7{,}29 \cdot 10^{-5} \cdot 0{,}77 = 2{,}245 \text{ N (kg·m·s}^{-2})$

$a_c = F_c / m = 2{,}245 / 1000 = 2{,}24 \cdot 10^{-3} \text{N/kg} = 2{,}24 \cdot 10^{-3} \text{m} \cdot \text{s}^{-2}$

(ii) Bei einer Bewegung in Richtung Osten wirkt die Corioliskraft in Richtung der Zentrifugalkraft, sodass gilt:

$$F_c = m \cdot 2\Omega \sin\varphi \cdot V_h = 2{,}25 \text{ N}$$

$$F_c = m \cdot 2\Omega \cos\varphi \cdot V_h = 4 \cdot 10^4 \cdot 7{,}29 \cdot 10^{-5} \cdot 0{,}643 = 1{,}88 \text{ N}$$

Aufgabe 5

$$|G_h| = \frac{1}{\rho}\frac{dp}{dn} = \frac{1}{1{,}25}\cdot\frac{110}{10^5}\left(\frac{m^3\cdot kg\cdot m\cdot s^{-2}}{kg\cdot m\cdot m^2}\right) = 0{,}88\cdot 10^{-3}\,m\cdot s^{-2}$$

$$|C| = 2\Omega\sin\varphi\cdot V_h = 2\cdot 7{,}292\cdot 10^{-5}\,s^{-1}\cdot\sin 45°\cdot 10\ m\cdot s^{-1} = 1{,}03\cdot 10^{-3}\,m\cdot s^{-2}$$

Horizontale Bewegungsgleichungen 7

Die Eigenschaften strömender Flüssigkeiten oder Gase werden in detaillierter Form mittels hydrodynamischer Methoden untersucht. Da es sich hierbei um eine makroskopische Betrachtungsweise handelt, bleibt die thermische Bewegung der einzelnen Moleküle unberücksichtigt, und man leitet nur die mittlere Bewegung eines Volumenelements ΔV ab. Dazu ist die Kenntnis aller Kräfte notwendig, die auf das Volumenelement ΔV mit der Masse $\Delta m = \rho \cdot \Delta V$ wirken (s. Demtröder 1994).

Zur Beschreibung der Bewegungsvorgänge geht man dabei von den beiden ersten Newton'schen Axiomen aus, nach denen die auf einen Körper der Masse m wirkende Kraft $\mathbf{F}$ eine Beschleunigung $\mathbf{a} = d\mathbf{V}_h/dt$ hervorruft, also $m \cdot d\mathbf{V}_h/dt = \mathbf{F}$ mit $\mathbf{F} = \sum \mathbf{F}_i$ gilt, und die Summe aller wirkenden Kräfte zu einer Impulsänderung führt:

$$\frac{d}{dt}(m \cdot \mathbf{V}_h) = \sum_i \mathbf{F}_i \tag{7.1}$$

Als Grundlage der Hydrodynamik gilt die von Euler (1755) abgeleitete Bewegungsgleichung für ideale Gase, die in Vektorform für horizontale Strömungen lautet:

$$\frac{\partial \mathbf{V}_h}{\partial t} + (\mathbf{V}_h \cdot \nabla_h)\mathbf{V}_h + f\,\mathbf{k} \times \mathbf{V}_h = -\frac{1}{\rho}\nabla_h p. \tag{7.2}$$

Diese Gleichung spielt in der Meteorologie eine große Rolle, da in der Regel horizontale Strömungen betrachtet werden, was auf der Tatsache beruht, dass die Vertikalkomponenten von Geschwindigkeitsfeldern im Mittel sehr klein und damit vernachlässigbar sind.

B. Klose, *Meteorologie,* Springer-Lehrbuch, DOI 10.1007/978-3-662-43622-6_7

7.1 Der geostrophische Wind

Die Bewegung eines Luftpartikels wird in Bodennähe von der Gradient- und der Corioliskraft ($\mathbf{G}_h$ und $\mathbf{F}_c$ bzw. **C**), im Falle einer gekrümmten Bewegungsbahn zusätzlich von der Zentrifugalkraft $\mathbf{F}_{zf}$ und außerdem von der Reibungskraft $\mathbf{F}_R$ beeinflusst. In der freien Atmosphäre werden die Strömungsvorgänge dagegen allein von der Gradient- und der Corioliskraft bestimmt, die sich beide kompensieren, sodass $\mathbf{G}_h + \mathbf{F}_c = 0$ gilt. Damit reduziert sich die Gl. (7.2) auf die Relation

$$f\mathbf{k}\times\mathbf{V}_h = -\frac{1}{\rho}\nabla_h p. \tag{7.3}$$

Für die Windgeschwindigkeit $\mathbf{V}_h$ ergeben sich nach vektorieller Multiplikation der Gl. (7.3) mit dem vertikalen Einheitsvektor **k** mittels Entwicklungssatzes die nachstehenden Ausdrücke:

$$\mathbf{k}\times(\mathbf{k}\times\mathbf{V}_h) = -\frac{1}{\rho f}\mathbf{k}\times\nabla_h p \quad \text{bzw.} \quad \mathbf{V}_h = \frac{1}{\rho f}\mathbf{k}\times\nabla_h p \tag{7.4}$$

Gemäß Gl. (7.4) weht damit der Wind parallel zu den Isobaren (s. Abb. 7.1), und er wird für diesen Spezialfall als geostrophischer Wind $\mathbf{V}_g$ bezeichnet, also

$$\mathbf{V}_g = \frac{1}{\rho f}\mathbf{k}\times\nabla_h p. \tag{7.5}$$

Für seinen Betrag gilt in natürlichen Koordinaten: $V_g = \frac{1}{\rho\cdot f}\frac{dp}{dn}$

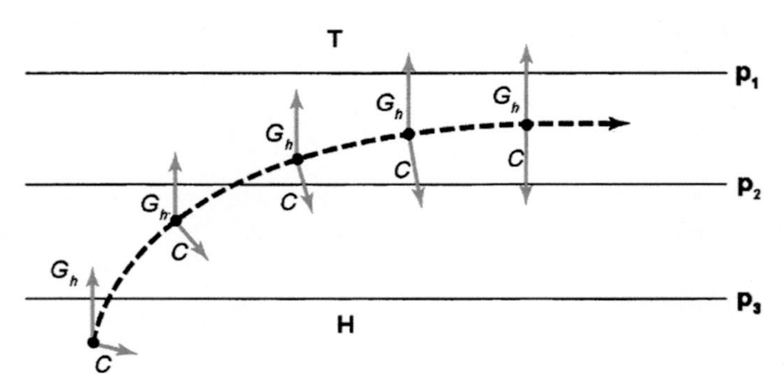

Abb. 7.1 Wirkung von Druckgradient $\mathbf{G}_h$- und Corioliskraft **C** auf ein anfangs in Ruhe befindliches Teilchen. (© modifiziert nach Etling 1996)

Der geostrophische Wind $\mathbf{V}_g$ ist somit ein horizontaler, beschleunigungsfreier Wind im Gleichgewicht zwischen Druckgradient- und Corioliskraft (s. Abb. 7.1), wobei in Strömungsrichtung gesehen auf der Nordhalbkugel der hohe Druck rechts, auf der Südhalbkugel links liegt. Er ist betragsmäßig umso größer, je dichter die Drängung der Isobaren und je niedriger die geographische Breite ist. Am Äquator verschwindet die Horizontalkomponente der Corioliskraft, sodass hier das geostrofische Windgesetz seine Gültigkeit verliert, d. h., die Luft fließt direkt vom Hoch- ins Tiefdruckgebiet. Die Abweichungen des aktuellen vom geostrophischen Wind betragen im Mittel 10 %, maximal 20 %. Wenn der Luftdruck p in $N \cdot m^{-2}$, die Luftdichte ρ in $kg \cdot m^{-3}$, der Isobarenabstand n in m und der Coriolisparameter f in s^{-1} angegeben wird, dann erhält man V_g in $m \cdot s^{-1}$.

Gemäß Abb. 7.1 bewirkt die horizontale Druckgradientkraft $\mathbf{G}_h$, dass sich ein Luftpartikel vom hohen in Richtung des tiefen Drucks in Bewegung setzt. Durch den Corioliseffekt wird dieses Partikel auf der Nordhalbkugel nach rechts abgelenkt, wobei sich der Effekt so lange verstärkt, bis sich ein Gleichgewicht zwischen beiden Kräften eingestellt hat. Das Konzept des geostrophischen Windes ist ein durchaus brauchbares für den wirklichen Wind in der freien Atmosphäre. Zu bedenken ist aber, dass in diesem Falle die Luft parallel zu den Isobaren strömt, weswegen kein Druckausgleich erfolgen kann und bereits existierende Druckgebilde eine unbegrenzte Lebensdauer besitzen würden.

7.2 Der Gradientwind

Bei einer Strömung um ein Hoch- bzw. Tiefdruckgebiet muss die Krümmung der Isobaren, d. h. die Wirkung der Zentrifugalkraft $\mathbf{F}_{zf}$ berücksichtigt werden. Im Falle eines stationären Tiefs bzw. Hochs mit kreisförmigen Isobaren ist die Gradientkraft **G** ins Zentrum des Druckgebietes bzw. aus diesem herausgerichtet. Die Zentrifugalkraft wirkt senkrecht zur Bewegungsrichtung, sodass sie bei zyklonaler Strömung die Gradientkraft teilweise kompensiert, sich bei antizyklonaler Strömung dagegen zu dieser addiert (s. Vektordarstellung in Abb. 7.2).

Damit gilt:

- zyklonale Strömung

$$\mathbf{C} = \mathbf{G} - \mathbf{F}_{zf} \qquad \text{d. h.} \qquad f\,\mathbf{V}_h = \frac{1}{\rho}\nabla_h p - \frac{\mathbf{V}_h^{\,2}}{r} \tag{7.6}$$

- antizyklonale Strömung

$$\mathbf{C} = \mathbf{G} + \mathbf{F}_{zf} \qquad \text{d. h.} \qquad f\,\mathbf{V}_h = \frac{1}{\rho}\nabla_h p + \frac{\mathbf{V}_h^{\,2}}{r} \tag{7.7}$$

Der Krümmungsradius r der Isobaren kann sowohl positiv (zyklonale Rotation) als auch negativ (antizyklonale Rotation) sein.

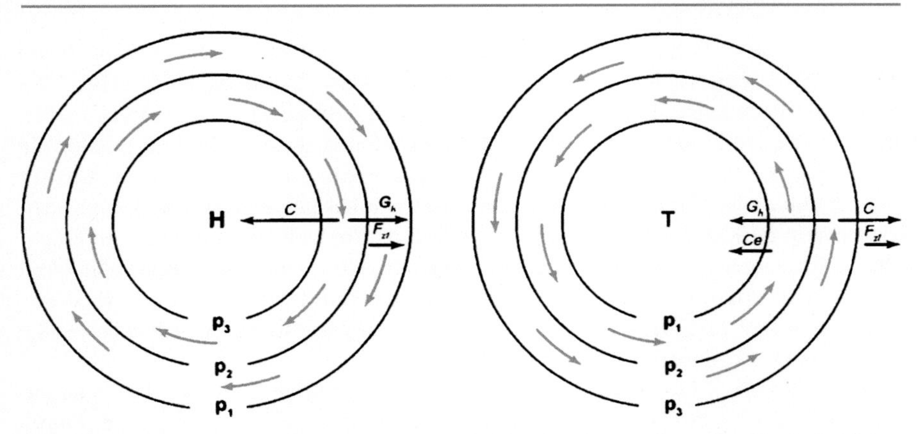

Abb. 7.2 Wirkung von Druckgradient- und Corioliskraft auf ein anfangs in Ruhe befindliches Teilchen. (© Etling 1996)

Letztlich erhält man zwei quadratische Gleichungen für den Betrag von $\mathbf{V}_h$. Löst man die erste Gl. (7.6) nach der Windgeschwindigkeit $\mathbf{V}_h$ auf, so folgt:

$$\mathbf{V}_h^{\,2} + f \cdot r \cdot \mathbf{V}_h - r\frac{1}{\rho}\nabla_h p = 0. \tag{7.8}$$

Als Wurzel der quadratischen Gleichung erhält man:

$$V_h = -\frac{fr}{2} \pm \sqrt{\left(\frac{fr}{2}\right)^2 + \frac{r}{\rho}\nabla_h p}. \tag{7.9}$$

Diese Gleichung besitzt zwei Lösungen, wobei die negative einer antizyklonalen Rotation um ein Tief entspricht. Eine solche Rotation tritt nur bei Klein- und Großtromben auf. Allerdings spielt in diesem Fall die Corioliskraft keine Rolle. Man kann deshalb von einer Lösung der obigen Gleichung mit einer negativen Wurzel absehen.

Die positive Lösung beschreibt die Windverhältnisse in großräumigen Tiefdruckgebieten, Sturmzyklonen sowie tropischen Orkanen und besitzt die Form:

$$V_h = -\frac{fr}{2} + \sqrt{\left(\frac{fr}{2}\right)^2 + \frac{r}{\rho}\nabla_h p} \quad \text{(Tiefdruckgebiet)} \tag{7.10}$$

Für eine antizyklonale Strömung (Gl. 7.7) resultiert:

$$V_h = +\frac{fr}{2} \pm \sqrt{\left(\frac{fr}{2}\right)^2 - \frac{r}{\rho}\nabla_h p} \tag{7.11}$$

Die Windgeschwindigkeit $\mathbf{V}_h$ ist in diesem Fall für beide Vorzeichen der Quadratwurzel positiv. Wenn r und G gegeben sind, existieren somit zwei Lösungen des Problems. In beiden Fällen muss der Ausdruck unter der Quadratwurzel gleich null sein, sodass bei einem gegebenen Krümmungsradius r die Gradientkraft nicht beliebig groß werden kann. Der Maximalwert der Gradientkraft wird vom Abstand r zum Mittelpunkt der Antizyklone bestimmt. Daher muss die Windgeschwindigkeit in der Nähe des Hochdruckzentrums schwach sein und mit zunehmendem Abstand von diesem wachsen. Andererseits kann in einer Antizyklone bei einer vorgegebenen Gradientkraft der Krümmungsradius einen bestimmten Wert nicht unterschreiten. Bei zyklonaler Strömung gibt es für die Gradientkraft (positives Vorzeichen unter der Wurzel) keine Beschränkung, d. h., sie kann auch im Zyklonenzentrum beliebig groß werden. In der Atmosphäre existiert für eine antizyklonale Strömung nur die Lösung mit negativem Vorzeichen vor der Wurzel:

$$V_h = +\frac{fr}{2} - \sqrt{\left(\frac{fr}{2}\right)^2 - \frac{r}{\rho}\nabla_h p} \quad \text{(Hochdruckgebiet)} \tag{7.12}$$

7.3 Der zyklostrophische Wind

Bei lokalen Zirkulationen spielt die Corioliskraft oftmals eine unbedeutende Rolle. Damit halten sich, abgesehen vom Reibungseinfluss, die Gradient- und die Zentrifugalkraft das Gleichgewicht, also

$$G_h = \frac{V_h^2}{r}, \quad \text{sodass gilt:} \tag{7.13}$$

$$V_h = \pm\sqrt{G_h \cdot r} \tag{7.14}$$

Die Lösung der Gleichung ist allein für $r > 0$ und $G > 0$ bzw. $r < 0$ und $G < 0$ reell und ungleich Null, wobei man nur bei einem positives Vorzeichen vor der Wurzel auch eine positive Geschwindigkeit berechnet. In beiden Fällen handelt es sich um ein Tiefdruckgebiet, das sowohl zyklonal als auch antizyklonal umströmt werden kann, was bei Sand- und Staubteufeln sowie Tornados auch zu beobachten ist.

7.4 Trägheitsströmungen

Bei einer Trägheitsströmung besteht ein Gleichgewicht zwischen der Coriolis- und Zentrifugalkraft, d. h., es gilt formal

$$f V_h = \frac{V_h^2}{R}, \quad \text{und damit ist} \quad |\mathbf{V}_h| = R\,f \quad \text{bzw.} \quad R = \frac{V_h}{f}. \tag{7.15}$$

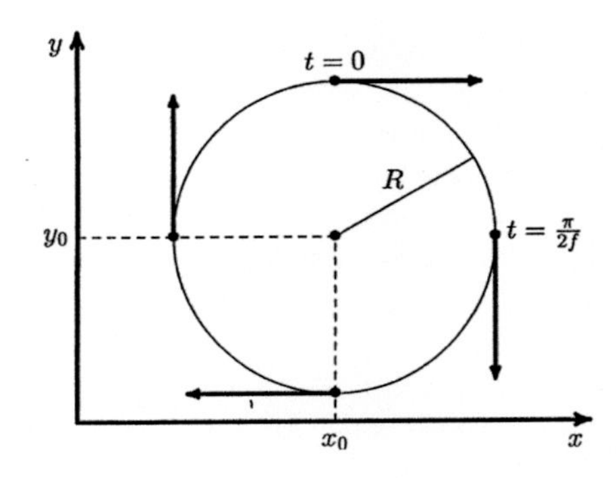

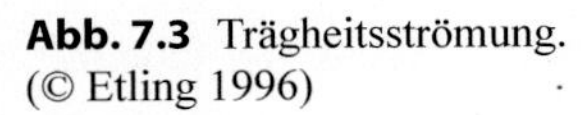
Abb. 7.3 Trägheitsströmung. (© Etling 1996)

Eine Trägheitsströmung ist eine kreisförmige antizyklonale Bewegung auf einem Trägheitskreis mit dem Trägheitsradius R (s. Abb. 7.3). Wegen $f = 2\Omega\sin\varphi$ werden derartige Strömungen am Äquator nicht beobachtet. Am Pol rotiert der Windvektor dagegen mit $2\Omega(\sin\varphi = 1)$, d. h., es treten zwei Rotationen pro Tag auf.

Damit beträgt die Zeit für einen Umlauf $T = 2\pi/f = \pi/(7{,}292 \cdot 10^{-5}\,s^{-1} \cdot \sin\varphi)$, die sogenannte Trägheitsperiode z. B. für 45° Breite 16,9 h. In 30° Breite sind es bereits 23,9 h. Trägheitsströmungen werden sowohl in der Atmosphäre in Verbindung mit dem Tagesgang des Windvektors bzw. beim Überströmen von Hindernissen als auch im Ozean oberhalb der Sprungschicht beobachtet.

7.5 Der Bodenwind

Zur Beschreibung des Windfeldes nahe der Erdoberfläche sind sowohl der geostrofische Wind als auch der Gradientwind ungeeignet, da beide einer reibungsfreien, isobarenparallelen Strömung entsprechen. Innerhalb der planetarischen Grenzschicht führt aber gerade die Reibung infolge der Rauigkeit der Erdoberfläche zu einem Ein- bzw. Ausströmen der Luftmassen in eine Zyklone bzw. aus einer Antizyklone heraus (s. Abb. 7.4), wodurch die in der Regel vorhandenen Druckgegensätze allmählich ausgeglichen werden.

Die Reibungskraft F_R ist unter einem kleinen Winkel, der in erster Näherung vernachlässigt werden kann, dem Windvektor entgegengerichtet und der Windgeschwindigkeit proportional. In Kombination mit der Corioliskraft bewirkt sie eine Balance der Gradientkraft, sodass das in Abb. 7.5 gegebene Kräftegleichgewicht besteht.

Damit wird der Bodenwind gegenüber dem geostrophischen Wind nach links abgelenkt und betragsmäßig reduziert ($\approx \frac{1}{2} V_g$). Die Luft strömt infolge der Bodenreibung unter einem Winkel gegen den tiefen Druck. Man charakterisiert die Abweichung der Strömung vom geradlinigen Verlauf durch den sogenannten Ablenkungswinkel α, der über Land 20 bis 40° und 10 bis 20° über dem Meer beträgt.

Da sich in der freien Atmosphäre der Wind annähernd geostrophisch verhält, muss nach den oben dargelegten Bedingungen der Bodenwind mit der Höhe nach rechts drehen und dem Betrag nach zunehmen.

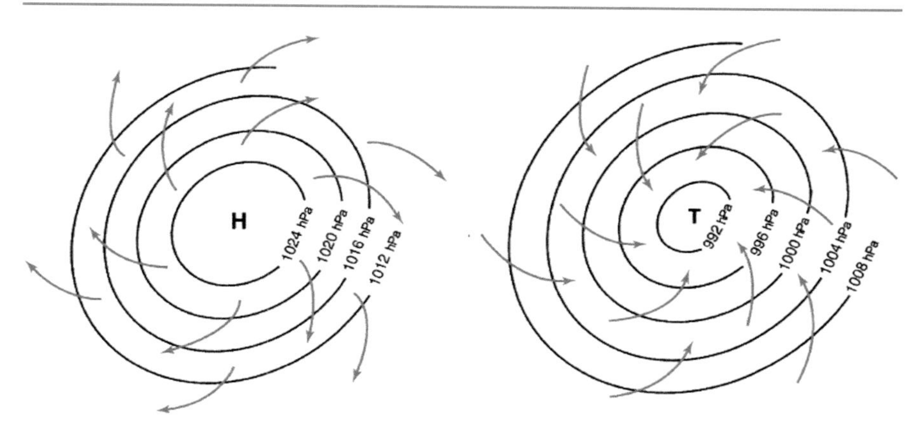

Abb. 7.4 Strömungsverhältnisse in einem Hoch- und Tiefdruckgebiet. (© nach Moran 1997)

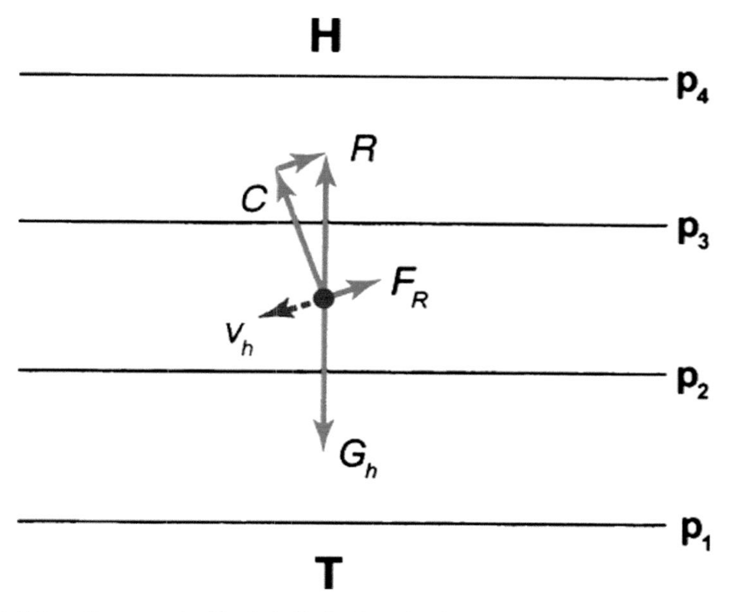

Abb. 7.5 Vektordiagramm der Kräfte in Erdbodennähe. (© nach Moran 1997)

Dass der Ausgleich von Druckgegensätzen relativ langsam vonstatten geht, beruht auf einem Kompensationseffekt unterhalb der Tropopause, wonach bei bodennahen Konvergenzen (Divergenzen) seitliches Ausströmen (Einströmen) von Luft aus dem (in das) entsprechende(n) Druckgebilde auftritt.

7.6 Übungen

Aufgabe 1 Skizzieren Sie für die Nord- und Südhalbkugel bei konzentrischen Isobaren die Strömung um ein Tief- bzw. Hochdruckgebiet sowie die Richtung aller wirksamen Kräfte.

Aufgabe 2 Zeigen Sie, dass bei einem Gradienten von 1 hPa/100 km ($\rho = 1{,}25$ kg · m^{-3}) für eine Breite von 50° N die Windgeschwindigkeit im Falle zyklonaler (antizyklonaler) Isobarenkrümmung ($r = 1000$ km) ca. 10 % kleiner (größer) als bei geradlinigem Isobarenverlauf ist.

Aufgabe 3 Das Orkantief Anatol erreichte in der Nacht vom 3. zum 4. Dezember 1999 seinen tiefsten Kerndruck mit 952 hPa über Südschweden. Die höchsten Windgeschwindigkeiten wurden auf seiner Südseite über der Deutschen Bucht, dem südlichen Dänemark und dem nördlichen Schleswig-Holstein registriert.

Bestimmen Sie anhand der vorliegenden Wetterkarte für die Bodenstation südlich des Kerns (mit $p = 970{,}6$ hPa, $t = 6$ °C) den Abstand zwischen den Isobaren 960 und 970 hPa, und ermitteln Sie den geostrophischen Wind V_g sowie den Bodenwind V_h (Betrag und Rictung). Welche Sturmböen können auftreten?

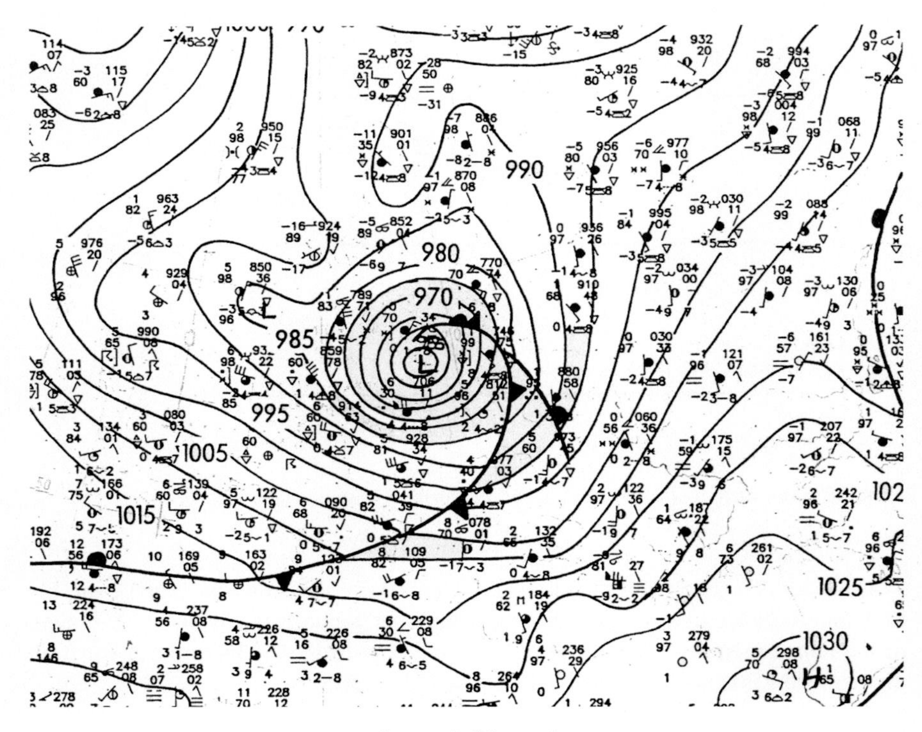

Sturmtief Anatol

Aufgabe 4

(i) Bestimmen Sie für das Orkantief Carolin (s. Abb. unten), das am 27. Oktober 2004 einen ungewöhnlichen Kerndruck von 953 hPa über den östlichen Atlantik erreichte, für die 976 hPa-Isobare südlich vom Kern den Radius r des Tiefdruckgebietes.

(ii) Berechnen Sie die Luftdichte für eine Temperatur von 7 °C und einen Druck von 1008 hPa sowie den Coriolisparameter f für eine Breite von 45°.

(iii) Ermitteln Sie den geostrophischen Wind und den Bodenwind nach Richtung und Betrag.

(iv) Welche maximalen Böen sind zu erwarten?

(v) Berechnen Sie die Gradientkraft und den zyklostrophischen Wind, interpretieren Sie seine verminderte Stärke gegenüber V_g.

(vi) Berechnen Sie die Krümmungsvorticity.

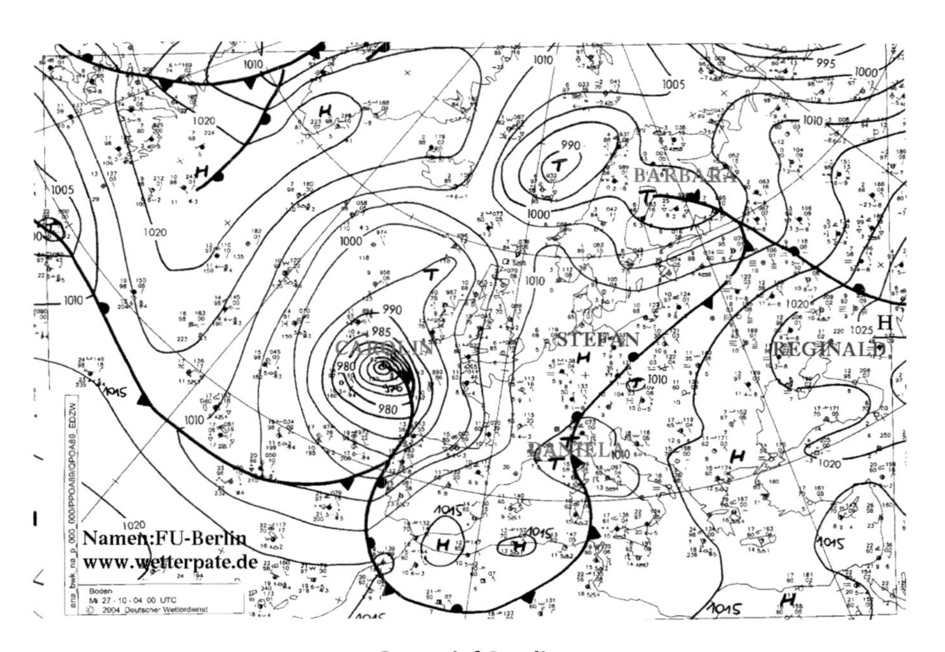

Sturmtief Carolin

7.7 Lösungen

Aufgabe 1 Siehe Abb. 7.2

Aufgabe 2

$$V_g = \frac{1}{\rho \cdot f}\frac{dp}{dn} = \frac{1}{1,25 \cdot 1,117 \cdot 10^{-4}}\frac{100}{10^5}\left(\frac{m^3 \cdot kg \cdot m \cdot s^{-2}}{kg \cdot s^{-1} \cdot m \cdot m^2}\right) = \frac{10 m \cdot s^{-1}}{1,25 \cdot 1,117} = 7,16 m \cdot s^{-1}$$

$$V_{h,zyklonal} = -\frac{fr}{2} + \sqrt{\left(\frac{fr}{2}\right)^2 + \frac{r}{\rho}\nabla_h \rho}\left(\sqrt{\frac{m^2}{s^2} + \frac{m \cdot m^3 \cdot kg \cdot m \cdot s^{-2}}{kg \cdot m^2 \cdot m}}\right)$$

$$V_{h,zyklonal} = -55,85 + \sqrt{(55,85)^2 + \frac{10^3}{1,25}}(\sqrt{m^2 \cdot s^{-2}}) = 6,75 \text{ m} \cdot s^{-1}$$

$$V_{h,\,antizyklonal} = +\frac{fr}{2} - \sqrt{\left(\frac{fr}{2}\right)^2 - \frac{r}{\rho}\nabla_h p} = +55,85 - \sqrt{(55,85)^2 - 800} = 7,69 \text{ m} \cdot s^{-1}$$

Damit ist die Windgeschwindigkeit bei zyklonalem (antizyklonalem) Isobarenverlauf mit $V_{h,zyklonal} = 6,75 m \cdot s^{-1}$ kleiner bzw. mit $V_{h,antizyklonal} = 7,69 m \cdot s^{-1}$ größer als bei geradlinigem Verlauf ($V_g = 7,16$ m · s^{-1}).

Aufgabe 3

$$f = 2\omega \sin\varphi = 2 \cdot 7,292 \cdot 10^{-5} \cdot s^{-1} \cdot \sin 55° = 1,195 \cdot 10^{-4} s^{-1}$$

$$\rho = p/RT = 96500/(287 \cdot 279,15) = 1,204 kg \cdot m^{-3}$$

$$dp = 10\,hPa = 1000\,Pa, \quad dn = 0,35 : x = 3,8 : 1112 \text{ (im Original)}, \quad x = 102,4\,km$$

$$V_g = (1/\rho\, f) \cdot \nabla_h p = \frac{1}{1,25 \cdot 1,195 \cdot 10^{-4}} \cdot \frac{1000}{102,4 \cdot 10^3} = 65,4 m \cdot s^{-1} \text{ aus West} = V_{Bö}$$

$$\text{Bodenwind} : 250°, V_h = 0,8 \cdot V_g = 52,3 m \cdot s^{-1}$$

Aufgabe 4

(i) $r \sim 259,1 km$ $\left(\text{mit } R_{Erde} = 6374 km\right)$
(ii) $7°C = 280,15$ K $\rho = 1,25 kg \cdot m^{-3}$ $f = 2\Omega \sin\varphi = 1,03 \cdot 10^{-4} s^{-1}$
$V_g = 68,9 m \cdot s^{-1} = 248 km \cdot h^{-1}$, seine Richtung beträgt 260°.
(iii) $V_{Boden} = 55,04 m \cdot s^{-1} = 198,4$ km · h^{-1}, seine Richtung beträgt 240°.
(iv) $V_{bö} = V_g + 20\% \sim 69$ m · s^{-1} + 14 m · s^{-1} = 83 m · s^{-1}.
(v) $G = 7,1 \cdot 10^{-3} m \cdot s^{-2}$
(vi) $V_h = (Gr)^{1/2} = 42,9$ m · s^{-1} sowie
(vii) $\zeta_{Ks} = 2,7 \cdot 10^{-4} s^{-1}$.

8 Eigenschaften von Geschwindigkeitsfeldern

Mathematisch wird als Feld die räumliche Verteilung einer Größe oder einer physikalischen Eigenschaft verstanden. Zu den wichtigsten meteorologischen Zustandsgrößen gehören der Druck, die Temperatur, der Wind und die Feuchte, sodass man folglich von einem Luftdruckfeld (dargestellt in der Bodenwetterkarte) bzw. einem Temperatur-, Feuchte- und Windfeld sprechen kann. Alle diese Felder sind zeitlich und räumlich veränderlich, was sich anhand eines Vergleichs von Vorhersagekarten leicht nachweisen lässt.

8.1 Konvergenz und Divergenz

Betrachtet man ein horizontales Strömungsfeld, stellt man häufig eine Änderung der Strömungsgeschwindigkeit längs einer horizontalen Achse bzw. eine Abweichung der Strömungsrichtung vom geradlinigen Verlauf fest. Zur Beschreibung dieser Eigenschaften des Stromfeldes wurden die Begriffe Richtungs- und Geschwindigkeitsdivergenz geprägt, die in Abb. 8.1 veranschaulicht sind. Allgemein ausgedrückt bedeutet Divergenz eines Windfeldes, dass die Luft oder andere Größen auseinanderströmen. Ist das in Bodennähe der Fall, so muss aus Kompensationsgründen Luft aus der freien Atmosphäre absinken, wenn die Luftdichte nicht abnehmen und der Bodenluftdruck nicht fallen soll. Konvergenz (allgemein als negative Divergenz deklariert) beinhaltet im Gegensatz dazu ein Zusammenströmen der Luftmassen verbunden mit vertikalem Aufsteigen. Damit sind beide Eigenschaften des horizontalen Stromfeldes eng mit Vertikalbewegungseffekten verknüpft. Die Horizontaldivergenz eines Stromfeldes ist sehr klein und besitzt in der Regel eine Größenordnung von $10^{-5}\ s^{-1}$.

Außerdem treten in Verbindung mit Strömungsdivergenzen und -konvergenzen in der freien Atmosphäre Beschleunigungseffekte auf. Bei divergierenden Isobaren wirkt auf das sich bewegende Luftteilchen eine schwächer werdende Gradientkraft. Infolge einer gewissen Trägheit kann es sich dem veränderten Kräfteverhältnis aber nicht sofort anpassen. Seine Geschwindigkeit ist somit etwas größer als dem Wert

B. Klose, *Meteorologie,* Springer-Lehrbuch, DOI 10.1007/978-3-662-43622-6_8

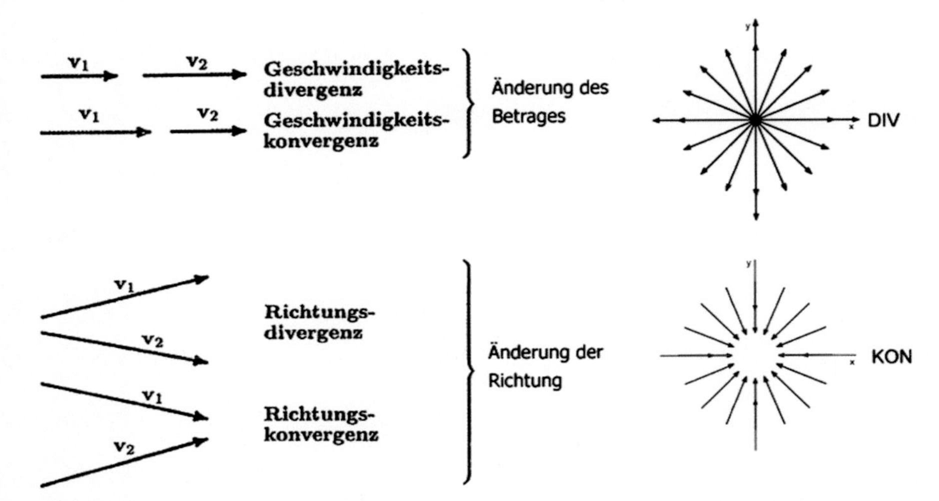

Abb. 8.1 Divergenzen und Konvergenzen eines horizontalen Strömungsfeldes. (© modifiziert nach Etling 1996)

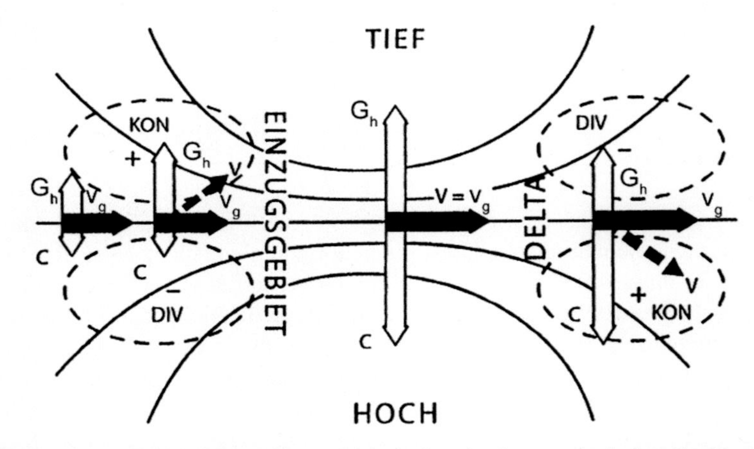

Abb. 8.2 Isohypsenfeld (schwarze dünne Linien) eines hochtroposphärischen Strahlstroms mit Kräfte-(*leere Pfeile*) und Geschwindigkeitsverteilung (*schwarze dicke Pfeile*) im Konvergenz- und Divergenzgebiet im Vergleich zum geradlinigen Isohypsenverlauf. (© Warnecke 1997)

der Gradientkraft entspricht, sodass es durch die Einwirkung der Corioliskraft nach rechts (also in Richtung des hohen Druckes) abgelenkt wird. Im Falle konvergierender Isobaren ist die Geschwindigkeit des Teilchens hingegen stets etwas kleiner als es die Gradientkraft erfordert, so dass es sich nach links bewegt, was durch den gestrichelten schwarzen Pfeil in Abb. 8.2 dargestellt ist. Geschwindigkeitsdivergenzen verknüpft mit Beschleunigungseffekten sind typisch für das Isohypsenfeld eines hochtroposphärischen Strahlstroms, das man in ein Einzugsgebiet und ein Delta unterteilt.

Nach den obigen Ausführungen nimmt gemäß Abb. 8.2 im Einzugsgebiet die Windgeschwindigkeit infolge des sich verstärkenden Druckgradienten zu, sodass die Luftpartikel in Richtung des tiefen Druckes ausweichen. Durch diesen ständigen Abtransport von Masse setzt in Bodennähe etwa 300 km südlich vom Einzugsgebiet Druckfall ein. Im Deltabereich wird hingegen der entgegengesetzte Effekt beobachtet. Hier weichen die Luftpartikel nach rechts aus, was zu Druckanstieg in Bodennähe führt. Damit ist ein Mechanismus gefunden, der zur Bildung von Tief- und Hochdruckgebieten in den gemäßigten Breiten führt.

8.1.1 Horizontaldivergenz als Skalarprodukt

Die Horizontaldivergenz div$\mathbf{V}_h$ ist eine skalare Größe und lässt sich durch Anwendung des Nabla-Operators auf den zweidimensionalen Vektor $\mathbf{V}_h$ als Skalarprodukt

$$\nabla \cdot \mathbf{V}_h = \mathrm{div}\mathbf{V}_h = \frac{\partial u}{\partial x} + \frac{\partial v}{\partial y} \tag{8.1}$$

darstellen, wobei u der West-Ost- und v der Nord-Süd-Komponente des Windes entsprechen (vgl. auch Reuter 1976). Eine Divergenz des Horizontalwindes liegt vor, wenn u mit x und v mit y zunehmen oder wenn u mit x zu- und v mit y abnimmt, aber die Summe insgesamt positiv bleibt.

8.1.2 Horizontaldivergenz in natürlichen Koordinaten

Verwendet man ein Koordinatensystem, das sich mit den Luftpartikeln mitbewegt (s. Abb. 8.3), dann lässt sich die Horizontaldivergenz in zwei Komponenten zerlegen, nämlich in eine Geschwindigkeits- und eine Richtungsdivergenz:

$$\mathrm{div}\mathbf{V}_h = \frac{\partial \mathbf{V}_h}{\partial s} + \mathbf{V}_h \frac{\partial \alpha}{\partial n} \tag{8.2}$$

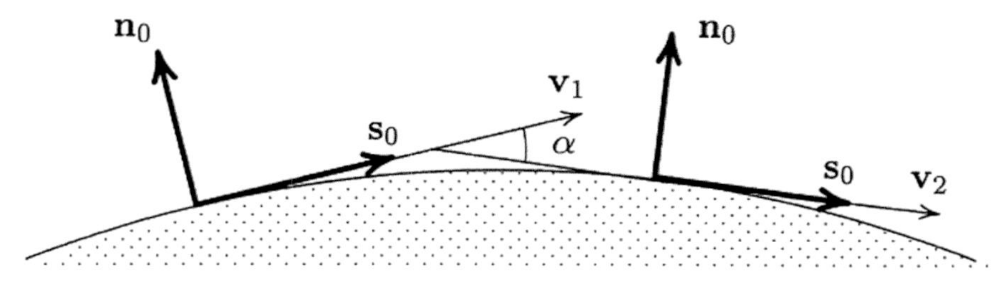

Abb. 8.3 Natürliches Koordinatensystem (s_0: Einheitsvektor in Strömungsrichtung, n_0: Einheitsvektor in Richtung normal zum Geschwindigkeitsvektor, α: Richtungsänderung zwischen den Vektoren v_1 und v_2). (© Etling 1996)

Der erste Term in Gl. (8.2) entspricht einer Geschwindigkeitsänderung des Luftpartikels längs der Stromlinie s, also einer Geschwindigkeitsdivergenz. Diese ist positiv, wenn die Geschwindigkeit in Strömungsrichtung zu- und negativ (Konvergenz), wenn sie abnimmt. Der zweite Term bezieht sich auf die Richtungsänderung der Stromlinie. Ändert sich die Richtung α zwischen den Vektoren $\mathbf{v}_1$ und $\mathbf{v}_2$ im zyklonalen (antizyklonalen) Sinn, so erhalten wir einen positiven (negativen) Beitrag zur Horizontaldivergenz.

Beide Terme der Horizontaldivergenz haben häufig unterschiedliche Vorzeichen. So geht aus Abb. 8.2 beispielsweise hervor, dass im Bereich einer Konfluenzzone Richtungskonvergenz bei gleichzeitiger Geschwindigkeitsdivergenz auftritt, während im Delta Richtungsdivergenz in Verbindung mit einer Geschwindigkeitskonvergenz beobachtet wird.

Sind mit den Divergenzeigenschaften des Stromfeldes Massenänderungen verknüpft, muss man den Massenerhaltungssatz für ein Luftvolumen, die Kontinuitätsgleichung, betrachten, deren Ableitung im Kap. 8.4 erfolgt.

8.2 Krümmungs- und Scherungsvorticity

Die Bezeichnung Vorticity drückt die Wirbelhaftigkeit einer Strömung aus, sodass die relative Vorticity ξ den Drehsinn eines Luftteilchens um seine vertikale Achse beschreibt und damit ein differenzielles Maß für die Rotationsbewegung einer Strömung ist. Sie lässt sich mathematisch durch ein Vektorprodukt definieren und anhand einer Determinante nach der Sarrus'schen Regel berechnen:

$$\nabla \times \mathbf{V}_h = \mathrm{rot}\mathbf{V}_h = \frac{\partial v}{\partial x} - \frac{\partial u}{\partial y} \tag{8.3}$$

Eine Strömung besitzt somit einen zyklonalen, d. h. positiven Drehsinn, wenn ihre v-Komponente mit x wächst und ihre u-Komponente mit y abnimmt.

So haben z. B. für ein Tief mit einem Radius $r = 1000$ km und einer konstanten Windgeschwindigkeit von $10\ \mathrm{m \cdot s^{-1}}$ gemäß Abb. 8.4 die beiden Terme der relativen Vorticity eine Größenordnung von

$$\frac{\partial v}{\partial x} = 10\ \mathrm{m \cdot s^{-1}}/1000\ \mathrm{km} = 10^{-5}\,\mathrm{s^{-1}}$$

$$-\frac{\partial u}{\partial y} = 10\ \mathrm{m \cdot s^{-1}}/1000\ \mathrm{km} = 10^{-5}\,\mathrm{s^{-1}}$$

sodass wir insgesamt eine relative Vorticity ξ von $2 \cdot 10^{-5}\ \mathrm{s^{-1}}$ erhalten.

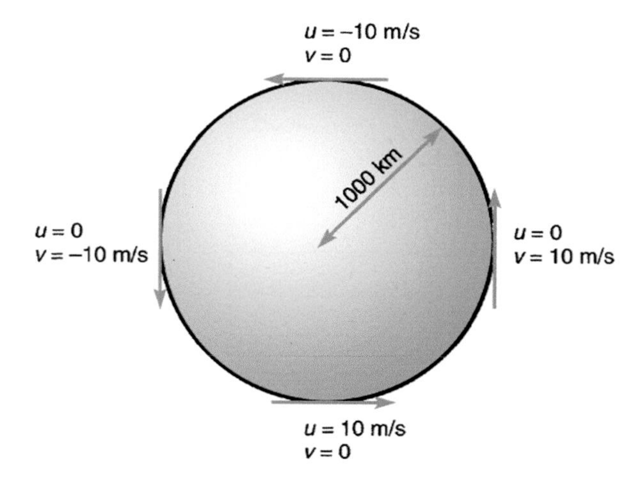

Abb. 8.4 Komponenten der Windgeschwindigkeit zur Bestimmung der relativen Vorticity. (© nach Moran 1997)

8.2.1 Krümmungs- und Scherungsvorticity in natürlichen Koordinaten

Neben der Krümmung der Stromlinien führt auch eine Änderung der Windgeschwindigkeit quer zur Strömungsrichtung (Windscherung) zur Produktion von Vorticity, wie die nachstehende Gleichung demonstriert:

$$\xi = -\frac{\partial V_h}{\partial n} + \frac{V_h}{r} \tag{8.4}$$

Im Falle einer Abnahme der Geschwindigkeit quer zum tiefen (hohen) Druck entsteht gemäß Gl. (8.4) zyklonale bzw. antizyklonale Scherungsvorticity $-\partial V_h/\partial n > 0$ bzw. $-\partial V_h/\partial n < 0$. Da r dem Krümmungsradius der Stromlinie entspricht, bedingt $r < 0$ eine rechts- und $r > 0$ eine linksdrehende Strömung. Folglich wird der erste Term in Gl. (8.4) als Scherungs- und der zweite Term als Krümmungsvorticity bezeichnet (vgl. Abb. 8.5).

Eine Drehung der Windrichtung gegen den Uhrzeigersinn bedeutet somit Zuwachs von positiver, eine antizyklonale Rotation dagegen von negativer Vorticity. Folgt also ein Luftteilchen einer gekrümmten Isobare, erlangt es positive oder negative Vorticity, wobei die Vorticitywerte am größten im Zentrum einer Zyklone oder Antizyklone sind, weil hier der Krümmungsradius klein ist. Im Bereich eines Strahlstromes treten infolge starker Windscherung quer zur Strömungsachse neben Geschwindigkeitsdivergenzen stets große Beträge der Scherungsvorticity auf.

Will man den Einfluss der Erdrotation mit berücksichtigen, erhält man die absolute Vorticity η:

$$\eta = f + \frac{\partial v}{\partial x} - \frac{\partial u}{\partial y} \quad \text{bzw.} \quad \eta = f + \xi \tag{8.5}$$

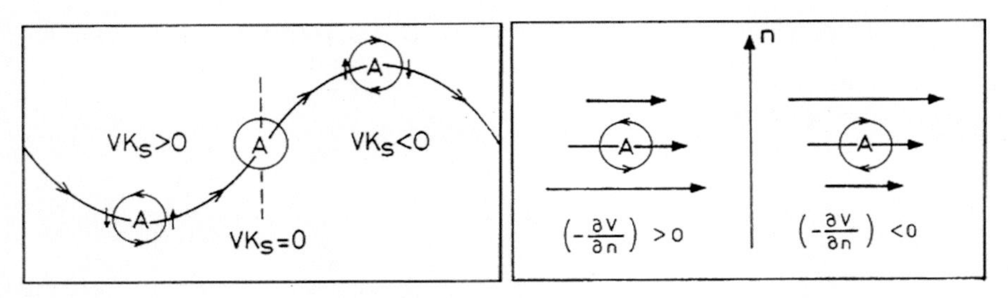

Abb. 8.5 Krümmungs- und Scherungsvorticity (K_s entspricht der Stromlinienkrümmung). (© Kurz 1990)

8.3 Zirkulation

Die Vorticity ist ein Maß für den Drehsinn einer Strömung, der positiv (zyklonal) oder negativ (antizyklonal) sein kann. Treten z. B. in einer Strömung Gebiete mit positiver und negativer Vorticity abwechselnd auf, so ist ihr Drehsinn null. Zur Ermittlung des gesamten Drehsinns einer Strömung verwendet man ein integrales Maß, die sogenannte Zirkulation C. Man definiert sie folgendermaßen:

$$C = \oint_S V \cdot ds \quad \text{mit} \quad V \cdot ds = |V||ds|\cos(\angle V, V_s) = V_s \tag{8.6}$$

Hier stellen V ein Geschwindigkeitsfeld und S eine beliebig geschlossene Kurve in diesem Feld dar, die eine ebene Fläche F umranden (s. Abb. 8.6).

Gemäß Gl. (8.6) und Abb. 8.6 ist die Zirkulation längs einer Kurve S das Integral der Geschwindigkeitskomponente in Richtung des Tangenteneinheitsvektors

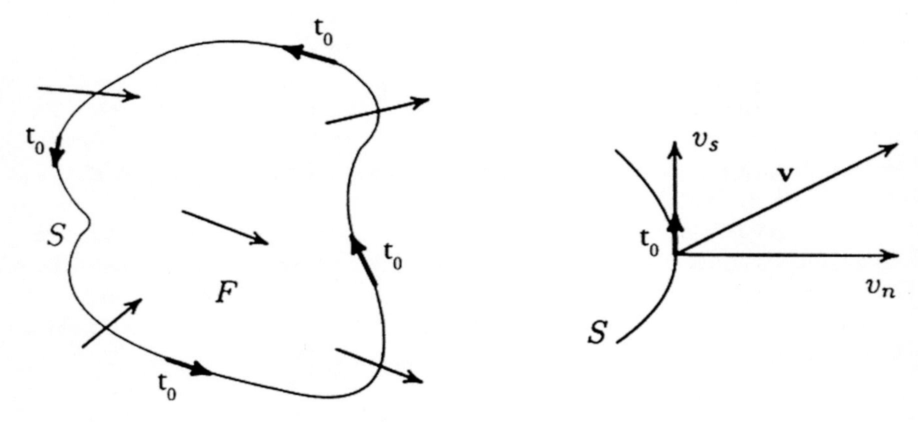

Abb. 8.6 Zirkulation längs einer geschlossenen Kurve S. (© Etling 1996)

(Tangentialgeschwindigkeit v_s) entlang der geschlossenen Kurve S selbst. Für den Drehsinns gilt:

- $C > 0$ linksdrehend (zyklonal)
- $C < 0$ rechtsdrehend (antizyklonal)

8.4 Kontinuitätsgleichung

Da makroskopische Masse weder erzeugt noch vernichtet werden kann, muss der Nettofluss durch ein Volumenelement δx δy δz, d. h. die Differenz zwischen dem Ein- und Ausströmen von Masse durch die Seiten, gleich der zeitlichen Massenakkumulation innerhalb des Volumenelementes sein.

Der Massenimport bzw. -export in x-Richtung eines kartesischen Koordinatensystems ist nach Abb. 8.7 durch folgenden Zusammenhang gegeben:

$$\rho u \delta y \delta z \quad \text{bzw.} \quad \left(\rho u + \frac{\partial}{\partial x} \rho u \delta x \right) \delta y \delta z \tag{8.7}$$

Die Differenz beider Ströme liefert den Nettofluss in x-Richtung:

$$-\frac{\partial}{\partial x} \rho u \delta x \delta y \delta z \tag{8.8}$$

Analoge Beziehungen findet man für die Ströme in y- und z-Richtung, sodass sich für den Nettofluss in das Volumen folgender Beitrag ergibt:

$$-\left(\frac{\partial}{\partial x}(\rho u) + \frac{\partial}{\partial y}(\rho v) + \frac{\partial}{\partial z}(\rho w) \right) \delta x \delta y \delta z \tag{8.9}$$

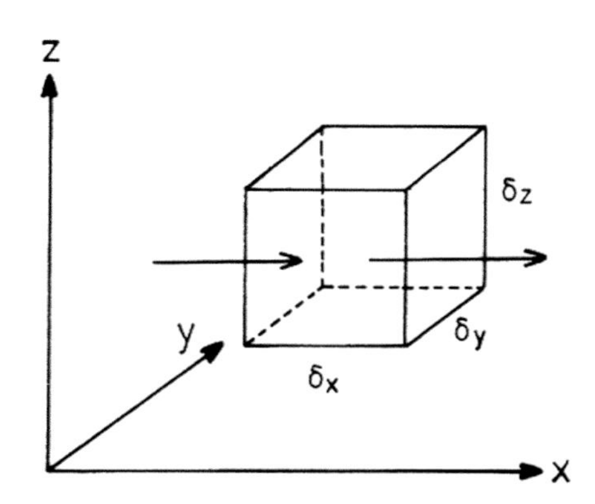

Abb. 8.7 Nettofluss durch ein Volumenelement. (© Kurz 1990)

Dividiert man durch das Volumen, folgt ein Nettofluss in das Volumen, der gleich der lokalen zeitlichen Dichteänderung innerhalb des Volumens sein muss, nämlich Gl. (8.10)

$$\frac{\partial \rho}{\partial t} = -\left(\frac{\partial}{\partial x}(\rho u) + \frac{\partial}{\partial y}(\rho v) + \frac{\partial}{\partial z}(\rho w) \right). \tag{8.10}$$

Gleichung (8.10) wird als Kontinuitätsgleichung bezeichnet, die besagt, dass bei Massendivergenz (positives Vorzeichen) die Dichte lokal abnimmt, während sie bei Massenkonvergenz (negatives Vorzeichen) zunimmt. Spaltet man die Ausdrücke ρu, ρv und ρw auf, so ergibt sich eine Beziehung für die lokale zeitliche Dichteänderung, die in Vektorschreibweise die Dichteadvektion (erster Term in Gl. (8.11)) und Winddivergenz (zweiter Term in Gl. (8.11)) enthält, nämlich

$$\frac{\partial p}{\partial t} = -\nabla \cdot V\rho = -V \cdot \nabla\rho - \rho\nabla \cdot V \quad \text{bzw.} \quad \frac{\partial p}{\partial t} + \nabla \cdot V\rho = -\rho\nabla \cdot V \tag{8.11}$$

Da die linke Seite der Gl. (8.11) der Euler'schen Zerlegung, angewandt auf die Dichte, entspricht, kann für die individuelle zeitliche Änderung der Dichte geschrieben werden:

$$\frac{1}{\rho}\frac{dp}{dt} = -\nabla \bullet V \tag{8.12}$$

In einem inkompressiblen Medium, in dem die individuelle zeitliche Änderung der Dichte gleich null ist, vereinfacht sich die Kontinuitätsgleichung zu

$$(\nabla \cdot \mathbf{V}) = 0 \tag{8.13}$$

Dies ist eine häufig verwendete Form der Kontinuitätsgleichung.

8.5 Übungen

Aufgabe 1

(i) Berechnen Sie für die Breite zwischen 50 und 60° N (Breitenkreisabstand 111,2 km) bei einer geostrophischen Südströmung die mittlere isobare Geschwindigkeitsdivergenz, wenn sich der Betrag des geostrophischen Windvektors von 24,3 m $\cdot$ s^{-1} in 50° N auf 29,7 m $\cdot$ s^{-1} in 60° N ändert!

(ii) Diskutieren Sie die Eigenschaft der Horizontaldivergenz im Bereich von Konfluenz- und Diffluenzzonen!

Aufgabe 2 In einem westlichen Strahlstrom tritt im Achsenbereich eine Windgeschwindigkeit von 70 m $\cdot$ s^{-1} auf. Nördlich der Jetachse verringert sich die Geschwindigkeit um 40 $m \cdot s^{-1}$ auf einer Distanz von 500 km. Südlich der Achse nimmt sie um 30 $m \cdot s^{-1}$ auf die gleiche Entfernung ab. Berechnen Sie den Wert der Scherungsvorticity!

Aufgabe 3

(i) Bestimmen Sie für eine konstante horizontale Geschwindigkeitsdivergenz $\mathrm{div}V_h$ die bis zu einer Höhe von z = 1 km auftretende Vertikalbewegung v_z, wenn gilt:

$$v_z = -\int_0^z \mathrm{div}V_h \, dz \quad \text{mit} \quad \mathrm{div}V_h = -5 \cdot 10^{-5} s^{-1} = \text{const.}$$

(ii) In eine kreisförmige Zyklone mit einem Radius r = 1000 km = 10^6 m, d. h. mit einer Fläche $F = \pi r^2 = \pi(10^6)^2 m^2$, fließt in Bodennähe Luft mit einer radialen Geschwindigkeit $v_r = -5 \, m \cdot s^{-1}$ (Konvergenz) in Richtung Kern. Berechnen Sie die horizontale Geschwindigkeitsdivergenz $\mathrm{div}v_h$, wenn gilt:

$$\mathrm{div}V_h = \frac{1}{F}\frac{dF}{dt} \quad \text{mit} \quad \frac{dF}{dt} = 2\pi r \cdot v_r.$$

Aufgabe 4 Beim Durchgang einer Kaltfront steigt der Luftdruck innerhalb einer Stunde von 1000 auf 1005 hPa, und die Temperatur sinkt gleichzeitig von 10 °C auf 5 °C ab. Gemäß der Zustandsgleichung für ideale Gase gilt $p = \rho RT$ und damit $\rho = p/RT$, sodass für die lokale zeitliche Dichteänderung folgt:

$$\frac{1}{\rho}\frac{\partial \rho}{\partial t} = \frac{1}{p}\frac{\partial p}{\partial t} - \frac{1}{T}\frac{\partial T}{\partial t}.$$

Berechnen Sie die Massenkonvergenz, die proportional zur lokalen zeitlichen Dichteänderung ist!

8.6 Lösungen

Aufgabe 1

(i) Scherungsvorticity: $\mathrm{div}V_h = dV_h/ds$

$$\Delta V_h = 5{,}4 m \cdot s^{-1}$$

$\Delta s = 10° = 1112 \text{ km} = 1112000 \text{ m}$, also

$$\mathrm{div}V_h = 5{,}4 m \cdot s^{-1}/1112000 m = 0{,}000004856 \, s^{-1} = 0{,}4856 \cdot 10^5 s^{-1}$$

(ii) s. Text zu den Abb. 8.1 und 8.2.

Aufgabe 2

$$\frac{\partial V_h}{\partial n} = -\frac{-40}{500 \cdot 10^3} = 8 \cdot 10^{-5}\,s^{-1}$$

$$\frac{\partial V_h}{\partial n} = -\frac{-30}{500 \cdot 10^3} = 6 \cdot 10^{-5}\,s^{-1}$$

Aufgabe 3

(i) $$v_z = -\int_0^z \mathrm{div}\,V_h\,dz \quad \text{mit} \quad \mathrm{div}V_h = -\,5 \cdot 10^{-5}\,s^{-1} = \text{const.}$$

$$v_z = -\int_0^1 (-5) \cdot 10^{-5}\,s^{-1}\,dz, \quad v_z = 5 \cdot 10^{-5}\,s^{-1} \int_0^1 dz.$$

$$v_z = 5 \cdot 10^{-5}\,s^{-1} \cdot 1000\text{ m} + 0 = 0{,}05\text{ m} \cdot s^{-1}$$

(ii) $$\mathrm{div}V_h = \frac{1}{F}\frac{dF}{dt} \quad \text{mit} \quad \frac{dF}{dt} = 2\pi \mathbf{r}\mathbf{v}_\mathbf{r}$$

$$\mathrm{div}V_h = \frac{2 \cdot v_r}{r} = \frac{2 \cdot (-5)\text{m} \cdot s^{-1}}{10^6\text{ m}} = -10^{-5}\,s^{-1}$$

Aufgabe 4

$$\frac{1}{\rho} \cdot \frac{\partial \rho}{\partial t} = \frac{1}{p} \cdot \frac{\partial p}{\partial t} - \frac{1}{T} \cdot \frac{\partial T}{\partial t}$$

$$\frac{1}{100000\text{ Pa}} \cdot \frac{500\text{ Pa}}{3600\text{s}} - \frac{1}{283{,}15\text{ K}} \cdot \frac{-5\text{ K}}{3600\text{ s}} = 6{,}3 \cdot 10^{-6}\,s^{-1}$$

9 Luftmassen und Wetterlagen

Temperaturmessungen zeigen, dass in der freien Atmosphäre der meridionale Temperaturgradient nicht konstant ist, sondern neben Gebieten mit relativ einheitlich temperierter Luft, z. B. zwischen dem Äquator und 25° Nord bzw. Süd, Übergangszonen mit einem beträchtlichen meridionalen Gradienten (7–10 K/1000 km) existieren. Zur Dokumentation dieser Gegebenheiten hat man deshalb eine Klassifikation der Luftmassen und ihrer Übergangszonen konzipiert.

Als Luftmassen bezeichnet man im Allgemeinen großräumig dimensionierte Luftmengen, die eine horizontale Ausdehnung von 500 km und mehr sowie eine vertikale Erstreckung von 1 km und darüber aufweisen. Sie besitzen annähernd homogene Eigenschaften bezüglich der Temperatur und des vertikalen Temperaturgradienten (damit auch der Schichtungs- und Bewölkungsverhältnisse) sowie der spezifischen Feuchte und des Gehaltes an Beimengungen (also hinsichtlich der Sichtweite). Für die stark baroklinen Übergangszonen zwischen den Luftmassen wurden in Abhängigkeit von ihrer Breite die Begriffe Front (100 km) für den bodennahen Bereich und Frontalzone (1000 km) für die freie Atmosphäre geprägt.

Der Charakter einer Luftmasse wird durch die Art der Quelle, ihre Modifikation bei der Verlagerung sowie ihr Alter bestimmt. So müssen Luftmassen im Quellgebiet über längere Zeit (mindestens 3 bis 5 Tage) gleichen Strahlungs- und Austauschbedingungen unterliegen. Wichtige Faktoren hierbei sind die geografische Breite des Quellgebietes, die Art des Untergrundes (Land oder Meer, Eis- oder Schneedecke) und das Drucksystem selbst. Es sollte quasistationär sein und eine schwach divergente Strömung aufweisen, was beispielsweise für dynamische Hochdruckgebiete zutrifft. Als Quellgebiete betrachtet man heute

- die **Tropenzone** mit ihrer nahezu gleichförmigen Strahlungsbilanz und einheitlichen Verteilung der Wassertemperaturen,
- die **Arktis,** die hohe Albedowerte, eine Eisbedeckung und zeitweilig ebenfalls eine gleichförmige Strahlungsbilanz aufweist,
- die **Subtropen** als bevorzugter Bereich dynamischer Hochdruckgebiete,
- die **thermischen Antizyklonen** Kanadas und Sibiriens im Winter und

B. Klose, *Meteorologie,* Springer-Lehrbuch, DOI 10.1007/978-3-662-43622-6_9

- die **maritime Subarktis** als Gebiet der Zyklonentätigkeit über dem Nordatlantik und -pazifik, über denen die winterlichen Kaltluftmassen der Kontinente beim Übertreten aufs Meer durch Aufnahme fühlbarer und latenter Wärme nachhaltig modifiziert werden.

9.1 Luftmassenklassifikation nach Scherhag

Der von Scherhag 1948 vorgelegten Klassifikation für Europa liegt die ursprüngliche Einteilung der Luftmassen in Tropik- und Polarluft gemäß Polarfronttheorie zugrunde, obwohl in der Regel nur Luftmassen aus dem Bereich der subtropischen Hochdruckgebiete bzw. der subpolaren Tiefdruckrinne nach Mitteleuropa fließen. Bei ihrem Transport werden sie in Abhängigkeit vom Untergrund entsprechend modifiziert. Man unterteilt daher die beiden Hauptluftmassen anhand der Temperatur in

- arktische Polarluft P_A, Polarluft P, gealterte Polarluft P_T und in
- afrikanische Tropikluft T_S, Tropikluft T, gemäßigte Tropikluft T_P.

Eine weitere Differenzierung erfolgt nach dem **Feuchtigkeitsgehalt**, d. h. in Bezug auf die **kontinentalen** (c) bzw. **maritimen** (m) Entstehungsgebiete der Luftmassen:

- kontinentale arktische Polarluft cP_A, maritime arktische Polarluft mP_A
- kontinentale Polarluft cP, maritime Polarluft mP
- gealterte kontinentale Polarluft cP_T, gealterte maritime Polarluft mP_T
- kontinentale Tropikluft (aus der Sahara) cT_S, maritime Tropikluft (aus der Sahara) mT_S
- kontinentale Tropikluft cT, maritime Tropikluft mT
- gealterte kontinentale Tropikluft cT_P, gealterte maritime Tropikluft mT_P

Der Zustrom dieser Luftmassen ist an bestimmte Wetterlagen geknüpft, die man anhand ihrer Zirkulationsform und der Hauptströmungsrichtung zu Großwettertypen zusammenfassen kann, wobei Westlagen (vgl. Tab. 9.1 und Abb. 9.1) in Mitteleuro-

Tab. 9.1 Häufigkeit der Großwettertypen 1961–1990. (Gerstengarbe 1999)

Großwettertyp	Absolute Häufigkeit	Relative Häufigkeit (%)
West (w)	3006	27,4
Hoch Mitteleuropa (hm)	1742	15,9
Nord (n)	1611	14,7
Kontinentaler Osttyp (e)	1596	14,6
Süd (s)	1072	9,8
Nordwest (nw)	766	7,0
Südwest (sw)	763	7,0
Tief Mitteleuropa (tm)	248	2,3
Unbestimmt (u)	153	1,4

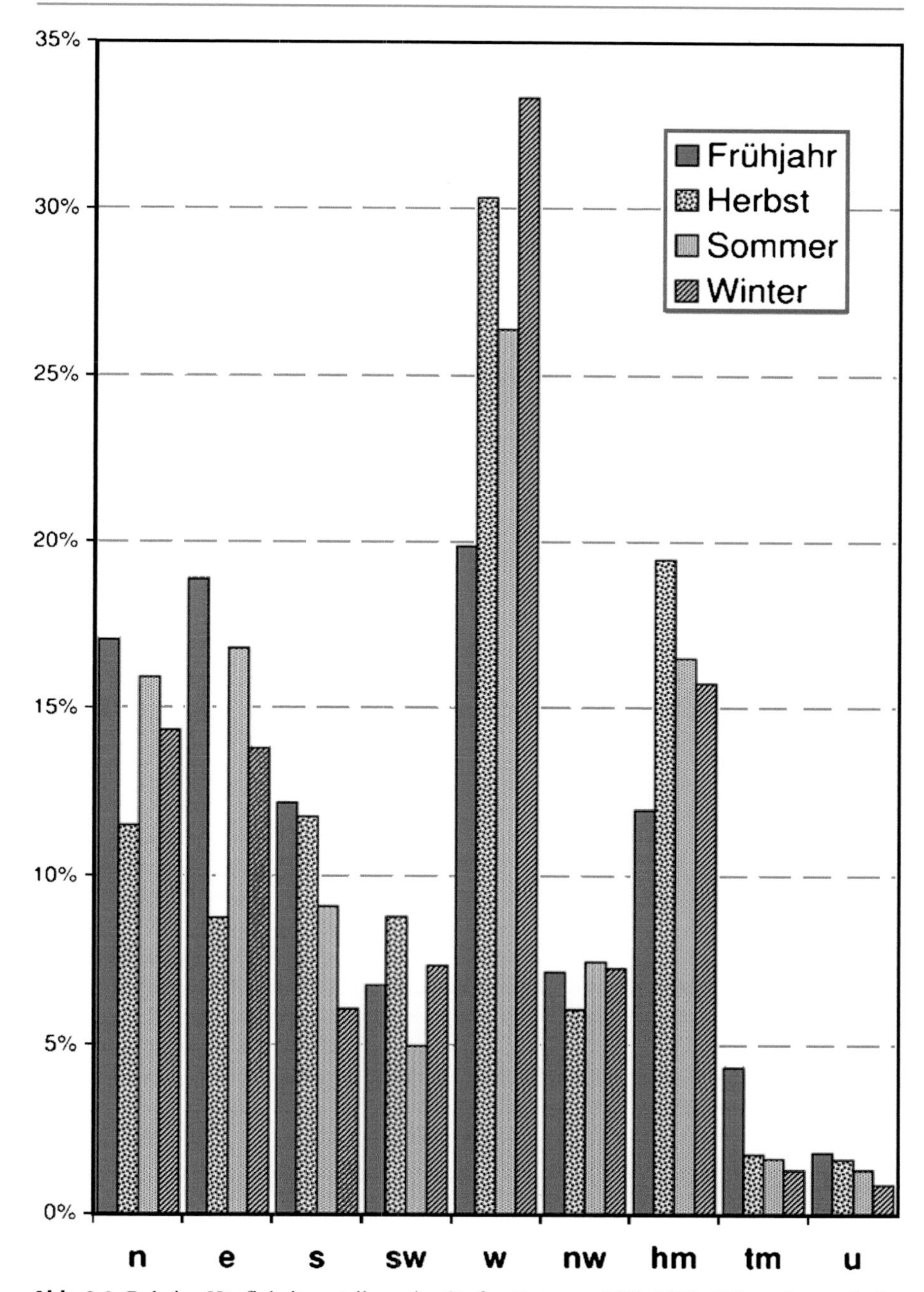

Abb. 9.1 Relative Häufigkeitsverteilung der Großwettertypen 1961–1990 differenziert nach der Jahreszeit. (© Draheim 2005)

pa am häufigsten auftreten, sodass im Jahresverlauf maritime Luftmassen dominieren, was im Winter zu deutlich erhöhten und im Sommer zu leicht verringerten Lufttemperaturen führt. Bei einer Westlage ziehen Tiefdruckgebiete vom Norden der Britischen Inseln kommend südostwärts bzw. über die Nord- und Ostsee nach Osteuropa. An zweiter Stelle rangiert die Wetterlage Hoch Mitteleuropa, bei der die atlantische Frontalzone in einem antizyklonal gekrümmten Bogen meist nördlich von 60° Breite verläuft und der Wetterablauf stark strahlungsmodifiziert ist. Danach folgen die Nordlagen mit einem ausgeprägten Höhenhochkeil über den Britischen Inseln und süd- bis südostwärts ziehenden Tiefdruckgebieten, sodass sowohl im Sommer als auch im Winter die Tagesmittel der Lufttemperatur unter dem Jahreszeitenmittelwert liegen und eine erhöhte Niederschlagstätigkeit zu beobachten ist. Ostlagen sind dagegen mit einer Hochdruckbrücke, die über die Britischen Inseln nach Nordeuropa verläuft, und einem Tief über dem westlichen Russland verknüpft, weshalb osteuropäische Kaltluft im Winter und kontinentale Warmluft im Sommer nach Mitteleuropa strömt, was zu einer unterdurchschnittlichen Niederschlagstätigkeit führt (s. Draheim 2005a und b). Mit Blick auf den eingetretenen Klimawandel lässt sich feststellen, dass warme Luftmassen in den letzten Jahrzehnten während des Sommers immer weiter nordwärts vordringen, während subpolare und polare Luftmassen im Winter den Süden und Westen Europas seltener beeinflussen (vgl. Hattwig 2003).

Für den operationellen Gebrauch stellt der Deutsche Wetterdienst seit 1979 auf der Basis des Europamodells bzw. des erweiterten Globalmodells einmal täglich um 12 UTC eine objektive Wetterlagenklassifikation zur Verfügung, die die Zirkulationsformen der Atmosphäre (zyklonal oder antizyklonal) in 950 und 500 hPa, die großräumige Strömungsrichtung in 500 hPa und den Feuchtegehalt der Troposphäre berücksichtigt (vgl. Bisolli 2000, 2003 und 2005).

9.1.1 Charakterisierung von Luftmassen

Nach Abb. 9.2, die die für Europa maßgeblichen Luftmassen und ihre Entstehungsgebiete dokumentiert, sowie den Ausführungen von Scherhag 1948 und Schreiber 1957 erfolgt anschließend eine kurze Charakterisierung ihrer Eigenschaften.

9.1.1.1 Kontinentale arktische Polarluft (cP_A) und kontinentale Polarluft (cP)

Beide Luftmassen unterscheiden sich hinsichtlich der Temperatur nur in der mittleren und oberen Troposphäre, wobei die cP_A bis in 5 km Höhe kälter als jede andere Luftmasse und prinzipiell hochreichender als die cP ist (s. Tab. 9.2). Die tiefsten Temperaturen an der Erdoberfläche treten dagegen in cP auf.

Kontinentale Polarluft arktischen Ursprungs cP_A entsteht im Winter über den schnee- und eisbedeckten Gebieten der Arktis und wird mit Nordostwinden nach Mitteleuropa geführt. Die vorhandene Schneedecke bewirkt während der Polarnacht eine starke Abkühlung der Luft infolge effektiver Ausstrahlung, so dass eine

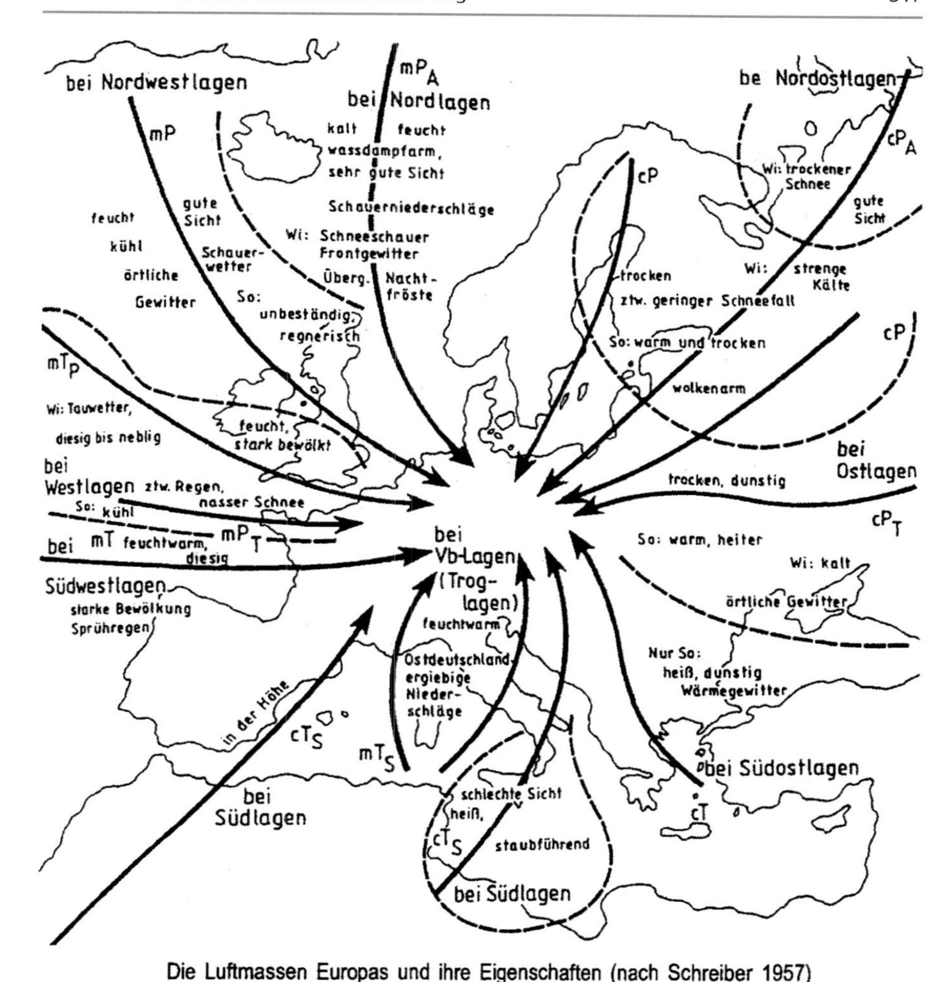

Abb. 9.2 Luftmassen in Mitteleuropa. (© Modifiziert nach Scherhag 1948 und Schreiber 1957)

Tab. 9.2 Temperaturen in der freien Atmosphäre in Verbindung mit kontinentaler Polarluft

Luftmasse	Temperaturen			Land
	T_{850}	T_{700}	T_{500}	
cP_A	− 31	− 33	− 42	Nordamerika
cP	− 12	− 22	− 41	Britische Inseln
cP	− 18	− 20	− 33	Nordamerika

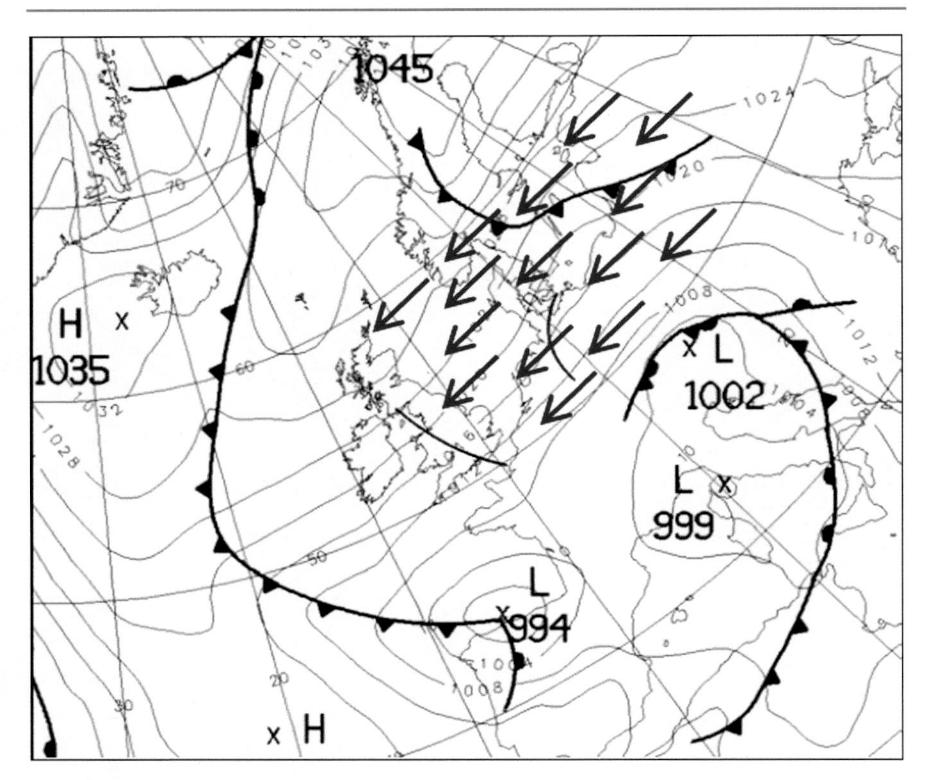

Abb. 9.3 Bodenwinde beim Zustrom kontinentaler Polarluft. (© Fact sheet No. 10 (www.-metoffice.gov.uk))

sehr kalte und wegen fehlender Verdunstung auch sehr trockene Luftmasse mit guter Sichtweite im bodennahen Bereich entsteht.

Antizyklonales Absinken in der freien Atmosphäre führt zur Erwärmung und Austrocknung der Luftmasse (sehr geringe relative Feuchte) sowie zur Bildung von Bodeninversionen und isothermen Schichten, sodass die Luftmasse gegenüber aufsteigenden Vertikalbewegungen stabil ist und damit Wolkenbildung unterdrückt. Bei Aufgleitprozessen treten höchstens zeitweise wenig ergiebige Schneefälle auf. Kontinentale Polarluft arktischen Ursprungs ist eine Luftmasse mit extrem kalter Bodenschicht (typisch für Kälterekorde im Winter, so z. B. 1928/29, 1939/40, 1941/42, 1962/63, 1978/79) und wärmerer Luft darüber. Die Mächtigkeit der Inversionsschicht hängt von der Turbulenz im bodennahen Bereich ab.

Kontinentale Polarluft cP hat ihren Ursprung über den Schneefeldern Osteuropas und Russlands (vgl. Abb. 9.3) bzw. den küstenfernen Gebieten Skandinaviens. Im Winter wird sie auch über den schneebedeckten Landflächen Mitteleuropas produziert und mit Nordnordost- bzw. Ostnordostwinden zu uns herangeführt. Sie zeichnet sich durch niedrige Temperaturen und sehr geringen Wasserdampfgehalt

Abb. 9.4 Wolkenstraßen über der Grönlandsee mit Verwirbelungen durch die Insel Jan Mayen. (© NASA, spiegel.de (Internet 41))

aus, d. h., sie ist eine extrem trockene Luftmasse mit wolkenarmem Wetter bei großen Sichtweiten und krassblauem Himmel tagsüber, Nebel bildet sich kaum. Für die Wetterprognose gilt: nachts windstill, klar und Frost mit Temperaturen unter − 10 °C, selbst im Mai und Juni nachts noch Reif; tagsüber nur mittags Erwärmung in der Sonne, lebhafter vertikaler Austausch, starker Tagesgang des Windes mit ausgeprägter Böigkeit. Im Sommer erwärmen sich die Kontinente, sodass die thermischen Antizyklonen als Quelle dieser Luftmassen verschwinden (sie sind höchsten bis zum Frühsommer wirksam).

9.1.1.2 Maritime arktische Polarluft (mP_A) und maritime Polarluft (mP)

Beim Übertritt von cP_A bzw. cP auf das Meer erfolgt eine Aufnahme von Wärme und Feuchte im ozeannahen Bereich, sodass eine Modifikation der Luftmassen zu mP_A bzw. zu mP eintritt, und letztlich über der erwärmten bodennahen Luftschicht eine sehr kalte Luftmasse mit einem trockenadiabatischen Temperaturgradienten liegt. Typisches Kennzeichen ist die Bildung einer Stratocumulusdecke, falls die Inversionsschicht erhalten bleibt. Bei hohen Abflussgeschwindigkeiten der polaren Luftmassen vom Eisrand aufs Meer entstehen dagegen Wolkenstraßen oder Zellularkonvektion (s. Abb. 9.4 und 9.5).

Bei antizyklonalem Ausfließen der Luftmassen treten dagegen nur geringe Quellungen auf, sodass es in Norddeutschland meist wolkenlos ist, es können jedoch Leewellen im Bereich der Skanden entstehen.

Maritime Polarluft arktischen Ursprungs mP_A fließt entweder auf der Rückseite eines über Skandinavien ostwärts ziehenden Tiefdruckgebiets (s. Abb. 9.6) oder auf der Vorderseite eines Hochs über den Britischen Inseln über das Nordmeer nach Mitteleuropa, wobei sie stark modifiziert wird. Da es sich um eine ursprünglich sehr kalte Luftmasse handelt, bringt sie selbst noch im Frühling Nachtfröste. Polare Mesozyklonen, die sich häufig in dieser Luftmasse bilden, führen manchmal zu weit verbreiteten und heftigen Schneefällen.

Abb. 9.5 Orkantief Carolin mit Zellularkonvektion, NOAA 17 VIS, 27.10. 2004 (11.06 UTC). (© Geographisches Institut, Universität Bern)

Maritime Polarluft mP strömt bei einer Nordwestlage westlich Islands in Richtung Süden und erwärmt sich über dem Atlantik (vgl. Abb. 9.7). Sie besitzt in Bodennähe bereits über Irland positive Temperaturen und ist infolge ihrer Labilisierung mit Graupelschauern verbunden. Maritime Polarluft tritt ganzjährig in Erscheinung und bringt im Winter im Flachland Tauwetter bis in Höhenlagen von ca. 300 m, sodass nasskaltes Wetter dominiert; im Sommer sorgt sie ebenfalls für einen unbeständigen und regnerischen Wettercharakter.

9.1.1.3 Gealterte maritime Polarluft (mP_T) und gealterte kontinentale Polarluft (cP_T)

Gealterte maritime Tropikluft mPT entspricht einer stark modifizierten Luftmasse, die auf der Rückseite von Tiefdruckgebieten vom isländischen Raum in Richtung Süden bis etwa zu den Azoren fließt und anschließend wieder nordwärts geführt wird, wobei sie einen diesigen bis nebligen Charakter annimmt. Sie strömt über West- nach Mitteleuropa und besitzt im Winter über Frankreich bereits Temperaturen von 8 bis 10 °C. Über Land bewirkt sie die Bildung von Cumulusbewölkung, während über dem Atlantik für diese Luftmasse Wetterleuchten in Verbindung mit Schauern typisch ist. Im Sommer treten in mPT über dem Festland Gewitter auf, da infolge der bodennahen Erwärmung die Inversion zerstört wird.

Die gealterte kontinentale Polarluft cP_T ist eine rückkehrende festländische Polarluft und tritt ganzjährig in Verbindung mit Ostlagen in Erscheinung. Sie ist

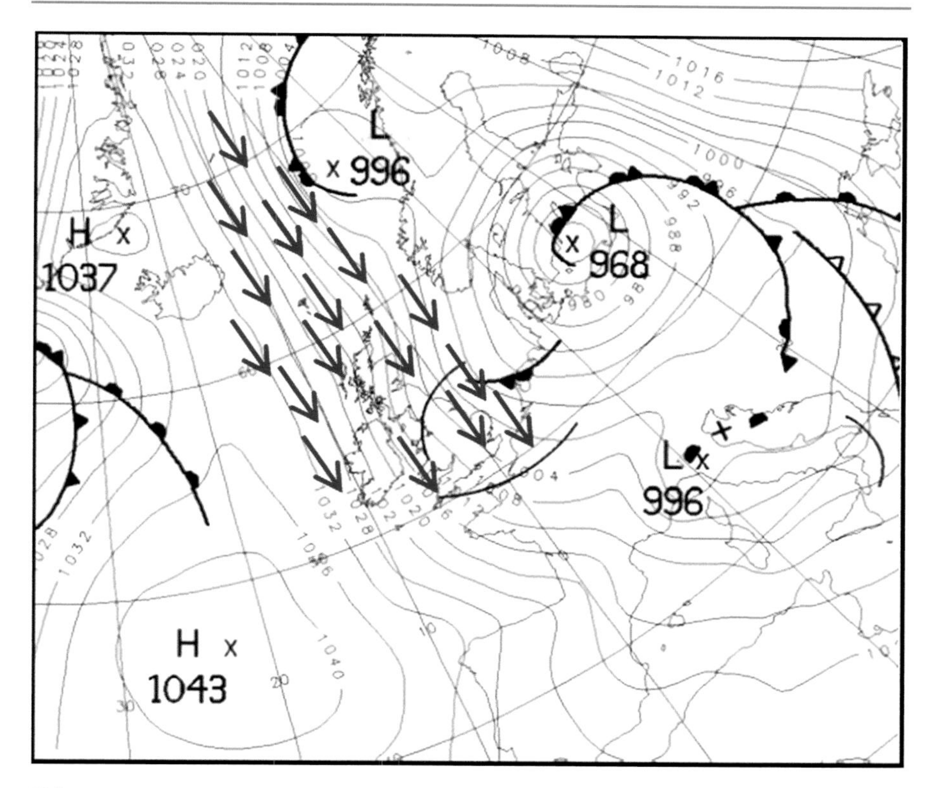

Abb. 9.6 Bodenwinde beim Zustrom maritimer arktischer Polarluft. (© Fact sheet No. 10 (www.-metoffice.gov.uk))

im Winter mäßig kalt bis temperiert und trocken. Nachts können sich flache Nebelschichten bilden. Im Sommer herrscht mäßig warmes und trockenes Wetter mit cumuliformer Bewölkung vor, bei zyklonaler Beeinflussung entwickeln sich hingegen schwache Schauer.

9.1.1.4 Maritime Tropikluft (mT) und kontinentale Tropikluft (cT)

Maritime Tropikluft mT wird im Bereich des Azoren- oder Bermudahochs gebildet und gelangt als milde Luftströmung mit Südwestwinden (meist im Warmsektor einer Zyklone) nach Mitteleuropa (vgl. Abb. 9.8). Sie entsteht ganzjährig über den weiten Flächen der Ozeane mit Wassertemperaturen zwischen 15 bis 25 °C.

Diese hohen Wassertemperaturen bewirken eine Erwärmung und damit Labilisierung der Luftmasse, die dem dynamischen Absinken in der freien Atmosphäre entgegen wirkt, sodass eine Inversion entsteht, welche teilweise in nur 400 m Höhe liegt. Unterhalb dieser Sperrschicht besitzt die Luftmasse einen hohen Feuchtigkeitsgehalt. Wird mT polwärts verlagert, kühlt sie sich ab, und es entwickeln sich infolge der hohen Luftfeuchte stratiforme Wolken (Stratocumulus). Bei einer wei-

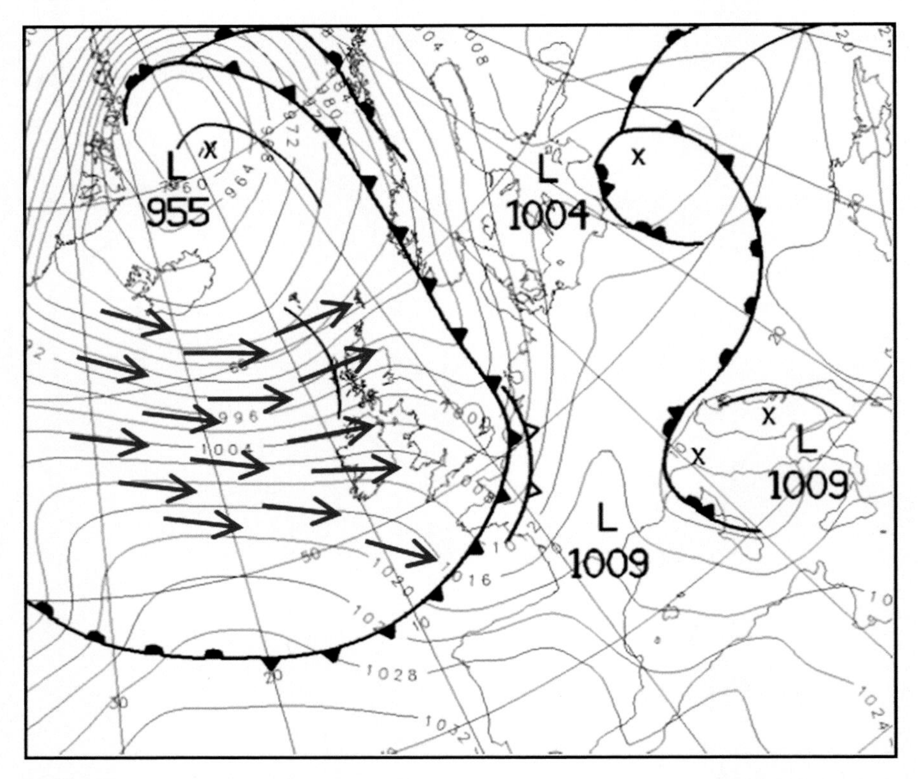

Abb. 9.7 Bodenwinde beim Zustrom maritimer Polarluft. (© Fact sheet No. 10 (www.-metoffice.gov.uk))

teren Abkühlung über kalten Meeresgebieten entsteht Stratus, sodass sie den Charakter einer diesigen Luftmasse annimmt.

Gelangt mT im Sommer nach Mitteleuropa, löst sich die Inversion auf, sodass sich die trockene Höhenluft durchsetzen kann und der Stratus aufreißt. Infolge des großen Feuchtigkeitsgehaltes in Bodennähe ist der Himmel matt blau, und mittags ist es meist sehr schwül (Taupunkt > 18 °C). Im Winter verstärkt sich die Stratusdecke. Bei schwacher Luftbewegung bilden sich aufliegende Wolken, bei mäßigen Winden dagegen Stratus fractus mit Sprühregen im Flachland. Kommt es zu Stau am Gebirge, tritt anhaltender Regen auf, wobei die Wolkendecke oft nur 2 km hochreicht, darüber beobachten wir den Cirrus der Warmluft.

Wird mT in eine Zyklone einbezogen, folgt eine Hebung der gesamten Luftmasse, die unten feucht und oben trocken ist, sodass Labilisierung einsetzt. Die Inversion wird durchbrochen, und es entwickeln sich Gewitter im Sommer, im Winter erfolgt starkes Aufgleiten mit Bildung von Nimbostratus (Obergrenze in 8 km Höhe). Es regnet anhaltend, wobei dem Regen auch bei vorherigem Frostwetter niemals Schneefall vorausgeht, höchstens Eisregen.

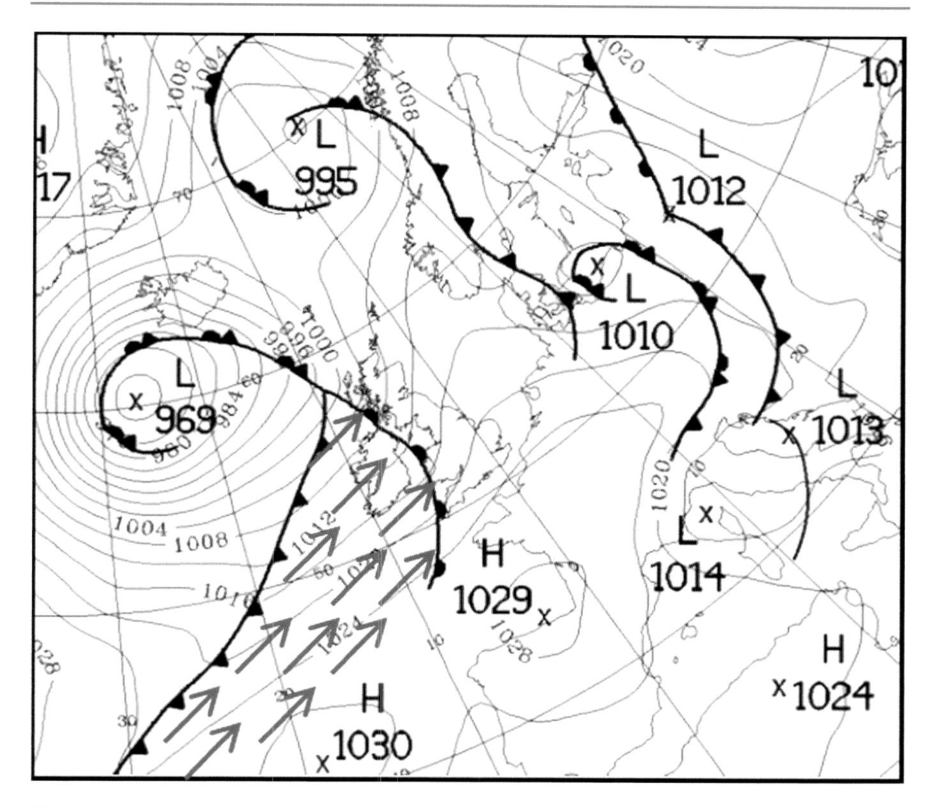

Abb. 9.8 Bodenwinde beim Zustrom maritimer Tropikluft. (© Fact sheet No. 10 (www.metoffice.-gov.uk))

Kontinentale Tropikluft cT entsteht im Sommer über dem überhitzten südosteuropäischen Festland bzw. in den subtropischen Trockengebieten Amerikas, Europas, Asiens und Arabiens, d. h. über Wüsten- und Steppengebieten und tritt meist in der warmen Jahreszeit von Mai bis Oktober auf (im Winter nur über Nordafrika). Sie ist eine staubbeladene warme bis sehr warme Luftmasse (verantwortlich für die Rekordtemperaturen im August 2003) mit Temperaturen > 30 °C tagsüber und 15 bis 20 °C nachts, die infolge des starken Aufheizens von unten stets labil geschichtet ist.

Da sie merklich durch die Ein- und Ausstrahlungsverhältnisse geprägt wird, besitzt kontinentale Tropikluft (s. Abb. 9.9) einen markanten Tagesgang der Temperatur. Wegen ihres hohen Kumuluskondensationsniveaus wird die Entwicklung von Haufenwolken oftmals unterdrückt. Schauer und Gewitter bilden sich nur über Feuchtequellen (Sümpfe, Seen) oder beim Stau der Luftmasse an Gebirgen.

Trifft kontinentale Tropikluft cT bei einer Westwärtsverlagerung auf kältere Luftmassen, wird sie gehoben. Dabei entwickeln sich häufig schwere Gewitter (die sogenannten Ostgewitter), die meist nachts auftreten und anfangs eine hohe Wolkenbasis besitzen sowie sehr langsam ziehen. Bei einer weiteren Westwärts-

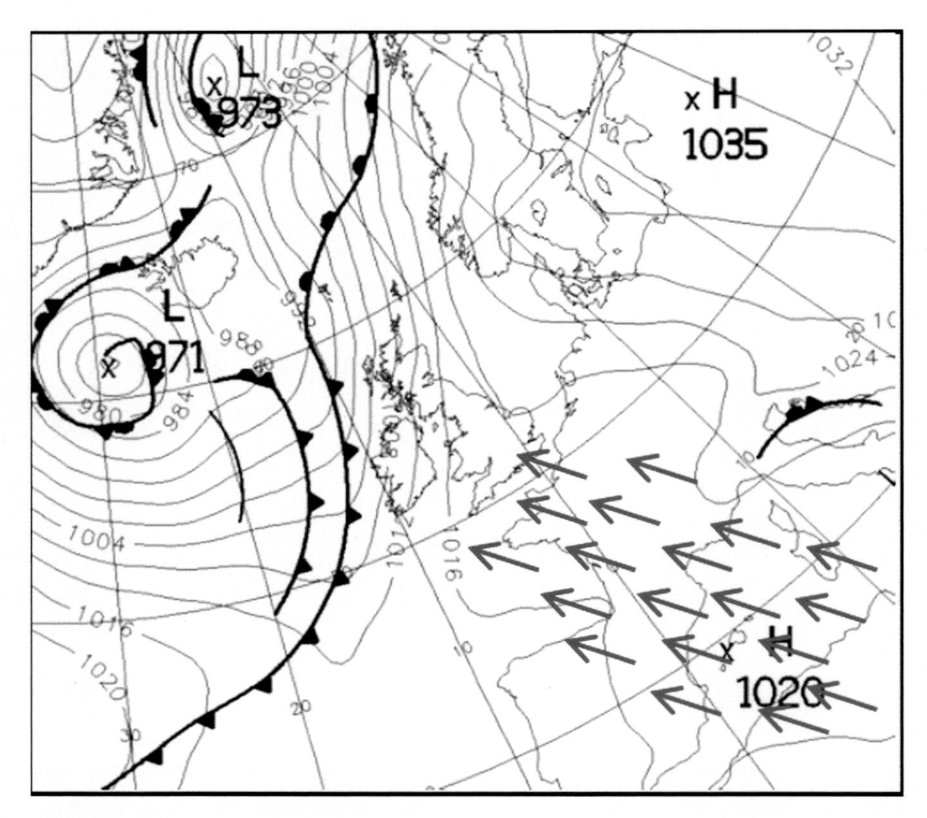

Abb. 9.9 Bodenwinde beim Zustrom kontinentaler Tropikluft. (© Fact sheet No. 10 (www.metoffice.gov.uk))

verlagerung sinkt die Untergrenze der sich bildenden Gewitterfront allmählich ab. Werden diese Luftmassen in ein Tiefdruckgebiet einbezogen, bilden sich häufig Starkniederschläge.

9.1.1.5 Gemäßigte maritime Tropikluft (mT_p)

Bei einem Hochdruckgebiet über den Britischen Inseln gelangt diese Luftmasse mit einer nordwestlichen Bodenströmung nach Mitteleuropa. Da eine kühle Wasseroberfläche vorhanden ist, bildet sich eine kräftige Inversion mit einer Stratocumulusdecke, die sich auch im Sommer beim Übertreten auf das Festland nicht auflöst.

Obwohl in der Regel Luftdruckanstieg beobachtet wird, tritt mit nordwestlichen Winden kühles bzw. nasskaltes Wetter auf, das erst über Südosteuropa in heiteres Wetter übergeht. Hier wird die feuchte bodennahe Luftschicht durch die Gebirge zurückgehalten, sodass sich die trockene Höhenluft durchsetzen kann. Im Frühjahr und Sommer hält solch eine Wetterlage oft wochenlang an. Im Winter liegt die Temperatur einige Grade über dem Gefrierpunkt, d. h., es ist mild. Die Berggipfel befinden sich oberhalb der Inversion im Sonnenschein, während im Wolkenmassiv unterhalb der Inversion Raufrostablagerungen beobachtet werden.

9.1.1.6 Gemäßigte kontinentale Tropikluft (cT_p)

Sie entsteht in einem ost- bzw. nordosteuropäischen Hochdruckgebiet und ist eine temperierte bis warme sowie trockene Luftmasse. Nachts tritt bei wolkenlosem Himmel kaum Tau auf, tagsüber entwickelt sich Konvektion erst viele Stunden nach Sonnenaufgang, wobei die Wolkenbasis in 2 bis 3 km Höhe liegt. Im Allgemeinen sind gute Fernsichten für diese Luftmasse typisch, während im Winter durch Feuchteanreicherung in den unteren Schichten feuchter Dunst auftreten kann.

9.1.1.7 Afrikanische Tropikluft (cT_S)

Die aus der Sahara stammende kontinentale Tropikluft cT_S ist eine sehr warme bis heiße und trockene Luftmasse, die bei einer Südlage nach Mitteleuropa strömt. Infolge der starken bodennahen Erwärmung der Luftschichten entwickeln sich überadiabatische Gradienten, wobei aber infolge der geringen Feuchte keine Wolken- und Niederschlagsbildung eintritt. Die Luft kommt mit etwa 50 °C aus der Sahara zur Mittelmeerküste und ist staubbeladen, sodass der Himmel grau und die Sonne blutrot erscheinen. In Verbindung mit Kaltfronten treten Staubstürme auf, wobei Staubpartikel in großen Höhen bis nach Mitteleuropa und dem Atlantik verfrachtet werden und sogenannter „Blutregen" fällt. Durch ihren großen Aerosolgehalt weist sie nur geringe Sichtweiten auf. Im Winter ist die cT_S eine mäßig warme und stabile Luftmasse (Abb. 9.10).

9.1.1.8 Mittelmeertropikluft (mT_S)

Maritime Tropikluft aus der Sahara mT_s entspricht einer sehr warmen und schwülen Luftmasse, die häufig im Herbst und Frühjahr aus dem Mittelmeerraum nach Mitteleuropa gelangt und in Verbindung mit einem Tief über der Adria (Vb-Entwicklung, s. Abb. 9.11) anhaltenden Regen bzw. Starkniederschläge besonders im Riesengebirge und Osterzgebirge bringt. Zu nennen ist hier die Niederschlagssumme von 431 mm, die in der Zeit vom 1. bis 12. August 2002 in Zinnwald-Georgenfeld registriert wurde. Das ist mehr als viermal so viel Regen wie sonst im gesamten Monat August.

9.1.2 Modifikation von Luftmassen

Alle Prozesse, die zur Ausbildung von typischen Luftmasseneigenschaften führen, so die Strahlung, der Austausch und Vertikalbewegungen, bewirken auch eine Veränderung ihrer Eigenschaften, wenn sie sich aus dem Quellgebiet entfernen. Eine wesentliche Modifikation erfolgt gemäß Abb. 9.12 und Tab. 9.3 durch Erwärmung und Abkühlung vom Untergrund her, was man als thermische Modifikation bezeichnet.

So wird südwärts ausfließende Polarluft in Bodennähe erwärmt und damit labilisiert, wodurch die Austauschprozesse zunehmen und die Erwärmung eine vertikal

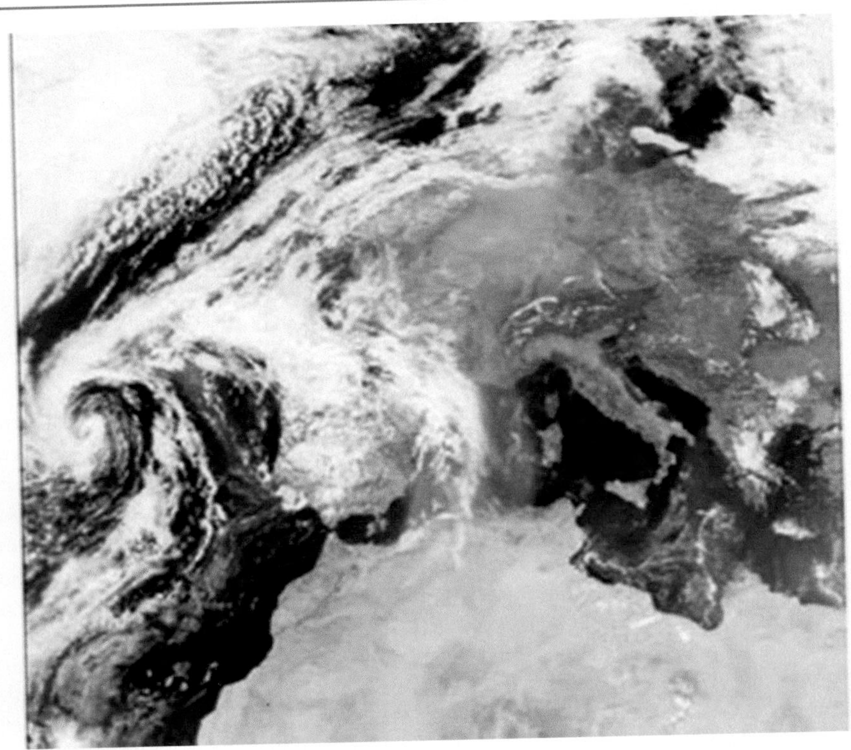

Abb. 9.10 Staubtransport aus der Sahara nach Mitteleuropa (13.10.2001). (© NASA (Internet 42))

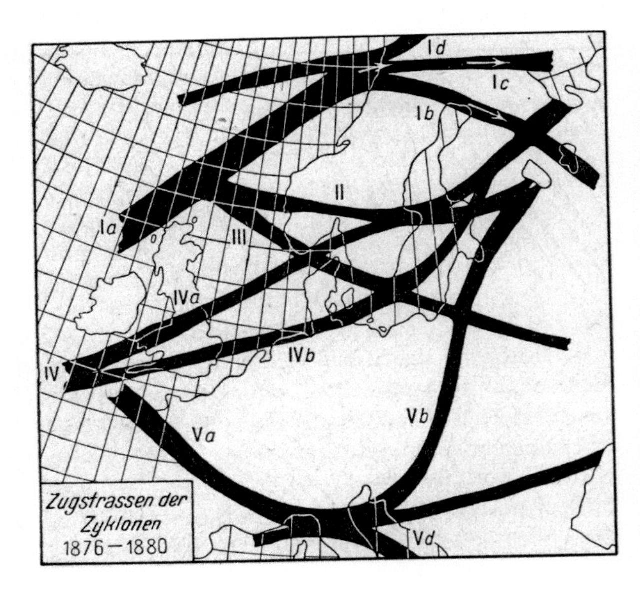

Abb. 9.11 Zugbahnen von Tiefdruckgebieten nach van Bebber (1841–1909). (© van Bebber 1891/Chromov 1940)

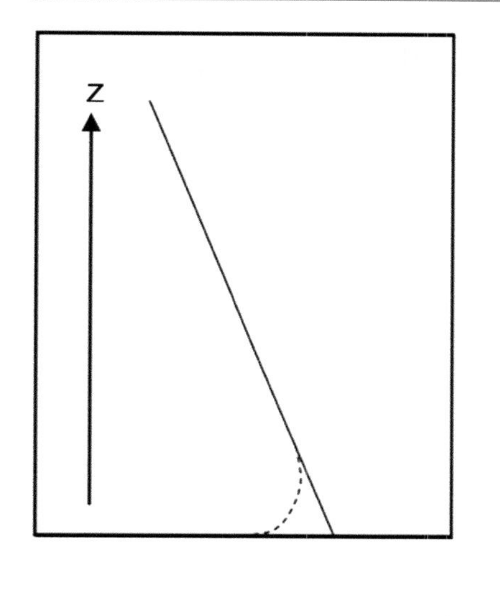

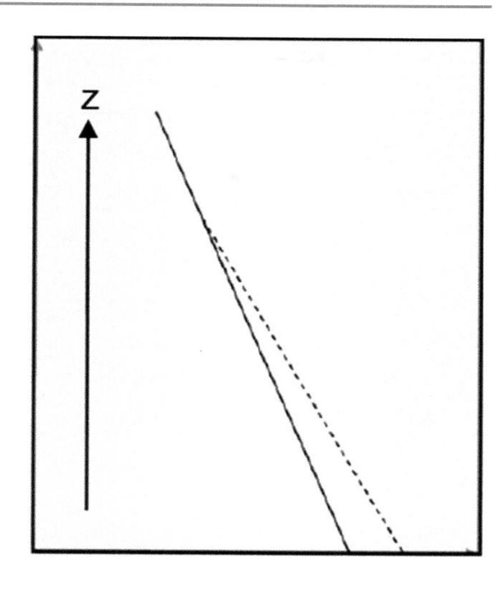

Abb. 9.12 Thermische Modifikation des Temperaturprofils von Luftmassen bei Abkühlung (*links*) bzw. Erwärmung vom Untergrund her (*rechts*). (ausgezogene Linie: Ausgangsprofil, gestrichelte Linie: Profil nach der Modifikation)

Tab. 9.3 Luftmassenmodifikationen

Warme Luftmassen und ihre Eigenschaften (weit entfernt vom Quellgebiet)		
Eigenschaft	Kontinental	Maritim
Temperatur	Abnehmend	Abnehmend
Feuchte	Gering, nahezu konstant	Hoch, zunehmend
Temperaturgradient	Bedingt instabil	Bedingt instabil
Bewölkung	Gering, Cirrus	Dunstig, Stratus, Nebel
Niederschlag	Gering	Anhaltend, leicht
Bedeckungsgrad	Wolkenlos oder heiter	Bedeckt
Sichtweite	Gut	Schlecht, dunstig

mächtige Schicht umfassen kann, während nordwärts strömende Tropikluftmassen abgekühlt und stabilisiert werden, weshalb die Abkühlung nur einen seichten bodennahen Bereich umfasst (vgl. Kurz 1990).

Des Weiteren ist eine Modifikation der Luftfeuchte bei Verdunstung und Kondensation von Wasser möglich. Fließen nämlich Luftmassen über eine Wasseroberfläche, werden sie allmählich mit Wasserdampf gesättigt, sodass sich die Sichtbedingungen verschlechtern und Nebel entstehen kann, während über dem Land ihr Taupunkt zurückgeht und sich cumuliforme Bewölkung bildet, wodurch auch höhere Schichten in den Transformationsprozess einbezogen werden.

Tab. 9.4 Luftmassenmodifikationen

Kalte Luftmassen und ihre Eigenschaften (weit entfernt vom Quellgebiet)		
Eigenschaft	kontinental	maritim
Temperatur	Zunehmend	Zunehmend
Feuchte	Nahezu konstant	Zunehmend
Temperaturgradient	Ausgeprägt, labil	Ausgeprägt, labil
Bewölkung	Vereinzelte Cumuli	Kräftig entwickelte Gewitter
Niederschlag	Leichte Schauer	Starke Schauer
Bedeckungsgrad	Variabel	Variabel
Wolkenbasis	600 m	300 m
Sichtweite	Gut	Ausgezeichnet

Auch die Strahlung hat entscheidenden Einfluss auf die Transformation von Luftmassen. So kommt es bei wolkenlosem Wetter im Sommer über Land zu einer von Tag zu Tag fortschreitenden Aufheizung der Luftmassen verbunden mit Labilisierung und abnehmender relativer Feuchte. Im Winter erfolgt dagegen eine zunehmende Abkühlung und Stabilisierung sowie Feuchtezunahme der Luftmassen in Bodennähe.

Wichtig sind auch dynamische Einflüsse durch Strömungskonvergenzen und -divergenzen, die mit Vertikalbewegungen und folglich Labilisierungs- bzw. Stabilisierungseffekten einhergehen. So verliert südwärts ausfließende Polarluft, die antizyklonalen Bahnen folgt, stark an vertikaler Mächtigkeit, wird erwärmt und somit stabilisiert, während auf einer zyklonalen Bahn nordwärts strömende Warmluft gestreckt, damit abgekühlt und folglich labilisiert wird (Tab. 9.4).

9.1.3 Wetterlagen

Einer Wetterlage entspricht eine in ihren wesentlichen Merkmalen über einen Zeitraum von mehr als drei Tagen gleichbleibende Luftdruckverteilung über einem Gebiet, das etwa die Größe Europas mit den angrenzenden Meeresteilen umfasst (vgl. Baur 1944 und 1953, Bauer 1947, Heß 1952 und 1977). Insgesamt werden heute 29 Wetterlagen (ursprünglich Großwetterlagen) unterschieden, die sowohl mit zyklonalem als auch antizyklonalem Witterungscharakter auftreten können (s. Tab. 9.5). Ihre Einteilung erfolgt anhand der steuernden Druckgebilde sowie der Lage und Erstreckung der Frontalzone, was zu einer Generalisierung der Wetterverhältnisse über Europa mit den dazugehörigen atmosphärischen Parametern führt, sodass mit ihrer Hilfe Untersuchungen zu trendbehafteten Beobachtungsreihen sowie zur Ausbreitung von Schadstoffen durchgeführt werden können. Eine umfassende neuere Darstellung findet man bei Gerstengarbe 1993 sowie 1999 und Isola 2003. In Bezug auf die einzelnen Jahreszeiten ergibt sich eine differenzierte Verteilung wie Abb. 9.1 demonstriert. Man erkennt darin deutlich, dass Westlagen ihre größte relative Häufigkeit im Herbst und Winter besitzen, Ostlagen dagegen im Frühjahr und Sommer.

Tab. 9.5 Großwetterlagen in Europa nach Heß 1977

Großwetterlagen	Großwettertyp (GWT)	Abkürzung	Luftmassen
Großwetterlagen der zonalen Zirkulationsform			
1 Westlage, az	West, w	WA	mT_P, mP_T
2 Westlage, z		WZ	mT_P, mP_T
3 Südliche Westlage		WS	mT_P, mP_T
4 Winkelförmige Westlage		WW	mT_P, mP_T
Großwetterlagen der gemischten Zirkulationsform			
5 Südwestlage, az	Südwest, sw	SWA	m_T, mT_P
6 Südwestlage, z		SWZ	
7 Nordwestlage, az	Nordwest, nw	NWA	mP, mT_P
8 Nordwestlage, z		NWZ	
9 Hoch Mitteleuropa (M)	Hoch Mitteleuropa, hm	HM	
10 Hochdruckbrücke M		BM	
11 Tief Mitteleuropa	Tief Mitteleuropa, tm	TM	
Großwetterlagen der meridionalen Zirkulationsform			
12 Nordlage, az	Nord, n	NA	mP_A, mP
13 Nordlage, z		NZ	
14 Hoch Nordmeer-Island, az		HNA	mP_A, mP
15 Hoch Nordmeer-Island, z		HNZ	
16 Hoch Britische Inseln		HB	cP_A, cP, cP_T
17 Trog Mitteleuropa		TRM	
18 Nordostlage, az		NEA	cP, cP_T
19 Nordostlage, z		NEZ	
20 Hoch Fennoskandien, az	Ost, e	HFA	cP, cP_T
21 Hoch Fennoskandien, z		HFZ	
22 Hoch Nordmeer-F., az		HNFA	
23 Hoch Nordmeer-F.		HNFZ	
24 Südostlage, az		SEA	mT, mT_S, cT
25 Südostlage, z		SEZ	
26 Südlage, az	Süd, s	SA	
27 Südlage, z		SZ	
28 Tief Britische Inseln		TB	
29 Trog Westeuropa		TRW	
Übergangslage, u (unbestimmt)			

Die Tiefdruckgebiete der gemäßigten Breiten 10

Per Definition stellt jedes Tief ein Gebiet niedrigen Luftdrucks dar, d. h., es repräsentiert einen Bereich abgesenkter Isobaren. Darüber hinaus ist es zugleich ein zyklonaler Wirbel, sodass auf der Nordhalbkugel (Südhalbkugel) die Luftmassen gegen den (im) Uhrzeigersinn um seine vertikale Achse zirkulieren.

Tiefdruckgebiete bilden sich in den gemäßigten Breiten im Grenzbereich unterschiedlich temperierter Luftmassen, so z. B. in der Übergangszone zwischen polarer Kaltluft (mit Ostwinden) und subtropischer Warmluft (mit Westwinden), aber auch innerhalb einer einheitlichen Luftmasse. Im ersteren Fall weisen sie stark barokline Übergangszonen auf, die als Fronten bezeichnet werden, ein Begriff, der während des ersten Weltkrieges von norwegischen Meteorologen geprägt wurde. Tiefdruckgebiete innerhalb einer einheitlichen Luftmasse sind erwartungsgemäß frontenlos. Hierzu gehören

- das thermische Tief oder die Konvektionszyklone,
- die tropischen Wirbelstürme,
- die polare Mesozyklone (Polar Low),
- die Leezyklone und
- die Kaltlufttropfen der freien Atmosphäre.

Den größten Einfluss auf den Wetterablauf der gemäßigten Breiten haben die Frontalzyklonen mit den dazugehörigen Warm- und Kaltfronten im Entwicklungsstadium sowie einer Okklusion und einem ausgeprägten Trog im Dissipationsstadium.

10.1 Polarfrontzyklonen

Infolge natürlicher Gegebenheiten erhalten die äquatorialen und subtropischen Breiten mehr solare Strahlungsenergie als die mittleren und polaren, sodass sich Reservoirs relativ einheitlich temperierter Luftmassen sowie Übergangszonen mit einem ausgeprägten horizontalen Temperaturgradienten, auch Frontalzonen genannt, formieren.

B. Klose, *Meteorologie,* Springer-Lehrbuch, DOI 10.1007/978-3-662-43622-6_10

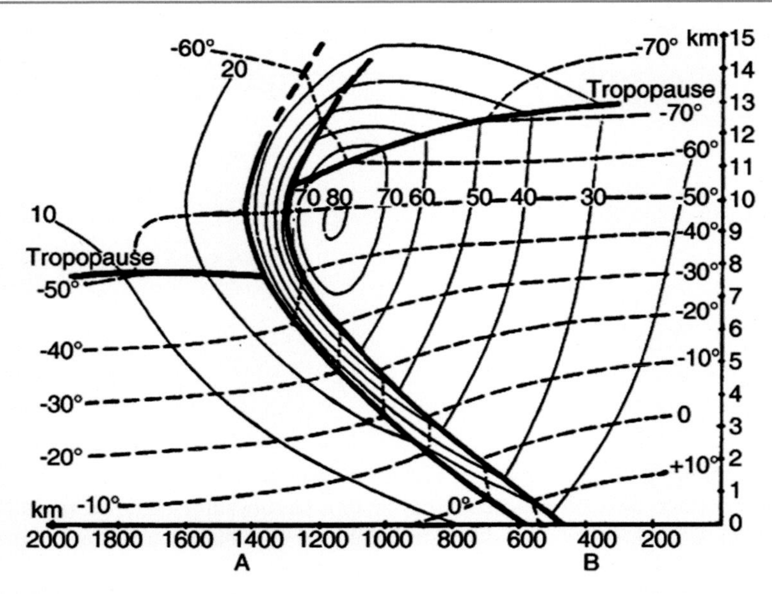

Abb. 10.1 Modell der Polarfront mit Isothermen in Grad Celcius (gestrichelt) und Isotachen in Meter pro Sekunde (*ausgezogen*) sowie tief liegender polarer (*links*) und hoch liegender subtropischer (*rechts*) Tropopause (*fett, ausgezogen*). (© Kurz 1990)

Als Übergangszone zwischen den kalten polaren und den warmen subtropischen Luftmassen fungiert die sogenannte Polarfront (s. Abb. 10.1), die in der gesamten Troposphäre sowie der unteren Stratosphäre als etwa 1 km mächtige isotherme Übergangsschicht gut ausgeprägt ist. Sie besitzt in der Troposphäre eine mittlere Neigung von 1:100. Wo der isobare Temperaturgradient verschwindet, steht die Frontalzone senkrecht und weist im Maximalwindniveau (hier mit Windgeschwindigkeiten bis 80 m · s^{-1}) eine starke zyklonale Windscherung auf.

Ein typisches Merkmal der Polarfront ist der Tropopausenbruch zwischen der tief liegenden polaren und der höher liegenden subtropischen Tropopause, wobei Letztere in Richtung der Tropen ansteigt (s. Abb. 10.1). Etwa 1 km unterhalb der subtropischen Tropopause befindet sich der Polarfrontjet, der dem Bereich der stärksten Winde in der Troposphäre entspricht.

Die Polarfront begünstigt die Entstehung von Tiefdruckgebieten, da sie stark baroklin ist, d. h., die Temperaturflächen eine Neigung gegen die Druckflächen besitzen, und sich somit eine thermische Zirkulation entwickeln kann. Infolge der größeren Temperaturunterschiede zwischen den polaren und subtropischen Breiten ist die Polarfront im Winter wesentlich deutlicher ausgeprägt als im Sommer und verläuft weiter südlicher (etwa im Mittelmeergebiet).

An die Polarfront ist in der Regel ein hochtroposphärischer Strahlstrom (Jetstream) gebunden, der häufig eine horizontale Erstreckung von Tausenden von Kilometern besitzt und meist aus mehreren Ästen und Teilstücken besteht. Er weist Geschwindigkeitsmaxima (*jet streaks*) sowie -minima in Verbindung mit den Konfluenz- und Diffluenzzonen des Geschwindigkeitsfeldes auf. In der folgenden

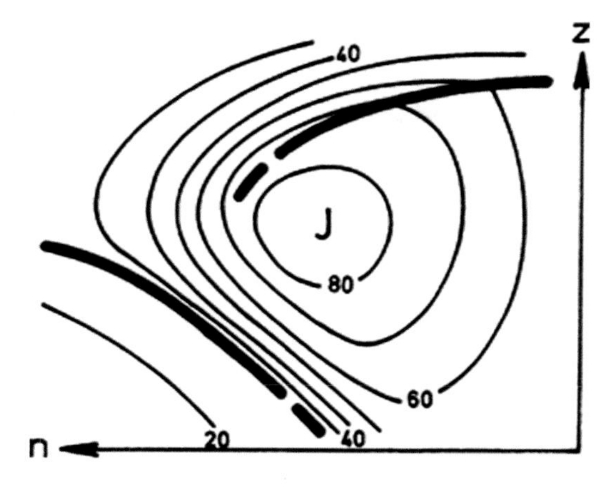

Abb. 10.2 Lage des Polarfrontjet (*J*) zwischen polarer (*links*) und subtropischer (*rechts*)Tropopause. (© Kurz 1990)

Abb. 10.2 bedeutet z die vertikale Koordinate und n die Normalenrichtung zur Jetachse J.

Ein weiterer Jetstream existiert in etwa 12 km Höhe zwischen der tropischen und subtropischen Tropopause im Bereich der Subtropikfront. Dieser als Subtropenjet bezeichnete Strahlstrom besitzt im Vergleich zum Polarfrontjet aber eine nur geringe jahreszeitliche Variabilität.

Die Bildung eines Tiefdruckgebietes wird durch Beschleunigungseffekte im Einzugsgebiet des Strahlstromes eingeleitet, wo das Strömungsfeld einen Massentransport in Richtung des tiefen Druckes bewirkt, sodass in Bodennähe etwa 300 bis 500 km südlich der Strahlstromachse Druckfall einsetzt, der eine wesentliche Voraussetzung für eine Zyklogenese ist. Diese lässt sich anschaulich anhand der Polarfronttheorie, die von Bjerknes und Solberg zwischen 1918 und 1922 entwickelt wurde, erklären (s. Bjerknes 1922 und 1933 sowie Bergeron 1937). Hiernach entstehen die Zyklonen als labile Wellen an der Polarfront, durchlaufen einen Lebenszyklus und bilden sich zum Schluss zu rotierenden kalten Wirbeln um. Sie sind als Glieder der allgemeinen Zirkulation zu betrachten, da sie den Transport von fühlbarer Wärme aus den subtropischen Breiten in Richtung Norden und von polarer Kaltluft südwärts übernehmen.

Fronten entsprechen in dieser Theorie Diskontinuitätsflächen zwischen den Luftmassen, die sich nicht vermischen, und die Wolken- und Niederschlagsbildung resultiert aus den Vertikalbewegungen an diesen Flächen, die aber nur dann auftreten, wenn die frontparallelen geostrophischen Windkomponenten eine zyklonale Scherung aufweisen.

10.1.1 Lebenszyklus einer Zyklone – Polarfronttheorie

Der Prozess der Fronten- (Frontogenese) und Zyklonenbildung (Zyklogenese) verläuft an der Polarfront parallel, wobei diese Kombination sehr wirkungsvoll ist, da durch die Frontogenese potenzielle Energie aufgebaut wird, die anschließend in kinetische Energie der Stürme umgewandelt werden kann (vgl. auch Kurz 1990).

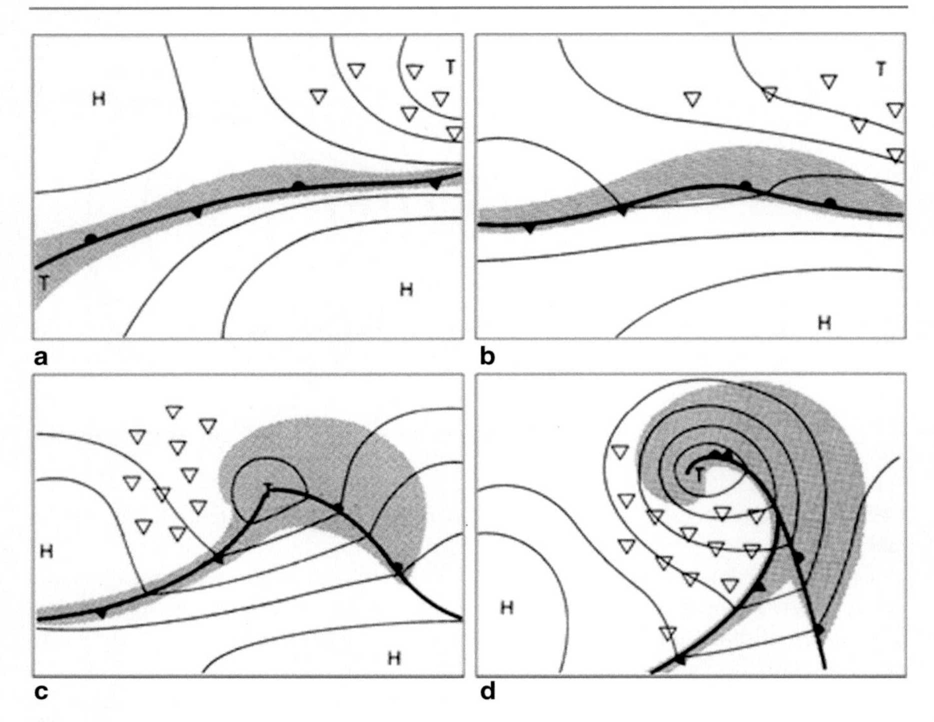

Abb. 10.3 Lebenslauf einer Polarfrontzyklone mit einem zeitlichen Abstand der einzelnen Entwicklungsstadien von zwölf Stunden. (© Kurz 1990)

Eine schematische Erklärung der Entwicklung einer Frontalzyklone wurde 1922 von Bjerknes und Solberg entworfen (vgl. Bjerknes 1922).

10.1.1.1 Entwicklungsbeginn

Normalerweise entsteht eine Zyklone in Form einer Welle kleiner Amplituden an einer bewegten Front, so z. B. im Bereich einer frontogenetischen Konfluenzzone, d. h. in der Nähe des Sattelpunktes eines Viererdruckfeldes, oder bei Annäherung eines Höhentroges an eine quasistationäre bzw. sehr langsam ziehende Bodenfront. In beiden Fällen ist die Ausweitung des frontalen Wolken- und Niederschlagsbandes zur kalten Seite der Bodenfront ein erstes Anzeichen für eine beginnende Wellenbildung (vgl. Abb. 10.3a und b).

10.1.1.2 Bodendruckfall und Wellenbildung

Mit dem Druckfall in Bodennähe entsteht relativ schnell eine zyklonale Zirkulation um den Wellenscheitel. Damit bekommt der Bodenwind eine Komponente von der kalten zur warmen Luft hinter und von der warmen zur kalten Luft vor dem Wellenscheitel (vgl. Abb. 10.3b). Daraus resultiert eine Verlagerung der Kalt- und Warmfront, und folglich wandert die gesamte Welle etwa in Richtung und mit der

Geschwindigkeit der Warmsektorströmung, die den Strömungsverhältnissen in der freien Atmosphäre entspricht.

Typisch für die weitere Entwicklung ist, dass die Kaltfront schneller als die Warmfront vordringt, sodass der Warmsektor immer schmaler wird. Verantwortlich hierfür sind die Vertikalbewegungen, denen beide Luftmassen unterworfen sind. So wird die Warmluft der Welle gehoben, was mit einem horizontalen Schrumpfen in Bodennähe und vertikaler Divergenz verbunden ist, während die rückwärtige Kaltluft absinkt, was horizontales Ausbreiten in Bodennähe und Schrumpfen in der Höhe bedeutet. Aus der allgemeinen Verlagerung aufgeprägten Bewegungskomponenten folgt, dass die Kaltfront in ihrer Bewegung beschleunigt, die Warmfront dagegen abgebremst wird.

10.1.1.3 Idealzyklone

Zu Beginn der Entwicklung erfolgt die Vertikalbewegung etwa symmetrisch zum Wellenscheitel (auch über der Kaltfront als Anafront), während mit der weiteren Vertiefung sich das Aufsteigen immer mehr zum Warmsektor und zur Warmfront verlagert, sodass auf ihrer Vorderseite ein umfangreiches Wolken- und Niederschlagsfeld entsteht. In diesem Gebiet und im Kernbereich der Zyklone wird auch die Luft am kalten Rand der Frontalzone von Hebungsprozessen erfasst. Hinter der Kaltfront erfolgt dagegen in der Höhe ein Absinken, wodurch das Wolken- und Niederschlagsband schmaler wird und sich zur Vorderseite der Front verlagert (vgl. Abb. 10.3c).

Diese Entwicklung kann anhand von Satellitenbildern belegt werden, da sie zeigen, dass sich aus einem durchgehenden breiten Wolkenband sehr rasch eine kommaähnliche Struktur entwickelt. Charakteristisch ist auch, dass sich von der Rückseite her eine Zunge absinkender und damit wolkenfreier Luft in der Höhe relativ zum wandernden Frontensystem nach vorn ausdehnt und über die Bodenkaltfront bis zum Kern und zur Spitze des Warmsektors vorschiebt (s. Kurz 1990). Damit bekommt die Bodenfront einen Katafrontcharakter. Beim Überströmen des Warmsektors mit trockener Luft stellt sich außerdem eine potenziell instabile Schichtung ein, wodurch bei Hebung Quellwolkenbildung möglich wird.

10.1.1.4 Okklusionsprozess

Mit zunehmender Zyklogenese (Rotation um den Wellenscheitel) schwenkt die Kaltfront um den Zyklonenkern herum und holt die vorlaufende Warmfront ein (beginnende Okklusion). Zu diesem Zeitpunkt besitzt die Zyklone den tiefsten Kerndruck und die größten Windgeschwindigkeiten. Mit eintretender Okklusion verlagert sich der Zyklonenkern wesentlich langsamer als die Fronten, sodass diese zyklonal um den Kern herumzuschwenken beginnen, d. h., das Wolken- und Niederschlagsband bekommt eine charakteristische Spiralform (vgl. Abb. 10.3d). Wird die gesamte aufsteigende Warmluft in die zyklonale Rotation einbezogen, dehnen sich die hohen Wolken von der Nord- zur Westseite des Tiefs aus, gelangt dagegen nur der untere Teil der aufsteigenden Warmluft in die zyklonale Rotation, dann überströmt der obere Teil die Warmfront antizyklonal, was sich auf Satellitenbildern gut erkennen lässt.

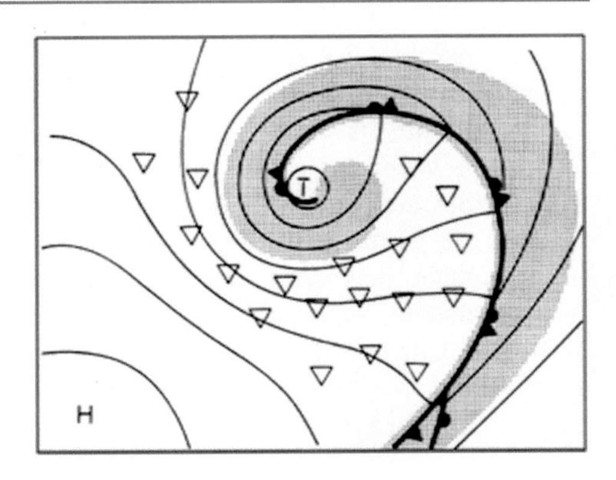

Abb. 10.4 Okklusionsprozess und Bodentrog. (© Kurz 1990)

Mit fortschreitendem Okklusionsprozess verwandelt sich das Tiefdruckgebiet in der unteren Troposphäre in einen kalten Wirbel, über dem in der Höhe die Warmluft der Okklusionsfront liegt. Der Kern des Bodentiefs beginnt zyklonal an der Peripherie des inneren Zyklonenbereiches entlang zu wandern (vgl. Abb. 10.4). An der Außenflanke des Kerns (stärkste zyklonale Krümmung) herrscht in der Regel das schlechteste Wetter und die größte Windgeschwindigkeit. Eine exzentrische Lage des Kerns ist besonders für Sturmzyklonen typisch.

10.1.1.5 Bodentrog

Häufig bildet sich ein Bodentrog, der seine Entwicklung der hochreichenden Kaltluft verdankt und gleichfalls um den Tiefkern herumschwenkt. Er wird durch intensive Wettererscheinungen auf seiner Vorderseite markiert, während auf der Rückseite eine rasche Wetterbesserung einsetzt. Nicht jede Zyklone durchläuft den gesamten Entwicklungsprozess, sondern ihre Entwicklung kann in jedem Stadium enden.

10.1.1.6 Kompensationseffekt

Die auftretenden Vertikalbewegungsprozesse bewirken eine Hebung der Warmluft, die sich hierbei adiabatisch abkühlt, während sich die Kaltluft beim Absinken auf der Rückseite des Tiefs erwärmt, was zu einer Verringerung der Temperaturgegensätze in Kernnähe führt und damit auch zu einer Abnahme der Baroklinität, sodass die Zyklonenentwicklung allmählich zum Stillstand kommt. Anschließend wird das Tief infolge Bodenreibung (Massenfluss in Richtung Tiefdruckkern) aufgefüllt. Insgesamt beschreibt die Polarfronttheorie die Zyklogenese als Vorgang des Labilwerdens barokliner Wellen in einem Grundstrom mit horizontaler Scherung. Eine Übersicht über die Entwicklung der synoptischen Meteorologie und insbesondere der Zyklonentheorie ist bei Liljequist 1981 in dem Artikel von Bergeron 1980/81 und bei Kurz 1990 zu finden.

Im Gegensatz zur Luftmassentheorie treten in der dreidimensionalen Feldtheorie keine Diskontinuitätsflächen auf, sondern es existieren nur sehr starke Gradienten skalarer Größen in bestimmten Bereichen der Atmosphäre, wobei Gebiete mit hohen Werten des Gradienten der potenziellen Temperatur als Fronten bezeichnet werden (vgl. Kraus 2001).

10.1.1.7 Allgemeine Regeln für die Verlagerung von Zyklonen

Die Verlagerungsrichtung und -geschwindigkeit von Zyklonen variiert stark in Abhängigkeit vom umgebenden Druck- und Temperaturfeld sowie von der thermischen Stabilität der freien Atmosphäre.

- **Warmsektorzyklonen** (junge Zyklonen) ziehen mit der Richtung und Geschwindigkeit des geostrophischen Windes im Warmsektor. Sie weisen ihre größten Verlagerungsgeschwindigkeiten im Winter auf.
- **Okkludierte Zyklonen** verlieren an Geschwindigkeit und werden stationär.
- **Tiefdruckgebiete** bewegen sich innerhalb von 24 h an den Ort des vorgelagerten Zwischenhochkeils.

Des Weiteren gelten die nachstehenden Regeln (s. auch Autorenteam 1999):

- Ein **Tief**, das auf allen Seiten den gleichen Druckgradienten besitzt, ist stationär.
- **Kreisförmige Tiefs** verlagern sich in Richtung des stärksten Druckfalls, des sogenannten isallobarischen Zentrums.
- **Ellipsenförmige Tiefs** bewegen sich in eine Richtung zwischen dem Zentrum des stärksten Druckfalls und ihrer Hauptachse.
- **Tiefdruckgebiete**, deren Winde geringer (stärker) sind, als dem Druckgradienten entspricht, vertiefen sich (füllen sich auf).
- **Kleinräumige Tiefdruckgebiete** (z. B. Sturmtiefs) ziehen in Richtung des stärksten Windes an ihren Flanken.
- Existieren mehrere **Zyklonenkerne**, so kreisen die kleineren Kerne zyklonal um den größten.

10.1.2 Fronten

Im Vergleich zur Frontalzone der freien Atmosphäre, die als eine etwa 1000 km breite Übergangszone zwischen polaren und subtropischen Luftmassen betrachtet werden kann, bildet sich in Bodennähe infolge des Reibungseinflusses ein sehr schmaler Übergangsbereich (50 bis 150 km Breite über Land, 200–800 km über See) zwischen den beiden Luftmassen aus, den man als Front bezeichnet. Eine Front weist zwei wesentliche Merkmale auf:

- **einen zyklonalen Windsprung** (der frontparallelen geostrophischen Komponente)
- **einen Temperatursprung**

Fehlt eine dieser Eigenschaften, dann spricht man von einer Konvergenzlinie (kein Temperatursprung) oder einer Luftmassengrenze (kein Windsprung).

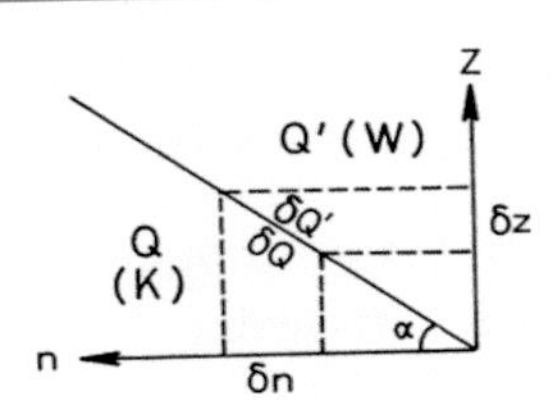

Abb. 10.5 Modell kinematischer Grenzbedingungen. (© Kurz 1990)

Um Aussagen über die Eigenschaften einer Front (Warm- oder Kaltfront) treffen zu können, bildet man sich ein Modell. Das erste und vielleicht einfachste stammt von Margules aus dem Jahr 1906 (s. Margules 1906). Er betrachtete die Front als stationäre, geneigte Diskontinuitätsfläche, die zwei homogene Luftmassen voneinander trennt (vgl. Abb. 10.5), wobei die Kaltluft keilförmig unter der Warmluft liegt. Als Resultat folgt eine diagnostische Gleichung für die Neigung der Frontfläche in Abhängigkeit von der Scherung des geostrophischen Bewegungsimpulses und dem Dichte- bzw. Temperaturunterschied in beiden Luftmassen, nämlich

$$\tan\alpha = \frac{f}{g}\frac{\rho' V_g' - \rho V_g}{\rho - \rho'} \tag{10.1}$$

Die gestrichenen Größen charakterisieren die Eigenschaften der Warmluft, wobei ρ der Dichte und V_g der frontparallelen Komponente des geostrophischen Windes entspricht.

Die Neigung der Frontfläche wird damit vom Wind- und Temperatursprung bestimmt, und es gilt: Je größer der Windsprung, desto steiler, je größer der Temperatursprung, desto flacher steht die Front. Bei mittleren Werten für beide Größen leitet sich eine Neigung der Frontfläche von 1:150 ab. Sie schwankt im Allgemeinen zwischen 1:50 (steil) und 1:300 (flach), was eine einfache Rechnung zeigt. Schreibt man nämlich die obige Gleichung in abgewandelter Form, indem man anstelle der Dichte eine mittlere Temperatur einführt, so ergibt sich:

$$\tan\alpha = \frac{f\,\overline{T}}{g}\frac{V_g' - V_g}{T' - T} \tag{10.2}$$

Mit $f = 10^{-4}\ s^{-1}$, $T = 280$ K, $\Delta V_g = 25\ m \cdot s^{-1}$, $\Delta T = 10$ K resultiert: $\tan\alpha = 0{,}028 \cdot (25/10) = 0{,}007$ und damit $\alpha \approx 0{,}007°$. Da 0,007 = 7/1000 bedeutet, ergibt sich eine Neigung der Grenzfläche von 1:143, d. h., 143 km vor der Front liegt die Frontfläche 1 km hoch (s. Kurz 190).

Aus der Beziehung (10.1) lässt sich auch eine Bedingung für die Scherung der frontparallelen geostrophischen Windkomponenten ableiten. Da sowohl $\rho - \rho' > 0$ als auch $\tan\alpha > 0$ sein muss, damit die Kaltluft keilförmig unter der Warmluft liegt, folgt zwingend $V'_g > V_g$. Damit ist jede Front ein Bereich zyklonaler Windscherung, sodass eine Abnahme der Geschwindigkeit der frontparallelen Windkomponenten, die in Abb. 10.6 als Pfeile eingezeichnet sind, quer zur Strömungsrichtung zum

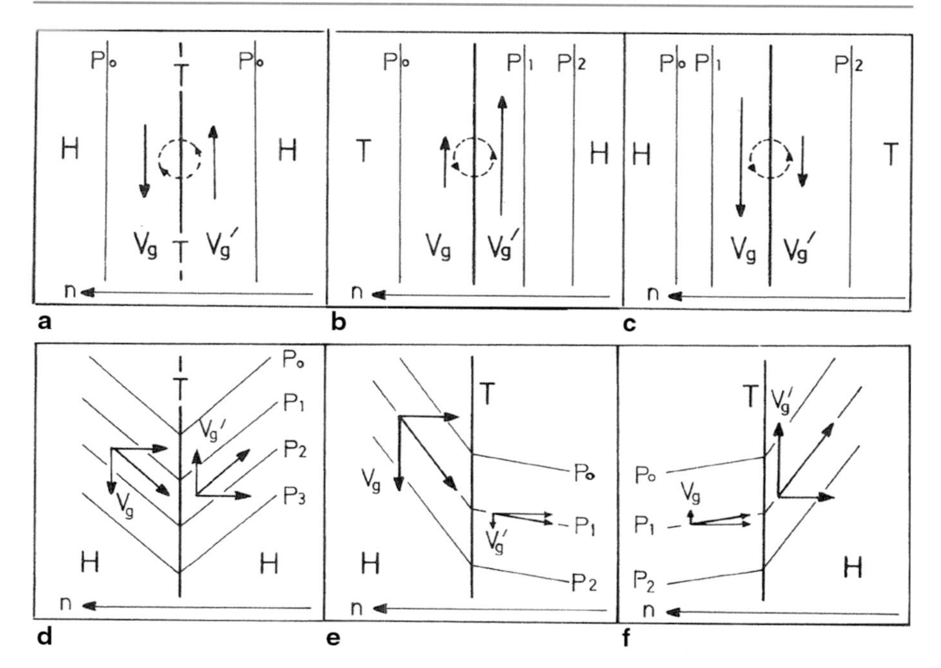

Abb. 10.6 **a–f** Bodendruckverteilung im Bereich einer Front. (© Kurz 1990)

tiefen Druck hin besteht. Aus Abb. 10.6 lassen sich folgende Regeln für stationäre und instationäre Fronten ableiten:

- Stationäre Fronten liegen in einer Tiefdruckrinne, wobei Ostwinde in der Kaltluft und Westwinde in der Warmluft auftreten (vgl. Abb. 10.6a).
- Bei gleicher Streichrichtung der Isobaren ändert sich der Druckgradient im Sinne einer zyklonalen Scherung, d. h., bei Westwinden ist der Druckgradient in der Warmluft höher als in der Kaltluft, während bei Ostwinden der umgekehrte Fall eintritt (vgl. Abb. 10.6b und c).
- Bei bewegten Fronten weist die Isobare eine trogförmige Ausbuchtung bzw. einen Isobarenknick in Richtung des hohen Druckes auf. Damit dreht der Wind bei Frontdurchgang nach rechts (vgl. Abb. 10.6d, e und f).

10.1.3 Frontmodelle

Um das Wettergeschehen beim Durchzug einer Front im Einzelnen beschreiben zu können, hat man mittlere Wetterabläufe (Bewölkungsaufzug, Niederschlag, Drucktendenzen, Wind- und Temperaturfeld) in einem Frontmodell zusammengefasst, wobei Kaltfronten eine größere Variabilität als Warmfronten besitzen.

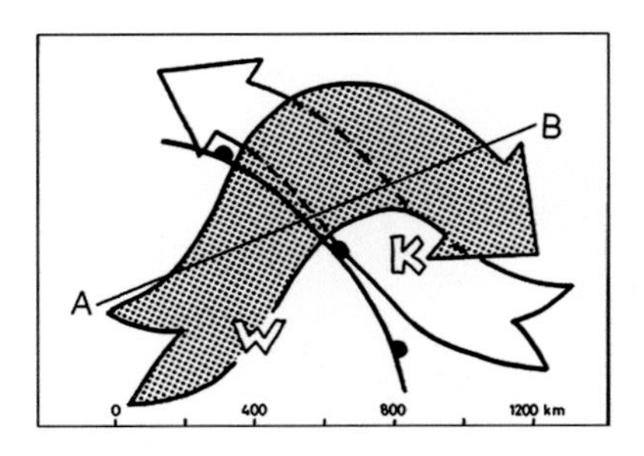

Abb. 10.7 Warmfront mit *Warm Conveyor Belt* und *Cold Conveyor Belt*. (© Kurz 1990)

10.1.3.1 Warmfronten

Warmfronten haben normalerweise einen Anafrontcharakter, d. h., sie weisen bei entsprechender Feuchte ein ausgedehntes und hochreichendes Wolken- sowie Niederschlagsfeld auf. Beide werden vom *warm conveyor belt* bestimmt, einem breiten Strom von Warmluft aus der unteren und mittleren Troposphäre, der aufsteigend die Bodenfront kreuzt und bis in die obere Troposphäre vordringt. Die Hebung, die zumeist schon rückseitig der Bodenfront einsetzt, ist mit 10 cm $\cdot$ s^{-1} zwischen 700 und 500 hPa am größten. In der Höhe, wo die Warmluft immer mehr der mit der Hebung verbundenen Divergenz unterliegt, biegt die Relativströmung antizyklonal nach rechts ab, wobei das Aufsteigen schwächer wird. Es endet mit dem Eindrehen des Relativwindes (gerasterter Warmluftstrom in Abb. 10.7) in eine frontparallele Richtung (Kurz 1990).

In der Kaltluft ist die Relativbewegung (*cold conveyor belt*) zunächst gegen die Bodenfront gerichtet (weißer breiter Pfeil), wobei sie absinkt. Sie biegt dann in eine frontparallele Richtung um und beginnt ebenfalls aufzusteigen. Obwohl die Kaltluft durch das vorhergehende Absinken austrocknet, wird sie anschließend durch den ausfallenden Niederschlag aus dem *warm conveyor belt* rasch mit Feuchtigkeit angereichert.

Die Anhebung führt zur Bildung tiefer Bewölkung, die meist mit dem Wolkensystem der Warmluft zu einem dichten Nimbostratus zusammenwächst (vgl. Abb. 10.8), der im Extremfall als geschlossene Wolkendecke 6–9 km Höhe erreicht. In horizontaler Richtung kann der Nimbostratus eine Breite von 200–500 km einnehmen. So kommt es dort zu länger anhaltenden Niederschlägen in Form von Regen oder Schnee (s. Kurz 1990).

Eine etwa gleich breite Zone mit As-/Cs-Bewölkung befindet sich vor diesem Schlechtwettergebiet, die in der Warmluft entsteht. In der Kaltluft herrschen wegen des Absinkens gute Wetterbedingungen. Erste Hinweise der Warmfront sind Cirrusbänder, die etwa frontparallel verlaufen und bereits 600–800 km vor der Front auftreten.

Die Frontbewölkung muss nicht unbedingt als kompakte Wolkenmasse vom tiefen bis zum hohen Niveau reichen, sie kann auch geschichtet sein, wobei die genaue Verteilung der Bewölkung vom ursprünglichen Feuchtegehalt der Luft abhängt. Das Wolkensystem ist aber zumeist wesentlich steiler angeordnet als die thermische Frontalzone und endet damit vor ihrem Rand.

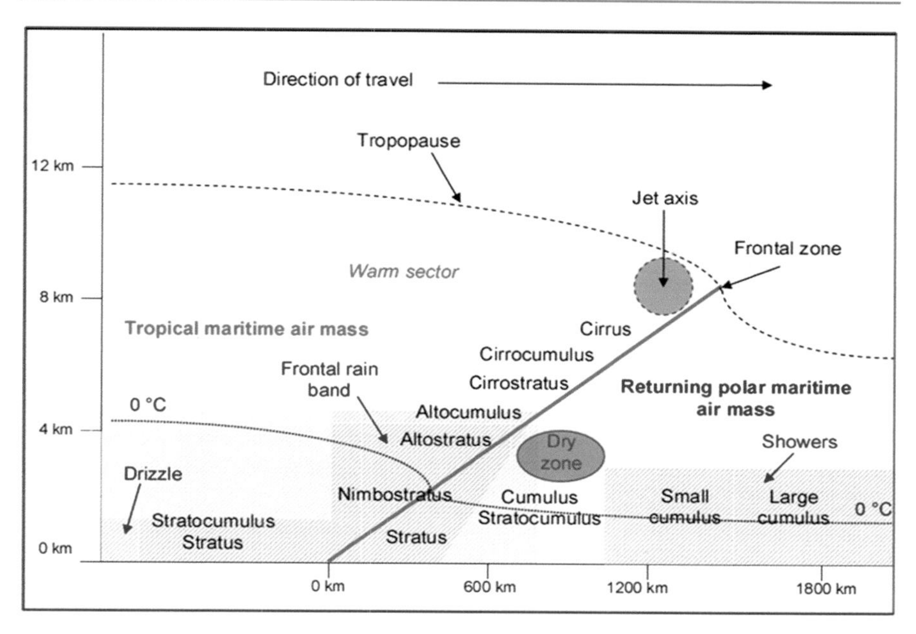

Abb. 10.8 Querschnitt durch eine Warmfront. (© Fact sheet No. 10: Air masses and weather fronts (www.metoffice.gov.uk))

Fronten weisen infolge ihrer unterschiedlichen Entstehungsbedingungen und den zeitlich veränderlichen atmosphärischen Gegebenheiten keinen einheitlichen Verlauf auf, sodass zu ihrer Charakterisierung im Folgenden mittlere Verhältnisse betrachtet werden.

10.1.3.1.1 Gang der meteorologischen Elemente bei einer Warmfrontpassage (s. Kurz 1990)

- **Bodenwind**
  Mit Frontannäherung auffrischender, in frontparallele Richtung drehender Wind mit dem Geschwindigkeitsmaximum kurz vor Frontpassage. Nach Durchgang der Front rechtsdrehender und vorübergehend abnehmender Wind.
- **Drucktendenz**
  Ausgedehntes Fallgebiet vor der Front mit den stärksten Tendenzen in Frontnähe. Bei Frontpassage gleichbleibende Tendenz oder abgeschwächter Druckfall.
- **Temperatur**
  Vor der Front insgesamt langsam ansteigend, nachts und im Winter häufig sprunghafte Temperaturzunahme weit vor der Front durch Zerstörung der Bodeninversion. Im präfrontalen Regengebiet Abkühlung durch Verdunstung des Niederschlags bei gleichzeitigem Ansteigen des Taupunktes. Mit Passage der Front Erwärmung und anschließend etwa gleichbleibende Temperatur.

- **Taupunkt**
  Vor der Front langsam ansteigend, im Niederschlagsgebiet meist sprunghafte Zunahme, nach Frontpassage gleichbleibend.
- **Sichtweite**
  Unter dem Cirrus- und Altostratus-Schirm häufig sehr gute Sichten. Schlagartige Sichtverschlechterung im Niederschlagsgebiet (Nebelbildung ist möglich).
- **Wolken und Niederschläge**
  Typische Verteilung gemäß Abb. 10.8. Nach Frontpassage geht der Niederschlag häufig in Sprühregen über.

Nicht erfasst von diesem Schema sind sogenannte maskierte Warmfronten. Sie bringen im Sommer Abkühlung, wenn z. B. eine aufgeheizte Festlandsluftmasse durch Meeresluft vom Atlantik her ersetzt wird. Ein ähnlicher Effekt ist in gebirgigem Gelände zu beobachten, falls vor Passage der Warmfront durch Föhneinfluss auf der Leeseite eine zusätzliche Erwärmung (adiabatisch absinkende Luft) der der Front vorgelagerten Luftmasse erfolgt.

10.1.3.2 Kaltfronten

10.1.3.2.1 Anakaltfront oder Kaltfront erster Art

Sie ist typisch für den Randbereich einer Zyklone und verlagert sich sehr langsam, sodass sie oft als *slow moving cold front* bezeichnet wird. Sie ähnelt in ihrem Charakter einer Warmfront, wobei das Wolkenband aber schmaler und meist nicht so hochreichend ist (vgl. Abb. 10.9). Häufig fehlt der Cirrusschirm. Infolge des Bodenreibungseinflusses steht sie im Grenzschichtbereich relativ steil, was zu einer kräftigen Hebung der Warmluft und im Falle labiler Schichtung derselben auch zu konvektiven Umlagerungen mit Schauern und Gewittern bei Frontpassage führen kann, ehe mit/nach Frontpassage gleichförmiger Niederschlag durch aufgleitende Warmluft einsetzt.

Die auf der Rückseite der Front einfließende Kaltluft sinkt ab, was mit horizontalem Strecken verbunden ist, sodass sie die Front schiebt. Zusätzlich existiert eine isallobarische Windkomponente vom Drucksteig- ins Druckfallgebiet.

Durch den Niederschlag aus der Aufgleitbewölkung in die Kaltluft kommt es zu einem deutlichen Temperaturrückgang verbunden mit einer Feuchtezunahme und Verschlechterung der Sicht nach Frontpassage. Erst 200 km hinter der Front macht sich das Absinken durch eine deutliche Wetterbesserung bemerkbar, bevor in der hochreichenden Kaltluft Quellwolkenbildung einsetzt.

10.1.3.2.2 Katafront oder Kaltfront zweiter Art

Es ist die typische Kaltfront einer voll entwickelten Zyklone, auch *fast running cold front* genannt. Sie verlagert sich rasch und besitzt meist nur ein schmales Wolkenband geringer Höhe (3–5 km). In der mittleren Troposphäre gleitet die Warmluft über die Kaltluft ab, sodass der Feuchtigkeitsgehalt dieser Luftschichten gering ist. Katafronten weisen deshalb ein präfrontales Wolkenband und präfrontale Niederschläge auf (s. Abb. 10.10 oben und unten). Oberhalb der Grenzschicht nimmt die Neigung der Frontalzone stark ab, und sie nähert sich einer horizontalen Lage. Es

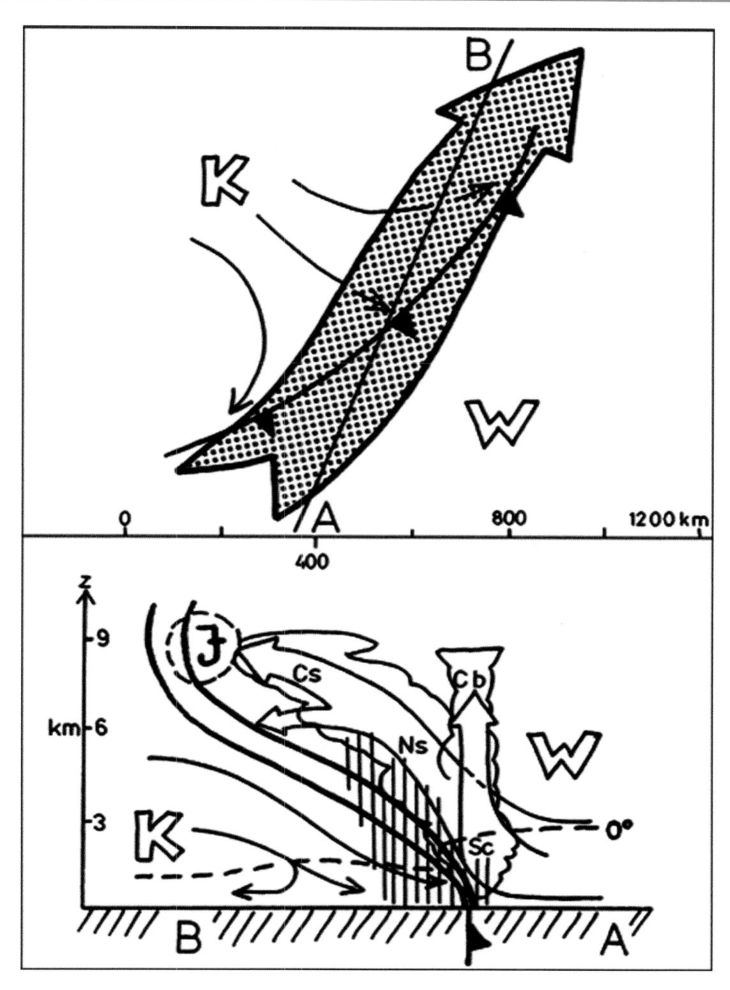

Abb. 10.9 Modell einer Kaltfront erster Art mit Verlauf des „Warm Conveyor Belt". (© Kurz 1990)

erfolgt ein kräftiges Absinken in der Kaltluft verbunden mit Erwärmung, sodass unmittelbar nach der Passage der Front rascher Bewölkungsrückgang einsetzt.

Im Winter bewirken solche Kaltfronten über dem Festland eine Erwärmung der bodennahen Schichten, während in der Höhe ein markanter Temperaturrückgang eintritt. Sie werden deshalb auch als „maskierte Kaltfronten" bezeichnet.

Wegen der großen Mannigfaltigkeit von Kaltfronten werden nachfolgend nur ihre mittleren Charakteristika aufgeführt und der Gang der meteorologischen Elemente an beiden Fronttypen erläutert (siehe auch Tab. 10.1 und Abb. 10.11; nach Chromov 1940 und Kurz 1990).

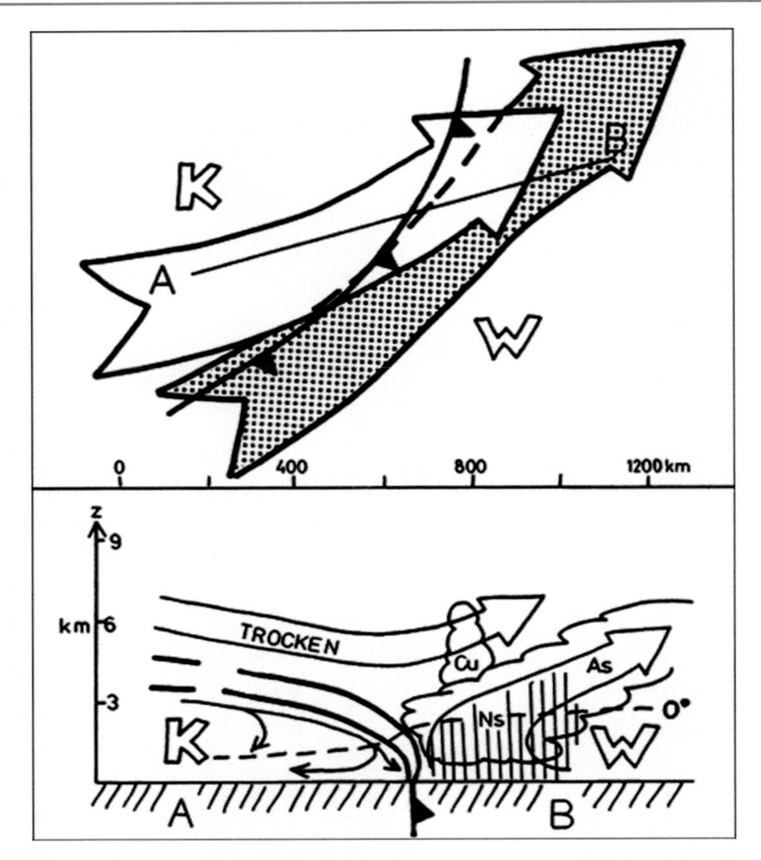

Abb. 10.10 Modell einer Kaltfront zweiter Art mit Verlauf des *Cold* and *Warm Conveyor Belt*. (© Kurz 1990)

- **Bodenwind**
  Vor der Front erfolgt ein Rückdrehen des Windes in eine etwa frontparallele Richtung sowie eine Zunahme seiner Geschwindigkeit. Die Passage der Front ist meist mit einer markanten Winddrehung nach rechts verbunden, die in Kernnähe der Zyklone allerdings weniger deutlich ausfällt. Der Wind ist böig, und häufig treten Sturmböen bei der Frontpassage auf. Hinter einer Kaltfront erster Art flaut der Wind ab, hinter einer Kaltfront zweiter Art bleibt er häufig stark.
- **Drucktendenz**
  Vor der Front tritt in der Regel Druckfall, nach Frontpassage unterschiedlich starker Druckanstieg auf. In der Kernnähe von Zyklonen wird nach Frontdurchgang häufig weiterer Druckfall beobachtet, wenngleich auch in abgeschwächter Form.
- **Temperatur**
  Vor der Front erster Art werden die Temperaturen von der Tages- und Jahreszeit bestimmt, wobei nach Passage der Front immer ein markanter Rückgang der

Tab. 10.1 Wetterablauf bei Passage einer Warmsektorzyklone mit Zentrum polwärts vom Beobachter

Kaltfront		Warmsektor	Warmsektor		Element
Rückseite	Passage		Passage	Annäherung	
Gleichmäßig steigend	Plötzlicher Anstieg	Wenig Änderung	Druckfall hört auf	Stetiger Fall	Druck
Stark und böig, keine Änderung der Richtung	Drehung von SW auf W bis NW, Böen	Konstante Richtung, häufig stark	Drehung auf S bis SW, zunehmende Stärke	Allmählich auf S bis SE drehend, auffrischend	Wind
Kaum Änderung oder leichter Fall	Plötzlicher Rückgang	Gleichbleibend, relativ hoch	Erwärmung	Langsam ansteigend	Temperatur
Wechselhaft, Cb, Ac, Cu	Cb	Bedeckt, St und Sc	Ns und St fra	Bewölkungsaufzug, Ci, Cs, As Ns	Bedeckung
Mäßige bis starke Schauer	Starker Regen, Gewitter mit Graupel und Hagel	Leichter Regen mit Unterbrechungen, Niesel, Nebel	Aufhörender Regen, ztw. Sprühregen	Übergang von leichtem zu mäßigem bis starkem Regen	Niederschlag
Sehr gut	Sichtbesserung	Gering	Gering	Abnehmend	Sichtweite
Relativ gering	Rapider Rückgang	Sehr hoch	Rapider Anstieg	Allmählich zunehmend	Feuchte
Labil	Sehr labil	Stabil	Sehr stabil	Stabil	Freie Atmosphäre

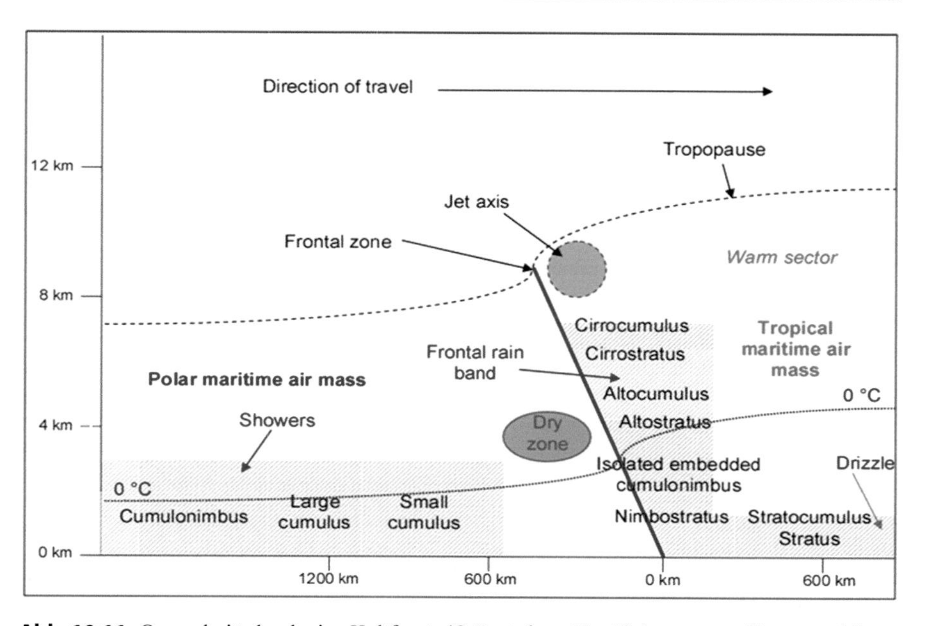

Abb. 10.11 Querschnitt durch eine Kaltfront. (© Fact sheet No. 10 (www.metoffice.gov.uk))

Temperatur erfolgt. Vor der Front zweiter Art kann infolge des präfrontalen Niederschlags ein leichter Temperaturrückgang eintreten, während nach Frontpassage (bedingt durch die Absinkvorgänge in der Kaltluft) meist nur eine geringe Abnahme der Temperatur beobachtet wird. Für die kalte Jahreszeit ist sogar eine Temperaturerhöhung typisch.

- **Taupunkt**
  Vor der Front erster Art verhält er sich analog zum Temperaturverlauf, während er nach der Frontpassage infolge postfrontalen Niederschlags nur allmählich zurückgeht. Nach Passage einer Front zweiter Art tritt dagegen ein deutlicher Rückgang des Taupunktes ein.
- **Sichtweite**
  Meist deutliche Sichtverschlechterung nach Frontpassage erster Art (Nebelbildung möglich), dagegen eine deutliche Zunahme der Sichtweite nach Passage einer Front zweiter Art.
- **Wolken und Niederschläge**
  Typische Verteilung gemäß Abb. 10.11.

Verlagerungsgeschwindigkeiten von Fronten

- **Warmfronten** verlagern sich mit 40 bis 60 % der Geschwindigkeit des geostrophischen Windes.
- **Kaltfronten** ziehen mit 70 bis 80 % der geostrophischen Windgeschwindigkeit.
- **Böenfronten** ereichen bis zu 100 % der Geschwindigkeit des geostrophischen Windes.

10.2 Konvektionszyklone

Um die Bildung eines tropischen Wirbelsturmes erklären zu können, entwickelten Helmholtz und Ferrel (1875) eine Theorie zur Entstehung von thermischen Tiefdruckgebieten bzw. von Konvektionszyklonen. Ihre Entstehung ist an folgende Voraussetzungen gebunden:

- Zwei unterschiedlich temperierte Luftmassen lagern nebeneinander, so dass ein horizontaler Dichteunterschied besteht.
- In einem Gebiet von 200–400 km Durchmesser erfolgt ein vertikaler Transport fühlbarer (eventuell auch latenter) Wärme.

Da gemäß der hydrostatischen Grundgleichung $\partial p/\partial z = -\rho \cdot g$ der Luftdruck in warmer Luft mit der Höhe langsamer abnimmt als in kalter, rücken die isobaren Flächen in der Warmluft auseinander und wölben sich auf (s. Abb. 10.12 *links*). Folglich ist der Luftdruck in der Höhe oberhalb eines Erwärmungsgebietes überall größer als in der Umgebung, sodass die Luftmassen seitlich abzufließen beginnen.

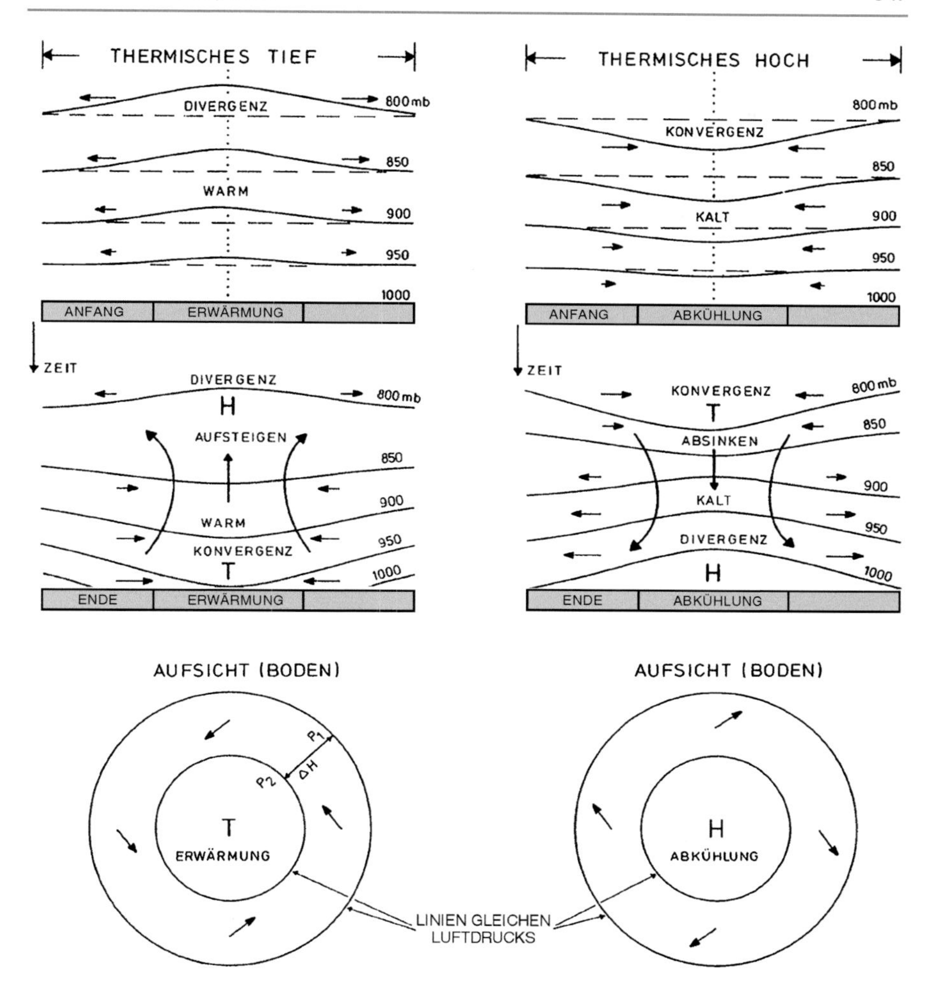

Abb. 10.12 Entwicklung einer Konvektionszyklone (*links*) und eines thermischen Hochdruckgebietes (*rechts*). (© Fortak 1971)

Damit setzt Druckfall am Boden ein, was mit bodennaher Konvergenz und einem Aufsteigen der Luftströmung einhergeht.

Die in Richtung des sich bildenden Tiefs einfließenden Luftmassen (Konvergenz) werden durch die Corioliskraft nach rechts abgelenkt, so dass sich ein zyklonaler Wirbel bilden kann. Oberhalb eines Ausgleichsniveaus, etwa in 850–700 hPa, bleibt der Ausgangszustand jedoch erhalten. Damit existiert über dem Bodentief hoher Luftdruck. Bei einer westlichen Strömung am Boden nimmt die Windgeschwindigkeit mit der Höhe ab, erreicht den Wert null und geht anschließend in eine östliche Strömung über. Der so gebildete Wirbel ist also relativ flach (1–1,5 km; maximal 3 km hoch) und frontenlos.

Thermische Zyklonen sind typisch für die überhitzten Kontinente im Sommer. Persistente Vertreter stellen das südostasiatische Monsuntief bzw. das Hitzetief über Arizona dar. In Verbindung mit einer anhaltenden Hitzeperiode bildet sich eine Konvektionszyklone in den Sommermonaten auch häufig über Spanien. Bei fehlender Feuchte herrscht heißes und trockenes Wetter, ansonsten kommt es infolge lokaler Überhitzung zu Schauern und Gewittern.

Insgesamt erfolgt bei der Entstehung eines thermischen Tiefdruckgebietes eine Anpassung des Strömungsfeldes an das Druckfeld. Sie können sich durch Einbeziehen warmer und kalter Luftmassen in dynamische Druckgebilde umwandeln, sodass sie dann die gleiche Struktur wie eine Frontalzyklone aufweisen. Die Bildung einer thermischen Antizyklone (Kältehoch) kann gemäß Abb. 10.12 (rechts) auf ähnliche Weise erklärt werden.

10.3 Leezyklogenese

Gebirge stellen natürliche Hindernisse dar, die bei einer genügend großen Ausdehnung ein Umströmen durch die Luftmassen verhindern. Damit kommt es zu einer zwangsweisen Hebung der Luft im Luv und einem Absinken im Lee. Die Hebung ist mit adiabatischer Abkühlung, das Absinken mit Erwärmung verbunden, sodass bei einem entsprechenden Feuchtegehalt der Luft Wolken- und Niederschlagsbildung im Luv eintritt (s. Abb. 10.13), wobei die frei werdende Kondensationswärme

Abb. 10.13 Föhnmauer auf Teneriffa April 1993

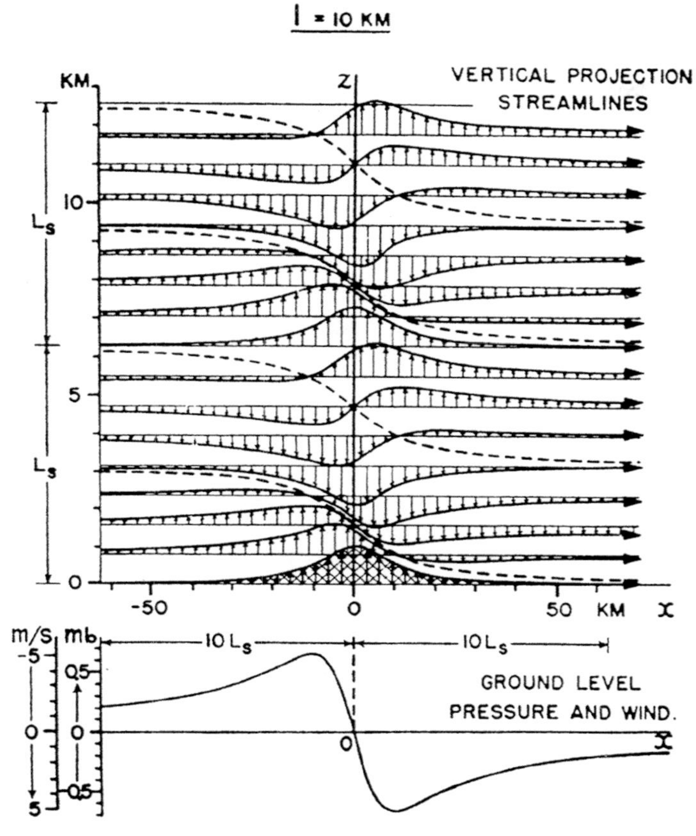

Abb. 10.14 Schematisierte Überströmungsmungssituation einer schmalen Gebirgskette. (© Kurz 1990 (nach Queney))

der Abkühlung entgegenwirkt. Fällt das Kondensat bereits luvseitig aus, löst sich im Lee die Bewölkung rasch auf, und infolge des Absinkens erwärmt sich die Luft.

Radiosondenaufstiege zeigen in 850 hPa für Überströmungssituationen Temperaturunterschiede zwischen Luv und Lee von 5 bis 10 K. In der Regel erfolgt das Überströmen des Gebirges nicht profilsymmetrisch, d. h., die Stromlinien nehmen bereits luvseitig des Kamms ihre höchste Lage ein, während sie auf der Leeseite unter ihr Ausgangsniveau absinken (vgl. dazu Abb. 10.14). Verbunden hiermit sind meist schwache Winde im Luv sowie starke Winde über dem Kamm und auf der Leeseite des Gebirges. Außerdem zeigt das bodennahe Druckfeld einen Luvkeil und einen Leetrog (s. Abb. 10.15).

Diese Druckänderungen lassen sich durch das Vertikalbewegungsglied der Drucktendenzgleichung erklären, welches die Form

$$(\partial p / \partial t)_z \approx (g\rho w)_z$$

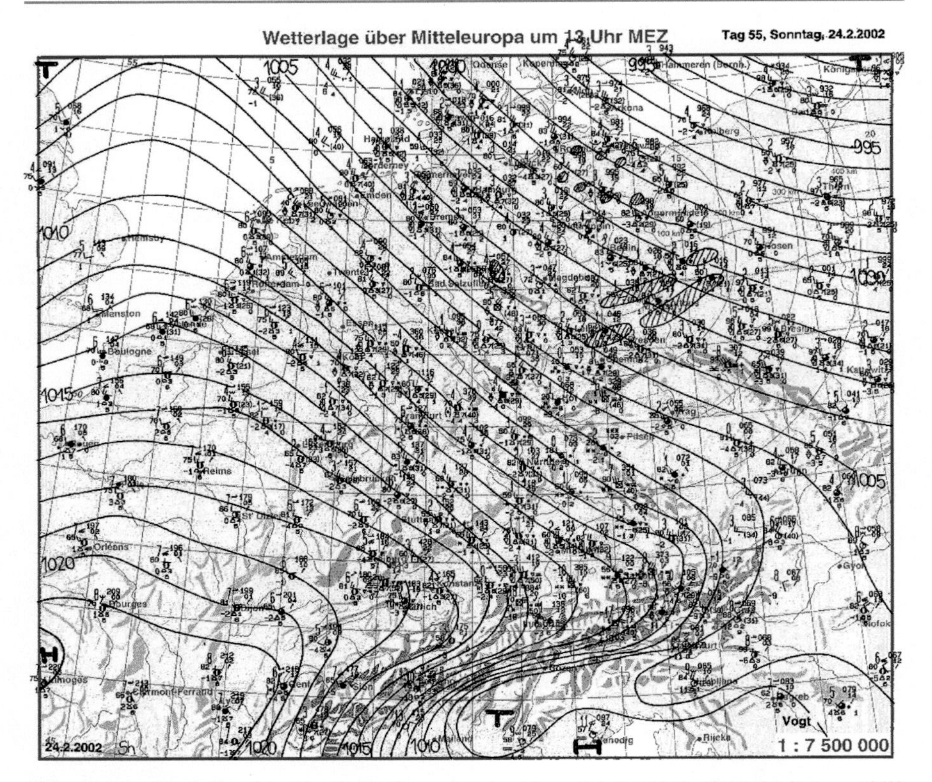

Abb. 10.15 Föhnkeil auf der Nordseite (Luvseite) der Alpen (24. 2. 2002). (© BWK (Internet 23))

besitzt, wobei selbst geringe Vertikalbewegungen (z. B. von 5 $cm \cdot s^{-1}$) bereits sehr große Änderungsbeträge bewirken würden, sodass im Luv der Druckanstieg durch Massendivergenz in der Höhe und im Lee der Druckfall durch Massenkonvergenz kompensiert werden muss. Da der Luvkeil ein kaltes und der Leetrog ein warmes Gebilde ist, nimmt ihre Intensität mit der Höhe rasch ab, sodass in 500 hPa in den meisten Fällen kein signifikanter Einfluss der Orografie mehr nachweisbar ist.

10.3.1 Theoretische Erklärung

Die Bildung einer Leezyklone lässt sich unter anderem mit dem Erhaltungssatz der potenziellen Vorticity (Θ-System, adiabatische Prozesse) beschreiben, der für die absolute Vorticity $(\zeta + f)$ folgende Form besitzt:

$$\frac{d}{dt}\frac{(\zeta + f)}{\Delta p} = 0 \qquad (10.3)$$

Wichtige Voraussetzungen hierbei sind:

- eine großräumige geradlinige Strömung aus West (Vorticity $\zeta = 0$), die auf eine nordsüdlich verlaufende Bergkette trifft,
- die Strömung bleibt scherungsfrei, d. h., Änderungen in der Vorticity äußern sich ausschließlich in Krümmungsänderungen ($\zeta = V_h K_s - \partial V_h / \partial n$),
- vertikale Störungen der Luftbewegung, wie sie beim Überströmen des Gebirges auftreten, nehmen in ihrer Amplitude mit der Höhe ab, und
- es erfolgt kein profilsymmetrisches Überströmen.

10.3.2 Ablaufschema

Beginnt die Luft über dem Berghang aufzusteigen, erfolgt zunächst ein vertikales Strecken der Luftsäule und damit eine Zunahme der Schichtdicke (Δp vergrößert sich). Hieraus resultiert für einen gegebenen Ort ($f = \text{const.}$) die Produktion von Krümmungsvorticity, sodass eine Auslenkung des Teilchens nach Norden (ζ wird größer) erfolgt. In Gipfelnähe nimmt die Schichtdicke bereits wieder ab (s. Abb. 10.14), was zur Erzeugung antizyklonaler Vorticity und damit einer südwärtigen Auslenkung des Teilchens führt, d. h., es biegt nahe des Kammes um.

Auf der Leeseite vergrößert sich in Bodennähe die Schichtdicke wieder, sodass zyklonale Vorticity entsteht und sich damit die antizyklonale verringert. Bei einer divergenzfreien Strömung müsste auf der Westseite der Bergkette wieder eine geradlinige Strömung auftreten, wobei die Windrichtung allerdings von West auf Nordwest gedreht hat. Da beim Absteigen und gedrehter Strömungsrichtung nach Süd sich gleichzeitig die geografische Breite verringert, besitzt die Luftströmung nach dem Absteigen zyklonale Vorticity infolge der Breitenvariation des Coriolisparameters.

Durch die Verlagerung nach Süden nimmt die planetarische Vorticity laufend ab, sodass die relative Vorticity schließlich positiv wird und die Partikel wieder nach Norden umbiegen. Bleibt anschließend bei divergenzfreier Strömung die absolute Wirbelgröße konstant, werden stromabwärts weitere Wellen durchlaufen.

In Verbindung hiermit zeigt das bodennahe Druckfeld immer eine mehr oder minder starke Isobarendeformation mit einem Keil hohen Druckes im Luv und einer Tiefdruckrinne im Lee (vgl. Abb. 10.15). Durch die aufsteigende Luftbewegung im Luv mit Massendivergenz in der Höhe wird antizyklonale Vorticity generiert, im Lee durch absinkende Luftbewegung und Konvergenz zyklonale Vorticity. Hält das Überströmen länger an, nimmt mit Annäherung an den Grenzwert $\xi = -f$ die Produktion der antizyklonalen Vorticity ab, während auf der Leeseite die Bildung von zyklonaler Vorticity weiter anhält. Damit ist der Leetrog meist stärker ausgebildet als der Hochdruckkeil im Luv des Gebirges, was gut mit den Beobachtungen übereinstimmt.

10.3.3 Zyklogenese

Wesentliche Entwicklungen setzen ein, wenn zusätzliche Vertikalbewegungen auftreten, so z. B. auf der Vorderseite eines Höhentroges, wo positive Vorticityadvektion herrscht. Damit wird im Luv die antizyklogenetische Entwicklung gebremst, im Lee die zyklogenetische befördert. In Gestalt des Leetroges steht als Ansatzpunkt für die Zyklogenese außerdem ein Gebiet großer zyklonaler Krümmungsvorticity zur Verfügung. Es bildet sich im Leetrog bald ein Tiefdruckkern, der infolge Advektion etwas nach Süden ausschert. Mit zunehmender Warmluftadvektion vorderseitig und Kaltluftadvektion rückseitig löst sich das Tief schließlich vom Hindernis. Seine weitere Entwicklung hängt davon ab, welche Luftmasse auf seiner Rückseite in die Zirkulation einbezogen wird.

10.4 Polare Mesozyklone *(Polar Low)*

Eine polare Mesozyklone ist ein kleinräumiges Tiefdruckgebiet von geringer vertikaler Mächtigkeit, das sich meist im Winterhalbjahr bei einer zyklonalen Wetterlage auf der West- bis Südseite einer voll okkludierten Polarfrontzyklone bzw. in Verbindung mit dem Okklusionsprozess in einer einheitlichen polaren Luftmasse nördlich der Polarfront über einer relativ warmen Wasseroberfläche (SST > 4 °C) bei einer Differenz der Wasser- und Lufttemperatur von 2 bis 6 K aus einer Kommakonfiguration innerhalb von 24 bis 48 h entwickelt. Es besitzt keine frontalen Strukturen. Intensive Entwicklungen haben ein Auge mit einem Durchmesser von 50 bis 70 km und ähneln im Aufbau tropischen Wirbelstürmen (s. Abb. 10.16). *Polar Lows* treten einzeln, multipel und in Serie auf.

Polar Lows bilden sich auf der zyklonalen Seite eines ausgeprägten Jetstreams im Bereich starker zyklonaler Windscherung. Aus einer flachen baroklinen Wel-

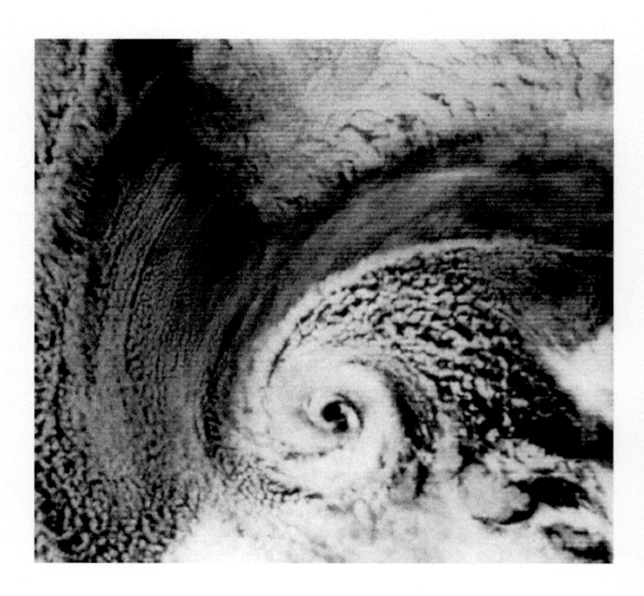

Abb. 10.16 Polare Mesozyklone. (© Wehry 2005)

le von geringer statischer Stabilität im Anfangsstadium entwickelt sich während einer sehr raschen Intensivierungsphase (12 bis 24 h) ein warmes flaches Bodentief. Wichtige Faktoren während der Entwicklungsphase sind

- ein merklicher Strom fühlbarer und latenter Wärme von der Ozeanoberfläche in Richtung des Bodentiefs,
- das Freisetzen von latenter Wärme auf niedrigen Niveaus in Verbindung mit hochreichender Konvektion und
- ihre Verlagerung mit der Strömungsgeschwindigkeit in 1 bis 3 km Höhe.

10.4.1 Empirische Untersuchungsergebnisse

Die Untersuchung und Auswertung zahlreicher Polar Lows über der Norwegischen See erbrachte folgende Befunde:

- Polare Mesozyklonen entstehen in einer flachen baroklinen Zone nahe dem Eisrand über der Grönland- und Barentssee, etwa zwischen 65 und 75 ° N.
- Es existiert ein ausgeprägter horizontaler Temperaturunterschied zwischen dem Küstenbereich und der offenen See mit einem Gradienten von 15–25 K auf 400 km Entfernung im 1000-hPa-, von 5 K im 850-hPa- und 0 K im 700-hPa-Niveau.
- Im Entstehungsgebiet (Nordpazifik und -atlantik) herrscht eine straffe NW- oder NE-Strömung mit geostrophischen Geschwindigkeiten > 10 $m \cdot s^{-1}$.
- Polar Lows aus dem Seegebiet zwischen Island und Grönland ziehen in Richtung Irland, Schottland oder Nordsee, während sich *Polar Lows* aus dem Seegebiet um Spitzbergen oder der Barentssee in Richtung Norwegische Küste (etwa 30 Zyklonen im Jahr) verlagern.
- Es existiert eine Warmluftzunge südwestlich von Spitzbergen mit einer SST-Anomalie.

10.4.2 Verlagerungsregeln

Polar Lows bilden und verlagern sich in der Zone der stärksten Bodenwinde und wandern entlang der warmen Seite der bodennahen baroklinen Zone. In 80 % der Fälle nimmt die Windgeschwindigkeit mit der Höhe ab (*reversed shear flow*), sodass die größte vertikale Windscherung in Bodennähe auftritt.

10.4.3 Polar Lows in der Norwegischen See und vor der Küste Norwegens

Gemäß Satellitenbildauswertungen entwickeln sich auf der Nordhalbkugel die meisten polaren Mesozyklonen in der Norwegischen See sowie vor der Küste Norwegens und beeinflussen somit vor allem diesen Küstenbereich, aber auch die Küste Schottlands und Dänemarks. Die folgenden Charakteristika beruhen auf insgesamt

33 untersuchten Polar Lows mit Windgeschwindigkeiten > 15 $m \cdot s^{-1}$ (vgl. Wilhelmsen 1985), die in der Regel von September bis April, selten im Mai und Juni beobachtet wurden. Ihre größte Anzahl tritt in den Monaten November bis Januar auf.

10.4.4 Wettercharakteristika

- **Druckfeld**
  Innerhalb einer schmalen Zone existiert meist langsamer Druckfall vor und kräftiger Druckanstieg nach der Passage des Tiefs.
- **Druckänderungen während der Entwicklungsphase**
  maximal: − 19 hPa (z. B. von 1014 auf 995 oder 976 auf 955 hPa), im Mittel: 6 hPa ≈ 1/3 aller Fälle: > 10 hPa
- **maximale Änderungsrate: 18 hPa/21 h**
  maximal: − 8,6 bzw. + 10,7 (hPa/3 h), im Mittel: − 3,2 bzw. + 5,2 (hPa/3 h), ≈ 1/3 aller Fälle: 4,0 bzw. > 6,0 (hPa/3 h)
- **Windfeld**
  Mit Passage des Tiefs ist eine starke Zunahme der Windgeschwindigkeit und eine signifikante Drehung der Windrichtung (Böen) verbunden.
- **maximale Geschwindigkeitswerte**
  absolut: 35 $m \cdot s^{-1}$, im Mittel: 24 $m \cdot s^{-1}$, ≈ 1/3 aller Fälle: > 25 $m \cdot s^{-1}$
- **Temperaturfeld**
  Die Bodentemperatur nimmt bei Passage des Tiefs geringfügig zu.
- **Niederschlagsereignisse**
  Bei Passage des Tiefs treten starke Schneeschauer oder intensiver Schneefall bzw. auch Gewitter und/oder Graupelschauer auf (Andauer der Niederschläge 3 bis 6 h), nach seiner Passage erfolgt ein rascher Rückgang der Bewölkung.
- **Niederschlagssummen**
  maximal: > 10 mm/h bzw. 37 mm/12 h, Schätzwerte: 40–50 mm/12 h, 1/3 aller Fälle: > 10 mm/12 h
- **Sichtweite**
  Häufig wird ein Sichtrückgang unter 100 m in Verbindung mit Schneeschauern (Dauer bis zu 3 h) sowie unter 500 m bei Schneefall (Dauer 3 bis 9 h) beobachtet.

10.5 Übungen

Aufgabe 1 Berechnen Sie nach Margules die Neigung einer Kaltfront bei 40° N, wenn die Windgeschwindigkeit in der Warm- bzw. Kaltluft 30 $m \cdot s^{-1}$ bzw. 10 $m \cdot s^{-1}$, die Dichte in der Kalt- bzw. Warmluft 1,3 bzw. 1,25 $kg \cdot m^{-3}$ betragen!

Aufgabe 2

(i) Bestimmen Sie die Neigung einer Warmfront für eine Mitteltemperatur von T = 30 °C, eine geografische Breite φ = 45 °, eine geostrophische Windscherung von 10 $m \cdot s^{-1}$ sowie eine Temperaturdifferenz von 10 K!

(ii) Wie ändert sich die Frontneigung in Abhängigkeit von der geografischen Breite?
(iii) Welche zyklonale Vorticity ξ besitzt die Front aus Aufgabe 1) für die gegebenen Werte der Windscherung auf eine horizontale Entfernung von 478 km? Worauf hat die Vorticity Einfluss?
(iv) Wie groß ist die beobachtete Bö bei Durchgang einer Kaltfront, wenn die Temperaturdifferenz zwischen Warm- und Kaltluft 12 K beträgt?
(v) Nennen Sie frontenlose Tiefdruckgebiete!

Aufgabe 3 Nicht nur in der Atmosphäre, sondern auch im Ozean treten Grenzflächen auf, so z. B. beim Zusammentreffen des salzreichen, warmen Golfstroms mit dem kalten Labradorstrom bei etwa 45 ° Breite.

Berechnen Sie die Neigung der Grenzfläche, wenn gilt:
Golfstrom: $t_w = 20$ °C, $\rho_w = 1024\ \text{kg} \cdot \text{m}^{-3}$, $V_w = 0{,}6\ \text{m} \cdot \text{s}^{-1}$
Labradorstrom: $t_w = 5$ °C, $\rho_w = 1021\ \text{kg} \cdot \text{m}^{-3}$, $V_w = 0{,}1\ \text{m} \cdot \text{s}^{-1}$

Aufgabe 4 Moderne Schiffsantriebe nutzen die Strömungsenergie des Wassers. Berechnen Sie die kinetische Energie, wenn durch eine Fläche von 1 m² senkrecht zur Strömung Wasser mit $1\ \text{m} \cdot \text{s}^{-1}$ fließt. Wie viel Watt stehen bei einer Ausbeute von 20 % zur Verfügung?

10.6 Lösungen

Aufgabe 1

$$\tan\alpha = \frac{f}{g} \cdot \frac{\rho' V_g' - \rho V_g}{\rho_2 - \rho_1} = \frac{0{,}937 \cdot 10^{-4}\, s^{-1}}{9{,}81} \cdot \frac{1{,}3 \cdot 30 - 1{,}25 \cdot 10}{0{,}05}$$
$$= 0{,}955 \cdot 10^{-4} \cdot 530 = 0{,}0051$$

$\alpha \cong 2{,}92/1000$, d. h., die Neigung beträgt 1:342, d. h., 208 km vor der Front liegt die Frontfläche 0,61 km hoch.

Aufgabe 2

(i) $$\tan\alpha = \frac{f \cdot T}{g} \cdot \frac{V_{g'} - Vg}{T_2 - T_1}$$

$$\tan\alpha = \frac{1{,}03 \cdot 10^{-4} \cdot 10 \cdot 303{,}15}{9{,}81 \cdot 10}\left(\frac{\text{kg} \cdot \text{s}^2 \cdot \text{m}^3 \cdot \text{m}}{\text{m}^3 \cdot \text{s} \cdot \text{m} \cdot \text{kg}}\right) = 0{,}00318; \quad \frac{3{,}18}{1000} = \frac{1}{314{,}5},$$

d. h., 314 km von der Front entfernt liegt die Frontfläche 1 km hoch.

(ii) Mit abnehmender geografischer Breite nimmt die Frontneigung zu, da der Coriolisparameter im Nenner der Margules'schen Gleichung steht, und außerdem die Temperatur in Richtung Äquator zunimmt.

(iii) Mit $\zeta = V_h \cdot K_s - \partial V_h / \partial n$ folgt: $\zeta = \frac{25}{478 \cdot 10^3} = 0{,}5 \cdot 10^{-4}\,s^{-1}$

(iv) $V_{Bö} = 2\Delta t$, also $V_{Bö} = 2 \cdot 12 = 24\ m \cdot s^{-1}$ (Faustformel, Maßeinheiten stimmen nicht)

(v) Frontenlose Tiefdruckgebiete entstehen in einer einheitlichen Luftmasse. Hierzu gehören die polaren Zyklonen, die tropischen Wirbelstürme, das Hitzetief, die Leezyklone und die Kaltlufttropfen.

Aufgabe 3

$$\tan\alpha = \frac{f \cdot T_m}{g} \cdot \frac{Vw' - Vw}{T_1 - T_2} = \frac{1{,}03 \cdot 10^{-4}\,s^{-1} \cdot 285{,}151\,K}{9{,}81} \cdot \frac{0{,}5}{15}$$

$$= 0{,}0000999; \quad \alpha \cong 5{,}7 \cdot 10^{-3\circ}$$

Aufgabe 4 $1\ m^2 \cdot 1\ m \cdot s^{-1} = 1\ m^3 \cdot s^{-1} = 1\ t \cdot s^{-1} = 1000\ kg \cdot s^{-1}$. $E = \frac{1}{2}\ m \cdot v^2 = \frac{1}{2} \cdot 1\,000\ kg \cdot 1\ m^2 \cdot s^{-2} = 500\ kg \cdot m^2 \cdot s^{-2} = 500\ W \cdot s$, davon 20 % = 100 W · s. Aus der Strömungsenergie lassen sich 100 W · s = 100 J Energie gewinnen.

11 Allgemeine Zirkulation der Atmosphäre

Unter der allgemeinen atmosphärischen Zirkulation versteht man Bewegungsvorgänge im globalen Maßstab mit einer Zeitdauer von einem Monat, einer Jahreszeit oder auch einem Jahr. Man interessiert sich deswegen nicht so sehr für einzelne Wetterphänomene wie z. B. Zyklonen, Fronten und Gewitter, sondern für die meridionalen, zonalen und vertikalen Zirkulationen der Atmosphäre insgesamt, da sie eine ständige Umverteilung von Masse und Energie bewirken. Um die strahlungsbedingten Temperaturgegensätze zwischen den äquatorialen und den polaren Breiten auszugleichen, sind sie mit meridionalen Transporten fühlbarer und latenter Wärme in der Atmosphäre sowie von fühlbarer Wärme in den Ozeanen verbunden, sodass sie Fernwirkungen im Klimasystem hervorrufen können.

Alle Bewegungsvorgänge in der Atmosphäre hängen letztlich davon ab, ob eine Energiequelle vorhanden ist, die die hierfür benötigte kinetische Energie produziert. Für das System Erde-Atmosphäre liefert die Sonne diese Energie in Form von kurzwelliger Strahlung, wobei dem Energiegewinn durch Einstrahlung ein Energieverlust gegenübersteht, da die Erdoberfläche und ein Teil der Atmosphäre als schwarze Strahler im langwelligen Bereich emittieren. Grundlage der globalen Bewegungsvorgänge ist daher der Nettoenergiegewinn aus der Differenz beider Strahlungsströme, den man aus der Strahlungsbilanz des Systems Erde-Atmosphäre ableiten kann.

11.1 Strahlungsbilanz des Systems Erde-Atmosphäre

Die Gesamtbilanz, berechnet für die Erdoberfläche und die freie Atmosphäre, zeigt, dass das System Erde-Atmosphäre etwa zwischen 40° N und 40° S ständig Energie akkumuliert (vgl. Abb. 11.1), während es zu den Polen hin laufend Energie verliert.

Dies liegt in der Kugelgestalt der Erde begründet, da hierdurch die in Äquatornähe vereinnahmte kurzwellige Energie pro Flächeneinheit größer ist als in den höheren Breiten. Aufgrund dieser Gegebenheit müssten sich die Tropen fortwährend erwärmen, die Polkappen dagegen laufend abkühlen, was aber nicht beobachtet wird.

B. Klose, *Meteorologie,* Springer-Lehrbuch, DOI 10.1007/978-3-662-43622-6_11

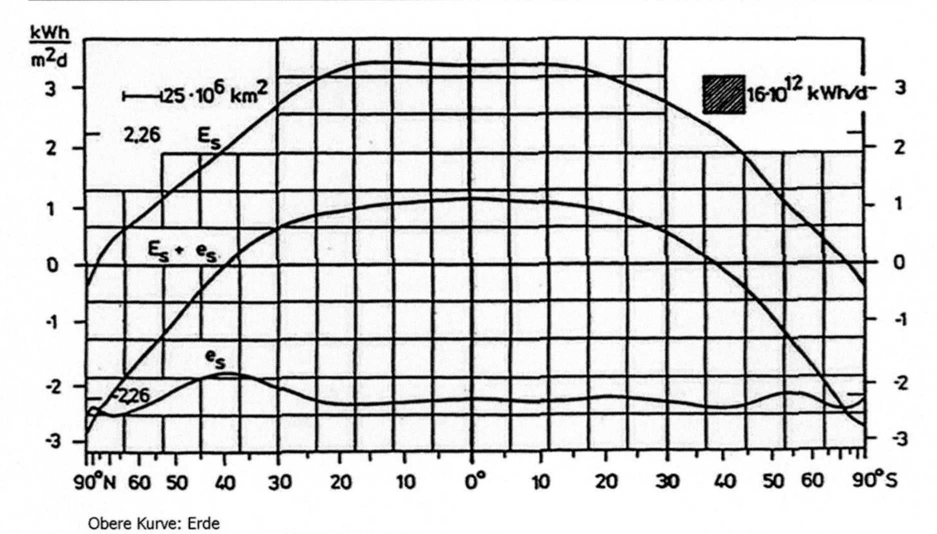

Abb. 11.1 Strahlungsbilanz des Systems Erde-Atmosphäre (obere Kurve: Erde, mittlere Kurve: Gesamtbilanz Erde – Atmosphäre, untere Kurve: Erdatmosphäre). (© Fortak 1971)

In Wirklichkeit besteht ein thermisches Gleichgewicht zwischen beiden Bereichen. So bleiben die Temperaturen in den jeweiligen Breitenzonen, abgesehen von den jahreszeitlichen Schwankungen, auf einem nahezu konstanten Wert. Für die Aufrechterhaltung dieses Gleichgewichtes sind meridionale Energietransporte notwendig, die den in den niederen Breiten vorhandenen Überfluss an Strahlungsenergie durch polwärts gerichtete horizontale Flüsse von fühlbarer und latenter Wärme kompensieren.

11.1.1 Modellzirkulation nach Hadley

Auf einer nicht rotierenden Erde würde sich durch die kurzwellige Einstrahlung der Sonne ein meridionales Temperaturgefälle zwischen Äquator und Pol einstellen. Da jedoch der Druck über Warmluft mit der Höhe langsamer als über Kaltluft abnimmt, heben sich die Druckflächen über den erwärmten und senken sich gleichzeitig über den abgekühlten Gebieten, was zu einem Aufsteigen der wärmeren Luft im äquatorialen und einem Absinken der kalten dichteren Luft im polaren Bereich führt und in Abb. 11.2 dargestellt ist.

Infolge des entstehenden Druckunterschieds bildet sich auf der Nordhalbkugel in den höheren Schichten eine Strömung von Süd-Nord- und aus Kontinuitätsgründen in Bodennähe eine Nord-Süd-Strömung aus. Diese thermisch direkte Zirkulation wird nach ihrem Entdecker G. Hadley (britischer Meteorologe, 1685–1758) auch als Hadley-Zirkulation bezeichnet. Infolge der Erdrotation und der unterschiedlichen Land-Meer-Verteilung ergibt sich jedoch ein stark modifiziertes Bild, sodass

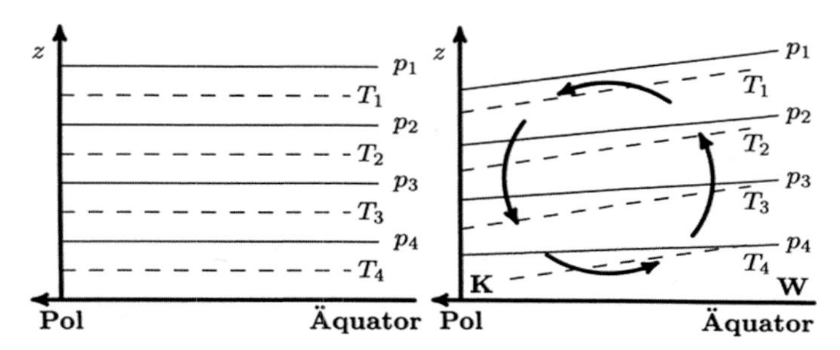

Abb. 11.2 Entstehung der Hadley-Zirkulation aufgrund des Temperaturgegensatzes Äquator-Pol. (© Etling 1996)

die Hadley-Zirkulation nur in den Tropen vollständig ausgebildet ist und eine wichtige Rolle spielt.

11.1.2 Modifikationen der Hadley-Zirkulation

Aufgrund der Corioliskraft wird jedes Luftteilchen auf seiner Bahn in Richtung Pol ostwärts, auf seiner Bahn in Richtung Äquator westwärts abgelenkt. In den höheren Luftschichten stellt sich damit eine Westwind-, im bodennahen Bereich eine Ostwindkomponente ein. Infolge des Ausweichens der Luftteilchen in zonale Richtung kann aber der Wärmestau der Tropen nicht effektiv abgebaut werden, so dass in den mittleren Breiten in der freien Atmosphäre im Bereich der Polarfront überkritische Temperaturgradienten von 7 bis 10 K/1000 km entstehen. Sie führen zur Bildung von Antizyklonen und Zyklonen, deren Fronten den Transport von Kaltluft in Richtung Süden und von Warmluft in Richtung Norden bewirken. Damit übernehmen die Wirbel der gemäßigten Breiten anstelle der Hadley-Zirkulation den großräumigen meridionalen Wärmetransport und gleichen das horizontale Temperaturgefälle zwischen den äquatornahen und polaren Gebieten auf der Erde aus (vgl. Abb. 11.3).

11.1.3 Vertikale Zirkulationsräder

Die primär durch das Temperaturgefälle Äquator-Pol verursachte allgemeine Zirkulation beruht damit gemäß Abb. 11.4 auf zwei unterschiedlichen Mechanismen. So existiert beiderseits des meteorologischen Äquators ein thermisch direktes Zirkulationsrad mit aufsteigender Warmluft, die Hadley-Zelle, verknüpft mit Ostwinden (Passaten zwischen 30° S und 30° N) in den unteren Atmosphärenschichten, während der meridionale Wärmetransport dagegen durch eine Vertikalzirkulation übernommen wird.

In den mittleren Breiten ist die Vertikalzirkulation mit absinkender Luft im Bereich der subtropischen Hochdruckgebiete und aufsteigender Luft in den Tiefdruckgebieten der gemäßigten Breiten nur schwach ausgeprägt und lediglich eine Folge der äquatorwärts angrenzenden Hadley-Zirkulation. Im Bereich der sogenannten

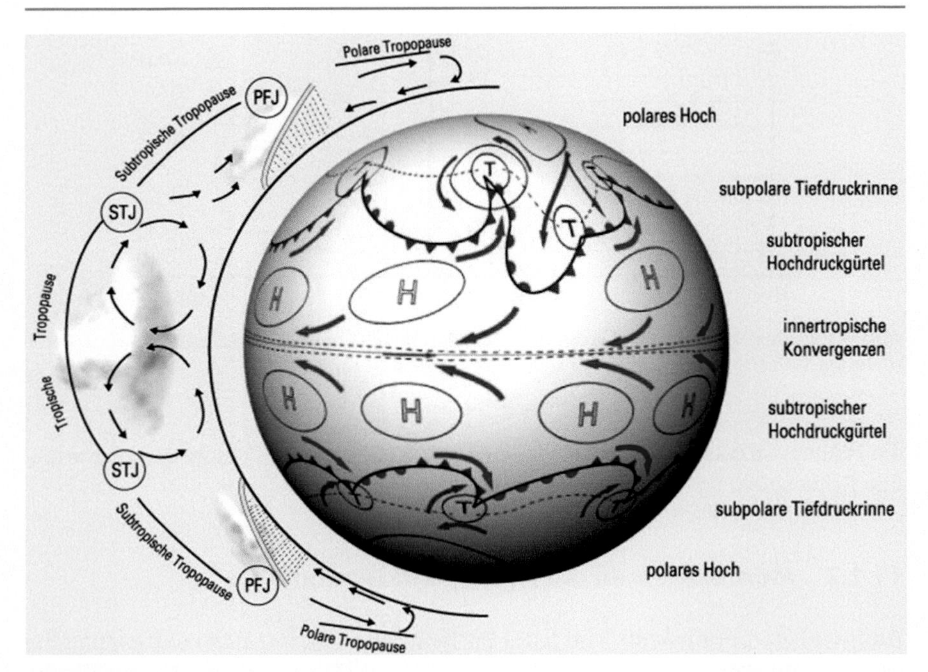

Abb. 11.3 Horizontale und vertikale Zirkulationen in Verbindung mit dem Bodendruckfeld. (© Alexander Frank (Internet 43))

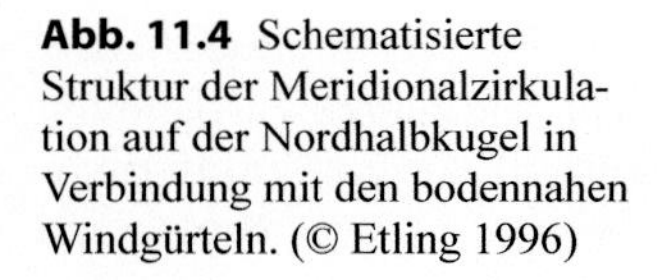
Abb. 11.4 Schematisierte Struktur der Meridionalzirkulation auf der Nordhalbkugel in Verbindung mit den bodennahen Windgürteln. (© Etling 1996)

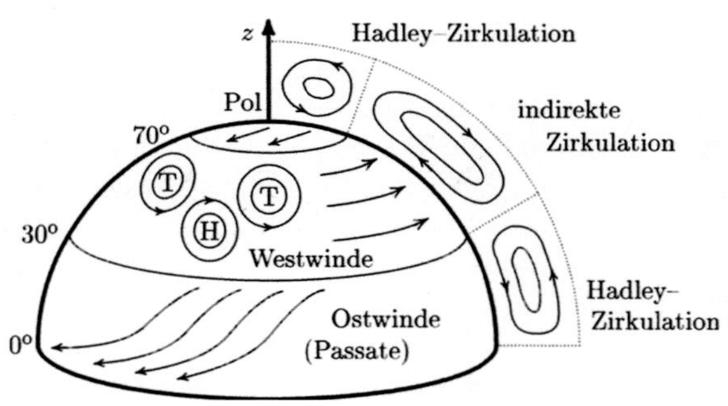

Ferrel-Zelle (W. Ferrel, 1817–1891), die einer thermisch indirekten Zirkulation entspricht, erfolgt der Transport von latenter und fühlbarer Wärme in die höheren Breiten durch großräumige Wirbel, eingebettet in die allgemeine Westwinddrift der freien Atmosphäre (Südwest-/Nordwestwinde zwischen 30 bis 60° N bzw. S am Boden).

Die Polkappen besitzen durch das Absinken der stark abgekühlten und in Bodennähe äquatorwärts abfließenden Luft eine eigene thermisch direkte Zirkulation mit vorherrschenden Ostwinden in Polnähe.

Diesen im Mittel stets vorhandenen Vertikalzirkulationen sind andere Zirkulationssysteme überlagert, so z. B. die Monsunzirkulation Südostasiens, die Walker-Zirkulation (G. Walker, 1868–1958) der Tropen oder die QBO (*Quasi Biennal Oscillation*) der tropischen Stratosphäre.

11.1.4 Meridionale Energietransporte

In Bodennähe wird das zwischen 14° N und 7° S bestehende Defizit an latenter Wärme durch einen Wasserdampftransport von den Subtropen her gedeckt. Dieser Transport findet in unmittelbarer Nähe der subtropischen Ozeanoberflächen statt, von denen der Wasserdampf durch Verdunstung in die Atmosphäre gelangt. Die Subtropen müssen außerdem auch das ab 40° nördlicher/südlicher Breite bestehende Defizit an latenter Wärme bilanzieren. Es entsteht infolge intensiver Wetteraktivitäten in den mittleren Breiten, bei denen die Niederschlags- größer als die Verdunstungsraten sind.

Außerdem erfordert der zwischen 14° N und 7° S vorhandene Niederschlagsüberschuss einen Massentransport in den Ozeanen, der vom Äquator zu den Polen gerichtet ist. So wird in Verbindung mit Meeresströmungen fühlbare Wärme aus den Breitenkreisen zwischen 26° N und 18° S in die beiden polaren Gebiete transportiert (vgl. Abb. 11.5).

Die in den Tropen aufsteigende wärmere Luft kühlt sich ab, wodurch der Wasserdampf kondensiert und Kondensationswärme frei wird. Dies führt zu einer unmittelbaren Erhöhung der Lufttemperatur, sodass ein Export fühlbarer Wärme in Richtung der polaren Breiten einsetzt. Ab 60° N/S bis zu den Polen ist dieser Transport fast ganz allein zur Herstellung des beobachteten Gleichgewichts verantwortlich, da die latenten Wärmeflüsse und der ozeanische Transport eine immer geringere Rolle spielen.

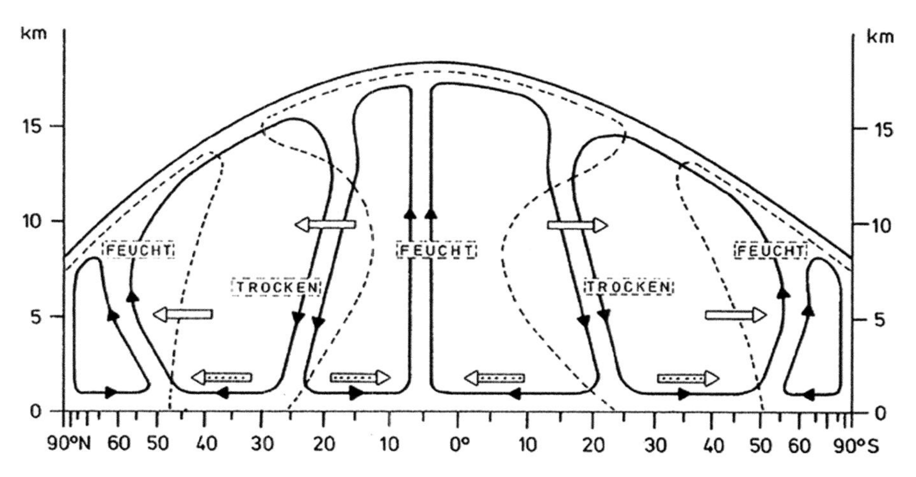

Abb. 11.5 Meridionale Energietransporte. (© Fortak 1971)

11.1.5 Zusammenfassung der Energiebilanzbetrachtungen

Aus der Energiebilanzbetrachtung lassen sich folgende Breitenzonen mit charakteristischen Druckgebilden und Windsystemen ableiten, die in Abb. 11.6 veranschaulicht sind:

- Eine Tropenzone zwischen etwa 18° S bis 20° N, die latente Wärmeflüsse importiert und fühlbare Wärme sowohl im Ozean als auch in der Atmosphäre nach Norden transportiert.
- Ein Gürtel subtropischer Hochdruckgebiete zwischen 20 und 35° N bzw . 18° und 32° S , der im Wesentlichen den von den Tropen kommenden Strom fühlbarer Wärme polwärts weiterleitet. Die Subtropen sind damit eine gewaltige Quelle von latenter Wärme (Wasserdampf) , die in Richtung Tropen und mittlere Breiten geführt wird.
- Eine gemäßigte Zone zwischen 35 und 60° N/S, die fühlbare und latente Wärme importiert und diese außerdem weiter polwärts befördert. Der Import von latenter Wärme ist erforderlich, da in den mittleren Breiten infolge intensiver Wetteraktivitäten die Niederschlagsraten größer als die Verdunstungsraten sind.
- Eine polare Zone, die im Wesentlichen fühlbare Wärme importiert, da hier sowohl die ozeanischen Transporte als auch die Verdunstungsraten gering sind.

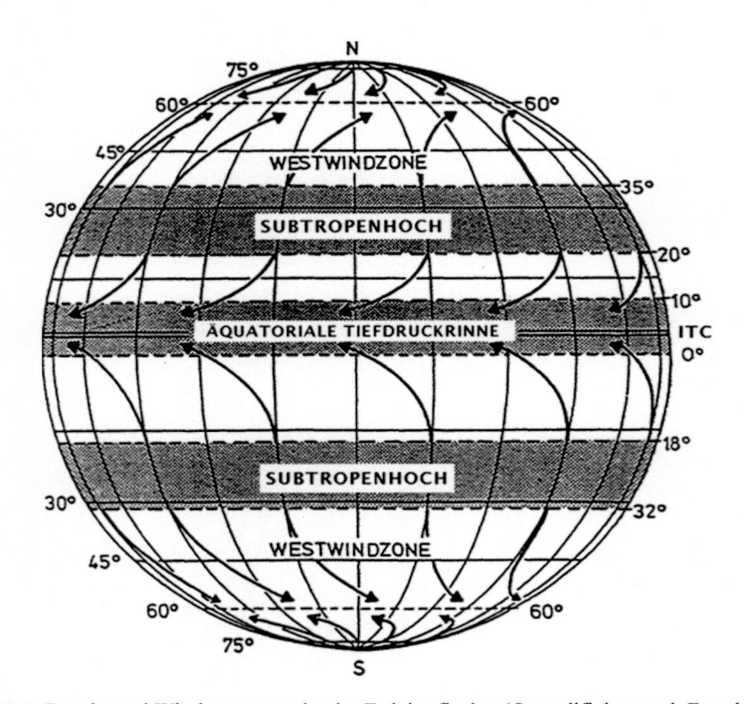

Abb. 11.6 Druck- und Windsysteme nahe der Erdoberfläche. (© modifiziert nach Fortak 1971)

Die Bodenwinde konvergieren entlang des thermischen Äquators und des 60. Breitenkreises in Verbindung mit einer Zone tiefen Luftdrucks bzw. einem Gürtel von Tiefdruckgebieten im subpolaren Bereich, was mit aufsteigender Luftbewegung sowie Wolken- und Niederschlagsbildung verbunden ist. Divergierende Bodenwinde treten an den Polen im Bereich der thermischen Hochdruckgebiete sowie bei rund 30° Nord bzw. Süd im subtropischen Hochdruckgürtel auf. Infolge absteigender Luftbewegung und damit einhergehender Erwärmung setzt Wolkenauflösung ein.

11.2 Dynamische Betrachtungen

Nach dem Grundgesetz der Statik $dp/p = -(g/R \cdot T) \cdot dz$ nimmt der Luftdruck über einer warmen Luftmasse mit der Höhe langsamer ab als über einer kalten, sodass in der freien Atmosphäre über polarer Kaltluft tiefer, über tropischer Warmluft dagegen hoher Luftdruck herrscht. Damit existiert ein polwärtiges Druckgefälle (s. Abb. 11.7), dem auf beiden Hemisphären eine Westwindzone entspricht. Durch komplizierte Austauschvorgänge wird diese Zone auf ein schmales Übergangsgebiet, die planetarische Frontalzone, zusammengedrängt.

Infolge dynamischer Instabilitäten und orografischer Einflüsse (z. B. Gebirgsketten) sowie der unterschiedlichen Verteilung von Land und Meer stellt die Westwinddrift jedoch kein horizontales Band dar, sondern mäandriert. Es bilden sich Vorstöße von Kalt- und Warmluft, so genannte Keile und Tröge (vgl. Abb. 11.8). Auf der Vorderseite dieser Tröge entwickeln sich bedingt durch Beschleunigungs-

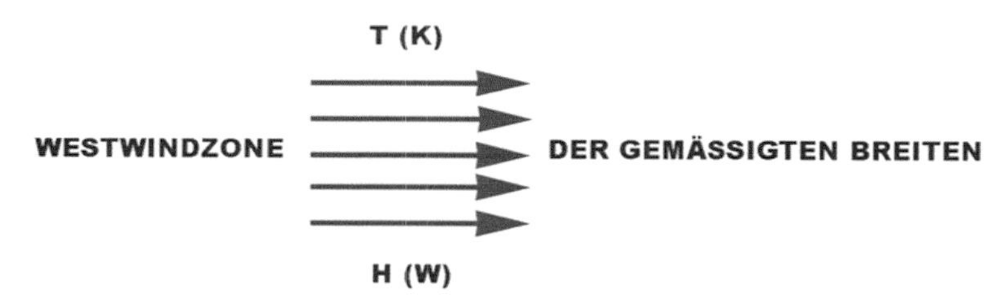

Abb. 11.7 Skizze zur Druck- und Temperaturverteilung auf der Nordhalbkugel

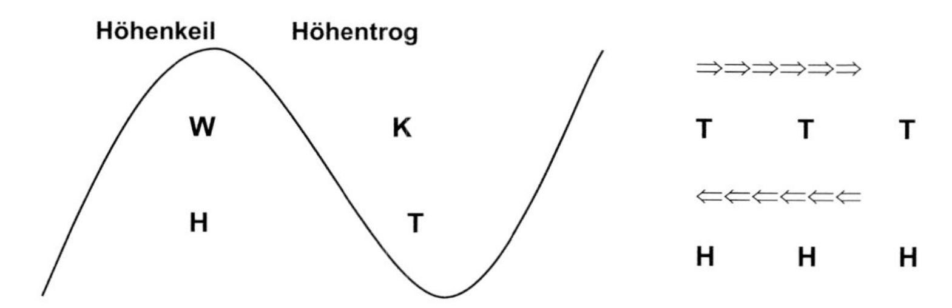

Abb. 11.8 Druck-, Wind- und Temperaturverteilung

effekte Zyklonen und Antizyklonen. Die Tiefdruckgebiete oder Zyklonen scheren durch den Einfluss der Corioliskraft bei ihrer ostwärts Verlagerung vorwiegend nach Norden, die Antizyklonen nach Süden aus. Damit finden wir eine vermehrte Anzahl von Tiefdruckgebieten bei 55 bis 65° N (z. B. das im Mittel immer vorhandene Islandtief über dem Nordatlantik oder das Aleutentief über dem Nordpazifik), auf der Südhalbkugel existiert eine Zone tiefen Druckes rund um die Antarktis. Man spricht deshalb von einer subpolaren Tiefdruckrinne. Die vermehrte Anzahl von Hochdruckgebieten äquatorwärts der Westwindzone führt zwischen 25 bis 35° N bzw. S zu einem subtropischen Hochdruckgürtel mit einzelnen geschlossenen Zellen über den Ozeanen (z. B. dem Bermuda-, Azoren-, Madagaskarhoch).

11.2.1 Subtropische Hochdruckgebiete

Die subtropischen Hochdruckgebiete reichen als dynamische Gebilde von der Erdoberfläche bis zur Tropopause und besitzen ein asymmetrisches Vertikalbewegungsfeld. Ihre Ostflanke ist ein Gebiet intensiver Absinkvorgänge, d. h. einer Erwärmung der Luft und damit des Rückgangs der relativen Feuchte sowie einer großen Stabilität der thermischen Schichtung mit Ausbildung von freien Inversionen. Sie beherrschen die großen Wüstengebiete der Erde, so die Sahara Nordafrikas, die Kalahari und Namib Südafrikas, die Sonora Mexikos und den Südwesten der USA (s. Abb. 11.9).

Auf der Westflanke der subtropischen Hochdruckgebiete treten dagegen nur schwache Absinkbewegungen auf, sodass hier die Schichtungsstabilität verringert ist und Perioden mit Wolken- und Niederschlagsbildung existieren. Folglich ist das Wetter im Südwesten Amerikas (Ostseite des Hochs über Hawaii) beträchtlich trockener als im Südosten des Kontinents (Westseite des Bermuda-Azoren-Hochs).

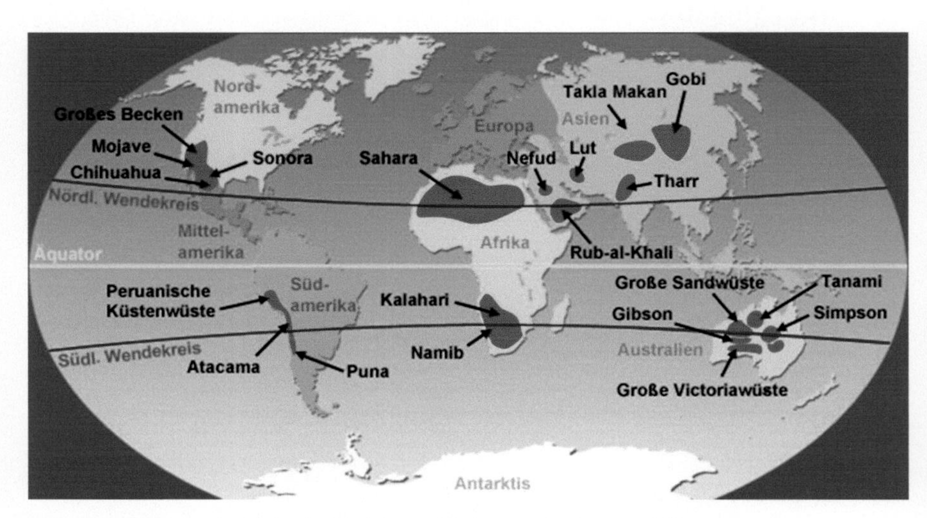

Abb. 11.9 Wüsten der Erde. (© SWR/www.kindernetz.de (Internet 44))

Im zentralen Bereich eines Subtropenhochs dominieren schwache Bodenwinde, und es treten häufig Windstillen über mehrere Tage bis Wochen auf. In der Zeit der Segelschifffahrt wurde während eines solch langen nicht geplanten segelfreien Zeitraumes die Nahrung knapp, sodass man die Rösser schlachtete. Daher hat sich der Begriff Rossbreiten für diesen Bereich eines Subtropenhochs eingebürgert.

Der im Mittel jedoch vorhandene, aus dem Hoch ausfließende Luftstrom führt auf der Nordflanke der Hochdruckgebiete zur Westwindzone und auf der Südflanke zur Passatzone (*trade winds*). Da der Coriolisparameter am Äquator sein Vorzeichen wechselt, treten auf der Nord-/Südhalbkugel im Mittel Nordost-/Südostpassate bzw. Südwest-/Nordwestwinde auf. Der Westwindgürtel der gemäßigten Breiten und die Passatzone sind über dem Nordatlantik schon seit dem 15. Jahrhundert bekannt. So segelte Kolumbus von Spanien aus südwärts und erreichte mit den NE-Passaten die Karibik. Aus seiner Rückreise kreuzte er dagegen weiter nordwärts im Bereich der *Westerlies*, und die Schiffe gelangten nach großen Strapazen wieder nach Spanien zurück. Die Passate sind persistente Winde, die in etwa 80 % der betrachteten Zeit wehen, sie konvergieren in einem breiten Gürtel schwacher und umlaufender Winde, den Doldrums.

11.2.2 Tropische Zirkulation

Durch die permanenten subtropischen Hochdruckzellen entsteht ein Druckgefälle in Richtung Äquator, das in der freien Atmosphäre mit tropischen Ostwinden verbunden ist, die auch als Urpassate oder *Easterlies* bezeichnet werden.

In der Nähe der Erdoberfläche erzwingt jedoch die Bodenreibung eine Strömungskomponente in Richtung der äquatorialen Tiefdruckrinne, sodass auf der Nordhalbkugel NE-Passate und auf der Südhalbkugel SE-Passate entstehen.

Ganz allgemein gilt, dass die Passate mit wachsender Annäherung an die äquatoriale Tiefdruckrinne ihren Charakter als stabile, wolken- und niederschlagsarme Strömung verlieren (s. Abb. 11.10), sodass konvektive Wolken- und Niederschlagsbildung (Schauer und Gewitter) den Vorrang gewinnen. Es entsteht eine Zone einschlafender und umlaufender Winde, da die Horizontal- zugunsten der Vertikalbewegung abnimmt, die intertropische Konvergenzzone (ITCZ). Sie ist eine Konfluenzzone von 100 bis 200 km Breite und 1 bis 2 km Höhe, in der Winde mit Geschwindigkeiten von 3 bis 6 $m \cdot s^{-1}$ aus unterschiedlichen Richtungen (NE, SE) zusammenfließen und ein Starkregenband mit mehr als 200 mm Regen pro Monat hervorrufen. Seine mittlere Lage schwankt zwischen 3° N im Nordwinter bzw. 10 °N im Nordsommer.

11.2.3 ITCZ und ihre Besonderheiten

Die ITCZ entspricht dem thermischen Äquator, der infolge der ungleichen Verteilung von Land und Meer beider Hemisphären im Mittel bei 7° N liegt. Sie zeichnet sich durch die höchsten Luft- und Wassertemperaturen, die geringsten Luftdruck-

Abb. 11.10 Labilisierte Passatcumuli. (© Björn Beyer (Internet 45))

werte sowie ein Niederschlagsband mit mehreren Starkregengebieten aus. Da ihre Lage von der mittleren globalen Lufttemperatur abhängt, variiert sie zwischen 3 bzw. 10° N im nördlichen Winter bzw. Sommer.

Bedingt durch den derzeitigen Klimawandel entfernt sich die ITCZ immer weiter vom Äquator, wobei sie gegenwärtig etwa ihre Position, die sie während der mittelalterlichen Warmphase besaß, wieder erreicht hat. Gemäß Sachs 2011 wird sie bis 2100 weitere 5° nordwärts wandern, was drastische Folgen für die Landwirtschaft der Entwicklungsländer in den Tropen haben dürfte.

Über den großen Kontinenten Amerika und Afrika, aber auch über dem Indik und dem indoaustralischen Archipel spaltet sicht die ITCZ auf der betreffenden Sommerhalbkugel in eine nördliche (NITCZ) und südliche (SITCZ) Konvergenzzone gemäß Abb. 11.11 auf. Diese Besonderheit resultiert aus der starken polwärtigen Verlagerung der äquatorialen Tiefdruckrinne mit dem Zenitalstand der Sonne über dem Festland. So wandert der meteorologische Äquator über Indien bis 30° und über Afrika bis 20° N, über Südamerika, Afrika und Australien bis 20° S. Damit entfernt sich die sommerliche ITCZ so weit vom mathematischen Äquator, dass sich in Äquatornähe eine zweite Konvergenzzone entwickeln muss. Diese sekundäre Konvergenzzone ist eine Folge des Übertretens der Passate von der einen auf die andere Halbkugel.

Damit wechselt der Coriolisparameter sein Vorzeichen, was zu einem Abbremsen der Windgeschwindigkeiten und folglich zu aufsteigenden Luftbewegungen führt. Hierdurch wird die Passatinversion zerstört; es entsteht eine Zone mit Schauern und Gewittern, die südliche ITCZ. Da die nördliche ITCZ aber den thermischen Äquator mit den tiefsten Luftdruckwerten darstellt, ergibt sich ein südwärts gerichtetes Druckgefälle, dass in einiger Entfernung vom Äquator Westwinde hervorruft.

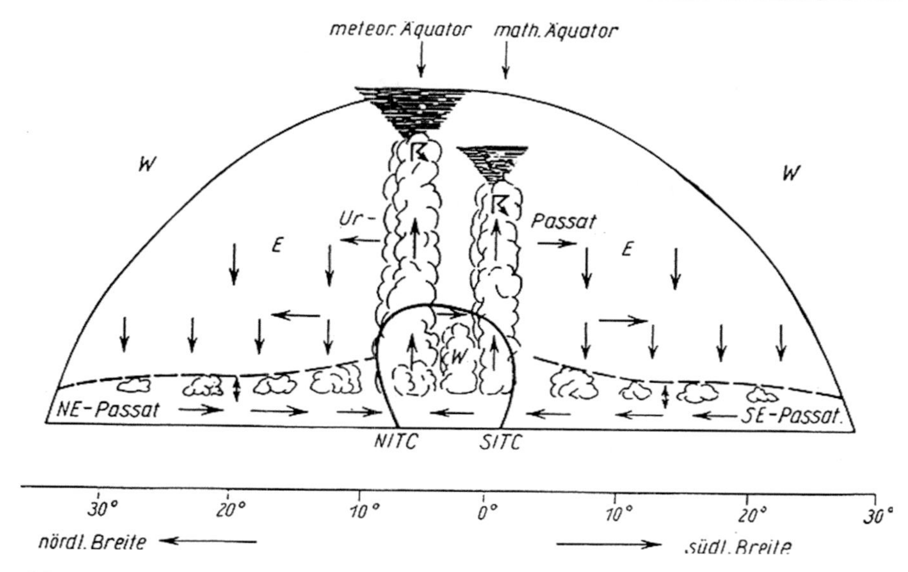

Abb. 11.11 Nördliche und südliche ITCZ. (© Heyer 1972)

Durch das Aufspalten der ITCZ in eine nördliche und südliche Konvergenzzone bilden sich Bereiche mit jahreszeitlich wechselnden Windrichtungen über den Ozeanen, die Monsungebiete. Die Zone der tropischen Monsune befindet sich zwischen dem Äquator und der am weitesten vorgeschobenen Lage der mittleren ITCZ, wodurch ein Wechsel zwischen Passaten im Winter und äquatorialen Westwinden im Sommer eintritt (vgl. Tab. 11.1).

Tab. 11.1 Druck- und Zirkulationssysteme

	Drucksystem	Zirkulationssystem
90° N	Hoch	Polare Antizyklone
	⇙⇙	Polare Nordostwinde
60° N	Tief	Subpolare Zyklone
	⇗⇗	Westwindzone (SW-Winde)
30° N	Hoch	Subtropische Antizyklone
	⇙⇙ (⇗⇗)	Nordostpassate (Südwestmonsun)
0° N	Tiefdruckrinne	ITCZ
	⇖⇖ (⇘⇘)	Südostpassate (Nordwestmonsun)
30° S	Hoch	Subtropische Antizyklone
	⇘⇘	Westwindzone (NW-Winde)
60° S	Tief	Subpolare Zyklone
	⇖⇖	Polare Südostwinde
90° S	Hoch	Polare Antizyklone

11.2.4 Monsuntief über Indien

Durch die starke Erwärmung der Kontinente im Sommer bilden sich über diesen thermische Tiefdruckgebiete, sogenannte Hitzetiefs. Sie reichen im Mittel 2 bis 3 km hoch, über dem Indischen Subkontinent infolge der starken Aufheizung des Hochlandes von Tibet sogar bis in eine Höhe von 5 bis 6 km. Das indische Monsuntief ist das großräumigste, intensivste und dauerhafteste Hitzetief der Erde überhaupt. Sein Zentrum liegt zwischen dem Persischen Golf und der Indusebene.

11.3 Die außertropische Zirkulation

Nördlich bzw. südlich der Westwindzone dominiert in Bodennähe eine thermische Antizyklone mit polaren Ostwinden. Oberhalb davon existiert ein Polarwirbel mit Westwinden, der während der Polarnacht bis in die Stratosphäre reicht und die gesamte Hemisphäre beherrscht. Sein Zentrum liegt bei 80° N/S, also nicht am Pol. Thermische Antizyklonen entstehen im Winter auch über Ostsibirien und Kanada (auf der Südhalbkugel fehlen sie gänzlich).

11.4 Zusammenfassung der dynamischen Betrachtungen

Infolge der jahreszeitlichen Wanderung des Zenitalstands der Sonne verlagern sich die tropischen Druck- und Windgürtel über den Kontinenten zur jeweiligen Sommerhalbkugel, wobei sich infolge der unterschiedlichen Wärmebilanzen von Land- und Wasserflächen die ITCZ über dem Land jedoch sehr viel weiter polwärts bewegt als über dem Meer, da die Ozeane die jahresperiodische Erhöhung der Nettostrahlung durch Wärmeflüsse in tiefere Wasserschichten oder durch lateralen Transport in die Außertropen kompensieren.

Über dem zentralen Pazifik beträgt die Verlagerung der ITCZ nur 5 bis 10 Breitengrade und verzögert sich gegenüber dem Zenitabstand um 2 bis 3 Monate, über Afrika umfasst sie 35 bis 40 Breitengrade und verzögert sich 4 bis 6 Wochen. So wandert der meteorologische Äquator über Indien bis 30° N, über Afrika 15 bis 20° N sowie über Südamerika, Südafrika und Australien etwa um 15° bis 20° S.

11.5 Die Monsunzirkulation

Eine Besonderheit der tropischen Zirkulationsverhältnisse bildet die Monsunzirkulation Südostasiens, die bis nach Nordaustraliens reicht und den Indischen Subkontinent sowie Teile des Indischen Ozeans (bis etwa 20° S) sowie den äquatorialen Bereich Afrikas umfasst, wobei man heute unter dem Begriff Monsun großräumige und sehr beständige Luftströmungen der Tropen versteht, die einen markanten jahreszeitlichen Wechsel ihrer troposphärischen Basisströmungen (Passate im Winter, äquatoriale Westwinde im Sommer) aufweisen. Zur Charakterisierung der Tropen lassen sich folgende Merkmale aufführen:

- In den Tropen steht die Sonne nahezu immer im Zenit, sodass eine kalte Jahreszeit fehlt. Durch die Neigung der Erdachse umfassen sie eine Breitenzone zwischen 23½° Nord und 23½° Süd.
- Nach W. Köppen (1846–1940) beginnen die Tropen in der Klimazone, in der die Mitteltemperatur des kältesten Monats 18 °C nicht unterschreitet, eine Definition, die das tropische Bergland ausklammert.
- Vergleicht man die Amplitude des Tages- und Jahresganges der Temperatur, dann enden die Tropen dort, wo beide Amplituden annähernd gleich sind. Sie bilden in Abhängigkeit von der geografischen Länge eine Zone rund um den Äquator, die zwischen 40 bis 60 Breitengraden variiert.

11.5.1 Monsune im Indischen Ozean

Der Indische Ozean ist mit 75,8 Mio. km^2 Fläche der kleinste unter den Ozeanen. Im Arabischen Meer und Golf von Bengalen greift er etwas über den nördlichen Wendekreis hinaus, ansonsten gehört er größtenteils der Südhalbkugel an. Er reicht von 20° (Nadelkap) bis 147° (Tasmanien) östlicher Länge. Seine größte Nord-Süd-Erstreckung beträgt etwa 10.000 km. Im Nordwesten besitzt er mit dem Roten Meer und dem Persischen Golf zwei Nebenmeere. Er ist arm an Inseln, und seine mittlere Tiefe beträgt 3900 m. Tiefseegräben gibt es nur am Außenrand des Sundabogens (7450 m). Er ist der jüngste der Weltmeere und am Ende des Paläozoikums durch Einbruch im Bereich des ehemaligen Gondwanakontinents entstanden.

Die Meeresströmungen im Nordindik werden durch das Monsunregime bestimmt, d. h., sie besitzen einen mit der Jahreszeit wechselnden Charakter. Im Nordwinter dominiert unter dem Einfluss der Passate ein westwärts gerichteter Nordäquatorialstrom, der südlich des Äquators ostwärts umbiegt (äquatorialer Gegenstrom). Im Nordsommer erfolgt dagegen mit dem SW-Monsun ein ostwärts gerichteter Wassertransport bis zu den Sundainseln.

11.5.1.1 Monsunkriterien

Um überhaupt von einem Monsunereignis sprechen zu können, müssen die troposphärischen Basisströmungen folgende vier Kriterien nach Ramage 1971 und Chromov 1957 erfüllen:

- **Monsunwinkelkriterium nach Chromov 1957**
  Die Richtungsdifferenz zwischen der jeweils häufigsten Windrichtung während des Wintermonsuns im Januar und während des Sommermonsuns im Juli, der sogenannten Monsunwinkel, muss mindestens 120° betragen.
- **Monsunbeständigkeitskriterium nach Chromov 1957**
  Das Mittel aus den durchschnittlichen Häufigkeiten der jeweils vorherrschenden Windrichtung (Hauptwindrichtung) im Januar und Juli muss 60 % überschreiten.

- **Monsunintensitätskriterium nach Ramage 1971**
  Die mittlere resultierende Windgeschwindigkeit sollte mindestens in einem der beiden Monate Januar oder Juli 3 m s^{-1} überschreiten.
- **Tropenmonsunkriterium nach Ramage 1971**
  In jedem der beiden Monate Januar und Juli tritt innerhalb von zwei Jahren weniger als ein Wechsel Zyklone/Antizyklone je Fünfgradfeld auf.

11.5.1.2 Asiatisch-afrikanischer Monsunbereich

Für eine Monsunbeständigkeit von 40 bis 60 % (monsunale Winde) lässt sich ein Monsunbereich zwischen etwa 35° N bis 20° S und von 30° W bis 160° E, maximal 170° E abgrenzen, für den die Berge Südostasiens eine natürliche Monsungrenze bilden. Monsunale Winde herrschen damit über großen Teilen Süd- und Ostasiens sowie über Nordaustralien und Afrika vor (s. Abb. 11.12). Eingeschlossen in die Monsunzirkulation ist der Nordindik mit dem Arabischen Meer und dem Golf von Bengalen sowie Teilbereiche des zentralen Indischen Ozeans (Westindik bis Madagaskar, Ostindik bis nach Indonesien).

Der über dem Arabischen Meer mit der Jahreszeit (im arabischen „mausim") zu beobachtende Wechsel zwischen NE-Winden (Passaten) im Winter und SW-Winden im Sommer hat nachweislich zu der Begriffsbildung „MONSUN" geführt. Der Nordindik ist damit ein definitiver Monsunbereich, da Nordostwinde während des Wintermonsuns in 74 % und Südwestwinde während des Sommermonsuns in 71 % aller Fälle vorherrschen.

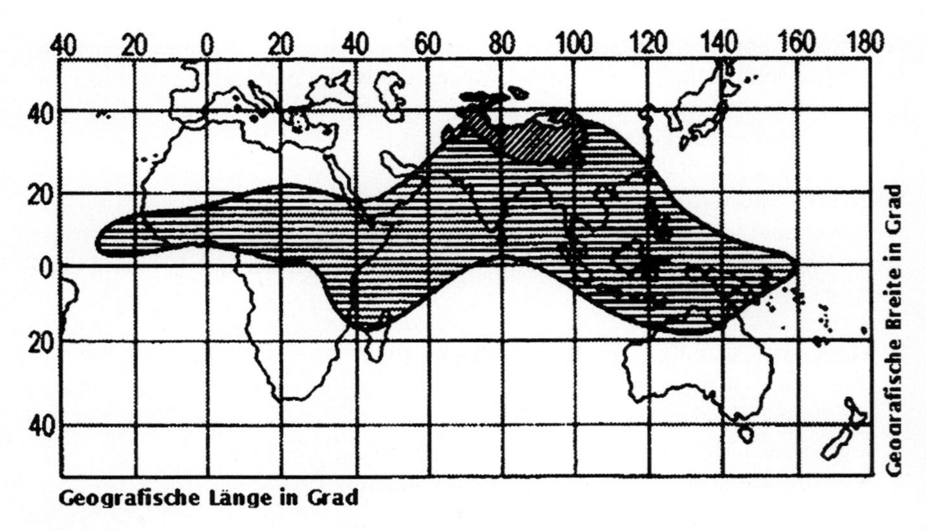

Abb. 11.12 Asiatisch-afrikanischer Monsunbereich. (© nach Hendl 1997)

11.5.1.3 Monsune über dem Indik

Wichtige Faktoren für die starke Veränderlichkeit der Winde im Bereich des Indischen Ozeans im Verlaufe eines Jahres sind

- die Größe des asiatischen Kontinents und der benachbarten Ozeane,
- die West-Ost-Erstreckung des Himalaja als natürliche Barriere zwischen den polaren und den tropischen Luftmassen und
- das Hochland von Tibet mit einer Fläche von ca. 2 Mio. km^2 und einer mittleren Höhe von 4500 m.

11.5.1.3.1 Der Sommermonsun

Im Sommer ist das Hochland von Tibet eine Heizfläche und damit eine Wärmequelle für die freie Atmosphäre, so dass sich in etwa 6 bis 8 km Höhe über dem Plateau eine stabile Antizyklone entwickelt. Die daraus abfließenden Luftmassen bedingen etwa ab Ende Mai eine Ostströmung südlich des Hochlandes und eine Westströmung nördlich davon (s. Abb. 11.13). Zwischen 12 und 15 km Höhe erreichen die Windgeschwindigkeiten teilweise Strahlstromstärke (> 100 km h^{-1}). Der im Mittel beobachtete hochtroposphärische östliche Jet liegt bei etwa 15° N und existiert von Juni bis September über Asien und Afrika.

Der Sommermonsun der unteren Luftschichten ist die gegenläufige westliche Ausgleichsströmung zu diesem Jet. Er besteht aus einem Einströmen der Luftmassen in das Hitzetief zwischen dem Persischen Golf und der Indusebene und stellt im Mittel eine labilisierte SW-Strömung (hohe SST) dar. Diese reicht über Indien bis in 6000 m Höhe. Das Einströmen besitzt pulsierenden Charakter mit Intervallen von 3

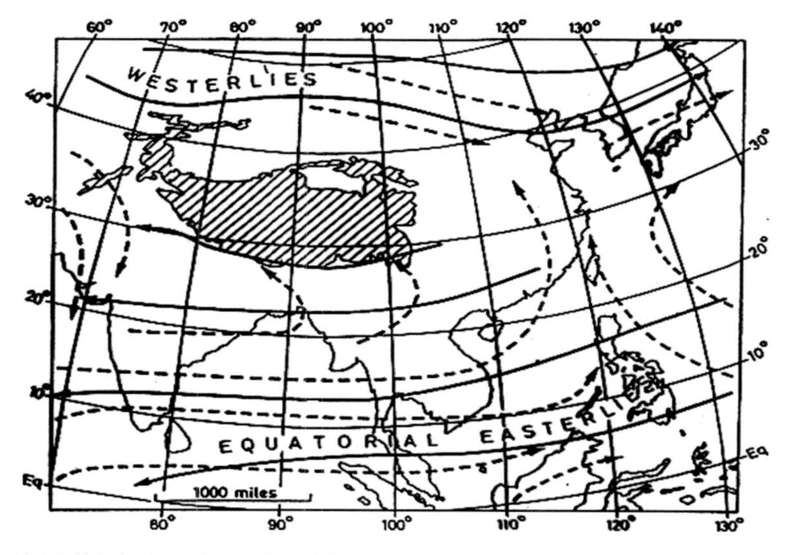

Abb. 11.13 Windverhältnisse während des Sommermonsuns (ausgezogene Linien: Höhenwind, gestrichelte Linien: Bodenwind). (© Barry 1976)

bis 10 Tagen, wobei Phasen sehr aktiver Strömung (wandernde Tröge, Konvergenzlinien) mit Monsunpausen abwechseln.

Durch das erzwungene Aufsteigen der Luftmassen am Himalaja kommt es zu intensiver Wolkenbildung und folglich zur Kondensation erheblicher Wasserdampfmengen, was zu gewaltigen Stauniederschlägen und gleichzeitig zu einer Erwärmung der mittleren und oberen Atmosphäre führt, die das Monsunregime stabilisiert.

Dass die Regenmengen aber trotz eines Anstiegs der durchschnittlichen Temperaturen nicht zugenommen haben, liegt nach Goswami 2006 daran, dass es doppelt so viel Tage mit extremen Niederschlägen (mehr als 150 l m^{-2} pro Tag) während der Monsunzeit (Juni bis September) in Zentralindien wie vor 50 Jahren gibt, während ansonsten weniger Monsunregen fällt. Ursache hierfür dürfte die Zunahme der Temperatur des Indischen Ozeans um 0,5 K sein.

11.5.1.3.2 Das Windfeld

Durch die starke polwärtige Verlagerung der ITCZ existiert im Nordsommer ein transäquatorialer Massentransport, der vorwiegend im Bereich eines Low-Level-Jet erfolgt (vgl. Abb. 11.11). Dieser beginnt bei etwa 100° östlicher Länge und 15° südlicher Breite. Er reicht vom Indischen Ozean über die Nordspitze Madagaskars bis vor die afrikanische Ostküste, überquert das Arabische Meer als Südweströmung und endet vor der Westküste Indiens (Abb. 11.14).

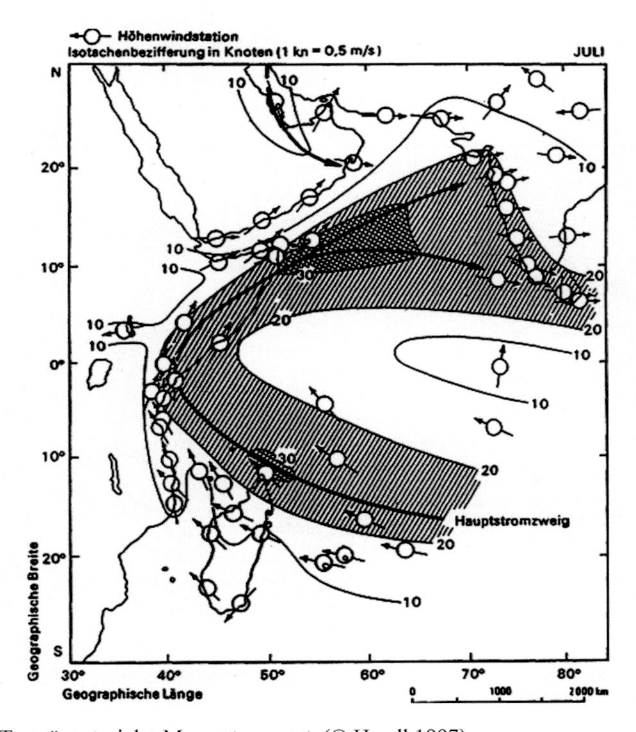

Abb. 11.14 Transäquatorialer Massentransport. (© Hendl 1997)

Die mittleren monatlichen Geschwindigkeiten betragen 7,5 bis 12,5 m s^{-1} und erhöhen sich auf 15 m s^{-1} vor der somalischen und saudiarabischen Küste, wo Spitzenwerte bis 17,5 m s^{-1} auftreten. Für die Westküste Indiens und den zentralen Teil des Arabischen Meeres sind mittlere Geschwindigkeiten von 2,5 bis 7,5 m s^{-1} typisch. Höhere Werte, nämlich 10 bis 12,5 m s^{-1}, werden an der Südspitze Indiens und im Golf von Bengalen registriert. Geringere Geschwindigkeiten treten dagegen im Bereich der Sundainseln und vor der Westküste Australiens auf. Legt man das gesamte Jahr zugrunde, dann werden in 90 % der Fälle allerdings nur Geschwindigkeiten zwischen 3 bis 5 m s^{-1} beobachtet.

11.5.1.3.3 Niederschlagsverteilung

Die Zeit des Sommermonsuns ist an hochreichende Konvektion und damit intensive Niederschläge gebunden. Auftretende Richtungs- und Geschwindigkeitsdivergenzen in der Monsunströmung, Wellenstörungen und orografische Hindernisse führen jedoch zu regionalen Unterschieden im Monsunregime. So ist der Monsun im Westteil des Arabischen Meeres infolge einer Strömungsdivergenz des Somaliajets relativ niederschlagsarm.

Während von März bis Mai ein zonales Band intensiver Niederschläge mit gut erkennbarer ITCZ im Bereich des Äquators und südlich davon liegt (maximale Regensummen etwa 10 bis 15 mm/Tag), nimmt mit der weiteren Nordverlagerung der ITCZ die Intensität und flächenmäßige Ausdehnung der Niederschlagszone zu. Im Hochsommer (JJA) befindet sich die Hauptmasse der Konvektion nördlich des Äquators. Ein Gebiet intensiver Niederschläge tritt über dem Ostteil des Golfes von Bengalen auf (Niederschlagsraten > 25 mm/Tag).

Extrem trockene Areale sind die subtropischen Hochdruckzellen im Südatlantik und Südindik sowie im zentralen und östlichen Teil des Pazifiks, die Sahara und die Arabische Wüste.

11.5.1.3.4 Der Wintermonsun

Über dem schneebedeckten Teil des asiatischen Kontinents bildet sich im Winter zwischen 40 bis 60° N eine thermische Antizyklone. In Bodennähe erfolgt ein Ausfließen der Kaltluft über Korea, China und Japan in Richtung des thermischen Äquators, wobei die Bodenreibung eine NE-Strömung erzwingt. Es entstehen die regulären NE-Passate bzw. der Wintermonsun über dem Indik. Eine gut ausgeprägte Passatinversion unterbindet aufsteigende Konvektionsströme in rund 1000 m Höhe, sodass Niederschläge sehr selten sind. Gerade diese Niederschlagsarmut ist ein wesentlicher Charakterzug des Wintermonsuns.

Oberhalb 3 km Höhe existiert eine Westströmung, die sich durch das Hochland von Tibet in einen nördlichen und südlichen Ast aufspaltet und häufig Strahlstromstärke besitzt (s. Abb. 11.15).

11.5.1.3.5 Das Windfeld

Die winterlichen NE-Passate erreichen mittlere Geschwindigkeiten von 5 bis 7,5 m s^{-1} im Arabischen Meer und Golf von Bengalen. Bis zu 10 m s^{-1} werden in den Gewässern um Sri Lanka und an der Küste von Somalia und Saudi-Arabiens beobachtet. Beim Übertritt der Passate auf die Südhalbkugel geht die Geschwindig-

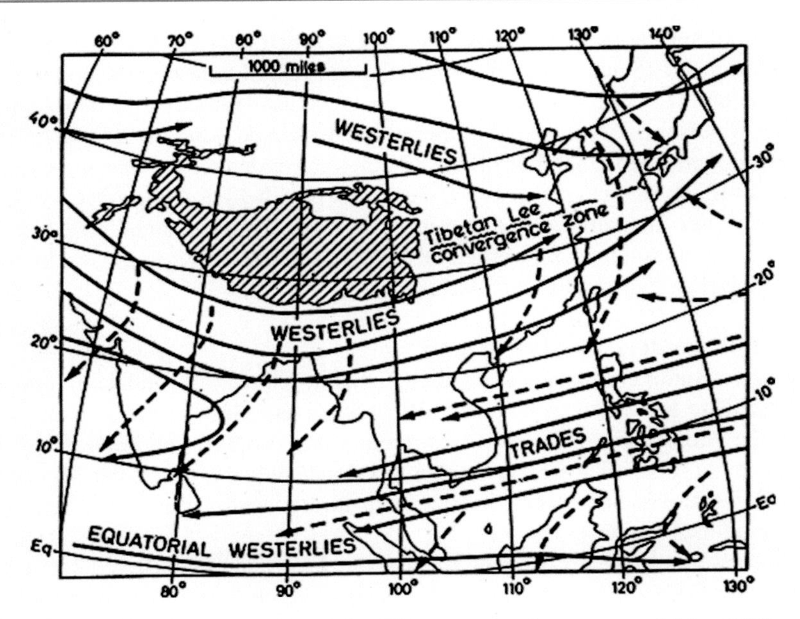

Abb. 11.15 Windverhältnisse während des Wintermonsuns (ausgezogene Linien: Höhenwind, gestrichelte Linien: Bodenwind). (© Barry 1976)

keit auf 2,5 bis 5 m · s^{-1} zurück. Kräftige SE-Passate wehen vor der australischen Küste und im zentralen Teil des Indischen Ozeans (7,5 bis 10 m · s^{-1}).

11.5.1.3.6 Niederschlagsverteilung

Mit dem Nachlassen des Sommermonsuns und der Verlagerung der ITCZ in Richtung Süden nimmt die Intensität der Bewölkung ab, und die Größe des Niederschlagsgebietes verringert sich. Die Niederschläge sind jetzt gleichmäßiger auf beide Hemisphären verteilt. Während des Wintermonsuns (DJF) liegt die Niederschlagszone südlich des Äquators mit maximalen Raten zwischen 12 bis 20 mm/Tag über Indonesien, Nordaustralien, dem Westpazifik, über Südamerika sowie Südafrika bis Madagaskar. Die Niederschlagsarmut über Indien, Burma und Thailand tritt deutlich zutage.

11.6 ENSO (El Niño Southern Oscillation)

Infolge zonaler Unterschiede in den Wasseroberflächentemperaturen, die besonders zwischen den West- und Ostseiten der großen Kontinente in den Subtropen und Tropen auftreten und mit kalten bzw. warmen Meeresströmungen verknüpft sind, bilden sich normal zur Hadley-Zirkulation angeordnete Zirkulationen im ozeanisch-atmosphärischen Bereich. Sie werden nach ihrem Entdecker als Walker-

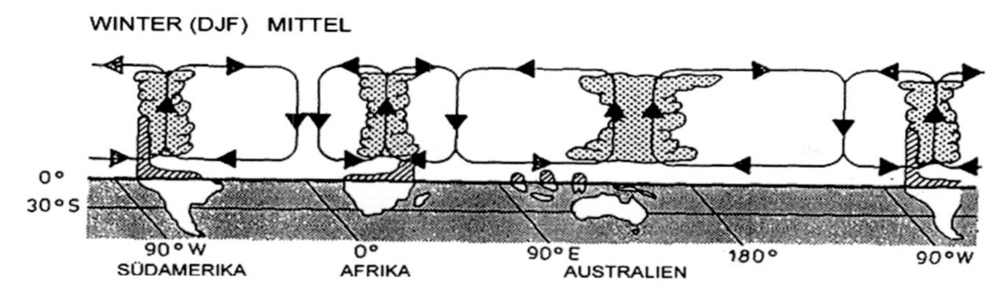

Abb. 11.16 Walker-Zirkulation in normalen Jahren (Dezember bis Januar). (© WMO 1985)

Zirkulation bezeichnet und beinhalten das Aufsteigen von warmer Luft über den erhitzten Festländern, was zu starker Konvektion und Bildung von Gewittern führt (s. Abb. 11.16), sowie deren Absinken über den kalten Meeresgebieten an den ozeanischen Osträndern.

Ein ENSO-Ereignis entspricht dagegen einer Anomalie in der ozeanischatmosphärischen Zirkulation des tropischen Pazifik (und Indischen Ozeans) mit der mittleren Dauer von etwa einem Jahr (6–18 Monate). Als stärkste natürliche Klimaschwankung führt sie über Fernwirkungen zu einer Modifikation der allgemeinen Zirkulation. Beeinflusst davon werden nach Caviedes 2005 insbesondere die Nordatlantische (NAO) und Arktische Oszillation (AO), die Nordpazifische und Südpazifische Oszillation (NPO, SPO) sowie die Westpazifische und die Südost-Asien-Oszillation (WPO, SEO).

Die ozeanische Komponente der Anomalie, El Niño, bezeichnete ursprünglich eine schwache Warmwasserströmung, die während der Weihnachtszeit entlang der Küste von Peru und Ecuador beobachtet wird und kurzzeitig das kalte Wasser des Perustromes ersetzt (im Spanischen heißt El Niño das Christkind). Heute bedeutet El Niño eine zwischenjährliche Warmwasseranomalie, die alle 3 bis 7 Jahre auftritt, und in deren Verlauf innerhalb weniger Monate der Kaltwasserpool des gesamten östlichen tropischen Pazifik eine dramatische Erwärmung um 2 bis 8 K erfährt (z. B. 1982/83 und 1997/98). Die Erwärmung setzt im zentralen Pazifik (Datumsgrenze) mit Beginn des südhemisphärischen Frühlings (September/Oktober) ein und greift im Verlaufe von zwei bis drei Monaten ostwärts bis zur südamerikanischen Küste über (s. Farbtafel 22). Insgesamt entsteht ein Warmwasserpool zwischen den Galápagos-Inseln und der Nordküste von Peru.

Eine Änderung der Ozeanoberflächentemperaturen führt jedoch, bedingt durch die thermische Komponente des Druckfeldes, zu einer Umorientierung der bodennahen Druckverteilung und damit zu einer Modifikation der atmosphärischen Zirkulation (s. Abb. 11.17).

Die atmosphärische Komponente der Anomalie – *the Southern Oscillation* – wurde erstmals 1924 von Sir John Walker beschrieben. Er fand eine kohärente globale Variation des Luftdruckes zwischen Indonesien/Australien und dem Südostpazifik. So ist tiefer Luftdruck über Darwin (Australien) mit hohem über dem Südostpazifik (Osterinseln, Tahiti) verknüpft und umgekehrt. Die Luftdruckdifferenzabweichung

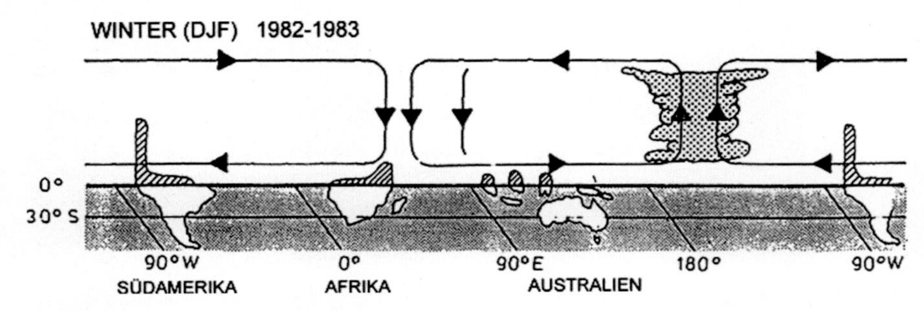

Abb. 11.17 Anormale Winterzirkulation während El Niño 1982–1983. (© WMO 1985)

von einem langjährigen Mittelwert zwischen den Stationen Darwin und Tahiti wird Southern Oscillation Index (SOI) genannt, wobei dieser im Einzelnen auf unterschiedliche Weise definiert worden ist. Allgemein gilt jedoch:

$$\mathrm{SOI} = 10\frac{\Delta p - \Delta\overline{p}}{s_{\Delta p}} \tag{11.1}$$

Δp : Differenz der Mittelwerte des Luftdrucks auf NN für Tahiti und Darwin für einen bestimmten Monat

$\Delta\overline{p}$: mittlere langjährige Differenz der Mittelwerte für den entsprechenden Monat

$s_{\Delta p}$: Standardabweichung der langjährigen Differenz der Monatsmittel

Die Multiplikation mit 10 ist eine Konvention und erfolgt, um eine ganze Zahl angeben zu können, sodass der SOI in der Regel zwischen + 4.0 und − 4.0 schwankt (s. Abb. 11.18).

Ist diese Luftdruckdifferenz negativ, dann herrscht relativ niedriger Druck über dem östlichen Pazifik vor, und die Wassertemperaturen sind übernormal, was die

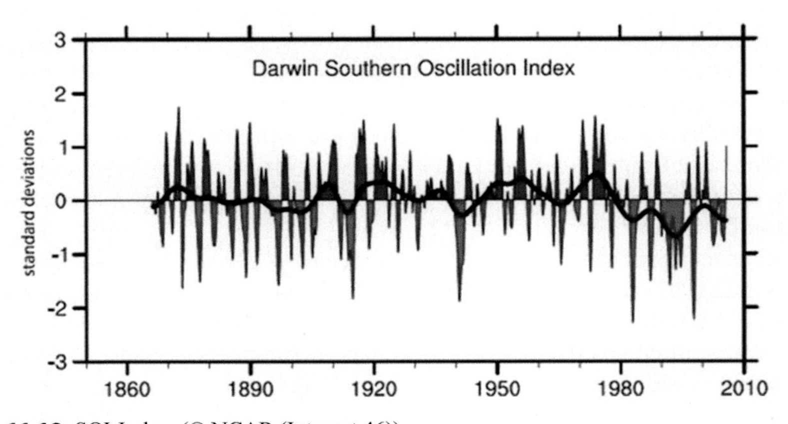

Abb. 11.18 SOI-Index. (© NCAR (Internet 46))

Wolken- und Niederschlagsbildung in dieser Region fördert. Im Gegensatz dazu treten unternormale Wassertemperaturen im Westpazifik auf, sodass hier der Luftdruck gegenüber dem Normalwert erhöht ist.

Dass eine enge Verknüpfung zwischen El Niño und der Southern Oszillation (SO) besteht, wurde von Bjerknes 1966 nachgewiesen, weshalb man heute nur noch von ENSO-Ereignissen spricht. Sie basieren auf einem Zusammenspiel zwischen der troposphärischen Windzirkulation, den Wasseroberflächentemperaturen und der gespeicherten Wärme über der tropischen Thermokline im pazifischen Bassin. So besteht die Tendenz, dass sich die ITCZ über dem Seegebiet mit den höchsten SST manifestiert und sich deshalb während einer El-Niño-Episode auf den südlichen Pazifik verlagert, sodass der SE-Passat an Stärke verliert.

Gemäß Labitzke 1999 ist die SO auch in der Stratosphäre gut zu erkennen, da es sich bei El-Niño-Ereignissen um *Warm-Events*, d. h., um eine Erhöhung der Wassertemperatur und damit um eine Verstärkung der Konvektion vor der peruanischen und chilenischen Küste handelt. Eine warme tropische Troposphäre ist aber aus Kompensationsgründen mit einer kalten unteren Stratosphäre verbunden, sodass sich damit auch der horizontale Temperaturgradient zwischen den Tropen und dem Polargebiet und folglich die Intensität der Westwinde der gemäßigten Breiten verringert. Im Falle eines La-Niña-Ereignisses, eines *Cold-Events*, tritt dagegen eine Zunahme der Westwinde ein.

In den letzten Jahrzehnten hat die Häufigkeit und Intensität von ENSO-Ereignissen zugenommen. Die bisher stärksten El-Niño-Ereignisse traten im Winter 1982/1983 und 1997/1998 auf, wobei der gesamte verursachte Schaden beim letzteren Ereignis etwa 20 Mrd. $ betrug.

11.6.1 La Niña

Unter normalen La-Niña-Bedingungen weht der Wind im Bereich des tropischen Pazifik von Ost nach West (straffer Passat, ausgeprägte ITCZ). Nördlich des Äquators wird das warme Oberflächenwasser des Pazifik westwärts getrieben, woraus sich eine Differenz in der Höhe des Meeresspiegels von etwa 40 cm zwischen dem West- und Ostpazifik ergibt. Der aufsteigende Ast der Walker-Zirkulation liegt über dem Westpazifik und sorgt hier für reichlich Niederschläge (s. Abb. 11.19).

In Form einer geschlossenen ozeanischen Zirkulation steigt Kaltwasser an der Westküste Südamerikas verstärkt auf und Warmwasser sinkt im Westpazifik ab (vgl. Abb. 11.20). Der Temperaturunterschied im Oberflächenwasser zwischen Ost- und Westpazifik beträgt fast 10 K. In der Atmosphäre haben wir eine Walker-Zirkulation, d. h. hohe Meeresoberflächentemperaturen und damit niedrigen Luftdruck im indonesisch-australischen Bereich verbunden mit aufsteigender Luftbewegung und Bildung hochreichender Konvektion sowie tiefe SST und damit hohen Luftdruck über dem Ostpazifik, was zu absinkender Luftbewegung und Wolkenarmut führt. Es dominiert massive Konvektionsbewölkung über dem tropischen Westpazifik, sodass hier die höchsten jährlichen Niederschlagsraten (> 2500 mm) auftreten. Weitere Zonen starker Vertikalbewegungen befinden sich über Südostafrika und dem Amazonasgebiet. Ausgeprägte La Niña-Jahre waren 1995/1996, 1988/1989

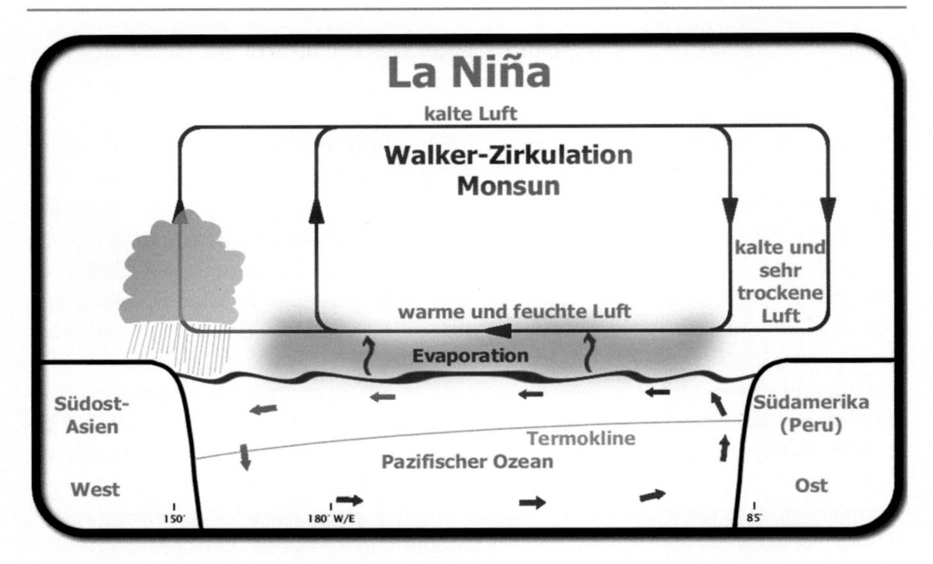

Abb. 11.19 Atmosphärische und ozeanische Zirkulation während La Niña. (© Simon Eugster, Wiki Commons (Internet 47))

und 1975/1976. Das Defizit zwischen den hohen Niederschlags- und geringeren Verdunstungsraten wird durch einen Wasserdampfimport aus den Subtropen gedeckt, sodass eine ausgeprägte Hadley-Zirkulation existiert.

11.6.2 El Niño

Kommt es zu einer Abschwächung der Passate im tropischen Pazifik, nimmt die östliche Windkomponente ab, und der westwärts gerichtete Warmwassertransport lässt nach. Damit fließt Wasser in den zentralen und östlichen Pazifik zurück, wobei sich der Wasserstand im Westpazifik um 20 cm verringert und vor der Westküste Südamerikas um etwa 15 cm erhöht. Hierdurch wird das Aufquellen von kaltem Wasser vor der Küste Südamerikas unterdrückt. Das Küstenwasser erwärmt sich lokal bis um 5 K, was unter anderem negative Auswirkung auf die Anchovis-Fischerei hat, während es in Peru zu einem Pilgermuschelboom kommt. Die positive SST-Anomalie bedingt eine Abnahme des Luftdrucks sowie eine Zunahme der Niederschläge über dem zentralen Pazifik, südlich Indiens, über dem östlichen äquatorialen Afrika und in der schmalen Küstenzone vor Equador und Peru, wo gewaltige Regengüsse auftreten, selbst Kalifornien und Florida erleben kühle und regnerische Wochen, während es in Kanada ungewöhnlich warm ist. Reduzierte Niederschläge werden über dem westlichen tropischen Pazifik, über Indonesien, Australien und Indien (Abschwächung des Sommermonsuns) sowie über Südostafrika und im Nordosten Südamerikas verzeichnet (s. Abb. 11.20).

Die Umverteilung des Niederschlags ändert die Lage der atmosphärischen Wärme- und Kältequellen, was zu einer Modifikation der allgemeinen Zirkulation führt.

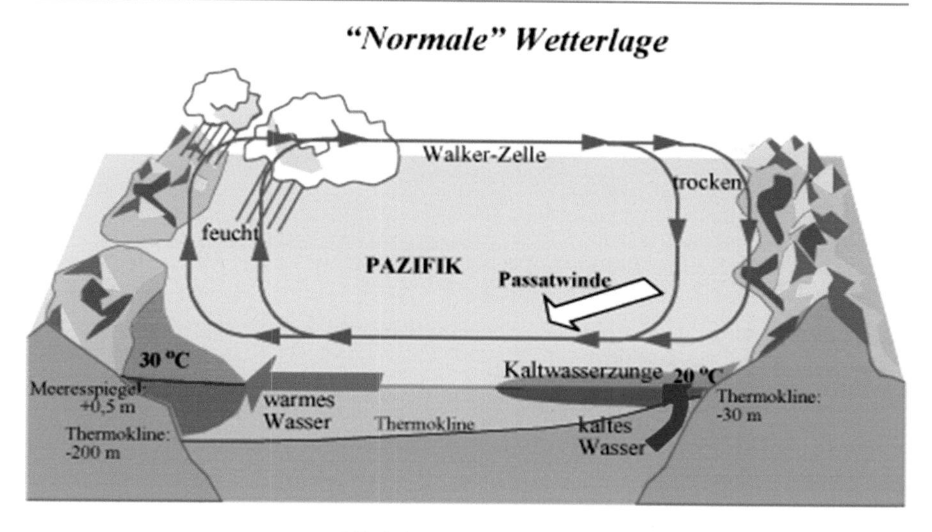

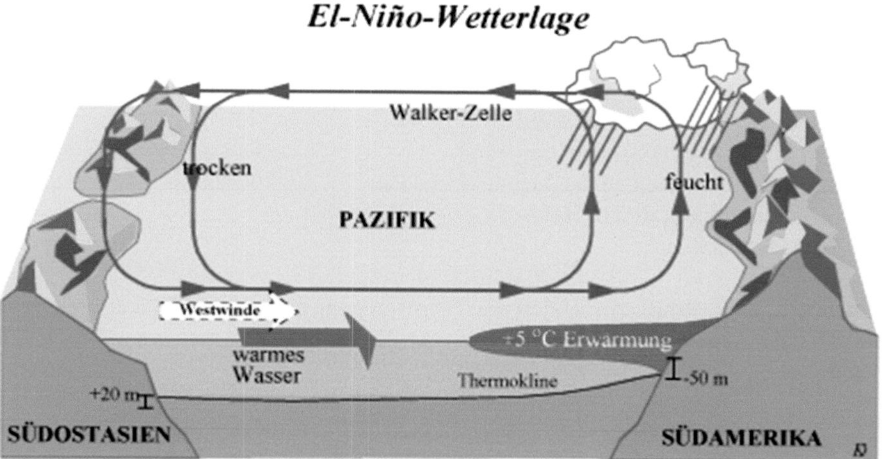

Abb. 11.20 Atmosphärische und ozeanische Zirkulation während El Niño. (© Kasang, Wiki Bildungsserver (Internet 47))

Weltweit werden deshalb in Verbindung mit einer El-Niño-Episode ungewöhnliche Wettersituationen beobachtet. So trat während des ausgeprägten Phänomens 1982/1983 extreme Trockenheit in der Sahelzone, in Zentralamerika und im Südwesten der USA sowie in Australien und Indonesien auf. Tahiti wurde sogar von 5 tropischen Wirbelstürmen heimgesucht, während über dem Nordatlantik die Hurrikanaktivität außerordentlich gering war.

Somit entspricht der ENSO-Zyklus (El Niño-Southern Oscillation) einer interannuellen Änderung im Windfeld über dem tropischen Pazifik und Indischen Ozean verbunden mit Änderungen der Wassertemperaturen sowie Schwankungen des Niederschlagsregimes und Luftdruckfeldes.

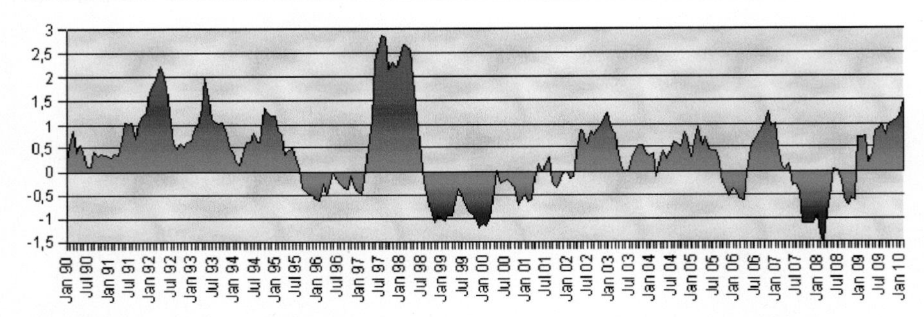

Abb. 11.21 Multivariater ENSO-Index von 1990 bis 2010 (*rot: El-Niño-Phasen, blau: La-Niña-Phasen*). (© NOAA (Internet 48))

11.6.3 ENSO Index (MEI)

Um alle wichtigen ENSO-Merkmale zu berücksichtigten, wurde ein Multivariater ENSO-Index definiert, der einem ausgewogenen zweimonatigen Mittelwert für die Parameter

- Luftdruck an der Meeresoberfläche
- zonaler oberflächennaher Wind
- meridionaler oberflächennaher Wind
- Wassertemperaturen an der Meeresoberfläche
- Lufttemperaturen in 2 m Höhe
- Wolkenbedeckung

entspricht, die mithilfe von Bojen und Schiffen gemessen werden. Positive Indexwerte stehen für El-Niño-, negative Werte für La-Niña-Phasen, wie Abb. 11.21 zeigt.

11.7 Nordatlantische Oszillation (NAO)

Als Parallele zu El Niño kann gemäß Barnett 1977 auf der Nordhalbkugel das Zusammenspiel zwischen dem Azorenhoch und dem Islandtief in Abhängigkeit von der Stärke des Golfstromes angesehen werden. Dazu wurde ursprünglich ein Index eingeführt, der dem monatlichen Luftdruckunterschied im Meeresniveau zwischen der Station Punta Delgada auf den Azoren bzw. Lissabon und Stykkisholmur (Island) entsprach. Nach Hurrell 1995 (s. auch Internet 53) lässt sich für den NAO-Index (NAOI) schreiben:

$$\mathrm{NAOI} = \frac{(\mathrm{p}-\overline{\mathrm{p}})_{\mathrm{Lissabon}}}{\sigma_{\mathrm{Lissabon}}} - \frac{(\mathrm{p}-\overline{\mathrm{p}})_{\mathrm{Stykkisholmur}}}{\sigma_{\mathrm{Stykkisholmur}}} \tag{11.2}$$

Demzufolge werden von den jährlichen oder saisonalen Mittelwerten des Luftdrucks p der Stationen Lissabon und Stykkisholmur die zugehörigen langjährigen Mittelwerte des Luftdrucks abgezogen und die daraus resultierenden Abweichungen vom Normalwert durch die jeweilige Standardabweichung σ dividiert.

Sind beide Druckzentren kräftig ausgebildet, existiert eine straffe Westströmung über dem Atlantik, mit der die Tief- und Hochdruckgebiete der gemäßigten Breiten rasch ostwärts ziehen; wir sprechen dann von einem positiven Index. Wenn in dieser Situation zu Winterbeginn im Norden Europas die Temperaturen sinken, verstärken sich der Druckgradient und damit die Windgeschwindigkeiten über dem Atlantik. Auf diese Weise wird relativ milde und feuchte Luft nach Mitteleuropa geführt; andererseits entstehen aber auch stärkere Winterstürme mit Windgeschwindigkeiten von 100 bis 150 km $\cdot$ h^{-1} und Böen über 200 km $\cdot$ h^{-1}. Insgesamt gesehen sind damit die Winter relativ mild in Europa mit mehr Niederschlägen über Skandinavien und weniger im Mittelmeergebiet und Vorderen Orient. Für die Ostküste der USA und Kanadas bewirkt diese Druckverteilung aber ein gegenteiliges Wettergeschehen, denn durch das kräftige Islandtief wird polare Kaltluft sehr weit in Richtung Süden transportiert, so dass dort kältere Winter als normal auftreten.

Wandert das Islandtief dagegen in Richtung Süden und das Azorenhoch nordwärts, d. h., der Druckgradient schwächt sich ab (negativer Index), dann wird die Höhenströmung in Richtung Mittelmeer abgelenkt, sodass es dort öfters und kräftiger regnet, wohingegen die Winter in Nordeuropa kälter und trockener sind.

An der amerikanischen Ostküste ist es dann tendenziell wärmer, wodurch die Sturmhäufigkeit zunimmt, während sie in Westeuropa zurückgeht. Wie man Abb. 11.22 entnehmen kann, wies der NAO-Index im 20. Jahrhundert langfristige

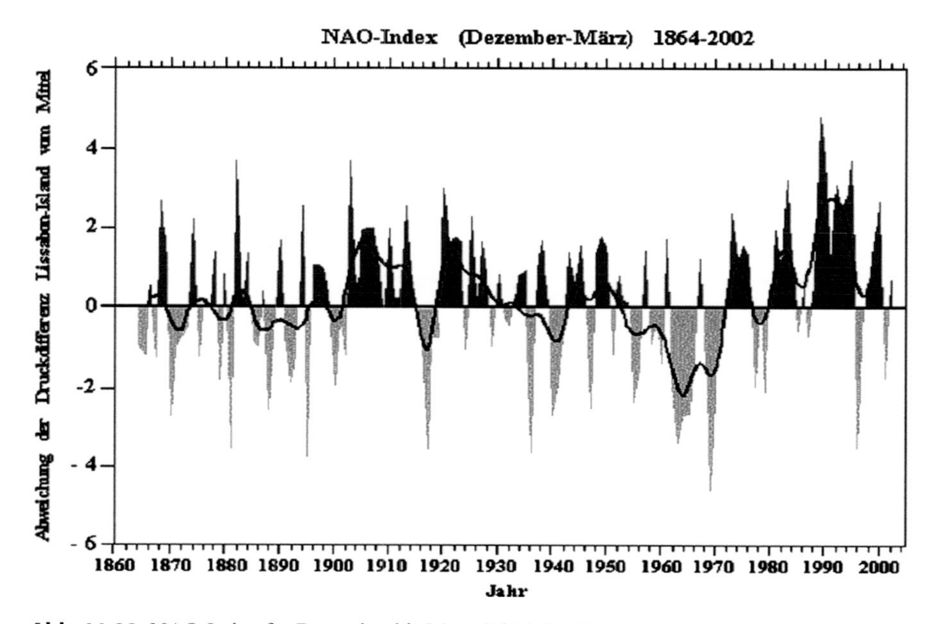

Abb. 11.22 NAO-Index für Dezember bis März (1864–2002). (© Kasang (Internet 47))

Tab. 11.2 Auswahl schwerer Winterstürme in Europa seit 1962 (Niedeck 2004/Schwenn 2005/Schneider 1980 sowie anderen)

Datum	Betroffenes Gebiet	Ereignis	Parameter
16.02.–17.02.1962	Nördliche Nordsee, Deutschland	Hamburgflut	Starke Deichschäden im gesamten Küstengebiet + 5,70 m NN Pegel St. Pauli
02.01.–04.01.1976	Westeuropa, Deutschland	Orkantief Capella Kerndruck 970 hPa v_{wind} bis 100, Böen bis 144 km · h^{-1}	In Verbindung mit Neumond Springflut in Hamburg Pegelstände + 6,43 m NN
25.01.–26.01.1990	Nordwesteuropa, Nordeutschland	Orkantief Daria eröffnet Serie weiterer Sturmtiefs, Böen bis 144 km · h^{-1}	Starkregen lässt Flüsse über die Ufer treten und Deiche brechen
25.02.–27.02.1990	Westeuropa Deutschland	Orkantief Vivien v_{wind} bis 180 km · h^{-1}	Beschädigte Deiche, abgedeckte Dächer, etwa 10.000 umgeknickte Bäume
28.02.–01.03.1990	Westeuropa, Süddeutschland	Orkantief Wiebke v_{wind} bis 150 km · h^{-1}	Starke Regenfälle, Flüsse treten über die Ufer, mehr als 10 Mio. m^3 Bruchholz
04.11.–05.11.1995	Ostseeküste	Sturmtief Grace v_{wind} bis 100 km · h^{-1}	Schwerste Sturmflut seit 40 Jahren
03.12.–04.12.1999	Skandinavien, Baltikum, Deutschland	Orkantief Anatol Kerndruck 952 hPa v_{wind} bis 137, in Böen bis 200 km · h^{-1}	Sturmfluten an der Nord- und Ostsee, gilt in Dänemark als Jahrhundertsturm
26.12.1999	Westeuropa, Süddeutschland, Schweiz	Orkantief Lothar Spitzenböen bis 173, auf dem Feldberg bis 210 km · h^{-1}	Ztw. über 300 km breite Sturmbahn, schwere Schäden am Baumbestand des Schwarzwaldes
08.01.2005	Westeuropa, Deutschland	Orkantief Erwin v_{wind} bis 148 km · h^{-1} in List/Sylt	Extreme Schäden in Schleswig-Holstein, Teile der Steilküste bei Sylt abgebrochen
18.01.2007	Westeuropa, NRW	Orkantief Kyrill v_{wind} bis 144 km · h^{-1}, auf dem Brocken bis 198 km · h^{-1}	12 Todesopfer, die Bahn AG stellte in ganz Deutschland den Verkehr ein, schwere Schäden in Europa
30.10.2013	Westeuropa Norddeutschland	Orkantief Christian 191 km · h^{-1} auf Helgoland	Mehr als 16 Todesopfer, Schäden in hoher Millionenhöhe

Schwankungen mit positiven Werten zwischen 1900 und 1930 auf, während er am Ende der 1950er bis zu Beginn der 1970er Jahre negative Werte besaß, was mit sehr kalten Wintern in Nordeuropa (1962/1963, 1968/1969/1970) verbunden war.

Seit 1980 ist er im Wesentlichen positiv (mit Ausnahme des Jahres 1995), weshalb Europa von einer erheblichen Anzahl schwerer Winterstürme heimgesucht wurde (s. Tab. 11.2). Auch Anfang November 2006 existierte ein hoher und positiver NAO-Index, so dass sich kräftige Orkantiefs (u. a. Kyrill Mitte Januar 2007) über dem Atlantik entwickelten konnten.

Tab. 11.3 Nordatlantische Oszillation für ausgewählte Winter gemäß Goldberger 2009

Winter 1962/1963	Oktober	November	Dezember	Januar	Februar	März	April
NAO	− 0,34	− 3,23	− 0,66	− 4,00	− 3,90	− 2,79	− 0,46
Mittlere Temp (°C)	+ 6,5	− 1,0	− 5,7	− 9,6	− 6,9	− 1,8	+ 4,0
Schneefall ($l\ m^{-2}$)	42	75	158	84	34	115	32
Winter 1928/29	Oktober	November	Dezember	Januar	Februar	März	April
NAO	+ 1,29	+ 2,15	+ 3,8	+ 1,51	− 0,50	− 0,70	− 2,13
Mittlere Temp (°C)	+ 5,5	− 1,2	− 1,5	+ 1,1	−3,4	+ 0,2	0,0
Schneefall ($l\ m^{-2}$)	Nur Regen	Nur Regen	152	20	21	85	0
Winter 1943/1944	Oktober	November	Dezember	Januar	Februar	März	April
NAO	+ 0,45	+ 0,08	− 0,39	+ 3,48	− 1,59	− 0,88	+ 1,9
Mittlere Temp (°C)	+ 7,9	− 1,0	− 0,7	− 0,7	− 5,8	− 6,2	+ 2,6
Schneefall ($l\ m^{-2}$)	12	109	125	147	192	365	72

Insgesamt gesehen beeinflusst die NAO im Allgemeinen ein Gebiet zwischen Westsibirien und der Ostküste der USA und steuert die Winter in Mitteleuropa, was durch die nachfolgende Tab. 11.3 für den kältesten Winter des Jahrhunderts 1962/1963, den schneeärmsten 1929/1930 und den -reichsten Winter 1943/1944 belegt wird.

Inzwischen hat sich im Winter ein neues dominantes Muster im Bodendruckfeld entwickelt, das mit einer Verschiebung des Zentrums des Islandtiefs in die Kara- und später in die Laptevsee zu Beginn des 21. Jahrhunderts verbunden war. Gleichzeitig verschob sich das nordpazifische Hochdruckzentrum nach Nordamerika, sodass ein starker Luftdruckgradient über dem Nordpolarmeer existiert und warme Luft aus den mittleren Breiten in die Arktis transportiert wird.

11.8 Fernwirkungen

Vergleicht man die Variabilität von ENSO-Ereignissen, die mit ozeanischen und atmosphärischen Änderungen im Pazifik verbunden sind, mit den NAO-Ereignissen, die den Wetterablauf im Nordatlantik prägen, so lässt sich ein gewisser Zusammenhang, der von der arktischen Oszillation (AO) reguliert wird und vor allem im Nordwinter wirksam ist, zwischen beiden feststellen.

11.8.1 Arktische Oszillation (AO)

Die arktische Oszillation regelt gemäß Caviedes 2005 das Zusammenspielt zwischen dem polaren Hoch, dem Aleutentief und der Luftdruckverteilung in Mitteleuropa in der Troposphäre bzw. zwischen einer außerordentlich kalten unteren

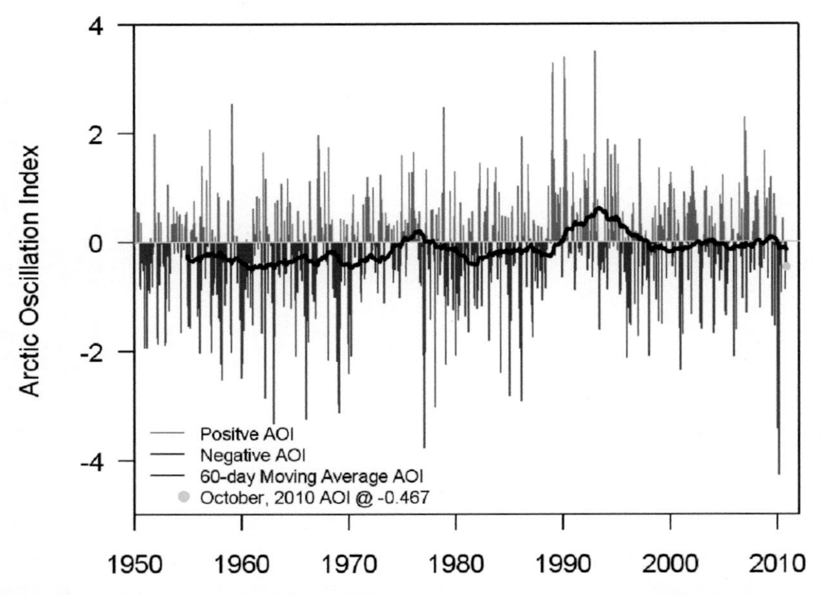

Abb. 11.23 Monatlicher arktischer Oszillationsindex AOI (Januar 1950 bis Oktober 2010). (© NOAA (Internet 49))

Stratosphäre in der Polarregion und einer wärmeren in den mittleren Breiten. Sinkt beispielsweise in einer positiven Phase der AO der Luftdruck über der Arktis und steigt überdurchschnittlich südlich von 55° N, dann verstärken sich die Westwinde über den mittleren Breiten vom Boden bis in die untere Stratosphäre, und die Sturmtiefs ziehen weit nordwärts über dem Atlantik und Pazifik (über Skandinavien und Alaska) in Richtung Osten. Dadurch gelangen relativ milde und feuchte Luftmassen nach Eurasien, sodass hier gemäßigte und schneereiche Winter auftreten. Außerdem ist eine positive Phase der AO mit außergewöhnlichen Südwinden entlang der Ostküste der USA und starken Nordwinden an der Küste Westgrönlands bis zum Mittelmeerraum verbunden. Wechselt die AO in eine negative Phase, werden die Sturmtiefs in Richtung Süden abgedrängt, sodass Mitteleuropa von trockenen und kalten Wintern dominiert wird, während in Südeuropa die Winter mild und feucht sind.

Schwankungen in der AO sind mit Veränderungen der Pazifik-Nordamerika-Oszillation (PNA) und der Nordpazifischen Oszillation (NPO) verbunden. Veranschaulicht wird dieses Wechselspiel durch den Winterindex der arktischen Oszillation AOI, der für die Jahre 1950 bis 2010 in Abb. 11.23 eingezeichnet ist und für den Winter 2009/2010 ein Rekordminimum aufweist.

11.8.2 Nordpazifische Oszillation (NPO)

Die Druckoszillation über dem Nordpazifik wird gleichfalls durch die Stärke und Position des Tiefs bei den Aleuten und des Hochs über Nordamerika reguliert. Da

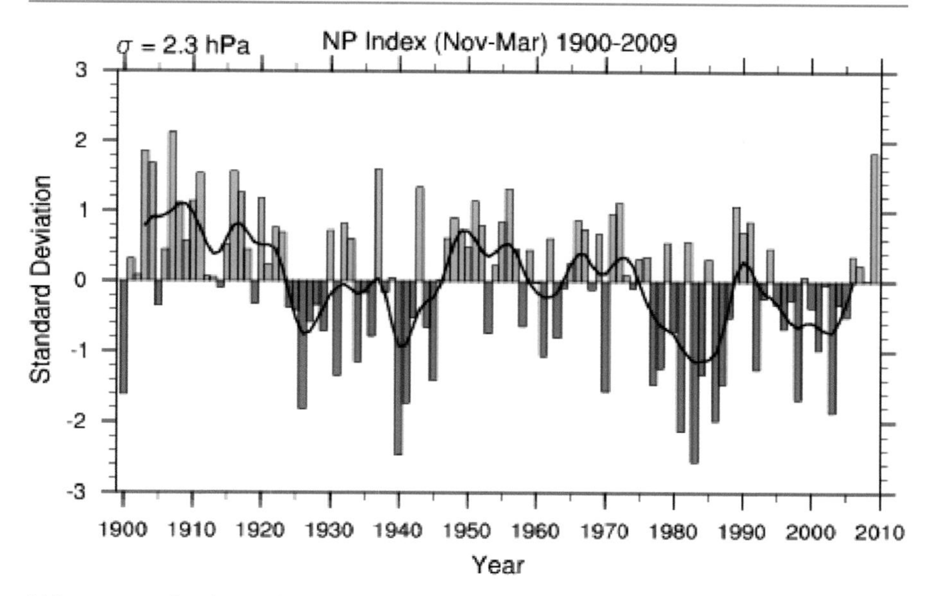

Abb. 11.24 Index der nordpazifischen Oszillation. (© J. Hurrell 1995, CGD's Climate Analysis Section)

es mehrere Beobachtungsstationen über dem Nordpazifik gibt, bestimmt man einen mittleren Druckwert für ein Gebiet zwischen 30° N bis 65° N und 160° E bis 140° W, wobei die Temperaturänderungen im Nordpazifik mit drei Monaten Verspätung gegenüber dem tropischen Pazifik eintreten. Der NPO-Index ist ein gewichteter Gebietsmitteldruckwert und zeigt gegenwärtig nach einem zeitlich wohl definierten Trend einer Abnahme wieder zunehmende Werte (vgl. Hurrell 1995). In Verbindung mit der NPO verlagert sich im Winter das Aleutentief verstärkt ostwärts, wodurch sich die Zugbahnen der Sturmtiefs in Richtung Süden bewegen, sodass an der Westküste der USA feuchtere und wärmere Luft nach Alaska geführt wird. Hierdurch sind die Wassertemperaturen über dem Nordpazifik gestiegen, und das Seeeis über der Beringstraße hat sich verringert (Abb. 11.24).

11.8.3 Pazifische dekadische Oszillation (PDO)

Gemäß ENSO-Lexikon ist die PDO eine langlebige ENSO-ähnliche Temperatur- und Wasserspiegelfluktuation im Pazifik mit einem Rhythmus von 20 bis 30 Jahren, wobei Periodizitäten zwischen 15 bis 25 sowie 50 bis 70 Jahren auftreten, die vor allem das Wetter in den Mittelbreiten der Nordhalbkugel beeinflussen.

Eine kalte PDO-Phase ist gekennzeichnet von einem Keil niedriger Oberflächentemperaturen und einer tiefer liegenden Meeresoberfläche im östlichen äquatorialen Pazifik sowie einem hufeisenförmigen Gebiet erhöhter Temperaturen im nördlichen, westlichen und südlichen Pazifik, während eine warme Phase mit einem kühlen westlichen und einem wärmeren Keil im östlichen Pazifik einhergeht. Kühle

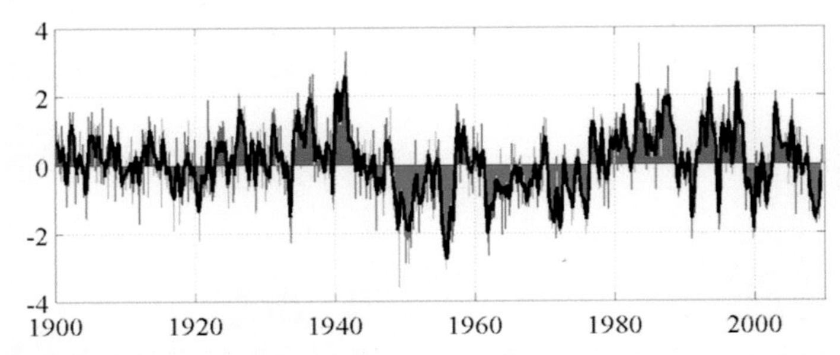

Abb. 11.25 Pazifische dekadische Oszillation. (© Kelly O'Day, chartsgraphs.wordpress.com (Internet 50))

Phasen traten zwischen 1890 und 1924 sowie 1947 bis 1976 auf (s. Abb. 11.25), warme Phasen von 1925 bis 1946 und gegenwärtig von 1977 bis 1999, während derzeit wieder eine kühle Phase existiert, die zu häufigeren La Niñas führen sollte.

11.9 Übungen

Aufgabe 1 Aus Strahlungsbilanzrechnungen des Systems Erde-Atmosphäre ist bekannt, dass das System zwischen 30° N und 30° S laufend Wärme akkumuliert.

(i) Welcher Anteil der Erdoberfläche F liegt zwischen $\varphi_1 = -30°$ und $\varphi_2 = +30°$, wenn $F = 2\pi r^2 (\sin\varphi_2 - \sin\varphi_1)$ gilt, die gesamte Erdoberfläche $510 \cdot 10^6\,\mathrm{km}^2$ groß ist und r = 6370 km ausmacht?

Da sich die tropische Atmosphäre nicht fortwährend erwärmen kann, erfolgt ein Transport fühlbarer Wärme aus den Tropen heraus in Richtung Nord und Süd. Dieser Wärmestrom lässt sich durch das Skalarprodukt $A = v \cdot T(m \cdot s^{-1} \cdot K)$ beschreiben, worin $v = 1\ m \cdot s^{-1}$ der meridionalen Windkomponente und $\Delta T = 10\,K$ der Temperaturdifferenz entsprechen.
(ii) Berechnen Sie A!
(iii) Bestimmen Sie den Fluss F durch das Breitenparallel!
Den gesamten Fluss F durch das Breitenparallel von 30° N erhält man in Watt, wenn der vorher berechnete Wert von A mit $2\pi \cdot r \cdot \cos\varphi \cdot p_o \cdot c_p / g$ multipliziert wird.

Aufgabe 2 Bestimmen Sie die Geschwindigkeit des Südwestmonsuns zwischen dem Äquator und 30° N für 60° E mithilfe folgender Werte: gemittelter Coriolisparameter $f = 0{,}5 \cdot 10^{-4}\ s^{-1}$, berechnete Luftdichte für 35° C, spezifische Wärme bei konstantem Druck $c_p = 1007\ J\ kg^{-1} \cdot K^{-1}$ und $p_o = 1006$ hPa sowie einer Druckdifferenz von 16 hPa.

11.10 Lösungen

Aufgabe 1

(i) $F = 2\pi r^2(\sin\varphi_2 - \sin\varphi_1)$,

$$F = 2\pi r^2(\sin 30° + \sin 30°),\ F = 2\pi \cdot 6370^2(\sin 30° + \sin 30°) = 254{,}9 \cdot 10^6\,\text{km}^2$$

$$F = \frac{254{,}9 \cdot 10^6\,\text{km}^2}{510 \cdot 10^6\,\text{km}^2} = 0{,}4996,$$ d. h., der Flächenanteil beträgt 50 %.

(ii) $A = v \cdot \Delta T(m \cdot s^{-1} \cdot K)$, $A = v \cdot \Delta T \cdot \cos(v, \Delta T)$

$$A = 1 \cdot 10 \cdot \cos(0°) = 10\,m \cdot s^{-1} \cdot K$$

$$F = A \cdot 2\pi \cdot r \cdot \cos\varphi \cdot p_o \cdot c_p / g = 10 \cdot 2\pi r \cos 30° \cdot 1006 \cdot 100700 / 9.81 = 3{,}59 \cdot 10^{15}\,W$$

Aufgabe 2

$$\textbf{Dichte}: \rho_{35} = \frac{p}{RT} = \frac{100600}{287 \cdot 308{,}15} = 1{,}14\,kg \cdot m^{-3}$$

$$\textbf{Druckgradientkraft}: G_h = \frac{1}{\rho}\frac{dp}{dn} = \frac{1}{1{,}14} \cdot \frac{1600}{3336 \cdot 10^3} = 4{,}2 \cdot 10^{-4}\,N \cdot kg^{-1}$$

$$\textbf{Gradientwind}: V_G = -\frac{fr}{2} + \sqrt{\left(\frac{fr}{2}\right)^2 + G_h \cdot r}$$

$$V_G = -\frac{0{,}5 \cdot 10^{-4} \cdot 3336 \cdot 10^3}{2} + \sqrt{\left(\frac{0{,}5 \cdot 10^{-4} \cdot 3336 \cdot 10^3}{2}\right)^2 + 4{,}2 \cdot 10^{-4} \cdot 3336 \cdot 10^3}$$

$$V_G = -83{,}40 + \sqrt{6955{,}6 + 1401{,}12} = -83{,}40 + \sqrt{8356{,}72}$$

$$V_G = 8{,}02\,m \cdot s^{-1}$$

12 Konvektive Ereignisse und Systeme

Konvektion entspricht einem vertikalen Transport von fühlbarer und latenter Wärme und bedeutet sowohl den Abtransport der von der Erdoberfläche absorbierten und in Wärme umgewandelten Sonnenenergie durch Warmluftfahnen (*plumes*) und Warmluftblasen (*thermals*), die aufsteigen können, da sie infolge vorhandener lokaler Dichteunterschiede wärmer und damit leichter als die Umgebungsluft sind, als auch das Absinken von Kaltluftpaketen, die an der Wolkenobergrenze durch effektive Ausstrahlung entstehen. In unmittelbarer Bodennähe erfolgt der vertikale Austausch durch kleinräumige Aufwindgebiete, welche etwa 100 m horizontale und vertikale Erstreckung besitzen und ca. 42 % der betrachteten horizontalen Fläche einnehmen. *Plumes* bewegen sich mit der über ihren Höhenbereich gemittelten Windgeschwindigkeit und sind aufgrund der in Bodennähe relativ großen vertikalen Windscherung oftmals mit der Höhe geneigt. Die aufsteigende Luftbewegung innerhalb eines Aufwindgebietes beträgt im Mittel $1 \text{ m} \cdot \text{s}^{-1}$. Oberhalb 100 m Höhe setzt dann ein Zusammenfließen der aufsteigenden Warmluft ein, es bilden sich Warmluftblasen unterschiedlicher Größe mit einer mittleren Lebensdauer von ca. 10 min und einer vertikalen Erstreckung bis zu 250 m, die unter anderem zum Hanggleiten (s. Abb. 12.1) und Segelfliegen genutzt werden können.

An Sommertagen entwickelt sich daher bis in etwa 1,5 km Höhe eine gut durchmischte turbulente Grenzschicht, die aus einer überadiabatischen Bodenschicht, einer neutralen Mischungsschicht und einer Entrainmentzone besteht. Wenn im Tagesverlauf die immer höher aufsteigenden Thermals das Kondensationsniveau erreichen, bilden sich Schönwettercumuli (s. Abb. 12.2). Hierzu gehört der Cumulus humilis (Cu hum), eine flache Wolke im Bereich der Peplopauseninversion, da die freigesetzte Kondensationswärme nicht ausreicht, um die Inversion zu überwinden.

Beim Cumulus mediocris ist dagegen der Auftrieb so groß, dass die aufsteigende Warmluftblase eine Druckstörung bewirkt und durch Einbeziehen neuer Luftmassen durch die Wolkenbasis weiter wachsen kann. Bei fehlender Inversion oder labiler Schichtung entstehen aufgetürmte Haufenwolken (Cumulus congestus) bzw. Haufenregenwolken (Cumulonimben) mit einer horizontalen Ausdehnung von 10 bis 20 km und einer Wiederholungssequenz von 30 min bis zu 3 h. Besonders

B. Klose, *Meteorologie,* Springer-Lehrbuch, DOI 10.1007/978-3-662-43622-6_12

Abb. 12.1 Hanggleiten bei thermischer Turbulenz (Willingen, Hochsauerland, 26.04.2004)

Abb. 12.2 Schönwettercumuli. (© RAOnline (Internet 51))

starke Cumuluskonvektion tritt in den Tropen auf, wo sich Wolkencluster mit einem Durchmesser von 500 bis 1000 km und einer Lebensdauer von etwa drei Tagen entwickeln.

12.1 Hochreichende Konvektion

Unter hochreichender Konvektion versteht man die Entwicklung von Schauer- oder Gewitterwolken, die ein kompaktes Wolkensystem von beträchtlicher horizontaler (10 bis 30 km) und vertikaler Erstreckung (bis zur Tropopause) in Form eines hohen Berges oder mächtigen Turmes, das mit starken Niederschlägen (Hagel, Graupel), elektrischen Entladungen, Sturmböen und auch Tornados verbunden sein kann, darstellen. Teilweise besitzt der obere Wolkenabschnitt glatte Formen (Cb calvus), teilweise ist er fasrig und streifig (Cb capillatus); häufig jedoch abgeflacht oder mitunter mit einer Kappe (Cb pileus) versehen. Er breitet sich oft ambossförmig (Cb incus) oder wie ein großer Federbusch aus (vgl. Abb. 12.3).

Abb. 12.3 Voll entwickelter Cumulonimbus mit Amboss (Cb incus). (© RAOnline (Internet 52))

Abb. 12.4 Arcus-Wolke über dem Swifts Creek, Victoria (Australien). (Quelle: © Fir0002/Flagstaffotos (Internet 53))

Die einzelnen Zellen einer Schauer- oder Gewitterwolke haben eine Lebensdauer von 30 bis 60 min. Sie erzeugen durch kräftige schlotartige Aufwinde (5 $m \cdot s^{-1}$ an der Wolkenbasis, 25 $m \cdot s^{-1}$ im mittleren Bereich der Wolke, 40 $m \cdot s^{-1}$ maximal) Regen- und Graupelschauer sowie Hagelschlag, wobei die herabstürzende Kaltluft (5 bis 8 $m \cdot s^{-1}$, maximal 20 $m \cdot s^{-1}$) in Form von Kaltluftpaketen (downbursts) zu heftigen Böen mit kragen- und wulstförmigen Wolken (Cb arcus) führt (s. Abb. 12.4).

Die Gewittertürme reichen bis zur Tropopause, bei stark labiler Schichtung auch 1 bis 2 km in die Stratosphäre hinein. Da die Wolken infolge stabiler Schichtung in diesem Höhenbereich nicht weiter nach oben wachsen können, treten an ihrer

Abb. 12.5 Mammatus-Wolken (Cb mam) am 26.06.2012 über Regina Saskatchewan (Kanada). (© Craig Lindsay, Wikimedia Commons (Internet 54))

Untergrenze gelegentlich beutelartige Durchsackungen (Cb mammatus) auf, die Ausdruck großer Labilität und intensiver Konvektion in der Mutterwolke sind (s. Abb. 12.5).

Mit dem Erreichen der Vereisungsphase in der Wolke, d. h. beim Unterschreiten der Temperaturen von − 18 bis − 20 °C über Land (− 12 bis − 16 °C über See), kommt es zur Bildung von Gewitterelektrizität und nachfolgend zu Gewittern mit Blitz und Donner sowie Starkregen.

Infolge der hohen Vertikalgeschwindigkeiten in Gewitterwolken werden fotochemisch aktive Gase und andere Luftverunreinigungen sehr schnell in die obere Troposphäre transportiert, wo sie eine wesentlich längere Lebensdauer als in den bodennahen Schichten besitzen, sodass sich ihre Wirkung und ihr Einflussbereich damit wesentlich vergrößern (vgl. Dickerson 1987). So kann der Vertikaltransport von NO und NO_2 unter anderem zur Bildung von O_3 in der Nähe des Ambosses von Gewitterwolken beitragen.

12.1.1 Klassifikation von Gewittern

Eine Gewitterwolke besteht aus einer oder mehreren Konvektionszellen, von denen jede einen Lebenszyklus durchläuft, der in drei Abschnitte unterteilt werden kann: In das Entwicklungs- (*cumulus stage*), Reife- (*mature stage*) und Zerfallsstadium (*dissipating stage*). In Abhängigkeit von ihrer Intensität unterscheidet man zwischen einzelligen Gewittern (*single cell storms*), mehrzelligen Gewittern

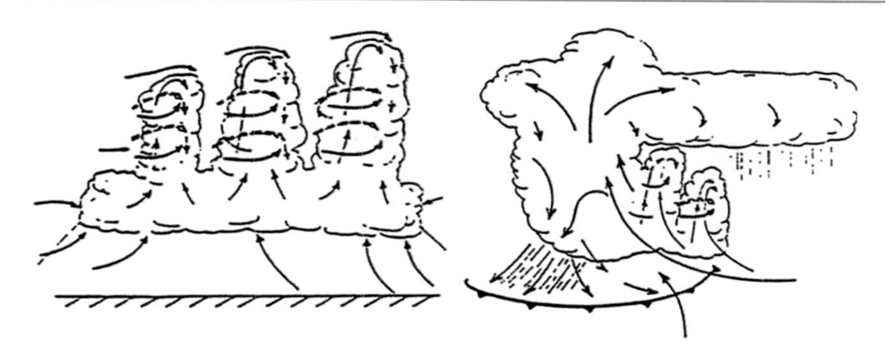

Abb. 12.6 Entwicklungs- und Reifestadium einer Gewitterwolke. (© DWD)

(*multicell storms*) und Superzellen (*super cell storms*). Für ihre Lebensdauer und Intensität sind die verfügbare Labilitätsenergie und die vertikale Windscherung entscheidende Faktoren. Ausgeprägte konvektive Instabilitäten und vertikale Windscherungen begünstigen die Entwicklung von Superzellen, während eine starke konvektive Instabilität bei schwacher Windscherung einzelne Gewitter im Tagesverlauf, die sogenannten Wärmegewitter erzeugt. Die Lebensdauer eines Gewitters beträgt in den mittleren Breiten in der Regel 45 bis 60 min.

Entwicklungsstadium Die sich entwickelnde Gewitterwolke besteht aus einem oder mehreren nach oben wachsenden Cumulustürmen, die durch eine bodennahe Konvergenz feuchter Luftmassen genährt werden und innerhalb von 10 bis 15 min die Tropopause erreichen. Ihre Luftbewegung ist überwiegend aufwärts gerichtet mit Vertikalgeschwindigkeiten von 1 bis 10 $\mathrm{m \cdot s^{-1}}$ im Aufwindgebiet (*updraft*) von etwa 2 bis 10 km Durchmesser, sodass kein Niederschlag fällt, da sich die bildenden Wassertropfen und Eiskristalle im oberen Teil der Wolke ansammeln und dort schweben. Das Einfließen von Umgebungsluft erfolgt seitlich und durch die Wolkenobergrenze (vgl. Abb. 12.6).

Reifestadium Die Wasser- und Eispartikel bzw. Hagelkörner wachsen durch unterschiedliche wolkenphysikalische Prozesse und werden schließlich so schwer, dass sie nicht mehr durch den Aufwind getragen werden können. Sie beginnen zu fallen, wodurch sich ein Abwindgebiet (*downdraft*) von 2 bis 5 km Durchmesser im hinteren Teil der Gewitterwolke entwickelt. Der ausfallende Niederschlag zerstört bei fehlender vertikaler Windscherung das Aufwindgebiet und vermischt sich mit der ungesättigt aufsteigenden Luft, sodass ein Teil des Niederschlags verdunstet und sich die Luft abkühlt. Des Weiteren beginnen die festen Partikel unterhalb der Nullgradgrenze (3,5 bis 4 km Höhe im Sommer) zu schmelzen, so dass letztlich ein Kaltluftpaket entsteht, das abwärts beschleunigt wird und eventuell die Erdoberfläche erreicht. Beim Aufprall breitet sich die dichtere Kaltluft horizontal aus und bildet eine Böenfront (Turbulenzwirbel in Verlagerungsrichtung), die durch starke Geschwindigkeits- und Richtungsscherungen gekennzeichnet ist (vgl. Abb. 12.7 und 12.8). Die Böenfront besitzt eine Mächtigkeit von 0,5 bis 2 km, wobei die größten Vertikalbewegungen bis zu 10 $\mathrm{m \cdot s^{-1}}$ im Bereich des Böenkragens ausmachen.

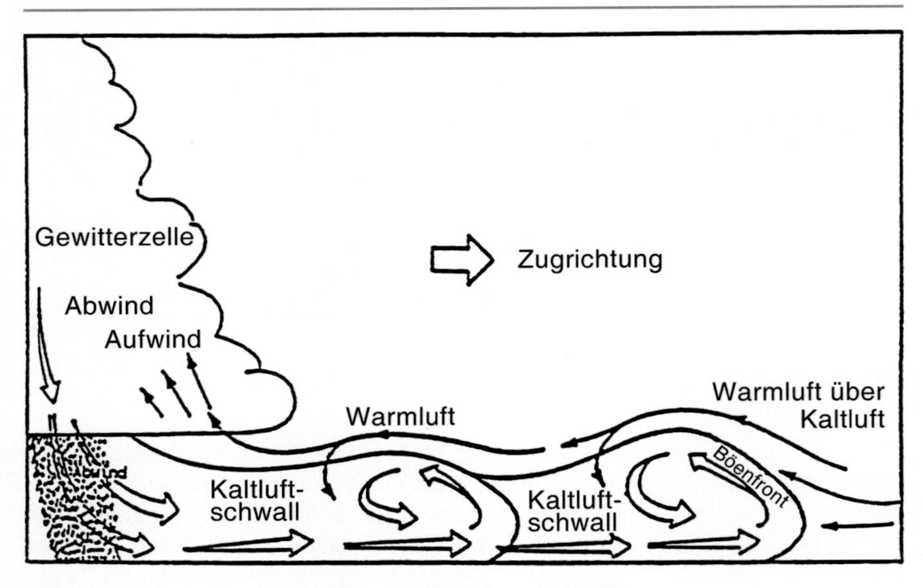

Abb. 12.7 Schematisierte Darstellung einer Böenfront. (© DWD)

Im Allgemeinen sind die Böen umso markanter, je höher die Wolkenbasis liegt und je trockener die Umgebungsluft ist. Das Ausfließen der Kaltluft in Bewegungsrichtung des Gewitters führt zum Heben der Umgebungsluft, sodass sich ein neues Aufwindgebiet bilden kann, und zwar im Mittel 10 bis 20 km vor dem Gewitter. Im Reifestadium besitzt die Wolke einen Dom, der ihr Eindringen in die Stratosphäre signalisiert. Das Reifestadium dauert etwa 20 min und beginnt, wenn der ausfallende Niederschlag den Erdboden erreicht. Es endet, wenn das Gewitter seine größte Intensität besitzt (heftige elektrische Entladungen, Hagelschlag, Tornadobildung, starke Böen). Im Satellitenbild (VIS-Bereich) ist ein markanter weißer Cirrusschirm zu sehen, der sich in Strömungsrichtung ausbreitet.

Im Bereich einer Böenfront treten manchmal zylindrische Wolken auf, die um ihre horizontale Achse rotieren (*roll clouds*), oder es entsteht am vorderen Ende der Front ein gebogener Böenkragen (*arcus cloud*), der die Begrenzung der aus der Gewitterwolke ausfließenden Luft darstellt. Ein Böenkragen signalisiert starke Böen und kräftige Gewitter (vgl. Abb. 12.8 und Farbtafel 23).

Zerfallsstadium Der untere Teil der Wolke wird durch Abwärtsbewegungen dominiert, während im oberen noch lokale Aufwindgebiete erhalten bleiben können. Das Einmischen von Umgebungsluft erfolgt nur noch seitlich, und der Wolkendom verschwindet. Es tritt eine langsame Abnahme der Starkniederschläge ein, während weiterhin leichter Niederschlag aus dem Amboss (Eiskristalle), der nur sehr langsam verschwindet, fällt. Die Böenfront entfernt sich von der Gewitterwolke, sodass die aufsteigende Warmluft die Wolkenbasis nicht mehr erreichen und folglich kein neuer Aufwindschlot getriggert werden kann (s. Abb. 12.9).

Abb. 12.8 Böenwalze über der Ostküste von Yucatan (Mexiko), 15.06.2005. (© Wikipedia (Internet 55))

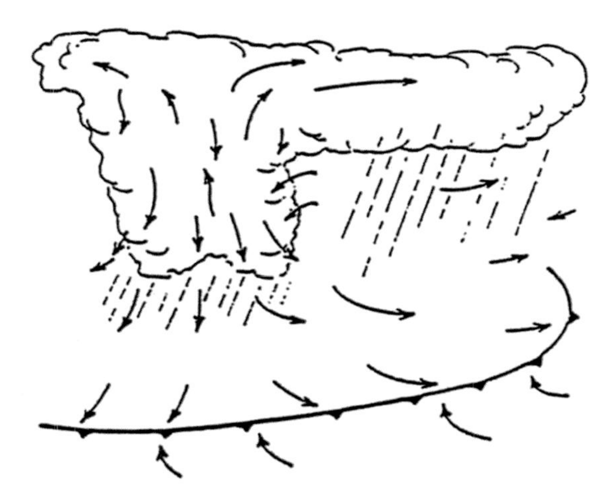

Abb. 12.9 Zerfallsstadium. (© DWD)

12.1.1.1 Einzellige Gewitter

Das nur aus einer einzigen Zelle bestehende Gewitter ist sofort nach dem Erreichen seines Reifestadiums zum Sterben verurteilt, da der ausfallende Niederschlag durch den Aufwindschlot hindurchfällt und damit den Konvektionsvorgang unterbricht

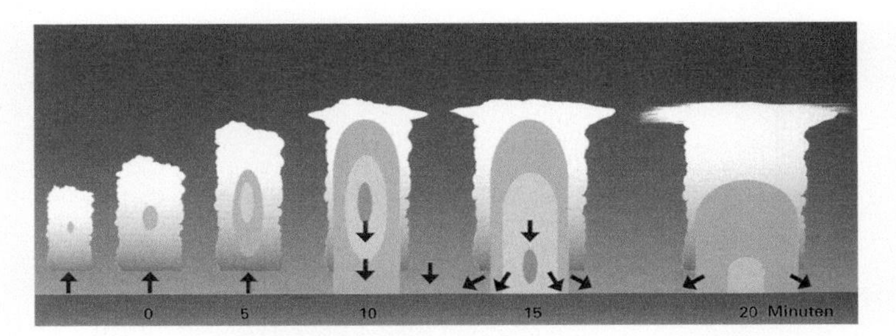

Abb. 12.10 Entwicklung eines einzelligen Gewitters. (© Hermant 2001)

(s. Abb. 12.10). Aufgrund der sich zeitlich nacheinander auflösenden Zellen entwickelt sich eine kühle Luftströmung, die neue Zellen in der Umgebung des Gewitters hervorruft. Auf diese Weise können sich bis Sonnenuntergang nach und nach weitere schwache Gewitter bilden, während abends und zu Beginn der Nacht die Gewittertätigkeit durch den allgemeinen Temperaturrückgang beendet wird.

Insgesamt gesehen sind einzellige Gewitter relativ schwach (s. Abb. 12.11). Sie bilden sich am späten Nachmittag bis zum Beginn der Nacht innerhalb einer warmen und feuchten Luftmasse, aber in der Regel nicht durch freie, sondern meist durch erzwungene Konvektion und besitzen eine Lebensdauer von etwa 20 min. Sie zeigen häufig einen großen Blitzreichtum, wobei die Blitze aus dem oberen Teil

Abb. 12.11 Sommergewitter bei Colmar (04.09.2004)

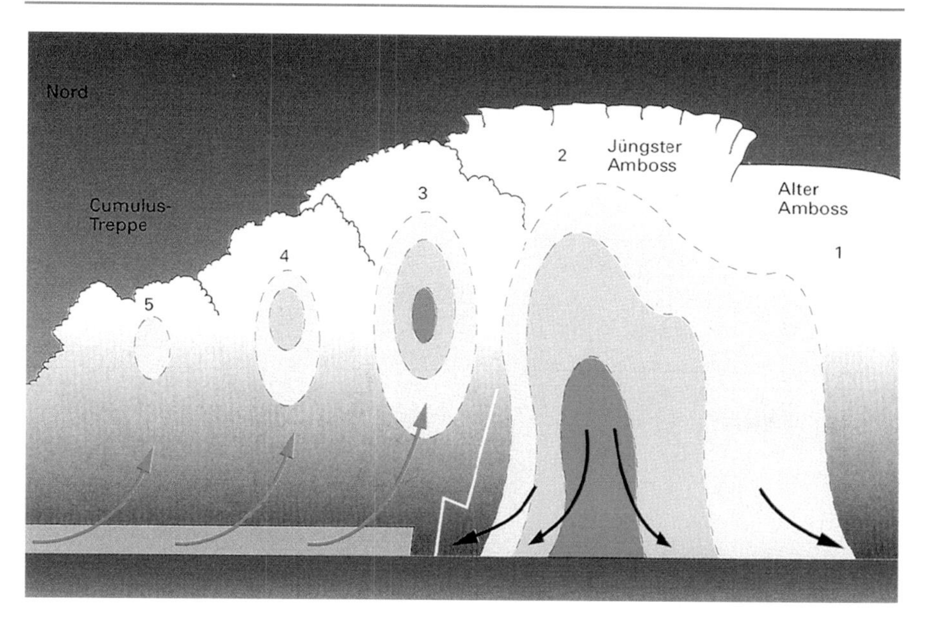

Abb. 12.12 Mehrzelliges Gewitter. (© Hermant 2001)

der Gewitterwolke kommend oft in vom Gewitter weit entfernte Stellen am Boden einschlagen.

Bei stärker ausgeprägten Gewittern kommt es zeitweilig zu markanten elektrischen Entladungen, Hagel und starken Böen vor der Auflösungsphase. Diese Erscheinungsform wird bei einer hoch liegenden Tropopause und starker konvektiver Instabilität beobachtet und besitzt eine Lebensdauer von ca. 30 min.

12.1.1.2 Mehrzellige Gewitter

Ein Gewitter mit mehrzelligem Aufbau erhält sich durch die ständige Auflösung alter und die Bildung neuer Zellen im zeitlichen Abstand von 20 bis 30 min an seiner vorderen rechten (aber auch linken) Flanke infolge der von ihm produzierten Böenfront und besteht somit aus einem Ensemble von Zellen (zwei bis vier) in unterschiedlichen Entwicklungsstadien (vgl. Abb. 12.12). Damit können diese Gewitter ein Gebiet über viele Stunden beeinflussen. Bei einer allgemeinen Zugrichtung der Gewitter von Südwest nach Nordost breiten sich die Gewitterherde in der Regel von Nordwest nach Südost aus (s. Abb. 12.13).

Multicell storms entstehen bevorzugt bei mäßiger bis starker Zunahme der Windgeschwindigkeit mit der Höhe, während die vertikale Richtungsänderung gering ist.

12.1.1.3 Mesoskalige konvektive Komplexe

Ein mesoskaliger konvektiver Komplex (MCC) ist ein ausgedehntes Gewittersystem, das einen Verbund von mehrzelligen Gewittern und auch Superzellen umfasst. Die nahezu kreisförmige bzw. ovale Zusammenballung miteinander wechselwirkender Gewitterzellen beeinflusst in der Regel ein Gebiet von 100 bis 1000 km

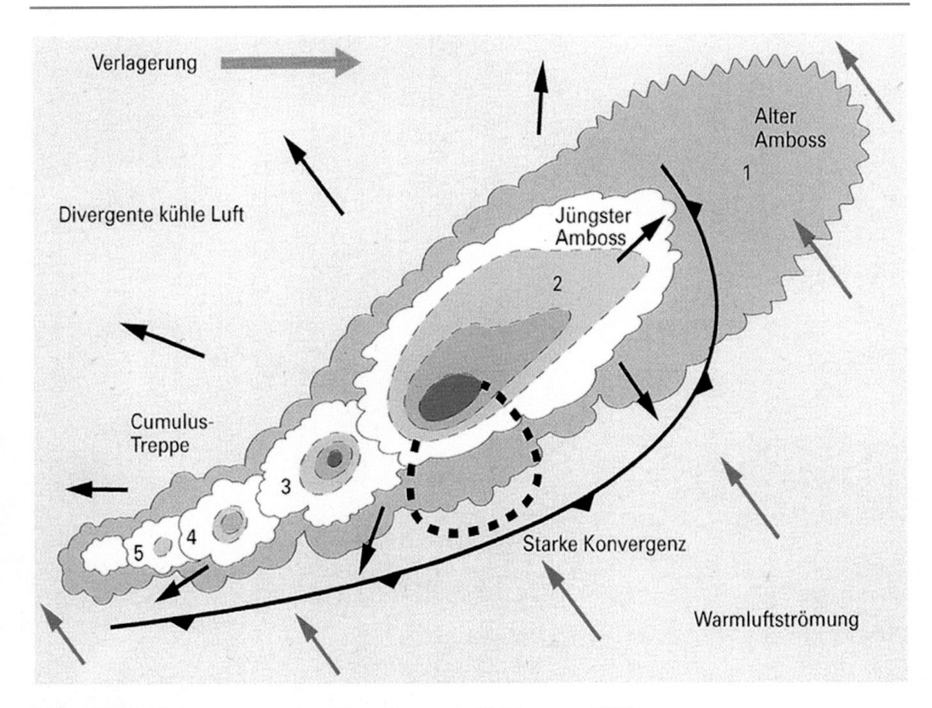

Abb. 12.13 Verlagerung mehrzelliger Gewitter. (© Hermant 2001)

Durchmesser (vgl. Abb. 12.14). Sie entstehen im Allgemeinen nachmittags in Gebieten mit starken Hebungsvorgängen bei zusätzlicher Warmluftadvektion in der unteren Troposphäre.

Der Höhepunkt ihrer Entwicklung wird spätabends oder gegen Mitternacht erreicht, wobei ihre Lebensdauer minimal 6, meist jedoch 12 bis 24 h beträgt. Da sie sich nur mit einer Geschwindigkeit von 15 bis 30 km $\cdot$ h^{-1} verlagern, fallen intensive und großräumige Niederschläge, die häufig mit Hagelschlag und Tornadobildung verbunden sind.

12.1.1.4 Superzellen

Unter Superzellen versteht man nach Browning 1977, Doswell 1993 sowie Doswell 1996 langlebige, intensive und komplexe Gewitter, die an Warmluftadvektion, eine starke Zunahme der Windgeschwindigkeit (10 bis 20 m $\cdot$ s^{-1}) mit der Höhe sowie an eine Winddrehung (bis zu 90°) geknüpft sind. Ihre Entwicklungszeit und Lebensdauer ist wesentlich länger als bei einem ein- oder mehrzelligen Gewitter. Sie sind die gewaltigsten Gewitter der Erde und bestehen aus einem einzelnen außergewöhnlich stark entwickelten Aufwindstrom (bis zu 250 km breit), von dem mindestens ein Drittel über 15 min lang rotiert, der sehr beständig ist und zur Tornadobildung führen kann. Oft sind sie mit schweren Hagelschlägen und zerstörerischen Winden verbunden und werden besonders häufig in den *Great Plains* sowie einem Landstreifen zwischen Nordtexas und Nebraska (*tornado alley*) beobachtet. Sie

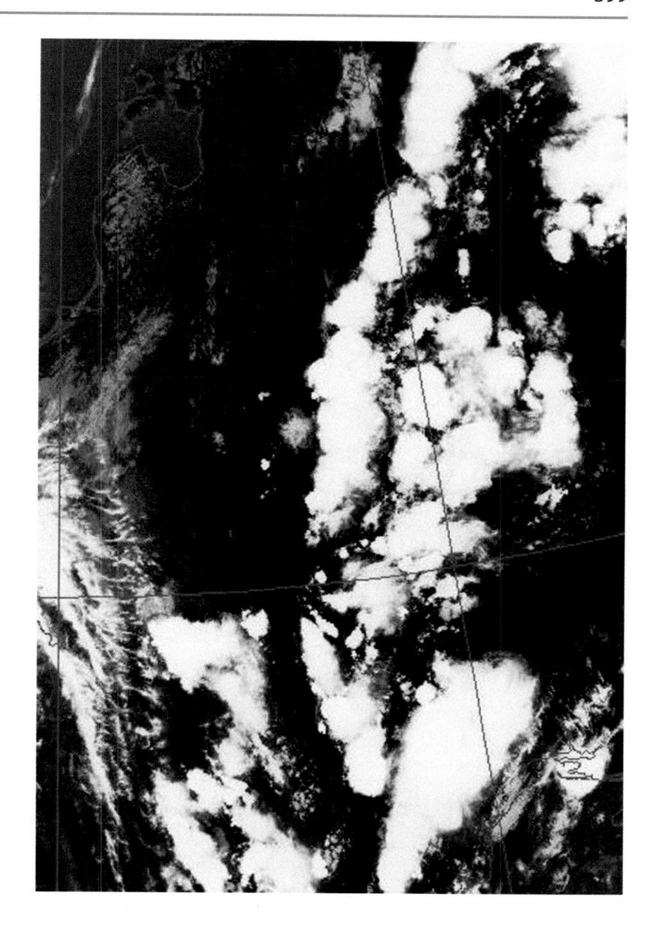

Abb. 12.14 Mesoskalige konvektive Komplexe, (10.06.1999/15.01 UTC). (© NOAA (Internet 56))

verlagern sich meist rechts zur Hauptwindrichtung. Da das Einströmen ins Gewitter in Bezug auf die Bewegungsrichtung vorne rechts und das Ausströmen hinten rechts erfolgt, zerstört der ausfallende Niederschlag den Aufwindschlot nicht (s. Abb. 12.15).

Die optischen Merkmale einer Superzelle (s. auch Abb. 12.16) sind nach Bluestein 1993 und Hermant 2001 eine oft tiefschwarze, meist niederschlagsfreie Basis, eine langsam rotierende, abgesenkte Wolkenmauer (*wall* oder *pedestal cloud*), die sich bildet, wenn relativ kühle, aber feuchte Umgebungsluft aus dem Niederschlagsgebiet in die *updraft* einströmt und unterhalb der Gewitterbasis kondensiert, ein Einstromband (*tail cloud*) aus Richtung des Niederschlagsgebietes zur Versorgung der *updraft*, das sich oft durch eine Wolkenschleppe erkennen lässt, die man auch Biberschwanz nennt, wenn sie vertikal nur gering mächtig ist, sowie ein kompakt aufquellender und in die Stratosphäre eindringender Gipfel (*overshooting top*) und sehr häufig ein rückwärts ziehender Amboss. Im Allgemeinen unterscheidet man zwischen LP- (*low precipitation*), klassischen und HP- (*high precipitation*) Superzellen.

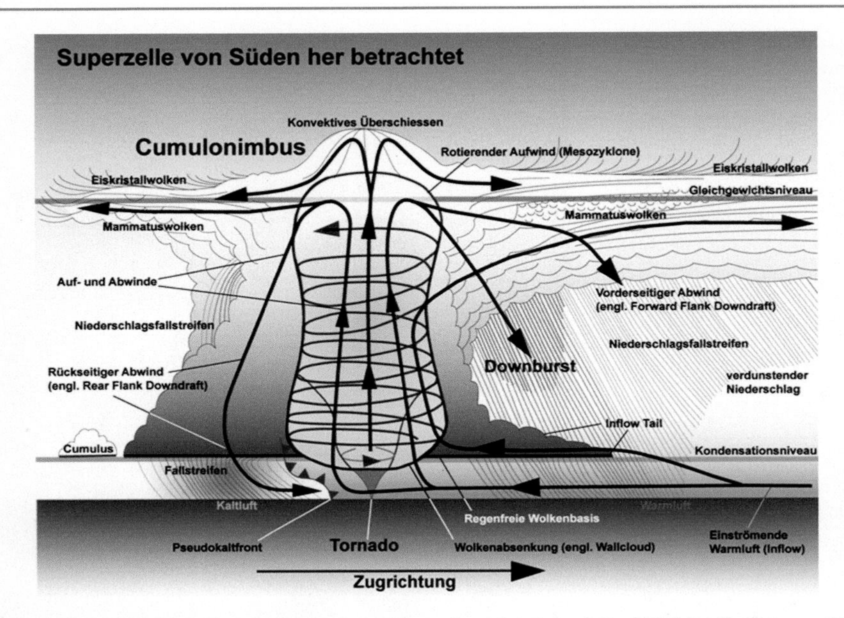

Abb. 12.15 Schematisierter Aufbau einer Superzelle. (@ Michael Graf, Wikipedia (Internet 57))

Abb. 12.16 Sich entwickelnde Superzelle nahe Crown Agency, Montana. (© Eric Nguyen (Internet 58))

Im Aufwindbereich einer Superzelle kann sich wegen der hohen Vertikalgeschwindigkeiten bis in große Höhen kein Niederschlag bilden, so dass ein Gebiet mit schwacher Echoreflexion (WER: *weak echo reflection*) auf dem Radarschirm sichtbar wird bzw. ein von Wolken umrundetes Echogebiet (BWER: *bounded weak echo reflection* – Gebiet D in Abb. 12.17) oder ein hakenförmiges Echo (*hook echo*)

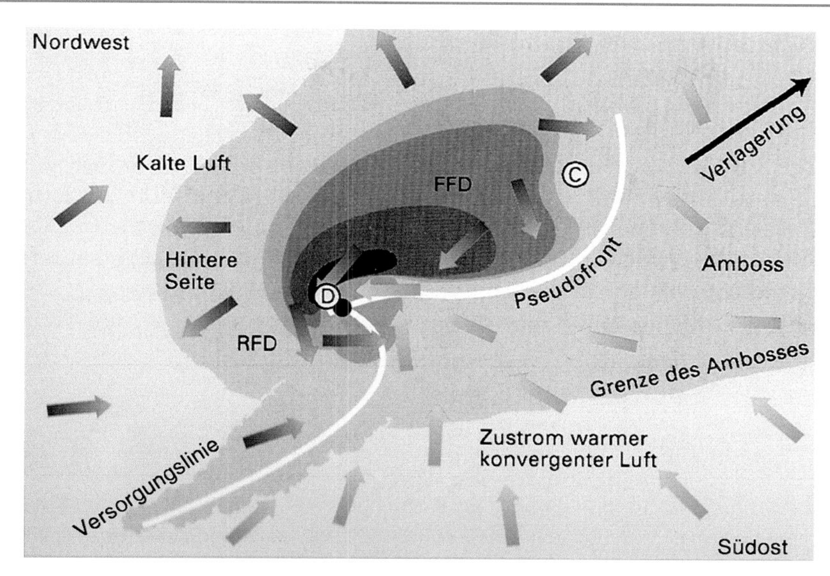

Abb. 12.17 Horizontalschnitt durch eine HP-Superzelle (RFD: Rear flanking downdraft, FFD: *forward flanking downdraft*). (© Hermant 2001)

entsteht, wenn der Niederschlag vollständig oder teilweise um die *updraft* herumtransportiert wird. Des Weiteren beobachtet man in der Regel eine v-förmige Einkerbung im Niederschlagsbereich der Superzelle (Gebiet C).

In Verbindung mit Superzellen ist häufig das Wort Mesozyklone in Gebrauch, das sich auf die rotierende *updraft* einer Superzelle mit einem Durchmesser zwischen 3 bis 10 km bezieht, die meist im hinteren rechten Teil einer Superzelle zu beobachten ist und eine Vorticity von 10^{-2} s^{-1} besitzt.

12.2 Verlagerung von Gewittern

Gewitter stellen ein Strömungshindernis dar und ziehen

- mit der mittleren Windrichtung der freien Atmosphäre (advektive Verlagerung),
- in Verbindung mit Fronten, Böenlinien, Seewindfronten, Konvergenzlinien und der ITCZ (erzwungene Verlagerung), und
- durch die Eigenproduktion neuer Zellen (Autopropagation) infolge *downdrafts*.

12.3 Gewittertypen

Gewitter sind an die unterschiedlichsten meteorologischen Bedingungen geknüpft, dennoch lassen sich drei Haupttypen unterscheiden: Luftmasseneigene Gewitter, Frontgewitter und Gewitter in Verbindung mit Höhentrögen und Kaltlufttropfen sowie thermischen Tiefdruckgebieten (s. auch Hermant 2001).

12.3.1 Luftmasseneigene Gewitter

Luftmasseneigene Gewitter werden auch als Wärmegewitter bezeichnet und bilden sich in Verbindung mit einer schwach zyklonalen oder antizyklonalen Wetterlage bei Luftdruckwerten unter 1015 hPa durch intensive lokale Konvektion. Sie sind zunächst auf ein kleines Gebiet beschränkt, können sich jedoch auch zu Gewittern mittlerer Größe entwickeln. Die Konvektionszellen sind häufig schmal, senkrecht oder mit leichter Neigung nach oben gerichtet und annähernd ortsfest. Lokal treten kurze kräftige Schauer vermischt mit Hagel auf, während der Regen nach dem Gewitter manchmal länger anhalten kann. Meist werden schwache bis mittlere Böen beobachtet.

12.3.2 Frontgewitter

Insgesamt gesehen treten Gewitter an Warm- und Kaltfronten, an Wellenstörungen und Okklusionen, vor und nach Frontdurchgängen (prä- und postfrontale Gewitter) sowie in Verbindung mit Trögen und Kaltlufttropfen auf. Gewitter an Warmfronten sind im Sommer eher selten und machen sich meist im mittleren Wolkenstockwerk durch instabilen gewittrigen Altocumulus (Ac cas, Ac flo) bemerkbar (s. Abb. 12.18). Sie sind mit geringen Niederschlägen, aber manchmal sehr beachtlichen elektrischen Aktivitäten (Wolkenblitze) verbunden.

Kaltfrontgewitter können sich längs der Front, also über einen schmalen Streifen von Hunderten von Kilometern erstrecken. Besitzt das Tiefdruckgebiet einen ausgeprägten Trog, folgt nach dem Kaltfrontdurchgang eine zweite Gewitterlinie, wobei die Erfahrung lehrt, dass gut ausgeprägte Troglinien mit schwachen Kaltfronten einhergehen und umgekehrt. Die Gewitter ziehen mit der Front und beeinflussen ein Gebiet nur kurzzeitig, die Blitzschläge sind aber in der Regel sehr intensiv. An Böenfronten verlaufen die Gewitter parallel zur Front und setzen mit markanten, oft zerstörerischen Windböen ein.

Abb. 12.18 Altocumulus castellanus (Ac cas) als Gewittervorbote. (© B. Mühr 2008)

Gewitter an Wellenfronten ziehen gemeinsam mit der Frontlinie nur sehr langsam oder sind stationär, sodass sie 12 bis 24 h lang den Wettercharakter prägen können. Zu besonderer Intensität entwickeln sie sich über Osteuropa, wo gewaltige Gewitterzellen entstehen. Gewitter an Okklusionen besitzen dagegen eine geringe Intensität und beschränkte Reichweite.

12.3.3 Höheninduzierte Gewitter

Da Höhentiefs und Kaltlufttropfen mit Kaltluftmassen von − 20 bis − 25 °C im 500 hPa-Niveau verbunden sind, können unter bestimmten Bedingungen stationäre, sehr kräftige Gewitter mit großer elektrischer Aktivität entstehen, die manchmal von sintflutartigem Regen begleitet werden.

12.4 Gewitter als luftelektrische Erscheinungen

Benjamin Franklin (1706–1790; Staatsmann und Naturwissenschaftler) vermutete bereits um 1750, dass Gewitter elektrischer Natur sind und schlug deshalb zum Schutz vor Blitzen den heute allgegenwärtigen Blitzableiter vor (s. Hasse 2004 und Diels 1997). Zwei Jahre später stellte Lemonnier experimentell fest, dass auch bei schönem Wetter ein elektrisches Feld in der Atmosphäre vorhanden ist. Der in Schönwettergebieten fließende elektrische Strom ist zur Erde gerichtet, was nur durch eine negative Ladung der Erde (Minuspol) verursacht werden kann. Den für den Stromfluss erforderlichen Pluspol bildet die Ionosphäre. Der elektrische Strom besteht unterhalb 50 km Höhe aus Luftionen mit einem Durchmesser von 0,1 bis 1 nm und einer Lebensdauer von etwa 100 s, oberhalb 60 km Höhe übernehmen freie Elektronen diese Funktion. Sie werden nahe der Erdoberfläche durch radioaktive Strahlung (Zerfall von Radium und Thorium) und in der Hochatmosphäre durch kosmische Strahlung erzeugt. Unmittelbar über dem Erdboden beträgt die elektrische Feldstärke etwa 135 $V \cdot m^{-1}$, d. h., zwischen unserer Nasenspitze und unseren Füßen liegt eine Potenzialdifferenz von etwa 200 V (vgl. auch Abb. 12.19). In Schlechtwettergebieten wächst diese bis auf 450.000 $V \cdot m^{-1}$ an. Die elektrische

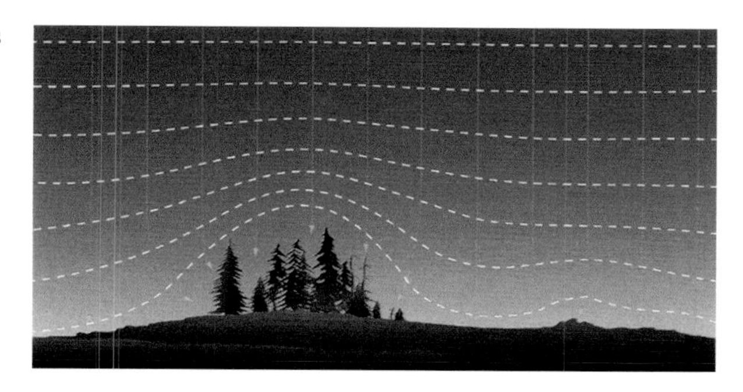

Abb. 12.19 Luftelektrisches Feld, beeinflusst durch die Rauigkeit der Erdoberfläche. (© Hermant 2001)

Leitfähigkeit erreicht in Bodennähe 10^{-14} S · m^{-1} und nimmt rasch mit der Höhe zu, sodass in 35 km Höhe bereits 10^{-11} S · m^{-1} gemessen werden.

Luftelektrische Experimente wurden früher mit einem Drachen durchgeführt, an dem ein Draht befestigt war, und waren insbesondere bei Annäherung von Gewittern sehr gefährlich, was z. B. der spektakuläre Tod des schwedischen Physikers Richmann am 26.7.1753 in Petersburg beweist, wo er bei derartigen Experimenten durch Blitzschlag ums Leben kam. Heute wird eine Rakete mit einem an ihr befestigten dünnen und geerdeten Draht bis zu 700 m hochgeschossen. An der Spitze des Drahtes erhöht sich das elektrische Feld so stark, dass schließlich ein zur Gewitterwolke gerichteter Leitblitz entsteht und dort endet. Der elektrische Strom, der im Leitblitz aufsteigt, verdampft den Kupferdraht, und in 50 % der Fälle wird auf diese Weise ein künstlicher Blitz erzeugt, der auf dem von der Rakete und dem Draht vorgezeichneten Weg in die Abschussrampe einschlägt. So holt man Blitze ins Labor (s. Dwyer 2005). Gegenwärtig versucht man, mit leistungsstarken Lasern einen ionisierten Blitzkanal zu erzeugen, um die Blitze auf vorgeschriebenem Weg zur Erdoberfläche zu leiten (s. Diels 1997).

Bei Ballonaufstiegen stellten 1899 Elster und Geitel fest, dass die Feldstärke in 20 km Höhe bereits auf etwa den hundertsten Teil des Bodenwertes abgefallen war. Außerdem fanden sie mehr positive als negative Luftionen, die langsam zur Erde bzw. zur Ausgleichsschicht in großen Höhen abfließen. Diese sogenannte Schönwetterstromdichte j_s ist sehr klein und beträgt etwa

$$j_s = 3 \cdot 10^{-12}\,\mathrm{A} \cdot \mathrm{m}^{-2} = 3\ \mathrm{pA} \cdot \mathrm{m}^{-2}. \tag{12.1}$$

Multipliziert man diesen Wert mit der Größe der Erdoberfläche (510 · 10^6 km^2), so resultiert ein Schönwetterstrom von rund 1500 A! Da die Erde eine negative Ladung von etwa Q = 6 · 10^5 A · s besitzt, die sich aus der Feldstärke für einen Kugelkondensator berechnen lässt, würde durch den Schönwetterstrom eine Neutralisierung der Erde in ca. 400 s eintreten. Dies ist aber nicht der Fall, da die globale Gewittertätigkeit einen Stromfluss in entgegengesetzte Richtung, also von der Erdoberfläche zur Atmosphäre, bewirkt. Messungen und Satellitenbeobachtungen haben gezeigt, dass von einem starken Gewitter etwa 1 A in die Ionosphäre eingebracht wird (vgl. Vollmer 2006). Damit müssen weltweit ca. 2000 Gewitter mit etwa 100 Blitzen je Sekunde laufend aktiv sein. Da die Erdoberfläche in Schönwettergebieten negativ, in Schlechtwettergebieten jedoch positiv geladen ist, erscheint sie als Ganzes elektrisch neutral.

12.4.1 Gewitterstatistik

Die Zahl der jährlich auf der Erde auftretenden Gewitter wird auf 16 Mio. und die damit verbundene Anzahl von Blitzen auf etwa 3,1 Mrd. geschätzt. Hieraus resultieren pro Tag 45.000 Gewitter mit ca. 4 bis 8 Mio. Blitzen und stündlich etwa 800 Gewitter mit 30 bis 100 Blitzen je Sekunde (Gewitterstatistiken werden heutzutage durch optische Registrierungen von Blitzen mittels Satelliten vervollständigt

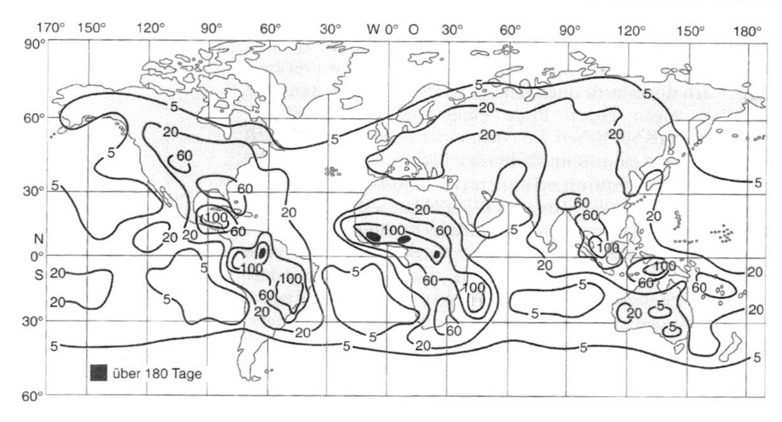

Abb. 12.20 Anzahl der Gewittertage. (© Liljequist 1984)

(s. beispielsweise Orville 1986). In lokalen Gewittern beträgt die Blitzrate im Mittel 1 bis zu 10 Entladungen je Minute, die maximale ca. 30 Blitze je Minute. Da die Ladungserzeugung in Gewittern ungefähr mit der fünften Potenz der Wolkengröße steigt, kann es in großen Gewittern auch mehr als einhundert Mal je Minute blitzen.

Anzahl der Gewittertage Ein Gewittertag ist per Definition ein lokaler Kalendertag, in dessen Verlauf mindestens ein Donner gehört wird, wobei der mittlere Hörbarkeitsbereich eines Donners bei 15 km Entfernung liegt, der maximale bei 25 km.

Der Hauptanteil von Gewittern wird naturgemäß in den Gebieten mit der größten jährlichen Sonneneinstrahlung, also im innertropischen Bereich registriert, und zwar mit einem Maximum der Gewittertätigkeit in den Nachmittagsstunden über den Kontinenten und nachts über den tropischen Meeren. Die Anzahl der Gewitter ist hier ziemlich gleichmäßig über die einzelnen Monate verteilt, während Gebiete mit Trockenzeiten einen Jahresgang aufweisen (vgl. Abb. 12.20).

Mehr als 180 Gewittertage treten in Teilen des Amazonas- und Kongobeckens, in Oberguinea und im Südwesten Kenias am Viktoriasee (210 Tage, 110 Tote/Jahr) auf. 100 bis 180 Tage im Jahr sind für die tropischen Gewässer und Inseln um die Sundastraße sowie Zentralafrika typisch, in den außertropischen Bereichen für Südbrasilien, Uruguay, Paraguay, Madagaskar, Nordaustralien, den Golf von Mexiko und den Golf von Bengalen.

Mit 60 bis 80 Gewittertagen folgen das Mississippi-Missouri-Gebiet, Florida und Kuba, während in Mitteleuropa und Asien nur an 20 bis 60 Tagen Gewitter auftreten.

Gewitterarm sind die suptropischen Hochdruckgebiete (25° bis 35° N/S), die subtropischen Wüsten und freien Ozeane sowie Küstengebiete mit kaltem Auftriebswasser (peruanisch-chilenische bzw. westafrikanische Küste). Auch Nordskandinavien (5 Tage) und die Polarkreise (1–2 Tage) zeichnen sich durch eine geringe Anzahl von Gewittern aus.

In Mitteleuropa werden innerhalb eines Jahres 20 bis 30 Gewittertage gezählt, wobei starke Schwankungen von Gebiet zu Gebiet und Jahr zu Jahr auftreten. So sind für die Ostseeküste weniger als 15, für das Alpenvorland dagegen bis zu 40 Tage typisch. Im Berliner Raum zählt man 30 Gewittertage im Südwesten und Nordosten der Stadt sowie 18 im Stadtzentrum. Eine Beobachtungsreihe von 1910 bis 1960 zeigt eine Schwankungsbreite von 8 Gewittertagen im Jahr 1943 bis zu 33 Gewittertagen für das Jahr 1958.

Bei Sommergewittern registriert man bis zu 1000 Blitze je Sekunde, und der exponierte Gipfel des Säntis in der Schweiz wird etwa 400-mal im Jahr vom Blitz getroffen. Von 1952 bis 2002 starben z. B. 744 Menschen in Deutschland durch Blitzschlag, in den USA sind es jährlich etwa 150 Personen.

12.4.2 Elektrische Struktur von Gewitterwolken

Blitze gehören zu den eindruckvollsten, global gesehen jedoch zu den alltäglichsten Erscheinungen in einigen Gebieten der Erde. Ihre Physik, verbunden mit der komplexen Struktur eines Gewitters oder eines mesoskaligen konvektiven Systems, ist jedoch so kompliziert, dass auch heute noch nicht alle Mechanismen der Gewitterelektrizität vollständig geklärt sind. Deshalb wird nachfolgend zunächst auf das klassische Dipolmodell und anschließend auf das gegenwärtig diskutierte Tripolmodell einer Gewitterwolke eingegangen. Umfangreiche Literaturrecherchen bzw. Darlegungen zum gegenwärtigen Sachstand findet man in den Büchern von Rakov 2003 und Magono 1980 bzw. in dem Übersichtsartikel von Williams 1988 sowie in den Aufsätzen von Mende 1997 und Dwyer 2005 und 2013.

12.4.2.1 Dipolmodell

In einer Gewitterwolke, die 3 bis 20 km hoch sein kann, befinden sich Hunderte Millionen von Wassertröpfchen, Eis- und Schneekristallen sowie Hagelkörnern in ständiger Auf- und Abwärtsbewegung, sodass es zwischen den Hydrometeoren zu fortwährenden Zusammenstößen kommt, bei denen die Eiskristalle zerbrechen und die Tropfen zerstäuben. Das führt zu einer elektrostatischen Aufladung dieser Teilchen, die sich dann je nach ihrer Größe und damit Wirkung der Schwerkraft in verschiedenen Bereichen der Wolke ansammeln. Die leichtesten positiv geladenen Eiskristalle werden mit den Aufwinden nach oben getragen und verteilen sich im oberen Bereich der Wolke. Die schwereren Regentropfen, Graupel- und Hagelkörner sinken unter Wechselwirkung mit den kleineren schwebenden Eiskristallen und Regentropfen, bei der sie negative Ladungen aufnehmen, nach unten zur Wolkenbasis, sodass sich insgesamt gesehen die bekannte Dipolstruktur (vgl. Abb. 12.21) mit einem positiv geladenen Amboss am Oberrand der Wolke bei Temperaturen zwischen − 40 und − 70 °C sowie negativ geladenen Teilchen im zentralen und unteren Bereich der Wolke bei Temperaturen zwischen − 10 und − 25 °C ergibt. Daneben existieren ein kleines Gebiet mit positiver Ladung nahe dem Abwärtsstrom bei vergleichsweise hohen Temperaturen und eine dünne Schicht negativer Ladungen außerhalb des Wolkenoberrandes. Infolge von Influenzwirkung besitzt die Erdoberfläche unterhalb einer Gewitterwolke eine positive Ladung. Im Prinzip wird bei diesem Modell die Ladungstrennung durch die Bildung von Niederschlag bewirkt, eine Hypothese, die schon von Elster und Geitel 1885 aufgestellt wurde.

Abb. 12.21 Dipolmodell eines Gewitters

Neben der Niederschlags- kam in den 1950er und 1960er-Jahren die Konvektionshypothese zum Tragen. Hiernach werden die Ladungszonen einer Gewitterwolke anfänglich von externen Quellen gespeist. Die erste Quelle ist die kosmische Strahlung, die die Luftmoleküle oberhalb der Gewitterwolke ionisiert, also negative freie Elektronen und positive Restmoleküle erzeugt. Als zweite Quelle dient das starke elektrische Feld um hoch aufragende Objekte an der Erdoberfläche, das Koronaentladungen positiver Ionen bewirkt, die mit den vom Gewitter bedingten Aufwinden nach oben getragen werden und im oberen Teil der Wolke die durch kosmische Strahlung erzeugten negativen Ionen anziehen. Diese treten in die Wolke ein und verbinden sich mit den dort vorhandenen unterkühlten Wassertropfen und Eiskristallen, sodass sich ein negativ geladener oberer Wolkenbereich entwickelt. Die abwärts gerichteten Strömungen am Rand der Wolke tragen die negativen Ladungen nach unten, wodurch ein positiver Dipol entsteht.

12.4.2.2 Tripolmodell

Durch die kontroversen Diskussionen um die einzelnen Hypothesen hat sich schließlich auf der Basis von Beobachtungen in den letzten 50 Jahren herausgeschält, dass die Grundstruktur einer Gewitterwolke ein Tripol ist. Nach dieser Hypothese bilden sich im Mittel drei vertikal voneinander getrennte Ladungsschichten, so eine hauptsächlich positiv geladene Schicht im oberen und unteren Abschnitt der Wolke und eine überwiegend negativ geladene Schicht in ihrem zentralen Teil (vgl. Abb. 12.22). Die Größenordnung der positiven oder negativen Ladungen erreicht einige zehn Coulomb. Das negative Ladungsgebiet besitzt eine geringe vertikale Erstreckung (oft < 1 km), ist aber dafür horizontal über einige Kilometer ausgedehnt. Es befindet sich im Temperaturbereich zwischen − 10 und − 25 °C, also in etwa 6 km Höhe. Unter den dort herrschenden Bedingungen können alle drei Phasen des Wassers (Eis, Wasser, Dampf) nebeneinander existieren. Die größten elektrischen Felder treten in einer Gewitterwolke an der Ober- und Untergrenze der negativen Ladungsschicht auf. Im oberen Teil der Wolke existiert eine positiv geladene Schicht, die mehrere Kilometer mächtig sein kann, wohingegen die untere Schicht positiver Ladungen (erzeugt durch das Schmelzen von Eis) relativ klein ist, sodass das elektrische Feld an der Erdoberfläche meist von der mittleren

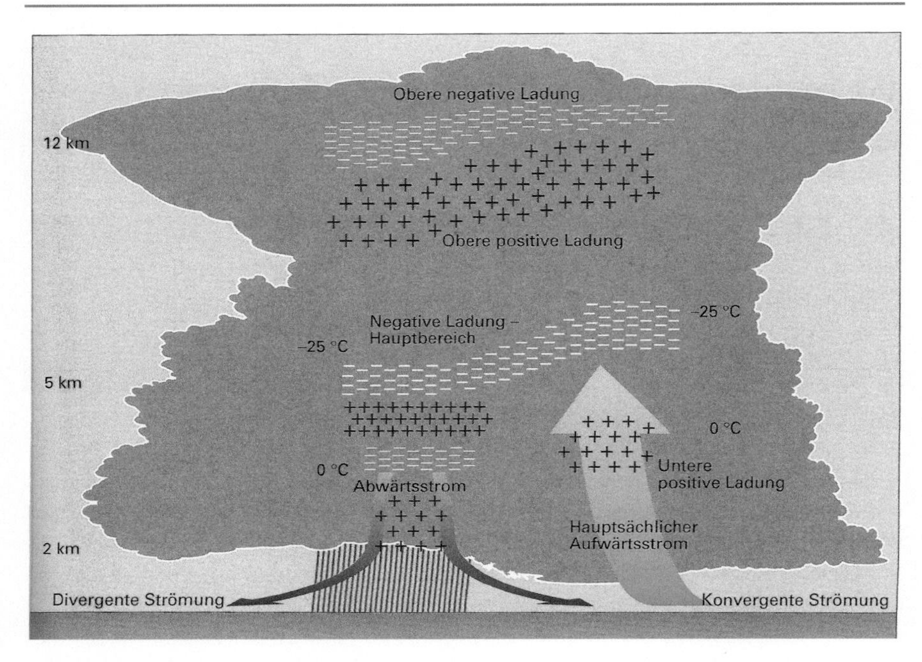

Abb. 12.22 Tripolmodell eines Gewitters. (© Hermant 2001, Stolzenburg 1988 a)

negativen Ladungsschicht beeinflusst wird. Es existiert außerdem eine obere negative Ladungsschicht (nur ungefähr 100 m dick), die von den außerhalb der Wolke produzierten negativen Ionen stammen könnte, welche von den Wolkentröpfchen und Eispartikeln eingefangen werden. Das maximal gemessene elektrische Feld in einem Gewitter beträgt im Mittel 10^5 V · m^{-1} und ist damit niedriger als das Feld von 3 · 10^6 V · m^{-1}, das für einen dielektrischen Durchschlag benötigt wird.

Aus Untersuchungen von schweren Gewittern (s. Stolzenburg 1998a und 1998b) ergibt sich jedoch eine viel komplexere Struktur der Ladungsverteilung, und zwar acht oder neun übereinander befindliche Ladungsschichten im Aufwärtsstrom und zehn bis elf im Abwärtsstrom. Dabei verringert sich mit zunehmender Zahl der Schichten die jeweilige Schichtdicke und liegt häufig unter 1 km. Gemäß Abb. 12.22 nimmt die negative Ladung im oberen Bereich der Wolke ein viel größeres Volumen als in den Modellen ein. Hinzu kommen Änderungen im unteren Wolkenbereich, wo sich zwei Schichten (positiv und negativ) im Zentrum der positiven Ladungen (Abwärtsstrom) übereinander lagern. In dem abgebildeten Modell existieren sieben gut von einander getrennte Ladungsschichten, so wie es in ein- und mehrzelligen Gewittern sehr häufig beobachtet wird.

Da die Tripolstruktur offenkundig nicht auf das Schmelzen des Eises zurückzuführen ist, hat in den vergangenen 20 Jahren die Ladungsumkehr-Hypothese, die sowohl mit Beobachtungen als auch mit Laborexperimenten im Einklang steht, Eingang in die Literatur gefunden. Fallen nämlich Graupel durch eine Suspension aus kleinen Eiskristallen und unterkühlten Wassertropfen, dann nehmen sie bei

Temperaturen unter − 10 bis − 20 °C eine negative und bei Temperaturen darüber eine positive Ladung an. Zusätzliche Einflussfaktoren bei diesem Prozess sind der Wolkenwassergehalt, die Größe der Eiskristalle, die relative Kollisionsgeschwindigkeit, die chemische Verunreinigung des Wassers und das Tropfenspektrum der unterkühlten Wassertropfen. Prinzipiell muss aber aufgrund dieses Effektes die negativ geladene Hauptschicht in einem Temperaturbereich um − 15 °C liegen.

12.4.3 Gewitterblitze

In Gewittern erfolgt nach verschiedenen Mechanismen eine Trennung von Ladungen, die dann in Form eines Niederschlagsstromes, Spitzenstromes oder von Blitzen zur Erde gelangen. Die mittleren Ladungsdichten liegen bei einigen $nC \cdot m^{-3}$. Das ergibt im Mittel einen stationären Strom von etwa 1 A pro Gewitter. Neben den kontinuierlichen Strömen interessieren uns hier nur die Entladungen, die in der Luft bei kritischen Feldstärken von $> 10^6$ $V \cdot m^{-1}$ einsetzen und mit einer mehr oder weniger starken Lichtemission verknüpft sind.

12.4.3.1 Blitzarten

Befindet sich im unteren Teil einer Gewitterwolke eine große negative Ladung, so entsteht an der Erdoberfläche durch Influenz eine gleich große positive Ladung. Überschreitet dann an kritischen Stellen die Feldstärke 10^6 $V \cdot m^{-1}$, beginnt die Entladung (s. Abb. 12.23 und Farbtafeln 24–27). Blitze können aber auch zwischen verschiedenen geladenen Wolkenteilen, von Wolke zu Wolke und von der Wolke zur Ionosphäre oder zur Umgebungsluft auftreten.

Bei Entladungen in Richtung Ionosphäre werden durch die sehr hohen Spannungen die Elektronen derartig beschleunigt, d. h. auf so hohe Energien gebracht,

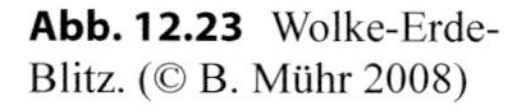

Abb. 12.23 Wolke-Erde-Blitz. (© B. Mühr 2008)

Abb. 12.24 Linienblitz. (© B. Mühr 2008)

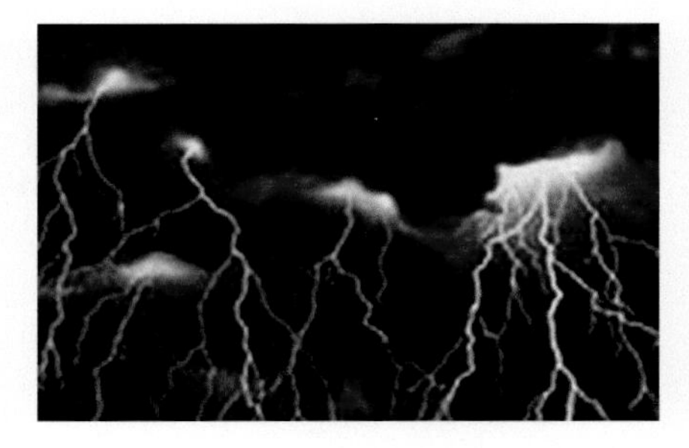

Abb. 12.25 Flächenblitz. (© Tiesel (Internet 59))

Abb. 12.26 Perlschnurblitz in Zwönitz. (© Keul/Fuchs 2006 (Internet 60))

dass sie Gammastrahlung sowie sichtbares Licht (rote und blaue Lichtblitze) erzeugen. Die Art der Entladung ist oft büschelartig, ähnlich dem Elmsfeuer, das schon früh von Seefahrern an Metallspitzen von Segelschiffen bei Gewitterannäherung beobachtet wurde. Gewöhnlich teilen wir die Blitze in Linienblitze, Flächenblitze, Perlschnurblitze und Kugelblitze ein, die in den nachfolgenden Abb. (12.24, 12.25, 12.26 und 12.27) dargestellt sind. Interessant ist der Perlschnurblitz gemäß Abb. 12.26, der von zwei Teenagern am 19. April 2003 um 18.44 Uhr in Zwönitz (Sachsen) mit einer Webcam aufgenommen wurde und aus 56 Einzelbildern besteht, die Dr. Keul analysierte und folgerte, dass es sich wirklich um einen Perlschnurblitz handelte (Keul 2006). Chinesischen Physikern ist es erstmals gelungen, einen Kugelblitz in Abhängigkeit von der Zeit zu filmen sowie die Emissionsspektren in den einzelnen Phasen aufzunehmen und entsprechende Elemente nachzuweisen (s. Ebert 2014).

Abb. 12.27 Kugelblitz. (© Tiesel (Internet 61))

Galaktische Blitze Darüber hinaus existieren in den oberen Atmosphärenschichten infolge der energiereichen Gammastrahlung, die von Galaxien und Supernova-Überresten stammt, schwache Lichtblitze, die sogenannten Tscherenko-Blitze.

12.4.3.2 Blitzentladung

Übersteigt in einer Gewitterwolke das elektrische Feld die kritische Feldstärke für einen dielektrischen Durchschlag, so entsteht ein Blitz. Die elektrische Feldstärke beträgt in diesem Moment etwa drei Mio. Volt je Meter. Im Blitzkanal wird in weniger als einer Sekunde eine Ladung, die 10^{20} Elektronen entspricht, transportiert. Dabei erfolgt eine Umwandlung von elektrischer in elektromagnetische (sichtbares Licht und Radiowellen) und akustische Energie (Donner) sowie in Wärme. Jede Entladung wird durch eine stufenförmige Vorentladung eingeleitet, da z. B. bei einer Wolkenbasis von 3 km Höhe die Potenzialdifferenz für einen schlagartigen Durchbruch $> 10^9\ \mathrm{V \cdot m^{-1}}$ betragen müsste, was unrealistisch für die Atmosphäre ist.

Diese stufenförmige Entladung (s. Abb. 12.28) kommt aus einem Wolkenbereich mit lokalen elektrischen Feldstärken in der Größenordnung von Megavolt pro Meter (bis jetzt wurden 150.000 bis 200.000 Volt je Meter gemessen) und pflanzt sich in Schritten (*steps*) von 20 bis 50 m mit etwa einem Sechstel der Lichtgeschwindigkeit fort (d. h. in etwa 1 µs). Dann verharrt die Vorentladung etwa 30 bis 90 µs (maximal 100 µs), um den nächsten Schritt einzuleiten, sodass die Vorentladung in 20 ms (1/50 s) etwa 100 bis 200 Schritte von je einigen 10 m Länge umfasst.

Im geschaffenen Entladungskanal ist die Luft teilweise ionisiert. Die sich aus der Wolke vorschiebende Ladung bewirkt an der Erdoberfläche eine zunehmende elektrische Feldstärke, sodass eine leuchtstarke Hauptentladung (Fangentladung) eintritt, wenn sich der Blitzkanal bis auf 100 m dem Erdboden genähert hat. Diese bewegt sich mit $10^7\ \mathrm{m \cdot s^{-1}}$ auf den Leitblitz zu. Wenn sich die beiden Entladungen treffen, ist der Leitblitz durch die Fangentladung „geerdet". Es sieht zwar so aus, als ob der Blitz vom Himmel schießt, aber in Wirklichkeit bewegt sich der Stromstoß durch den Blitzkanal nach oben. Obwohl sich die Vorentladungen in verschiedene Richtungen vorarbeiten, da die Blitzkanäle von der räumlichen Ladungsverteilung bestimmt werden, wird aber letztlich nur ein Kanal als endgültiger Entladungskanal genutzt, sodass wir die Vorentladungskanäle beim Blitzschlag häufig aufleuchten

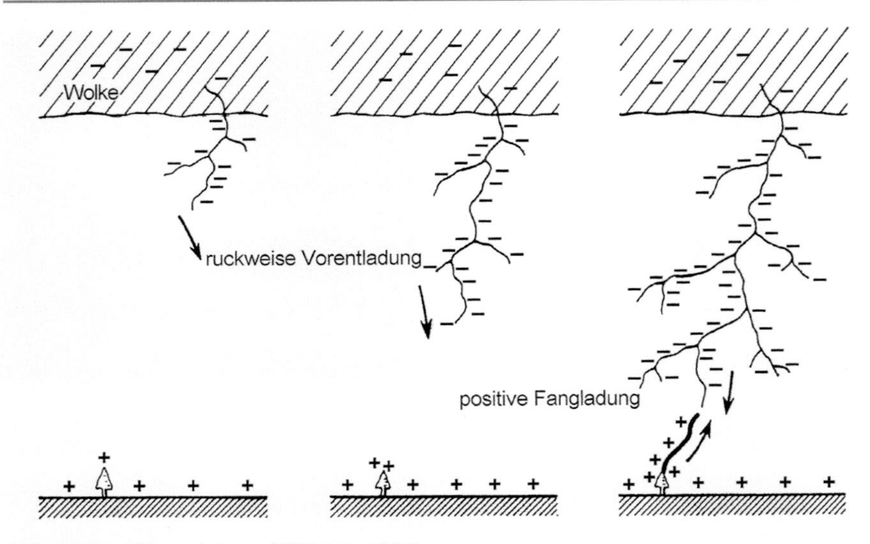

Abb. 12.28 Blitzentladung. (© Hupfer 2006)

sehen. Entsprechend der Definition der Stromrichtung (von plus nach minus) fließt im Normalfall der Entladungsstrom mit etwa einem Sechstel der Lichtgeschwindigkeit von der Erde zur Wolke, was bei einer etwa 3 km hohen Wolkenbasis in 50 µs abläuft. Die Stromstärke beträgt rund 10.000 bis 220.000 A (nachweisbar an der Magnetisierung von Gesteinen). Der Entladungskanal erwärmt sich rasch, sodass die Luft stark expandiert, was akustisch als Donner wahrgenommen wird. Der Donner ist entweder ein scharfer Knall bei einer Entladung in der Nähe des Beobachters oder ein dumpfes Grollen, wenn das Gewitter weiter entfernt ist, da die Ausbreitung der Schallwellen von der Frequenz und den Reflexionen an den Wolken und der Erdoberfläche abhängt.

Alle nachfolgenden Entladungen (Vor- und Hauptentladung) verlaufen ohne Verweilstufen. Im Mittel treten 2 bis 5 Entladungen, manchmal 10, maximal bis zu 42 im gleichen Kanal auf. Die rasch aufeinandererfolgenden Einzelentladungen sind der Hauptgrund für das Flackern des Blitzkanals. Zu blitzen hört es auf, wenn in der Wolke nicht mehr genügend Ladungen zum Kanal herantransportiert werden können oder der Entladungskanal vom Wind „verweht" wird (er ist in einem plasmaartigen Zustand, d. h. nahezu vollständig ionisiert und sehr gut leitend). In der Tab. 12.1 sind die wichtigsten Daten zu einer Blitzentladung zusammengestellt.

Beobachtungen von Röntgenstrahlung in der Nähe von Blitzen, die kurz vor der Hauptentladung emittiert wird und sich auch durch künstliche Blitzentladungen nachweisen lässt, bestätigen die Vermutung, dass Blitze Elektronen auf nahezu Lichtgeschwindigkeit beschleunigen können, was durch eine Runaway-Entladung möglich ist. Damit müssen die vom Leitblitz erzeugten elektrischen Felder weitaus stärker als bisher angenommen sein.

Tab. 12.1 Daten zum Blitz

Thermisch ionisierter Plasmakern	Etwa 1 cm
Zylindrische Ladungshülle	Einige 10 m
Entfernung zur Wolkenbasis	Etwa 2500–3000 m
Entladungszeit des Hauptblitzes	$<100\ \mu s$
Stromstärke	$>10^4$–10^5 A
Spannung	$>10^8$ V möglich
Energie	10.000–100.000 J
Ladungsmenge	>10 C
Mittlerer Ladungstransport	20 C = 20 As
Mittlere Anzahl pro Gewitter	1 bis 1000 in 15 min
Länge eines Blitzes	5–6 km, maximal 100 km
Temperatur im Blitzkanal	Bis 30.000 K

12.4.3.3 Typen von Blitzentladungen

Grundsätzlich werden Blitze nach der Ausbreitungsrichtung des Ionisationskanals (abwärts, aufwärts) und nach der Polarität der Wolkenladung (negativ oder positiv), die zum Boden hin transportiert wird, unterschieden. Man beobachtet hauptsächlich folgende Blitzarten:

- **Negative Wolke-Erde-Blitze**, die in Wolkenbereichen mit negativer Ladung entstehen und sich langsam in Richtung Erdboden vorarbeiten, bis der elektrische Überschlag vom Boden aus in Richtung Wolke erfolgt. Mit dem Hauptblitz fließt negative Ladung von der Wolke zum Boden ab. Sie machen etwa 85–90 % aller Blitzeinschläge pro Jahr in Europa aus.
- **Positive Wolke-Erde-Blitze**, die aus den positiv geladenen mittleren oder oberen Wolkenbereichen meist zum Zeitpunkt der Abschwächung des Gewitters kommen. Sie treten in 10 % aller Fälle auf. Der Vorblitz entwickelt sich in Wolkenbereichen mit positiver Ladung und bewegt sich langsam nach unten, bis der Überschlag, der eine negative Polarität besitzt, in Richtung Wolke erfolgt. Mit dem Hauptblitz wird eine starke positive Ladung in Richtung Erdoberfläche transportiert. Diese Blitze sind meistens sehr geradlinig und weisen wenige Verzweigungen auf. Sie haben eine große Helligkeit, und die Donnerschläge ähneln dumpfen Explosionen, die die Landschaft erzittern lassen. Zum positiven Erdblitz gehören zwei Abarten, der Superblitz (starke Entladung mit Stromstärken von 150.000 bis 300.000 A) und der Megablitz oder positive Gigant mit einer Stromstärke bis zu 500.000 A. Diese Blitzart tritt selten auf und ist sehr gefährlich.
- **Negative Erde-Wolke-Blitze**, die sich von der positiv geladenen Erdoberfläche aus entwickeln. Sie beginnen mit einem positiven Vorblitz und bewegen sich zum negativ geladenen Teil der Wolke hin. Danach folgen ein positiver Überschlag am Boden und anschließend ein Transport negativer Ladung von der Wolke zum Erdboden. Diese Blitze sind selten und gehen meist von Objekten auf Bergspitzen und aufragenden technischen Strukturen mit Höhen größer 100 m aus.

- **Positive Erde-Wolke-Blitze**, die durch die Bildung eines negativen Kanals an der Erdoberfläche eingeleitet werden und sich zum positiv geladenen Teil der Gewitterwolke hin entwickeln, sodass ein negativer Überschlag und eine starke positive Hauptentladung von der Wolke in Richtung Erdboden beobachtet werden. Es sind seltene Blitzentladungen, die sich meist an exponierten Stellen entwickeln.
- **Wolke-Ionosphäre-Blitze**
  Derartige Blitze werden seit 1990 untersucht. Hierbei handelt es sich um Entladungen, die zwischen Gewitterwolken und der elektrisch leitfähigen Ionosphäre auftreten, also Blitze neuen Typs, auf deren mögliche Existenz bereits Wilson 1920 verwiesen hatte. Nach einem ersten veröffentlichten Foto einer Erdbeobachtung in der Nacht vom 6. Juli 1989 hat man aus dem *Space Shuttle* sowie von Flugzeugen und dem Boden aus Hunderte davon beobachtet. Allerdings sind wegen der stark abnehmenden Luftdichte mit der Höhe an diesen Entladungen weniger Luftmoleküle als in Bodennähe beteiligt, sodass die Blitze nur schwach sichtbar und infolge der sich allmählich änderten chemischen Zusammensetzung der Atmosphäre mit der Höhe ungewöhnlich rot gefärbt sind.

Man unterscheidet heute zwischen den blauen Jets, die unmittelbar über der Wolke auftreten und sich wie ein *stepped leader* entwickeln, den in der Mesosphäre zu beobachtenden roten Kobolden (*red sprites*) und den rötlich leuchtenden flächenhaften Elfen (*elves*), die beide bei außerordentlich starken herkömmlichen Entladungen zwischen dem oberen Teil der Wolke und der Erdoberläche nachweisbar sind, sowie den noch ungeklärten Gammastrahlenblitzen, die rasend schnelle Ströme von Positronen (Antiteilchen) und Elektronen erzeugen, welche längs der Magnetfeldlinien in den erdnahen Weltraum entweichen. Derartige Blitze und Ströme wurden am 14. Dezember 2009 vom Weltraumdetektor „Fermi“ über Gewitterstürmen in Sambia beobachtet. Neuere Ergebnisse findet man bei Dwyer 2013. Ionosphärenblitze haben etwa die Leuchtkraft von Polarlichtern und sind für den ungeübten Beobachter schwer zu erkennen, zumal die Lichterscheinungen nur Bruchteile von Sekunden (etwa 10 ms) anhalten (s. Mende 1997). Die neuen Blitztypen werden in den nachfolgenden Abb. 12.29, 12.30, 12.31 und 12.32 dokumentiert.

Blitze schlagen in der Regel in Bäume oder Häuser ein, relativ selten in den flachen Boden. Hierbei gibt es eine kleine Explosion, die ein Loch mit weit verzweigten Verästelungen hinterlässt. Geschieht ein Einschlag in den Wüstensand, dann bringen die hohen Temperaturen des Blitzes die Sandkörner zum Schmelzen, und es entstehen sogenannte Blitzröhren (Fulgurite), die wenige Zentimeter dicke oft viele Meter lange glasartige, zerbrechliche Gebilde darstellen.

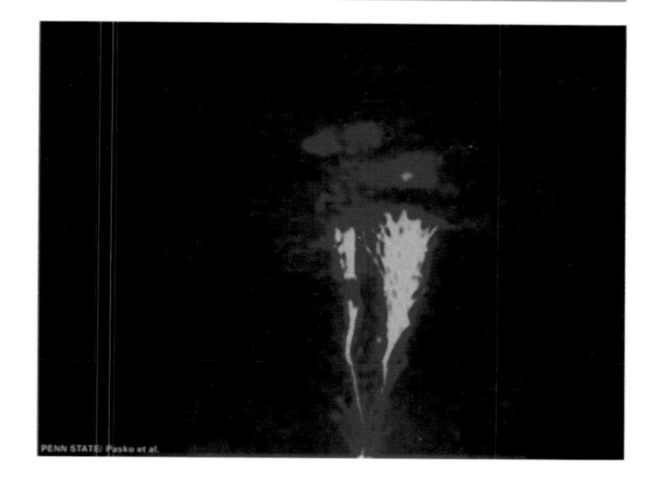

Abb. 12.29 Quelle: Blauer Jet (*blue jet*). (© NASA (Internet 62))

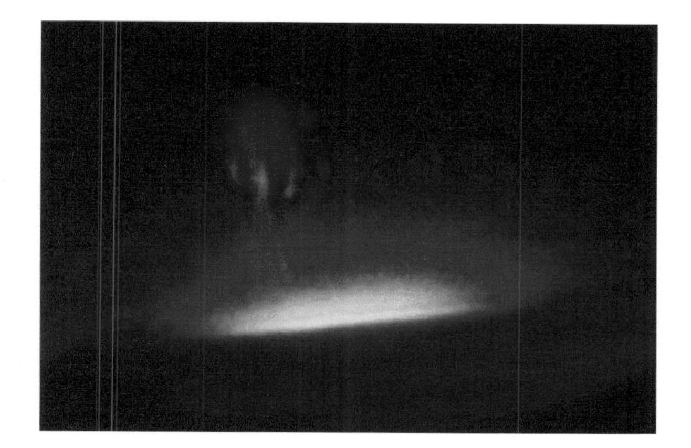

Abb. 12.30 Rote Kobolde mit Blau (*red prites*). (© NASA (Internet 63))

12.4.3.4 Maßnahmen zum Blitzschutz

Zu den Gewittervorboten gehören

- hochreichende Gewitterwolken,
- das Auftreten von St. Elmsfeuern an Schiffsmasten und Bergspitzen, die auf ein starkes elektrisches Feld deuten, was sich oft durch Summen und Zischen sowie stehendes Kopfhaar bemerkbar macht, und
- das Fallen von Graupeln oder großen Regentropfen im Nebel.

12.4.3.4.1 Blitzschutz

Als gut geschützte Plätze gelten diejenigen, die gänzlich oder teilweise durch einen Metallkäfig (Faradaykäfig) abgeschirmt sind, so

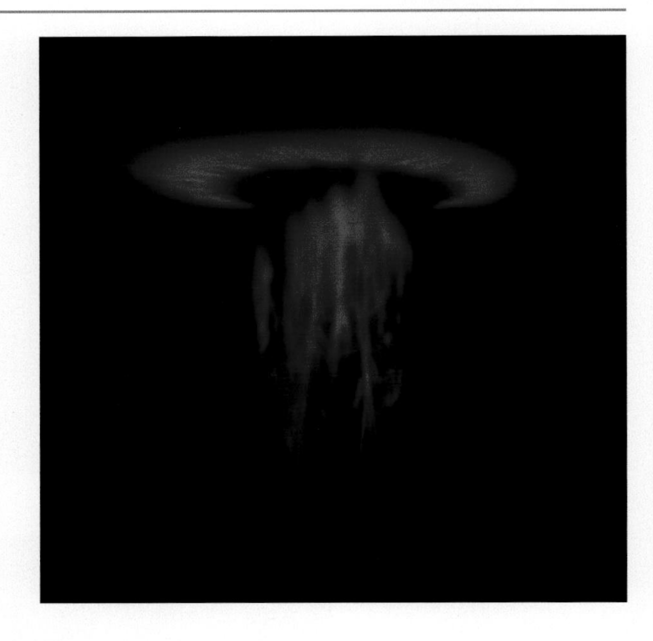

Abb. 12.31 Rötlich leuchtende Elfen (*elves*). (© Abestrobi, Wikipedia (Internet 64))

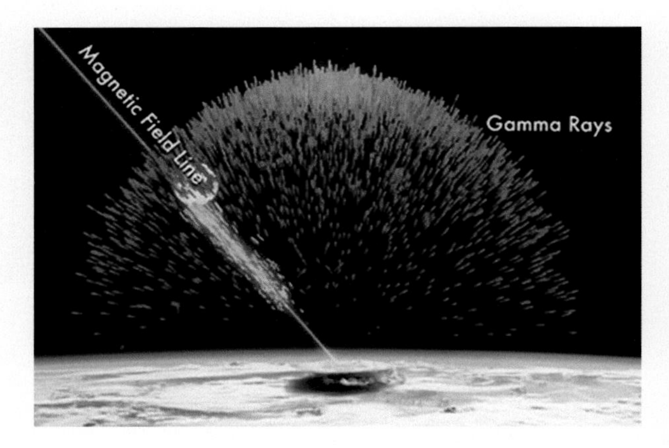

Abb. 12.32 Terrestrischer Gammastrahlenblitz (*pink*) sowie Elektronen- und Positronenströme (*gelb, grün*). (© NASA, Scinexx 24.01.2011)

- Gebäude aus Stahlbeton oder Beton mit Stahlverstärkung,
- mit Metall gedeckte Häuser bei elektrischer Erdung,
- Häuser mit Blitzschutzanlage,
- ungeöffnete Autos mit Metallboden und eingezogener Antenne und
- der Aufenthalt unter Deck für die Mannschaft von Schiffen.

Weniger gut geschützte Plätze sind

- mittlere bis große Häuser ohne Blitzschutzanlage, wobei aber eine Dachrinne mit Abflussrohr zur Erde, Wasserleitungen, Aufzugsgitter, Entlüftungsschächte, Elektroinstallationen vorteilhaft sind,

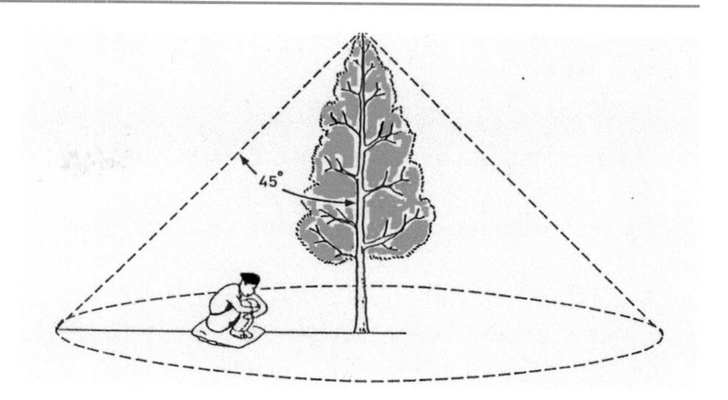

Abb. 12.33 Standort und Körperhaltung zur Vermeidung von Blitzschlägen

- Wälder, wenn man vereinzelt stehende Bäume meidet (am besten man duckt sich, rückt die Füße eng zusammen, wendet sich mit dem Gesicht zum nächststehenden Baum, hält aber größtmöglichste Entfernung zu den umstehenden Bäumen (s. Abb. 12.33). Weil bei Vierbeinern die Schrittspannung zwischen den Vorder- und Hinterbeinen ca. 1000 V beträgt, wurden 31 Kühe im August 2004 in Jütland vom Blitz getötet, als sie unter einem Baum vor dem Regen Schutz suchten,
- Berghöhlen, in denen man stehen, hocken oder sitzen kann, ohne Kontakt mit der Decke und zu den Wänden zu haben.

12.4.3.4.2 Vorsichtsmaßnahmen

In **ungeschützten Gebäuden** sind

- metallgerahmte Fenster, Schornsteine, Kamine und Außenwände sowie Dachstuben zu meiden, man sollte das Radio und den Fernseher nicht berühren oder daneben stehen, falls beide mit einer äußeren und inneren Antennenanlage oder noch mit dem Netz verbunden sind,
- große Metallgegenstände, wie Kochherde, Badewannen, Feuerleitern, Wasser- und Gasleitungen, sowie Telefone und elektrische Leitungen, die von außen nach innen führen, sind ebenfalls zu meiden, und
- bei ungeschützten Gebäuden sollte man versuchen, ein Auto mit Metalldach zu erreichen und die Tür zu schließen.

In einer **Berghütte**

- sollte man alle metallischen Teile mit einem leitenden Draht verbinden und über die Wasserleitung erden.

Bei Ansammlungen großer Gruppen

- müssen Personen einen Abstand von 2 bis 3 m zueinander halten, da Blitze von der einen auf die andere Person überspringen können.

Auf öffentlichen Gebäuden

- wie Restaurants, Schwebebahnen, Skilifts, Kirchen, Hotels, Theatern, Bädern, Stadien etc. sind in den meisten Ländern Blitzschutzeinrichtungen Pflicht.

Plätze und Situationen, die man meiden sollte, sind

- Aufenthalt im Wasser, da er lebensgefährlich ist,
- einzelne Bäume in der Landschaft oder auf Berggipfeln, hohe Bäumen mit tiefen und großen Seitenästen (alle hohen Einzelbäume sind gefährlich, deshalb sollte man den Waldrand mit großen Bäumen meiden),
- ungeschützte Objekte in freier Landschaft, so Scheunen, Schuppen, Hütten, kleine Kirchen und Kapellen, Heuschober, Holzkarren, Beobachtungs- und Aussichtstürme (so sind im Juli 1984 in Südafrika 13 Mädchen in einer Berghütte vom Blitz erschlagen worden; in Dabel in Mecklenburg-Vorpommern wurden am 09.05.2013 bei einer Herrentagsfeier 39 Menschen durch einen Blitzeinschlag zum Teil schwerverletzt),
- Aufenthalte in kleinen Holzhütten ohne metallische Leiter außer Wasserleitung,
- Fernhalten von Leitungen, Antennen, Fahnenmasten, von hohen Kränen sowie von Metallbauten und Metallzäunen,
- Seen, Swimmingpools, Golfplätze, Boote, Grat eines Berges,
- nicht mit dem Fahrrad, Motorrad, Traktor fahren oder auf dem Pferd reiten; nicht am Auto anlehnen oder stehen.

12.4.3.4.3 Empfehlungen

- Befindet man sich im Freien ohne jeden möglichen Schutz, dann hocke man sich nieder, Beine und Füße eng zusammengepresst, lege die Hände auf die Knie und beuge sich vorwärts, bedecke sich mit einem nassen Regencape oder sitze auf einer mindestens 10 cm dicken Kleiderrolle (s. Abb. 12.33).
- Man darf sich nicht in einen Graben oder in eine Geländemulde legen (läuft voller Wasser), da man zum einen eine große Fläche bildet und zum anderen feuchter Boden ein guter Leiter ist.
- Verlassen Sie Ihren Schutz erst 20 bis 30 min nach dem letzten Blitz und Donner. Viele Menschen wurden vom Blitz getroffen, als sie glaubten, das Gewitter sei vorbei.

Erste Hilfe bei Blitzschlag Da oft Herzstillstand durch Kammerflimmern auftritt (Blutfluss versagt, Gesicht blass oder blau, Atmung und Puls nicht feststellbar), sollte man sofort mit künstlicher Beatmung und Herzdruckmassage beginnen und umgehend medizinische Hilfe anfordern!

12.5 Gewitter mit Tornadobildung

Ein Tornado ist ein kleinräumiger und damit kurzlebiger vertikal stehender Wirbel mit einem elefantenartigen oder trichterförmigen Rüssel, der schlauchartig aus einer rotierenden Wolkenmasse, häufig im rechten vorderen Teil einer Superzelle, in Richtung Erdoberfläche wächst und im Allgemeinen aus kondensiertem Wasserdampf infolge starker Druckerniedrigung besteht. Mit Rotationsgeschwindigkeiten von bis zu 150 m · s^{-1} ist er der energiereichste Wirbel, der in Bodennähe auftritt, sodass er über eine enorme Zerstörungskraft verfügen kann. Dem rotierenden Schlauch sind im Inneren Vertikalbewegungen überlagert, die im bodennahen Bereich bis 250 km · h^{-1} erreichen können. Es ist damit leicht möglich, dass kurzzeitig Autos, Lokomotiven, Erdöltanks etc. angehoben und über eine kurze Wegstrecke von 100 bis 300 m transportiert werden (vgl. Bryant 2005).

Sein Durchmesser beträgt 10 m bis maximal 1 km, in der Regel jedoch 100 m. Der Tornadoschlauch ist dunkel bis tiefschwarz gefärbt und berührt die Erdoberfläche manchmal nur wenige Sekunden, im Mittel aber etwa 10 min lang, wobei er alles mit sich reißt, was ihm im Wege steht und zu einer Wolke aus Staub, Schlamm, Erde und sonstigem Material verwirbelt (vgl. Abb. 12.34). Der Zerstörungspfad ist meist nur wenige Kilometer lang. Schwere Tornados bilden eine dichte vertikale Säule, besitzen Zerstörungspfade, die manchmal länger als 100 km und breiter als 1 km sind, und haben eine Lebensdauer bis zu zwei Stunden. Die enormen Rotationsgeschwindigkeiten von 200 bis etwa 500 km · h^{-1} bewirken eine Druckerniedrigung um maximal 100 hPa im Rüssel gegenüber der Umgebung, sodass durch den allseitigen Unterdruck ein enormer Sog entsteht (als tiefster registrierter Wert gilt 780 hPa). Geht z. B. der Druck um 100 hPa zurück, dann greift an einer nicht geneigten Dachfläche von 100 m^2 eine Kraft an, die dem Gewicht von 100 t entspricht. Weil ein Tornado gemeinsam mit der auslösenden Zelle zieht, besitzt er eine Verlagerungsgeschwindigkeit von 50 bis höchstens 120 km · h^{-1}, sodass man

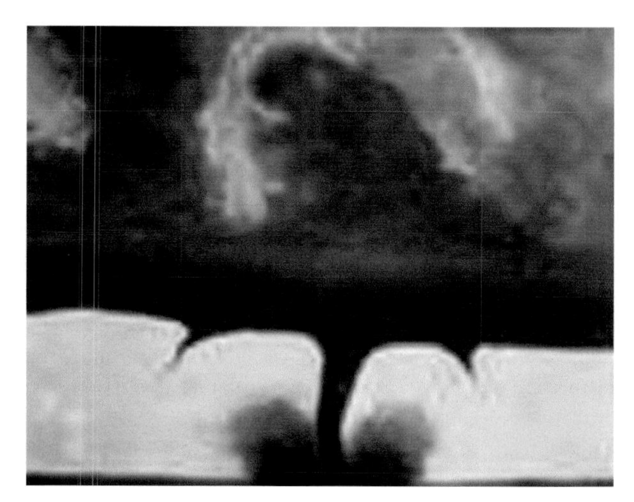

Abb. 12.34 Fotografie eines Tornados von 1884. (© Wikipedia (Internet 65))

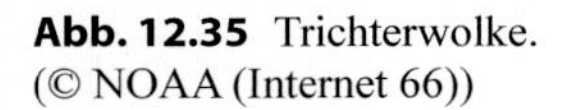

Abb. 12.35 Trichterwolke. (© NOAA (Internet 66))

ihm mit einem Auto in der Regel entkommen kann, was natürlich durch Staus im Verkehr und insbesondere im Berufsverkehr stark erschwert wird.

Ein Tornado kann sowohl rechts- als auch linksherum rotieren, da die Corioliskraft nur geringen Einfluss auf ihn hat. Die meisten Tornados besitzen jedoch eine zyklonale Rotation (nur 5 % rotieren antizyklonal), weil sie in Verbindung mit einem mesoskaligen konvektiven System stehen, für das die Corioloskraft zweifellos eine Rolle spielt. Damit stellt ein Tornado nur einen kleinen Teil der komplexen Zirkulation in einer Schauer- oder Gewitterwolke dar.

Tornados sind reliefunabhängig, d. h., sie treten genauso häufig über flachem Land wie im Bergland auf und werden einzeln und in Serie beobachtet. So kam es in den USA vom 3. zum 4. April 1974 innerhalb von 18 h zur Entstehung von 148 Tornados u. a. in den Staaten Illionis, Indiana, Michigan, Kentucky, Tennessee, Alabama, Georgia, North Carolina, Virginia und Ohio.

In den USA treten Tornados auch in Verbindung mit tropischen Wirbelstürmen auf (im Mittel 10 je Hurrikan; 2004 erzeugte der Hurrikan Ivan jedoch 127 Tornados). Tornados lassen sich sinnvoll danach unterteilen, ob sie an Superzellen (langlebige, rotierende Gewitterzellen) entstehen oder nicht. Den durch Kondensation sichtbaren Teil des Tornados bezeichnet man als Trichterwolke (*funnel cloud*, s. Abb. 12.35), die sich als konus- oder nadelförmiges rotierendes Gebilde im Aufwindbereich einer konvektiven Wolke bildet. Hat der Wirbel Bodenkontakt (Staub, Schäden), spricht man von einem Tornado. Dieser muss aber nicht durchgehend sichtbar sein.

Der Begriff Tornado leitet sich von dem spanischen Wort *tonare* (drehen) ab. In Deutschland wird ein Tornado auch als Windhose und beim Auftreten über Wasser als Wasserhose (*water spout*) bezeichnet, da der schlauchförmige Wirbel einem Hosenbein ähnelt. Die meisten Wasserhosen werden über den *Florida Keys* beobachtet, da hier die Wassertemperaturen auf 30 bis 35 °C ansteigen können und die beständigen Passate konvergente Bodenströmungen begünstigen. Bevorzugte Tornadogebiete sind in Mitteleuropa im Sommer und Herbst auch das Mittelmeer, die Nord- und Ostsee sowie größere Seen.

12.5.1 Meteorologische Bedingungen

In den USA entwickeln sich fast alle Tornados in Superzellen, was für Europa nicht zutrifft. Hier benötigt man Schauer oder Gewitter mit einer starken vertikalen Windscherung und eine feuchte und sehr instabile Warmluftadvektion sowie den Zustrom kälterer Luft in der Höhe vom Atlantik her. Voraussetzung für eine Gewitter- und Tornadobildung in den *Great Plains* sind extrem feuchte und warme bodennahe Luftmassen aus dem Golf von Mexiko, die von der trockenen Luft aus den Wüstenbereichen des Südwestens abgegrenzt sind, sowie eine kalte und trockene nach Süden ausfließende Luftmasse in der Höhe. Diese Wettersituation ist vor allem in Nordamerika (und Bangladesch) infolge der Verteilung der Gebirge möglich, wobei diese Bedingungen im Frühjahr und zeitigen Sommer an bestimmten Tagen erfüllt sind und folgende Entwicklung einsetzt:

- Zunächst gelangt in Verbindung mit der Bildung von Tiefdruckgebieten über der Prärie warme und feuchte Luft aus dem Golf von Mexiko entlang der Rocky-Mountains in *die Great Plains*, wobei durch einen *Low Level Jet* (LLJ) eine intensive Temperatur- und Feuchteadvektion erfolgt.
- In den höheren Luftschichten schiebt sich kalte und trockene Luft aus West bis Nordwest darüber, sodass sich eine bedingt instabile Schichtung in einem ausgedehnten Höhenbereich entwickelt.
- Eine großräumige Inversion verhindert anfangs die Bildung von Schauern und Gewittern.
- Es tritt mäßige bis starke vertikale Windscherung auf.
- Der obere Jet besitzt Geschwindigkeitsmaxima (*jet streaks*), die mit Divergenzen verknüpft sind, sodass aufsteigende Vertikalbewegungen produziert werden (rechts hinten und links vorne).
- Durch zwangsweises Heben, so z. B. an Fronten oder infolge der Orografie bzw. durch Schwerewellen oder intensive Erwärmung des Untergrundes, tritt eine starke Labilisierung ein, durch die die feuchtheiße Luft nach oben gerissen und die Inversion zerstört wird.

12.5.2 Tornadoentwicklung

Bei der Entwicklung eines Superzellentornados lassen sich folgende Entwicklungsstadien unterscheiden:

- In der Regel existiert eine zyklonal rotierende *updraft* mit einer *forward-flanking downdraft* (FFD) im Niederschlagsgebiet, so dass sich eine Böenfront auf der vorderen rechten Seite des Gewitters bildet; gleichzeitig erfolgt die Entwicklung einer *rear flanking downdraft* (RFD) im zentralen Teil der Wolke.
- Die RFD erreicht die Erdoberfläche und verursacht eine wellenförmige Struktur der Böenfront, wobei sich an der Grenzfläche zwischen der FFD, der *updraft* und der RFD im mittleren Niveau eine *tornadic Vortex signature* (TVS) bildet, die nach oben und unten wächst und auf dem Radarschirm als ein Gebiet schwacher Echoreflektion (*weak echo region*, WER) erkenbar ist.
- Es entwickelt sich eine *low-level-Okklusion* infolge der sich ausbreitenden Böenfronten der FFD und RFD, der Tornadorüssel erreicht allmählich die Erdoberfläche nahe dem Okklusionspunkt, damit wird Kaltluft in die *updraft* einbezogen, bzw. es entwickelt sich ein umfangreiches Niederschlagsgebiet, wodurch der Tornado zerstört wird.
- Die Hauptupdraft löst sich auf, die *downdraft* erfasst die gesamte Gewitterzelle, sodass für die weitere Existenz des Gewitters eine neue *updraft* getriggert werden muss, und zwar in Zugrichtung vorne rechts.

12.5.3 Tornadoskalen

Die von Fujita 1973 veröffentlichte und später verbesserte (s. Meaden 1976, Kelly 1978, Fujita 1973 und 1981, Dotzek 2003) Tornadoskala (heute F-Skala) dient der Schadensklassifikation für Starkwinderscheinungen. Sie umfasst 12 Kategorien und basiert auf der maximalen Windstärke, wobei die Tornadotypen schwach (F0, F1), stark (F2, F3), äußerst stark (F4, F5) sowie nicht erreichbar (F6–12) unterschieden werden. Im Mittel sind 79 % aller Tornados schwach, 20 % stark und nur 1 % sehr stark (s. Tab. 12.2 und 12.3). Tornados der Kategorie F6 wurden bisher noch nicht klassifiziert. Im Jahr 2007 wurde in den USA die erweiterte, aber umstrittene EF-Skala eingeführt.

Die exakten Werte und die Charakteristika der Schäden sowie der beobachtbaren Kennzeichen der einfachen als auch der erweiterten Tornadoskalen sind in den Tab. 12.2 und 12.3 enthalten.

12.5.4 Tornadostatistik

Tornados treten in vielen Gebieten der Erde auf, so in Europa, Südafrika, Australien, Indien und Japan, am häufigsten sind sie jedoch im mittleren Westen der Vereinigten Staaten von Amerika. Hier werden im Jahresdurchschnitt 800, maximal

Tab. 12.2 Fujita-Skala für Tornadostärken

F-Skala	Kategorie	Geschwindigkeit (km · h^{-1})	Schadenscharakteristik	Sichtbare Kennzeichen
F0	Schwach	64–117	Äste brechen ab, Ziegel und Caravans werden verrückt	Schlanke Säule oder Tuba, häufig in Schlangenform, äußere Wand glatt
F1	Mäßig	118–181	Bäume knicken ab, Dächer werden beschädigt, Caravans stürzen um	
F2	Stark	182–253	Bäume werden entwurzelt, Dächer abgehoben, Gegen-stände versetzt	Breite, häufig ausgeweitete Säule, äußere Wand glatt oder ausgefranst
F3	Verheerend	254–332	Zerstörung von Wäldern, Umstürzen von leeren Zügen und Lastwagen	
F4	Vernichtend	333–419	Holzhäuser werden verrückt, Gegenstände bis 100 kg emporgehoben, Bäume durch Sandstrahleffekte entrindet.	Sehr breite Säule, äußere Wand turbulent, mehrere Tubas (kegelförmige Ausbuchtungen) möglich
F5	Katastrophal	420–512	Gebäude, Züge, Lastwagen werden emporgehoben, Häuser und Wälder total zerstört und verfrachtet	
F6	Unvorstellbar	>512	Bisher nicht erreichtes Niveau	

Tab. 12.3 Ausprägung der Auf- und Abwärtsströme im Tornadobereich (nach Hermant 2001)

F-Skala	Aufwärtsstrom	Abwärtsstrom	Weitere Merkmale
F0 und F1	Nur Aufwärtsströme mit konstanter Geschwindigkeit	Keiner	
F2 und F3	Außerhalb Aufwärtsstrom	Im Zentrum und oberhalb des Trichters	
F4 und F5	Außerhalb mächtige Aufwärtsbewegungen	Innerhalb starker Abwärtsstrom, der das Zentrum des Tornados einnimmt	Es können sich einige weitere rotierende Wirbel bilden

1200 Tornados beobachtet (mit etwa 104 Toten), wobei 0,1 % von ihnen, also einer pro Jahr, F5-Intensität besitzt. So erreichte der Tornado von Moore (Oklahoma) am 20. Mai 2013 die Stärke F5, forderte 24 Opfer und wies eine 32 km lange Zerstörungsschneise auf. Die Kleinstadt Moore wurde schon 1999 und 2003 von einem Tornado heimgesucht. Das Maximum der Tornadoentwicklung liegt im Zentrum von Oklahoma, im Norden von Texas und im Osten von Kansas und Nebraska – in der sogenannten *Tornado Alley*– ein sekundäres Maximum über Florida. Sie bilden sich im Allgemeinen während der wärmsten Tageszeit, d. h. zwischen 11 Uhr vormittags und 20 Uhr nachmittags. Zwei Drittel aller Tornados entstehen in den Monaten März bis Juli, wobei ihre größte Häufigkeit im Frühling liegt. Die maximale Tornadohäufigkeit bewegt sich mit dem Sonnenstand nordwärts (von der Golfküste im Februar bis zur Prärie im Frühsommer).

In Deutschland werden gemäß der europäischen Datenbank ESWD und der Tornadoliste jährlich 30 bis 60 Tornados beobachtet, die nach der Intensitätsskala meist die Kategorien 0 bis 2 erreichen (s. auch Dotzek 2003 und Titz 2005). Allerdings treten alle zwei Jahre F3-Tornados und alle 15 bis 20 Jahre F4-Tornados auf, während bislang nur zwei F5-Tornados bekannt sind, sodass man bei einer Wahrscheinlichkeit von 0,1 alle ein bis zwei Jahrhunderte mit einem solchen Ereignis rechnen muss (s. auch Sävert 2011).

Zwei Drittel der Tornadoereignisse betreffen die Nordhälfte Deutschlands, weitere Maxima am Bodensee und an der Küste werden durch Wasserhosen verursacht. Ihre jahreszeitliche Verteilung korreliert mit dem Jahresgang der Gewittertätigkeit, sodass Tornados besonders häufig zwischen Mai und August und hauptsächlich nachmittags über dem Land sowie in den Morgenstunden über dem Meer auftreten, während im Winterhalbjahr das Tornadorisiko geringer ist. Bei Wintergewitterlagen wurden jedoch ebenfalls Tornados beobachtet. So gab es am 18.01.2007 während des Orkans Kyrill in Brandenburg und Sachsen drei Tornados.

Am bekanntesten ist der F4-Tornado von Pforzheim (Zerstörungen siehe Abb. 12.36) vom 10.07.1968, bei dem 2 Menschen starben und Hunderte verletzt wurden. Er besaß einen Zerstörungspfad von 27 km Länge sowie 200 bis 600 m Breite bei Windgeschwindigkeiten bis etwa 350 km · h^{-1}. Die jüngsten derartigen

Abb. 12.36 Verwüstungen des Tornados bei Pforzheim. (© Haug)

Abb. 12.37 Tornado in Hamburg. (© picture-alliance/ dpa)

Ereignisse waren der Tornado von Hamburg, der am 27.03.2006 gegen 10 Uhr über die Stadt hinweg zog und ebenfalls 2 Todesopfer und hohe Sachschäden forderte (s. Abb. 12.37), der Tornado von Großenhain vom 24.05.2010, der einen Toten und 40 Verletzte sowie einen Millionenschaden verursachte und ein F3-Tornado am 23.08.2010, der allerdings nur kleine Orte streifte.

12.6 Kleintromben

Unter Kleintromben bzw. Sand- und Staubteufeln versteht man Wirbel mit einer vertikalen Achse, die vom Erdboden aus meist nur wenige Meter (maximal 100 m) in die Höhe wachsen, und infolge lokaler Überhitzung und den damit verbundenen überadiabatischen Temperaturgradienten, also bei absoluter Labilität der bodennahen Luftschichten, insbesondere über Wüsten- und Steppengebieten entstehen, eine kurze Wegstrecke zurücklegen und nach weniger als einer Minute wieder verschwinden (s. auch Lutgens 1998).

Sie sind mit dem Tagesgang der Sonneneinstrahlung verbunden, sodass sie ihr Maximum in der warmen Jahreszeit bzw. am frühen Nachmittag erreichen. Durch die Ablösung von Warmluftfahnen und -blasen über lokal überhitztem Terrain strömt der Bodenwind von allen Seiten nach, er konvergiert also, wobei Scherungen im horizontalen Zufluss zur Produktion von Wirbelgröße führen. In Verbindung mit

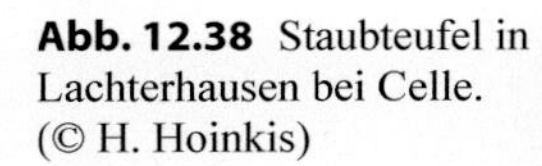
Abb. 12.38 Staubteufel in Lachterhausen bei Celle. (© H. Hoinkis)

diesem Prozess lösen sich Staubpartikel von der Erdoberfläche und werden aufwärts transportiert, so dass die Zirkulation als rotierende Erscheinung (*dust devil*) sichtbar wird (s. Abb. 12.38). Typische Wirbel haben nach Moran 1997 einen Durchmesser von einem Meter und eine Lebensdauer unter einer Minute. Gelegentlich werden in New Mexiko (USA) Staubteufel mit bis zu 100 m Durchmesser und einer Andauer bis 20 min beobachtet. Sie reichen etwa 900 m hoch und wandern über eine Wegstrecke von ca. 4,5 km Länge. Die in einem Einzelfall registrierte maximale Windböe betrug 113 $km \cdot h^{-1}$.

13 Tropische Wirbelstürme

Unter einem tropischen Wirbelsturm versteht man ein warmes, frontenloses und schnell rotierendes Tiefdruckgebiet mit einem mittleren Durchmesser von 300 bis 800 km, welches im späten Sommer oder frühen Herbst der jeweiligen Halbkugel im Bereich der tropischen und subtropischen Ozeane in einem Abstand von mehr als fünf Breitengraden vom Äquator entsteht, dessen Windgeschwindigkeiten 119 km $\cdot$ h^{-1} überschreiten bzw. größer als 300 km $\cdot$ h^{-1} sein können und dessen Kerndruck im Mittel 950 hPa, minimal jedoch weniger als 900 hPa betragen kann (s. beispielsweise Schneider 1980). Der tiefste jemals gemessene Druckwert wurde mit 865 hPa im Kategorie-5-Taifun Tip (2170 km Durchmesser) am 12. Oktober 1979 über dem Pazifik registriert (s. Abb. 13.1, 13.2).

Als durchschnittliche Niederschlagssummen gelten 100 bis 400 mm bzw. 30 bis 40 mm je Tag in einem Gebiet mit einem Radius von etwa 200 km um das Auge bzw. 200–400 km von diesem entfernt. Die absolut höchsten Regenmengen fielen am 2. und 3. Juli 2004 in der gebirgigen Region Zentraltaiwans mit ca. 1000 mm sowie 1952 innerhalb von drei Tagen auf der Insel Reunion mit 3240 mm.

Im Verlaufe eines Jahres wird die Erde von ca. 83 tropischen Stürmen heimgesucht, von denen sich etwa 45 zu tropischen Wirbelstürmen entwickeln, die große Schäden infolge Starkregens und orkanartiger Winde sowie durch Flutwellen im Küstenbereich verursachen. Selbst Erdbeben werden in Verbindung mit tropischen Wirbelstürmen beobachtet (so am 1. September 1923 in Tokio), denn infolge starken Druckfalls (bis zu 97 hPa in 24 h) kann einerseits innerhalb kürzester Zeit die Masse der Luftsäule um 2 bis 3 Mio. t je Quadratkilometer abnehmen, während andererseits eine Flutwelle von 6 bis 7 m Höhe im Küstenbereich eine zusätzliche Masse von 7 bis 10 Mio. t je Quadratkilometer produziert, so dass Spannungsänderungen innerhalb der Erdkruste auftreten.

Abbildung 13.3 zeigt ein Satellitenbild vom Hurrikan Emily, der sich am 10. Juli 2005 als Kapverdentyp-Sturm über dem Atlantik zu bilden begann und westwärts zu den Windward Islands zog, wobei er schwere Schäden in Grenada verursachte. Als Kategorie-4-Sturm überquerte er die Yucatan-Halbinsel (s. Abb. 13.4) und erlangte am 16. Juli sogar die Kategorie 5 (929 hPa, 260 km $\cdot$ h^{-1}), eine Einstufung, die sonst nur für den Monat August typisch ist.

B. Klose, *Meteorologie,* Springer-Lehrbuch, DOI 10.1007/978-3-662-43622-6_13

Abb. 13.1 Supertaifun Tip. (© NASA/NOOA (Internet 67))

Abb. 13.2 Zugbahn von Taifun Tip. Quelle: (© NASA/NOOA (Internet 67))

Der bisher stärkste tropische Wirbelsturm, der jemals auf die arabische Halbinsel traf, war der Zyklon Gonu (s. Abb. 13.5 und 13.6). Er entwickelte sich am 1. Juni 2007 aus einem Konvektionsgebiet im östlichen Bereich des Arabischen Meeres und intensivierte sich aufgrund der warmen Wasseroberfläche (32 °C) und günstiger atmosphärischer Bedingungen sehr rasch. Bereits am 3. Juni produzierte er Spitzengeschwindigkeiten von 240 $km \cdot h^{-1}$, und beim Auftreffen auf die Südspitze Omans kam es zu einer schweren Naturkatastrophe. Im östlichen Küstenbereich fielen bis

Abb. 13.3 Hurrikan Emily. (© NASA, Wikipedia (Internet 68))

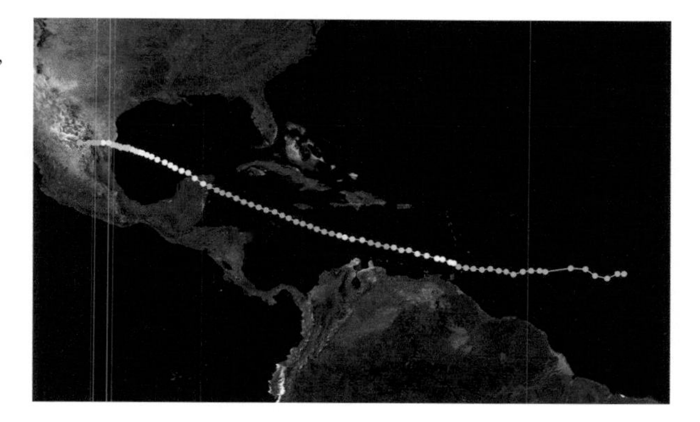

Abb. 13.4 Hurrikan-Track von Emily. © NOOA/NASA, Wikipedia (Internet 68))

610 mm Niederschlag. In Abb. 13.6 sind die Niederschlagsraten von 10 mm · h^{-1} (blau) bis zu 50 mm · h^{-1} (dunkelrot) enthalten. Er zog weiter in Richtung Iran und hinterließ 23 Tote sowie Schäden von 215 Mio. US-Dollar.

13.1 Wettersysteme in den Tropen

Die WMO klassifizierte im Rahmen der „Welt-Wetter-Wacht" (WWW) und insbesondere im Zusammenhang mit dem „Tropical Cyclone Program" (TCP) verschiedene tropische Störungen, die allein anhand der Windgeschwindigkeiten unterteilt werden. Zu ihnen gehören folgende Störungen:

Abb. 13.5 Zyklon Gonu im Arabischen Meer. (© NASA (Internet 69))

Abb. 13.6 Zugbahn von Zyklon Gonu. (© NASA.gov (Internet 70))

Die ITCZ (Inner- oder intertropische Konvergenzzone) Sie entsteht gemäß Abb. 13.7 durch das Zusammenfließen der Nord- und Südostpassate, da im Bereich des Äquators zwischen ca. 10° nördlicher und südlicher Breite eine Tiefdruckrinne existiert, innerhalb der sich intensive konvektive Vorgänge abspielen. Ihre Lage schwankt über den Kontinenten beträchtlich, sowohl innerhalb der einzelnen

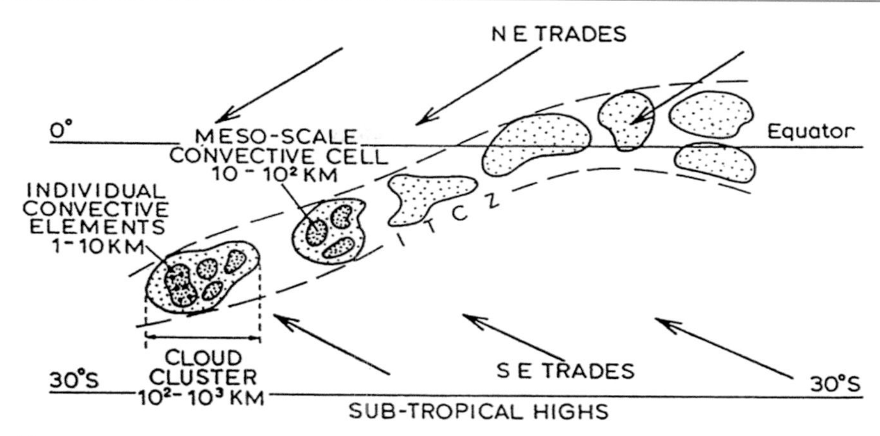

Abb. 13.7 Inner- oder intertropische Konvergenzzone. ITCZ. (© Barry 1976)

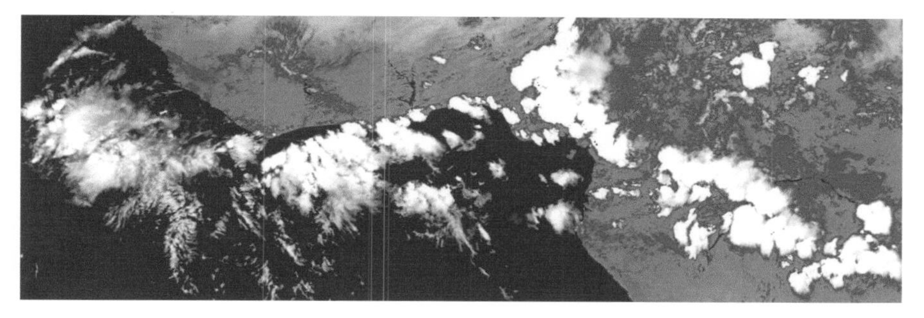

Abb. 13.8 Innertropische Konvergenzzone vor der Westküste Afrikas und im Landesinnern (29. Mai 2009). (© Datenserver FB Seefahrt in Elsfleth)

Jahreszeiten als auch von Tag zu Tag, während für die Ozeane eine geringe jährliche Variation typisch ist.

Satellitenfotos zeigen, dass sich die in der Passatzone gebildeten individuellen Cumuli oder Cumulonimben bei ungestörten Wetterbedingungen in Wolkenstraßen parallel zur Richtung des Bodenwindes anordnen, bei einer gestörten Wetterlage dagegen in mesoskaligen konvektiven Zellen gruppieren (10–100 km), die wiederum zu Wolkenclustern zusammenwachsen (100–1000 km). Diese orientieren sich entlang der ITCZ bzw. des Troges einer Wellenstörung (2000–4000 km Wellenlänge). Ein weiteres Merkmal der ITCZ ist ihr mäandrierender Charakter, der in Abb. 13.8 an der Westküste Afrikas und im Landesinneren deutlich zu tage tritt, denn von hier aus verläuft die ITCZ zunächst in nordwestliche Richtung, biegt dann südwestlich ab und erstreckt sich über dem mittleren Atlantik bis nach Südamerika. Die Gewitterzellen stehen dabei in direkter Verbindung miteinander, was zu einer vergleichsweise langen Lebensdauer führt (mindestens 6, meist jedoch 12 oder 24 h).

Zur Entstehung solcher Systeme bedarf es Gebiete mit starker Erwärmung der bodennahen Schichten, die Hebungsvorgänge in der Troposphäre initiieren. Man

Abb. 13.9 Infrarot-Satellitenaufnahme der Erde am 8.11.2013 um 09 UTC mit dem Taifun Haiyan über den Philippinen. (© DWD (Haeseler 2013)

erkennt außerdem, dass sich das Wolkenband der ITCZ wenige Breitengrade nördlich des Äquators befindet, was eine Folge der unterschiedlichen Verteilung der Landmassen auf den beiden Halbkugeln der Erde ist (s. Abb. 13.8 und 13.9). Die extrem große Ausdehnung des Wirbelsturms Haiyan und der Verlauf der ITCZ sind in Abb. 13.9 gut zu erkennen.

Tropische Wellenstörungen Sie entsprechen in der Regel schwach ausgeprägten Trögen mit ostwärts geneigter Achse und bilden sich im Sommer und Herbst in der Passatwindzone (s. Abb. 13.10). Als sogenannte *easterly waves* wandern sie bei einer mittleren Lebensdauer von 1 bis 2 Wochen 6 bis 7 Längengrade je Tag westwärts, wobei sich hinter der Trogachse infolge von Konvergenz Schauer und Gewitter entwickeln, während vor der Achse divergenzbedingt schönes Wetter herrscht.

Tropische Tiefdruckgebiete (tropical depressions) Eine aus einer oder mehreren geschlossenen Isobaren bestehende Zyklone, in der Windgeschwindigkeiten von < 34 kn, also maximal 61 km · h^{-1} vorherrschen, und damit die Windstärke 7 erreicht wird.

- **Mäßige tropische Stürme** (*moderate tropical storms*)
  Intensive Tiefdruckgebiete mit Windgeschwindigkeiten zwischen 34 und 47 kn bzw. 62 und 87 km · h^{-1}, d. h. Windstärke 8 und 9, und einer Lebensdauer von 3 bis 5 Tagen.
- **Schwere tropische Stürme** (*severe tropical storms*)
  Ausgeprägte Zyklonen mit Windgeschwindigkeiten zwischen 48 und 63 kn bzw. 88 und 117 km · h^{-1} (Windstärke 10 und 11) und einer Lebensdauer von 3 bis 5 Tagen. Sie werden mit einem Namen belegt.

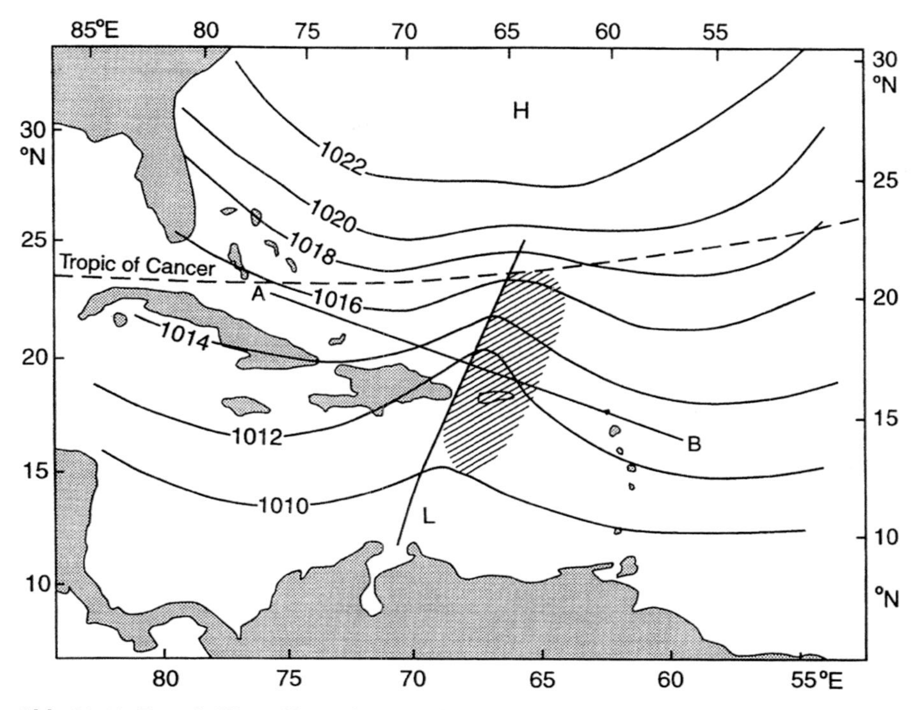

Abb. 13.10 Easterly Wave. (© Mc Gregor 1998)

- **Tropische Orkane** (Hurrikane, Taifune, Zyklone oder andere lokale Bezeichnungen) Tropische bzw. auch außertropische Tiefs mit spiralförmig angeordneten Wolkenbändern und Windgeschwindigkeiten > 64 kn bzw. 118 km · h^{-1} (Windstärke 12), in Böen sind Geschwindigkeiten bis 400 km · h^{-1} möglich. Sie besitzen einen warmen Kern, sind frontenlos und ihre mittlere Lebensdauer beträgt 2 bis 3, maximal 9 Tage. Ihre Energie stammt aus den Kondensationsprozessen von 100 bis 200 Gewitterwolken, in denen latente Wärme in der mittleren Troposphäre freigesetzt wird.
- **Superorkane** (Supertaifune)
  Taifune, bei denen die Windgeschwindigkeiten 240 km · h^{-1} überschreiten, also Orkane der Kategorie 4 und 5.

13.2 Empirische Befunde

Tropische Zyklonen sind die gefährlichsten atmosphärischen Bewegungssysteme überhaupt, so dass ihre Zugbahnen beobachtet und prognostiziert werden müssen, um die Bevölkerung zu warnen und Sicherheitsmaßnahmen einleiten zu können. Neben den meteorologischen Diensten der einzelnen Länder haben auch spezielle Einrichtungen diese Aufgabe übernommen, so z. B. in den USA das National Hurricane Center (NHC) und das Joint Typhoon Warning Center (JTWC), die mithilfe von meteorologischen Beobachtungsdaten vom Boden und der freien Atmosphäre, von Schiffen, Bojen, Flugzeugen sowie driftenden Plattformen auf der Basis von Rechenmodellen Wetterkarten und -warnungen erstellen. Eine gute Unterstützung hierbei geben auch Satellitenbilder, mit deren Hilfe sich nicht nur die faszinierende Schönheit dieser „Wetterbestien" darstellen lässt, sondern auch ihre Struktur und Zugbahn gut zu erfassen ist. Langjährige Beobachtungen ergeben folgendes Bild:

- Tropische Wirbelstürme entwickeln sich aus einer bereits existierenden gewittrigen Störung über allen tropischen Ozeanen mit Ausnahme des Südatlantiks und des -pazifiks (allerdings wurde 2004 ein erster Hurrikan vor der Küste Brasiliens beobachtet, s. Jansen 2004), da hier entweder die Wassertemperaturen zu gering sind (kaltes Auftriebswasser) bzw. keine ITCZ existiert, an der sich *easterly waves* bilden können (s. Jansen 2004). Am häufigsten werden sie über dem Südwestteil des Nordpazifiks beobachtet, wo die Wasseroberflächentemperaturen 28 °C überschreiten und kein Monat frei von Wirbelstürmen ist. Im Mittel benötigen sie für ihre Entstehung Temperaturen an der Wasseroberfläche von 27 °C und eine warme Wasserschicht bis in ca. 200 m Tiefe. Allerdings reichen nach neuen Erkenntnissen manchmal schon Temperaturen von 20 bis 25 °C aus, da die Differenz zwischen der Wassertemperatur und der der Luft in der Höhe entscheidend ist, wie es beispielsweise beim Hurrikan Vince 2005 der Fall war (Sävert 2013).
- Es muss eine feuchtlabil geschichtete Atmosphäre mit konvergierenden Strömungen in den unteren Luftschichten vorhanden sein, sodass bei vertikalen Umlagerungen über Wolkenbildung Kondensationswärme freigesetzt werden kann, die die Energiequelle der tropischen Wirbelstürme darstellt und zu einer Erwärmung der mittleren und oberen Troposphäre führt, wodurch hier der Druck steigt. An der Wasserfläche entsteht durch die aufsteigende Luft dagegen ein Unterdruck, weswegen von allen Seiten ständig Luft in das sich bildende Tiefdruckzentrum nachströmt, was man in Abb. 13.11 anhand der Wolkenspiralen deutlich erkennen kann.
- Die Corioliskraft darf nicht null sein, damit die in das sich allmählich formierende Tiefdruckzentrum einströmenden Luftmassen eine zyklonale Rotation erhalten. Folglich entstehen tropische Wirbelstürme erst ab 5° nördlicher bzw. südlicher Breite vom Äquator und bewegen sich im Anfangsstadium in einer Zone von 5 bis 20° Nord bzw. Süd.
- Da sie sich in einer einheitlich warmen und sehr feuchten Luftmasse bilden, besitzen sie keine Fronten, wie etwa die Tiefdruckgebiete der gemäßigten Breiten.
- Sie stellen ein mesoräumiges, schnell rotierendes Gebilde mit außerordentlich dicht gedrängten kreis- oder ellipsenförmigen Isobaren dar, sodass ein großer horizontaler Druckgradient, der Orkanwindstärken bewirkt, existiert. Die größten Windgeschwindigkeiten werden im Gegensatz zu den Tiefdruckgebieten der Westwindzone nahe der Wasseroberfläche beobachtet und nehmen mit der Höhe ab, da sich das Drucksystem in der freien Atmosphäre stark abschwächt.
- Ihre horizontale Verlagerungsgeschwindigkeit ist gering und beträgt im Mittel 10 bis 30 kn, im Trödelstadium, d. h. an der Umbiegestelle von den tropischen in die subtropischen und gemäßigten Breiten, sogar nur 3 bis 5 kn.

Abb. 13.11 Entwicklung des tropischen Sturmes Claudete zu einem Hurrikan (15.07.2003). (© NASA (Internet 71))

- Wegen ihrer mesoskaligen Ausdehnung setzt der Druckfall erst ein, wenn bereits stürmische Winde beobachtet werden und das Zentrum relativ nahe ist!
- Sie entwickeln sich in Gebieten mit geringer vertikaler Windscherung (da starke Scherung die Bildung von Konvektionsbewölkung behindert), also niemals unterhalb der Achse eines Strahlstroms. Ihre Anzahl und Intensität nimmt demzufolge in El-Niño-Jahren ab, da mit der Generation von Westwinden über dem tropischen Pazifik Scherwinde über dem Atlantik entstehen.
- Tropische Wirbelstürme sind ab etwa 12 km Höhe mit einer Antizyklone in der oberen (unteren) Troposphäre (Stratosphäre) verknüpft, die ein starkes Ausfließen in diesen Höhenbereichen ermöglicht, was die Entwicklung tiefer Bodendruckwerte sowie hoher Windgeschwindigkeiten befördert. Sie besitzen daher ein konvergentes Windfeld am Boden und ein divergentes in der Höhe.
- Besonders bemerkenswert ist ein windstilles oder -schwaches Gebiet im Zentrum der Zyklone, das sogenannte Auge des Sturmes (s. Abb. 13.12) mit 20 bis 65 km, maximal 120 km Durchmesser. In ihm sinkt aus Gründen des Druckausgleichs die Luft ab, was zu einer Erwärmung der Troposphäre führt. Der Durchmesser des Auges wird kleiner, wenn sich ein Hurrikan verstärkt. Hat dieses eine Größe von 10 bis 20 km erreicht, und die Windgeschwindigkeiten betragen 240 km h^{-1} und mehr, dann kann der Orkan seine Intensität nicht über längere Zeit aufrecht halten und beginnt sich spätestens einen halben Tag danach langsam abzuschwächen. Nach Durchzug des Auges ändert sich die Windrichtung um ca. 180°.

Abb. 13.12 Typisches Auge eines tropischen Wirbelsturms (Satellitenbild). (© NASA)

- Plötzliche Intensitätsänderungen treten ein, wenn sich der Durchmesser der Wolkenmauer, die das Auge umgibt, verringert und damit im Einklang mit dem Satz von der Erhaltung des Drehmomentes die Windgeschwindigkeiten zunehmen. Am empfindlichsten reagieren Wirbelstürme mit einer weniger als 40 km dicken Wolkenmauer, wenn sie eine wärmere Wasseroberfläche erreichen (s. Christ 2006).
- Der gefährlichste Quadrant eines Wirbelsturmes ist der vordere rechte bzw. linke in Bezug auf die Verlagerungsrichtung auf der Nord- bzw. Südhalbkugel (s. Abb. 13.13), da hier die höchsten Gewittertürme stehen, die größten Druckgradienten und folglich Windgeschwindigkeiten auftreten und somit das stärkste Einströmen in die Zyklone erfolgt. Außerdem addieren sich die Wind- und Zuggeschwindigkeit des Sturmes. Durch die vorherrschende Windrichtung wird z. B. ein Schiff auf die Sturmbahn zu getrieben. Da weiterhin die Geschwindigkeit der Wellen merklich größer ist als die Zuggeschwindigkeit der Zyklone, läuft die Wellenenergie aus dem achterlichen Sektor mit in diesen Quadranten hinein.
- Der Wirkungsgrad dieser thermodynamischen Maschine ist relativ klein, denn nur 3 % der freigesetzten latenten Wärme werden in kinetische Energie der Strömung umgewandelt. Deshalb ist das Ende eines Sturmes schnell erreicht, wenn ihm seine Energiequellen entzogen werden, d. h., falls er über kalte Meeresgebiete gelangt oder landeinwärts zieht, wo zusätzlich Reibungsverluste auftreten. Etwa 40 % aller tropischen Wirbelstürme wandeln sich in Tiefdruckgebiete der gemäßigten Breiten um, wobei sie in dieser Phase große Niederschlagsmengen freisetzen.
- Da die in ein Tief einströmende Luft stark expandiert (Druckdifferenz bis 100 hPa) und die Temperaturabnahme nicht durch Wärmeaufnahme von der Ozeanoberfläche ausgeglichen werden kann, kommt es zu einer Abnahme der Wassertemperaturen um etwa 4 K, wobei eine Wasserschicht bis ca. 200 m Tiefe betroffen sein kann.

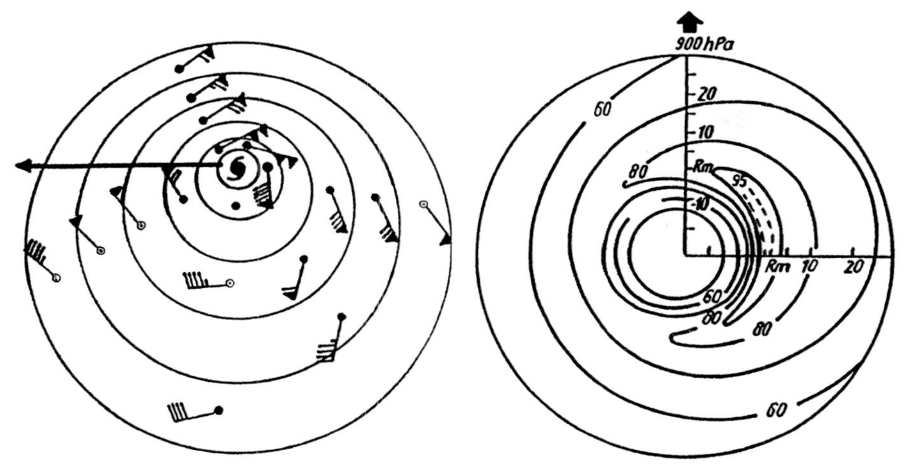

Abb. 13.13 Quadranten eines tropischen Wirbelsturmes. (© DWD)

13.3 Räumliche und zeitliche Verteilung

Tropische Stürme und Orkane haben ihre Hauptsaison auf der betreffenden Halbkugel im späten Sommer und Herbst (Juli bis Oktober bzw. Januar bis April) in den niederen Breiten, wenn der äquatoriale Trog nordwärts/südwärts verlagert ist, wobei auf der Nordhalbkugel wesentlich mehr Zyklonen als auf der Südhalbkugel entstehen. Die meisten Stürme bilden sich im westlichen Teil des Pazifiks und im Südchinesischen Meer, wo sich im Jahresdurchschnitt 26 Stürme entwickeln, von denen 16 Taifunstärke erreichen. Im Golf von Bengalen werden zwei Maxima beobachtet: eins von April bis Juni, das andere von Oktober bis November. Diese jahreszeitliche Teilung der Orkansaison beruht auf der Bildung des Indischen Monsuntiefs im Sommer, das wegen seiner beständigen starken Winde die Genese einer weiteren Zyklone unterdrückt. Auch an der Westküste der USA treten nur wenig tropische Wirbelstürme auf, da die hier vorherrschende Windrichtung aus Nordwest die Stürme von der Küste wegsteuert und das vorhandene Auftriebswasser außerdem zu kalt ist. Bei ungewöhnlichen Zirkulationsmustern können jedoch Hurrikane selbst bis in die Wüste von Arizona wandern (s. Etling 2006).

Im Wesentlichen existieren gemäß Abb. 13.14 (die Zahlen an den Kurven geben die Verlagerungsgeschwindigkeit an) 7 prädestinierte Regionen, so der Nordatlantik mit dem Golf von Mexiko, die Karibik und die Großen Antillen, der östliche Nordpazifik mit 6 Hurrikans je Saison sowie der westliche und südwestliche Pazifik, dessen Taifune zu den größten und stärksten der Welt gehören und eine durchschnittliche Anzahl von 18 in den Monaten April bis Dezember erreichen.

Sie entstehen östlich der Philippinen und ziehen in Richtung dieser Inselwelt bzw. nach Japan und China. Im Norden des Indischen Ozeans bilden sich tropische Wirbelstürme im Golf von Bengalen und im Arabischen Meer, die man als Zyk-

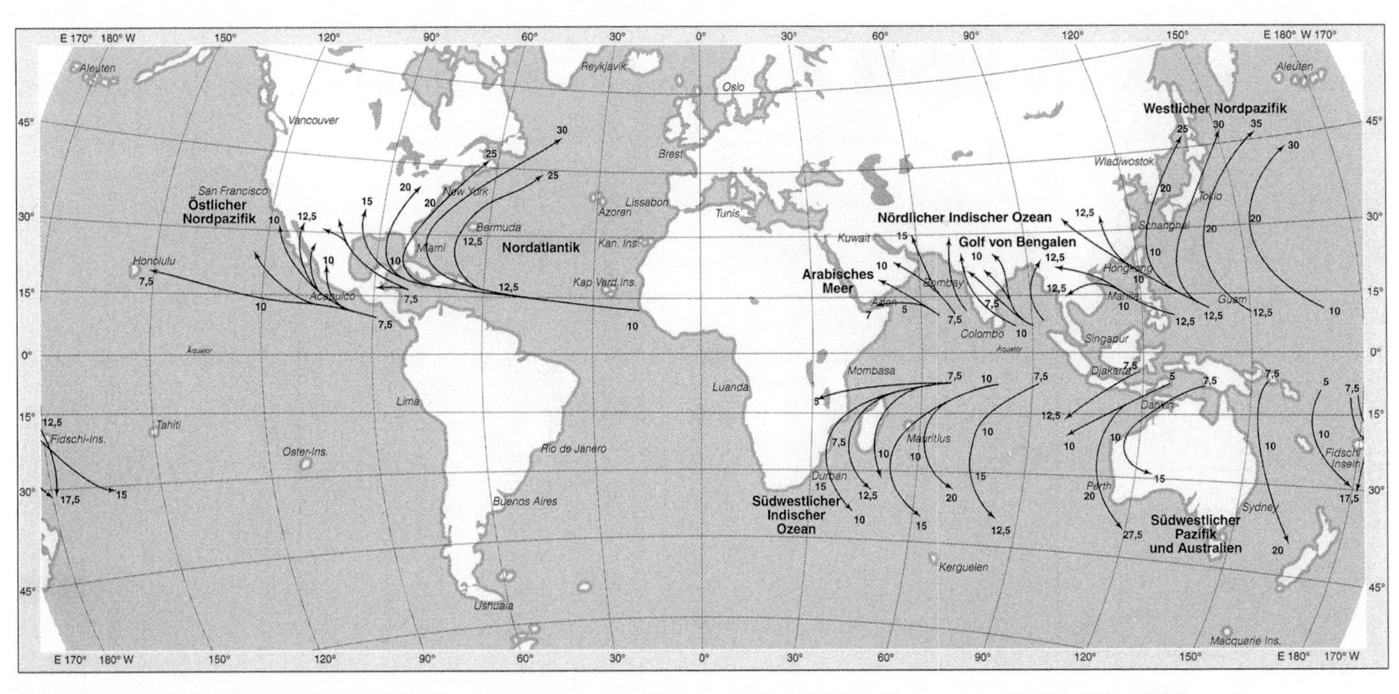

Abb. 13.14 Räumliche Verteilung von tropischen Wirbelstürmen (modifiziert nach Krauß 1983). (© Autorenteam 1999, Etling 2006)

Abb. 13.15 Hurrikan Catarina vor der Küste Brasiliens (27.3.2004). (© NASA (Internet 73))

lon bezeichnet, während sich im südwestlichen Indischen Ozean jährlich rund vier Taifune entwickeln. An der Nordwest- und Nordostküste Australiens sowie der östlichen Südsee werden etwa 15 tropische Wirbelstürme beobachtet. Selbst im Südatlantik bildete sich im März 2004 der Hurrikan Catarina (s. Abb. 13.15), der in Richtung Brasilien zog und sich hier auflöste (vgl. Sävert, Hurrikan-FAQ, 2013, Internet 72).

Tabelle 13.1 gibt eine Übersicht zur mittleren jährlichen Anzahl und Benennung der tropischen Wirbelstürme.

Tab. 13.1 Jährliche Anzahl und Bezeichnung tropischer Wirbelstürme

Seegebiet	Jährliche Anzahl	Bezeichnung
Nordatlantik, Golf von Mexiko, Karibik	5–6 (max. 12)	Kapverden-Stürme, Hurrikan
Südatlantik	Äußerst gering	Hurrikan
Westlicher Nordpazifik, Phillippinen	20 (max. 35)	Taifun, Baguio
Zentraler Nordpazifik (Hawai) und östlicher Nordpazifik (Westküste Mexikos)	7 (max. 15)	Hurrikan (Cordonazo)
Kalifornische Gewässer	1	Hurrikan
Golf von Bengalen, Indien, Bangladesh	2	Tropischer Zyklon
Arabische See, Westpazifik	1	Tropischer Zyklon
Südlicher Indischer Ozean	7	Madagaskar- und Mauritiusorkane
Nordaustralien, Indonesien	10	Willy-Willy

In den einzelnen Ländern haben die tropischen Wirbelstürme unterschiedliche Namen erhalten, so werden sie beispielsweise als Hurrikane im Atlantik, als Taifune im Pazifik, als Willy-Willy in Nordaustralien und als Zyklon im Arabischen Meer sowie im Golf von Bengalen bezeichnet.

13.4 Struktur einer tropischen Zyklone

Neben den allgemeinen Bedingungen setzt die Entwicklung einer tropischen Zyklone eine starke konvektive Instabilität und ein konvergentes großräumiges Strömungsfeld in Bodennähe voraus. Letzteres schafft die Möglichkeit, die vereinzelt stehenden Wolkentürme zu organisieren. Ein Wirbelsturm besteht daher aus spiralförmig angeordneten Wolkenbändern mit einem kreisrunden Auge im Zentrum, um das sich die sogenannten *hot towers* gruppieren (s. Abb. 13.16).

Die schon im Anfangsstadium der Entwicklung spiralförmig in das Zentrum maximaler Konvektion einströmenden bodennahen Luftmassen nehmen über dem Meer große Mengen an Wasserdampf auf (> 20 g · kg^{-1}) und führen diese dem Konvektionsgebiet zu, wobei die im Wasserdampf enthaltene latente Wärme durch Kondensation freigesetzt wird und eine Erwärmung der mittleren und oberen Troposphäre bewirkt, infolgedessen der Druck ansteigt. Das so entstehende divergen-

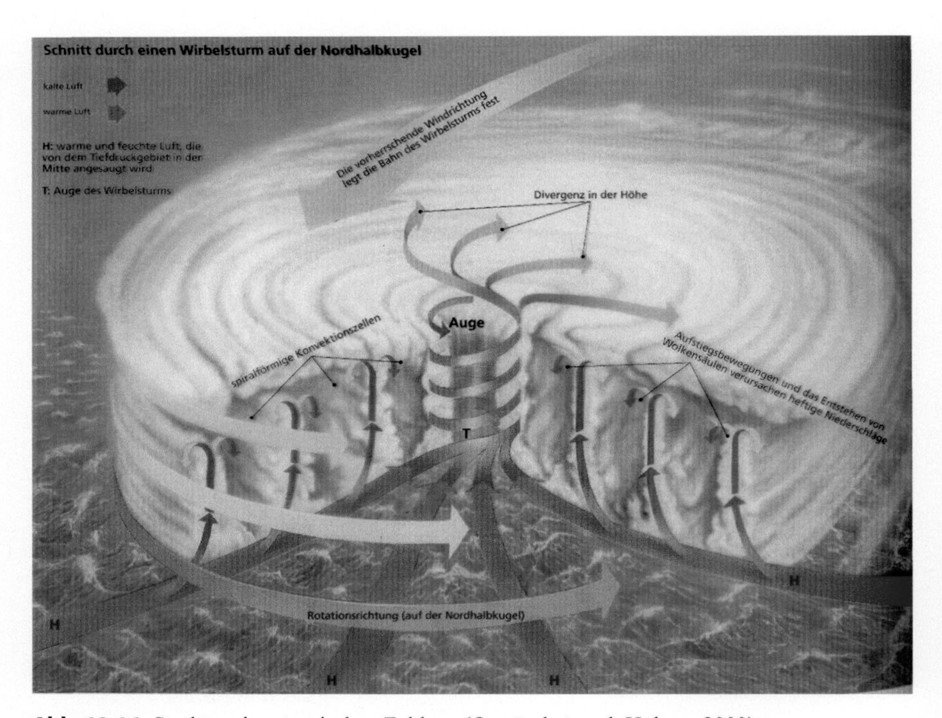

Abb. 13.16 Struktur einer tropischen Zyklone (© geändert nach Holweg 2000)

te Windfeld sorgt in der Höhe für einen seitlichen Massenabfluss und damit für Druckfall am Boden, sodass ein beschleunigtes bodennahes Zuströmen in Richtung der Gewittertürme einsetzt. Damit verstärkt sich die Kondensation des Wasserdampfes, wodurch die Luft mit der ständig zunehmenden thermischen Zirkulation förmlich nach oben gerissen wird und unvermischt in höhere Schichten gelangt. Der zentrale Kern wird dabei infolge des in der Höhe stattfindenden Ausströmens „leer gepumpt". Im Zentrum muss aber zur Herstellung eines Bodenluftdrucks, der mit dem System in Harmonie steht, Luft von oben her durch Absinken nachfließen. So entsteht das meist wolkenlose Auge, welches stark erwärmte Luft bei nur geringer Luftbewegung enthält. Bezüglich seiner horizontalen Ausdehnung lässt sich ein tropischer Orkan in folgende Abschnitte unterteilen:

- Das windschwache, meist ovale und im Wesentlichen wolkenfreie Auge des Orkans mit 20 bis 60 km Durchmesser (vgl. Abb. 13.12), das infolge des Freisetzens von Kondensationswärme und durch Absinkvorgänge 10 bis 20 K höhere Temperaturen als die Umgebung aufweist.
- Die das Auge umgebende und nach außen geneigte Wolkenmauer, die 12–16 km im Extremfall 20 km hoch ist, wird aus 100 bis 200 Gewittertürmen gebildet. In ihrem Bereich treten die größten vertikalen Windgeschwindigkeiten auf, die in der Regel 200 bis 400 km $\cdot$ h^{-1} bzw. 35 bis 70 km $\cdot$ h^{-1} betragen. Hier fällt der meiste Niederschlag (500 bis 2000 l je Quadratmeter und Tag), denn nur durch den Ausfall des kondensierten Wassers verbleibt die latente Wärme in der Luft. Der sogenannte Ringwall ist 30 bis 40 km breit und entspricht dem Bereich maximaler horizontaler Windscherung, d. h. großer zyklonaler Vorticity ($3 \cdot 10^{-3}$ s^{-1}) und hoher potenzieller Temperaturen. Die gefährlichste Zone innerhalb der Wolkenmauer befindet sich auf der Nordhalbkugel rechts der von Ost nach West gerichteten Zugbahn. In ihr sind die Gewitter häufig mit Tornadobildung verbunden.
- Der innere Bereich der tropischen Zyklone umfasst ein Gebiet bis etwa 150 km Entfernung vom Zentrum und weist Böenlinien mit *squalls* zwischen 150 bis 250 km $\cdot$ h^{-1} auf. Er sollte von der Schifffahrt gemieden werden. Die Konvektion ist gut ausgeprägt und in spiralförmigen Wolkenbändern angeordnet.
- An die ringförmige Zone der maximalen Winde schließt sich der äußere Bereich des Hurrikans an, in dem die Energie akkumuliert und horizontal in Richtung Zentrum transportiert wird. Die Konvektionsbänder bestehen aus diskreten Zellen mit einer Lebensdauer von 20 bis 30 min, die sich vom äußeren Ende des Bandes in Richtung Ringwall bewegen. Das Einströmen erfolgt mit 20 bis 40 km $\cdot$ h^{-1}, wobei die planetarische Grenzschicht von 500 m am Außenrand bis auf 3000 m in Nähe der Wolkenmauer ansteigt. Das Ausströmen erfolgt mit maximaler Stärke in 12 km Höhe mit antizyklonalem Drehsinn. Es entwickelt sich ein ausgedehnter Cirrusschirm.
- Mit einem Wirbelsturm sind Wellenhöhen von im Mittel 12 m Höhe verbunden, Einzelwellen können doppelt so hoch sein. Bei Annäherung des Sturmes an das Land treten komplizierte Wasserstandserhöhungen auf, die zu tsunamiartigen Flutwellen wie beispielsweise beim Taifun Haiyan im November 2013 führen

können. Auch ein Rückstau von Flüssen ist möglich, so z. B. im Golf von Bengalen, wo es im Zusammenhang mit Starkniederschlägen zu Überschwemmungen kommt (1970 gab es in Verbindung mit einer Sturmwoge von 7 m Höhe 250.000 Todesopfer in Bangladesch). Starke auflandige Winde und der geringe Luftdruck führen im Küstenbereich zu Wasserstandserhöhungen von 0,5 m je 50 hPa Druckfall. Sie sind besonders groß, wenn der Landfall mit einer ozeanischen Tide einhergeht und eine komplizierte Küstenorografie vorhanden ist. Schwache Stürme bewirken Wogen von 1 bis 2 m, starke bis zu 5 m Höhe. Hurrikan Camille, der Windgeschwindigkeiten bis 300 km $\cdot$ h^{-1} aufwies, verursachte Wogen bis 7,3 m.

13.5 Skalen zur Intensitätsbestimmung

Für die offene See sind Satelliten die wirksamsten Hilfsmittel zur Identifizierung und Analyse eines tropischen Wirbelsturmes. Durch Messungen im infraroten bzw. sichtbaren Spektralbereich werden die Temperaturen und der Wasserdampfgehalt der Atmosphäre bzw. die Größe und Struktur des Orkans bestimmt. Da mittels Satelliten Luftdruckmessungen nicht möglich sind, nutzt man zur Schätzung des Druckes und der Windstärke die Dvorak-Skala (s. Tab. 13.2), bei der die Intensität eines Sturmes aus der Temperaturdifferenz zwischen dem Auge und der Obergrenze der Cumulonimbuswolken abgeleitet wird (s. Dvorak 1984). Hierbei gilt: Je größer die Temperaturdifferenz, desto intensiver ist der Sturm. Anhand dieser Abschätzungen erhalten die Stürme eine *Current Intensity Number* (CI).

Tab. 13.2 Zuordnung von Windstärke und Luftdruck (hPa) zur Current Intensity Number (CI)

Mittlere Windstärke (kn)	Mittlerer Luftdruck Atlantik	Mittlerer Luftdruck NW Pazifik	Saffir-Simpson-Kategorie	CI Number
25				1
25				1,5
30	1009	1000		2
35	1005	997		2,5
45	1000	991		3
55	994	984		3,5
65	987	976	1	4
77	979	966	1	4,5
90	970	954	2	5
102	960	941	3	5,5
115	948	927	4	6
127	935	914	4	6,5
140	921	898	5	7
155	906	879	5	7,5
170	890	858	5	8

Tab. 13.3 Saffir-Simpson-Skala

Kategorie	Kerndruck [hPa]	Windgeschwindigkeit ($km \cdot h^{-1}$)	Flutwelle (m)
1	≥980	119–153	1–2
2	965–979	154–177	2–3
3	945–964	178–209	3–4
4	920–944	210–249	4–6
5	<920	>249	>6

Eine weitere Skala nach Saffir-Simpson (vgl. Tab. 13.3) beschreibt die Hurrikanstärke in Abhängigkeit vom Luftdruck, der Windgeschwindigkeit und der Höhe der Flutwelle. Für die Klassifizierung ist der höchste Wert in einer Kategorie entscheidend. Kommen z. B. Windgeschwindigkeiten vor, die in die Kategorie 2 gehören, aber der Luftdruck ist niedriger als 964 hPa, dann wird der Orkan in die Kategorie 3 eingestuft.

Nur wenige Stürme der Kategorie 4 und 5 ziehen landeinwärts, wo sie immense Schäden verursachen. Zur Kategorie 4 gehörten über dem Atlantik z. B. Charley und Charlotte, die 2004 bzw. 2005 über Florida bzw. Kuba wüteten, während die Kategorie 5 drei Wirbelstürme mit Landfall aufweist, nämlich den Labor Day Hurricane von 1935, der über die Florida Keys zog, Hurricane Camille, der sich 1969 zur Mississippi-Mündung bewegte, und Hurricane Andrew, der im August 1992 die Küste von Florida verwüstete (s. Abb. 13.17).

Abb. 13.17 Zerstörungspfad von Andrew. (© dpa)

Abb. 13.18 Zugbahn des Hurrikans Andrew in der Karibik. (© NASA/GOES (Internet 74))

Er bildete sich als *tropical storm* Ende August im zentralen Teil des atlantischen Ozeans und driftete zunächst als relativ schwaches System nordwestwärts. Dann nahm er allmählich an Stärke zu und bewegte sich mit 24 km · h^{-1} über die Bahamas (Wasserwoge von 7 m) hinweg. Andrew erreichte am 24.08.1992 frühmorgens Südflorida 60 km südlich von Miami, wo er nur 4 h lang ein Auge aufwies und mittlere Windgeschwindigkeiten von 245 km · h^{-1} sowie maximale von 320 km · h^{-1} in Verbindung mit Tornados am Rande des Auges entwickelte. Er war der drittstärkste und teuerste Orkan, der die Küste von Florida je heimsuchte und hinterließ einen Zerstörungspfad von 40 km Breite und 100 km Länge sowie 23 Tote (s. Abb. 13.17). Unter Verlangsamung wanderte er in Richtung Unteres Mississippi-Delta (s. Abb. 13.18).

13.6 Wirbelstürme über dem Nordatlantik

Die Wirbelsturmsaison beginnt über dem Nordatlantik definitionsgemäß am 1. Juni, erreicht ihren Höhepunkt in den Monaten August, September und Oktober und endet am 30. November. Eine statistische Auswertung zweier Beobachtungsreihen (seit 1871 für tropische Stürme, seit 1886 für Wirbelstürme) weist für den Atlantik im Rekordjahr 2005 (s. Christ 2006, Jansen 2005 und 2006) insgesamt 28 tropische Wirbelstürme, darunter 15 Hurrikane (drei mit der Kategorie 5) auf, wobei sich der letzte Hurrikan Epsilon ungewöhnlich spät, nämlich erst Anfang Dezember entwickelte. Der Hurrikan Wilma (Abb. 13.19 und 13.20) hatte den Luftdruck von 882 hPa, Katarina von 902 hPa, wobei der von Wilma der niedrigste je auf dem Nordatlantik gemessene Druck war (s. Internet 81). Die Schäden von Wilma bzw.

Abb. 13.19 Hurrikan Wilma. (© NASA/NOAA gov. (Internet 75))

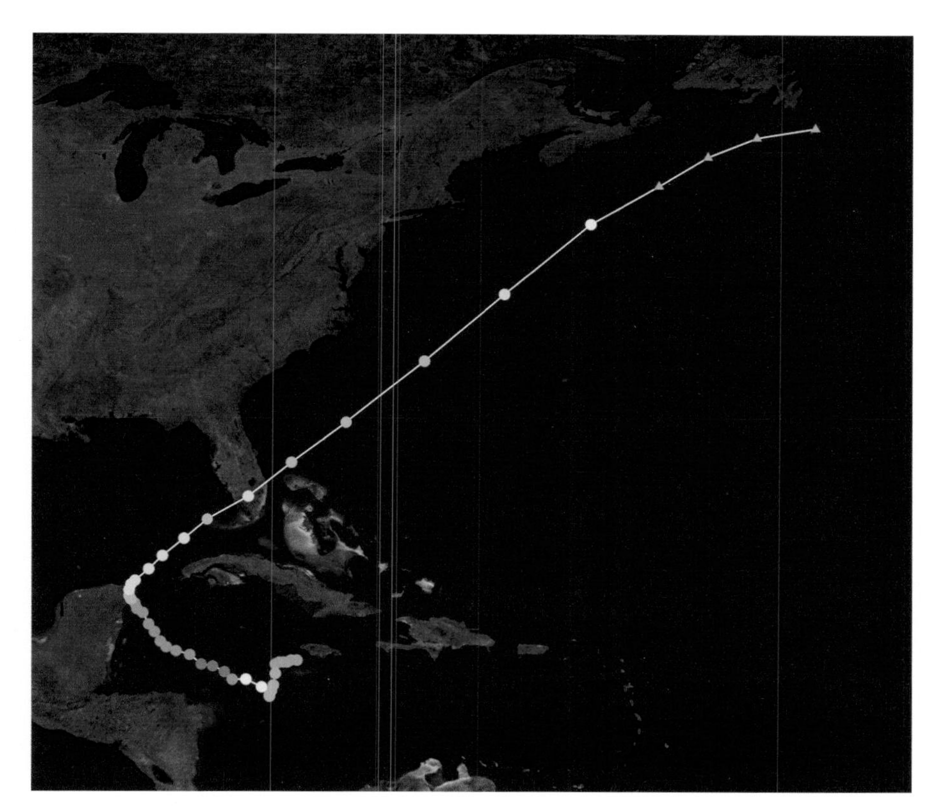

Abb. 13.20 Zugbahn von Hurrikan Wilma. (© NASA/NOAA.gov (Internet 76))

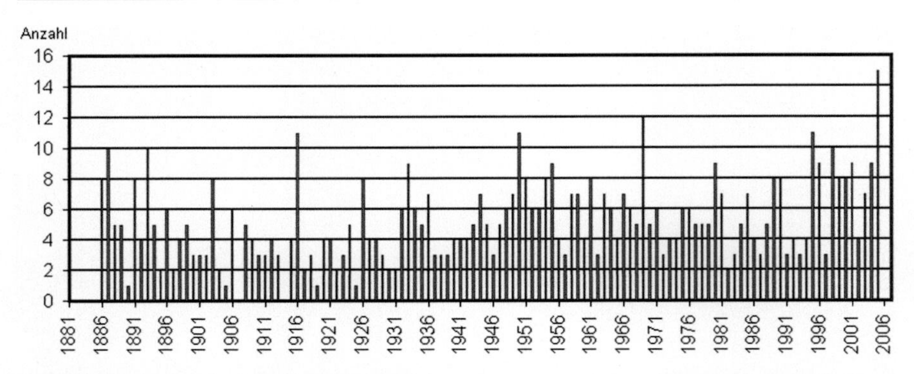

Abb. 13.21 Jährliche Anzahl tropischer Wirbelstürme über dem Atlantik. (© C. Lefebvre (DWD))

Katarina betrugen 28,9 bzw. 108 Mrd. US-Dollar. Form und Zugbahn von Wilma sind in den Abb. 13.19 und 13.20 enthalten.

Außerdem entstand mit Vince am 9. Oktober 2005 ein Wirbelsturm bei Madeira, also nicht weit entfernt von Europas Küsten. Er zog in Richtung Nordosten und löste sich am 11. Oktober über Spanien auf. Bereits 2004 wurde erstmals ein Hurrikan im Südatlantik beobachtet. Nach Abb. 13.21 waren bisherige Rekordjahre 1969 mit einer maximalen Anzahl von 21 tropischen Stürmen bzw. 12 Hurrikanen und 1916, 1950 und 1995 mit 14 bis 19 tropischen Stürmen, wovon 11 Hurrikanstärke erreichten.

Im Mittel werden 9–10 tropische Stürme über dem Nordatlantik einschließlich dem Golf von Mexiko und der Karibik zwischen Juni und November beobachtet, von denen sich in der Regel 5 bis 6 zu Hurrikanen und 2 bis 3 zu sogenannten *Major Hurricanes* mit andauernden Windgeschwindigkeiten größer 177 km $\cdot$ h^{-1} entwickeln. Im Gegensatz dazu traten in den Jahren 1991 bis 1994 nur 6 bis 8 tropische Stürme bzw. 3 bis 4 Hurrikane auf. Im Allgemeinen beträgt ihre mittlere Verlagerungsgeschwindigkeit im Entstehungsgebiet 10 kn, auf ihrer Zugbahn etwa 12 kn und im Bereich der Westwinddrift 25 bis 30 kn.

Untersuchungen zur Hurrikanhäufigkeit ergeben einen natürlichen Zyklus in ihrem Auftreten, die sogenannte *Atlantic Multidecadal Oscillation* (AMO). Diese umfasst, wie bereits der Name sagt, mehrere Dekaden (25 bis 45 Jahre), in denen eine Erwärmung bzw. Abkühlung der atlantischen Wasseroberflächentemperaturen eintritt, wobei die Temperaturdifferenz zwischen beiden Phasen etwa 0,6 K ausmacht. Während in den 1950er- und 1960er-Jahren des vergangenen Jahrhunderts eine Periode erhöhter Sturmtätigkeit beobachtet wurde, schloss sich von 1970 bis 1994 eine Phase verringerter Aktivität an. Ab 1995 gibt es im Vergleich zum langjährigen Mittel wieder mehr tropische Zyklonen (vgl. Christ 2006, Jansen 2006). Ursache hierfür ist eine zyklische Änderung der thermohalinen Zirkulation im Nordatlantik, die durch Schwankungen des Salzgehaltes und der damit einhergehenden Dichteunterschiede im Ozean hervorgerufen wird, und eine Beschleunigung oder Abschwächung des Golfstromes bewirkt, wobei eine Zunahme der Strömung zu

Tab. 13.4 Daten der im Text angeführten Wirbelstürme

Name	Datum	max. v_{wind} ($km \cdot h^{-1}$)	min. P_{kern} hPa	Schäden (in 10^9 US$)	Tote	Kategorie
Cobra	12/1944	220	907	Unbekannt	700	?
Camille	08/1969	305	905	1,42	259	5
Tip	10/1979	305	865	Unbekannt	99	5
Andrew	08/1992	280	922	26,59	26	5
Claudette	07/2003	150	979	0,18	1	1
Catarina	03/2004	155	972	0,35	3–10	5
Emily	07/2005	260	929	1		5
Katrina	08/2005	280	902	0,11	1835	5
Wilma	10/2005	295	882	28,9	40	5
Gonu	06/2007	270	920	4,4	115	5
Heiyan	11/2013	379	972	Unbekannt	Etwa 5000	5

wärmerem und eine Abnahme zu kälterem Atlantikwasser und damit zu verstärkter bzw. verringerter Hurrikanaktivität führt (s. Masters 2006). Die Stärke der Zirkulation hängt dabei gemäß Rahmstorf 1997 nur von relativ geringen Dichtedifferenzen ab, die im Nordatlantik durch ein subtiles Gleichgewicht zwischen der Abkühlung des Wassers in hohen Breiten und dem Input von weniger dichtem Frischwasser infolge von Niederschlägen und dem landseitigen Abfluss reguliert werden.

Da ein plausibler Zusammenhang zwischen der Höhe der Wassertemperaturen und der Stärke von Hurrikanen besteht und die Meerestemperaturen im Mittel um ein halbes Grad in den vergangenen Jahren gestiegen sind, müsste sich die Zahl der Hurrikane der Kategorie 5 erhöhen. Prognosemodelle sagen eine Verdreifachung voraus. Hinsichtlich der AMO-Phasen gilt nach Masters 2006, dass intensive Hurrikane (Kategorie 3 bis 5) etwa dreimal so häufig während einer Warmphase auftreten, während sich die Anzahl der tropischen Stürme und schwächeren Hurrikane jedoch kaum zwischen den beiden AMO-Phasen ändert. In der Tab. 13.4 sind die wichtigsten Daten der im Text behandelten tropischen Wirbelstürme aufgeführt.

Zusammenfassend lässt sich somit eine ganze Reihe von Faktoren nennen, die die Entwicklung von tropischen Wirbelstürmen über dem Nordatlantischen Becken begünstigen. Zu ihnen gehören

- übernormal hohe Wassertemperaturen und unternormale Luftdruckwerte über dem tropischen Nordatlantik, der Karibischen See und dem Golf von Mexiko,
- ein außerordentlich hoher Wärmefluss zwischen der Wasseroberfläche und der mittleren Troposphäre, sodass bereits wenige Hundert Meter über dem Wasser Wolkenbildung und ein Freisetzen von Kondensationswärme erfolgt sowie eine ausgeprägte troposphärische Labilität,
- eine Abschwächung der Passatzirkulation verbunden mit minimaler vertikaler Windscherung über dem subtropischen Ozean zwischen 10° und 20° Nord,
- ein ausgeprägter äquatorialer Strahlstrom mit verstärkten *easterly waves* bei etwa 15° N,

- Niederschlagsarmut in der Sahel-Zone im Vorjahr, da sehr staubige Luftmassen, die in Richtung Atlantik wehen, die sich entwickelnde Hurrikans förmlich austrocknen,
- eine Westwindphase der QBO (Quasi Biennial Oscillation),
- eine ENSO-Kaltphase (La Niña) und
- eine Warmphase der AMO (Atlantic Multidecadal Oscillation).

13.7 Meteorologische Navigationshilfen

Obwohl es für den Seemann am sichersten ist, ein von Wirbelstürmen gefährdetes Gebiet saisonal bedingt überhaupt zu meiden oder möglichst sicher und ökonomisch zu umfahren, führen schnelle Entwicklungen und meteorologische Fehlprognosen oft zu sehr gefährlichen und unverhofften Situationen. Infolge falscher Informationen und schlechter Navigation gerieten beispielsweise Schiffe der US-amerikanischen Flotte im Dezember 1944 in den Taifun Cobra (s. Internet 77), wobei mehrere Zerstörer sanken und 790 Seeleute ums Leben kamen (Bossow 2008). Solche Unglücke zeigen, dass es auch bei Nutzung neuester technischer Hilfsmittel praktischer Hinweise für das sichere Navigieren bedarf.

13.7.1 Berechnung der maximalen Windgeschwindigkeiten

Die maximalen Windgeschwindigkeiten V_{max} (in Knoten) lassen sich aus der Druckdifferenz (in hPa) zwischen der äußeren geschlossenen Isobare mit dem Druck p_r und dem Kerndruck p_c ermitteln:

$$V_{max} = 16\sqrt{p_r - p_c} \quad \text{(kn), beispielsweise} \quad V_{max} = 16\sqrt{1005 - 960} = 107 \text{ (kn)}$$

Diese Beziehung gibt bei Kerndrücken < 975 hPa um 10 % zu hohe Werte, deshalb verwendet man häufig eine korrigierte Relation:

$$V_{max} = 14\sqrt{p_r - p_c} \quad \text{(kn), beispielsweise} \quad V_{max} = 14\sqrt{1013 - 885} = 158 \text{ (kn)}$$

Das Orkangebiet besitzt in der Regel eine Breite von 100 bis 200 km, das Sturmgebiet von 200 bis 400 km. Teilt man den Orkan in Quadranten, dann ist auf der Nordhalbkugel stets der vordere rechte, auf der Südhalbkugel der vordere linke Quadrant am gefährlichsten. Sie werden in der Literatur als „gefährliches Viertel" bezeichnet. Als „befahrbares Viertel" gilt dagegen der vordere linke Quadrant (vgl. Abb. 13.13). Beide zeichnen sich durch die folgenden Bedingungen aus.

Gefährliches Viertel Infolge der vorherrschenden Windrichtung treibt das Schiff auf die Sturmbahn zu, Bahn- und Windgeschwindigkeit wirken zusammen, sodass hier die höchsten Windstärken beobachtet werden, wobei durch die große Streichrichtung des Windes starker Seegang entsteht.

Tab. 13.5 Windrichtung, Drehsinn und Drucktendenz in den einzelnen Quadranten eines tropischen Wirbelsturmes

Quadrant	Windrichtung	Winddrehung	Drucktendenz
I	NNE – ESE	Rechts	Fallend
II	NNE – NNW	Links	Fallend
III	WNW – SSW	Links	Steigend
IV	SSW – ESE	Rechts	Steigend

Befahrbares Viertel Durch die vorherrschende Windrichtung wird das Schiff von der Sturmbahn weggetrieben, Bahn- und Windgeschwindigkeit sind entgegengesetzt gerichtet, wodurch sich die aktuelle Windstärke verringert, es treten reduzierte Wellenhöhen auf (vgl. Tab. 13.5).

13.7.2 Orkanverlagerung

Ein tropischer Wirbelsturm wandert aus seinem Entstehungsgebiet, in dem er hin und her pendelt, zunächst mit den tropischen Ostwinden der freien Atmosphäre westwärts, wobei er zunehmend an geografischer Breite gewinnt. In der Nähe der Wendekreise beginnt er umzubiegen (Scheitelpunkt der Bahn). Hier besitzt er meist den niedrigsten Druck und die höchsten Windgeschwindigkeiten. Er gelangt allmählich in das Westwindband der gemäßigten Zone, nimmt rasch an Größe zu und wandert dann ostwärts, wobei er sich in eine Zyklone der gemäßigten Breiten umwandelt.

Die Bahn einzelner Orkane ist oft sehr variabel und teilweise verschlungen, im Mittel ähnelt sie aber einer nach Osten offenen Parabel (s. Abb. 13.22 und 13.23). Auf dem äquatorialen Ast der Bahn beträgt seine Verlagerungsgeschwindigkeit 10 bis 20 kn, manchmal auch 30 kn, an der Umbiegestelle ca. 10 kn (Trödelstadium) und auf dem polaren Ast 20–30 kn. Die Größe des Sturmfeldes wächst auf dem polaren Verlagerungsast, wobei aber die Windstärke allmählich abnimmt.

13.7.3 Seegang und Dünung

Auf der Nordseite eines Orkans ist die Streichlänge (*Fetch*) größer als auf seiner Südseite, sodass hier der Seegang am stärksten entwickelt ist. In seinem nahezu windstillen Auge tritt eine hohe, wild durcheinanderlaufende Kreuzsee auf, da der Wind von allen Seiten ins Zentrum weht. Die um den Kern des Orkans aufgebaute Windsee pflanzt sich als Dünung ins Zentrum und in die Umgebung fort, wobei die stärkste Dünung in Zugrichtung des Wirbelsturmes wandert und sich schneller als dieser bewegt. Damit kann sie bereits mehrere Tage vor Annäherung eines Orkans beobachtet werden und gibt einen ersten Hinweis auf seine Existenz.

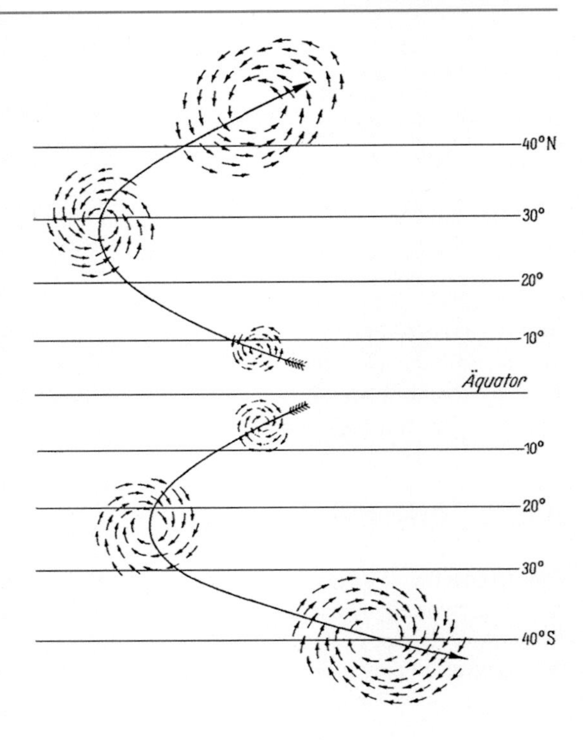

Abb. 13.22 Zugbahn eines tropischen Wirbelsturms im Allgemeinen. (© Krauß 1983)

13.7.4 Drucktendenzen

Tritt eine Störung in der täglichen Doppelwelle des Luftdrucks auf (Maxima um 10 und 22 Uhr, Minima um 04 und 16 Uhr Ortszeit), ist ein erster Hinweis auf einen Orkan gegeben. Auch steigender Luftdruck kann auf einen Orkan hindeuten, da er sich in einem Gebiet relativen Hochdruckeinflusses bildet. Oft herrscht bei relativ hohem Barometerstand trockenes und auffallend klares Wetter mit frischen Winden.

Um Vorsorge zu treffen, entnimmt man daher den Normalwert des Luftdrucks aus dem Handbuch für das entsprechende Seegebiet und mittelt die täglichen Druckbeobachtungen. Auf 10° Breite gibt bereits eine Abweichung von 1 hPa vom Normalwert einen Verdacht auf einen Orkan. Bei einem Druckfall > 2,5 hPa ist Wirbelsturmbereitschaft angesagt.

13.7.5 Nautische Hinweise

Bei Annäherung des Wirbelsturms zieht Cirrus auf, der radial auf ein Konvergenzzentrum, das Sturmzentrum, zuläuft. Dieser verdichtet sich und weist Haloerschei-

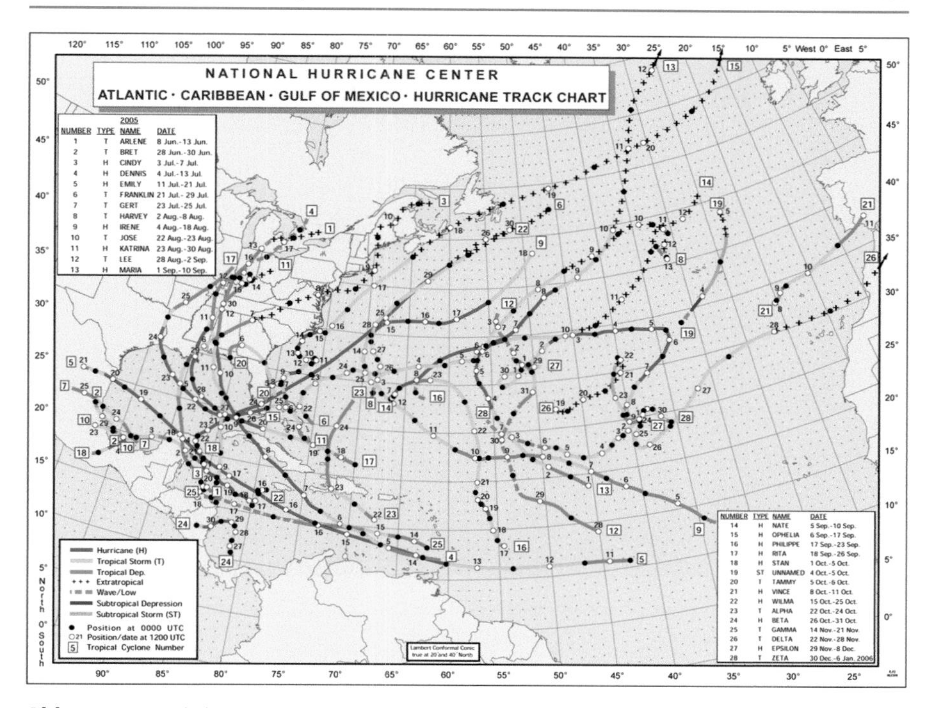

Abb. 13.23 Zugbahnen von Hurrikans über dem Atlantik im Jahr 2005. (© NASA (Internet 78))

nungen (farbige Ringe um Sonne und Mond) auf. Die Dämmerung ist verlängert und der Himmel beim Sonnenuntergang oft kupferrot oder violett gefärbt.

Dann weicht der frische Wind schwülwarmer Luft. Bei langsamem und stetigem Druckfall setzt leichter Regen ein, der zunehmend von Regenschauern unterbrochen wird. Der Druckfall wird stärker und der Wind stark böig. Nähert sich der Orkan, steigt eine schwarze Wolkenmauer am Horizont auf. Es fällt wolkenbruchartiger Regen, die Sichtweite geht bis auf null zurück. Meer und Himmel verschmelzen, sodass jegliche Navigation nach Sicht unmöglich wird.

Das meist wolkenlose Auge kann mittels Radar geortet werden. Es bildet sich als dunkler Fleck im Echo der Regenwolken auf dem Radarschirm ab (s. Abb. 13.24). Darüber hinaus lassen sich auch ringförmige Streifen stärkerer und schwächerer Regengebiete erkennen.

13.7.6 Entfernung vom Zentrum

Eine ungefähre Schätzung der Entfernung zum Zentrum erhält man aus der Abweichung des Luftdrucks vom Normalwert sowie aus der stündlichen Luftdruckänderung. Gemäß Tab. 13.6 sind Entfernungsschätzungen möglich.

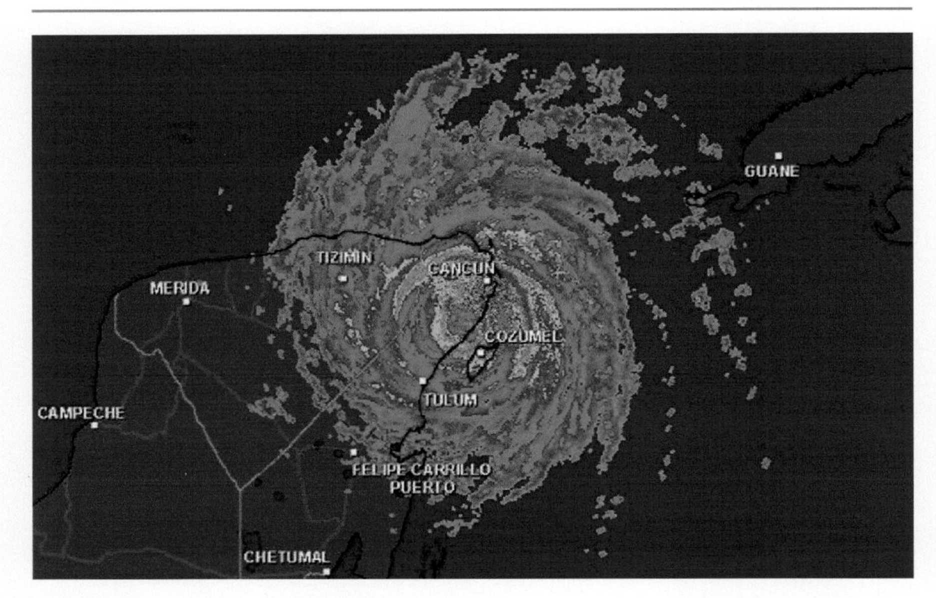

Abb. 13.24 Auge des tropischen Wirbelsturmes Wilma auf dem Radarschirm. (© NASA (Internet 79))

Tab. 13.6 Entfernung eines Schiffes vom tropischen Wirbelsturm

Abweichung vom mittleren Luftdruck der Breite in hPa	1–5	5–11	11–20	
Entfernung des Zentrums in sm	500–120	120–60	60–30	
Stündliche Tendenz in hPa	0,5–2	2–3	3–4	4–5
Entfernung des Zentrums in sm	250–150	150–100	100–80	80–40

13.7.7 Verlagerungsregeln

Ebenso wie für die Tiefdruckgebiete der gemäßigten Breiten existieren Faustregeln für die Verlagerung von tropischen Wirbelstürmen. Sie wurden hauptsächlich von Rodewald 1960 und 1984 formuliert und lauten:

Regel 1 Tropische Wirbelstürme verlagern sich mit der Strömung um eine steuernde subtropische Antizyklone, d. h., je näher sich die Bahn am Subtropenhoch befindet, desto geradliniger ist sie, je weiter sie sich entfernt, desto unregelmäßiger wird sie.

Regel 2 Wirbelstürme bewegen sich wie alle Tiefdruckgebiete in Richtung der stärksten Winde in ihrem Strömungsbereich, d. h. quer zur Richtung des stärksten Druckgradienten.

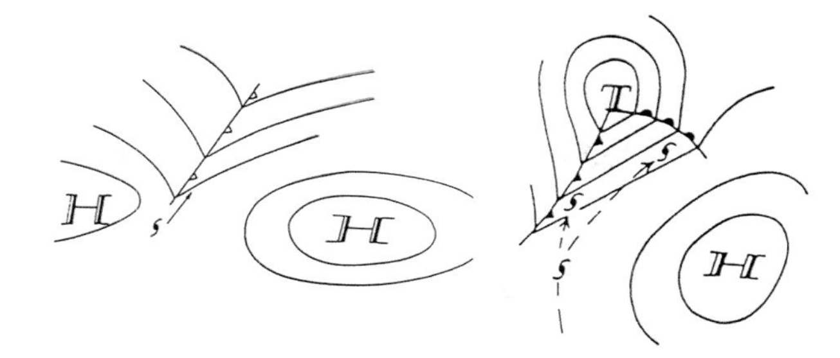

Abb. 13.25 Grafische Interpretation der Regel 3. (© Scharnow 1990)

Regel 3 Liegt zwischen zwei Hochdruckgebieten eine Tiefdruckrinne mit einem ausgeprägten Frontensystem, so folgt ein südlich der Kaltfront liegender tropischer Wirbelsturm der Tiefdruckrinne. Befindet er sich dagegen weiter im Warmsektor, so bewegt er sich mit hoher Geschwindigkeit zur Warmfront (s. Abb. 13.25).

Regel 4 Auf dem polaren Verlagerungsast wandeln sich tropische Wirbelstürme in Tiefdruckgebiete der gemäßigten Breiten um, d. h., sie werden zu Frontalzyklonen.

Regel 5 Befinden sich zwei tropische Wirbelstürme im gleichen Seegebiet, so verlagern sie sich um ihren gemeinsamen Schwerpunkt, d. h., der kleinere Sturm umkreist zyklonal den größeren (s. Abb. 13.26).

13.7.8 Wetterrouting

Wetterrouting, also Routenoptimierung für die Seefahrt, bedeutete in den 1960er-Jahren und danach das Suchen nach dem besten Weg über einen Ozean, wobei an Bord die entscheidenden Wetter- und Prognosedaten für den Kapitän verfügbar waren. Die wegen der hohen Wachstumsraten im Schiffsverkehr ständig steigenden Erdölpreise und die zunehmende Umweltbelastung haben jedoch dazu geführt, dass Schiffsrouting heute neben dem Finden des besten Weges unter Aussparung von Schlechtwettergebieten und Vermeidung von Gefahren für die Crew, das Schiff und die Ladung auch die Minimierung des Brennstoffverbrauches sowie den ökonomischen Zwang zum Einsparen von Kosten und den Schutz der Umwelt einschließt, also ein umfassendes logistisches Konzept für alle am Transport Beteiligten darstellt, um die Ladung sicher und zu einem festgelegten Zeitpunkt bei minimalem Bunkerverbrauch löschen zu können. Daher werden Routenberatungen in zunehmendem Maße an Land berechnet und per E-Mail an Bord übertragen. Hierbei besteht die Möglichkeit, die schnellste oder billigste bzw. zukünftig auch verbrauchsgünstigste Route oder im Falle von Kreuzfahrten eine Route zu wählen, die bestimmte Wellenhöhen vermeidet. Die Ankunftszeit wird entweder aufgrund des vorhergesagten Windes sowie prognostizierter Wellenhöhen und Strömungen und der Schiffseigenbewegungen bestimmt, oder man legt eine bestimmte Ankunftszeit fest und lässt sich hierfür die nötigen Schiffsparameter berechnen.

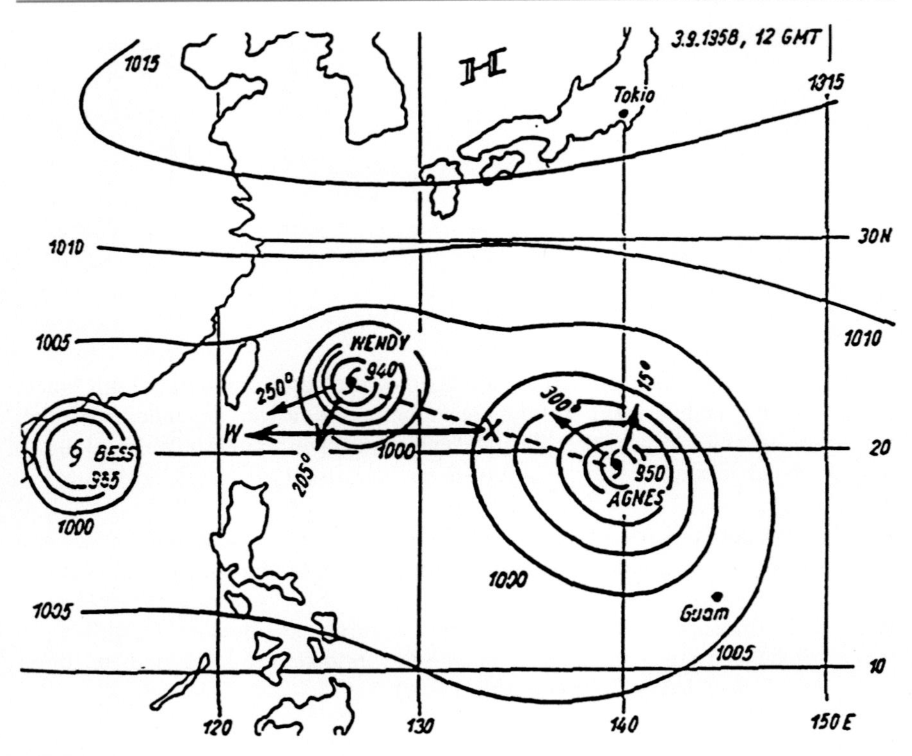

Abb. 13.26 Graphische Interpretation der Regel 5. (© Scharnow 1990)

Ein Teilaspekt besteht in der Lösung der Umweltprobleme durch Nutzung regenerativer Antriebe, so der Sonnenenergie, des Windes, der Gezeitenströme bzw. auch von Biomasse und der durch regenerative Prozesse erzeugten und gespeicherten Wasserstoffvorräte für Brennstoffzellen. Regenerative Energie steht aber nicht zu jeder Jahreszeit und auf jeder Schiffsroute zur Verfügung, sodass sich ein Zwang zur Routenanpassung ergibt, was unter anderem längere Passagen und damit Reisedauern bedeuten kann. Zur Optimierung dieser Routen werden langfristige Wetterprognosen von ausreichender Güte benötigt, die von den führenden Institutionen wie dem Europäischen Zentrum für Mittelfristige Wettervorhersage (EZMWF), vom englischen Meteorologischen Dienst (UKMO – UK's MET Office), dem US-amerikanischen Nationalen Zentrum für Umweltvorhersagen (NCEP), von der japanischen Meteorologischen Agentur (JMA) sowie dem deutschen Wetterdienst (DWD) und anderen meteorologischen Einrichtungen zur Verfügung gestellt werden, aber derzeit keine gestaffelten Angaben über die Windverhältnisse für bestimmte Zeitabschnitte oder die zu erwartende Sonnenscheindauer berechnen. Hinsichtlich eines minimalen Bunkerverbrauchs benötigt man darüber hinaus Verbrauchskurven in

Abhängigkeit von der Schiffsgeschwindigkeit, da sie zu den wesentlichen Grundlagen der Routenoptimierung gehören.

Nachdem in den 60er-Jahren einige amerikanische Firmen die ersten Routenberatungen für die Schifffahrt anboten, die infolge der Ungenauigkeit der Wetterprognosen aber wenig erfolgreich waren, kam es etwa zwei Jahrzehnte später mit Hilfe von Supercomputern und mathematischen Modellen für zehntägige Vorhersagen mit verbesserter Prognosegüte und durch die weiterentwickelte Kommunikationstechnik zur Entwicklung von Softwarepaketen, wobei diese zunächst an Bord betrieben und mit dort befindlichen Systemen für *seakeeping* und *performance* vernetzt wurden. Heutzutage werden Wetterroutingprogramme meist von Softwareunternehmen entwickelt und auf höchst kommerzielle Weise angeboten und zur Verfügung gestellt.

13.8 Grafisches Plottverfahren

Zum Ausmanövrieren von tropischen Wirbelstürmen haben sich unter dem Aspekt der Schiffssicherheit und Minimierung des Umweges Plottverfahren durchgesetzt, die dem Radarplotten entlehnt sind. Im Folgenden wird ein von Naatz 1980 und Gralla 1980 veröffentlichtes grafisches Verfahren mit seinen einzelnen Teilschritten vorgestellt.

13.8.1 Vorgehensweise und Wettersituation

Auf Millimeterpapier markiert man den Schiffsort A und legt einen Maßstab für die Geschwindigkeit und die Entfernung fest: z. B. 1 cm = 5 kn; 1 cm = 50 sm oder 1 cm = 10 kn; 1 cm = 100 sm.

Aus der See- oder Wetterkarte bestimmt man zunächst die Entfernung d_o und die Peilung P_o des Wirbelsturmzentrums vom Schiff aus und legt ein Gefahrengebiet um den Sturm (vgl. Abb. 13.27). Der Radius des Gefahrenkreises R_G wird so gewählt, dass die zu erwartende Windstärke nicht die für das Schiff maximal zulässige übersteigt. Er kann der Orkanwarnung entnommen werden.

Anschließend konstruiert man die Bewegung des Schiffes relativ zum Orkan, indem man den Kurs und die Fahrt des Schiffes (K_s, v_s) sowie die Koordinaten des Orkans (K_o, v_o) vom Schiffsort A aus abträgt. Durch Vektorsubtraktion (oder Kosinussatz) erhält man die Bewegung des Schiffes relativ zum Orkan: $v_r = v_s - v_o$.

Man verschiebt dann den Relativvektor v_r parallel zum Schiffsort (auf diesem Weg fährt das Schiff relativ zum Orkan) und leitet die Distanz auf dem Relativweg d_{RG} bis zum Gefahrengebiet R_G sowie die Zeit t bis zum Einlaufen in das Sturmgebiet ab: $t_{RG} = d_{RG}/v_r$. Schneidet d_{RG} den Gefahrenkreis, dann ist ein Ausweichen erforderlich.

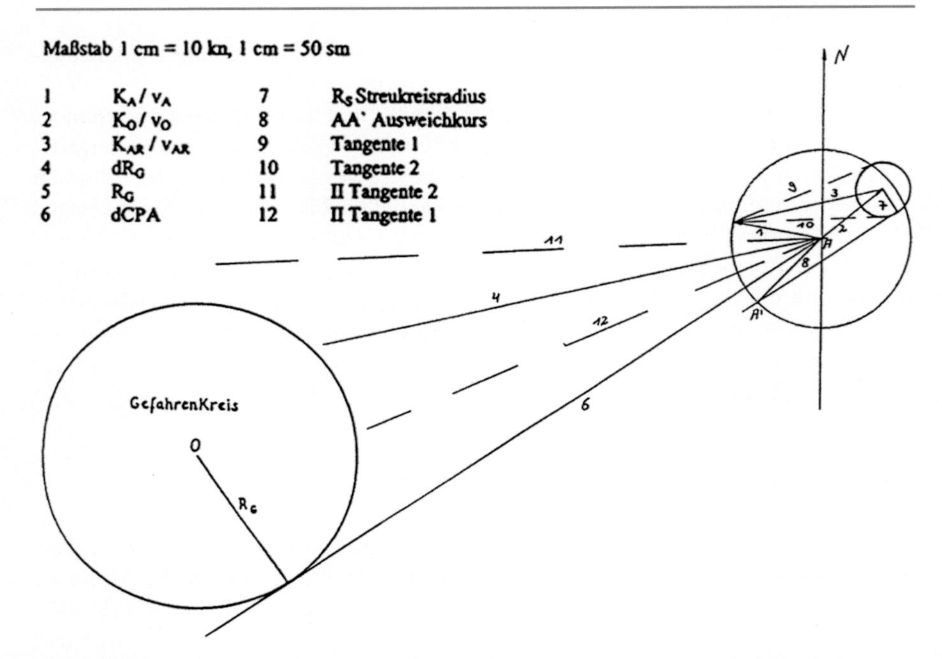

Abb. 13.27 Plottverfahren mit Gefahren- und Streukreis sowie Wahl des Ausweichweges. (© Naatz 1980)

Um die Unsicherheit der Wetteranalyse zu berücksichtigen, zeichnet man einen Streukreis um die Spitze von (K_o, v_o) mit einem Radius von $R_s = v_o/3$ bzw. $v_o/2$ sowie ausgehend vom Schiffskurs v_s zwei Tangenten an den Streukreis und verschiebt diese zum Schiffsort A. Hieraus ergibt sich ein Bereich möglicher Kurse der Relativbewegung.

Beispiel

Schiff:	Orkan:	Orkanverlagerung:	Lösung:
$K_s = 279°$	$P_o = 251°$	$K_o = 050°$	$v_r = v_s - v_o = 32$ kn
$v_s = 18$ kn	$d_o = 810$ sm	$v_o = 17$ kn	$K_r = 255{,}5°$
	$R_G = 210$ sm		$d_{RG} = 602$ sm
			$t = d_{RG}/v_r = 602$ sm/32 kn = 18,8 h

13.8.2 Bestimmung des Ausweichkurses

Zur Ermittlung des Ausweichweges ist abzuschätzen, auf welcher Seite der Orkan passiert werden soll. Im gegebenen Fall bedeutet die Nordseite das fahrbare Viertel, aber man muss die Sturmbahn kreuzen (d. h. den Streukreis vergrößern). Wind und

See kommen von achtern. Wählt man die Südseite, ist der Wind gegenan, man gelangt ins gefährliche Viertel, ist aber hinter dem Sturm.

Nachdem man entschieden hat, auf welcher Seite man den Sturm passieren will (hier auf der Südseite), muss man den Ausweichkurs bestimmen. Man zeichnet dazu eine Tangente d_{CPA} (CPA: *closest point of approach*) vom Schiffsort A an die gewählte Seite des Gefahrengebietes, wobei gilt:

$d_{CPA} = \sqrt{d_o^{\,2} - R_G^{\,2}}$. Diese Linie entspricht dem relativen Ausweichweg.

Dann zieht man gemäß Abb. 13.28 eine Parallele zu dieser Tangente, die den Streukreis an dem Punkt berührt, der den größeren Abstand zum Orkanzentrum besitzt

Mit der für das Ausweichmanöver geplanten Schiffsgeschwindigkeit v'_s (hier $v'_s = 18$ kn) wird ein Kreisbogen um den Schiffsort A geschlagen, der gewöhnlich die Parallele an den Streukreis im Punkt A′ schneidet. Die Entfernung auf der Parallelen $\parallel d_{cpA}$ zwischen ihrem Berührungspunkt mit dem Streukreis und dem Schnittpunkt A' ist ein Maß für die Geschwindigkeit der relativen Schiffsbewegung auf dem Ausweichweg v'_r und ermöglicht die Berechnung der Zeit $t_{CPA} = d_{CPA}/v'_r$ die das Ausweichmanöver dauern wird. Der zu steuernde Schiffskurs K'_s ergibt sich aus der Verbindung des Schiffsortes A mit dem Punkt A′. Die neue Relativgeschwindigkeit V'_r kann zeichnerisch ermittelt oder nach dem Kosinussatz berechnet werden.

$$v'_s = 18\ \text{kn},\quad K'_s = 219°,\quad d_{CPA} = 783{,}3\ \text{sm}$$

$$t_{CPA} = \frac{d_{CPA}}{V'_r} = 22{,}37\ \text{h}$$

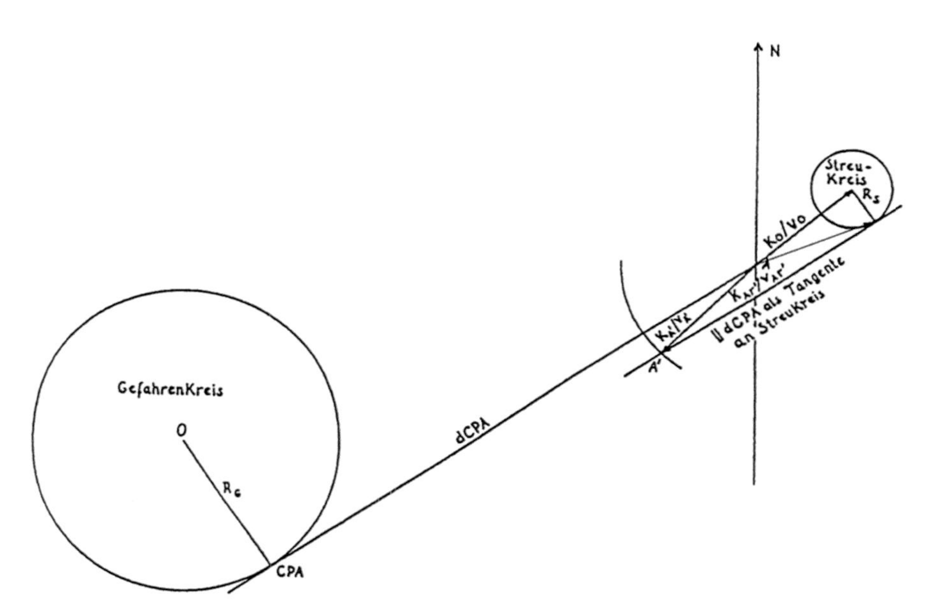

Abb. 13.28 Plottverfahren mit Bestimmung des Ausweichkurses und der neuen Relativgeschwindigkeit. (© Naatz 1980)

Um eventuelle Veränderungen in der Orkanverlagerung zu erfassen, muss man den Ausweichkurs überwachen, d. h., es ist das zu erwartende Wetter mit dem tatsächlich eingetretenen zu vergleichen, wozu man Vorhersagekarten benötigt!

13.9 Die 40°- Methode

Die 40°-Methode beruht auf einer 24-stündigen zeitlichen Extrapolation der Richtung und Geschwindigkeit eines tropischen Wirbelsturms für eine beobachtete Position. Ausgehend von der in der Sturmwarnung gemeldeten Position des Orkans markiert man auf der angenommenen Zugbahn seinen für die kommenden 24 h extrapolierten Weg und erhält so einen Punkt, dessen Abstand von der gemeldeten Orkanposition gleich dem Radius des zu zeichnenden 80°-Sicherheitssektors um den Orkan entspricht. Diesen ermittelt man, indem ein Kreisausschnitt von +/– 40° um die Fahrtrichtung gelegt wird (vgl. M-Handbook 1993, Bowditch 2002).

- Geht eine neue Orkanwarnung ein, trägt man zunächst die seit der letzten Meldung zurückgelegte Distanz für die angenommene Zugrichtung ein und erhält eine neue Orkanposition. Um diese schlägt man wiederum einen Kreisbogen, dessen Radius dem zurückgelegten Weg in den folgenden 24 h entspricht, und markiert einen 80°-Sektor.
- Um einem Orkan ausweichen zu können, werden der eigene Kurs und die Fahrt des Schiffes im gewählten Maßstab gleichfalls in die Karte eingetragen. Ist erkennbar, dass das Schiff in den gefährlichen Sektor gerät, muss eine Geschwindigkeits- oder Kursänderung vorgenommen werden. Das Schiff sollte höchstens eine der Sektorengrenzen berühren (vgl. Abb. 13.29).

Beispiel
Ein Schiff befindet sich gemäß Abb. 13.29 auf Position A und steuert um 00.00 Uhr einen Kurs von 180° bei einer Fahrt von 20 Knoten. Es erhält eine Wirbelsturmwarnung. Das Zentrum des Orkans liegt bei Position H_1 und bewegt sich mit 6 kn in Richtung NNW. Man zeichnet Sektor 1 und stellt fest, dass das Schiff den Orkan mit mehr als 200 sm Abstand passieren würde. Eine Kursänderung ist somit zunächst nicht erforderlich. 6 h später erreicht das Schiff die Position B und erhält eine weitere Warnung. Hiernach zieht der Orkan jetzt mit 10 kn nordwärts. Sektor 2 wird gezeichnet. Auch in dieser Situation würde das Schiff den Orkan mit noch ca. 150 sm Abstand passieren. Man behält deshalb den Kurs bei und reduziert die Fahrt auf 15 kn. Mittags 12.00 Uhr hat das Schiff die Position C erreicht, und das Sturmzentrum wird in H_3 gemeldet. Der Hurrikan bewegt sich auf NNE Kurs mit 12 kn. Man zeichnet Sektor 3 und erkennt, dass das Schiff bei weiterem Südkurs in den Gefahrensektor einlaufen würde. Deshalb sollte eine deutliche Kursänderung erfolgen, und zwar auf 250° bei einer Fahrt von 20 kn. Man muss die Geschwindigkeit erhöhen, um außerhalb des Gefahrengebietes zu bleiben. Um 18.00 Uhr befindet sich das Schiff auf Position D und das Orkanzentrum auf Position H_4. Der

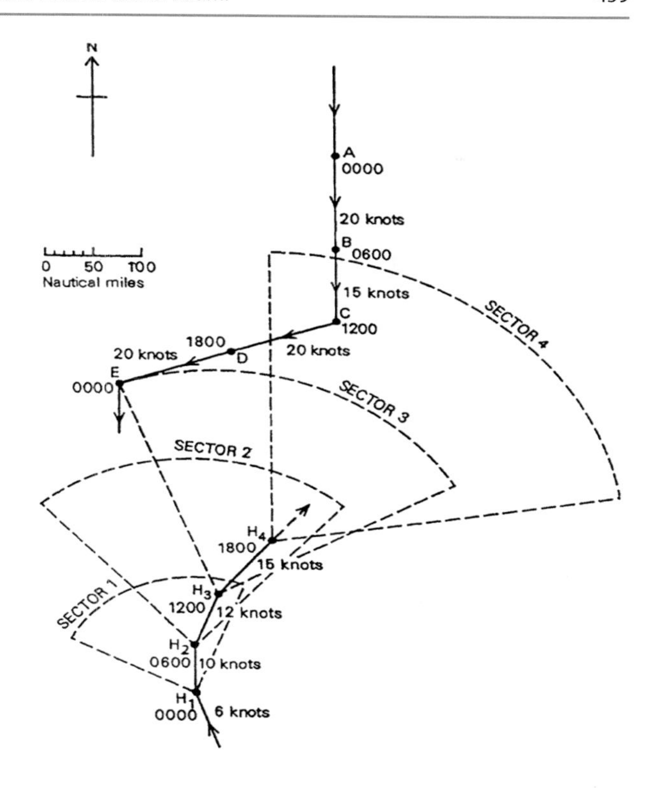

Abb. 13.29 40°-Methode. (© M-Handbook 1993)

Orkan hat den Scheitelpunkt seiner Bahn passiert und seine Geschwindigkeit auf dem polaren Ast auf 15 kn erhöht, er zieht nach NE. Man zeichnet jetzt Sektor 4. Bei unveränderter Situation passiert das Schiff den Orkan mit ca. 200 sm Abstand und kann ab Mitternacht wieder auf Südkurs gehen.

Bei alleiniger Betrachtung des Windfeldes eines tropischen Wirbelsturms lässt sich gemäß Holweg 2000 zeigen, dass auf seiner rechten Seite in Bezug auf die Verlagerungsrichtung höhere Geschwindigkeiten (Wind- und Zugbewegung addieren sich) als auf seiner linken auftreten. Man kann also diese Halbkreise bzw. auch Teilsektoren mit unterschiedlichen Windgeschwindigkeiten hervorheben und an der vorhergesagten Orkanposition antragen, was für Orkanwarnungen im US-amerikanischen Wetterdienst typisch ist (vgl. Abb. 13.30 und 13.6).

13.10 Verfahren des *National Hurrice Center Miami*

Das Nationale Hurrikanzentrum Miami betrachtet als wichtigstes Mittel der Sturmnavigation eine Risikoanalyse und hat für das Plotten von tropischen Wirbelstürmen zwei Regeln aufgestellt (s. Holweg (2000)), wobei die zweite die mit wachsender Zeit abnehmende Prognosegüte der Vorhersagen durch das Anbringen eines Sicherheitsbereiches berücksichtigt (vgl. Abb. 13.31).

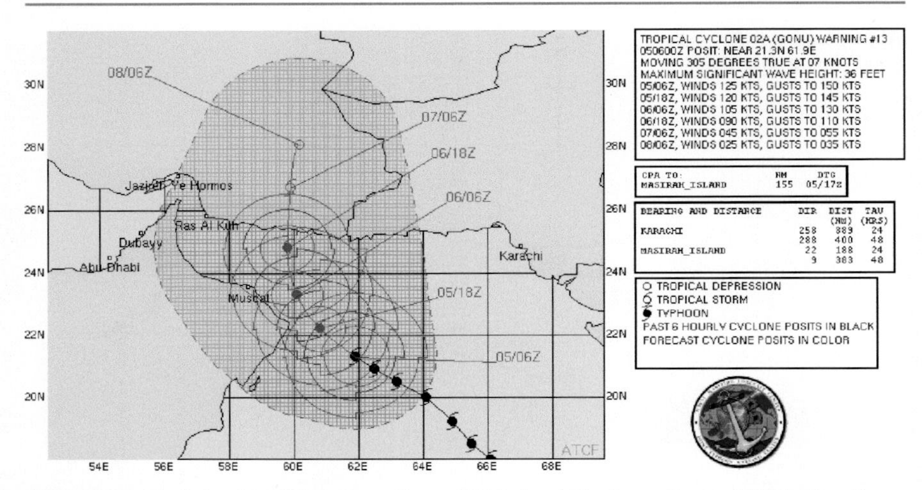

Abb. 13.30 Zugbahn des Wirbelsturms Gonu. (© National Hurricane Center (NHC) Miami)

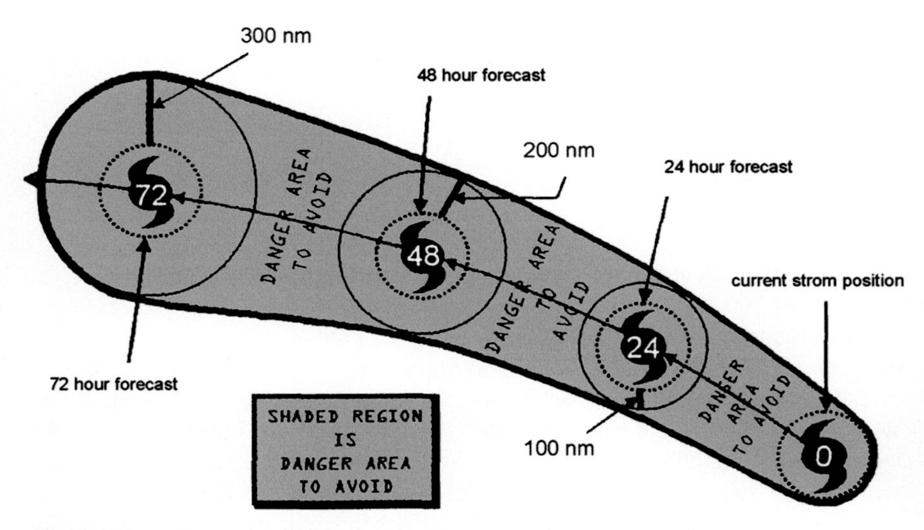

Abb. 13.31 Auswerteschema für die 1-2-3-Regel gemäß Holweg (© Holweg 2000)

34-Knoten-Regel Ein Schiff sollte immer außerhalb des Windfeldes bleiben, in dem Windgeschwindigkeiten von mindestens 34 kn auftreten.

1-2-3-Regel

- Bei einer 24-stündigen Prognose wird ein Kreis mit einem Radius von 100 sm um die 34-kn-Zone gelegt.
- Für eine 48-stündige Prognose beträgt der Radius des Kreises 200 sm.

- Bei einer 72-stündigen Prognose wählt man 300 sm als Radius.
- Um die Gefahrenzone, in die das Schiff nicht einlaufen soll, hervorzuheben, werden die Kreise der einzelnen Vorhersagen mit Tangenten verbunden.

Ferner ist bei der Anwendung der 34-Knoten-Regel zu beachten, dass das Windfeld eines tropischen Wirbelsturmes keine symmetrische Struktur besitzt, sondern in den einzelnen Quadranten unterschiedlich ausgeprägt ist.

Farbtafeln

14

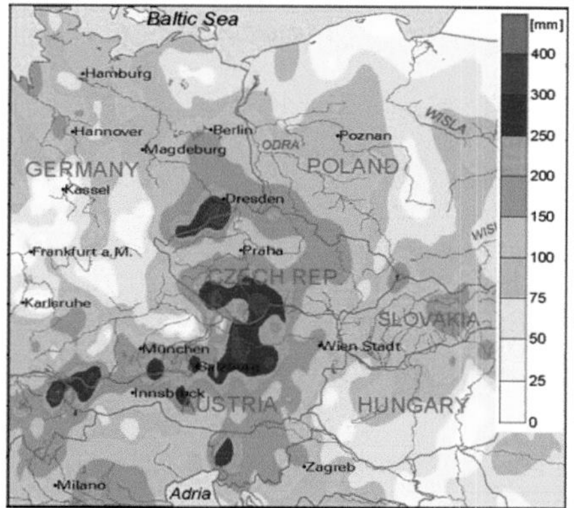

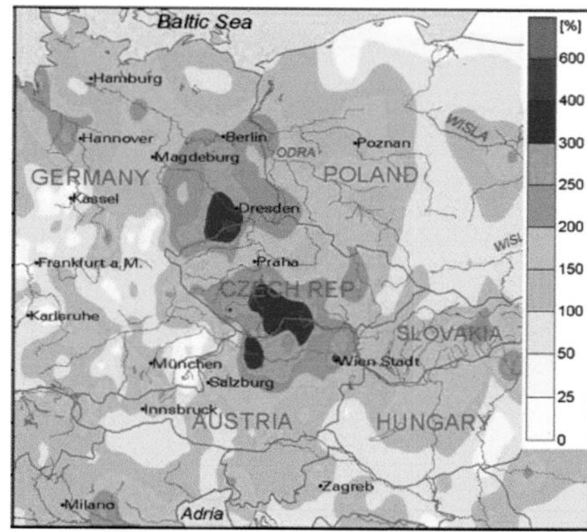

Farbtafel 1 Rekordniederschläge im August 2002. (© J. Rapp)

B. Klose, *Meteorologie,* Springer-Lehrbuch, DOI 10.1007/978-3-662-43622-6_14

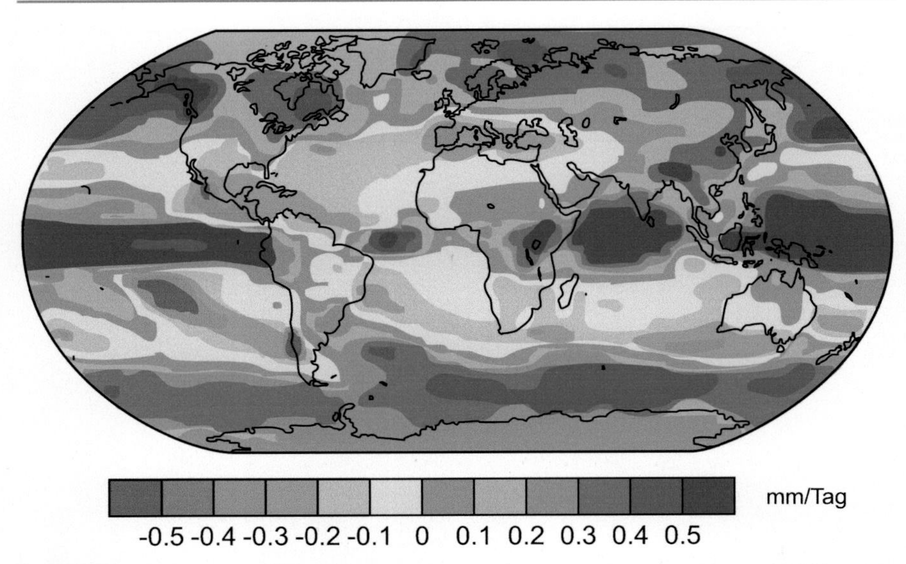

Farbtafel 2 Niederschlag im Jahresmittel (Szenario A1B) für 2080 bis 2099 im Vergleich zu 1980 bis 1999. (© D. Kasang)

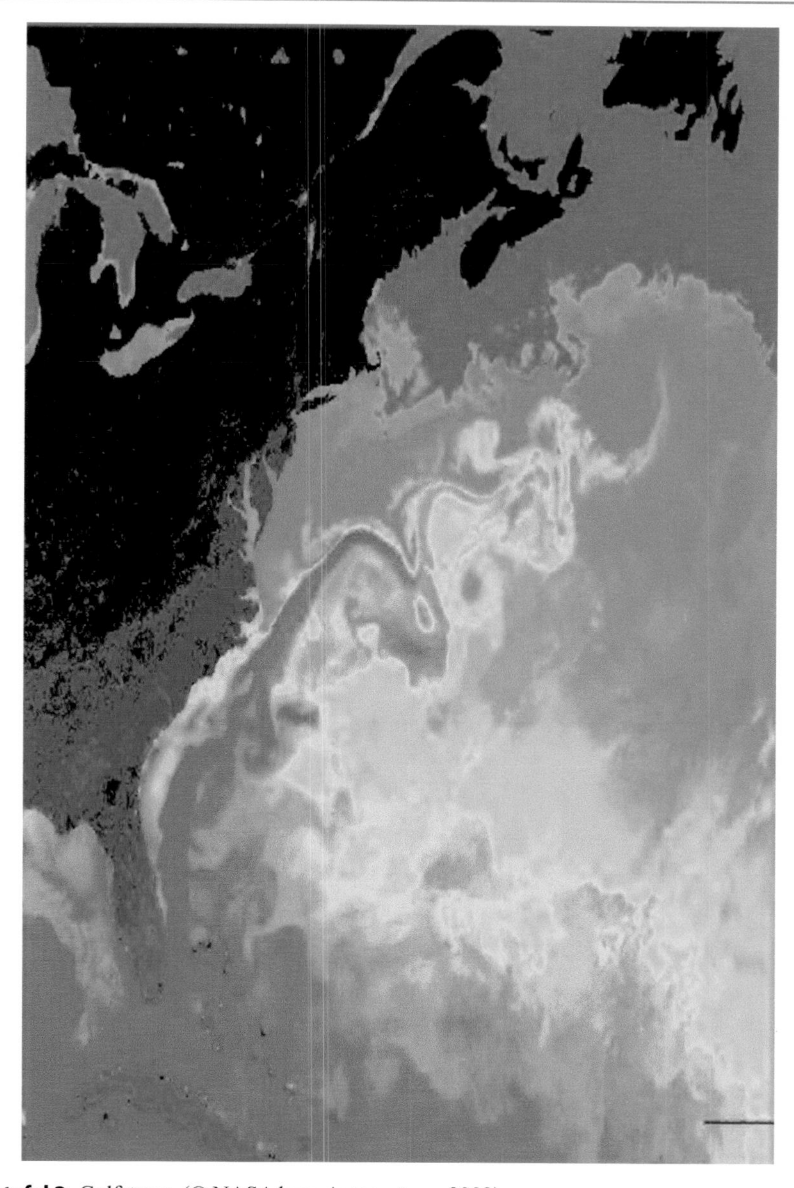

Farbtafel 3 Golfstrom. (© NASA bzw. Autorenteam 2002)

Farbtafel 4 Polarlicht in Helvesiek (6./7. April 2000). (© H. Bardenhagen)

Farbtafel 5 Cirrus (Ci) (bei Sonnenuntergang)

Farbtafel 6 Cirrus uncinus (Ci unc)

Farbtafel 7 Cirrostratus (Cs)

Farbtafel 8 Altocumulus (Ac)

Farbtafel 9 Altostratus (As)

Farbtafel 10 Nimbostratus (Ns)

Farbtafel 11 Stratocumulus stratiformis undulatus (Sc str un)

Farbtafel 12 Stratocumulus (Sc) über der Burg Staufen

Farbtafel 13 Stratus (St)

Farbtafel 14 Cumulus fractus, humilis, medeocris (Cu fra, hum, med)

Farbtafel 15 Cumulus congestus (Cu con)

Farbtafel 16 Cumulonimbus calvus (Cb cal)

Farbtafel 17 Feuchter Dunst auf Elba (September 2006). (© I. Klose)

Farbtafel 18 Gekrümmter Lichtstrahl im feuchten Dunst (Butteldorf/Wesermarsch: 26.04.2007)

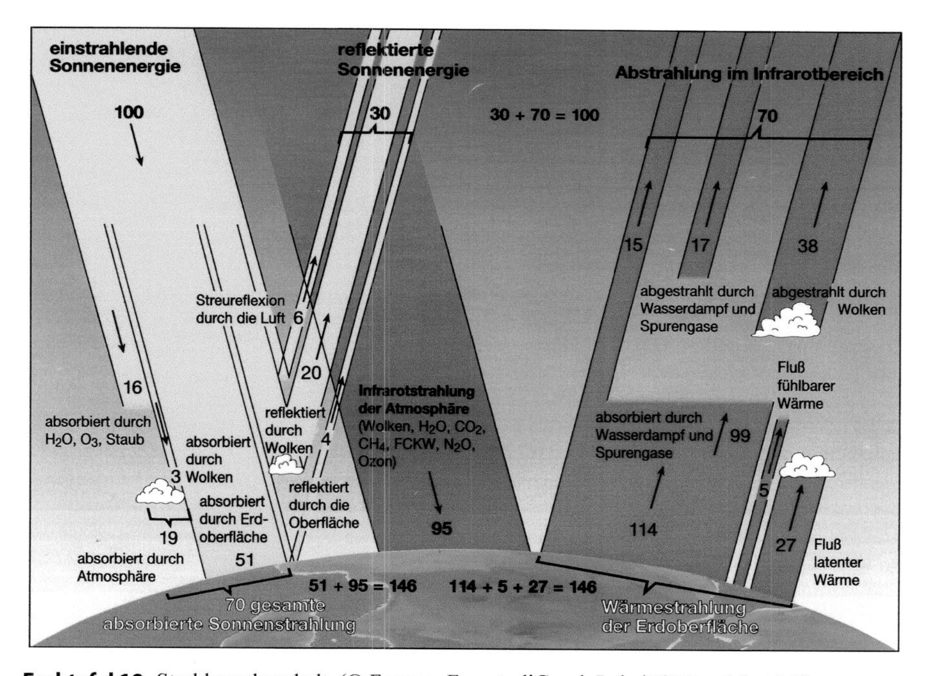

Farbtafel 19 Strahlungshaushalt. (© Fontner-Forget, diGraph Lahr/FCI Frankfurt/M.)

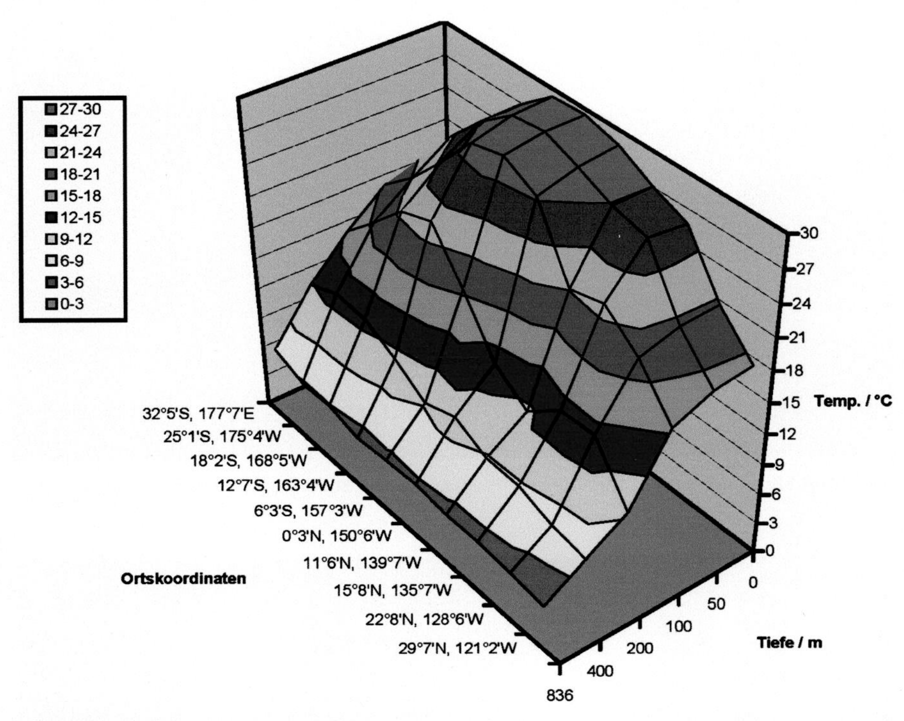

Farbtafel 20 3-D-Temperaturverteilung im östlichen Pazifik auf einer Messsfahrt vom 31.05.2002 bis 11.06.2002 (© nach V. Radwin 2003 und R. Eckl)

Farbtafel 21 Extreme Fernsicht vom Belchen in Richtung Alpen am 18.07.2012

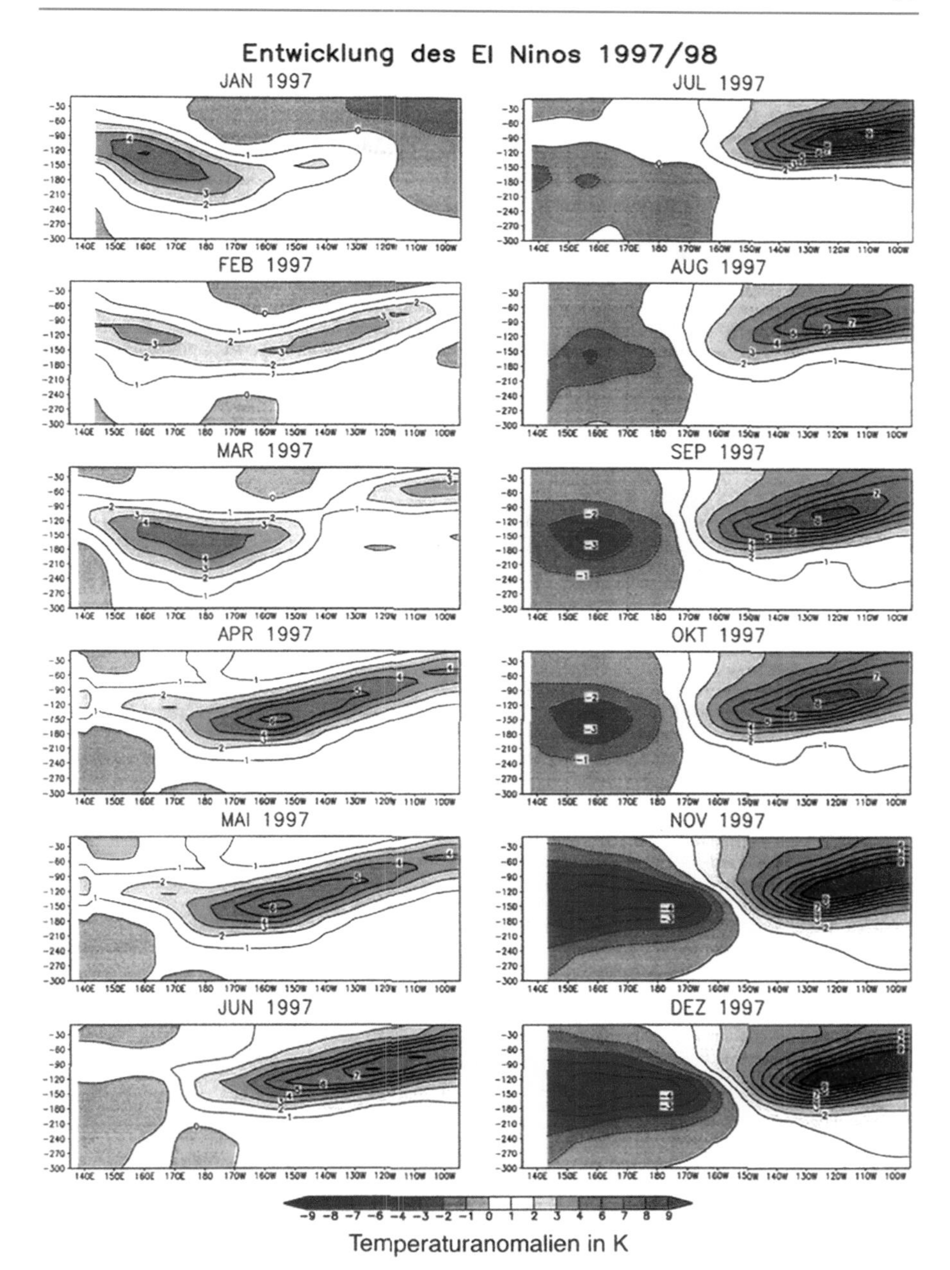

Farbtafel 22 El-Niño-Ereignis. (© M. Latif 2003b)

Farbtafel 23 Böenwalze bei einem Sommergewitter. (© B. Beyer)

Farbtafel 24 Wolke-Erde-Blitz. (© Dehn & Söhne)

Farbtafel 25 Wolke-Wolke-Blitz. (© Dehn & Söhne)

Farbtafel 26 Blitzentladung am Berliner Fernsehturm. (© dpa)

Farbtafel 27 Erde-Wolke-Blitz. (© Dehn & Söhne)

Anhang

Schlüssel FM12 SYNOP

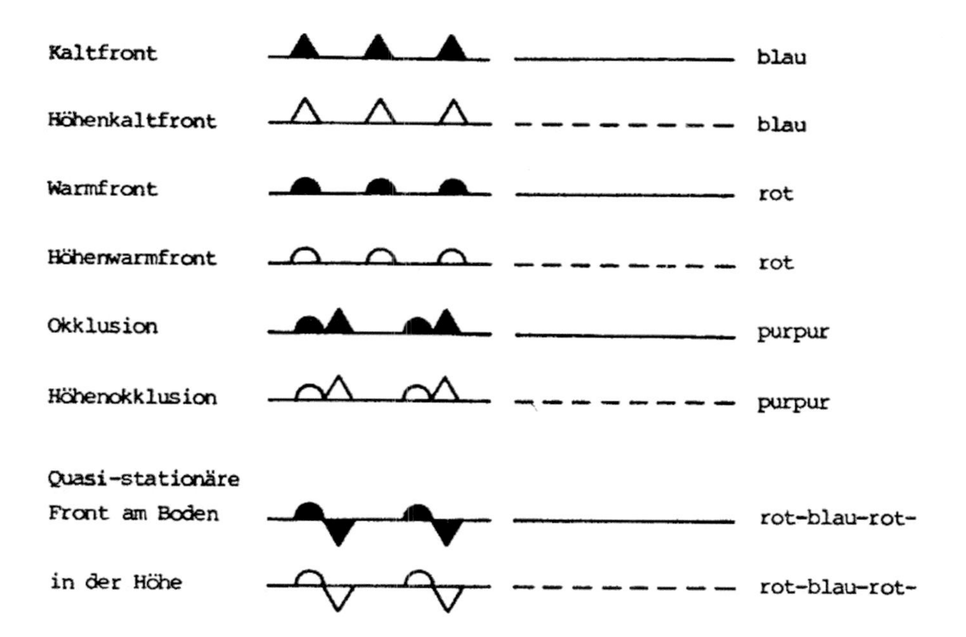

Diese Grundformen der Frontensymbolik stimmen mit den WMO-Empfehlungen (WMO Nr. 485) überein.

B. Klose, *Meteorologie,* Springer-Lehrbuch, DOI 10.1007/978-3-662-43622-6

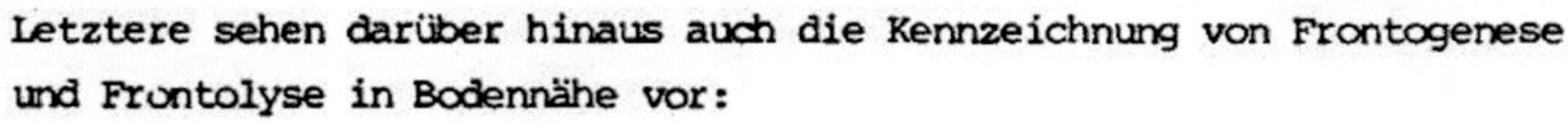
Letztere sehen darüber hinaus auch die Kennzeichnung von Frontogenese und Frontolyse in Bodennähe vor:

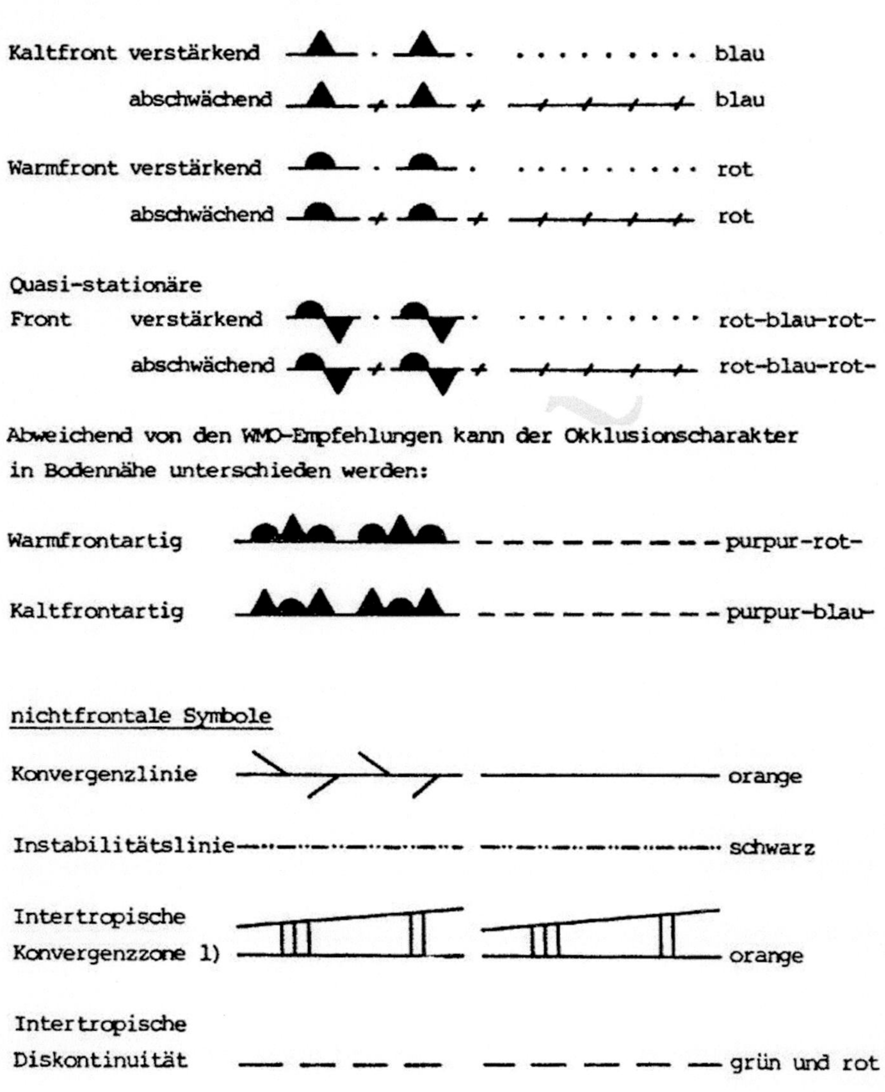

1) Die zwei nichtparallelen Begrenzungslinien symbolisieren die Breite der Konvergenzzone. Wetteraktive Abschnitte können durch senkrechte Striche schraffiert werden.

WINDTAFEL

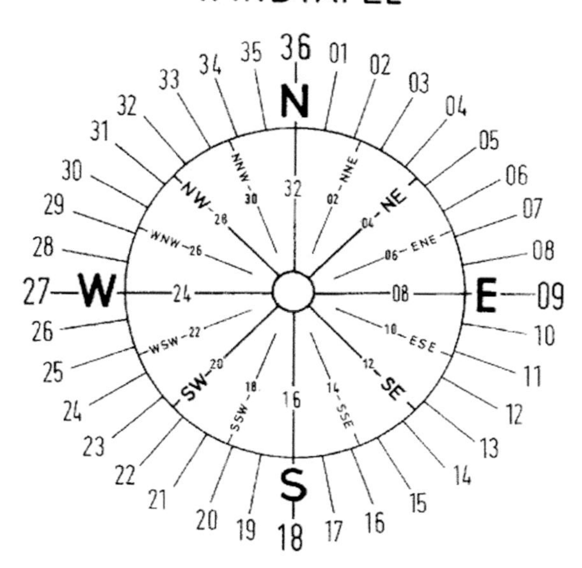

Beziehungen zwischen Beaufortgraden und Windgeschwindigkeit (Schwellenwerte)

Spalte 1	2	3	4	5	6
Mittlere Schlüssel-zahl	Beau-fort-grad	Windgeschwindigkeit			
ff	F	m/s	km/h	Knoten	Knoten
00	0	0 - 0,2	unter 1	unter 1	unter 1
02	1	0,3 - 1,5	1 - 5	1 - 3	1 - 3
05	2	1,6 - 3,3	6 - 11	4 - 6	4 - 6
09	3	3,4 - 5,4	12 - 19	7 - 10	7 - 10
13	4	5,5 - 7,9	20 - 28	11 - 16	11 - 15*
18	5	8,0 - 10,7	29 - 38	17 - 21	16* - 20*
24	6	10,8 - 13,8	39 - 49	22 - 27	21* - 26*
30	7	13,9 - 17,1	50 - 61	28 - 33	27* - 33
37	8	17,2 - 20,7	62 - 74	34 - 40	34 - 40
44	9	20,8 - 24,4	75 - 88	41 - 47	41 - 47
52	10	24,5 - 28,4	89 - 102	48 - 55	48 - 55
60	11	28,5 - 32,6	103 - 117	56 - 63	56 - 63
64	12	32,7 und mehr	118 und mehr	64 und mehr	64 und mehr

Bemerkungen

Grundlage dieser Tabelle ist die WMO-Tabelle (GUIDE TO METEOROLOGICAL INSTRUMENTS AND METHODS OF OBSERVATION, Fifth Edition, WMO-No.8, Chapter 6, ANNEX 6.B, TABLE 2).

Aus Gründen der Umrechnungskontinuität weicht der DWD bei den mit *) gekennzeichneten Knoten-Werten in Spalte 6 von der WMO-Tabelle ab. Diese Regelung gilt ab 01.01.1986 im nationalen Bereich für nicht-maritime Zwecke. Im maritimen Bereich werden weiterhin die Werte in Spalte 5 benutzt.

Die Spalte 1 enthält die mittleren Verschlüsselungszahlen für die Beobachtungsstellen, die kein Anemometer haben und demzufolge schätzen müssen.

Anf.Zch.: DWD SY/WT 1/86

Symboltafel

ww	0	1	2	3	4	5	6	7	8	9
00										
10		*)	*)							
20										
30										
40										
50										
60										
70										
80										
90										

*) Abweichung von WMO-Symbolen 11: ≡≡ und 12: ≡≡

	N	C_L	C_M	C_H	C	$WW_{1\,2}$	a	E	E'
0									
1									
2									
3									
4									
5									
6									
7									
8									
9									
/	⊕ *)								

*) Abweichung von WMO-Symbol ⊖
⊕ gilt auch für METAR-Eintragung

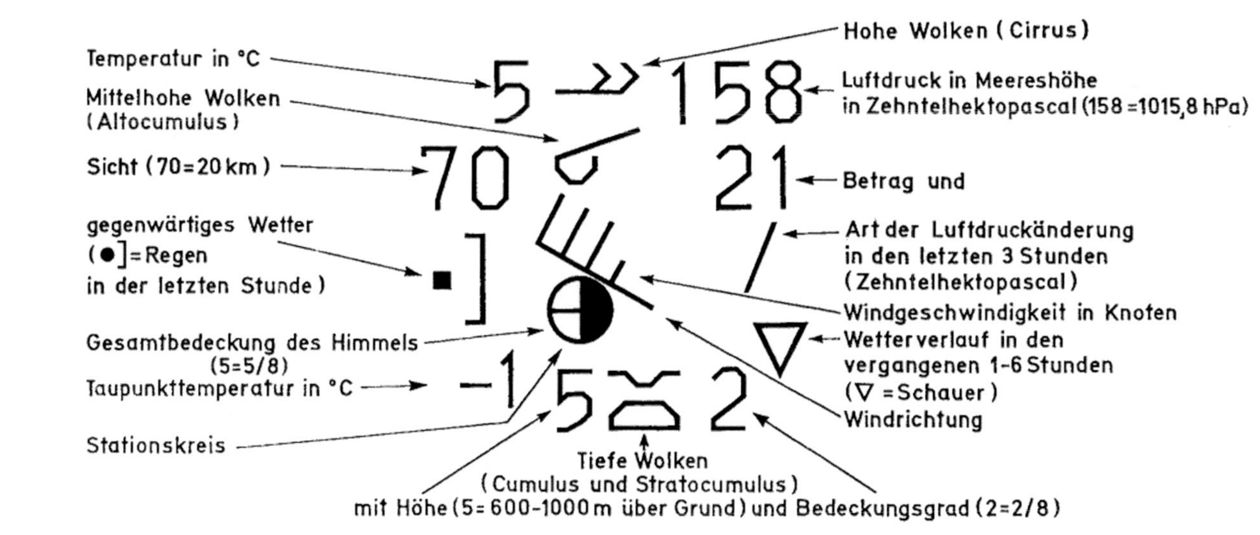
Stationsmodell auf der Bodenwetterkarte
(maschinelle Eintragung)
Beispiel einer Wettermeldung (Synop-Schlüssel)
IIiii iihVV Nddff 1sTTT 2sTTT 4PPPP 5appp 7wwWW 8NCCC
Rx n nddd 1 2 hLMH
10637 41570 53035 10054 21011 40158 52021 72186 82842
Hohe Wolken (Cirrus)
Temperatur in °C
Luftdruck in Meereshöhe
in Zehntelhektopascal (158 =1015,8 hPa)
Mittelhohe Wolken
(Altocumulus)
Sicht (70=20 km)
Betrag und
gegenwärtiges Wetter
(●]=Regen
in der letzten Stunde)
Art der Luftdruckänderung
in den letzten 3 Stunden
(Zehntelhektopascal)
Windgeschwindigkeit in Knoten
Gesamtbedeckung des Himmels
(5=5/8)
Wetterverlauf in den
vergangenen 1-6 Stunden
(∇ =Schauer)
Taupunkttemperatur in °C
Windrichtung
Stationskreis
Tiefe Wolken
(Cumulus und Stratocumulus)
mit Höhe (5= 600-1000 m über Grund) und Bedeckungsgrad (2=2/8)
Zusätze bei Schiffsmeldungen
links unten: Wassertemperatur in Zehntel °C
rechts unten: Schiffskurs (Pfeil) und Geschwindigkeit (Schlüsselziffer)

Symbolverzeichnis

α	absolute Feuchte, Beschleunigung, Temperaturleitfähigkeitskoeffizient
α_c	Coriolisbeschleunigung
α_{zf}	Zentrifugalbeschleunigung
A	Fläche
b	Konstante
c_o	Lichtgeschwindigkeit im Vakuum
c_m	Lichtgeschwindigkeit im Medium
C	ageotriptische Windabweichung, Zirkulation
C_{to}	Korrekturfaktor
c	spezifische Wärme
c_p	Wärmekapazität bei konstantem Druck
c_v	Wärmekapazität bei konstantem Volumen
d_{CPA}	geringster Abstand zum Orkanzentrum (closest point of approach)
de	Differential der inneren massenspezifischen Energie
d_o	Entfernung Schiff-Orkan
dw	freigesetzte Wassermenge
DU	Dobson-Einheit
e	Dampfdruck, innere Energie pro Einheitsmasse
$e-$	Elektronenladung
e_w	Sättigungsdampfdruck
E	Energie, elektrische Feldstärke
dE	Differential der inneren Energie
f	Coriolisparameter
F	Kraft
F_g	Schwerkraft
F_C	Corioliskraft
F_R	Reibungskraft
F_{zf}	Zentrifugalkraft
g	Erdbeschleunigung
G	Druckgradientkraft
h	Plancksche Konstante, Satellitenhöhe, wahre Sonnenhöhe
h_B	Beobachterhöhe
h_T	Targethöhe
H_k	Kumuluskondensationsniveau
i	imaginäre Einheit
$\mathbf{i}, \mathbf{j}, \mathbf{k}$	Einheitsvektoren
i_1, i_2	Intensitätsfunktionen der Mie-Streuung
I	Strahlungsintensität
j_f	Flußstromdichte
j_s	Schönwetterstromdichte
k	Boltzmann-Konstante, Turbulenzreibungskoeffizient
K	Kontrast

K_e	turbulenter Diffusionskoeffizient
K_H	turbulenter Diffusionskoeffizient
K_o	Orkankurs
K_S	Schiffskurs
l	Länge
L	spezifische Verdampfungswärme, Strahldichte bzw. Leuchtdichte
L_e	Verdunstungslänge
L_*	Stabilitätslänge
m	Masse, Mischungsverhältnis
$m_{i,vol}$	Massenmischungsverhältnis
m_L	Masse der trockenen Luft
m_{mol}	Molvolumen
m_w	Masse des Wasserdampfes
M	Strahlungsflußdichte
M_i	molare Masse
M_{Luft}	molare Masse der Luft
n	Brechungsindex, Teilchenzahl
N	Teilchenzahl
N_A	Avogadrosche Zahl
p	Druck
p_i	Partialdruck der i-ten Komponente
p_{kin}	kinetischer Druck
p_n	Standardluftdruck
q	Böenquotient, spezifische Feuchte, spezifischer Wärmefluß
Q	elektrische Ladung, Wärmefluß
Q_E	latenter Wärmestrom
Q_H	fühlbarer Wärmestrom
r	Krümmungsradius, Radius, relative Feuchte
r_e	Erdradius
R	Entfernung, Radius, Elektrischer (Ohmscher) Widerstand, Gaskonstante
R_G	Radius des Gefahrenkreises
R_w	Gaskonstante für Wasserdampf
R_l	Gaskonstante für Luft
R^*	universelle Gaskonstante
RH	relative Feuchte
R_V	Sichtweite (range of visibility)
s	massenspezifische Entropie
S	spezifische Feuchte bzw. Entropie
S	Solarkonstante (1368 $W \cdot m^{-2}$ an der oberen Atmosphärengrenze), Poyntingvektor
SST	Sea Surface Temperature
STP	Standardatmoshpäre
t	Zeit
t	Temperatur in °C

T	absolute Temperatur in K
T_e	Dauer der Erdrotation
T_v	virtuelle Temperatur
TMP	Gesamtaerosolmasse (total particle mass)
u	spezifische innere Energie
u_*	Schubspannungsgeschwindigkeit
U_f	Flußspannung
v	Geschwindigkeit, spezifisches Volumen
V_g	geostrophische Windgeschwindigkeit
V_h	horizontale Windgeschwindigkeit
v_o	Orkangeschwindigkeit
v_r	Relativgeschwindigkeit
v_s	Schiffsgeschwindigkeit
V	Volumen
V_M	meteorologische Sichtweite
V_N	Normsichtweite
w	Vertikalgeschwindigkeit
W	Winddefekt
W_{kin}	kinetische Energie
W_0	ageotriptischer modifizierter Windvektor, Windabweichung
z	Höhe, Eindringtiefe
z_B	Bestandshöhe
z_0	Rauhigkeitshöhe
α	linearer Ausdehnungskoeffizient, Ablenkungswinkel
α_T	Temperaturkoeffizient des Flußstroms
β	Temperaturkoeffizient
γ	kubischer Ausdehnungskoeffizient, Temperaturgradient
γ_{akt}	lokaler Temperaturkoeffizient
γ_f	feuchtadiabatischer Temperaturgradient
γ_t	trockenadiabatischer Temperaturkoeffizient
γ_T	Temperaturkoeffizient der Flussspannung
δ_A	verrichtete Arbeit
δ_Q	Wärmemenge
ε	Schwellenkontrast
η	absolute Vorticity
ϑ	Streuwinkel
θ	potentielle Temperatur
κ	Karman-Konstante
λ	Wärmeleitzahl, Wellenlänge
ν	Frequenz
ξ	Vorticity
ρ	Dichte
σ	Extinktionskoeffizient, Stefan-Boltzmannsche Konstante
τ	Taupunkt

φ	geographische Breite
Θ	Geopotential, Strahlungsfluß
ω	Winkelgeschwindigkeit, Raumwinkel
Ω	Vektor der Erdrotation

Konstanten

Fundamentalkonstanten und wichtige Größen (nach Cohen 1987 u. a.)

Konstante	Symbol	Wert	Einheit	Relativer Fehler (ppm)
Avogadro-Konstante	N_A	$6{,}0221367(36) \cdot 10^{23}$	mol^{-1}	0,59
Boltzmann-Konstante	k	$1{,}380658(12) \cdot 10^{-23}$ $8{,}617385(73) \cdot 10^{-5}$	$J\ K^{-1}$ $eV\ K^{-1}$	8,5 8,4
Dielektrizitäts-Konstante (Vakuum)	ε_0	$8{,}854187817 \cdot 10^{-12}$	$As\ V^{-1}\ m^{-1}$	Exakt (definiert)
Dobson-Einheit	DU	0,01 mm O_3 bei 0 °C und 1013 h Pa	mm	Exakt (definiert)
Elementarladung	e^-	$1{,}60217733(49) \cdot 10^{-19}$	As	0,30
Elektronenmasse	m_e	$9{,}1093897(54) \cdot 10^{-31}$	kg	0,59
Elektronenvolt	eV	$1{,}60217733 \cdot 10^{-19}$	J	0,3
Entfernung Sonne-Erde		$1{,}496 \cdot 10^{11}$	m	
Erdbeschleunigung	g	9,80665	$m\ s^{-2}$	Exakt (definiert)
Erdradius am Äquator	R_E	$6{,}374 \cdot 10^{6}$	m	
Gaskonstante	R	8,314510(70)	$J\ mol^{-1}\ K^{-1}$	8,4
Gravitationskonstante	G	$6{,}67259(85) \cdot 10^{-11}$	$m^3\ kg^{-1}\ s^{-2}$	128
Neutronenmasse	m_n	$1{,}6749286(10) \cdot 10^{-27}$	kg	0,59
Permeabilitäts-Konstante (Vakuum)	μ_0	$1{,}25663706(14) \cdot 10^{-6}$	$Vs\ A^{-1}$	Exakt (definiert)
Plancksche Konstante	h	$6{,}6260755(40) \cdot 10^{-34}$	J s	0,6
Protonenmasse	m_P	$1{,}6726231(10) \cdot 10^{-27}$	kg	0,59
Radius der Sonne	R_S	$6{,}96 \cdot 10^{8}$	m	
Standardatmosphäre	atm	1013,25	Pa	Exakt (definiert)
Stefan-Boltzmann-Konstante	σ	$5{,}67051(19) \cdot 10^{-8}$	$W\ m^{-2}\ K^{-4}$	34
Sverdrup (Transportrate)	Sv	$1 \cdot 10^{6}$	$m^3\ s^{-1}$	Exakt (definiert)
Lichtgeschwindigkeit (Vakuum)	c	299792458	$m\ s^{-1}$	Exakt (definiert)
Wiensche Konstante	b	0,002897756(24)	m K	8,4

Quellenverzeichnis

Literatur

Acevedo J (1994) Die Europäische Ozonforschungskampagne (SESAME) 1994–1995. Europäische Kommission, Brüssel

Ackermann T (1992) Pinatubo paints the sky. Phys World 5(3):25

Alley RB (2005) Das sprunghafte Klima. Spektrum der Wissenschaft 3:42–49

Aristoteles (1984) Meteorologie – Über die Welt, Bd. 12. Akademie-Verlag, Berlin

ASP (1998) Aspirations-Psychrometer-Tafeln, Deutscher Wetterdienst, 7. Aufl. Friedrich Vieweg, Braunschweig

Autorenteam (1995) Folien des Fonds der chemischen Industrie. Umweltbereich Luft, Frankfurt a. M

Autorenteam (1999) Seewetter. DSV-Verlag, Busse-Seewald

Autorenteam (2002) Seawater: its composition, properties and behaviour. Butterworth-Heinemann, Oxford

AWI (Alfred-Wegener-Institut) (2004) Auswirkungen von Klimaänderungen auf die Ozonschicht größer als bisher angenommen. http:www.uni-protokolle.de/nachrichten/id/33229

Bakan S, Hinzpeter H (1988) Atmospheric radiation. Landolt-Börnstein, New Series, Group V, Vol 4, Subvolume b. Springer, Berlin

Bakan S, Raschke E (2002) Der natürliche Treibhauseffekt. Promet 28(3/4):85–94

Barnett T (1977) Spiegel, Nr. 43, S 298

Barry RG, Chorley RJ (1976) Atmosphere, weather and climate. Methnem & Co. Ltd., Bungay

Barter A (2002) International microwave handbook. Oxford

Bauer F (1947) Musterbeispiele europäischer Großwetterlagen. Wiesbaden

Baur F, Hess P, Nagel H (1944) Kalender der Großwetterlagen Europas 1881–1939. Bad Homburg v. d. H.

Baur F (Hrsg) (1953) Linkes Meteorologisches Taschenbuch, Bd. II (Neue Ausgabe). Akademische Verlagsgesellschaft Geest & Portig, Leipzig

Bearman G (Hrsg) (2001) Ocean circulation. Butterworth-Heinemann, Oxford, S 79–142

Beheng KD, Wacker U (1993) Über die Mirkostruktur von Wolken. Promet 23(1/2):10–15

Berg H (1948) Allgemeine Meteorologie. Dümmlers Verlag, Bonn

Bebber WJ van (1891) Die Zugstraßen der barometrischen Minima. M. Z. 8:361 (in Chromov 1940)

Bergeron T (1937) On the physics of fronts. Bull Am Soc 18:265–275

Bergeron T (1980/1981) Synoptic meteorology: an historical review. In: Liljequist GH (Hrsg) Weather and weather maps. Birkhäuser, Basel

Bergman KH, Hecht A, Schneider SH (1981) Climate models. Phys Today 34(10):44–51

Bergmann-Schaefer (1962) Lehrbuch der Experimentalphysik: Optik d. Atomphysik, Bd. 3. Walter de Gruyter, Berlin

Bergmann-Schaefer (2001) Lehrbuch der Experimentalphysik, Erde und Planeten, Bd. 7. Walter de Gruyter, Berlin

B. Klose, *Meteorologie,* Springer-Lehrbuch, DOI 10.1007/978-3-662-43622-6

Bernhardt K-H (1997) Schichtenaufbau der Atmosphäre, Himmelsblick und Wolkengestalt. In: von W. Wehry, Ossing FJ (Hrsg) Wolken, Malerei, Klima. DMG, Berlin
Bernhofer C, Goldberg T, Grünwald R, Queck A, Schwiebus und U. Eichelmann (2004) Über die Skalenabhängigkeit der Wechselwirkung von Landoberfläche und Atmosphäre. DMG-Mitteilungen 1:4–6
Berry FA, Bollay E, Beer MC (1973) Handbook of meteorology. McGraw-Hill, New York
Berz G (2003) Naturkatastrophen und Klimawandel: Vorsorge ist das Gebot der Stunde. In: Hauser W (Hrsg) Klima – Das Experiment mit dem Planeten Erde. Deutsches Museum. München
Birmili W et al (2008) A case of extreme particulate matter concentrations over Central Europe caused by dust emitted over Southern Ukraine. Atmos Chem Phys 8:977–1016
Bischof J (2000) Ice drift, ocean circulation and climate change. Springer, Berlin
Bissoli P (2000) Wetterlagen und Großwetterlagen im 20. Jahrhundert. In: Deutscher Wetterdienst. Klimastatusbericht, S 32 ff., Offenbach
Bissoli P, Dittmann E (2003) Objektive Wetterlagenklassen. In: Deutscher Wetterdienst. Klimastatusbericht, 101 ff., Offenbach
Bissoli P, Müller-Westermeier G (2005) Objektive Wetterlagenklasse. In: Klimastatusbericht. DWD, Offenbach, S 109–115
Bjerknes J, Solberg H (1922) Life cycles of cyclones and the polar front theory of atmospheric circulation. Geofysiske Publikationer III, No. 1, S 1–18
Bjerknes V, Bjerknes J, Solberg H, Bergeron T (1933) Physikalische Hydrodynamik mit Anwendung auf die dynamische Meteorologie. Springer, Berlin
Bjerknes J (1966) Survey of the El Nino 1957–58 in its relation to tropical Pacific meteorology. Inter-American Tropical Tuna Commission, Bulletin 1:1–62
Blackadar A (1957) Boundary layer wind maxima and their significance for the growth of nocturnal inversions. Bull Am Meteor Soc 38:283–290
Bluestein HB (1993) Synoptic-dynamic meteorology in Midlatitudes. Oxford University Press, New York
Bohren CF, Huffman DR (1998) Absorption and scattering of light by small particles. Wiley, New York, S 132
Born M (1985) Optik. Springer, Berlin
Born M, Wolf E (1989) Principles of optics. Pergamon Press, Oxford
Bossow G (2008) Tropische Wirbelstürme. Schiff und Hafen 60(9):294–300
Bowditch N (2002) The American practical navigator. National Imagery Agency, Maryland
Brasseur GP, Orlando JJ, Tyndall GS (1999) Atmospheric chemistry and global change. Oxford University Press, Oxford
Brecht B (1967) Erinnerungen an Marie A. In: Gesammelte Werke, Bd. 8. Edition Suhrkamp, Frankfurt a. M., S 232
Brekke A (1983) The northern light. Springer, Berlin
Bremer J (2005) Trends in der Thermosphäre. Promet 31(1):33–34
Brewer A (1949) Evidence for a world circulation provided by the measurements of helium and water vapour distribution in the stratosphere. Quart J Meteorol Soc 75:351–363
Browning KA (1977) The structure an mechanism of hailstorms. Meteorol Monogr 38:1–39
Bryant E (2005) Natural hazards. Cambridge University Press, Cambridge
Bryden HL, Longworth HR, Cunningham SA (2005) Slowing of Atlantic meridional overturning circulation at 25°N. Nature 438(7068):655–657
Budo A (1963) Theoretische Mechanik. VEB Deutscher Verlag der Wissenschaften, Berlin
Busemann J (2008) Die Verschiebung der Treibeisgrenze im Zusammenhang mit der globalen Erwärmung. Diplomarbeit, Elsfleth
Bussemer M (1998) Ruß in verschiedenen atmosphärischen Reservoiren und seine Auswirkungen auf den Strahlungshaushalt der belasteten Atmosphäre. Dissertation, Universität Leipzig
Carslaw KS et al (1997) Modeling the composition of liquid stratospheric aerosols. Rev Geophys 35:125–154
Caviedes CN (2005) El Nino – Klima macht Geschichte. Wissenschaftliche Buchgesellschaft, Darmstadt

Christ HW (2006) Alberto, der erste tropische Sturm der diesjährigen Nordatlantik-Saison. Beilage zur Berliner Wetterkarte 52/06, SO 17/06, 22.06.2006
Chromov SP (1940) Einführung in die synoptische Wetteranalyse. Springer, Wien
Chromov SP (1957) Die geographische Verbreitung der Monsune. Peterm Geogr Mitt 101:234–237
Clarke RH (1970) Observational studies in the atmospheric boundary layer. Quart J R Meteorol Soc 96:91–114
Claude H, Steinbrecht W, Köhler U (2005) Entwicklung der Ozonschicht. Klimastatusbericht 118–121
Claudius H (1948) Das Wolkenbüchlein. Gütersloh, Bertelsmann
Cohen ER, Giacomo P (1987) Symbols, units, nomenclature and fundamental constants in physics. Physica 146A:1–68
Cospar (1972) COSPAR International Reference Atmosphere (CIRA). Akademie-Verlag, Berlin
Crutzen PJ, Arnold F (1986) Nitric acid cloud formation in the cold Antarctic stratosphere: a major case for springtime ozone hole. Nature 324:651–655
Cubachi S (1985) A special ozone observation at Syowa station, Antarctica, from February 1982 to January 1983. In: atmospheric ozone. Verlag D. Reichel, Dordrecht, S 285–288
Cubasch U, Kasang D (2000) Anthropogener Klimawandel. Justus Perthes Verlag, Gotha
Cubasch U, Fast I (2011) Perspektiven der Klimamodellierung. Institut für Meteorologie, FU Berlin (s. auch cubasch@zedat.fu-berlin.de)
Dameris M (2005) Klima-Chemie-Wechselwirkungen und der stratosphärische Ozonabbau. Promet 31(1):2–11
Debye P (1909) Der Lichtdruck auf Kugeln von beliebigem Material. Ann Phys 30(4):57–136
Demtröder W (1994) Experimentalphysik, Bd. 1 Mechanik und Wärme. Springer, Berlin
Dickerson RR, Huffman GJ, Luke WT et al (1987) Thunderstroms: an important mechanism in the transport of air pollutions. Science 235:460–465
Diels JC, Bernstein R, Stahlkopf KE, Zhao XM (1997) Blitzschutz mit Lasern. Spektrum der Wissenschaft 10:58–63.
Dietze G (1957) Einführung in die Optik der Atmosphäre. Akademische Verlagsgesellschaft Geest & Portig, Leipzig
Dodel H, Häupter D (2010) Satellitennavigation. Springer, Berlin
Doswell CA, Burges DW (1993) Tornadoes and tornadic storms: a review of conceptual models. Geophys Monogr 79:61–172
Doswell CA (1996) Whatt is a supercell? Preprints, 18th Conference severe local Storms. San Francisco, 19–23 February 1996 (Amer Meteorol Soc 641)
Dotzek N, Emeis S (2003) Tornados in Deutschland. DMG-Mitteilungen 3:2–5
Draheim T (2005a) Die räumliche und zeitliche Variabilität der PM10-Schwebestaubkonzentration in Berlin unter Berücksichtigung der Großwettertypen, Dissertation, Humboldt-Universität zu Berlin
Draheim T (2005b) Die räumliche und zeitliche Variabilität der PM10-Schwebstaubkonzentration in Berlin unter Berücksichtigung der Großwettertypen. Berliner Geographische Arbeiten 103 (Humboldt-Universität zu Berlin)
Dütsch HU (1980) Vertical ozone distributions and troposhere ozone. Proceedings of the NATO advanced study institute on atmospheric ozone, US Department of Transportation, Report FAA-EE-80-290, 7
Dvorak VF (1984) Tropical cyclone intensity analysis using sattelite data. NOAA Techn. Rep. NESDIS 11, National Oceanic and Atmospheric Administration, Washington, DC
Druger SD, Kerker M, Wang DS, Cooke DD (1978) Light scattering by inhomogeneous particles. Appl Opt 18(23):3888–3889
Dwyer JR (2005) Vom Blitz getroffen. Spektrum der Wissenschaft 11:38–46
Dwyer JR, Smith DM (2013) Gammablitze aus den Wolken. Spektrum der Wissenschaft 1:61–66
Ebert U (2014) Kugelblitz in freier Wildbahn. Physik J 13(3):22–25
Etling D (1996) Theoretische Meteorologie – eine Einführung. Friedrich Vieweg, Braunschweig
Etling D (2006) Wirbelstürme im Visier. Physik J 5(11):31–37

Eyring V (1999) Modellstudien zur arktischen stratosphärischen Chemie im Vergleich mit Meßdaten. Berichte zur Polarforschung, A. Wegener-Institut, Bremerhaven 1999
Fabian P (2002) Leben im Treibhaus. Springer, Berlin
Feister U (1990) Ozon – Sonnenbrille der Erde. BSB B. G. Teubner Verlagsgesellschaft, Leipzig
Farman J et al (1985) Large losses of total ozone in Antarctica reveal seasonal ClOx/NOx interaction. Nature 31:207–210
Feichter J et al (2007) Luftchemie und Klima. Chemie in unserer Zeit 41(3):138–1149
Foitzik L, Hinzpeter H (1958) Sonnenstrahlung und Lufttrübung. Akademische Verlagsgesellschaft Geest & Portig, Leipzig
Foken T (2003) Angewandte Meteorologie, Springer, Berlin
Fortak H (1971) Meteorologie. Carl Habel Verlagsbuchhandlung, Berlin
Fuchs A (2010) Blickpunkt Klimawandel: Gefahren und Chancen. Delius Klasing, Bielefeld
Fujita TT, Pearson AD (1973) Results of FPP classification of 1971 and 1972 tornadoes. Proc. 8th Conf. On Severe Local Storms, Denver, S 142–145
Fujita TT (1981) Tornadoes and downbursts in the context of generalized planetary scales. J Atmos Sci 38:1511–1534
Gates WL (2003) Ein kurzer Überblick über die Geschichte der Klimamodellierung. promet 29(1/4)3–5
Gadsden M, Schröder W (1989) Noctilucent clouds. Springer, New York
GCNS (2005) Glasgow college of nautical studies. Script
Gerstengarbe FW, Werner PC (1993) Katalog der Großwetterlagen Europas nach Paul Heß und Helmuth Brezowsky 1881–1992. Berichte des DWD N. 113, Offenbach
Gerstengarbe FW, Werner PC, Rüge U (1999) Katalog der Großwetterlagen Europas (1881–1998) nach Paul Heß und Helmuth Brezowsky. Potsdam
Gerthsen C (1997) Physik. Springer, Berlin (In: Vogel H (Hrsg))
Goldberger J (2009) Die Nordatlantik-Oszillation – die Lenkung der Winter, Beilage zur Berliner Wetterkarte vom 21. 10. 2009
Goswami BN, Venugopla V, Sengupta D, Madhusoodanan MS, Xavier PK (2006) Increasing trend of extreme rain events over India in a warming envivonment. Science 314:1442–1445
Graedel TE, Crutzen PJ (1994) Chemie der Atmosphäre: Bedeutung für Klima und Umwelt. Spektrum Akademischer Verlag GmbH, Heidelberg
Gralla R, Berking B (1980) Der Einsatz einer EDV-Anlage beim Ausmanövrieren von tropischen Wirbelstürmen. Seewart 41(3):111–132
Gregory JM, Huybrechts P, Raper SCP (2004) Threatened loss of the Greenland ice-sheet. Nature 428:616
Häckel H (1993) Meteorologie, 3. Aufl. Verlag Eugen Ulmer, Stuttgart
Häckel H (1999a) Meteorologie. Verlag Eugen Ulmer, Stuttgart
Häckel H (1999b) Farbatlas Wetterphänomene. Verlag Eugen Ulmer, Stuttgart
Hänsel H, Neumann W. Physik. Spektrum Akademischer Verlag, Heidelberg
Hansen JE (2005) Lässt sich die Klimazeitbombe entschärfen? Spektrum der Wissenschaft 1:50–58
Haeseler S, Lefebvre C (2013) Super-Taifun HAIYAN zieht im November 2013 mit extremer Intensität über die Philippinen. DWD (13. 11. 2013)
Hasse P (2004) Der Weg zum modernen Blitzschutz. VDE-Verlag, Berlin
Hastenrath S (1968) Der regionale und jahreszeitliche Wandel des vertikalen Temperaturgradienten und seine Behandlung als Wärmehaushaltsproblem. Meteorol Rdsch 21(2):46–51
Hattwig L (2003): Häufigkeitsverteilungen von Luftmassen in Europa auf 850 hPa im Zeitraum von 1979 bis 2000. Diplomarbeit, FU Berlin (http://wwwLars-hattwig.dr/Diplomarbeit.html
Hauser W (2003) Klima: Das Experiment mit dem Planeten Erde. Deutsches Museum, München (s. Berz)
Hellmann G (1917) Über die Bewegung der Luft in den untersten Schichten der Atmosphäre. Meteor Zs 34(1917), 273–285
Henderson-Sellers A, McGuffie K (1987) A climate modelling primer. Wiley, Chichester

Hendl M, Liedtke H (1997) Lehrbuch der Allgemeinen Physischen Geographie. Justus Perthes Verlag, Gotha
Henning F (1951) Temperaturmessung. Barth Verlag, Leipzig
Hermant A (2001) Gewitter – Faszination eines Phänomens. Delius Klasing Verlag, Bielefeld
Heß P, Brezowsky H (1952) Katalog der Großwetterlagen Europas, Berichte des Deutschen Wetterdienstes in der US-Zone, Nr. 33
Heß P, Brezowsky H (1977) Katalog der Großwetterlagen Europas, Berichte DWD Nr. 113 (Bd. 15). Selbstverlag des Deutschen Wetterdienstes, Offenbach
Hesse S (2008) Zur Modifikation der Solarstrahlung in Abhängigkeit von den Wetterbedingungen, Diplomarbeit, FHOOW, Elsfleth
Heyer E (1972): Witterung und Klima. BSG B.G. Teubner Verlagsgesellschaft, Leipzig
Hoff RM (1992) Differential SO_2 column measurements of the Mt. Pinatubo volcanic plume. Geophys Res Lett 19(2):175–178
Holmboe J, Forsythe GE, Gustin W (1945) Dynamic meteorology. Wiley, New York
Holton JR (1967) The diurnal boundary layer wind oscillation above sloping terrain. Tellus 19:199–205
Holton JR (1992) An introduction to dynamic meteorology. Academic, San Diego
Holweg EJ (2000) Mariners guide for hurricane awareness in the North Atlantic basin. National Weather Service, National Oceanic and Atmospheric Administration, Washington, DC
Hoppe G (1999) Blau – die Farbe des Himmels. Spektrum Akademischer, Heidelberg
Houghton J (1979) The Physics of atmospheres. Cambridge University Press, Cambridge
Houghton J (2004) Global warming, atmospheres. Cambridge University Press, Cambridge
Howard L (1803) On the modification on clouds. Phil Mag 16(1803):97–107; 17(1803):344–357
Huch M, Warnecke G, Germann K (2001) Klimaerzeugnisse der Erdgeschichte. Springer, Berlin
Hupfer P, Kuttler W (Ed) (2006) Witterung und Klima. Teubner, Wiesbaden
Hurrel JW (1995) Decadal trends in the Northern Atlantic oscillation: regional temperatures and precipitation. Science 269:676–679
Hulst HC van de (1957) Light scattering by small particles. Wiley, New York
IPCC (2001) Climate change 2001. Cambridge University Press, Cambridge
IPCC (2007) Climate change 2007, in DMG Mitteilungen 1/2007 (s. auch http://on.wikipedia.org/Wiki/IPCC_Fourth_Assessment_Report)
Isola GH (2003) Untersuchung von Zirkulationsänderungen im Westeuropäisch-Nordatlantischen Raum mit besonderer Berücksichtigung der Auswirkungen auf die Gletscher in den Ötztaler Alpen. Dissertation, Leopold-Franzens-Universität Insbruck
Jansen J (2004) Tropische (?) Zyklone über dem Südatlantik. Promet 30(4):243–245
Jansen J, Lefebvre C (2005) Das Hurrikanaufkommen im Nordatlantik, Klimastatusbericht 2005. DWD, Offenbach, S. 174–180
Jansen J, Lefebvre C, Schröter M (2006) Die äußerst aktive Hurrikansaison 2005, Der Wetterlotse 709/710. Deutscher Wetterdienst, Hamburg, S. 23–25
Junge CE (1963) Air chemistry and radioactivity. Academic, New York
Kappas M (2009) Klimatologie. Spektrum Akademischer, Heidelberg
Karttunen H, Kröger P, Oja H et al (1994) Fundamental astronomy. Springer, New York
Kaser G, Mote PW (2008) Gletscherschwund am Kilemandscharo. Spektrum der Wissenschaft 1:62–69
Kelly DL, Schaefer JT, McNulty RP, Doswell CA, Abbey RF (1978) An augmented tornado climatology. Mon Wea Rev 106:1172–1183
Keul A (2006) Potz Kugelblitz. Wettermagazin 1(2):30–33
Kilian U (2002) Polarlichter – Atomphysik am Himmel. Phys J 1(2):60–61
Kleinschmidt E (1948) Über den Tagesgang des Windes. Ann Meteor 1:78–88, 360–371
Klimastatusbericht (2003) Klimastautsbericht 2003. DWD, Offenbach (s. Bissoli 2003)
Klimastatusbericht (2004) Klimastatusbericht 2004. DWD, Offenbach (s. Claude 2005)
Klimastatusbericht (2005) Klimastatusbericht 2004. DWD, Offenbach (s. Schönwiese 2005)
Klose B (1976) Zum Zusammenhang zwischen Druckfeld und Bodenwind. Dissertation, Humboldt-Universität zu Berlin
Klose B, Ewert K (1986) Auswertung von Scherwindregistrierungen für den Flughafen Berlin-Schönefeld. Techn.-ökon Inf Ziv Luftfahrt 22(6):235–238

Klose B (1988) Zum Windverhalten in der planetarischen Grenzschicht unter besonderer Berücksichtigung nächtlicher Windmaxima. Habilitationsschrift, Humboldt-Universität zu Berlin

Klose B, Sjarov M (1990) Über den Einfluß strömungsparalleler und strömungssenkrechter Beschleunigungskomponenten auf die Ausbildung eines nächtlichen Low-Level Jets. Zs Meteorolog 40(3):211–217

Klose B (1991) Ausgewählte Charakteristika der stabilen nächtlichen Grenzschicht. Meteorol Rdsch 44(1–4):55–61

Klose B (1996) Das Wetter: diagnose und prognose. Humboldt-Spektrum 3(3):22–26

Klose B (2006) Wind als Grenzschichtphänomen. Sitzungsberichte der Leibniz-Sozietät 86:11–35

Klose B, Klose HA, Lampe K-U, Zierke F (2006) Entfernungsbestimmung, vorzugsweise zur Sichtweitenbestimmung. Patentanmeldung von 02. 02. 2006 (AZ 10 2006 055231.5–52)

Klose B, Klose HA, Beuse JF, Simon F (2010) Entfernungs- und Sichtweitebestimmung (Teil 1). Schiff & Hafen 62(12):72–75

Klose B, Klose HA, Beuse JF, Simon F (2011) Entfernungs- und Sichtweitebestimmung (Teil 2). Schiff & Hafen 63(1):786–789

Köpke P, Sachweh M (2012) (Hrsg.) Satellitenmeteorologie. Ulmer, Stuttgart

Körber HG (1987) Vom Wetteraberglauben zur Wetterforschung. Edition Leipzig

Koschmieder H (1925) Theorie der horizontalen Sichtweite. Beiträge zur Physik der freien Atmosphäre 12(1):33–55

Koschmieder H (1926) Kontrast und Sichtweite. Beitr zur Physik der freien Atmosphäre 12(3):171–181

Koschmieder H (1941) Physik der Atmosphäre. Akademische Verlagsgesellschaft Becker & Erler, Leipzig

Kraus H (2001) Die Atmosphäre der Erde: Eine Einführung in die Meteorologie, 2. Aufl. Springer, Berlin

Kraus H, Ebel U (2003) Risiko Wetter. Springer, Berlin

Krauß J, Meldau H (1983) Wetter- und Meereskunde für Seefahrer. Springer, Berlin

Krueger AJ (1983) Sighting of El Chichon Sulfur Dioxide clouds with the NIMBUS 7 total ozone mapping spectrometer. Science 220:1377–1379

Krüger AJ (1989) The global distribution of total Ozone: TOMS satellite measurements. Planet Sp Sci 37(12):1555–1565

Krüger AJ (1991) On monitoring of Ozone and volcanic clouds using spaceborn TOMS. Photonics Spectra 25(8):80–81

Kruse PW, Skatrud DD (1997) Uncooled infrared imaging arrays and systems, semiconductors and semimetals, Bd. 47. Academic, San Diego

Kurz M (1990) Synoptische Meteorologie. Selbstverlag des Deutschen Wetterdienstes, Offenbach

Labitzke K (1999) Die Stratosphäre: Phänomene, Geschichte, Relevanz. Springer, Berlin

Labitzke K (2005) Variabilität und Trends in der Stratosphäre. Promet 31(1):25–29

Labitzke K (2009) Über die unerwartet warme Stratosphäre im Winter 2008/2009. Beiträge zur Berliner Wetterkarte SO 13/09, 07. 04. 2009

Lamson C (Hrsg) (1988) Transit management in the Northwest passage. Cambridge University Press, Cambridge

Landolt-Börnstein (1988) Meteorologie: Physical and Chemical Properties of the Air, Bd. V/4. Springer, Berlin

Latif M (2000) From weather prediction to short-range climate prediction: in 50 years numerical weather prediction. Deutsche Meteorologische Gesellschaft e. V.

Latif M (2003a) Hitzerekorde und Jahrhundertflut. Wilhelm Heyne, München

Latif M (2003b) Simulation und Vorhersage von ENSO-Extremen. Promet 29(1–4):72–79

Latif M (2009) Klimawandel und Klimadynamik. Eugen Ulmer, Stuttgart

Lemke P, Hilmer M (2003) Meereismodelle. Promet 29(1–4):90–97

Lemke P (2003) Was unser Klima bestimmt: Einsichten in das System Klima. In: Hauser W (Hrsg) Klima – Das Experiment mit dem Planeten Erde. Deutsches Museum, München

Liljequist GH (Hrsg) (1981) Weather and weather maps. Birkhäuser, Basel

Liljequist, GH, Cehak K (1984) Allgemeine Meteorologie. Friedrich Vieweg & Sohn, Braunschweig

Linke F (1960) Die Sicht. Handbuch der Geophysik 8:621–650
Linke F, Baur F (1970) Meteorologisches Taschenbuch, Neue Ausgabe, Teil II. Akademische Verlagsgesellschaft Geest & Portig, Leipzig
Löhle F (1941) Sichtbeobachtungen vom meteorologischen Standpunkt. Springer, Berlin
Lübken, FJ (2005) Eisteilchen in 80–90 km Höhe: Indikatoren für die niedrigsten Temperaturen in der Erdatmosphäre. Promet 31(1):19–24
Lutgens FK, Tarbuck EJ (1998) The atmosphere: an introduction to meteorology. Prentice Hall, Upper Saddle River
Magono C (1980) Thunderstrorms. Elsevier, Amsterdam
Majewski D, Baldauf M (2005) Und nun das Wetter. Physik in unserer Zeit 36(3):116–123
Malitz G (2002) Zum Starkniederschlagsgeschehen im August 2002. DMG Mittelungen 3(4)
Manabe S, Bryan K (1969) Climate calculations with a combined ocean-atmosphere model, J. Atmos Sci. 26:786
Manabe S, Wetherald RT (1975) The effects of doubling the CO_2 concentration on the climate of a general circulation model. J Atmos Sci 32(1):3–15
Margules M (1906) Über Temperaturschichtung in stationär bewegter Luft und in ruhender Luft. Meteorologische Zeitschrift, Hann-Band, S 243–254
Mason BJ (1957) The physics of clouds. Oxford University Press, London
Mason BJ (1971) The physics of clouds, 2. Aufl. Clarendon Press, Oxford
Masters J (2006) Hurrikane und globale Erwärmung. Beilage zur Berliner Wetterkarte 79/05, SO 26/05, 28. 12. 2005
McGregor JM, Morgan MD (1998) Tropical climatology. Wiley, New York
Meaden GT (1976) Tornadoes in Britain: their intensities and distribution in space and time. J Meteor 1:242–251
Mégie G (1989) Ozon: Atmosphäre aus dem Gleichgewicht. Springer, Berlin
Mende SB, Sentman DD, Wescott EM (1997) Blitze zwischen Wolken und Weltraum. Spektrum der Wissenschaft 10:64–67
M-Handbook (1993) Meteorology for mariners. HMSO, London
Middleton WEK (1952) Vision through the atmosphere. University of Toronto Press, Toronto
Middleton WEK (1957) Vision through the atmosphere, Handbuch der Physik Band XLVIII. Geophysik II:254–287
Mie G (1908) Beiträge zur Optik trüber Medien, speziell kolloider Metalllösungen. Ann Phys 25(3):377–445
Moberg A, Sonechkin DM, Holmgren K, Datsenko NM, Karlen W (2005): Highly variably Northern Hemisphere temperatures reconstructed from low- and high-resolution proxy Data. Nature 433:613–617
Möhler O, Beheng KD (2003) Aerosole und Wolken. Nachrichten-Forschungszentrum Karlsruhe 35(1/2):68–72
Molina FJ, Rowland FS (1974) Stratospheric sink for chlorofluoromethanes: chlorine catalysed destruction of ozone. Nature 249:810–812
Molina LT, Molina MJ (1987) Production of Cl_2O_2 from the self reaction of the ClO radical. J Phys Chem 91(9187):433–436
Monin A. S. i A. M. Obukhov (1954) Osnovnye sakonomernosti turbulentnovo peremeschivanijav prisemnom scloje atmosfery. Trudy Geofiz. In-ta AN SSSR No. 24(151):163–187
Moran J, Morgan M (1997) Meteorology: the atmosphere and the science of weather. Prentice Hall, Upper Saddle
Mühr B, Berberich W (2008) Der Wolkenatlas und ein Ausflug in die Astronomie. Kunstschätzeverlag Gersheim
Möller F (1940) Über den Tagesgang des Windes. Meteor Zs 57:324–331
Möller D (2003) Luft. Walter de Gruyter. Berlin
Müller I (1999) Grundzüge der Thermodynamik: mit historischen Anmerkungen. Springer, Berlin
Naatz OW (1980) Ein Plottverfahren zum Ausmanövrieren von tropischen Wirbelstürmen. Seewart 41(3):1002–1009
Naujokat B (1992) Stratosphärenerwärmungen: Synoptik. Promet 22(2/4):81–89

Naujokat B (2005) Variabilität in der Stratosphäre: Die QBO. Promet 31(1):30–32 (Hamburg)
Negendank J (2003) Klima im Wandel: Lesen in den Archiven der Natur. In: Hauser W (Hrsg) Klima – Das Experiment mit dem Planeten Erde. Deutsches Museum, München
Neumann H, Steckert K (1983) Temperaturmeßtechnik. Akademie-Verlag, Berlin
Niedeck I, Frater H (2004) Naturkatastrophen. Wissenschaftliche Buchgesellschaft, Berlin
Nußbaumer R (2005) Änderung der Tagesamplitude der Lufttemperatur in Norddeutschland. Diplomarbeit, FHOOW, Elsfleth
O'Dowd CD, Lowe J et al (1999) The relative importance of sea-salt nss-sulphate aerosol to the marine CCN: population: an improved multi-component aerosol-droplet parametrisation. Q J Roy Met Soc 125:1295–1313
O'Dowd CD, de Leeuw G (2007) Marine aerosol production: a review of the current knowledge. Phil Trans R Soc A. doi:10.1089/rsta.2007.2043
Orear J (1971) Grundlagen der modernen Physik. Carl Hanser, München
Orlanski I (1975) A rational subdivision of scales for atmospheric pressure. Bull Am Meteor Soc 56:527–530
Orlenko LR (1979) Strojenie planetarnovo pogranitschnovo sloja atmosfery. Gidrometeoisdat, Leningrad
Orville RE, Henderson RV (1986) Global distribution of midnight lighting: september 1977 to august 1978. Mon Weather Rev 114(12):2640–2653
Otto-Bliesner BL, Marshall SJ, Overpeck JT, Miller GH, Hu A (2006) Simulating Arctic climate warmth and icefield retreat in the last interglaciation. Science 311:1751–1753
Overpeck JT, Otto-Bliesner BL, Miller GH et al (2006) Paleoclimatic evidence for future ice-sheet instability and rapid sea-level rice. Science 311:1747–1750
Paul RA (1996) Exercises in meteorology. Prentice-Hall Inc., Simon & Schuster, Upper Saddle River
Paus HJ (1995) Physik in Experimenten und Beispielen. Carl Hanser, München
Peixoto JP, Oort AH (1992) Physics of climate. American Institute of Physics, New York
Philipona RB, Dürr C, Marty et al (2004) Radiative forcing – measured at Earth‘s surface – corroborates the increasing greenhouse effect. Geophys Res Lett 31(3):L 03 202
Pichler H (1986) Dynamik der Atmosphäre. Bibliographisches Institut, Mannheim
Planck, M. (1966) Theorie der Wärmestrahlung. JA Barth Verlag, Leipzig
Pochmüller W, Kuehnle G (2000) Verfahren zur Sichtweitenbestimmung. Patentanmeldung vom 17. 05. 2000 (AZ DE 100 34 461 A1)
Pochmüller W (2001) Verfahren zur Sichtweitebestimmung. Europäische Patentanmeldung vom 10. 01. 2001 (EP 1 067 399 A2)
Podbregar N (2013) Sturm und Staub: Der Wind als Transportmittel. Scinexx 11.01.2013
Poole I (1997) Short wave listeners's guide. Butterworth-Heinemann, Oxford
Prandtl L (1932) Meteorologische Anwendung der Strömungslehre. Beitr Physik für Atmos 19:188–220
Pruppacher HR, Klett JD (1997) Microphysics of clouds und precipitation, 2. Aufl. Kluwer, Dordrecht
PTB-Veröffentlichung (1994) Die SI-Basiseinheiten – Definition, Entwicklung, Realisierung. PTB, Braunschweig und Berlin
Radwin, V (2003) Bestimmung der Temperaturverteilung im Nord- und Südpazifik und Auswertung vertikaler Temperaturprofile auf einer Messfahrtroute. Diplomarbeit, FHOOW Elsfleth
Rahmstorf S (1997) Risk of sea-change in the Atlantic. Nature 388(6645):825–826
Rahmstorf S (2002) Ocean circulation and climate during the past 120000 years. Nature 419(6903):207–214
Rahmstorf S (2003) Timing of abrupt climate change: a precise clock. Geophys Res Lett 30:10
Rahmstorf S, Schellnhuber HJ (2006) Der Klimawandel: diagnose, prognose, therapie. CH Beck, München
Rahmstorf S (24. Nov. 2011) Was wir übers Klima Neues wissen. Zeit 48:47
Rakov VA, Uman MA (2003) Lightning – Physics and effects. Cambridge University Press, Cambridge

Ramage CS (1971) Monsoon Meteorology. Academic Press, New York
Rampino MR, Self S (1990) Die Verschmutzung der Atmosphäre durch El Chichon. In: Crutzen PJ (Hrsg) Atmosphäre, Klima, Umwelt. Spektrum der Wissenschaft, Heidelberg, S 106–117
Reiner J (1949) Die meteorologischen Instrumente. RA Lang, Pößneck
Reuter H (1976) Die Wettervorhersage. Springer, Wien
Revelle R, Suess H (1957) Carbon dioxide exchange between atmosphere and ocean and the question of an increase of atmosheric CO_2 during the past decades. Tellus 9:18
Richter HA et al (2004) Satellite measurements of NO_2 from international shipping emissions. Geophys Res Lett 31. doi:10.1029/2004GL020822
Robock A, Matson M (1983) CircumglobaltTransport of the El Chichón volcanic dust cloud. Science 221:195–197
Rodewald M (1960) Entwicklungswege der meteorologischen Navigation. Hansa 97(19/20):1002–1006
Rodewald M (1984) Leitfaden der praktischen Seewetterkunde. DWD, Seewetteramt
Roedel W, Wagner T (2011) Physik unserer Umwelt. Die Atmosphäre, 4. Aufl. Springer, Berlin
Rudolf B, Rapp J (2003) Das Jahrhunderthochwasser der Elbe. Abdruck aus Klimastatusbericht 2002, DWD Offenbach
Sachs JP, Myhrvold CL (2011) Tropisches Regenband auf Nordkurs. Spektrum der Wissenschaft 5:78–84
Sävert T (2011) Tornados in Deutschland 2011. (s. auch www.tornadoliste.de)
Sävert T (2013) Priv. Mitteilung
Sandermann H (2001) Ozon – Entstehung, Wirkung, Risiken. CH Beck, München
Sausen R et al (2005) Aviation radiative forcing in 2000: an update on IPCC (1999). Meteorol Z 14:555–561
Scherhag R (1948) Neue Methoden der Wetteranalyse und Wetterprognose. Springer, Berlin
Scharnow U, Berth W, Keller W (1990) Maritime Wetterkunde. transpress, Berlin
Schiermeier Q (2006) A sea change. Nature 439(7074):256–260
Schmidt U (1992) Arktisches Ozon und PSC's. Promet 22(2–4):106–113
Schmincke HU (2001) Spektrum der Wissenschaft-Dossier 2:80–85
Schneider G (1980) Naturkatastrophen. Enke, Stuttgart
Schönwiese C (1995) Klimaänderungen: Daten, Analysen, Prognosen. Springer, Berlin
Schönwiese C (2000) Treibhauseffekt und Klimaveränderungen. In: Guderian R (Hrsg) Atmosphäre, Bd. 1B. Springer, Berlin, S 331–393
Schönwiese C (2003) Das Klima ändert sich: Die Fakten. In: Hauser W (Hrsg) Klima – Das Experiment mit dem Planeten Erde. Deutsches Museum, München, S 186–204
Schönwiese CD, Staeger T, Trömel S (2005) Klimawandel und Extremereignisse in Deutschland (s. Klimastatusbericht 2005). DWD, Offenbach, S 7–17
Schreiber D (1957) Physische Geographie von Deutschland III (Klima), Lehrbrief für das Fernstudium der Oberstufenlehrer, Berlin
Schran O (2003) Niederschlagshöhen in Sachsen und Sachsen-Anhalt unter besonderer Berücksichtigung der Sommerniederschläge des Jahres 2002 und lokaler Besonderheiten, Diplomarbeit, FHOOW, Elsfleth
Schulz A (2001) Bestimmung des Ozonabbaus in der arktischen und subarktischen Stratosphäre. Berichte zur Polarforschung 387(2001), Bremerhaven
Schumann U, Schütz A (2010) Vulkanasche-Wolke, Messflüge, Teil 1 (19. 04. 2010) und Teil 2 (02. 05. 2010), (s. auch http://www.dlr.de/desktopdefault.aspx/tabid-6449/)
Schwenn V (2005) Zur Gefährdung der Nord- und Ostseeküsten sowie der Schifffahrt durch große Sturmfluten, Diplomarbeit, FHOOW, Elsfleth
Seinfeld JH (1997) Atmospheric chemistry and physic: from air pollution to climate change. Wiley, Hoboken
Seinfeld JH, Pandis SN (2006) Atmospheric chemistry and physic: from air pollution to climate change. Wiley, Hoboken
Sonntag D (1990) Important new values of the physical constants of 1986, vapour pressure formulations based on the ITS-90, and psychrometer formulae. Zeitschrift fur Meteorologie 40:340–344

Stahl K, Miosga G (1986) Infrarotmeßtechnik. Hüthig, Heidelberg
Steinhagen H (2005) Richard Aßmann. Mitteilungen DMG 3/4:10–12
Steele HM et al (1983) The formation of polar stratospheric clouds. J Atmos Sci 40:2055–2067
Steinbrecht W, Claude H (2007) Troposphärische Erwärmung und stratosphärische Abkühlung, Ozon Bulletin des DWD, Nr. 118 (Dezember 2007)
Stetzer O et al (2006) Homogenous nucleation raters of nitrid acid dihydrate (NAD) at stimulated stratospheric condition – part I: experimental results. Atmos Chem Phys 6:9071–9078
Stocker T (2008) Script zur Vorlesung „Einführung in die Klimamodellierung", 146 Seiten, Physikalisches Institut, Universität Bern. (s. auch http://www.climate.unibe.ch/~stocker/papers/stocker08EKM.pdf)
Stolzenburg M, Rust WD, Marschall TC (1998a) Electrical structure in thunderstorms convective regions, 2. isolated storms. J Geophys Res 103:14079–14096
Stolzenburg M, Rust WD, Marschall TC (1998b) Electrical structure in thunderstorms convective regions, 3. Synthesis. J Geophys Res 103:14097–14108
Sverdrup KA, Duxbury A, Duxbury A (2005) Fundamentals of oceanography. McGraw-Hill, New York
T-Handbook (2000) The temperature handbook. OMEGA Engineering, Stamford
Thomas L (2004) Zur Veränderung der Schifffahrtsrouten infolge der Abnahme der polaren Eismassen. Diplomarbeit, Elsfleth
Titz S (2005) Tornados in Deutschland. Spektrum der Wissenschaft 8:38–39
Thurman, HV, Burton EA (2001) Introductory oceanography. Prentice Hall, Upper Saddle River
Toon OBP, Hamill P, Turco RP et al (1986) Condensation of HNO_3 and HCl in the winter polar stratoshere. Geophys Res Letters 13:1284–1286
Trepte CR, Veiga RE, McCormick MP (1993) The poleward dispersal of Mount Pinatubo Volcanic aerosol. J Geophys Res 98(D10):18563–18573
Trujillo AP, Thurmann HV (2005) Essentials of oceanography. Pearson, New Jersey
Tuckermann R (2005) Vorlesung Atmosphärenchemie, WS 2005/2006. www.pci.tu-bs.de/aggericke/PC5-Atmo/Aerosole
UBA (2006): Künftige Klimaänderungen in Deutschland-Regionale Projektionen für das 21. Jahrhundert, Hintergrundpapier UBA
Uherek E (2006) Wie funktionieren Klimamodelle? ACCENT Magazin Nr. 7(2006) (s. auch http://www.atmosphere.mpg.de/enid/658.html)
Vahs M (2010) „Green Ship" als Zukunftsaufgabe. Schiff & Hafen 62(1):34–37
VDI (1983) Meteorologische Messungen für Fragen der Luftreinhaltung, Trübung der bodennahen Atmosphäre und Normsichtweite. VDI-Richtlinie 3786, Blatt 6
Vogt H, Hofmann G, Graßl H (2005) Der Funtensee: Im Winter die kälteste Messstation in Deutschland. DMG-Mitteilungen 1:12–14
Von Storch H, Güss S, Heimann M (1999) Das Klimasystem und seine Modellierung: eine Einführung. Springer, Heidelberg, 255 S
Vollmer M (2006) Lichtspiele in der Luft. Spektrum Akademischer Verlag, München
Vollmer M, Möllmann K-P (2010) Infrared thermal imaging. Wliley-VCH, Weinheim
Wacker U (1993) Diffusionswachstum von Wolkenpartikeln. Promet 23(1/2):15–21
Wagner A (1936) Zur Theorie des täglichen Ganges der Windverhältnisse. Gerlands Beitr Geophys 47:172–202
Waibel AE, Peter T, Carslaw KS et al (1999) Arctic ozone loss due to denitrification. Science 283:2064–2069
Walther L, Gerber D (1983) Infrarotmeßtechnik. Verlag Technik, Berlin
Warneck P (1988) Chemistry of the natural atmosphere. International geophysics series, vol 41. Academic, London
Warnecke G (1997) Meteorologie und Umwelt – eine Einführung. Springer, Berlin
Wehry W (2005) Können Hurrikane außerhalb der Tropen entstehen? Beiträge zur Berliner Wetterkarte vom 09.12.2005
Weischet W, Endlicher W (2012) Einführung in die Allgemeine Klimatologie. Bornträger, Stuttgart
Wells N (1998) Atmosphere and ocean – a physical introduction. Wiley, New York

Werner D (2005) Variabilität des Wind- und Stromregimes im Pazifik, Diplomarbeit. FHOOW, Elsfleth.

Wilhelmsen K (1985) Climatological study of gale-producing polar-lows near Norway. Tellus 37A:451–459

Williams ER (1988) The electrification of thunderstorms. Sci Am 259(11): 88–99

Winkler P (2000) Verteilung und Chemie des atmosphärischen Aerosols. In: Guderian R (Hrsg) Atmosphäre, Bd. 1B. Springer, Berlin, S 1–39

Winkler S (2009) Gletscher und ihre Landschaften. Primus, Darmstadt

Wiscombe WJ (1980) Improved Mie scattering algorithmus. Appl Optics 19(9):1505–1509

Wolkenatlas (1990) Internationaler Wolkenatlas, Vorschrift und Betriebsunterlagen Nr. 12, Teil 1. Selbstverlag des Deutschen Wetterdienstes, Offenbach

WMO (1999) World Meteorological Organization United Nations Environment Programme (WMO/UNEP). Science Assessment of Ozone depletion 1998, Report No 44, Geneva.

WMO (2003) World Meteorological Organization: scientific assessment of ozone depletion: 2002, Global Ozone Research and Monitoring Project, Report No 47, Geneva 2003

WMO (2006) Guide to meteorological instruments and methods of observation, 7. Aufl. Geneva

Zellner R (2000) Chemie der Stratosphäre und der Ozonabbau. In: Guderian R (Hrsg) Atmosphäre, Bd. 1A. Springer, New York, S 342–382

Zmarsly E, Kuttler W, Pethe H (1999) Meteorologisch-Klimatologisches Grundwissen. Eugen Ulmer, Stuttgart

Internetverzeichnis

Internet 1: Abb. 1. 2, 1.3 und Abb. 1.5: http://wiki.bildungsserver.de/klimawandel/index.php/Klimamodelle (abgerufen am 17. 02. 2011)

Internet 2: Abb. 1.4: http://www.atmosphere.mpg.de/enid/658.html (abgerufen am 28. 02. 2010) bzw. http://www.atmosphere.mpg.de/enid/ACCENT_de/Nr_7_Maerz_2__6_ Klimamodellierung_5j1.html (abgerufen am 25. 10 2013)

Internet 3: Abb. 2.4: http://www.geodz.com/deu/d/images/2482_ozonverteilung.png (abgerufen 21. 05. 2009) bzw. http://www.stadtentwicklung.berlin.de/umwelt/umweltatlas/ (abgerufen am 28. 02. 2012)

Internet 4: Abb. 2.6: http://wiki.bildungsserver.de/klimawandel/upload/Jahresgang-ozon.gif (abgerufen am 19. 03. 2012)

Internet 5: Abb. 2.7: http://www.science-softcon.de/p-1ozon.pdf (17. 05. 2009)

Internet 6: Abb. 2.9: http://www.epa.nsw.gov.au/soe/soe2006/chapter3/chp_3.2.htm (abgerufen am 21. 05. 2009 und am 07. 04. 2013)

Internet 7: Abb. 2.10: http://cources.washington.edu/atm 3212/weeks/pdf (abgerufen 14. 07. 2009) jetzt unter http://www.atmos.washington.edu/academics/classes/2011Q2/558/S 11_558_StratChem.pdf (abgerufen am 18. 04. 2014)

Internet 8: Abb. 2.11: http://www.theozonehole.com/ozoneholehistory.htm (abgerufen am 13. 03. 2011)

Internet 9: Abb. 2.12: http://josvg.home.xs4all.nl/KNMI/hole1999/991130N1.gif (abgerufen am 23. 05. 2009 und am 18. 03. 2012)

Internet 10: Abb. 2.16: http://ozone.unep.org/Assesment_Panels/SAP/Scientific_Assesment_2010/00-SAP-2010-Assesment-report.pdf (abgerufen am 24. 02. 2009)

Internet 11: Abb. 2.18: http://www.ccpo.odu.edu/~lizsmith/SEES/ozone/class/Chap_6/6_Js/6–03.jpg (abgerufen am 29.04.2014) und unter http://www.atmos.washington.edu/academics/classes/2011Q2//558/S 11–558__StratChem.pdf (abgerufen am 08. 04. 2013 und am 18. 04. 2014)

Internet 12: Abb. 2.19: http://bildungsserver.hamburg.de/treibhausgase/2052404/kohlendiovid-konzen-tration-artikel.html (abgerufen am 03. 07. 2007)

Internet 13: Abb: 2.21: http://wiki.bildungsserver.de/klimawandel/upload/thumb/Temp20C.jpg (abgerufen am 03. 07. 2007)

Internet 14: Abb. 2.25: http://bildungsserver.hamburg.de/ursachen-von-klimaaenderungen/2049298/ /-anthropogene-ursachen-artikel.html (abgerufen am 28. 02. 2008)
Internet 15: Abb. 2.66: http://www.amap.no/acia/graphicsset1.pdf (abgerufen am 02. 12. 2007)
Internet 16: Abb. 2.27: http://wetterwechsel.files.wordpress.com/2008/06/recent_sea_level_rise_ german.png (abgerufen am 08. 01. 2007)
Internet 17: Abb. 2.29:http://wiki.bildungsserver.de/klimawandel/index.php/Datei:Stroemungs-system.jpg (abgerufen am 02. 07. 2007)
Internet 18: Abb. 2.30: http://www.raonline.ch/images/edu/nw2/golfstream0307.jpg (abgerufen am 02. 03. 2012)
Internet 19: Abb. 2.31: http://www2.ocean.washington.edu/oc540/lec01–31/ (abgerufen am 02. 07. 2007)
Internet 20: Abb. 2.32: http://www.geo.fu-berlin.de/met/ag/strat/lehre/wise0708/Vorlesung2.pdf (abgerufen am 08. 04. 2013)
Internet 21: Abb. 2.34: http://www.geo.fu-berlin.de/met/ag/strat/produkte/qbo/index.html (abgerufen am 26. 02. 2012)
Internet 22: Abb. 3.2: http://www.ccpo.odu.edu/~lizsmith/SEES/ozone/class/Chap_6/6_Js/6-01. jpg (abgerufen am 29.04.2014) bzw. http://hyperion.gsfc.nasa.gov/ (abgerufen am 10. 04. 2013)
Internet 23: Abb. 4. 2, 4. 3, 4. 7, 5. 8, 5.9 und 10.15: http://www.berliner-wetterkarte.de (abgerufen 2008; 2012; 2013)
Internet 24: Seite 111: http://modelweb.gfsc.nasa.gov/atmos/us_standard.html (ab gerufen 2008; 2013)
Internet 25: Seite 174: http://www.wolkenatlas.de/Wolkenbuch.htm (abgerufen am 12. 11. 2013)
Internet 26: Abb. 4.19 und Abb. 20: http://www.raonline.ch/images/edu-romcli01.html/ Kondensstreifen (abgerufen am 12. 08. 2009)
Internet 27: Abb. 4.21: http://de.wikipepia.org/wiki/Ausbruchdes_Eyjafjallaj%c3%b6kull-2010 (abgerufen am 21. 08. 2011 und am 20. 06. 2013)
Internet 28: Abb. 4.22: http://www.flickr.com/photos/gsfc/4530571303/ (abgerufen am 09. 06. 2013)
Internet 29: Abb. 4.38: http://commons.wikipedia.org//File:Electromagnetic_spektrum_c.svg (abgerufen 13. 04. 2013)
Internet 30: Abb. 4.53: http://visibleearth.nasa.gov/view_rec.php?id†=2309 (abgerufen am 12. 05. 2010); jetzt auch unter http://commens.wikimedia.org/wiki/File:Aerosol-India.jpg (abgerufen am 19. 04. 2014)
Internet 31: Abb. 4.54: http://wiki.Bildungsserver.de/Klimawandel/index.php/Aerosole (abgerufen am 19. 04. 2014)
Internet 32: Abb. 4.55: http://lidar.tropos.de/projekte/samum.htm#samum2 (abgerufen am 20. 09. 2011)
Internet 33: Abb. 4.57: http://www3.mpch-mainz.mpg.de/…/tn/Seaspray4-TN.jpg (abgerufen am 18. 09. 2013) bzw. http://www.cloudgallery.mpich.de/DustandHaze/Seasalt/seesalzareosol_ neu.htm (abgerufen am 19. 04. 2014)
Internet 34: Abb. 4.58: http://www.tiesel.de (22. 02. 2012)
Internet 35: Abb. 4.60: http://en.wikipedia.org/wiki/Mount:Pinatubo91eruption _clar_airbsae.jpg (abgerufen am 17. 06. 2009 und am 14. 09. 2011)
Internet 36: Abb. 4.61: http://www.vulkaner.no/v/volcan/latinam/chicon-e.html (abgerufen am 14. 09. 2011 und am 19. 04. 2014)
Internet 37: Abb. 4.63 und 4.64:, http://www.hamburger-bildungsserver.de/ (abgerufen am 18. 09. 2013)
Internet 38: Abb. 5.1: http://visibleearth.nasa.gov/ (abgerufen am 23. 10. 2009) und jetzt auch unter http://en://kikipedia.org/wiki/Meteosat (abgerufen am 19. 04. 2014)
Internet 39: Abb. 5.6: http://www.eohandbook/com/eohb2008/climate_satellites.html (abgerufen am 13. 10. 2009) und jetzt auch unter http://www.fe-lexikon.info/lexikon-m.htm (abgerufen am 19. 04. 2014)

Internet 40: Abb. 6.7: http://www.seos-project.eu/.../images/lena-thumb.jpg (abgerufen am28. 01. 2010) jetzt auch unter http://www.seos-project.eu/world-of-images/world-of-images-c02-p01.de.htlm (abgerufen am 19. 04. 2012)
Internet 41: Abb. 9.4: http://www.spiegel.de/wissenschaft/weltall/0,1518,610330,00.html (abgerufen am 12. 01. 2011)
Internet 42: Abb. 9.10: http://lidar.tropos.de/bilder/projekte/dustplume/1 (abgerufen am 12. 01. 2011)
Internet 43: Abb. 11.3: www.der-umsetzer.de (abgerufen am 13. 03. 2012)
Internet 44: Abb. 11.9: http://www.kindernetz.de/infonetz/thema/wÃ¼ste/ (abgerufen am 22. 11. 2010)
Internet 45: Abb. 11.10: http://www.top-wetter.de/wetter/impressum.shtml (angerufen am 12. 03. 2012) jetzt unter http://www.top-wetter.de/galerie/gal13/htm/gross19.htm (abgerufen am 05. 03. 2012)
Internet 46: Abb. 11.18: http://www.cgd.ucar.edu/cas/catalog/climind/soi.html (abgerufen am 08. 02. 2007)
Internet 47: Abb. 11. 19, 11.20 und 11.22: http://wiki.bildungsserver.de/klimawandel/index.php/Walker-Zirkulation (abgerufen am 04. 07. 2007) und unter http://commns.wikimedia.org/wiki/File:MeteoLaNinaDeutsch.png (abgerufen am 16. 12. 2013)
Internet 48: Abb. 11.21: http://www.enso.info/enso-lexikon/lexikon.html (abgerufen am 02. 07. 2007)
Internet 49: Abb. 11.23: http://chartsgraphs.wordpress.com (abgerufen am 29. 11. 2010)
Internet 50: Abb. 11.25: http://chartgraphs.wordpress.com (abgerufen am 02. 02. 2007)
Internet 51: Abb. 12.2: http://www.raonline.ch/images/edu-promcli01.html/Cumulus (abgerufen am 03. 03. 2012)
Internet 52: Abb. 12.3: http://www.raonline.ch/images/edu-promcli01.html/Gewitterzelle (abgerufen am 03. 03. 2012)
Internet 53: Abb. 12.4: http://en.wikipedia.org/wiki/Arcus_cloud (abgerufen 2012)
Internet 54: Abb. 12.5: http://commens.wikimedia.org/wiki//file:Mammatus_clouds_regina_sk_june_2012.JPG (abgerufen am 04. 03. 2014)
Internet 55: Abb. 12.8: http://id.wikipedia.org/wiki/Berkas:Cloud_over_yucatan_mexico_02.jpg (abgerufen am 10. 04. 2013)
Internet 56: Abb. 12.14: http://static.f-lex.com/pictures//7/c/b/t/Superzelle_schema.gif (abgerufen am 03. 01. 2008)
Internet 57: Abb. 12.15: http://www.mesoscale.ws/pic2006/060608-4.jpg (abgerufen am 04. 05. 2007); jetzt auch unter http://comms.wikimedia.org/wiki/file:Superzelle_schema.gif (abgerufen am 20. 04. 2014)
Internet 58: Abb. 12.16. http://www.Wolkenatlas.de/wolken/wo10450.htm (abgerufen am 15. 11. 2011)
Internet 59: Abb. 12.25: http://de.wikipedia.org/wiki/Datei:Lightning6.jpg (abgerufen am 26. 06. 2013)
Internet 60: Abb. 12.26:http://www.inatura.at/Kugelblitz-Ball-Lightning.7670.0 html (abgerufen am 26. 06.2013)
Internet 61: Abb. 12.27: http://www.tiesel.de/theologie1.html (abgerufen am 19. 03. 2010 und am 22. 02. 2012)
Internet 62: Abb. 12.29: http://benandalice.com/archive/2006_03_01_archive.html (abgerufen am 17. 02. 2010), jetzt unter http://www.astropage.eu/index_news.php?id=1213 abgerufen am 20. 04. 2014)
Internet 63: Abb. 12.30: http://www.islandnet.com/~see/weather/elements/bluejets.htm (abgerufen am 10. 04. 2013)
Internet 64: Abb. 12.31: http://en.wikipedia.org/wiki/Upper-atmospheric_lightning (abgerufen am 10. 04. 2013)
Internet 65: Abb. 12.34: http://en.wikipedia.org/wiki/1884_Howard,_South_Dakota_tornado (abgerufen am 04. 05. 2007 und am 13. 04. 2013)
Internet 66: Abb. 12.35: http://wikipedia.org/wiki/Trichterwolke) (abgerufen am 11. 02. 2010)

Internet 67: Abb. 13.1 und 13.2: http://de.wikipedia.org/wiki/Taifun_Tip (abgerufen am 10. 04. 2013)
Internet 68: Abb. 13.3 und 13.4: http://en.wikipedia.org/wiki/Hurricane_Emily_(2005) (abgerufen am 30. 12. 2010)
Internet 69: Abb. 13.5: http://de.wikipedia.org/wiki/Zyklon_Gonu (abgerufen am 03. 01. 2008 und am 10. 04. 2013); jetzt unter http://www.jeffsweather.com/archives/TropicalCycolneOman-jpg (abgerufen am 02. 02. 2014)
Internet 70: Abb. 13.6: http://earthobservatory.nasa.gov/Naturalhazards/view.php?id†=18444 (abgerufen am 11.11. 2013)
Internet 71: Abb. 13.11: http://en.wikipedia.org/wiki/Hurricane_Claudette_(2003) (abgerufen 09. 06. 2013) bzw. http://www.ursispaltenstein.ch/blog/weblog.php?/weblog/the_gateway_to_astronaut_of_earth (abgerufen am 13. 04. 2013)
Internet, 72: Seite 443: http:www.naturgewalten.de/hurrikan/e23.html (abgerufen am 25. 06. 2013)
Internet 73: Abb. 13.15: http://en.wikipedia.or/wiki/File:Cyclone_Catarina_from_the_ISSon_March_26_2004.jpg (abgerufen am 10. 04. 2013)
Internet 74: Abb. 13.18: http://cosmiclog.nbcnews.com/_news/2012/08/24/13462465-hurri (abgerufen am 10. 11. 2013)
Internet 75: Abb. 13. 19: http://www.nasa.gov/vision/earth/lookingatearth/h2005_wilma.htlm (abgerufen am 10. 04. 2013)
Internet 76: Abb. 13.20: http://de.wikipedia.org/wiki/Hurrikan_Wilma (abgerufen am 08. 01. 2013)
Internet 77: Seite 453: http://de.wikipedia.org/wiki/Taifun_Cobra (abgerufen am 11. 11. 2013)
Internet 78: Abb. 13.23: http://en.wikipedia.org/wiki/2005_Atlantic_hurricane_season (abgerufen am 10. 04. 2013)
Internet 79: Abb. 13.24: http://en.wikipedia.org/wiki/File:CancunRadar.gif (abgerufen am 04. 07. 2007 und am 14. 04. 2013)

Sachverzeichnis

B. Klose, *Meteorologie,* Springer-Lehrbuch, DOI 10.1007/978-3-662-43622-6

B

O

P

T

Z

Printed in the United States
By Bookmasters